oficina de textos

João Luís F. Batista
Hilton Thadeu Z. do Couto
Demóstenes F. da Silva Filho

Quantificação de recursos florestais

árvores, arvoredos e florestas

Copyright © 2014 Oficina de Textos

Grafia atualizada conforme o Acordo Ortográfico da Língua Portuguesa de 1990, em vigor no Brasil a partir de 2009.

Conselho editorial Cylon Gonçalves da Silva; Doris C. C. K. Kowaltowski; José Galizia Tundisi; Luis Enrique Sánchez; Paulo Helene; Rozely Ferreira dos Santos; Teresa Gallotti Florenzano.

Capa e projeto gráfico Malu Vallim
Diagramação Casa Editorial Maluhy Co.
Preparação de textos Maria Rosa Carnicelli Kushnir
Revisão de textos Carolina A. Messias
Impressão e acabamento

Dados Internacionais de Catalogação na Publicação (CIP)
(Câmara Brasileira do Livro, SP, Brasil)

Batista, João Luís F.
Quantificação de recursos florestais : árvores, arvoredos e florestas
João Luís F. Batista, Hilton Thadeu Z. do Couto, Demóstenes F. da Silva Filho.
1. ed. -- São Paulo : Oficina de Textos, 2014.

Bibliografia
ISBN 978-85-7975-153-0

1. Árvores 2. Árvores - Crescimento 3. Florestas 4. Florestas - Aspectos ambientais 5. Florestas - Conservação 6. Biodiversidade 7. Biodiversidade - Conservação 8. Desenvolvimento sustentável 9. Proteção ambiental 10. Recursos naturais - Conservação 11. Reservas florestais - Brasil
I. Couto, Hilton Thadeu Z. do. II. Silva Filho, Demóstenes F. da. III. Título.

14-08039 CDD-634.956

Índices para catálogo sistemático:
1. Recursos florestais : Ciências florestais
634.956

Todos os direitos reservados à Editora Oficina de Textos
Rua Cubatão, 959
CEP 04013-043 São Paulo SP
tel. (11) 3085 7933 fax (11) 3083 0849
www.ofitexto.com.br   atend@ofitexto.com.br

Apresentação

Ao apresentar *Quantificação de recursos florestais*, ressalto a experiência dos autores, adquirida após anos de atuação na docência, na pesquisa e como profissionais engajados com os aspectos práticos. Essa experiência lhes conferiu conhecimento e credibilidade para preparar esta obra de peso e importância na área de Mensuração Florestal em geral.

Este livro, com mais de 300 páginas, apresenta uma abordagem diferente das demais existentes na área. Primeiramente, ela foi dividida em três partes, "Árvores", "Arvoredos" e "Florestas", com conceituações de cada um desses temas. Os capítulos apresentam discussões específicas de cada parte. No fim do livro, são apresentados apêndices sobre temas gerais, como sólidos geométricos; conceitos sobre medição, estimação e predição; e regressão linear.

Diferentemente de outras publicações da área, são usadas nomenclaturas pouco usuais, mas apropriadas, em *Quantificação de recursos florestais*. Assim, na parte intitulada "Árvores", os autores usam o termo arborimetria; na parte "Arvoredos", usam o termo arbustimetria; e na parte "Florestas", empregam a terminologia silvimetria, a qual já é bastante conhecida no meio florestal. Outro aspecto de *Quantificação de recursos florestais* é que a abordagem dos assuntos difere das abordagens encontradas em outros livros de Mensuração Florestal. Além disso, esta obra contém tópicos não cobertos em obras tradicionais dessa área de conhecimento. A forma de abordagem dos assuntos constitui, portanto, um diferencial deste compêndio.

O presente livro é direcionado a estudantes de graduação, pós-graduação, pesquisadores, bem como àqueles que militam dia a dia com medições de árvores, florestas e seus produtos, desde as simples avaliações do conteúdo presente até os processos e técnicas de estimação e predição, tanto em nível de árvore como de povoamentos e florestas. Nesse contexto, envolve as técnicas de modelagem e de amostragem, muito usadas e fundamentais para os engenheiros florestais e outros profissionais que cuidam do manejo florestal visando à sustentabilidade da floresta e do empreendimento florestal como um todo.

Certamente esta importante obra é indispensável a todos os docentes e alunos das áreas de Dendrometria, Crescimento e Produção, Inventário Florestal, Dinâmica e Monitoramento da Floresta e de Povoamentos Florestais, etc. Com certeza vou tê-la em minha biblioteca e recomendá-la a todos os meus orientandos, demais estudantes e profissionais.

Por fim, gostaria de manifestar a honra de ter recebido a incumbência de fazer esta breve apresentação deste livro e parabenizo os autores João Luís F. Batista, Hilton Thadeu Z. do Couto e Demóstenes F. da Silva Filho, professores da Esalq-USP, pelo excelente trabalho, que certamente despendeu muito trabalho, dedicação, perseverança e abnegação, sem o que não se realiza uma tarefa desta grandiosidade.

Prof. Dr. Sebastião do Amaral Machado
Engenharia Florestal – UFPR

Sumário

Sobre este livro 11
   Princípios norteadores 11
   Abordagem de apresentação 12
   Livro-texto 13
   Agradecimentos 14
   Voto 15

Árvores:

1 Árvores 19
   1.1 A definição de árvore 20
   1.2 Forma das árvores 22
   1.3 Crescimento das árvores 24
   1.4 Arborimetria: mensuração de árvores 26
   Sugestões bibliográficas 27
   Quadro de conceitos 27

2 Arborimetria não destrutiva 29
   2.1 Número de troncos e atributos qualitativos 29
   2.2 Diâmetro do tronco 30
   2.3 Altura da árvore 38
   2.4 Copa da árvore 46
   Sugestões bibliográficas 52
   Quadro de conceitos 53
   Problemas 54

3 Arborimetria destrutiva 57
   3.1 Volume do lenho de árvores 57
   3.2 Volumes convencionais e volumes de produtos 62
   3.3 Volume empilhado 65
   3.4 Forma do tronco 71
   3.5 Biomassa 77
   Sugestões bibliográficas 79
   Quadro de conceitos 79
   Problemas 80

4	**FUNDAMENTOS DE METROLOGIA**	83
	4.1 Conceito de medida	83
	4.2 Tipos de escalas de mensuração	84
	4.3 Grandezas e unidades de medida	86
	4.4 Sistema Internacional de Unidades (SI)	88
	4.5 Incerteza da mensuração	90
	4.6 Algarismos significativos	92
	4.7 Propagação da incerteza da mensuração	94
	Sugestões bibliográficas	98
	Quadro de conceitos	98
	Problemas	99
5	**MONITORAMENTO ARBORIMÉTRICO**	103
	5.1 Fases de desenvolvimento	103
	5.2 Crescimento e tempo	105
	5.3 Monitoramento pelos registros no lenho	106
	5.4 Monitoramento por remedições sucessivas	109
	5.5 Curva de crescimento e incrementos	112
	5.6 Monitoramento das árvores	116
	Sugestões bibliográficas	121
	Quadro de conceitos	122
	Problemas	123
6	**ARBORIMETRIA PREDITIVA**	125
	6.1 Predição da altura	125
	6.2 Predição do volume	132
	6.3 Predição do sortimento da madeira	143
	6.4 Predição da biomassa	153
	6.5 Construção de modelos arborimétricos	157
	Sugestões bibliográficas	159
	Quadro de conceitos	160
	Problemas	161

Arvoredos:

7	**ARVOREDOS**	167
	7.1 Estrutura das florestas nativas	168
	7.2 Estrutura das florestas plantadas	170
	7.3 Arvoredo e unidade amostral	170
	7.4 Arbustimetria: mensuração de arvoredos	171
	Sugestões bibliográficas	172
	Quadro de conceitos	172
8	**MEDIDAS ARBUSTIMÉTRICAS**	173
	8.1 Atributos qualitativos	173
	8.2 Estrutura do arvoredo	174

8.3	Tamanho médio das árvores	177
8.4	Densidade do arvoredo	179
8.5	Qualidade do sítio	184
8.6	Diversidade de espécies	185
8.7	Produção e tabela do arvoredo	190
8.8	Conclusão	192
	Sugestões bibliográficas	192
	Quadro de conceitos	193
	Problemas	194

9 Métodos arbustimétricos 197
    9.1 O arvoredo como superfície 197
    9.2 O arvoredo pelo método de Prodan 202
    9.3 O arvoredo pelo método de Bitterlich 203
    9.4 Outros métodos arbustimétricos 209
    Sugestões bibliográficas 209
    Quadro de conceitos 210
    Problemas 210

10 Monitoramento arbustimétrico 213
    10.1 Fases de desenvolvimento dos arvoredos 213
    10.2 Componentes do crescimento dos arvoredos 216
    10.3 Monitoramento por remedições sucessivas 219
    10.4 Curvas de incremento 220
    10.5 Mortalidade e ingresso 223
    Sugestões bibliográficas 225
    Quadro de conceitos 225
    Problemas 226

11 Arbustimetria preditiva 227
    11.1 Predição de atributos dos arvoredos 227
    11.2 Curvas de sítio 230
    11.3 Equações de produção 234
    11.4 Modelos de crescimento e produção 237
    Sugestões bibliográficas 238
    Quadro de conceitos 239
    Problemas 240

Florestas:

12 Florestas 243
    12.1 Conceito de floresta 244
    12.2 Formações vegetais 246
    12.3 Silvimetria: mensuração de florestas 250
    Sugestões bibliográficas 251
    Quadro de conceitos 252

13 Fundamentos de silvimetria 253
13.1 Experimentos e levantamentos 254
13.2 Fundamentos de teoria da amostragem 259
Sugestões bibliográficas 265
Quadro de conceitos 266
Problemas 267

14 Métodos silvimétricos básicos 269
14.1 Amostragem aleatória simples 270
14.2 Amostragem sistemática 279
14.3 Amostragem estratificada 285
Sugestões bibliográficas 292
Quadro de conceitos 293
Problemas 294

15 Silvimetria com medidas auxiliares 295
15.1 Estimador de razão 295
15.2 Estimador de regressão 300
15.3 Amostragem dupla 303
15.4 Amostragem por conglomerados 308
15.5 Amostragem em múltiplos estágios 311
Sugestões bibliográficas 317
Quadro de conceitos 317
Problemas 318

16 Monitoramento silvimétrico 325
16.1 Alterações temporais e monitoramento 326
16.2 Inventário florestal contínuo 328
16.3 Levantamentos de impacto 335
Sugestões bibliográficas 341
Quadro de conceitos 341
Problemas 342

Apêndices:

A Sólidos geométricos 345
A.1 Sólidos de revolução 345
A.2 Sólidos da família do cilindro 346
A.3 Volume dos sólidos geométricos truncados 347

B Medição, estimação e predição 351
B.1 Estimação: analogia com medição 351
B.2 Incertezas do procedimento de estimação 352

B.3	Lidando com as incertezas de estimação	354
B.4	Predição	355
B.5	Incertezas associadas à predição	356
B.6	Agregação de medidas e predições	359
B.7	Interpolação e extrapolação	360
B.8	Conclusão	360

C Regressão linear — 361

C.1	Regressão linear simples	361
C.2	Regressão linear múltipla	364
C.3	Critérios para seleção de modelos	366

D Tabelas estatísticas — 371

D.1	Tabela de números aleatórios	371
D.2	Tabela da estatística t de Student	374

Pranchas — 375

Referências Bibliográficas — 381

Sobre este livro

> É tão difícil fazer bom uso das regras quanto fazer bom uso dos livros. Pois o apelo aos livros é mais frequentemente um apelo à memória presente e disponível, assim como o apelo às regras é um apelo a um mecanismo cujo funcionamento é assegurado. As regras, como os livros, são auxílios que não devem ser desprezados; elas devem sugerir certos movimentos do pensamento, mas não substituí-los.
>
> Louis Lavelle (1883-1951)
> *Regras da vida cotidiana*

Princípios norteadores

Este livro trata de árvores, arvoredos e florestas na perspectiva da quantificação de seus atributos, ou seja, na perspectiva de medi-los, predizê-los e estimá-los. Não é, portanto, um livro científico, pois não há nenhuma ciência, ou conjunto de ciências, que se ocupe em descrever como as árvores, os arvoredos e as florestas são quantificados. É um livro essencialmente prático, pois seu problema central é como *se deve* realizar a mensuração, a predição e a estimação dos atributos.

Qualquer problema prático pode ser abordado de duas formas: uma delas é por meio das regras utilizadas para resolvê-lo; a outra é por meio dos princípios que fundamentam e embasam as regras. Nossa abordagem privilegia a exposição e a discussão dos princípios para, com base neles, desenvolver e apresentar as regras. Contudo, este livro é destinado à formação universitária no nível dos cursos de graduação e vários aspectos do nosso problema central requerem embasamento mais profundo que aquele que se pode exigir de bacharéis e engenheiros. No entanto, sempre que possível, foi utilizada a abordagem partindo dos princípios.

O objetivo deste livro não é servir de manual, para que o leitor aprenda regras e procedimentos de quantificação e possa aplicá-los sem que os compreenda. Trata-se de um livro *didático*, no qual o leitor é convidado a entender os princípios que fundamentam as regras de quantificação e, com base neles, saber aplicá-las de modo apropriado, adaptando-as quando uma situação particular o exigir.

Acreditamos que essa abordagem, mais que apropriada, é necessária. Muitas regras tradicionais de quantificação das árvores, dos arvoredos e das florestas foram desenvolvidas pelos fundadores dessa atividade na Europa dos séculos XVIII e XIX e, posteriormente, foram aperfeiçoadas pelos seus seguidores na América do Norte dos séculos XIX e XX. Os tipos de floresta e as condições econômicas e sociais em que esses profissionais trabalharam possuem, sob certos aspectos, várias similaridades com as existentes no Brasil atual. Contudo, sob outros ângulos, as condições são radicalmente distintas. Não é o caso, no entanto, de se rejeitar de antemão tais conhecimentos tradicionais, nem de aceitá-los incondicionalmente. Uma vez aceitos e compreendidos em seus princípios, eles podem ser aperfeiçoados e aplicados adequadamente às condições do presente.

Abordagem de apresentação

Este livro difere da abordagem encontrada na maioria dos livros da literatura nacional e internacional que trata do tema. Embora as diferenças não sejam em conteúdo, mas em *apresentação*, o entendimento dessas é importante para uma leitura frutífera. O primeiro desses aspectos se refere à utilização de palavras e expressões de uso incomum na literatura profissional. O segundo é a maneira distinta de subdividir o tema, no desenvolvimento da sua apresentação. Por fim, o terceiro aspecto é a utilização de uma terminologia técnica consistente, a qual surge naturalmente conforme o tema é subdividido. Essas diferenças se nos mostraram necessárias para alcançar maior clareza e didática na redação do livro.

Os substantivos *quantificação* e *monitoramento*, por exemplo, não são de uso comum na literatura técnica, que prefere as palavras *mensuração* ou *medição* e *inventário contínuo*. A quantificação dos atributos das árvores, dos arvoredos e das florestas não é realizada por um único tipo de operação. Na verdade, três operações distintas são utilizadas de modo complementar no processo de quantificação: medir, predizer e estimar. Para o profissional com experiência, essa distinção pode parecer um tanto óbvia e sua explicitação, desnecessária. Nossa experiência no ensino do assunto, no entanto, nos tem mostrado que ela é fundamental para que o aprendiz possa entender as regras e os procedimentos quantitativos. Essa não é uma questão específica dentro do problema da quantificação florestal, mas um fundamento que transpassa todos os aspectos do problema. Por isso, decidimos tratá-la de modo específico num apêndice (Apêndice B). O leitor aprendiz deve deixar a leitura dessa questão para depois de ter lido todo o livro, talvez, como uma preparação para uma segunda leitura. Já o leitor com experiência no assunto provavelmente aproveitará mais se iniciar a leitura do livro por esse apêndice.

A expressão monitoramento não é estranha à terminologia técnica florestal, mas foi utilizada de modo mais frequente que o usual. Monitoramento é o acompanhamento de alterações ao longo do tempo, por isso essa expressão foi utilizada como sinônimo de acompanhamento quantitativo temporal das alterações dos atributos das árvores, dos arvoredos e das florestas. O seu emprego ocorreu em detrimento de qualquer outro termo ou expressão de uso tradicional, como inventário contínuo, e todos os capítulos que tratam de alterações temporais foram intitulados *monitoramento*.

O leitor também notará que a expressão *inventário florestal* foi utilizada poucas vezes, tendo sido substituída por *levantamento florestal*. A expressão inventário florestal é tão popular que passou a designar toda uma área de conhecimento. Nosso entendimento, contudo, é que ela designa apropriadamente apenas os levantamentos voltados à quantificação da produção florestal, sobretudo da produção de madeira. A palavra *levantamento*, como tradução de *survey* no inglês, tem significação mais ampla e pode designar adequadamente qualquer procedimento de obtenção de informações quantitativas sobre as florestas, independentemente do tipo de informação desejada.

O aspecto mais singular da apresentação deste livro é a tríade *árvore–arvoredo–floresta*, a qual indica as três partes do livro, ou os três níveis em que a quantificação é realizada. Sobre árvores e florestas não são necessárias explicações, pois essas palavras são utilizadas da forma convencional encontrada na literatura técnica. O ponto singular são os arvoredos, pois o usual é tratar da quantificação florestal como se ela fosse operada em apenas dois níveis: árvores e florestas.

Embora pouco popular no Brasil, a palavra arvoredo não é inédita na literatura florestal. O prof. António Manuel de Azevedo Gomes, catedrático do Instituto Superior de Agronomia (ISA) de Portugal, publicou em 1957 um livro intitulado *Medição dos arvoredos*, mas, posteriormente, em 1963, ele publicou uma monografia chamada *Medição das árvores e dos povoamentos*. Isso sugere que tanto em Portugal quanto no Brasil as palavras arvoredo e povoamento são tomadas como sinônimos, o que está em acordo com as definições de arvoredo encontradas nos dicionários: "aglomeração de árvores" (*Aurélio* e *Michaelis*) ou "extensa aglomeração de árvores" (*Houaiss*). Mas, neste livro, arvoredo *não é sinônimo* de povoamento.

O fato é que os profissionais da quantificação florestal sempre reconheceram uma entidade intermediária entre as árvores e as florestas, ou entre as árvores e os povoamentos florestais, como subdivisões da floresta. Ainda que um tanto etérea, essa entidade está presente na terminologia tradicional na expressão genérica *unidade amostral*, ou nas suas versões particulares como *parcela*, *transecto*, *ponto de Bitterlich* ou *parcela de raio variável*, *linha de Strand* e *parcela de Prodan*. Note-se que todas essas expressões são perfeitamente compatíveis com a definição *aglomerado de árvores*.

Por outro lado, os estudiosos da ecologia das florestas, particularmente das florestas tropicais, identificam há muito tempo as florestas como um "mosaico de fases estruturais". Talvez, o primeiro a apresentar claramente esse ideia foi Alex S. Watt, em 1947, mas o conceito também está presente em publicações clássicas como os livros *Tropical rain forest: an ecological study*, de P. W. Richards (1957), *Tropical rain forest of far east*, de T. C. Whitmore (1984), cuja primeira edição é de 1975, *Tropical trees and forests: an architectural analysis*, de F. Hallé, R. A. A. Oldeman e P. B. Tomlinson (1978), e *Forests: elements of Sylvology*, de R. A. A. Oldeman (1990b). As fases estruturais, também chamadas por alguns autores de *ecounidades*, são as unidades que compõem o mosaico que chamamos de floresta. Mas o que seria uma unidade estrutural ou uma ecounidade senão um aglomerado de árvores que, juntas, possuem uma identidade estrutural?

As unidades amostrais dos profissionais da quantificação e as unidades estruturais dos estudiosos da ecologia são, do ponto de vista empírico, unidades de observação da floresta e, do ponto de vista teórico, unidades de organização do conceito quantitativo ou ecológico que se abstrai da floresta. Essa entidade etérea necessitava de um nome, pois ela é o fundamento tanto da observação quanto da compreensão quantitativa e ecológica da floresta. As unidades amostrais e as unidades estruturais são, em essência, aglomerados de árvores, logo, adotamos a palavra arvoredo para designá-las. O conceito de arvoredo é tratado em detalhes no Cap. 7.

Na abordagem tradicional de desenvolvimento do tema, centrada nos dois níveis de quantificação, árvore e floresta, utiliza-se a palavra *Dendrometria*, palavra com origem na língua grega clássica, para designar a medição das árvores, enquanto que a quantificação de atributos das florestas é denominada às vezes *Silvimetria*, palavra de origem latina, e às vezes *Dasometria*, de origem grega.

Ao estabelecermos a tríade árvore–arvoredo–floresta para o desenvolvimento do tema, ela se impôs sobre nós. Cada membro da tríade demandou, por questão de justiça terminológica e coerência lógico-cognitiva, uma designação apropriada para a sua quantificação. Para evitarmos confusão e mantermos a clareza na exposição, decidimos, então, adotar três termos técnicos.

Escolhemos cunhar termos com base em palavras do latim clássico. O conjunto das atividades de quantificação dos atributos das árvores individualmente é designado como *Arborimetria*, enquanto a quantificação dos atributos das florestas, como *Silvimetria*, que é um termo tradicional. Já a quantificação dos atributos dos arvoredos é designada como *Arbustimetria*, pois a palavra *arbustum/arbusti* significa, no latim clássico, um local plantado de árvores.

Muitos dirão: "mas arbustimetria sugere medição de arbustos!" Olavo Bilac, no seu soneto "Língua Portuguesa", nos ensina que a nossa língua é "a última flor do Lácio, inculta e bela". Inculta porque se desenvolveu a partir do latim vulgar, falado pela gente inculta, e não do latim culto, encontrado nas obras dos grandes autores romanos. Sem desprezo à nossa língua, ficamos, nas questões de terminologia técnica, com o latim clássico, culto. *Arbustum/arbusti* é um lugar plantado de árvores. Aquela planta lenhosa que lembra uma árvore, mas é pequena e excessivamente ramificada, é uma *arbuscula/arbusculae*.

Um último comentário sobre terminologia se faz necessário. Não é nossa intenção propor, com este livro, uma nova terminologia para que seja oficializada e incorporada nas atividades profissionais e científicas florestais. Como dissemos, essa terminologia, fundamentada na tríade árvore–arvoredo–floresta, se nos impôs pela necessidade de clareza e objetividade na exposição do tema. Acreditamos que ela facilita a leitura do livro e torna a apredizagem mais eficaz, pois a função de qualquer jargão técnico é possibilitar o domínio conceitual sobre uma área de conhecimento. Uma vez que o leitor-aprendiz tenha sucesso na sua aprendizagem, ele estará livre dessa e de qualquer terminologia. O fundamental é que o domínio dos conceitos se faça numa via dupla com a terminologia. Conhecer verdadeiramente um assunto é ser capaz de apresentá-lo de mais de uma maneira. Ser capaz de entender as diferentes maneiras de apresentação de um assunto é um sinal do seu verdadeiro conhecimento.

Livro-texto

Dissemos que este é um livro didático para ensino de graduação. Ele foi concebido como *livro-texto* para duas disciplinas semestrais sequenciais cobrindo os temas essenciais a respeito da quantificação e monitoramento florestal. A primeira disciplina trataria dos temas de Arborimetria e iniciaria alguns dos temas de Arbustimetria. A segunda disciplina apresentaria os temas remanescentes de Arbustimetria e cobriria todos os temas de Silvimetria.

Como *livro-texto*, procuramos redigir de modo que a leitura dos capítulos seja autossuficiente para o estudante ter uma boa ideia dos temas e uma compreensão inicial dos conceitos e procedimentos. O encontro entre estudante e professor em sala de aula pode, assim, se tornar uma oportunidade para aprimorar o domínio desses conceitos e procedimentos. Nosso objetivo foi possibilitar que as aulas fossem transformadas de um lugar de simples transmissão de informações para uma oportunidade de resolução de dúvidas e discussão dos temas, inclusive com a possível contestação da abordagem do livro.

É impossível que um único livro seja totalmente autossuficiente. Nosso tratamento dos temas supõe um embasamento mínimo em conceitos de matemática e estatística. Ele não pressupõe o domínio do cálculo diferencial e integral e, sempre que possível, os conceitos quantitativos foram apresentados de modo mais verbal que algébrico. No desenvolvimento de alguns temas, contudo, a apresentação algébrica é inevitável, principalmente na apresentação dos estimadores associados aos diferentes métodos de amostragem da floresta (métodos silvimétricos).

O livro também pressupõe familiaridade com alguns conceitos básicos de silvicultura, manejo florestal e ecologia florestal, pois é impossível tratar de modo realista e prático sobre a quantificação das árvores, dos arvoredos e das florestas, se os estudantes ainda não têm uma certa "cultura florestal". Deficiências nessa cultura florestal podem ser supridas pelos professores diretamente nas aulas ou pela indicação de uma literatura básica.

Cada capítulo contém comentários e sugestões bibliográficas. Os comentários se referem a alguns pontos específicos do capítulo e buscam dar maior clareza à apresentação dos assuntos. As sugestões bibliográficas visam estimular os leitores a aprofundar seus conhecimentos, orientando-os quanto às publicações mais adequadas, principalmente livros, para a continuidade dos estudos.

Para auxiliar a compreensão, ao final de cada capítulo é apresentado um "Quadro de conceitos" em que são listados os principais conceitos apresentados no capítulo. O objetivo desse quadro é permitir ao estudante uma rápida revisão do assunto desenvolvido no capítulo procurando verificar quais são as principais dificuldades de compreensão.

Um aspecto muito importante na aprendizagem de métodos quantitativos é o estudo por meio da resolução de problemas. Por isso, com exceção dos capítulos puramente conceituais, todos os demais trazem uma lista de problemas para exercitar as regras de quantificação e os procedimentos de cálculo, bem como para verificar a compreensão dos conceitos e métodos. Em cada problema, é mais importante avaliar se a abordagem e o procedimento estão corretos que se apegar à correção do resultado numérico final.

Agradecimentos

Agradecemos a Deus, que no seu Amor e Sabedoria infinitos criou os céus e a Terra com ordem e harmonia inigualáveis e semeou no homem o impulso de buscá-lo pelo saber. Sem Ele, não haveria o que saber, não haveria busca e não haveria este livro.

Aos nossos mestres, aqueles que nos iniciaram no caminho do conhecimento e nos ajudaram a germinar a semente da busca do saber. Sem eles, a semente não teria germinado numa plântula viçosa, não teria se desenvolvido numa arvoreta vigorosa e este livro não existiria.

Aos nossos alunos, às várias gerações de jovens que, com seu interesse e suas dificuldades, nos chamaram para a responsabilidade de iniciá-los no caminho do conhecimento, para ajudá-los a germinar as suas sementes da busca do saber. Sem eles, a arvoreta vigorosa não teria se tornado uma árvore frondosa, não teria dado frutos e este livro não existiria.

Aos nossos amigos e familiares, principalmente nossas esposas e filhos, que com seu carinho e afeto nos estimularam, apoiaram e reconfortaram. Sem eles, a semente, a plântula, a arvoreta e a árvore não teriam recebido água e calor para crescer e se desenvolver e este livro não teria existido.

À equipe da Oficina de Textos, que tomou este livro como uma alma e deu-lhe um corpo, para que pudesse ser divulgado e conhecido. Sem ela, os frutos da árvore não teriam sido colhidos e distribuídos, e você, caro leitor, não teria este livro em suas mãos.

Voto

É nosso sincero voto que este livro contribua para melhorar a aprendizagem e o ensino dos métodos de quantificação florestal e que promova o aprimoramento do exercício profissional florestal.

Os autores
Piracicaba, maio de 2014

parte I

ÁRVORES

Frondi tenere e belle
Del mio platano amato
Per voi risplenda il fato
Tuoni, lampi e procelle

Non v'oltraggino mai la cara pace
Ne giunga a profanarvi austro rapace!

Ombra mai fu
Di vegetabile
Cara ed amabile
Soave più

"Ombra mai fu". Ária da ópera *Xerxes* (1738), de Handel, com adaptação anônima do libreto de Nicolò Minato (1654): "*Belos e suaves ramos / De minha singela árvore amada / Por ti fulgura meu fado / Trovões, raios e tormentas / Jamais perturbam tua majestosa calma / Nem ventos vorazes conseguem profanar-te / Nunca houve uma sombra / De ramos / Mais doce, mais refrescante / Ou mais gentil.*"

capítulo 1
ÁRVORES

A árvore é uma planta especial para os humanos. Em muitas culturas, ela é tomada como um símbolo da vida, havendo expressões equivalentes a *árvore da vida* nas culturas hindu, suméria, celta, judaica, cristã e islâmica. Como símbolo da vida, a presença de árvores é vista como um sinal de benção divina que se traduz em abundância, prosperidade e, frequentemente, longevidade. Apesar dos inúmeros produtos e utilidades que se obtém das árvores desde tempos imemoriais, as diferentes culturas sempre parecem ter atribuído a elas um elemento natural que não cede ao controle humano. Seja pelo seu crescimento, que responde mais às condições naturais que ao cultivo humano, seja pela sua longevidade, que compreende diversas gerações humanas, sempre se viu na árvore um elemento imponderável que suscita respeito. Nas mais diversas culturas, a reverência às árvores parece ser o sinal mais evidente de veneração às forças naturais, que em conjunto é chamada de *Natureza*.

O entendimento sobre a vegetação natural se fundamenta na existência das árvores. Uma formação vegetal é dita florestal em função da abundante presença de árvores. As diferentes formações vegetais são descritas com base no comportamento do elemento arbóreo. Começando pela floresta densa, em que as árvores bloqueiam marcadamente a luz do sol, passando às florestas abertas, em que a menor abundância das árvores permite a presença mais intensa da vegetação de baixo porte, em seguida às savanas, onde as ervas tem presença marcante em consequência do grande espaçamento entre árvores, chegando aos campos naturais, dominados pelas ervas em razão da completa ausência das árvores. Acrescente-se o fato de que o mais drástico impacto das atividades humanas é realizado retirando-se as árvores de onde elas ocorrem em abundância — desmatamento — ou plantando-as onde elas estão ausentes — reflorestamento ou revegetação.

Assim, as árvores são centrais em qualquer estudo da natureza e são essenciais nos estudos e levantamento de informação sobre as florestas. Todo estudo ou levantamento sobre uma floresta começa pela observação das árvores e termina pela apresentação de informações, que, em última análise, são abstrações quantitativas ou qualitativas a respeito da presença do elemento arbóreo. Neste capítulo, as árvores são caracterizadas como um tipo específico de planta que, por esta razão, requer métodos e técnicas específicos de observação e medição.

1.1 A definição de árvore

Qualquer pessoa tem um conceito vago do que é uma árvore. Geralmente, esse conceito é suficientemente bom para ser aplicado com sucesso à maior parte das situações. Por isso, é incomum que haja uma preocupação em se elaborar o conceito de árvore, mesmo na literatura especializada. Há, no entanto, nas florestas tropicais uma grande diversidade não só de espécies de plantas, mas também de formas de vida vegetais, de modo que um conceito vago pode se tornar confuso. Embora a maioria das árvores de interesse comercial madeireiro seja facilmente identificada por um conceito vago de árvore, o estudo e a descrição da floresta como um ecossistema, natural ou implantado, requer a observação de espécies arbóreas não comerciais, das árvores ainda em fase de desenvolvimento, antes de se tornarem adultas, e de outras espécies vegetais além das árvores.

Na terminologia botânica, a constituição geral de uma planta, incluindo o conjunto das suas características fisionômicas e morfológicas e a sua forma de crescimento, é chamada de *hábito*. Assim, a palavra árvore designa um tipo de hábito (hábito arbóreo), entre vários outros, como herbáceo, arbustivo etc. O Quadro 1.1 apresenta a descrição de alguns hábitos vegetais.

Hábitos das plantas. As classes e descrições dos hábitos das plantas foram organizadas com base nas definições apresentadas em *Dictionary of Ecology* (Allaby, 2004) e no *Glossário Ilustrado de Botânica* (Ferri; Menezes; Monteiro-Scanavacca, 1978). Ambos são boas obras de referência para conceitos de Botânica e Ecologia.

As árvores são claramente distintas de outros hábitos, como as lianas, as epífitas e as plantas parasitas. A princípio, ervas e árvores também são bem distintas, mas o que dizer dos bambus? Os bambus são gramíneas (família Poaceae, antiga família Gramineae) sendo, portanto, plantas herbáceas rizomatosas, ou seja seu crescimento se faz por um caule subterrâneo que se desenvolve horizontalmente. No caso dos bambus, o caule é lignificado, de forma que seus brotos enrijecidos podem atingir 30 m de altura, mas não são plantas lenhosas.

Quadro 1.1 Descrição de alguns hábitos de plantas

Hábito	Definição
Árvore	Planta lenhosa perene com um único caule principal (tronco), que é ramificado na parte superior, formando uma copa; algumas espécies possuem formas multitroncos.
Arbusto	Planta lenhosa perene que ramifica abaixo ou junto ao nível do solo, formando vários caules principais, logo, sem tronco livre de ramos.
Erva	Pequena planta produtora de sementes e não lenhosa perene ou anual, isto é, cuja parte aérea morre ao final de cada estação de crescimento.
Epífita	Planta que se utiliza de outra planta, geralmente uma árvore, como suporte físico, mas não se nutre dela.
Parasita	Planta que se utiliza de outra planta, geralmente uma árvore, como suporte físico e que extrai dela sua nutrição de forma total (holoparasita) ou parcial (hemiparasita).
Liana (cipó)	Planta lenhosa ou fibrosa que se desenvolve crescendo em cima de outra planta, geralmente árvore; em algumas espécies, os brotos crescem realizando um movimento de rotação que permite aderir às estruturas de outras plantas.
Escandente	Planta cujo caule (ou caules) se desenvolve pendendo de forma livre sobre o substrato ou sobre outra planta.

Nomenclatura botânica. A nomenclatura botânica segue o sistema APG II, conforme apresentado por Souza e Lorenzi (2008). Já as descrições botânicas se baseiam em Joly (1976), Ferri, Menezes e Moneiro-Scanavacca (1978) e em Souza e Lorenzi (2008). O livro de Souza e Lorenzi (2008) é uma boa referência sobre sistemática e nomenclatura botânica.

E as palmeiras são árvores? A palavra palmeira designa plantas da família Arecaceae (antiga Palmae) com estipe geralmente lignificado. Embora algumas palmeiras tenham estipe subterrâneo, aquelas que são chamadas de árvores normalmente tem o estipe simples, isto é, sem ramificação, com grandes folhas no topo. Mas o estipe das palmeiras tem anatomia particular, bastante distinta da do tronco das árvores, de modo que é discutível dizer que elas produzem o que se chama de madeira. As palmeiras também possuem um padrão de crescimento muito particular e não apresentam uma forma de crescimento chamada de *crescimento secundário*, responsável pelo aumento da espessura do tronco das árvores por meio do acúmulo de massa lenhosa ao longo do tempo. Consequentemente, a distinção entre palmeiras e árvores também está relacionada à anatomia e ao modo de crescimento e não só à forma ou à aparência, logo, essa distinção é essencial para os estudos quantitativos.

As samambaias às vezes são incluídas em levantamentos florestais, uma vez que algumas espécies, geralmente da família Cyatheaceae, são abundantes nas florestas tropicais úmidas e possuem caule ereto, podendo alcançar porte avantajado. Elas são plantas primitivas que não fazem parte do grupo das fanerógamas, isto é, as plantas com órgãos sexuais aparentes, ditas plantas superiores. O seu caule é ainda mais distinto do caule das árvores que o das palmeiras, pois não possui uma casca verdadeira, podendo ser revestido de raízes adventícias que produzem o seu engrossamento com o tempo. Dessa forma, as samambaiaçus (samambaias arborescentes) não devem ser consideradas árvores.

A distinção entre árvores e arbustos é mais sutil. Os arbustos também são lenhosos e formam uma copa pela ramificação dos caules. Alguns arbustos chegam a exibir apenas um caule principal. Várias espécies indicadas como arbustos na arborização urbana, como a falsa murta (*Murraya exotica* L.) e o cróton (*Codiaeum variegatum* (L.) A. Juss.), frequentemente apresentam caule único sem a ramificação no nível do solo. A distinção pode ser antes de tamanho que de constituição e forma, embora a distinção de tamanho seja fundamental no caso da arborização urbana.

Distinção de arbusto. Para avaliar a importância da distinção de tamanho entre árvores e arbustos na arborização urbana, veja Aguirre Júnior e Lima (2007).

Por outro lado, algumas espécies arbóreas, quando plantadas em condições ambientais distintas das condições originais de sua ocorrência, podem manifestar comportamento muito semelhante ao de arbustos. Exemplo típico são as espécies de ingá (*Inga* spp., Fabaceae) que são árvores típicas das matas ciliares, mas que quando plantadas a pleno sol, em plantios de revegetação, costumam iniciar a ramificação do caule próximo ao nível do solo.

Talvez seja mais apropriado conceber a distinção entre árvore e arbusto como sendo uma distinção em quantidade e não em qualidade. A aceitação da distinção gradual entre árvores e arbustos implica na necessidade da determinação de limites mínimos, até certo ponto arbitrários, para as medidas que descrevem o que é uma árvore. A seguinte definição de árvore se mostra adequada:

Árvore é uma planta lenhosa perene com um ou mais caules eretos (troncos) que se ramificam acima do nível do solo formando uma copa bem definida, sendo o diâmetro do tronco à altura do peito (1,30 m) de no mínimo 5 cm e a altura total de pelo menos 5 m.

Definição de árvore. A definição de árvore foi adaptada de Little (1953). Segundo Wilson (1984), ela é amplamente utilizada na América do Norte. Existe na literatura florestal, no entanto, a preocupação sobre a melhor definição de árvores e florestas para a elaboração de inventários florestais nacionais. Alguns trabalhos mais recentes que exemplificam essa preocupação são Lund (1999), Vidal et al. (2008) e Gschwantner et al. (2009).

Essa é uma definição *operacional* para fins de mensuração. Não se afirma aqui que somente as plantas cuja constituição esteja de acordo com essa definição são árvores. Sendo operacional, essa definição implica que plantas em desacordo com ela não devem ser *medidas como se fossem árvores*. Nesses casos, torna-se necessário refletir e ponderar sobre o tipo de estudo ou de levantamento que será realizado, determinando qual a informação que se busca e quais os procedimentos de mensuração adequados para gerar tal informação.

Quais plantas estão em desacordo com essa definição? Muitas plantas, frequentemente tomadas como árvores em levantamentos florestais, não se enquadram nessa definição. A lista inclui os exemplos já descritos: os bambus, as palmeiras, as samambaiaçus, os arbustos e as árvores com comportamento de arbusto, mas também as árvores que não atingiram a fase adulta de desenvolvimento, sendo a sua forma ainda dominada por características morfológicas das fases juvenis.

1.1.1 Dois grandes grupos de árvores

As árvores estão presentes num grande número de famílias botânicas pertencentes a grupos botânicos distintos. Não é possível delimitar claramente um único grupo botânico que compreenda todas as espécies arbóreas. Mas, são reconhecidos dois grandes grupos que, na terminologia florestal (não botânica), são designados como *coníferas* e *folhosas*. As coníferas são as árvores do grupo das Gimnospermas, principalmente da ordem Pinales, enquanto as folhosas pertencem ao grupo das Angiospermas, estando presentes em várias ordens e famílias.

Além da diferença botânica, coníferas e folhosas são distintas na estrutura anatômica da sua madeira. Nas coníferas, o lenho tem estrutura relativamente simples, com predominância de elementos longos e retos, formados pelos traqueídeos, que são células longas e estreitas. Já nas folhosas, a anatomia da madeira é muito variada indo desde madeiras de estruturas simples semelhantes às coníferas, nas espécies mais primitivas, até madeiras de estruturas complexas. Os lenhos complexos são compostos de células que se especializaram no desempenho de suas funções gerando vários elementos distintos, como traqueídeos e vasos, diversas categorias de fibras, parênquima axial e um ou mais tipos de raios.

Anatomia de folhosas e coníferas. O livro de Esau (1974) traz uma excelente e detalhada apresentação sobre anatomia da madeira de folhosas e coníferas, além de tratar da anatomia das plantas em geral.

Com relação à forma do tronco e da copa, as coníferas tendem a ter uma forma mais definida, sendo menos influenciada pelas situações ambientais em que a árvore cresce. Já dentre as folhosas, há espécies que apresentam forma bastante fixa, mas a maioria delas tende a ter uma alta plasticidade de forma na resposta às variações ambientais, de modo que indivíduos da mesma espécie podem ter formas bastante distintas. As técnicas de mensuração de árvores foram originalmente desenvolvidas nos países do hemisfério Norte para espécies arbóreas, coníferas e folhosas, com plasticidade de forma relativamente pequena quando comparadas à maioria das espécies arbóreas tropicais.

1.2 Forma das árvores

A forma das árvores é definida pelo padrão de crescimento e desenvolvimento do tronco associado ao processo de formação dos ramos, ramificação, e ao padrão de inserção das folhas e das flores nos ramos que dão à copa da árvore sua forma. Dentro do padrão básico definido como hábito arbóreo, existe uma infinidade de variantes possíveis que são determinadas por diferenças no padrão de desenvolvimento. Esse padrão está em função da genética de cada espécie e determina o funcionamento fisiológico interno das árvores em interação com as condições ambientais. Assim, os padrões de forma e o processo de crescimento são inseparáveis.

1.2.1 Formas básicas

Numa primeira classificação das formas das árvores, reconhecem-se três padrões básicos de forma, dentro dos quais pode haver também um grande número de variantes. As árvores de *copa colunar* (Fig. 1.1A) são caracterizadas pelo fato de o crescimento do lenho se concentrar no tronco principal, geralmente único, a partir do qual se desenvolvem ramos primários de pequenas dimensões que frequentemente não se ramificam. Embora a copa colunar também seja atribuída às palmeiras, ela é típica de algumas espécies de coníferas, como a araucária-excelsa (*Araucaria columnaris* (Forst.) Hook, Araucariaceae), o pinheiro-do-paraná (*Araucaria angustifolia* (Bertol.) Kuntze, Araucariaceae) e o cipreste-italiano (*Cupressus sempervirens* L. var. *stricta* Aiton, Cupressaceae), sendo bastante valorizada por seu efeito paisagístico.

As árvores de *copa excurrente* (Fig. 1.1B) também têm um padrão bastante característico, que é o formato cônico. Esse formato é gerado pelo crescimento ereto do caule principal, que geralmente é único, enquanto que os ramos secundários se desenvolvem afastando-se do caule principal na direção lateral. Esse afastamento continua à medida que os ramos secundários se ramificam formando ramos terciários, que, por sua vez, se desenvolvem do mesmo modo, formando ramos quaternários, e assim sucessivamente.

Uma maneira dos ramos se inserirem no caule é em intervalos regulares, formando os verticilos e os internódios a qual é chamada de *filotaxia oposta*. A filotaxia oposta é muito comum nas coníferas, por exemplo, nos pinheiros exóticos plantados no Brasil (gênero *Pinus*, Pinaceae) e no pinheiro-do-paraná (*Araucaria angustifolia* (Bertol.) Kuntze, Araucariaceae), mas também em algumas folhosas como na espécie exótica chapéu-de-sol (*Terminalia catappa* L., Combretaceae), muito utilizada como ornamental, principalmente nas praias.

A outra maneira de inserção dos ramos é chamada de *filotaxia alternada*, em que os ramos se inserem de modo alternado ao longo do tronco seguindo o percurso de uma espiral. Esse tipo de inserção é comum nas folhosas de copa excurrente, como as espécies de eucalipto introduzidas no Brasil (gêneros *Eucalyptus* e *Corymbia*, Myrtaceae) e algumas nativas como o jaracatiá (*Jacaratia spinosa* (Aubli) A. DC., Caricaceae).

A forma de copa mais típica das folhosas é a *copa decurrente* (Fig. 1.1C). No desenvolvimento dessa forma de copa, o caule principal se bifurca ou se ramifica de modo que dois ou mais caules passam a competir entre si no crescimento em altura. O resultado visual é a impossibilidade de identificar claramente a partir de uma certa altura o tronco principal. Cada caule ramifica formando ramos secundários, terciários etc., que terão diferentes ângulos de inserção e diferentes velocidades de crescimento relativas ao caule de origem. A inserção dos ramos pode seguir tanto a filotaxia oposta quanto a alternada, mas as inúmeras possibilidades de ângulo de inserção e de velocidade de crescimento resulta em copas extremamente plásticas, que podem responder rapidamente a alterações do ambiente luminoso no qual a árvore vive, gerando a grande diversidade de formas observada entre as árvores folhosas.

Formas básicas das árvores. A classificação das formas básicas das copas das árvores em colunar, excurrente e decurrente é apresentada por Zimmermann e Brown (1971), inclusive a identificação das palmeiras como tendo forma colunar. A palavra *excurrente* vem da palavra latina *excurrens/excurrentis* que significa *correr para fora*. A palavra *decurrente* não existe no português, mas deriva da palavra latina *decurrens/decurrentis* que significa *correr sobre* ou correr paralelamente. Na língua portuguesa, existe a palavra *decorrente*, mas seus significados nos dicionários não se aplicam à descrição da copa das árvores. Zimmermann e Brown (1971) também descrevem a transformação das copas excurrentes em decurrentes em função da idade e do estresse ambiental.

Fig. 1.1 Exemplo de forma de copas: (A) copa colunar da araucária-excelsa (*Araucaria columnaris* (Forst.) Hook, Araucariaceae), (B) copa excurrente do jambo-vermelho (*Syzygium malaccense* (L.) Merr & L. M. Perry, Myrtaceae) e (C) copa decurrente da farinha-seca (*Albizia* spp., Fabaceae) (versão colorida - ver prancha 1, p. 375)

Entre as folhosas, é comum que a forma da árvore mude durante o seu crescimento e desenvolvimento (Fig. 1.2). Muitas espécies tem a copa claramente excurrente na fase juvenil, mas que se torna decurrente à medida que a árvore cresce e desenvolve uma copa com estrutura mais complexa. Esse comportamento ocorre em diversas famílias botânicas. Alguns exemplos são o guarantã (*Esenbeckia leiocarpa* Engl., Rutaceae), os jequitibás (*Cariniana* spp., Lecythidaceae), as paineiras (*Ceiba* spp., Malvaceae) e diversas espécies da família Meliaceae, como os cedros (*Cedrella* spp.) e o mogno (*Swietenia macrophylla* King). Em algumas espécies, a forma excurrente se manifesta somente em idades avançadas quando a árvore atinge um grande tamanho, como em algumas espécies de eucalipto (*Eucalyptus* spp. e *Corymbia* spp., Myrtaceae). Mesmo algumas coníferas tipicamente excurrentes tendem a desenvolver uma copa decurrente em idade avançada, como as espécies do gênero *Pinus* (Pinaceae).

A mudança da forma da árvore também pode ser influenciada pelo ambiente. Ambientes restritivos, como solos de baixa fertilidade ou com baixa disponibilidade de água, podem antecipar a mudança da forma excurrente para a decurrente. Alterações no ambiente luminoso também podem ter forte impacto sobre a forma da copa das árvores.

Arquitetura de árvores. O sistema de arquitetura de árvores é detalhadamente apresentado por Hallé, Oldeman e Tomlinson (1978), incluindo o tema da alteração na forma da copa em função do ambiente luminoso.

1.2.2 Arquitetura das árvores

A classificação da copa em colunar, excurrente e decurrente permite a identificação de árvores com formas bastante distintas, mas não é suficientemente precisa para fazer distinções dentre a grande variedade de formas da classe decurrente, na qual se encontra a maioria das espécies arbóreas tropicais. O fato de que diversas espécies têm copa excurrente na fase juvenil, passando a decurrente na fase adulta, indica que o crescimento e desenvolvimento da copa das árvores é um processo bem mais complexo que o sugerido por essa classificação básica.

Um sistema de classificação mais preciso da forma das árvores deveria permitir a distinção das inúmeras variantes de copas decurrentes e a explicação da transformação da forma da copa durante o seu desenvolvimento ou em razão das influências ambientais. Tal sistema existe e se baseia no conceito de arquitetura de copa. Entretanto, ele não é organizado pela simples classificação aparente das copas, mas requer o conhecimento dos processos fisiológicos e morfológicos do desenvolvimento das árvores.

Esse sistema consiste numa série de *modelos de arquitetura* que descrevem os padrões de desenvolvimento das espécies arbóreas. O modelo parte de um padrão básico, definido geneticamente, que descreve o crescimento e o desenvolvimento desde a plântula até a árvore adulta e senescente, apresentando as formas possíveis de interação com os fatores ambientais gerando as alterações observadas ao longo da vida de uma árvore. Cada modelo é designado pelo nome do autor que primeiro o descreveu e, geralmente, não possui qualquer ligação com as formas de copa descritas anteriormente ou com famílias botânicas particulares. Um mesmo modelo de arquitetura pode contemplar espécies coníferas e folhosas.

A aplicação do sistema de arquitetura de árvores requer um grande conhecimento dos processos fisiológicos e morfológicos das espécies estudadas ao longo do seu ciclo de vida, sendo, portanto, de aplicação trabalhosa. A grande diversidade de espécies arbóreas nos trópicos, que com frequência resulta no descobrimento de novas espécies ainda não classificadas, é outro aspecto que limita fortemente a aplicação ampla do sistema de modelos de arquitetura nos levantamentos florestais.

1.3 Crescimento das árvores

O crescimento das árvores se dá pelo crescimento do caule, dos ramos e das raízes. Caule, ramos e raízes podem ser designados genericamente como *eixos*. Portanto, uma árvore cresce por meio do alongamento ou engrossamento dos eixos ou pela ramificação na copa ou nas raízes, que é a formação de novos eixos a partir dos eixos existentes. Alongamento e engrossamento são processos aditivos de crescimento, enquanto que o surgimento de novos eixos é um processo multiplicativo.

Fig. 1.2 Exemplo de mudança da forma da copa de excurrente para decurrente em árvores paus-formiga (*Triplaris americana* L., Polygonaceae) de tamanho crescente (versão colorida - ver prancha 2, p. 375)

Crescimento das árvores. Para uma apresentação bastante detalhada e, ao mesmo tempo, relativamente breve sobre o crescimento das árvores, veja Wilson (1984).

Ambos os processos ocorrem em locais específicos dos eixos, chamados de *meristemas*, nos quais as células se dividem gerando novas células. No crescimento aditivo, as novas células geradas alongam e engrossam até adquirir o tamanho adequado e então se especializam em um dos diversos tipos de células que formam a estrutura da árvore. Já o crescimento multiplicativo é resultado da divisão do meristema em novos meristemas, formando novos eixos de crescimento. Uma vez que a célula se especializa, ela não consegue mais se dividir e cessa de crescer. Os meristemas são, portanto, tecidos formados por células não especializadas, cuja atividade consiste em se dividir, promovendo o crescimento da árvore.

Na extremidade de cada eixo da árvore, há um meristema que promove o alongamento do eixo, o chamado *meristema apical*. Durante o alongamento de um eixo, o meristema apical se divide deixando *meristemas laterais* ao longo do eixo. Alguns meristemas laterais iniciam seu crescimento assim que são formados, promovendo a formação de novos eixos e resultando na ramificação da copa ou do sistema radicular. Muitos meristemas laterais, no entanto, permanecem dormentes, à espera do estímulo adequado para iniciarem sua atividade.

O engrossamento dos eixos da árvore é resultado da atividade de um meristema chamado *câmbio*, que forma uma superfície contínua que circunda totalmente o eixo de crescimento da árvore. Enquanto nos meristemas apicais a divisão das células ocorre no plano transversal do eixo, resultando no seu alongamento, a divisão celular do câmbio ocorre lateralmente (plano tangencial), promovendo o engrossamento do eixo.

O crescimento causado pelos meristemas apicais é chamado de *crescimento primário*, enquanto que o promovido pelo câmbio é designado como *crescimento secundário*. O crescimento na altura de uma árvore, bem como o aumento das dimensões da copa e do sistema radicular, é resultado do crescimento primário. Já o aumento do diâmetro do tronco, dos ramos e das raízes, que traz como consequência o crescimento em volume e massa lenhosa, é resultado do crescimento secundário.

Nas regiões onde o clima tem uma marcante sazonalidade, com uma estação propícia ao crescimento bem definida, a atividade dos meristemas é intermitente durante o ano. No meio da estação de crescimento, os meristemas estão em intensa atividade, mas permanecem dormentes no período em que as condições ambientais não são propícias, como o frio ou a seca. Entre a intensa atividade e a dormência, ocorrem os períodos de aceleração e desaceleração do crescimento, de modo que o crescimento do meristema adquire um padrão rítmico anual característico. Já nas regiões de condições ambientais uniformes, sem clara sazonalidade, o meristema pode crescer continuamente ao longo de todo ano.

Nas regiões de inverno rigoroso, como o Sul do Brasil, ou de estação seca claramente definida por intenso déficit hídrico no solo, como o sertão nordestino e a região central do Brasil, as árvores possuem um padrão de crescimento sazonal. O crescimento ritmado dos meristemas apicais tende a gerar copas com padrão de crescimento bem característico, mesmo em copas decurrentes. Algumas coníferas de florestas de altas latitudes desenvolvem copa excurrente formando um único verticilo por ano. A idade das árvores nessas espécies pode ser facilmente determinada contando-se os verticilos presentes e as cicatrizes no tronco dos verticilos cujos ramos já caíram. Em climas sazonais, mesmo as espécies sem padrão bem definido de crescimento de copa apresentam no lenho do tronco anéis anuais de crescimento formados pelo padrão ritmado de aceleração e desaceleração da atividade do câmbio. Nessa situação, a contagem dos anéis anuais de crescimento é uma forma segura de determinação da idade das árvores.

Nas regiões tropicais úmidas, como a Amazônia e a costa marítima do Brasil, principalmente do Paraná à Bahia, onde as condições climáticas são mais constantes ao longo do ano e não há uma clara demarcação da estação de crescimento, os padrões de crescimento das árvores podem ser bem mais diversos. Algumas espécies arbóreas mantêm um padrão rítmico mesmo na ausência de sazonalidade, mas o ritmo não é necessariamente anual, podendo ser semestral, bianual ou plurianual. Outras espécies possuem um crescimento praticamente contínuo de crescimento, tanto do câmbio quanto dos meristemas apicais. Mas há ainda espécies cujos meristemas apicais possuem comportamento independente nos diferentes ramos, alguns com crescimento ritmado e outros, contínuo.

1.4 Arborimetria: mensuração de árvores

Neste capítulo foram descritas brevemente as características essenciais das árvores. O ponto central do que foi apresentado é que as árvores são um hábito vegetal específico com os seus atributos particulares, de modo que a mensuração de árvores não deve ser entendida como a mensuração de qualquer tipo de planta. Os métodos e técnicas desenvolvidos para a mensuração das árvores não são necessariamente aplicáveis aos outros hábitos vegetais. Mais ainda, como esses métodos e técnicas foram inicialmente desenvolvidos na Europa, as formas tradicionais de mensuração trazem implicitamente um viés voltado para as espécies arbóreas daquele continente. A aplicação adequada desses métodos e técnicas às espécies arbóreas tropicais requer uma avaliação criteriosa das espécies em estudo e adaptação apropriada dos métodos e técnicas tradicionais. O objetivo deste capítulo foi apresentar resumidamente os elementos fundamentais para essa avaliação e adaptação.

Nos próximos capítulos, será apresentada a Arborimetria ou mensuração de árvores. O eixo de exposição segue os métodos e técnicas tradicionais em seus conceitos e preceitos fundamentais, mas foram realizadas adaptações para as espécies arbóreas tropicais nos pontos mais necessários. Contudo, essa adaptação não é exaustiva e a análise criteriosa dos procedimentos apresentados deve ser realizada na sua aplicação prática.

Arborimetria. A palavra *arbor/arboris* significa árvore no latim clássico, isto é, o latim dos textos romanos do período entre 200 anos a.C. e 100 anos d.C. (veja Simpson, 1968). Também no latim clássico, há duas palavras que podem ser associadas à expressão *metria*: o substantivo *metrum/metri* que significa medida, e o verbo *metior/metiri* que significa mensurar, medir. Logo, a palavra *arborimetria* é uma composição que significa mensuração de árvores. A palavra utilizada tradicionalmente é *dendrometria*, derivada do radical grego *dendros* ou *dendron* que também significa árvore. Contudo, essa palavra tem sido usada no Brasil num sentido muito mais amplo do que estritamente a medição de árvores. Por outro lado, a expressão *dendrometria e inventário florestal* tornou-se um lugar comum no jargão dos engenheiros florestais, que frequentemente é aplicada a qualquer forma de mensuração ou de levantamento em florestas, sem qualquer preocupação com o rigor terminológico. Para o bem da precisão terminológica, decidiu-se cunhar a palavra *arborimetria*.

A arborimetria é desenvolvida nos seus métodos básicos. A *arborimetria não destrutiva* trata da tomada de medidas das árvores em pé, sem a necessidade de abatê-las. Já a *arborimetria destrutiva* aborda as medidas que só podem ser tomadas por meio da destruição do indivíduo arbóreo, isto é, a árvore precisa ser abatida para que o atributo possa ser determinado. O capítulo seguinte trata dos *fundamentos da mensuração* e apresenta os conceitos envolvidos na tomada das medidas e no tratamento das incertezas associadas a elas. Segue-se um capítulo sobre os métodos de *monitoramento de árvores* que trata da questão do acompanhamento das transformações que as árvores sofrem ao longo do tempo. Por fim, apresenta-se a *arborimetria preditiva* que trata da construção de relações empíricas entre medidas destrutivas e não destrutivas, para que se possa determinar os atributos de medição destrutiva de árvores em pé, e entre medidas arborimétricas e a idade das árvores, visando a construção de modelos que representem com fidelidade o processo de crescimento das árvores.

Sugestões bibliográficas

Infelizmente, a literatura em português é geralmente muito técnica e especializada no que se refere ao tema árvores, cada livro abordando um aspecto do tema. Os livros que tratam das árvores num contexto mais completo são geralmente destinados ao ensino básico e frequentemente são traduções de livros europeus ou norte-americanos. Para o aprofundamento do conhecimento da árvore como organismo vegetal, na leitura de um único livro, o melhor é o *The Growing Tree*, de Wilson (1984). Quanto à forma das árvores e sua arquitetura, particularmente das espécies tropicais, o livro *Tropical trees and forests: an architectural analysis* de Hallé, Oldeman e Tomlinson (1978) ainda é a melhor fonte.

Quadro de conceitos

Conceitos básicos	Conceitos desenvolvidos
hábito de plantas	árvore
	arbusto
	erva
	epífita
	parasita
	liana
	escandente
	palmeiras
dois grupos de árvores	coníferas
	folhosas
forma de copa	colunar
	excurrente
	decurrente
arquitetura de árvores	modelos
crescimento de árvores	eixos de crescimento
	meristema
	meristema apical
	meristema lateral
	ramificação
	câmbio
	crescimento primário
	crescimento secundário
mensuração de árvores	mensuração não destrutiva
	mensuração destrutiva

capítulo 2
Arborimetria não destrutiva

A mensuração não destrutiva das árvores fica restrita àqueles atributos que podem ser observados e medidos quando as árvores estão em pé. Assim, não é necessário o abate da árvore e a obtenção desses atributos não causa impacto marcante na vida da árvore. Por isso, eles são geralmente observados em todas as árvores incluídas num levantamento florestal e são os únicos atributos que podem ser medidos durante o monitoramento das árvores.

Para que a obtenção da informação seja eficiente, é importante que esses atributos sejam observados ou medidos com precisão, mas também com rapidez, de modo que um grande número de árvores possa ser medido em intervalos de tempo relativamente breves. Por isso, a mensuração não destrutiva envolve procedimentos de medição que são conceitualmente simples e operacionalmente práticos.

2.1 Número de troncos e atributos qualitativos

O elemento que caracteriza as árvores é a formação de um ou mais caules lenhosos eretos, isto é, a formação dos troncos. Se alguns atributos se referem à árvore como um todo, outros são observados e medidos nos troncos individualmente, por exemplo, o diâmetro do tronco. A observação das árvores começa, portanto, pela enumeração dos troncos e pela observação de cada um deles. O número de troncos não é um atributo que se registra explicitamente, ele está implícito no fato de que os registros das observações de campo são realizados tronco a tronco, isto é, para cada tronco individualmente.

Vários atributos qualitativos são observados e registrados no campo, de modo que, em todo levantamento florestal, o procedimento de observação das árvores deve ser definido, com o objetivo de padronizar a descrição e o registro dos atributos qualitativos. A definição do procedimento e dos atributos dependem dos objetivos do levantamento e, portanto, não é possível descrever um procedimento único de como fazê-lo. A título de exemplo, o Quadro 2.1 apresenta os atributos qualitativos acompanhados num sistema de monitoramento, no qual se utiliza a remedição anual de parcelas permanentes em que todas as árvores são identificadas por uma pequena placa de metal.

Quadro 2.1 Exemplo de atributos acompanhados num sistema de monitoramento fundamentado na remedição de parcelas permanentes

Atributo	Descrição
Falha	Ausência da árvore no ponto de plantio.
Bifurcado	Avaliação da qualidade do tronco: árvore cujo tronco único se subdivide em dois ou mais acima da altura do peito (1,30 m).
Perfilhada	Árvore com dois ou mais troncos resultantes da divisão do tronco abaixo da altura do peito (1,30 m).
Diâmetro à altura do peito (DAP) menor	Árvore com DAP menor que o mínimo exigido para mensuração (DAP ≤ 5 cm).
Rebrota	Árvore resultante da brotação de toco cortado.
Quebrado	Tronco quebrado acima da altura do peito (1,30 m); não deve ter a altura medida.
Morta	Árvore morta em pé.
Dominante	Árvore cuja altura deve ser medida para compor a altura dominante do povoamento.
Dominada	Árvore cuja copa está suprimida pelas copas das árvores que formam o dossel da floresta; o ápice da sua copa está abaixo da base da copa das árvores do dossel; sua copa não recebe luz direta.
Sinuoso/Torto	Avaliação da qualidade do tronco; tronco com forma sinuosa ou com tortuosidade; má qualidade do tronco.
Brotação	Árvore cortada em talhão desbastado que apresenta brotação com DAP abaixo do DAP mínimo.
Ponta seca	Árvore viva com ponteiro seco.
Pragas/Doenças	Sinais de ataque de insetos ou de doenças.
Deficiência	Sinais de deficiência de nutrientes minerais.
Sem placa	Placa de identificação não presente na árvore.
Placa englobada	Placa de identificação englobada pela árvore.
Placa duplicada	Árvore perfilhada com duas ou mais placas diferentes em cada tronco.
Sem numeração	Árvore sem placa ou cujo número não foi identificado.
Não encontrada	Árvore não localizada na unidade amostral.

Alguns dos atributos observados se referem à árvore, independentemente do número de troncos, por exemplo, se é uma falha de plantio, se a árvore perfilhou, isto é, produziu vários troncos, se ela é uma rebrota de uma árvore desbastada, se é uma árvore dominante ou dominada, ou ainda se é uma árvore morta em pé. Já outros atributos são especificamente de avaliação da qualidade do tronco (bifurcado, tortuoso ou sinuoso), ou o registro de defeitos importantes para mensuração (tronco quebrado) ou para o manejo (ponta seca).

É possível que alguns registros de campo não se refiram à árvore ou aos troncos em si, mas às condições de identificação da árvore no campo. No exemplo do Quadro 2.1, vários atributos são relativos à situação da placa de identificação da árvore. Nos sistemas de monitoramento do exemplo, a identificação das árvores individualmente é essencial, o que requer cuidados adicionais para a manutenção da boa qualidade da identificação delas no campo.

2.2 Diâmetro do tronco

Nas árvores, as principais funções do sistema lenhoso (tronco e ramos) são a sustentação da planta e a translocação das seivas bruta e elaborada. Logo, o tamanho do tronco tem uma forte relação com o tamanho da árvores como um todo: ramos, folhas e até mesmo o sistema radicular. O diâmetro do tronco é, assim, a medida mais simples do tamanho das árvores, sendo frequentemente utilizado para classificá-las por tamanho.

Apesar da simplicidade de sua medida, a padronização dos procedimentos de medição de diâmetro é necessária, pois existe uma grande diversidade de situações de campo em que o diâmetro do tronco é medido. A simples referência a uma *medida de diâmetro* pode significar informações absolutamente distintas sobre a árvore caso uma mesma convenção não seja seguida.

2.2.1 Diâmetro à altura do peito

O diâmetro de um tronco pode ser medido em qualquer posição do tronco, mas, obviamente, medidas tomadas em posições distintas não serão comparáveis. Assim, convencionou-se que a medida básica do diâmetro do tronco é o *diâmetro à altura do peito*, isto é, o diâmetro do tronco tomado a 1,30 m de altura. Essa medida é indicada pela sigla *DAP*.

Na verdade, a *altura do peito* não é a mesma em todos os países, havendo diferenças entre a América do Sul, América do Norte, Europa e Ásia. Mas as situações particulares em que as árvores se encontram na floresta podem afetar ainda mais essa altura. A Fig. 2.1 apresenta algumas situações frequentemente encontradas e que fogem à convenção da altura do peito de 1,30 m. O procedimento de medição estabelecido por convenção é indicado para cada uma dessas situações.

Medição indireta: fita métrica e fita dendrométrica
A forma mais simples de se medir o *DAP* é medir a circunferência do tronco e convertê-la para diâmetro. Essa medida é designada por *CAP* (circunferência à altura do peito). As palavras *diâmetro* e *circunferência* implicam que a figura geométrica tratada é o círculo. Essa é a convenção fundamental sobre a secção transversal do tronco à altura do peito: *sempre* se assume que ela é perfeitamente circular. Logo, a conversão da circunferência em diâmetro segue a relação fundamental do círculo:

$$DAP = \frac{CAP}{\pi}$$

Essa medida indireta do *DAP* pode ser feita com uma simples fita métrica ou com a *fita diamétrica* ou *dendrométrica*, que é uma fita na qual cada marca da escala corresponde a exatamente π (3,141592654...) centímetros. Assim, ao se passar a fita diamétrica ao redor do tronco, a medida lida nela já corresponde ao *DAP*.

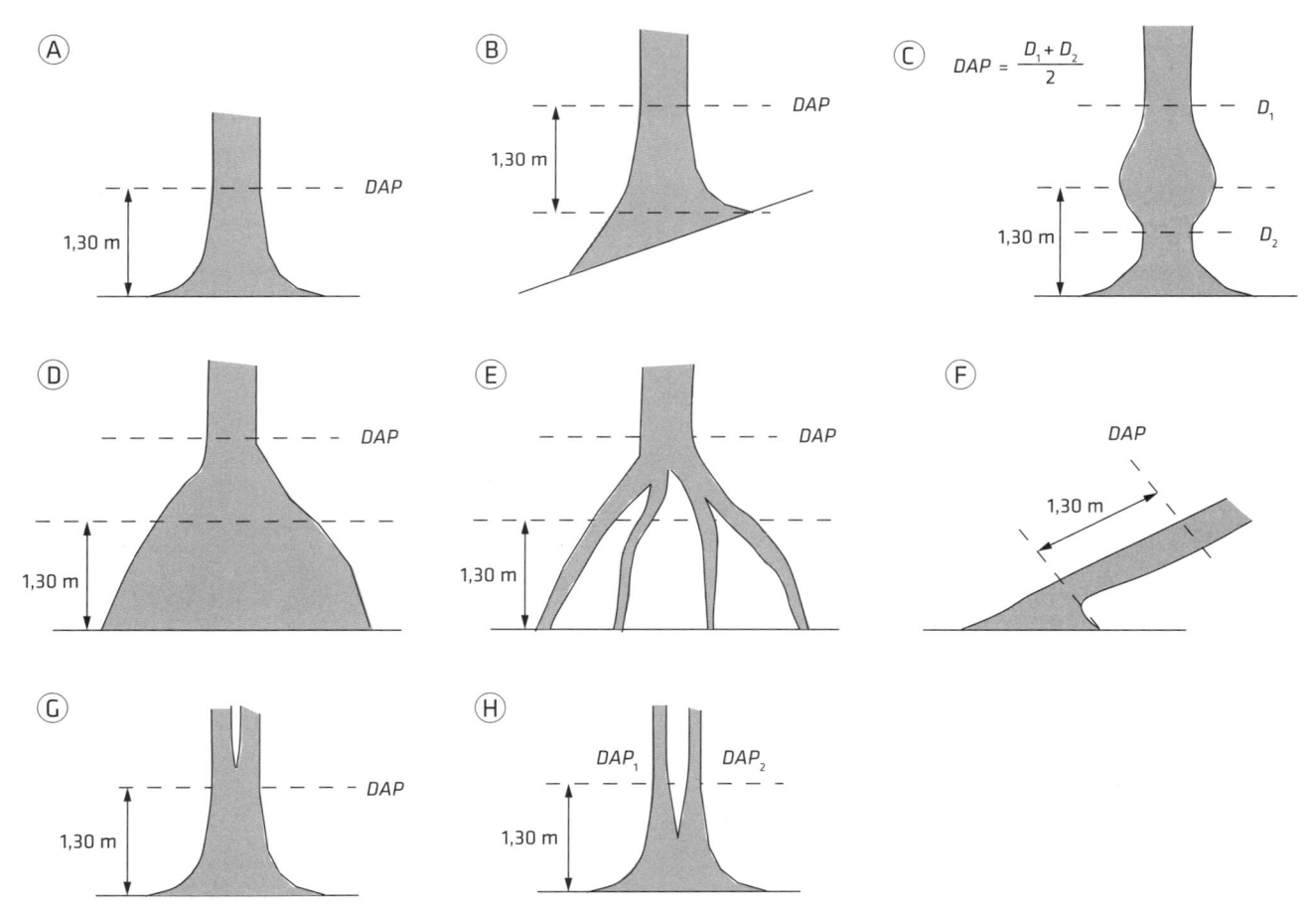

Fig. 2.1 Medição do *DAP* em situações particulares de campo: (A) na situação padrão; (B) em encostas muito íngremes, toma-se a altura de 1,30 m a montante da árvore; (C) com expansão do tronco a 1,30 m, o *DAP* é a média de medidas acima e abaixo; (D) com sapopemas basais altas, o *DAP* só é medido quando a influência delas desaparece no tronco; (E) o mesmo ocorre com raízes altas; (F) em árvores muito inclinadas, o *DAP* é tomado na distância de 1,30 m ao longo do tronco; (G) bifurcação acima de 1,30 m implica um único tronco; (H) bifurcação ou perfilhamento abaixo de 1,30 m implica a árvore possuir dois ou mais troncos e, consequentemente, dois ou mais *DAP*

Fita dendrométrica O adjetivo *dendrométrica* vem da palavra *dendrometria*, desenvolvida pela junção das palavras gregas *dendros/dendron* (árvore) e *metros/metron* (medida). Uma *fita dendrométrica* é uma fita para medir a árvore, logo, a expressão *fita diamétrica* é mais apropriada.

Medição direta: suta ou compasso florestal
O *DAP* também pode ser medido diretamente utilizando a suta ou compasso florestal, que nada mais é que um grande paquímetro utilizado para medir diretamente o diâmetro do tronco.

Para se contornar problemas de irregularidade da secção transversal do tronco à altura do peito, a convenção define que se tome duas medidas do diâmetro do tronco: a maior (d_M) e a menor (d_m) medida. Nesse caso, o *DAP* é obtido pela média das duas medidas:

$$DAP = \frac{d_M + d_m}{2}$$

2.2.2 Área transversal do tronco

A *área transversal* é a área da secção transversal do tronco à altura do peito (1,30 m). Embora o diâmetro seja a medida efetivamente tomada nas árvores, a área transversal é uma medida de interpretação fisiológica e ecológica mais direta. A importância da área transversal se fundamenta na sua relação com a superfície da secção transversal do tronco por onde ocorre a translocação das seivas entre a copa e o sistema radicular. Desta forma, ela representa uma medida ecofisiológica indireta do tamanho da árvore e possui relação direta com a superfície foliar da copa da árvore, o que implica superfície fotossintetizante da árvore, e com a área de projeção horizontal da copa, que é uma medida da ocupação do *espaço de crescimento* pela árvore.

Como foi dito, a palavra *diâmetro* indica que a secção transversal do tronco é assumida como tendo forma circular. Na Geometria, a área do círculo é sempre calculada a partir do *raio* (r), mas a medida que é efetivamente tomada no campo é o *diâmetro*. Assim, a área transversal (g) é calculada como uma medida derivada do diâmetro:

$$g = \pi \cdot r^2 \implies g = \pi \left(\frac{d}{2}\right)^2 \implies g = \left(\frac{\pi}{4}\right) d^2$$

em que d é o *DAP*, independentemente da forma como foi medido, direta ou indiretamente, e g é a área transversal.

A expressão anterior apresenta a relação fundamental entre *DAP* e área transversal, independentemente de conversões de unidades de medida. Ou seja, se o *DAP* estiver em centímetros (cm), a área transversal resultará em centímetros quadrados (cm^2); caso ele esteja em metros (m), a área será obtida em metros quadrados (m^2). Convencionalmente, o *DAP* é apresentado em centímetros, mas a área transversal é expressa em metros quadrados. Logo, a conversão apropriada de unidade se faz necessária.

Unidades de medida nas expressões matemáticas. Visando maior clareza nas relações quantitativas, neste livro as expressões matemáticas são apresentadas *sem conversão de unidades*. Nos casos em que a conversão se fizer necessária, o *fator de conversão* será apresentado explicitamente. Por exemplo, para se obter a área transversal (g) em metros quadrados a partir do *DAP* (d) em centímetros, basta considerar que um metro (1 m) é composto por 100 centímetros (10^2 cm). Como o diâmetro é elevado ao quadrado na expressão, a área transversal em metros quadrados (1 m^2) é obtida dividindo-se a expressão por dez mil (10^4 cm^2):

$$g = \frac{\pi}{4} \cdot d^2 \left[\frac{1\,\text{m}^2}{10.000\,\text{cm}^2}\right]$$
$$\implies g = \left(\frac{\pi}{4}\right) d^2 [10^{-4}\,(\text{m}^2/\text{cm}^2)]$$

2.2.3 Excentricidade da secção transversal

A convenção determina que a forma da secção transversal do tronco de uma árvore seja tratada como sendo circular, mas sabe-se que em muitas espécies arbóreas essa forma diverge bastante do círculo. Essa divergência se manifesta numa infinidade de figuras planas, sendo impossível tanto o tratamento geral de todas elas quanto o tratamento particular de cada uma delas.

Entretanto, em algumas situações particulares, como terrenos declivosos e áreas de ventos fortes com direção dominante, várias espécies desenvolvem uma forma excêntrica que tende à da elipse. Nessas situações, a medição direta do *DAP* com a suta e a medição indireta por fita resultam em medidas de área transversal bastante diferentes da área real da secção do tronco.

Duas abordagens serão utilizadas para tratar o tema da excentricidade. Primeiramente, será apresentado um estudo teórico que avalia o efeito do aumento da excentricidade da secção transversal, à medida que ele se torna mais elíptico, sobre o cálculo da área transversal quando o *DAP* é medido diretamente e indiretamente. Para validar os resultados teóricos, será apresentado em seguida um estudo empírico em que a excentricidade é avaliada em três espécies arbóreas. A função do estudo empírico é fornecer uma noção da magnitude e importância da excentricidade em três situações práticas.

Estudo teórico da excentricidade

A Fig. 2.2 apresenta os resultados do estudo teórico da excentricidade. Assume-se que o diâmetro menor da secção transversal permanece fixo em 10 cm, enquanto o diâmetro maior aumenta gradativamente, resultando em secções gradativamente mais excêntricas. A área transversal correta é aquela calculada assumindo a forma elíptica para secção. Nota-se que ambos os métodos de medição do *DAP* geram áreas com erro positivo, ou seja, a medida da área transversal é sempre superdeterminada. À medida que a excentricidade aumenta, a superdeterminação também aumenta, mas esse aumento é claramente maior na medição indireta pela fita que na medição direta pela suta (Fig. 2.2B). O pior desempenho do método indireto (fita) se acentua rapidamente com o aumento da excentricidade.

Não é necessária uma grande excentricidade para que o método indireto resulte em erro inaceitável. Na Fig. 2.2B, o erro do método indireto supera 10% a partir da excentricidade de 0,4. Numa árvore cujo diâmetro menor é 10 cm, a excentricidade de 0,4 corresponde a um diâmetro maior de apenas 11 cm.

Procedimento do estudo teórico

A construção da Fig. 2.2 requer uma série de passos de cálculo. O primeiro passo é a definição de excentricidade (ε), que é dada pela seguinte relação entre o diâmetro menor (d_m) e o diâmetro maior (d_M) da elipse:

$$\varepsilon = \sqrt{\frac{d_M^2 - d_m^2}{d_M^2}}$$

O segundo passo é apresentar um dos diâmetros em função do outro e da excentricidade:

$$d_M = \frac{d_m}{\sqrt{1-\varepsilon^2}}$$

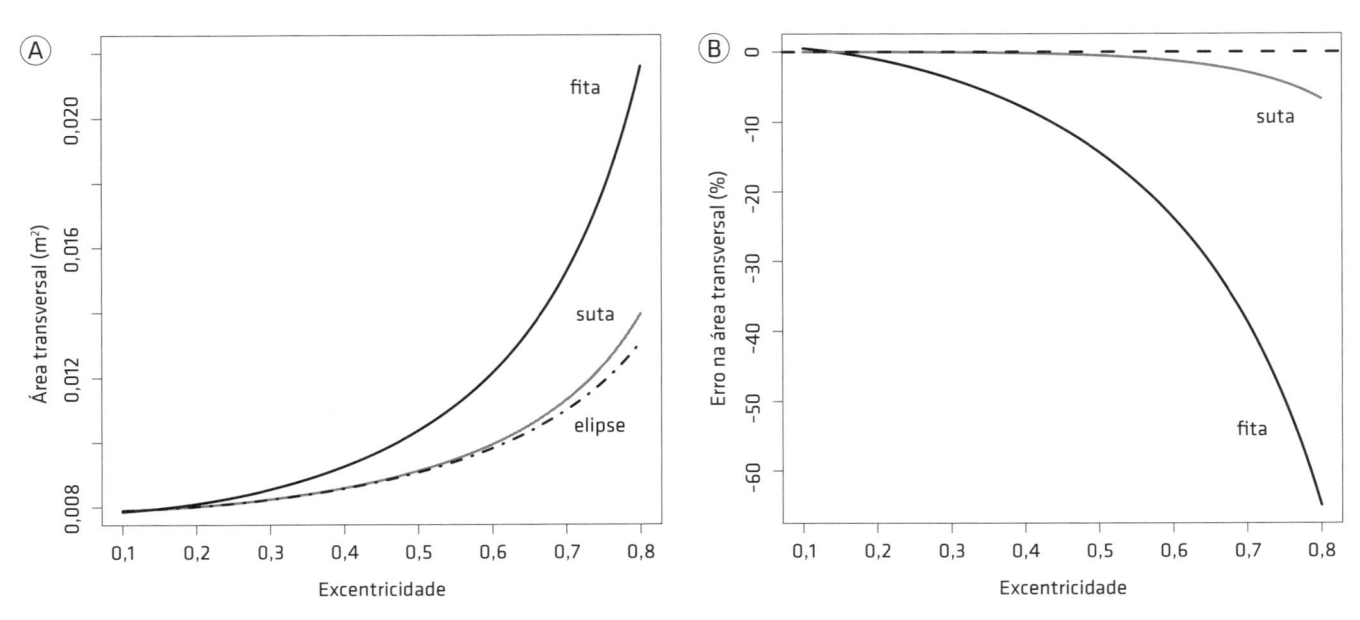

Fig. 2.2 Influência da excentricidade no cálculo da área da secção transversal do tronco. Assume-se que o diâmetro menor permanece fixo em 10 cm à medida que o diâmetro maior cresce gradativamente. No gráfico (A), a área transversal (m²) é apresentada em função da excentricidade segundo três modos de cálculo da área: assumindo que a secção tem forma elíptica (elipse), calculada a partir do *DAP* medido diretamente (suta) e do *DAP* medido indiretamente (fita). O gráfico (B) apresenta o erro relativo (%) no cálculo da área transversal para a medição direta (suta) e indireta (fita)

Na Fig. 2.2, o diâmetro menor permaneceu fixo em 10 cm e a excentricidade variou de 0,1 a 0,8.

O terceiro passo se resume em calcular a área correta da secção transversal utilizando a expressão da área da elipse (g_E):

$$g_E = \left(\frac{\pi}{4}\right) d_m \cdot d_M$$

O quarto passo é o cálculo da área transversal seguindo o método de medição direta do *DAP*. Nesse caso, o *DAP* (d_S) é dado pela média dos dois diâmetros e a área transversal é calculada como a área de um círculo (g_S):

$$d_S = \frac{d_m + d_M}{2} \quad \Rightarrow \quad g_S = \frac{\pi}{4} \cdot d_S^2$$

No quinto passo é necessário encontrar o *DAP* obtido pelo método indireto. Nesse caso, o perímetro do tronco é medido com uma fita e o *DAP* (d_F) é obtido dividindo-se o perímetro (p_E) pela constante π.

$$d_F = \frac{CAP}{\pi} = \frac{p_E}{\pi}$$

Como a premissa do estudo é que a secção transversal do tronco tem forma elíptica, esse perímetro é encontrado pela fórmula do perímetro da elipse e requer a solução da integral:

$$p_E = \int_0^{\pi/2} \sqrt{1 - \varepsilon^2 \cdot \cos^2 t} \cdot dt$$

Esta questão é denominada integral elíptica completa de segunda ordem. Infelizmente, essa integral não possui solução analítica elementar, sendo necessário obter uma aproximação pela série infinita:

$$p_E = \frac{\pi \cdot d_m}{\sqrt{1 - \varepsilon^2}} \left[1 - \sum_{n=1}^{\infty} \frac{\varepsilon^{2n}}{2n - 1} \cdot \prod_{m=1}^{n} \left(\frac{2m - 1}{2m}\right)^2 \right]$$

Elipse. O estudo da elipse não é exatamente um tema para livros de cálculo, mas o livro de Thomas e Finney (1988) apresenta o tema de modo bastante didático e detalhado. A solução na forma de série infinita para a integral do perímetro da elipse e sua aproximação numérica são apresentadas por Abramowitz e Stegun (1964). A disciplina que trata das soluções na forma de aproximação numérica para os problemas de cálculo é normalmente chamada de Cálculo Numérico. Embora seja uma disciplina mais avançada que a de Cálculo Integral e Diferencial, muitos problemas quantitativos práticos na área de recursos florestais e de ecologia só podem ser solucionados por meio dela.

A área transversal pelo método indireto (g_F) é calculada tomando-se o *DAP* obtido (d_F) e aplicando-se a expressão da área do círculo:

$$d_F = \frac{p_E}{\pi} \quad \Rightarrow \quad g_F = \frac{\pi}{4} \cdot d_F^2$$

Os erros relativos à Fig. 2.2B são obtidos pela diferença das áreas transversais g_S e g_F, que são geradas pela medição do tronco com suta (métodos direto) e pela medição do tronco com fita (método indireto), respectivamente, em relação à área correta calculada como elipse (g_E).

Estudo empírico da excentricidade

O estudo teórico mostra que a excentricidade da secção do tronco influencia o cálculo da área transversal de modo distinto, dependendo do método de medição do *DAP* utilizado. Entretanto, a importância dessa influência depende da magnitude que a excentricidade alcança em cada situação particular em que os métodos são aplicados. Em outras palavras, a relevância da excentricidade depende de cada situação prática tratada.

Dada a infinidade de situações práticas existentes, um estudo empírico nunca é exaustivo. A título de exemplo, a Fig. 2.3 apresenta a excentricidade de três espécies plantadas em povoamentos homogêneos no *campus* da Universidade de São Paulo em Piracicaba. O comportamento da excentricidade do tronco das árvores é apresentado no gráfico da estimativa da densidade probabilística da excentricidade para as três espécies: sapucaia (*Lecythis pisonis* Cambess., Lecythidaceae), pau-ferro (*Caesalpinia ferrea* var. *leiostachya* Benth., Fabaceae) e eucalipto-de-cheiro (*Corymbia citriodora* Hill & Johnson, Myrtaceae).

Nota-se que para a sapucaia a excentricidade possui maior dispersão, enquanto que no caso do pau-ferro e do eucalipto-de-cheiro as distribuições se assemelham. A Fig. 2.3 também indica que o intervalo de 0 a 0,8 compreende os valores possíveis para excentricidade nas três espécies e que os valores médios oscilam ao redor de 0,4. É importante lembrar que nenhuma dessas três espécies possui a secção transversal do tronco perfeitamente elíptica. Dentre as três, a secção transversal do pau-ferro é a mais irregular, possuindo reentrâncias características, de modo que nem a elipse, nem o círculo podem ser tomados como figuras representativas.

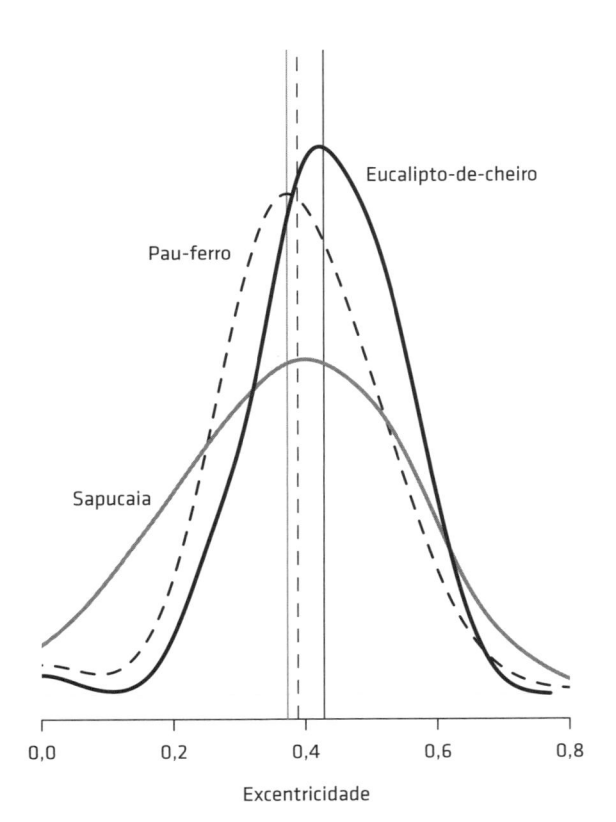

Fig. 2.3 Gráfico da estimativa da densidade probabilística da excentricidade da secção transversal do tronco à altura do peito para três espécies arbóreas: 116 árvores de pau-ferro (*Caesalpinia ferrea* var. *leiostachya* Benth., Fabaceae), 174 árvores de sapucaia (*Lecythis pisonis* Cambess., Lecythidaceae) e 62 árvores de eucalipto-de-cheiro (*Corymbia citriodora* Hill & Johnson, Myrtaceae). As linhas verticais indicam a posição da média da excentricidade de cada espécies

Se a elipse não pode ser tomada como modelo, a questão importante em termos práticos é como os dois métodos de medição, direto e indireto, diferem entre si. A Fig. 2.4 apresenta as diferenças relativas (%) da área transversal calculada pelos dois métodos para essas três espécies. Como sugerido pelo estudo teórico, a área transversal calculada pelo método indireto (fita métrica) excede a área transversal calculada pelo método direto (suta) para a maioria das árvores. Nessas três espécies, a diferença é substancial, pois apresenta uma tendência de ficar ao redor de 5%. No caso do pau-ferro, a diferença cresce com a excentricidade do tronco, enquanto que na sapucaia e no eucalipto-de-cheiro esse crescimento não é tão claro.

Implicações práticas da excentricidade
Tanto o estudo teórico quanto o empírico sugerem que a excentricidade pode ser um aspecto relevante na medição do diâmetro do tronco. O aspecto importante não é se a área transversal calculada com base no *DAP* medido diretamente ou medido indiretamente difere da área transversal calculada como uma elipse. Na prática, a área transversal é sempre calculada como um círculo com base na medida do *DAP*, pois a elipse não é necessariamente um modelo mais apropriado que o círculo. O aspecto realmente relevante é se o *DAP* medido diretamente com a suta e o *DAP* medido indiretamente, via *CAP*, pela fita métrica resultam em áreas transversais distintas.

Os exemplos apresentados mostram que isso acontece e que as diferenças na área transversal entre os métodos podem ser superiores a 5%. A conclusão é que os dois métodos de medição do *DAP não são equivalentes*. Para que o *DAP* medido por suta e o *DAP* medido por fita sejam considerados equivalentes numa situação particular, é necessário demonstrar que a excentricidade da secção transversal do tronco pode ser negligenciada.

Essa conclusão implica a necessidade de duas precauções. Primeiramente, o método de medição do *DAP* não pode ser modificado durante um levantamento florestal. O mesmo método deve ser utilizado do começo ao fim. Esse aspecto é particularmente importante quando as mesmas árvores são remedidas ao longo do tempo para se acompanhar o seu crescimento. A segunda precaução é ter cautela ao se comparar as grandezas obtidas em levantamentos florestais que utilizaram métodos diferentes na medição do *DAP*. A excentricidade do tronco das árvores pode ser um elemento indutor de diferenças espúrias.

2.2.4 *DAP* equivalente

Quando as árvores perfilham ou bifurcam abaixo da altura do peito, ocorre a formação de vários troncos num mesmo indivíduo arbóreo. Como foi visto anteriormente, nessa situação, cada tronco tem o seu respectivo *DAP* definido pela medida da espessura do tronco à altura do peito.

Em algumas situações, cada tronco da árvore possui a fisionomia e a arquitetura próprias de uma árvore independente. Assim, além de ter o seu próprio *DAP* medido,

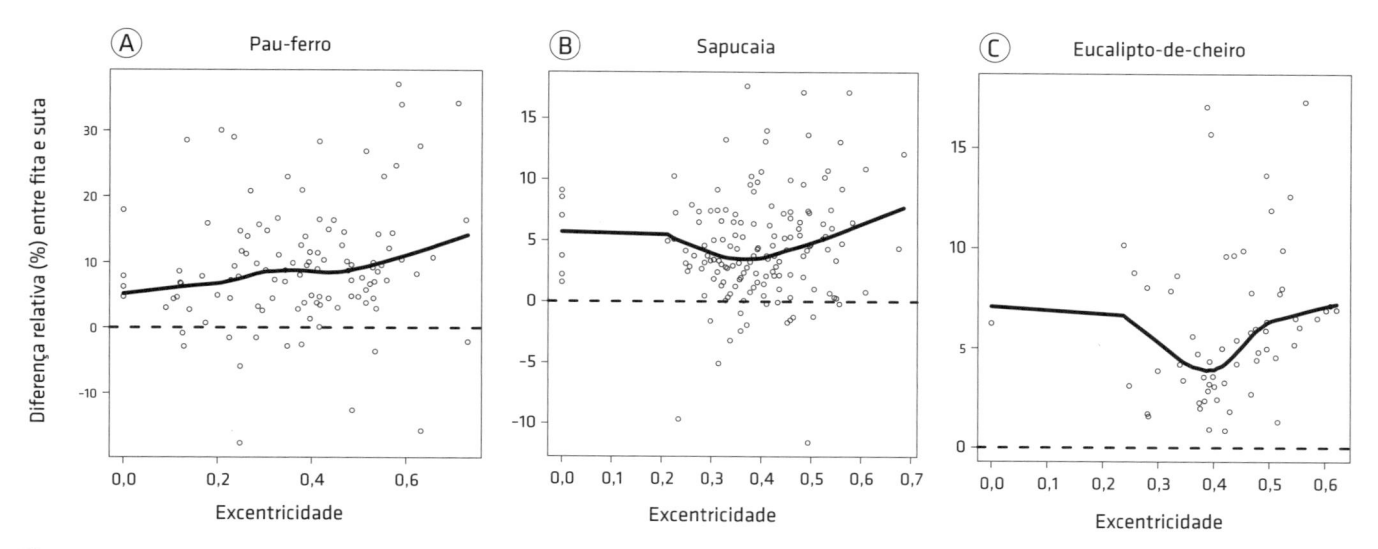

Fig. 2.4 Diferença relativa (%) na área transversal calculada com base na medição indireta do *DAP* (fita) e na medição direta do *DAP* (suta) em função da excentricidade da secção do tronco para três espécies arbóreas: pau-ferro (*Caesalpinia ferrea* var. *leiostachya* Benth., Fabaceae), sapucaia (*Lecythis pisonis* Cambess., Lecythidaceae) e eucalipto-de-cheiro (*Corymbia citriodora* Hill & Johnson, Myrtaceae)

cada tronco também pode ter uma medida própria de altura, de modo que cada tronco pode ser tratado, em termos de mensuração, como se fosse uma árvore independente. Isso ocorre geralmente nas espécies arbóreas com arquitetura de copa excurrente.

Mas nas espécies arbóreas com copa decurrente, o perfilhamento nem sempre resulta em troncos que possam ser tratados mensuracionalmente como árvores independentes. Vários fatores influenciam o comportamento dessas árvores, sendo principais o tipo de formação florestal e as condições de luminosidade em que se encontram as árvores. Esse comportamento é comum em várias espécies folhosas nativas, como *Ocotea* (Lauraceae), *Aspidosperma* (Apocynaceae) e *Piptadenia* (Fabaceae), entre muitas outras.

No caso de uma mesma árvore possuir vários troncos, com seus respectivos *DAP*, surge a questão de como associar uma única medida de diâmetro do tronco a essa árvore. Por exemplo, caso se queira comparar o tamanho das árvores, e não dos troncos, como uma árvore com muitos troncos deve ser representada? Se o *DAP* for utilizado para classificar as árvores em classes de tamanho, como definir a classe apropriada para uma árvore com muitos troncos?

A medida mais apropriada para representar o tamanho de uma árvore, tenha ela um ou vários troncos, é a área transversal. Como dito anteriormente, a medida da área transversal tem interpretação fisiológica e ecológica direta como medida de tamanho. A área transversal de uma árvore com vários troncos é a soma das áreas transversais dos troncos individuais, obtidas com base nos respectivos *DAP*. Essa área transversal total pode, então, ser transformada em diâmetro para se obter um *DAP* que represente a árvore perfilhada. Esse *DAP* é chamado de *DAP equivalente*, isto é, o *DAP* equivalente à área transversal da árvore com seus vários troncos.

Essa operação pode ser apresentada de forma algébrica da seguinte maneira: sejam d_i ($i = 1, 2, \ldots, n$) os *DAP* dos *n* troncos da árvore perfilhada; g_i ($i = 1, 2, \ldots, n$) as áreas transversais dos *n* troncos; e *g* a área transversal total da árvore; a expressão da área transversal total é:

$$g = \sum_{i=1}^{n} g_i = \sum_{i=1}^{n} \left(\frac{\pi}{4}\right) d_i^2 \Rightarrow g = \left(\frac{\pi}{4}\right) \sum_{i=1}^{n} d_i^2$$

O *DAP* equivalente (d_g) à área transversal total (*g*) é obtido transformando essa área em diâmetro, assumindo que a secção transversal do tronco seja um círculo:

$$d_g = \sqrt{\left(\frac{4}{\pi}\right) g} = \sqrt{\left(\frac{4}{\pi}\right)\left(\frac{\pi}{4}\right) \sum_{i=1}^{n} d_i^2} \Rightarrow d_g = \sqrt{\sum_{i=1}^{n} d_i^2}$$

Logo, o *DAP* equivalente (d_g) pode ser obtido diretamente pela raiz da soma dos quadrados dos *DAP* dos troncos da árvore perfilhada.

2.2.5 Outras medidas de diâmetro do tronco

O *DAP* é a medida convencional da espessura do tronco das árvores, mas existem outras medidas do diâmetro que não são tomadas na altura do peito (1,30 m). Essas medidas podem ser tomadas abaixo ou acima da altura do peito.

Diâmetro abaixo da altura do peito

O diâmetro do tronco é medido abaixo da altura do peito quando a árvore sendo medida não satisfaz a definição de árvore apresentada no capítulo anterior. Nessas situações, o *DAP* não faz sentido como medida do tamanho da planta, mas uma medida abaixo de 1,30 m *pode* ser uma medida satisfatória de tamanho.

Arbustos. Quando é necessário quantificar uma vegetação lenhosa composta predominantemente de arbustos, a altura de 1,30 m é inadequada, pois essa altura corresponderá à copa da maioria dos arbustos. Nesse caso, não há propriamente um tronco para ser medido, mas uma infinidade de ramos e galhos. Na quantificação de vegetações arbustivas, o diâmetro da copa ou a área de projeção da copa dos arbustos é provavelmente uma medida mais prática e eficiente que o *DAP*.

Formações vegetais arbóreo-arbustivas. Nas formações vegetais arbóreo-arbustivas, como a Caatinga nordestina, formadas por árvores de pequeno porte e por uma grande quantidade de arbustos e outras pequenas plantas lenhosas, a medida do *DAP* é normalmente muito pouco prática e não reflete adequadamente o tamanho das plantas. Nesses casos, é comum se utilizar o *DNS* — *diâmetro no nível do solo* — que pode ser medido nas árvores e nos arbustos. A *altura do solo*, contudo, comumente se refere à posição do tronco entre 10 cm e 30 cm acima do solo.

Árvores com forma de arbusto. Numa situação de floresta nativa, as árvores que compõem o dossel da floresta possuem um tronco sem ramificação até grandes alturas. Mas algumas dessas espécies, quando plantadas a pleno sol em plantios de revegetação ou restauração florestal, desenvolvem a copa já a partir do solo, adquirindo uma forma semelhante à de um grande arbusto. Algumas dessas espécies são os ipês (gênero *Tabebuia*, Bignoniaceae), os jatobás (gênero *Hymenea*, Fabaceae) e os ingás (gênero *Inga*, Fabaceae).

Árvores na fase juvenil. Nos plantios florestais, seja para formação de florestas de produção de rápido crescimento, seja para revegetação e restauração florestal, as árvores são plantadas como mudas. Até atingirem a forma de árvores adultas e comporem a fisionomia florestal do plantio, decorre um período de desenvolvimento cuja duração depende da velocidade de crescimento de cada espécie. Esse período é chamado de fase juvenil e pode durar de alguns meses, nas espécies exóticas de rápido crescimento, até vários anos, nas espécies nativas de crescimento lento. Durante a fase juvenil, a forma da árvore ainda não é coerente com a definição de árvore apresentada e a medida do diâmetro do tronco à altura do peito não resulta numa classificação adequada das plantas em termos de classe de tamanho.

No caso dos arbustos e das árvores com forma de arbusto, a medida do diâmetro do tronco é realizada no colo da árvore, geralmente a 30 cm do solo. Mas em algumas situações, nas quais a ramificação se inicia muito próximo ao solo, o diâmetro do colo pode ser tomado até a 10 cm do solo. O fundamental é que a medida do diâmetro do tronco seja tomada numa posição livre da influência do sistema radicular, isto é, na posição em que não ocorra mais a expansão do tronco em razão de raízes mais superficiais. Nos monitoramentos de árvores e florestas, é fundamental que a medida do diâmetro do colo continue sendo tomada como definida na primeira medição ao longo de todo período de monitoramento, para que as medidas de diâmetro permaneçam coerentes.

Nas árvores na fase juvenil, qualquer medida de diâmetro do tronco é problemática, pois a área transversal obtida com base nela não pode ser comparada com a área transversal de árvores adultas. Na fase juvenil da floresta, o crescimento das árvores jovens deve ser calculado por outras medidas, principalmente a altura, o diâmetro *da copa* e a área de projeção da copa.

Diâmetro acima da altura do peito

A medida do diâmetro do tronco em várias posições acima da altura do peito é um dos procedimentos utilizados para determinação do volume do tronco. Esse procedimento será apresentado em detalhes, no caso de árvores abatidas, no próximo capítulo.

No caso de árvores em pé, não é praticável tomar essas medidas com suta ou fita métrica, por isso, alguns instrumentos foram desenvolvidos especificamente para essa tarefa. Esses instrumentos são genericamente denominados de *dendrômetros ópticos*, sendo alguns exemplos deles o pentaprisma de Wheeler, o telerelescópio de Bitterlich, o dendrômetro de Barr e Stroud e o Criterion 400.

Existe certa controvérsia na literatura florestal a respeito da qualidade das medidas do diâmetro do tronco obtidas com dendrômetros ópticos. Há certo consenso de que a qualidade da medida varia segundo o dendrômetro utilizado, mas não há concordância sobre qual deles produz a medida de melhor qualidade. Uma série de outros fatores pode influenciar a qualidade das medidas, como a forma do tronco, a altura da árvore, as condições de visualização da árvore dentro da floresta e a experiência do operador. Dadas as incertezas sobre esse procedimento de medição, ele ainda não se tornou padrão nos levantamentos florestais que visam à quantificação da produção de madeira.

2.2.6 Espessura de casca e diâmetro sem casca

A casca é um importante componente do tronco e dos ramos das árvores. Em algumas espécies ela tem valor próprio, em razão dos produtos obtidos a partir dela. Um exemplo é o tanino extraído da casca da acácia-negra (*Acacia mearnsii*, Fabaceae), que é uma cultura florestal importante na região Sul do Brasil. Outro exemplo é a cortiça, utilizada para produção de rolhas, que é fabricada com a casca do sobreiro (*Quercus suber*, Fagaceae), que é uma importante cultura florestal principalmente na península Ibérica (Portugal e Espanha), mas também na região ocidental do Mediterrâneo (Sul da França, Itália, Marrocos, Tunísia e Argélia). Mas, com frequência, se deseja quantificar o volume de madeira sem casca, isto é, o volume do lenho de uma árvore (tronco e ramos) excluindo-se a casca. Tanto num caso como no outro, torna-se necessário medir a espessura da casca e determinar o diâmetro do tronco sem a casca.

O *medidor de casca* é o instrumento utilizado para se medir a espessura da casca do tronco sem a necessidade de se realizar o corte transversal do tronco que permitiria a visualização do lenho e da casca separadamente. O medidor é composto de uma haste graduada em milímetros em que uma das extremidades é afiada para falicitar a penetração na casca, e na outra é colocada uma maçaneta que permite pressionar a haste.

O diâmetro sem casca ($d_{s/c}$) do tronco é obtido extraindo-se duas vezes a espessura de casca (e_c) da medida de diâmetro com casca ($d_{c/c}$):

$$d_{s/c} = d_{c/c} - 2\,e_c$$

É importante considerar que o diâmetro com casca e a espessura da casca devem ser medidos na mesma posição ao longo do comprimento do tronco, uma vez que a espessura de casca é bastante variável com a altura do tronco.

2.3 Altura da árvore

A altura de uma árvore, em florestas nativas ou plantadas, é uma forte indicação do *status* dessa árvore diante da competição entre as árvores da floresta. Árvores baixas, em relação à altura da floresta, estão sombreadas por outras árvores e podem ter o seu crescimento e desenvolvimento prejudicado, ou então são árvores típicas do sub-bosque. As árvores altas têm posição privilegiada em relação à luz solar, o que permite maior crescimento e menor possibilidade de mortalidade. A altura das árvores mais altas da floresta define o *dossel*, ou linha contínua imaginária que delimita o topo da floresta. Somente algumas poucas árvores, chamadas de emergentes, possuem a sua copa acima do dossel. Assim, a altura de uma árvore não é somente uma medida do seu tamanho, mas também da sua condição dentro da floresta.

2.3.1 Tipos de altura

Quando se fala da altura de uma árvore, normalmente se refere à altura total, mas existem outras alturas que têm significado ecológico ou importância silvicultural. A Fig. 2.5 mostra diversas alturas que podem ser tomadas em árvores individuais.

Altura total. É a distância entre a base da árvore e a ponta do ramo mais alto (Fig. 2.5A e 2.5B). Esta é a altura mais utilizada, pois é menos sujeita a diferenças de interpretação entre observadores, uma vez que o ponto mais alto de uma árvore independe da arquitetura da árvore.

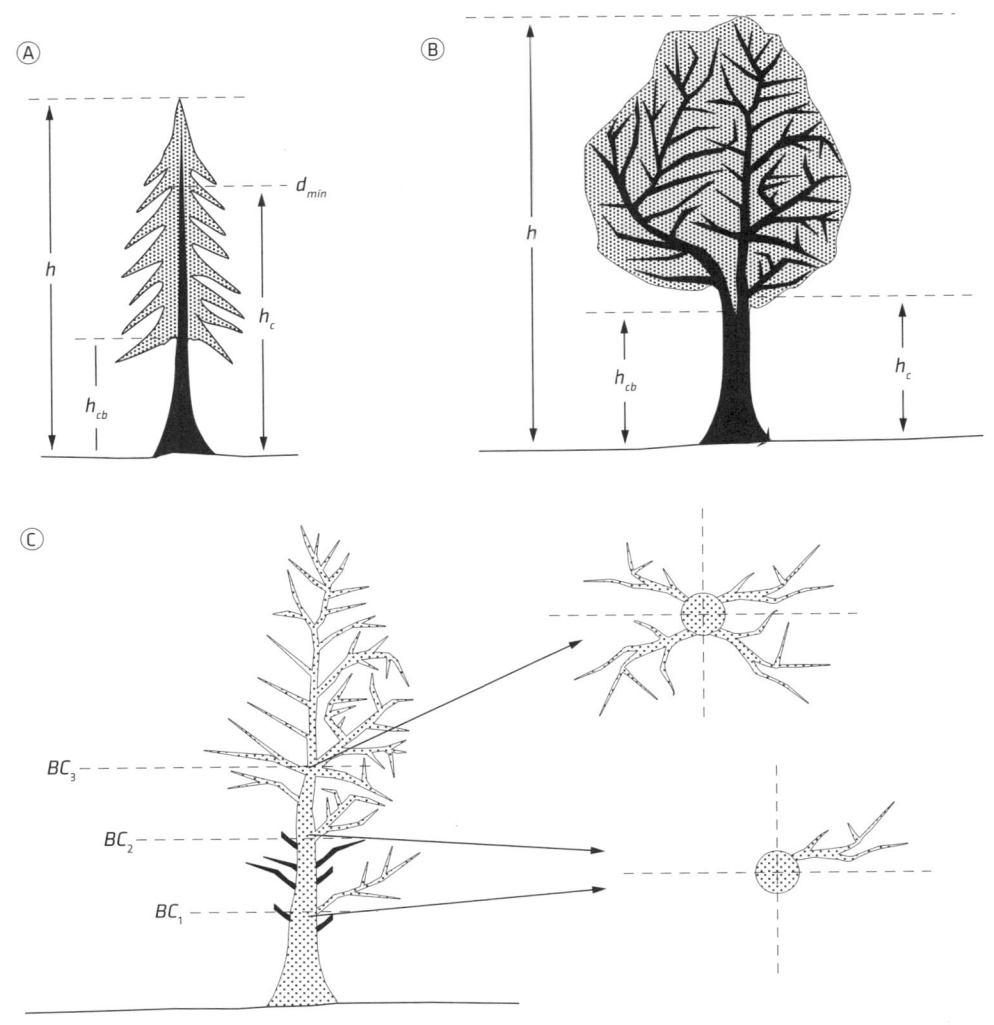

Fig. 2.5 Diferentes alturas tomadas em árvores individuais. (A) Alturas em árvores excurrentes: h - altura total; h_{cb} - altura da base da copa; h_c - altura comercial, altura até o diâmetro mínimo (d_{min}) comercial. (B) Alturas em árvores decurrentes: h e h_{cb} como no caso anterior; h_c - altura comercial, altura até a primeira bifurcação do tronco. (C) Definições de base da copa em árvores excurrentes: BC_1 - primeiro ramo vivo; BC_2 - primeiro ramo vivo contíguo, isto é, acima do qual todos ramos são vivos; BC_3 - primeiro verticilo com ramos vivos projetados nos quatro quadrantes

Altura comercial. Em árvores excurrentes, é a altura até onde o tronco atinge o diâmetro mínimo para utilização comercial da madeira (Fig. 2.5A). Em árvore decurrentes, essa altura representa a distância do solo até a base da primeira bifurcação do tronco (Fig. 2.5B). Na maioria das espécies arbóreas tropicais, em condições de floresta nativa, a altura comercial representa o comprimento do tronco útil para serraria. Em algumas espécies, a altura da primeira bifurcação pode ser tão baixa que os vários fustes existentes são úteis para serraria e, para fins de medição, devem ser tratados como árvores individuais.

Altura da base da copa. É a altura até a base da copa da árvore (Fig. 2.5A e 2.5B). Para árvores crescendo sem competição, a altura da base da copa pode ser nula, pois os ramos podem se iniciar junto do solo. Já nas florestas nativas e plantadas, o sombreamento dos ramos inferiores estimula as árvores a descartá-los (desrama natural), havendo um recuo da base da copa à medida que as árvores crescem em altura. Em florestas homogêneas equiâneas (árvores da mesma espécie e com a mesma idade), o processo de aumento da altura da base da copa é chamado de *recessão da copa*, que é o primeiro sinal do estabelecimento da competição entre as árvores. A definição da base da copa depende de suas implicações biológicas ou tecnológicas. A base da copa pode ser definida como o ponto de inserção do primeiro ramo vivo (BC_1 na Fig. 2.5C). Do ponto de vista tecnológico, essa altura de copa indica o comprimento do tronco livre de nós vivos, enquanto que, do ponto de vista biológico, ela indica o ponto mais baixo que a copa alcança na árvore. Outra definição da base da copa é o ponto de inserção do primeiro ramo vivo acima do qual todos os demais ramos também são vivos (BC_2 na Fig. 2.5C). Essa definição procura contornar o problema do desenvolvimento de ramos próximos à base da árvore em consequência de estresse. Por fim, a base da copa pode ser definida como o ponto onde existe inserção de ramos vivos em todos quadrantes (BC_3 na Fig. 2.5C). Nas espécies com filotaxia oposta, em que ocorre a formação de verticilos e internódio, esta é a definição fisiologicamente mais adequada. Em espécies intolerantes, esta definição também indica o ponto a partir do qual a copa recebe luz de todas as direções.

Comprimento de copa. É a diferença entre a altura total e a altura da base da copa. O comprimento de copa é uma medida simples do tamanho da copa. Nas árvores decurrentes, ele é geralmente uma boa indicação do volume e da biomassa lenhosa dos ramos. Em povoamentos homogêneos e equiâneos de árvores excurrentes, ele é um bom indicador do *status* da árvore no processo de competição.

2.3.2 Medição direta da altura

A medição direta da altura consiste em colocar uma régua ou vara graduada alinhada à árvore e realizar a leitura da altura na escala da régua. Obviamente, esse método é possível apenas para árvores de pequeno porte: árvores jovens, arvoretas, mudas e plântulas.

Existem varas graduadas retráteis que são capazes de medir árvores de até 12 m a 15 m de altura. Essas varas, quando contraídas, possuem comprimento de menos de 2 m e, por serem construídas de material leve e resistente, são de transporte fácil e prático. Acima dessa faixa de altura, dificilmente a altura de uma árvore pode ser medida diretamente.

2.3.3 Medição indireta da altura

A altura de árvores adultas é, via de regra, realizada por métodos indiretos. Todos os métodos desse tipo utilizam instrumentos com os quais se realizam *visadas* do topo e da base da árvore. *Visar* o topo ou a base de uma árvore significa *apontar* para o topo ou para a base com o instrumento. Esses instrumentos são genericamente chamados de *hipsômetros*.

Ao se realizar as visadas, são construídos triângulos retângulos hipotéticos, nos quais a altura da árvore representa um dos lados do triângulo. Na verdade, os hipsômetros medem alguns atributos dos triângulos retângulos hipotéticos, com base nos quais se calcula o comprimento do lado do triângulo referente à altura da árvore. Existem hipsômetros que medem o comprimento dos lados do triângulo e são chamados de *hipsômetros geométricos*. Existem hipsômetros mais sofisticados que são capazes de medir os ângulos do triângulo. Eles poderiam ser designados como *hipsômetros trigonométricos*, pois utilizam as relações trigonométricas do triângulo retângulo para calcular a altura da árvore, mas tradicionalmente eles são chamados de *clinômetros*.

2.3.4 Hipsômetros geométricos

Nos hipsômetros geométricos, a visada da árvore define um triângulo hipotético envolvendo a árvore, em que a altura é representada por um dos lados desse triângulo, e um segundo triângulo hipotético no próprio instrumento de medição. Mas esses dois triângulos são semelhantes, de modo que a razão entre os seus lados correspondentes é igual. Com base nessa igualdade, o comprimento do lado do triângulo referente à altura da árvore é calculado em função do comprimento dos demais lados dos triângulos. Dada a sua simplicidade, esse método permite a construção de hipsômetros simples e práticos, mas a precisão e a velocidade de medição são pequenas, limitando o seu uso em levantamentos florestais profissionais.

Prancheta hipsométrica

É talvez o hipsômetro mais simples e de maior facilidade de construção. A Fig. 2.6 mostra a sua estrutura, composta basicamente de uma tábua e de um pêndulo.

As visadas da árvore a ser medida são feitas tomando-se como mira a borda superior da prancheta, na qual o pêndulo está preso. Ao se visar o topo da árvore (Fig. 2.7) ocorre a formação do triângulo *ABC*: olho do observador (*A*), topo da árvore (*B*) e ponto em que a reta *perfeitamente horizontal*, que sai do olho do observador, intercepta o tronco da árvore (*C*). Ao mesmo tempo, o

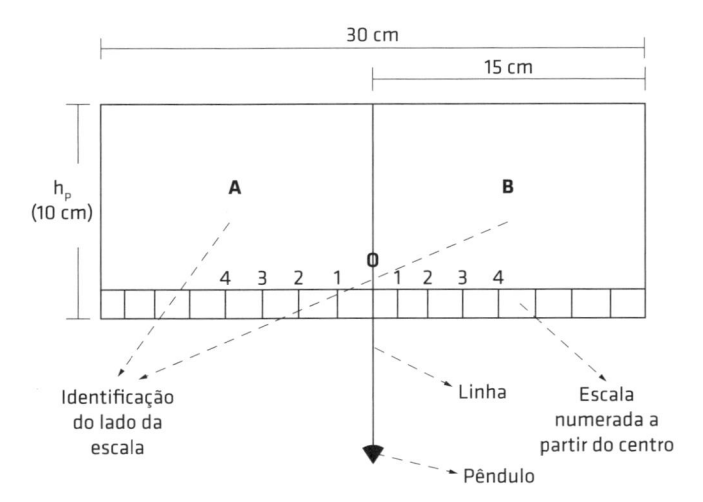

Fig. 2.6 Estrutura da prancheta hipsométrica. Material para construção: uma tábua de 30 cm × 10 cm, escala em papel milimetrado e pêndulo formado por linha e peso

pêndulo da prancheta gera o triângulo $A'B'C'$: ponto no qual o pêndulo está preso (A'), ponto em que o pêndulo intercepta a escala (B') e marco zero da escala (C').

A formação desses dois triângulos é interdependente, logo, os seus ângulos correspondentes são iguais e, portanto, os triângulos são semelhantes. A semelhança dos triângulos garante a igualdade da razão dos lados correspondentes:

$$\frac{\overline{BC}}{\overline{AC}} = \frac{\overline{B'C'}}{\overline{A'C'}} \implies \overline{BC} = \overline{AC} \cdot \frac{\overline{B'C'}}{\overline{A'C'}}$$

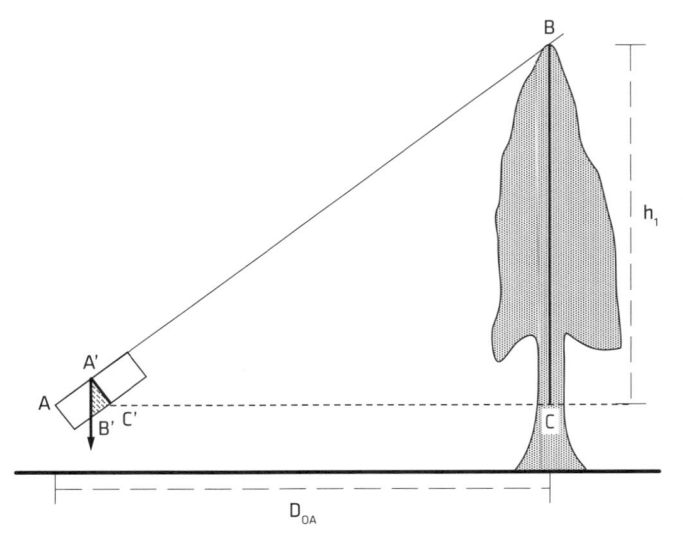

Fig. 2.7 Funcionamento da prancheta hipsométrica quando é realizada uma visada do topo da árvore

Os lados utilizados nesta relação são prontamente obtidos por medidas tomadas na prancheta e no campo. O lado $\overline{BC}$ é a altura a ser determinada, isto é, a altura da árvore a partir da linha horizontal imaginária que passa pelos olhos do observador (h_1 na Fig. 2.7). O comprimento do lado $\overline{AC}$ é a distância do observador à árvore (D_{OA}). Note que essa é a distância horizontal e ela pode diferir da distância medida sobre o terreno em situações de topografia acidentada. O comprimento do lado $\overline{B'C'}$ é a distância percorrida pelo pêndulo da prancheta hipsométrica (l_1) quando esta é inclinada para se fazer a visada do topo da árvore. Essa distância é lida diretamente na escala da prancheta e por isso essa escala é graduada do centro para as pontas, uma vez que o pêndulo descansa na posição central quando a prancheta está perfeitamente horizontal. O lado $\overline{A'C'}$ é a altura da prancheta (h_P), que em geral é de 10 cm.

Com base nessa interpretação, obtém-se a fórmula da prancheta hipsométrica:

$$h_1 = D_{OA} \cdot \frac{l_1}{h_P}$$

Tomando-se a leitura da escala (l_1) e a altura da prancheta (h_P) na mesma unidade de medida (centímetros), a sua razão (l_1/h_P) se torna adimensional, isto é, sem unidade de medida. Assim, a altura h_1 é obtida na mesma unidade da distância observador-árvore (D_{OA}), geralmente em metros.

Para se determinar a altura total da árvore, faz-se uma segunda visada na base dela, pois h_1 mede a altura da árvore a partir da linha horizontal que passa pelo olho do observador. As irregularidades do terreno tornam o procedimento da segunda visada mais seguro que a simples adição da altura do olho do observador à altura h_1. Em condições de campo, os pés do observador dificilmente estarão na mesma altura horizontal da base da árvore. Na visada da base da árvore, ocorre o mesmo processo de formação dos triângulos (Fig. 2.8) e a altura h_2, entre a linha horizontal e a base da árvore, é determinada por uma segunda leitura (l_2) na prancheta.

A altura da árvore, portanto, é obtida pela soma das alturas h_1 e h_2 e a fórmula da prancheta hipsométrica fica:

$$h = h_1 + h_2 = D_{OA} \cdot \frac{l_1 + l_2}{h_P}$$

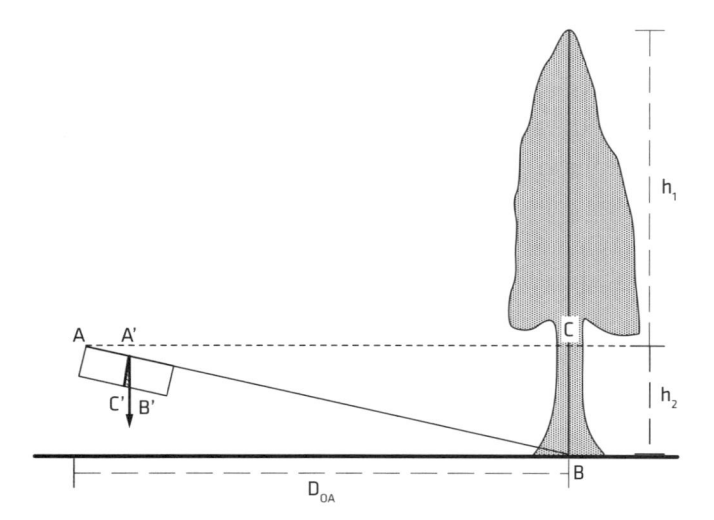

Fig. 2.8 Funcionamento da prancheta hipsométrica quando é realizada uma visada da base da árvore

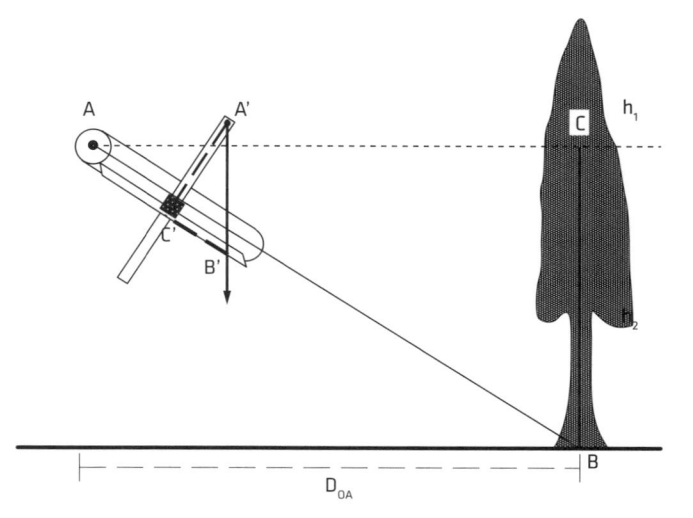

Fig. 2.9 Funcionamento do hipsômetro de Weise. A semelhança de triângulos é a mesma que ocorre na prancheta hipsométrica, mas no hipsômetro de Weise a altura do pêndulo ($\overline{A'C'}$) é ajustável

Como a altura da prancheta (h_P) é normalmente 10 cm, a utilização de distâncias observador-árvore (D_{OA}) que sejam múltiplos de 10 (20 m, 30 m e 40 m) torna a aplicação da fórmula uma operação simples de ser realizada no campo, sem a necessidade de calculadoras.

Hipsômetro de Weise

O hipsômetro de Weise é uma prancheta hipsométrica aperfeiçoada. A apresentação se torna mais sofisticada com a substituição da tábua por um tubo de metal com mira demarcada e com a colocação de um pêndulo metálico que oscila menos com o vento (Fig. 2.9). Nesse hipsômetro, a altura do pêndulo é ajustável, o que torna possível a leitura da altura diretamente na escala, sem a necessidade de cálculo. A altura da prancheta (h_P) é ajustada para se igualar numericamente à distância observador-árvore (D_{OA}). Assim, a altura da árvore é obtida pela simples soma das leituras ($h = l_1 + l_2$). O problema da diferença entre as unidades de medida da altura (h) e das leituras (l_1 e l_2) é contornado no hipsômetro de Weise fazendo-se a unidade de medida da escala das leituras ser a mesma unidade da escala da altura do pêndulo (h_P).

$$h = h_1 + h_2 = D_{OA}[m] \cdot \frac{(l_1 + l_2)[mm]}{h_P[mm]}$$

$$D_{OA} = h_P \quad \Rightarrow \quad h = l_1 + l_2 \quad \left[m \frac{mm}{mm}\right]$$

Outros hipsômetros geométricos

Qualquer sistema baseado na semelhança de triângulos hipotéticos formados no instrumento de medição e na visada da árvore pode resultar num hipsômetro geométrico. Existe, portanto, uma variedade de hipsômetros geométricos propostos que se baseiam em diferentes formas de se estabelecer a semelhança de triângulos. Alguns, como o hipsômetro de Christen, por exemplo, dispensam até mesmo a medição da distância observador-árvore. Contudo, tais hipsômetros são normalmente de difícil operacionalização nas situações de campo, em que a altura da árvore deve ser medida dentro da floresta e, portanto, o principal desafio prático é a visualização do topo e da base da árvore. A prancheta hipsométrica e o hipsômetro de Weise aliam a simplicidade, o que os tornam de fácil construção, com a praticidade de utilização no campo.

2.3.5 Clinômetros ou hipsômetros trigonométricos

Os hipsômetros trigonométricos oferecem a medida da altura da árvore com base nas medidas diretas da distância observador-árvore e nos ângulos formados nas visadas do topo e da base da árvore. Por serem capazes de medir o ângulo ou a inclinação de uma visada, eles são geralmente chamados de *clinômetros*. A maioria dos hipsômetros utilizados em levantamentos florestais profissionais são clinômetros, pois proporcionam maior precisão nas medidas e maior velocidade de operação.

Clinômetro. *Clino* vem do grego *klinein*, que significa curvar ou inclinar. Os clinômetros possuem um pêndulo ou mecanismo gravitacional sensível aos ângulos formados ao se inclinar o instrumento quando se faz as visadas do topo e da base da árvore.

A Fig. 2.10 mostra os ângulos formados quando se faz as visadas no topo e na base da árvore. Pela tangente do ângulo da visada de topo (α), obtém-se:

$$\operatorname{tg}\alpha = \frac{h_1}{D_{OA}} \implies h_1 = D_{OA} \cdot \operatorname{tg}\alpha$$

Enquanto na visada da base da árvore obtém-se a expressão:

$$\operatorname{tg}\beta = \frac{h_2}{D_{OA}} \implies h_2 = D_{OA} \cdot \operatorname{tg}\beta$$

Logo, a altura total da árvore pelo método trigonométrico é obtida pela seguinte fórmula genérica:

$$h = h_1 + h_2 = D_{OA}(\operatorname{tg}\alpha + \operatorname{tg}\beta)$$

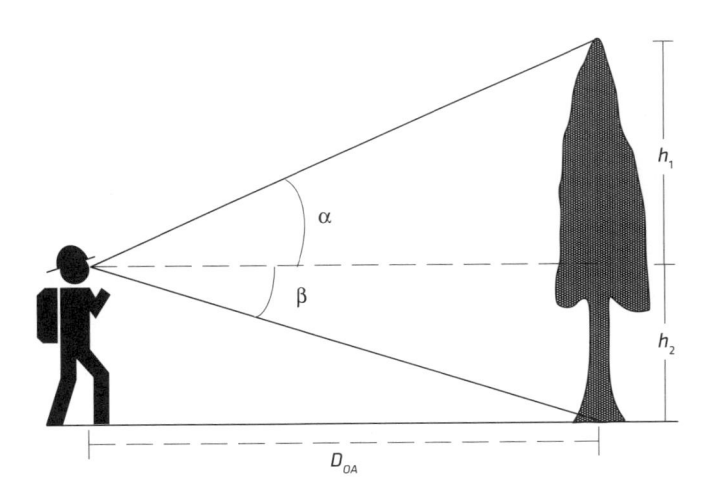

Fig. 2.10 Esquema de funcionamento dos clinômetros. Ao se realizar as visadas de topo e de base, o instrumento mede os ângulos formados. A altura da árvore é determinada com base na tangente dos ângulos medidos (α e β) e na distância observador-árvore (D_{OA})

Clinômetros tradicionais
Os clinômetros tradicionais são instrumentos analógicos pelos quais a altura é obtida com base na leitura de escalas fixas e predeterminadas. Essas escalas têm a forma $D_{OA} \cdot \operatorname{tg}\alpha$, em que α é o ângulo formado e D_{OA} é a distância observador-árvore. Assim, quando o observador se encontra exatamente a D_{OA} metros da árvore, as leituras relativas às visadas de topo e base fornecem diretamente as alturas h_1 e h_2, respectivamente, sem a necessidade do cálculo das tangentes. Por exemplo, a escala para distância $D_{OA} = 20$ m, é calibrada para $20\operatorname{tg}\alpha$ e as leituras nessa escala fornecem diretamente a altura quando o observador está a 20 m da árvore. O Quadro 2.2 apresenta as escalas de alguns clinômetros tradicionais que são de uso frequente em levantamentos florestais profissionais.

Quadro 2.2 Lista de alguns clinômetros tradicionais (analógicos) e suas escalas de trabalho

Clinômetro	Escalas (m)
Blume-Leiss / Carl-Leiss	15 m, 20 m, 30 m, 40 m e graus
Haga	15 m, 20 m, 30 m, 40 m e porcentagem
Nível de Abney	Graus e porcentagem
Relascópio de Bitterlich	15 m, 20 m e 30 m
Suunto	15 m e 20 m; graus e porcentagem

Mesmo que a melhor distância para visualização de uma árvore seja diferente das distâncias relativas às escalas de um determinado clinômetro, ainda é possível utilizá-lo. Assumindo que o observador está a 40 m da árvore, mas a leitura foi realizada na escala para $D_{OA} = 20$ m e obteve-se h', a expressão para a altura correta h fica:

$$\begin{aligned} h &= D_{OA}(\operatorname{tg}\alpha + \operatorname{tg}\beta) \\ &= 40(\operatorname{tg}\alpha + \operatorname{tg}\beta) \\ &= 2[20(\operatorname{tg}\alpha + \operatorname{tg}\beta)] \\ &= 2h' \end{aligned}$$

Portanto, basta multiplicar a leitura pela razão entre a verdadeira distância observador-árvore e a distância que a escala da leitura assume.

Escala percentual para ângulos
Vários clinômetros trazem uma outra alternativa para se medir a árvore de qualquer distância. O instrumento não apresenta o ângulo em graus ou radianos, mas numa escala percentual. Nessa escala, muito utilizada em topografia, o ângulo é medido em termos percentuais

da razão altura-distância, ou seja, a escala percentual é a própria escala da tangente do ângulo expressa em termos percentuais. No caso da visada do topo da árvore (Fig. 2.10), a expressão percentual do ângulo é:

$$\alpha_\% = \text{tg}\,\alpha \times 100 \implies \alpha_\% = \frac{h_1}{D_{OA}} \times 100$$

e a altura é obtida por:

$$h_1 = D_{OA}\left(\frac{\alpha_\%}{100}\right)$$

Quando os ângulos são medidos na escala percentual, a fórmula para altura da árvore é:

$$h = h_1 + h_2 = D_{OA}\left(\frac{\alpha_\% + \beta_\%}{100}\right)$$

bastando multiplicar a soma das leituras na escala percentual pela distância observador-árvore.

Distância observador-árvore

Todos os clinômetros tradicionais necessitam da distância observador-árvore para a determinação da altura. Dada a precisão de tais instrumentos, essa distância dever ser medida de forma adequada, isto é, utilizando fita métrica ou *rangefinders*. Medidas grosseiras baseadas em passos ou, no caso de florestas plantadas, no espaçamento de plantio não são apropriadas e comprometem a qualidade das medidas obtidas.

Distância observador-árvore. *Rangefinders* ou telêmetros são instrumentos ópticos de medição de distância. Alguns clinômetros tradicionais, como o Blume-Leiss e o Suunto, trazem opcionalmente um telêmetro que, associado a uma régua, permite determinar com precisão as distâncias correspondentes às suas escalas de medição de altura. Já os clinômetros mais recentes, que utilizam a tecnologia ultrassom ou laser, são capazes de medir a distância observador-árvore por meio do procedimento de visar o tronco da árvore (laser) ou um alvo-emissor colocado junto ao tronco (ultrassom).

Clinômetros digitais com laser ou ultrassom

Clinômetros digitais, como o Criterion (Laser Technology) e o Vertex (Haglöf), foram criados incorporando a tecnologia laser e/ou ultrassom. Esses instrumentos possuem emissores e receptores de laser e/ou de ultrassom, de forma que eles são capazes de medir a distância observador-árvore. O resultado é que o medidor tem total liberdade quanto ao seu posicionamento em relação à árvore, podendo escolher a melhor posição de visualização sem se preocupar com a distância.

A tecnologia digital permite a esses instrumentos o cálculo da altura com base na distância observador-árvore e nos ângulos de visada medidos pelo próprio instrumento. A tecnologia digital também permite que várias medidas da mesma árvore sejam rapidamente calculadas e apresentadas no visor. Mais ainda, essa tecnologia permite que o instrumento possa realizar automaticamente a correção para declividade (*vide* a seguir), facilitando o seu uso em qualquer tipo de terreno e situação. No caso dos clinômetros tradicionais, a tomada de visada quando a distância horizontal do observador à árvore não pode ser mensurada exige que medidas adicionais, além da medida da altura, sejam efetuadas.

Uma limitação desse tipo de instrumento é que calibrações mais frequentes são necessárias. Grandes mudanças de temperatura e umidade do ar no decorrer de um dia de trabalho exigem que esses instrumentos sejam calibrados no campo mais de uma vez por dia.

Altura sem a distância observador-árvore

A distância observador-árvore é de medição relativamente fácil na maioria das condições florestais, seja em florestas nativas, seja em florestas plantadas. Em geral, a visualização apropriada da base e da copa da árvore oferece maior dificuldade do que a medição da distância. Entretanto, com a medição do ângulo de uma terceira visada, é possível eliminar a necessidade de se medir a distância observador-árvore. A terceira visada pode ser direcionada a uma baliza de altura conhecida (h_V) ou numa posição no tronco da árvore cuja altura seja conhecida, conforme a Fig. 2.11.

As visadas que envolvem a árvore fornecem a relação:

$$h = D_{OA}((\alpha_\% + \beta_\%)/100) \implies D_{OA} = \frac{h}{((\alpha_\% + \beta_\%)/100)}$$

Assumindo que a base da baliza e a base da árvore estão na mesma posição, as visadas que envolvem a baliza produzem a relação:

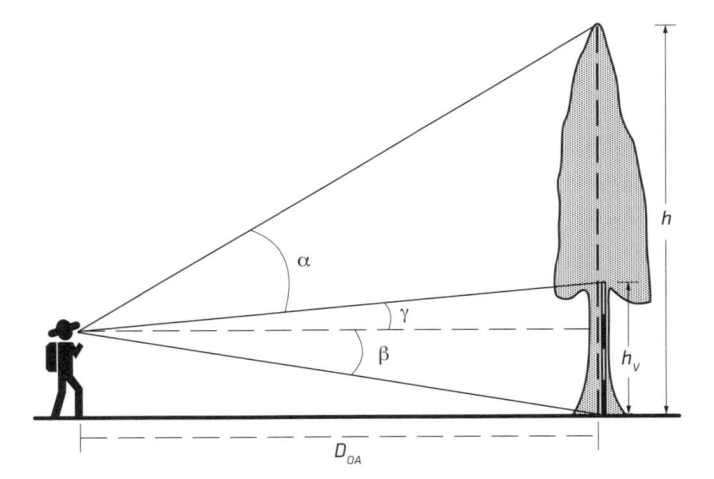

Fig. 2.11 Medição da altura da árvore com clinômetro sem o conhecimento da distância observador-árvore

$$h_V = D_{OA}((\gamma_\% + \beta_\%)/100) \Longrightarrow D_{OA} = \frac{h_V}{((\gamma_\% + \beta_\%)/100)}$$

Igualando-se as duas expressões, tem-se:

$$\frac{h}{((\alpha_\% + \beta_\%)/100)} = \frac{h_V}{((\gamma_\% + \beta_\%)/100)}$$

$$h = h_V \cdot \frac{\alpha_\% + \beta_\%}{\gamma_\% + \beta_\%}$$

Esta técnica não é utilizada com frequência, porque o ângulo de visada do topo da baliza ($\gamma_\%$) tende a ser um ângulo pequeno e pequenos erros em sua medição resultam em erros consideráveis na altura medida. Esse problema se torna particularmente grave no caso de árvores muito altas, em que o observador deve se posicionar a grandes distâncias para visualizar o topo da árvore. Os dendrômetros Masser RC3 e RC3H da empresa Savcor utilizam esse princípio para medição da altura.

2.3.6 Correção para declividade

A distância observador-árvore, utilizada tanto nos hipsômetros trigonométricos quanto nos geométricos, é sempre a distância horizontal ou planimétrica, ou seja, a mesma distância que seria obtida com uma régua sobre um mapa planimétrico de escala conhecida. Em terrenos declivosos essa distância pode diferir bastante daquela medida diretamente sobre o terreno. Quando a visada da árvore é tomada no sentido do declive, a medida da altura obtida precisa ser corrigida. A Fig. 2.12 mostra uma situação de declive em que a distância horizontal (D_H) difere bastante da distância sobre o terreno (D').

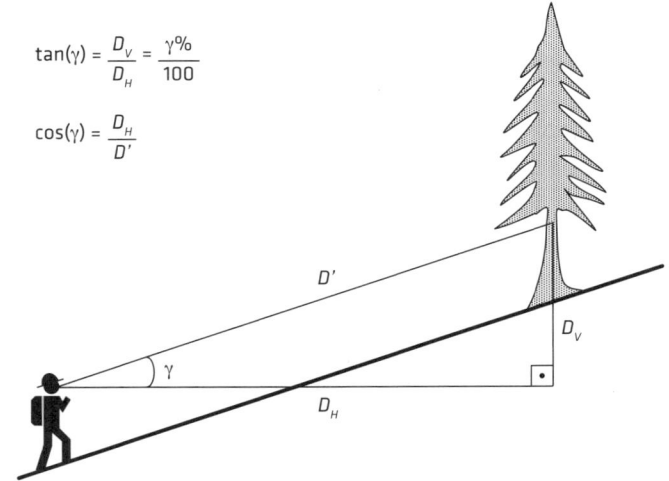

Fig. 2.12 Efeito da declividade do terreno na medição da distância observador-árvore: γ é o ângulo de declividade do terreno, D' é a distância sobre o terreno, D_H é a distância horizontal e D_V é o deslocamento vertical provocado pela declividade

A formação do triângulo retângulo hipotético revela que:

$$\cos \gamma = \frac{D_H}{D'} \Longrightarrow D_H = D' \cdot \cos \gamma$$

Consequentemente, o fator de correção da distância é [$\cos \gamma$]. A fórmula para a altura nesses casos fica:

$$h = D_H (l_1 + l_2)$$
$$h = (\cos \gamma) D' (l_1 + l_2)$$
$$h = (\cos \gamma) h'$$

em que h' é a altura obtida pela leitura da escala do hipsômetro ou clinômetro.

O ângulo da declividade pode ser apresentado na forma percentual, principalmente se um clinômetro for utilizado para medir a declividade do terreno. Nesse caso, o ângulo deve ser transformado na escala de graus ou radianos, para depois ser obtido o seu cosseno:

$$\text{tg}\, \gamma = \left(\frac{\gamma_\%}{100}\right)$$
$$\Longrightarrow \gamma = \text{arc tg}\left(\frac{\gamma_\%}{100}\right)$$
$$\Longrightarrow h = \cos\left[\text{arc tg}\left(\frac{\gamma_\%}{100}\right)\right] h'$$

2.3.7 Situações problemáticas

Existem situações em que a qualidade da medida da altura é comprometida pelas condições de campo em que a medição é realizada. As situações mais frequentes são apresentadas na Fig. 2.13.

Visualização da copa. Em florestas densas, a visualização da copa de uma árvore pode ser obstruída pelas copas das demais árvores, sendo comum o observador se aproximar mais da árvore com o objetivo de visualizá-la melhor. O excesso de proximidade, entretanto, gera um outro problema de visualização em que os ramos laterais são confundidos com os ramos mais altos (Fig. 2.13A). Para evitar esse tipo de problema, não se deve medir uma árvore estando a uma distância menor que a altura dela.

Precisão da escala. Tendo em mente o problema anterior, o observador pode pensar em se afastar ao máximo da árvore, o que é possível em florestas abertas e savanas. Neste caso, entretanto, os ângulos de visadas formados tendem a ser muito pequenos e um erro mínimo na leitura da escala pode resultar num grande erro na altura da árvore. Para se evitar esse problema, a distância observador-árvore deve ficar entre 1,0 e 1,5 vezes a altura da árvore.

Terrenos declivosos. Como foi visto, em terrenos declivosos é necessário realizar a correção para declividade, para se obter a altura correta. O ideal, entretanto, é evitar tais situações uma vez que, em encostas muito íngremes, a visada das árvore se complica e a correção para a declividade impõe uma medida extra no campo e acrescenta operações extras de cálculo. A Fig. 2.13 mostra duas situações nas quais as visadas do topo e da base da árvore ficam abaixo (Fig. 2.13B) e acima (Fig. 2.13C) da linha horizontal que passa pelos olhos do observador. Nesses casos, a fórmula para se obter a altura total passa a ser a diferença, em termos absolutos, entre as leituras. No campo, o observador sempre tem a possibilidade de escolher a direção de onde fará as visadas. É sempre conveniente evitar as direções de maior declive e procurar fazer as visadas segundo as curvas de nível do terreno.

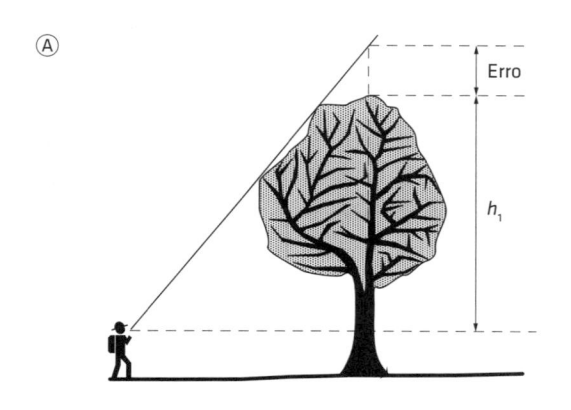

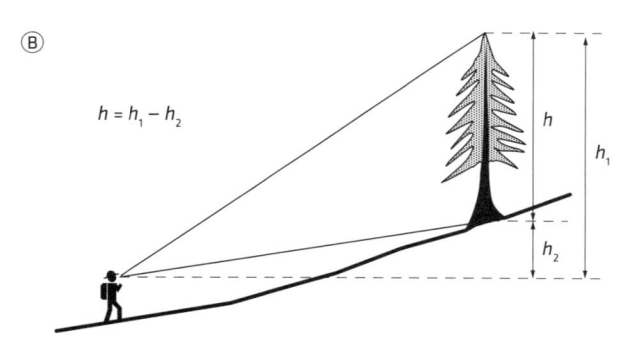

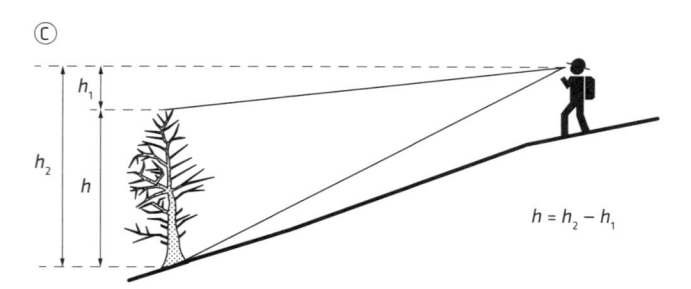

Fig. 2.13 Problemas frequentes na medição de altura. Em (A), a visada muito próxima da árvore faz com que o observador confunda um ramo lateral com o ramo mais alto da árvore. Em (B) e (C), a medição em áreas muito declivosas faz com que as visadas do topo e da base da árvore estejam acima ou abaixo da linha horizontal que passa pela altura dos olhos do observador

2.4 Copa da árvore

A copa é a parte estrutural da árvore que contém e dá sustentação às folhas, que são o componente que transforma a energia radiante do Sol em substâncias orgânicas por meio da fotossíntese. De forma simplificada, pode-se dizer que é a copa que alimenta a árvore inteira, uma vez que os carboidratos fotossintetizados são a fonte da energia utilizada por todos os componentes da árvore. A medição da copa é, portanto, um importante aspecto no estudo da estrutura e do crescimento das árvores.

Como foi visto no Cap. 1, há uma grande diversidade de forma e arquitetura das árvores e de suas copas. Em algumas espécies, a copa tem uma estrutura bastante simples e o seu componente lenhoso é pouco relevante quando comparado com o tronco. É o caso das árvores com copa colunar e excurrente, em que a importância da medição da copa se restringe ao estudo do crescimento da árvore. Já nas árvores com copa decurrente, esta tende a ter uma estrutura bem mais complexa e pode conter uma proporção apreciável do volume lenhoso e da biomassa total da árvore. Nesse caso, a medição da copa pode ser um aspecto importante para a quantificação do volume lenhoso ou da biomassa da árvore.

Há uma série de medidas que estão associadas à copa e a importância de cada uma delas depende do objetivo com que o levantamento florestal é realizado. Em levantamentos voltados ao estudo do crescimento e da ecofisiologia das árvores e florestas, várias medidas da copa podem ser efetuadas. Já nos levantamentos voltados ao inventário da produção florestal, é comum se realizar apenas observações qualitativas da copa.

2.4.1 Classe de copa

A posição da copa da árvore em relação às demais àrvores na sua vizinhança é um atributo qualitativo frequentemente observado em levantamentos florestais. Esse atributo é geralmente chamado de *classe de copa* e é uma boa indicação da situação ecológica e silvicultural da árvore no local da floresta em que ela se encontra. O Quadro 2.3 apresenta as cinco classes geralmente reconhecidas, iniciando pelas árvores mais altas e dominantes. Essas cinco classes não são necessariamente aplicáveis a todas as florestas ou em todos os locais de uma mesma floresta, não sendo incomum se utilizar um sistema de classificação com um número menor de classes.

A definição das classes é um pouco diferente em florestas nativas e em florestas plantadas, mas, para uma mesma classe, existe uma relação análoga entre esses tipos de floresta. A classificação das árvores segundo a sua copa está estreitamente ligada à classificação das árvores segundo o grau de sombreamento das árvores. Como pode ser observado no Quadro 2.3, as classes de copa têm uma relação direta com o sombreamento da copa e, em alguns levantamentos, se utilizam classes de sombreamento no lugar das classes de copa.

Em florestas plantadas homogêneas, as espécies arbóreas plantadas são, via de regra, intolerantes à sombra. Assim, a classe de copa indica o *sucesso* da árvore no processo competitivo que se estabelece entre as árvores à medida que estas crescem (Fig. 2.14). As árvores dominadas e intermediárias são as com menor crescimento e maior probabilidade de morte, uma vez que as espécies intolerantes são ineficientes quando sombreadas. A diferenciação das árvores por classe de copa só pode ser observada depois do estabelecimento da competição. Ela é uma indicação qualitativa segura de que a floresta

Quadro 2.3 Classe de copa para árvores em florestas nativas e plantadas

Classe	Floresta nativa	Floresta plantada
1	**Emergente:** árvore cuja copa se projeta totalmente acima do dossel da floresta, recebendo luz direta de todas as direções.	**Emergente:** *idem*.
2	**De dossel:** árvore que compõe o dossel da floresta, recebendo luz direta na parte superior da copa num ângulo de, no mínimo, 45°.	**Dominante:** árvore que compõe o dossel da floresta; não sofre limitação severa de iluminação direta da copa.
3	**De subdossel:** árvore que compõe o dossel da floresta, mas com altura ligeiramente inferior ao dossel, recebendo luz direta somente na parte superior da copa.	**Codominante:** árvore que compõe o dossel da floresta, mas com altura ligeiramente inferior às árvores dominantes; sofre limitação de iluminação direta no terço inferior da copa.
4	**Intermediária:** árvore abaixo do dossel da floresta; recebe luz direta na copa somente em períodos breves do dia por aberturas no dossel que permitem uma iluminação lateral.	**Intermediária:** árvore abaixo do dossel da floresta; só recebe iluminação direta no topo da copa.
5	**De sub-bosque:** árvore presente nos estratos inferiores da floresta que só recebe iluminação por luz difusa.	**Dominada:** árvore completamente coberta pelo dossel; só recebe iluminação por luz difusa.

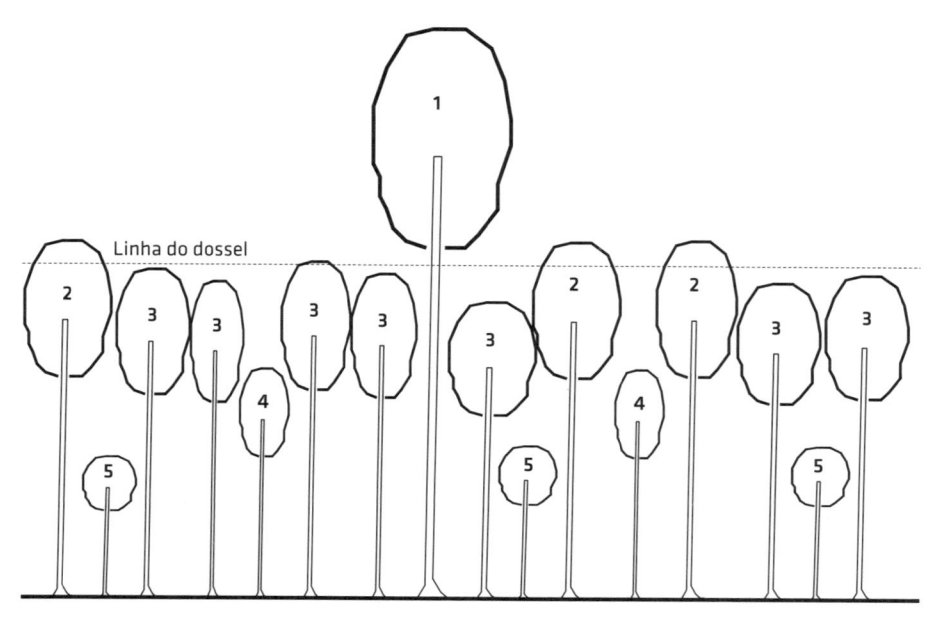

Fig. 2.14 Esquema ilustrativo das classes de copa das árvores numa floresta plantada: (1) emergente, (2) dominante, (3) codominante, (4) intermediária e (5) dominada

plantada não é mais uma floresta *jovem*, tendo entrado na fase de maturidade.

Nas florestas tropicais nativas, as classes de copa são uma indicação da posição da árvore nos estratos verticais da floresta. A grande diversidade de espécies arbóreas nessas florestas inclui um amplo espectro de respostas ao sombreamento que vai desde espécies totalmente intolerantes até espécies perfeitamente adaptadas ao ambiente luminoso do sub-bosque da floresta. Assim, a interpretação ecológica da classe de copa de uma árvore depende do conhecimento da espécie e de seu comportamento quanto ao sombreamento.

2.4.2 Comprimento da copa

O comprimento da copa (l_c) é a diferença entre a altura total da árvore (h) e a altura da base da copa (h_{cb}):

$$l_c = h - h_{cb}$$

Mas também pode ser utilizado como uma medida relativa, isto é, o comprimento de copa relativo à altura total da árvore (l_{Rc}):

$$l_{Rc} = \frac{h - h_{cb}}{h}$$

Como medida do tamanho da copa, é importante ter em mente que o valor do comprimento da copa depende da definição de sua base.

Sua obtenção é relativamente simples, pois implica na tomada de mais uma altura nas árvores. Além de ser uma das dimensões da copa das árvores, é uma medida que pode aumentar a precisão na determinação do volume e da biomassa de madeira naquelas espécies em que os galhos e ramos são um componente importante do volume e da biomassa lenhosa total. A Fig. 2.15 mostra a relação entre o comprimento de copa e o volume de madeira em árvores de caixeta provenientes de diversos caixetais do Estado de São Paulo e do sul do Estado do Rio de Janeiro.

2.4.3 Diâmetro e área de projeção da copa

A determinação da área da projeção vertical da copa é uma tarefa ainda mais complexa que a determinação da área transversal do tronco à altura do peito. As copas das árvores possuem uma variedade de formas e muitas irregularidades. A forma da copa da maioria das espécies coníferas é relativamente fixa, mas as espécies folhosas têm geralmente grande plasticidade de copa. Nas florestas nativas, é comum que os ramos de árvores próximas se entrelacem tornando ainda mais difícil a identificação dos limites da copa.

O ponto principal é que a área determinada seja o mais próximo possível da área efetivamente gerada pela projeção vertical dos limites da copa da árvore. É importante considerar que frequentemente essa projeção será

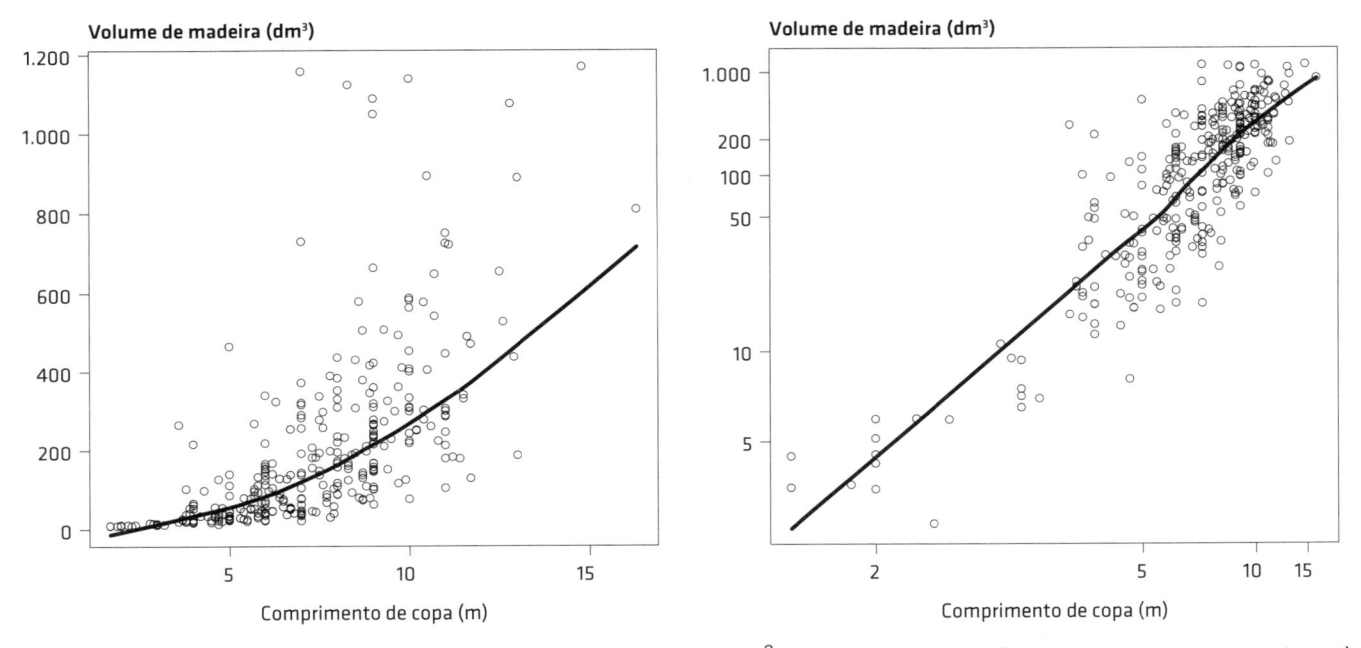

Fig. 2.15 Gráficos do comprimento de copa (m) pelo volume de madeira (dm³) em árvores de caixeta (*Tabebuia cassinoides*, Bignoniaceae), mostrando a relação na escala original (esquerda) e na escala logarítmica (direita)

assimétrica e não terá o tronco da árvore como ponto central dessa projeção (Fig. 2.16). A projeção dos limites da copa deve ser uma projeção vertical segundo a linha normal, isto é, em ângulo de 90° com o plano horizontal do terreno. No caso de árvores altas, em que a copa se encontra distante do solo, é necessário utilizar instrumentos que garantam a visualização da copa segundo a linha normal.

Ao contrário da determinação da área transversal do tronco, não há uma convenção que estabeleça que a área de projeção da copa seja sempre determinada como se fosse um círculo. Na medição de árvores urbanas, a determinação da assimetria da copa pode ser a principal razão para se medir a área de projeção da copa, pois o grau de assimetria é um importante aspecto na determinação da possibilidade de queda da árvore. Como também não há uma única técnica padronizada para medição dos diâmetros, as técnicas mais comuns medem vários diâmetros ou vários raios da área de projeção da copa (Fig. 2.17).

Os diâmetros são medidos como comprimento das linhas retas que, passando pelo tronco da árvore, vão de um extremo ao outro da projeção vertical da copa. Já os raios são medidos pelas linhas que partem do tronco da árvore e vão até o limite da projeção vertical da copa.

Copas assimétricas

Determina-se a área de projeção da copa visando à definição da assimetria da copa medindo-se o maior diâmetro da copa (d_M) e o diâmetro menor (d_m) em posição perpendicular ao diâmetro maior (Fig. 2.17A). A área de projeção é determinada assumindo-se que a sua forma segue uma elipse:

$$a_c = \frac{\pi}{4} \cdot d_M \cdot d_m$$

Para manter a compatibilidade com a área elíptica, o diâmetro da copa deve ser definido como a média *geométrica* dos diâmetros:

$$d_c = \sqrt{d_M \cdot d_m} \implies a_c = \frac{\pi}{4} \cdot d_M \cdot d_m = \frac{\pi}{4} \cdot d_c^2$$

A excentricidade da elipse pode ser utilizada como uma medida da assimetria da copa:

$$\varepsilon_c = \sqrt{\frac{d_M^2 - d_m^2}{d_M^2}}$$

Copas simétricas

Para copas relativamente simétricas, a área de projeção pode ser determinada medindo-se quatro ou oito raios

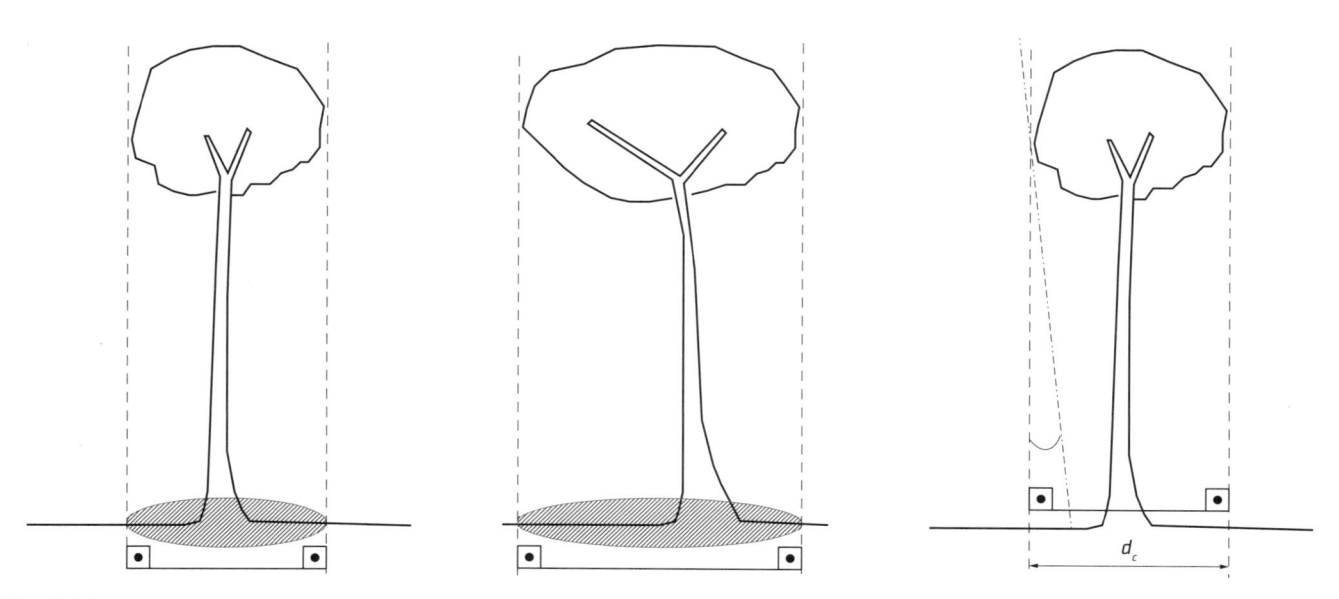

Fig. 2.16 Exemplo da área de projeção para copas simétrica e assimétrica. Na medição do diâmetro da copa em árvores altas com a copa distante do solo, é importante manter a visada do limite da copa na linha normal, isto é, em ângulo de 90° com o plano horizontal do terreno

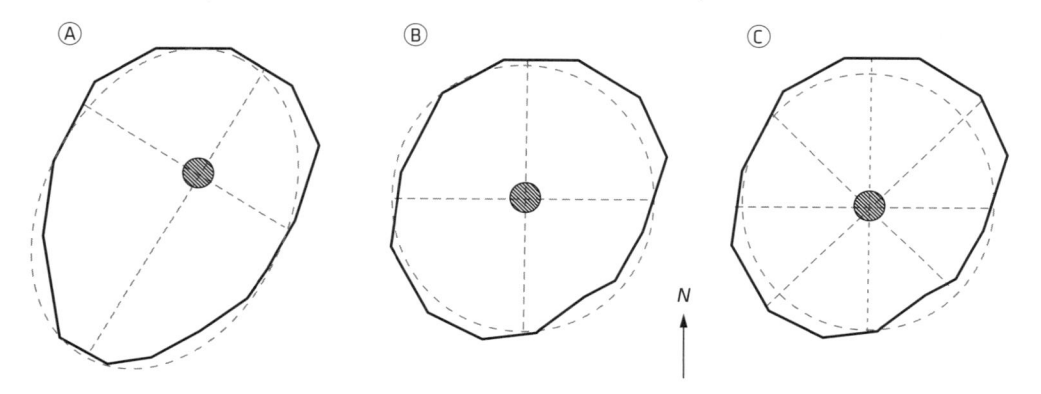

Fig. 2.17 Sistemas de medição do diâmetro da copa das árvores: (A) copa assimétrica: medição do maior e menor diâmetros perpendiculares; (B) copa simétrica: medição de quatro raios com azimute (0°, 90°, 180° e 270°); (C) copa simétrica: medição de oito raios com azimute (0°, 45°, 90°, 135°, 180°, 225°, 270° e 315°)

(Fig. 2.17B,C). O diâmetro da copa é definido como o dobro da média *aritmética* dos raios medidos (r_i):

$$d_c = 2 \cdot \frac{\sum_{i=1}^{k} r_i}{k} \qquad k = 4 \text{ ou } 8$$

A área de projeção da copa é a área do círculo com diâmetro igual ao diâmetro da copa:

$$a_c = \frac{\pi}{4} \cdot d_c^2$$

Geralmente, existe uma relação relativamente próxima entre as dimensões da copa (diâmetro e área de projeção) e as dimensões do tronco da árvore (*DAP* e área transversal). A Fig. 2.18 mostra essa relação para árvore de *Eucalyptus benthamii* (Mirtaceae).

2.4.4 Razão da copa

A razão da copa é uma medida derivada das medidas do comprimento e do diâmetro de copa que procura representar a *forma* da copa por um índice quantitativo:

$$r_c = \frac{d_c}{l_c}$$

e está estreitamente ligada à arquitetura da copa da árvore. Nas árvores excurrentes, que possuem menor plasticidade de arquitetura da copa, é um índice fortemente associado ao potencial de crescimento da árvore, sendo importante medida no estudo ecofisiológico do crescimento. As árvores decurrentes, que geralmente

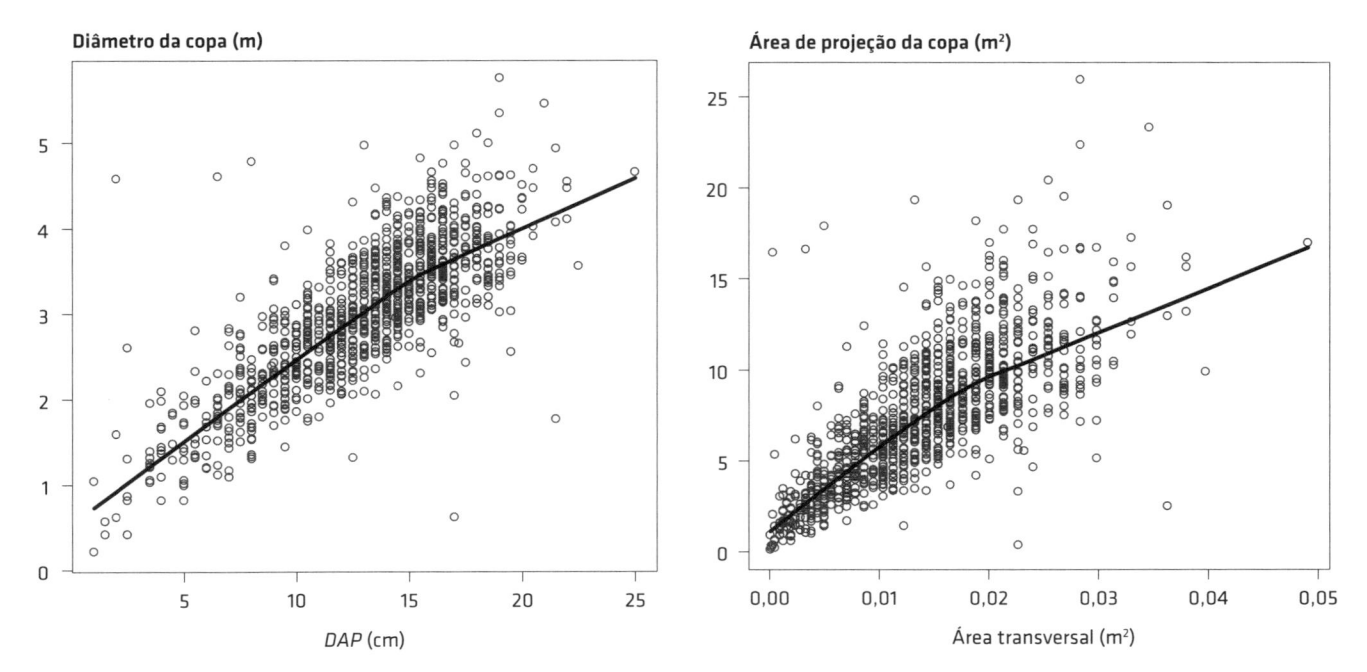

Fig. 2.18 Relação entre dimensões da copa e do tronco em árvores de *Eucalyptus benthamii*, (Mirtaceae). Gráficos do diâmetro de copa pelo DAP (esquerda) e área de projeção da copa pela área transversal do tronco (direita)

Fonte: os dados relativos à medição de copas simétricas foram gentilmente cedidos pela Profa. Luciana Duque da Silva (ESALQ - Universidade de São Paulo) e pelo Prof. Higa (Universidade Federal do Paraná).

possuem bastante plasticidade, exibem uma maior variação na razão da copa entre os indivíduos de uma mesma espécie. Nesse caso, o índice pode se mostrar associado às condições de luminosidade do ambiente em que a árvore cresce.

A Fig. 2.19 apresenta a relação da razão de copa e altura de árvores de 11 espécies plantadas nas vias públicas do município de Piracicaba. Nota-se uma estreita relação inversa entre a razão da copa e a altura, indicando que as árvores maiores tendem a ter um maior comprimento de copa em relação ao diâmetro da copa. A figura esclarece, no entanto, que a relação é específica, sendo que a razão da copa se mostra menos variável para a quaresmeira (*Tibouchinia granulosa*, Melastomataceae).

2.4.5 Volume e superfície da copa

As medidas de volume e superfície da copa têm relevância para o acompanhamento ecofisiológico das árvores. A superfície da copa é uma medida de fácil obtenção que geralmente é tomada como substitutiva da medida da superfície foliar que está diretamente ligada à capacidade fotossintética da árvore e, portanto, pode ser um bom preditor de seu crescimento. Já o volume da copa é uma medida relacionada à estrutura lenhosa necessária para sustentar a superfície foliar e, portanto, está associada à quantidade de respiração dos tecidos vegetais que necessitam ser mantidos pelo produto da fotossíntese.

Com base nas medidas do comprimento e do diâmetro da copa, é possível determinar o volume e a superfície da copa. Contudo, é necessário assumir que a copa tem uma forma conhecida. As formas consideradas são geralmente de sólidos geométricos de secção transversal circular. Assumindo que a copa da árvore pode ser adequadamente representada por um dado sólido geométrico, o seu volume (v_c) e a sua superfície (s_c) são determinados pelas expressões:

$$v_c = \left[\frac{1}{2r+1}\right]\left(\frac{\pi}{4}\right)d_c^2 \cdot l_c \quad \text{e}$$

$$s_c = \left[\frac{1}{r+1}\right]\pi \cdot d_c \cdot l_c$$

Em que d_c é o diâmetro da copa, l_c é o comprimento da copa e o coeficiente r é dependente do sólido geométrico assumido (veja o Apêndice A). É comum assumir que a copa das espécies arbóreas coníferas e da maioria das espécies de eucalipto tem forma próxima a um cone, de modo que o coeficiente utilizado é $r = 3$.

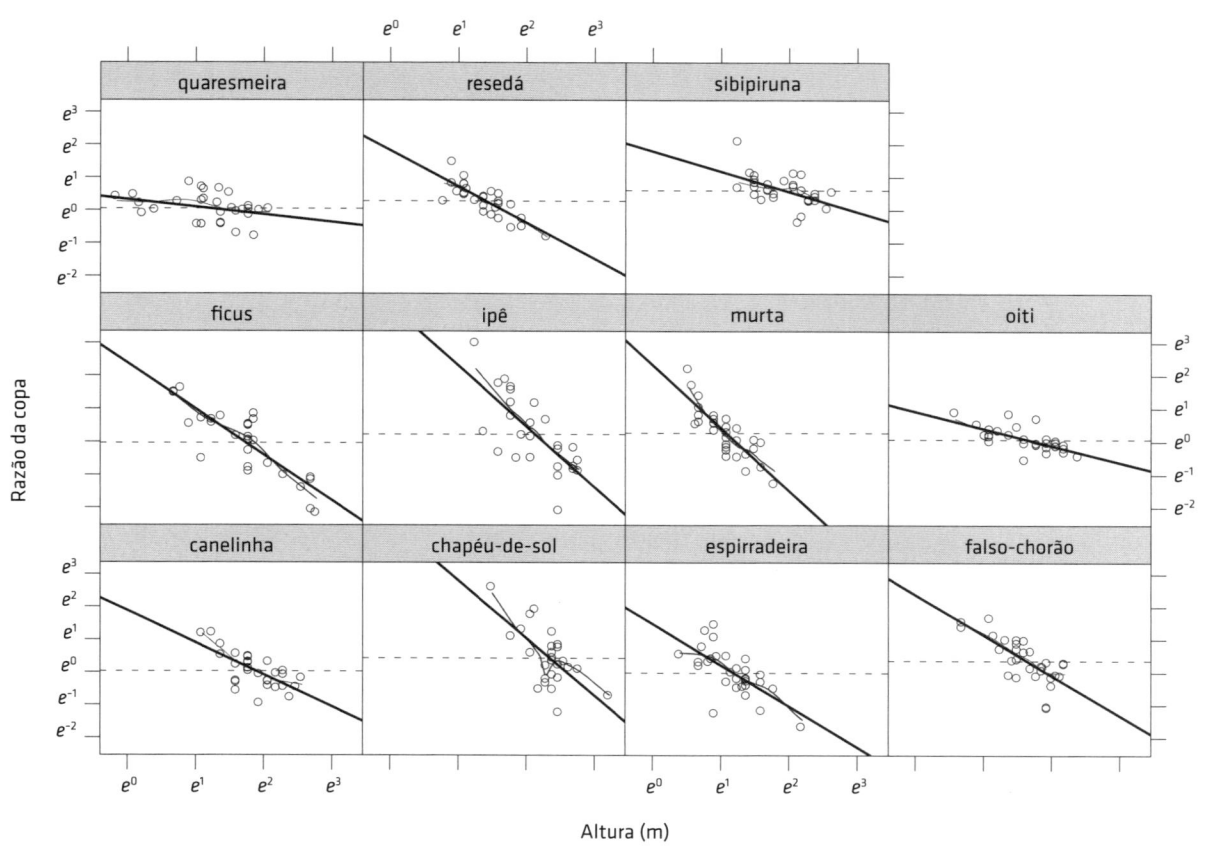

Fig. 2.19 Razão da copa em função da altura total por espécie para árvores das vias públicas do município de Piracicaba. Tanto a razão da copa quanto a altura total das árvores são apresentadas na escala de logaritmos naturais cuja base é $e = 2,718282$. A reta horizontal tracejada representa a razão de copa média em cada espécie; a reta inclinada contínua indica a relação linear ajustada por regressão; a linha contínua ilustra a tendência de relação entre as variáveis

Outros sólidos geométricos, como os paraboloides, podem ser mais apropriados para algumas espécies arbóreas tropicais. No entanto, a maioria das árvores nas florestas tropicais nativas e nas áreas de revegetação têm copa decurrente com formato muito irregular e complexo. Para essas árvores, os sólidos geométricos são modelos excessivamente simples, de modo que os valores de volume e superfície da copa gerados por eles não são realistas.

Sugestões bibliográficas

Existe em português certa abundância de textos relativos à medição não destrutiva dos atributos das árvores. A maioria deles, no entanto, tem mais o caráter de apresentação compacta dos assuntos, para facilitar o acompanhamento de aulas (apostila). Uma feliz e excelente exceção é o livro didático *Dendrometria*, de Machado e Figueiredo Filho (2003). Em inglês, ótimos livros são o *Forest measurements*, de Avery e Brukhart (1983), e o *Forest mensuration*, na sua quarta edição, de Husch, Beers e Kershaw (2002).

Quadro de conceitos

Conceitos básicos	Conceitos desenvolvidos
medição do diâmetro	medição direta
	medição indireta
	suta ou compasso florestal
	fita métrica
	fita dendrométrica
	fita diamétrica
	procedimentos de medição
área transversal	cálculo da área transversal
	conceito ecológico
	unidade de medida
excentricidade da secção transversal	excentricidade
	superdeterminação da área transversal
	implicações práticas
diâmetro abaixo da altura do peito	diâmetro do colo
	situações de medição
diâmetro acima da altura do peito	dendrômetros ópticos
	qualidade da medida
medição da altura	altura total
	altura comercial
	altura da base da copa
	medição direta
	medição indireta
	hipsômetros geométricos
	hipsômetros trigonométricos
	clinômetros
hipsômetros e clinômetros	prancheta hipsométrica
	hipsômetro de Weise
	clinômetros tradicionais
	clinômetros analógicos
	clinômetros digitais
declividade e situações problemáticas	correção para declividade
	problemas de visualização
medição da copa	classe de copa
	comprimento da copa
	diâmetro da copa
	área de projeção da copa
	razão da copa
	volume da copa
	superfície da copa

Problemas

1] Uma árvore tem secção transversal perfeitamente elíptica, com o diâmetro maior sendo o dobro do diâmetro menor. Sabendo que a *área da secção elíptica* é 0,20 m², qual o *DAP* que será medido nessa árvore? Qual o erro relativo da área transversal dessa árvore?

2] Assumindo que a excentricidade se deve à forma perfeitamente elíptica da secção transversal do tronco e que o diâmetro menor permanece fixo no valor de 10 cm, calcule o erro relativo da área da transversal quando o *DAP* é medido com suta e com fita métrica, para árvores com índice de excentricidade de: 0,1 e 0,8.

3] Assuma que a excentricidade da secção transversal do tronco se deve à forma perfeitamente elíptica. Demonstre que:
   (i) o erro relativo da área transversal quando o *DAP* é medido com suta ou com fita depende somente do índice de excentricidade.
   (ii) o erro relativo da área transversal quando o *DAP* é medido com fita é sempre maior que o erro relativo quando o DAP é medido com suta.

4] A Tab. 2.1 apresenta medidas de *CAP*, *DAP* e área transversal de árvores. Complete a tabela assumindo que todos algarismos apresentados são significativos.

Tab. 2.1 Medição de *CAP*, *DAP* e área transversal

Árvore	CAP (mm)	DAP (cm)	Área transversal (m²)
i	243		
ii			0,3378
iii			0,8209
iv		13,70	
v		78,97	
vi	532		
vii			0,0245
viii		28,30	
ix	488		
x			0,8129

5] Uma árvore perfilhada de canelinha (*Ocotea corymbosa* (Meisn.) Mez, Lauraceae) apresentou os seguintes *DAP* (cm) para os seus vários fustes:

   9,7   8,6   8,5   8,0   7,7   7,5   6,3   6,2   6,0   5,8   5,5   5,2   5,0   9,2

Qual a área transversal e o *DAP* equivalente dessa árvore?

6] O Egito Antigo é famoso por suas pirâmides e pelo mistério que envolve a sua construção, principalmente a pirâmide de Quéops, pois a razão entre o seu perímetro na base e a sua altura se aproxima bastante de 2π. Entretanto, historiadores afirmam que a constante π era desconhecida no Egito Antigo. O cálculo da área do círculo era feito por uma aproximação que consistia em tomar a área de 1/4 do círculo de raio r como igual à área do quadrado de lado $(8/9)r$ (Fig. 2.20). Encontre o erro no cálculo da área do círculo que esse método gera.

7] O hipsômetro de Christen (Fig. 2.21) é normalmente composto de uma régua graduada (30 cm de comprimento) e uma baliza de referência (5 m). Ao se medir a altura de uma árvore, a baliza é colocada junto a ela e o observador se posiciona de tal forma que toda a árvore, da base ao topo, seja visualizada como *encaixada*

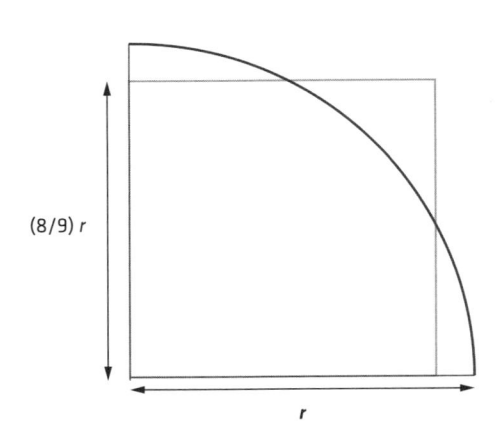

Fig. 2.20 Esquema da aproximação utilizada no Egito Antigo para o cálculo da área do círculo

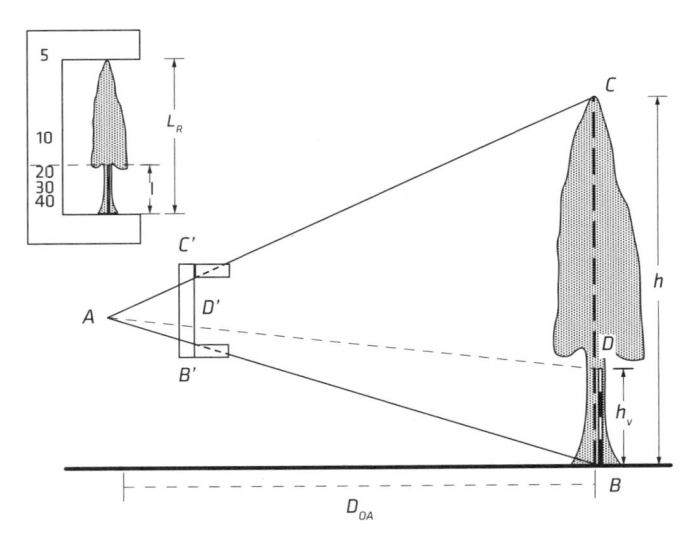

Fig. 2.21 Funcionamento do hipsômetro de Christen, que utiliza uma régua para encaixe visual da árvore e uma baliza de altura conhecida. A fórmula desse hipsômetro é obtida com base em duas semelhanças de triângulos: entre os triângulos ABC e $AB'C'$ e entre os triângulos ABD e $AB'D'$

no comprimento total da régua (Fig. 2.21). Nessa posição o observador lê a altura da árvore pela posição da baliza na escala da régua. Deduza a fórmula de funcionamento desse hipsômetro.

Dica: é necessário deduzir e juntar *duas* relações de semelhança de triângulo.

8] Construa um gráfico para o hipsômetro de Christen no qual a leitura feita na régua (ordenadas) seja função da altura da árvore sendo medida (abscissas). Faça a altura das árvores variar de 1 m a 40 m. A qual conclusão se chega a respeito dos erros aleatórios desse instrumento?

9] A Tab. 2.2 apresenta dados de medição de altura utilizando um clinômetro que apresenta ângulos em graus. Complete a tabela conforme o princípio de medição desse tipo de instrumento.

Tab. 2.2 Medição da altura com ângulos em graus

Árvore	Distância (m)	Ângulos (°) α	β	Altura (m)	Árvore	Distância (m)	Ângulos (°) α	β	Altura (m)
i	25	10	30		xi	21	13		41
ii	34	5,0	41		xii	30	5,0		25
iii	25	25		17	xiii		5,0	30	20
iv		11	32	22	xiv	40		40	38
v	42		40	45	xv	30	4,9		32
vi	36	3,0	50		xvi	35	9,0	52	
vii	15	7,0		24	xvii	19	8,0		12
viii		9,0	57	17	xviii		3,2	40	31
ix	29		58	51	xix	32	4,2		27
x	13	6,0	73		xx		7,6	50	13

10] A Tab. 2.3 apresenta dados de medição de altura utilizando um clinômetro que apresenta os ângulos em porcentagem (%). Complete a tabela conforme o princípio de medição desse tipo de instrumento.

Tab. 2.3 Medição da altura com ângulos em porcentagem

Árvore	Distância (m)	Ângulos (%) α	Ângulos (%) β	Altura (m)	Árvore	Distância (m)	Ângulos (%) α	Ângulos (%) β	Altura (m)
i		18	58	19	xi	21	23	173	
ii		8,8	87	33	xii		9,0	75	25
iii	25	47	21		xiii	30		48	20
iv	27		62	22	xiv	40	18		38
v		23	84	45	xv	30	8,0	97	
vi	36	7		45	xvi	35		128	45
vii		12	148	24	xvii	19	14	49	
viii	10		154	17	xviii	35	5,6		31
ix		16	160	51	xix		8,4	75	27
x		10	327	44	xx	10	12,5		13

11] Num levantamento florestal, utilizou-se uma prancheta hipsométrica para um levantamento num plantio florestal, mas assumiu-se que o espaçamento de plantio poderia ser usado para determinar a distância observador-árvore. Deste processo, resultou um erro sistemático de 1,0 m na determinação da distância. Sabendo que se trabalhou à distância fixa de 15 m, qual é o erro sistemático nas medidas de altura?

12] Num estudo florestal, utilizou-se um clinômetro para medir a altura total de uma árvore, mas se cometeu um erro de 10% na medida da distância observador-árvore. Qual o erro que se cometeu na medição da altura da árvore?

13] Num levantamento florestal, utilizou-se um clinômetro que apresenta os ângulos em porcentagem. Entretanto, todos os ângulos medidos apresentavam um erro sistemático relativo (p), em virtude de um problema de calibração do clinômetro. As alturas foram então utilizadas para calcular a produção da floresta por meio da expressão:

$$V = \sum_{i=1}^{n} v_i = \sum_{i=1}^{n} g_i \cdot h_i \cdot f$$

em que $i = 1, 2, \ldots, n$ é o índice que indica as árvores medidas, v_i é o volume de madeira das árvores, g_i é a área transversal das árvores, h_i é a altura das árvores e f é o fator de forma considerado constante. Qual o erro sistemático relativo na medida da altura das árvores? Qual o erro relativo na medida de produção obtida?

14] Trabalhando-se numa área com declividade de 40%, ignorou-se completamente o efeito da declividade sobre a medida da altura das árvores. Assumindo que todas as árvores foram medidas tomando-se a distância observador-árvore no sentido de maior declividade, qual o erro sistemático relativo no cálculo da produção da floresta?

15] O que acontece com a precisão da medida da altura de uma dada árvore numa série de medidas em que a distância observador-árvore é dobrada a cada medida?

capítulo 3
ARBORIMETRIA DESTRUTIVA

Alguns atributos importantes das árvores não podem ser obtidos por medição direta ou indireta sem que a árvore seja destruída. Geralmente, esses atributos se referem à quantidade de madeira ou de produtos madeireiros que se pode obter da árvore. A medição desses atributos requer não só o abate da árvore, mas frequentemente também o desgalhamento, o corte do tronco e a separação de seus componentes, como as toras de diferentes espessuras, os ramos grossos e finos e a folhagem.

Sendo a madeira um sólido, sua quantificação deveria ser realizada pela massa. No Sistema Internacional, a grandeza volume é geralmente utilizada para quantificar líquidos e gases. Entretanto, a tradição de medida da produção madeireira de árvores e florestas, que antecede o Sistema Internacional em alguns séculos, se desenvolveu com base na determinação do volume, seja de toras individuais, seja de pilhas de toretes. Mais recentemente, surgiu o interesse em quantificar a produção florestal em massa.

Respeita-se aqui a sequência da tradição, apresentando-se inicialmente a determinação do volume tanto do conteúdo de madeira das árvores quanto dos diversos produtos madeireiros. Expõe-se em seguida a determinação do volume de madeira contido em pilhas de toras e toretes. Discute-se, então, as maneiras de se definir a forma do tronco e conclui-se com a medição da massa de árvores.

3.1 Volume do lenho de árvores

O volume de madeira de uma árvore depende, em última análise, do uso que se dará a ela. O volume útil de madeira de uma árvore quando se pretende produzir madeira serrada é bem diferente do volume útil quando se pretende utilizá-la como lenha. Assim, é comum que se qualifique o volume de madeira em função dos seus fins, por exemplo: volume para serraria, volume para laminação, volume para processamento industrial (polpa de celulose ou chapas) e volume para energia (lenha ou queima em caldeira).

À parte as propriedades químicas, físicas e mecânicas da madeira, um aspecto que é determinante na sua utilização são as dimensões das toras. Assim, a utilização da madeira de uma árvore em serraria geralmente requer toras não só mais grossas (maiores diâmetros) mas também mais longas. Toras cujo menor diâmetro é inferior a 15 cm dificilmente serão utilizadas em serraria. Já toretes para o processamento industrial podem ter o menor diâmetro de até 5 cm, enquanto que toretes para lenha chegam ao diâmetro mínimo de 3 cm. Os toretes para processamento industrial podem ter comprimento de 2,4 m a 3,6 m ou, no caso do sistema de toras longas, de até 6,2 m. Por sua vez, o comprimento de toretes para lenha raramente passa de 1 m.

3.1.1 Determinação do volume

Dada a grande gama de possibilidades de uso da madeira, a quantificação do volume do lenho das árvores pode ser realizada de diversas maneiras. Por isso, existem vários *tipos de volume* que expressam as diferentes formas de como o volume de madeira de uma árvore pode ser medido.

Volume comercial e volume total. O volume comercial é o volume de madeira que pode ser destinado a uma dada utilização. O volume total é o volume completo do lenho da árvore. No caso de árvores excurrentes, o volume total é o volume completo do tronco, incluindo as partes que não terão utilidade (partes com defeito e ponta do tronco). No caso de árvores decurrentes, o volume total é raramente definido ou medido, pois envolveria a medição de uma grande quantidade de galhos.

Volume com casca e volume sem casca. Quando se fala do volume de madeira de uma árvore, deve-se entender que se trata do volume da madeira *mais a casca*, ou seja, o volume com casca. Para se referir somente ao volume de madeira, excluindo-se a casca, é necessário falar-se explicitamente no volume *sem casca*. O volume de casca de uma árvore é definido como a diferença entre esses dois volumes.

Volume sólido e volume empilhado. O volume sólido se refere somente ao conteúdo de madeira que existe em toras e toretes, isto é, o volume de ambos. O volume empilhado se refere ao volume de uma pilha de toras ou toretes, incluindo os espaços vazios.

Volume cilíndrico. É um volume *hipotético*, considerando que o tronco da árvore é um cilindro perfeito cujo diâmetro é igual ao *DAP* e cuja altura é igual à altura total da árvore.

Note que essas categorias não são todas excludentes. Pode-se perfeitamente se referir ao volume total com casca, ao volume comercial sem casca ou vice-versa. Da mesma forma, o volume comercial pode ser sólido ou empilhado.

Independentemente da categoria de volume em questão, a determinação do *volume sólido* dos lenhos de árvores individuais é um passo essencial para se estimar o volume de madeira de uma floresta e, consequentemente, a produção florestal. Mas é impossível se medir diretamente a quantidade de madeira de uma árvore na forma de um volume sólido. A medição direta de volumes só é possível para líquidos e gases. Assim, há duas abordagens para se determinar o volume do lenho das árvores: a medição indireta e a *cubagem* ou *cubicagem*.

Cubagem ou cubicagem. Provavelmente, esses termos tiveram origem entre os gregos antigos, para os quais determinar a área de um figura plana era o mesmo que encontrar um quadrado de igual área (*quadratura*) e definir o volume de um sólido qualquer era encontrar um cubo com igual volume, ou seja, *cubagem* ou *cubicagem*.

3.1.2 Medição indireta

Na medição indireta, utiliza-se um princípio físico que possibilite o desenvolvimento de um método de associação do volume sólido das toras ou toretes a outras grandezas que possam ser medidas diretamente. Uma vez que as grandezas associadas são medidas, o volume é calculado com base no princípio físico. Os métodos principais são o do deslocamento de água e o do empuxo.

Método do deslocamento de água

Trata-se de um método bastante simples e muito antigo que consiste em medir o volume de um sólido pelo volume de água que é deslocado quando o sólido é mergulhado num recipiente com água. Também é chamado de método do *xilômetro*, nome dado ao instrumento construído para se medir o volume de toras e toretes por meio do deslocamento de água.

> **Deslocamento de água e método do empuxo.** São métodos atribuídos a Arquimedes de Siracusa, matemático grego da então Magna Grécia (hoje Sicília) no século III a.C. Existem sistemas com base no método do empuxo voltados à quantificação do volume de madeira em pátios de plantas industriais, com nomes comerciais como Pivotex e Scalex.

Para se facilitar a determinação do deslocamento de água, o xilômetro é geralmente um recipiente cilíndrico com área transversal conhecida. Ao se mergulhar um torete no xilômetro, mede-se o deslocamento do nível da água. O produto da área transversal do xilômetro pelo deslocamento do nível da água fornece o volume do torete mergulhado (Fig. 3.1). Se o xilômetro tem diâmetro L e um torete introduzido gerar um deslocamento l, o volume desse torete será:

$$v = \left(\frac{\pi}{4}\right) L^2 \cdot l$$

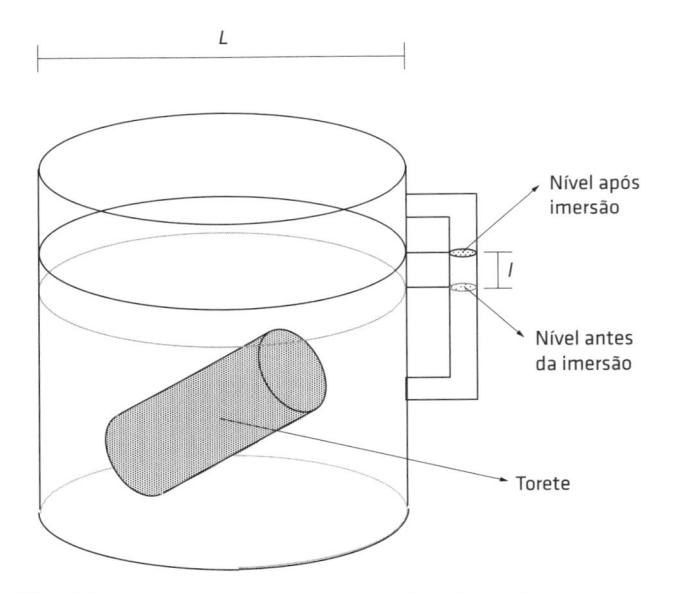

Fig. 3.1 Esquema de funcionamento do método do deslocamento de água ou método do xilômetro para medição indireta do volume sólido de toretes

A praticidade do método depende do tamanho dos toretes em relação ao tamanho do xilômetro. No caso de toretes de pequena dimensão, o xilômetro é muito prático, mas a medição do volume de lenho de uma árvore inteira exigirá que essa árvore seja seccionada em diversos toretes. Para a medição de diversas árvores no campo, esse método é muito trabalhoso, pois as árvores precisam ser transportadas até o local do xilômetro. Assim, ele é utilizado nas situações em que se deseja determinar com exatidão o volume de toretes que constituem uma amostra de uma árvore ou de uma carga de toras.

Método do empuxo

O empuxo é a força hidrostática exercida por um líquido sobre um corpo que esteja mergulhado nele. Essa força pode ser medida pela diferença entre o *peso real* (P_r) do objeto, isto é, o peso do objeto fora do líquido, e seu *peso aparente* (P_a), isto é, o peso do objeto quando mergulhado no líquido:

$$E = P_r - P_a$$

Mas o peso é definido como a massa do objeto multiplicada pela constante gravitacional ($g = 9{,}8\,\text{N} \cdot \text{kg}^{-1}$):

$$E = m_r \cdot g - m_a \cdot g$$

em que m_r é a massa *real* do objeto e m_a é a massa aparente.

Porém, o empuxo gerado quando um objeto é totalmente imerso num líquido é diretamente proporcional à densidade do líquido (δ_l), ao volume deslocado do líquido (v) e à constante gravitacional:

$$E = \delta_l \cdot v \cdot g$$

Assim, chega-se à seguinte relação fundamental derivada do empuxo:

$$\left. \begin{array}{l} E = \delta_l \cdot v \cdot g \\ E = m_r \cdot g - m_a \cdot g \end{array} \right\} \Rightarrow \begin{array}{l} \delta_l \cdot v \cdot g = m_r \cdot g - m_a \cdot g \\ \delta_l \cdot v = m_r - m_a \end{array}$$

No caso da medição do volume, o objeto é um torete e o líquido é a água, cuja densidade é unitária ($\delta_l = 1$), e a relação fundamental do empuxo é simplificada para:

$$v = m_r - m_a$$

Logo, o volume de água deslocado pelo torete quando totalmente imerso em água é dado pela diferença entre a massa real e a massa aparente do torete. Como o volume do torete é igual ao volume de água deslocado, o primeiro pode ser determinado pela diferença das massas.

Para a determinação das massas real e aparente, o método do empuxo requer, além de um recipiente com água, uma balança capaz de medir a massa do objeto. A definição da massa aparente, isto é, a massa do objeto imerso em água, depende de uma balança especial conhecida como *balança hidrostática*.

Embora de uso pouco frequente em condições de campo, o método do empuxo é comum em laboratório, como parte do procedimento de determinação da densidade básica da madeira com base em amostras de pequenas dimensões. Conhecido como *método da balança hidrostática*, ele é utilizado para a determinação do volume das amostras de madeira, que, sendo pequenas, exigem um método de alta precisão.

3.1.3 Cubagem

A cubagem procura aproximar a forma das toras e toretes à de *sólidos geométricos de secção transversal circular*, que são figuras geométricas tridimensionais com forma e volume conhecidos. O volume da tora ou torete é calculado, então, pela expressão matemática do volume do sólido geométrico. Contudo, as toras e toretes não se assemelham ao sólido geométrico em si, mas ao sólido geométrico *truncado*, isto é, o sólido cuja extremidade de menor dimensão foi cortada. O Apêndice A apresenta a construção dos sólidos geométricos e dos sólidos geométricos truncados e como o volume deles pode ser obtido.

Nos sólidos geométricos truncados, as medidas básicas para a determinação do volume são as áreas das duas extremidades e o comprimento (Fig. A.4 do Apêndice A). Se a forma de uma tora pode ser aproximada à de um sólido geométrico truncado conhecido, basta que se tomem medidas de diâmetro e comprimento da tora para que seu volume possa ser estimado por uma expressão matemática que determina o volume do sólido geométrico. A questão central é qual dos sólidos geométricos, cilindro, paraboloide, cone ou neiloide, representa a melhor aproximação para cada tora.

Esse é o método mais prático para utilização em campo, pois envolve apenas a medição do diâmetro e do comprimento das toras ou toretes. O volume aproximado obtido por esse método é geralmente suficientemente acurado, mas no caso de toras e toretes com muita tortuosidade ou com grandes deformidades, a aproximação pode resultar em medidas pouco realistas. Contudo, nas florestas voltadas à produção de madeira, particularmente as florestas plantadas com espécies de rápido crescimento, toras com grandes tortuosidades ou deformidades são pouco frequentes.

Fórmulas de cubagem

Ao se aplicar a expressão de volume de sólidos truncados a toras e toretes é necessário considerar que o sólido geométrico mais apropriado depende da posição do torete no tronco (Fig. 3.2). Geralmente a base do tronco tende à forma do cilindro, enquanto que o terço inferior se aproxima de neiloides truncados. Já os dois terços superiores do tronco são semelhantes a paraboloides truncados e a ponta pode ser adequadamente descrita pelo cone ou pelo paraboloide.

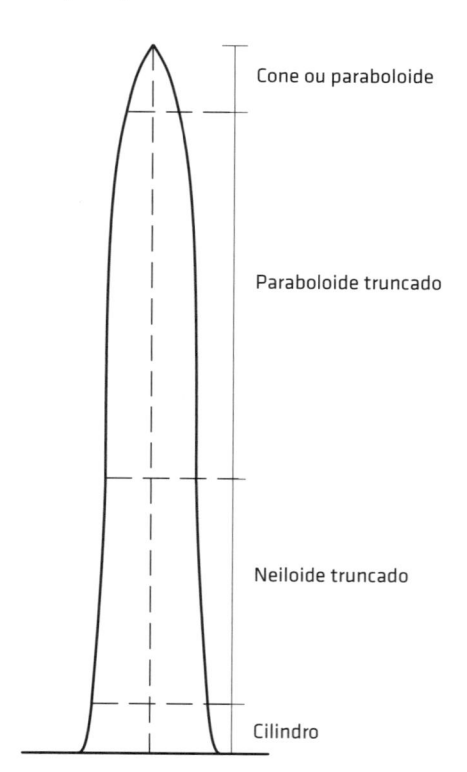

Fig. 3.2 Variação da forma do tronco de acordo com a posição ao longo do tronco

Fonte: Husch, Miller e Beers (1982).

A mudança da forma ao longo do tronco das árvores implica uma consequência de ordem prática. Primeiramente, não é apropriado se medir o volume do tronco inteiro de uma árvore com base em um único sólido geométrico. O melhor modo de se realizar a cubagem do tronco é por partes, isto é, por toretes individuais de curto comprimento, pois a aproximação por sólidos geométricos truncados se torna mais exata. Na prática, não é necessário seccionar o tronco, isto é, seccioná-lo de fato em toras ou toretes, basta medi-lo a pequenos intervalos.

Um fato que está implícito na representação da Fig. A.4 é que existe uma infinidade de sólidos geométricos. Os únicos sólidos geométricos fixos são o cilindro e o cone. Qualquer sólido com volume entre o cilindro e o cone é chamado de paraboloide, enquanto que qualquer sólido com volume menor que o cone é um neiloide.

Na aplicação prática da cubagem, não é possível saber de antemão qual o sólido truncado mais apropriado para cada tora ou torete cujo volume se quer medir. Assim, as fórmulas de cubagem efetivamente utilizadas representam os sólidos geométricos truncados mais frequentemente encontrados nas situações práticas. As principais fórmulas são três, nomeadas segundo os seus proponentes.

Fórmula de Smalian. Nessa fórmula, o torete é aproximado pelo sólido truncado correspondente ao *paraboloide quadrático*, cujo volume (na versão não truncada) é exatamente metade do volume do cilindro:

$$v = l\left(\frac{a_b + a_l}{2}\right) = \frac{\pi}{8}\left(d_b^2 + d_l^2\right)l \qquad (3.1)$$

Em que a_b e a_l são as áreas e d_b e d_l são os diâmetros das faces maior e menor do torete, respectivamente, e l é o comprimento do torete.

Fórmula de Huber. É também a fórmula do paraboloide quadrático e se baseia em uma única medida tomada no meio do torete ($l/2$):

$$v = l\, a_{l/2} = \left(\frac{\pi}{4}\right) d_{l/2}^2 \cdot l \qquad (3.2)$$

Fórmula de Newton. É a fórmula com maior generalidade, pois é uma boa aproximação para neiloides, cones ou paraboloide truncados, mas necessita das medidas do torete na base (a_b), no topo (a_l) e no meio ($a_{l/2}$):

$$v = l\left(\frac{a_b + 4a_{l/2} + a_l}{6}\right) \\ = \frac{\pi}{24}\left(d_b^2 + 4d_{l/2}^2 + d_l^2\right)l \qquad (3.3)$$

Para um paraboloide quadrático, as fórmulas de Smalian (Eq. 3.1) e de Huber (Eq. 3.2) produzem exatamente o mesmo resultado. Para outros tipos de paraboloides e outros sólidos geométricos truncados, as fórmulas podem divergir consideravelmente. A fórmula de Newton é geralmente considerada a melhor, pois é uma aproximação adequada para todos os tipos de sólidos geométricos. A medida do diâmetro no meio da tora nem sempre é muito prática, principalmente quando a tora é muito grande ou quando se deseja obter o volume de madeira sem a casca.

Cubagem rigorosa

A cubagem rigorosa é o procedimento de medição do volume do tronco ou do lenho de uma árvore de modo a obter a maior exatidão possível com a cubagem. Ela requer que as medidas do diâmetro do tronco sejam tomadas em posições predefinidas e a curtos intervalos. Para a cubagem rigorosa, não é necessário que o tronco seja efetivamente seccionado em toretes (toragem do tronco), basta que o diâmetro do tronco seja medido nas posições definidas. Existem vários sistemas de posições para a medição dos diâmetros do tronco.

Posições fixas regulares. Nesse sistema, a medição é realizada em posições fixas ao longo do tronco, mantendo entre si a mesma distância (Fig. 3.3), por exemplo, 1 m:

$$\{0\text{ m}; 1\text{ m}; 2\text{ m}, 3\text{ m}; 4\text{ m}; \ldots; K\text{ m}\}$$

Nesse caso, a posição 0 m corresponde ao ponto do corte de abate da árvore. Outro exemplo toma uma altura mais apropriada ao ponto do corte de abate, isto é, considera a altura do toco deixado no campo, mas também realiza a cubagem considerando toretes de comprimento fixo:

$$\{0,3\text{ m}; 1,3\text{ m}; 2,3\text{ m}; 3,3\text{ m}; \ldots K\text{ m}\}$$

Em razão do comprimento fixo de todos os toretes, as fórmulas de cubagem podem ser aplicadas diretamente para o tronco da árvore como um todo. Para toretes de comprimento fixo igual a l, obtém-se:

Smalian: d_i indica os diâmetros nas $n + 1$ posições do tronco ($i = 0, 1, 2, \ldots, n$) que definem n toretes:

$$v = \left(\frac{\pi}{8}\right) l \left[d_0^2 + 2\sum_{i=1}^{n-1} d_i^2 + d_n^2\right]$$

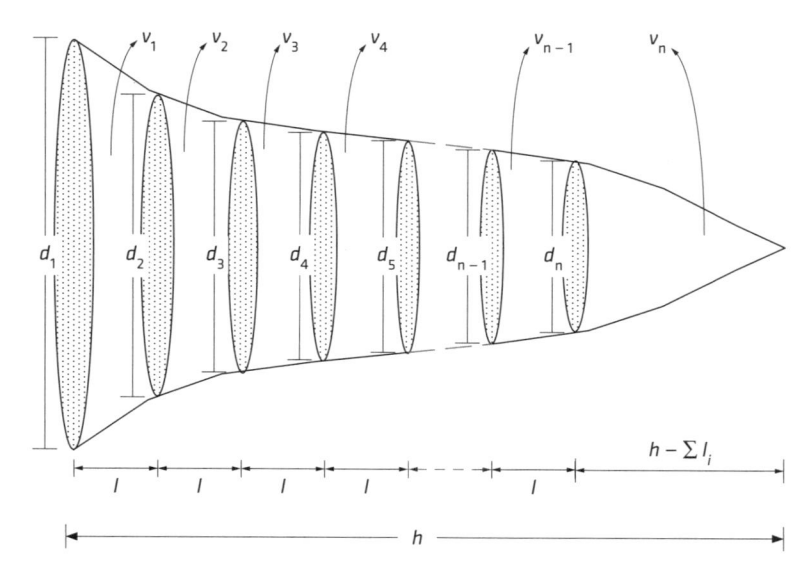

Fig. 3.3 Cubagem rigorosa do tronco inteiro com toretes de mesmo comprimento. O comprimento da ponta da árvore é a diferença entre a altura total e a somatória dos comprimentos ($h - \sum l_i$), e o volume da ponta é obtido assumindo-se que esta é perfeitamente cônica

Huber: d_i indica os diâmetros no meio dos n toretes ($i = 1, 2, \ldots, n$):

$$v = \left(\frac{\pi}{4}\right) l \sum_{i=1}^{n} d_i^2$$

Newton: d_i indica os diâmetros de um número par de toretes (n), sendo i o índice das posições ímpares ($i = 1, 3, 5, \ldots, n-1$) e j o índice das posições pares ($j = 2, 4, 6, \ldots, n-2$):

$$v = \left(\frac{\pi}{24}\right) l \left[d_0^2 + 4 \sum_{i=1}^{n-1} d_i^2 + 2 \sum_{j=2}^{n-2} d_j^2 + d_n^2 \right]$$

Posições fixas com maior frequência na base. Como a maior parte do volume do tronco se encontra na sua porção inferior, nesse sistema, aumenta-se o número de medições na base do tronco de modo a aumentar a exatidão da determinação do volume. Exemplo:

$$\{0 \text{ m}; 0,1 \text{ m}; 0,3 \text{ m}; 0,5 \text{ m}; 0,7 \text{ m};$$
$$1,0 \text{ m}; 1,3 \text{ m}; 2 \text{ m}; 3 \text{ m}; 4 \text{ m}; \ldots; K \text{ m}\}$$

Como o comprimento dos toretes varia ao longo do tronco, as fórmulas de cubagem devem ser aplicadas torete a torete, sendo que a fórmula de Newton não é aplicável.

Posições relativas à altura da árvore. Pode-se ainda tomar as medidas do diâmetro segundo posições relativas à altura total ou à altura comercial da árvore (h). Por exemplo, no *sistema de Hohenadl*, as posições de medição são:

$$\{0,1 \, h; \, 0,3 \, h; \, 0,5 \, h; \, 0,7 \, h; \, 0,9 \, h\}$$

Quando o comprimento relativo dos toretes se mostra constante, como no sistema de Hohenadl ($l = 0,2 \, h$), a fórmula de Huber se mostra bastante apropriada para aplicação:

$$v = \frac{\pi}{4} \left[d_{0,1}^2 + d_{0,3}^2 + d_{0,5}^2 + d_{0,7}^2 + d_{0,9}^2 \right] (0,2 \, h)$$

Como o intervalo entre medições depende da altura da árvore (h), a exatidão na medição do volume será variável tanto ao longo do tronco quanto entre árvores. Árvores maiores terão medidas a intervalos maiores e, consequentemente, menor exatidão.

Na cubagem rigorosa, o *volume total* do tronco de uma árvore é definido assumindo-se a forma da ponta do tronco como um cone perfeito (Fig. 3.3). No caso do *volume comercial*, a cubagem rigorosa é realizada até a última tora ou torete que poderia ser destinado à utilização de interesse.

3.2 Volumes convencionais e volumes de produtos

Em algumas situações, o volume de uma árvore não é expresso em termos do volume de madeira que o lenho da árvore contém, mas em termos do volume definido por uma convenção ou regra, ou em termos do volume do produto madeireiro que se espera obter da árvore ou tora. Como se trata de situações pontuais, não há um procedimento geral para determinar esses volumes, assim, alguns exemplos são apresentados a seguir.

3.2.1 Volumes convencionais

Em algumas situações práticas de comercialização de madeira, o volume é definido por uma convenção estabelecida para facilitar as transações comerciais. Essas convenções são chamadas de *regras de cubagem* de toras ou de *descontos de face*. Os resultados são sempre aproximados, mas as regras de cubagem não devem ser confundidas com as fórmulas de cubagem, as quais se baseiam na teoria dos sólidos geométricos truncados. As justificativas para as regras de cubagem são absolutamente empíricas, isto é, geram resultados considerados apropriados na prática, ou são totalmente convencionais, isto é, são convenções aceitas em virtude de uma tradição florestal local ou regional. Embora as regras de cubagem sejam de uso comum em algumas regiões do mundo, onde existe uma grande quantidade delas, no Brasil, há apenas algumas poucas em uso.

Regra de Francon para espécies nativas

A regra de Francon é aplicada a toras de espécies nativas de florestas tropicais, principalmente da região Amazônica. Seu objetivo é quantificar o volume sólido de toras para serraria. Essa regra consiste na seguinte fórmula desenvolvida empiricamente e que produz resultados razoáveis:

$$v_l = \left[\frac{c_m}{4}\right]^2 l \qquad (3.4)$$

em que c_m é a circunferência no meio da tora (m), l é o comprimento da tora (m) e v_l é o volume da tora em metros cúbicos.

Regra da alfândega de Paris

A regra da alfândega de Paris é outra regra de cubagem utilizada para se quantificar o volume para serraria de toras de exportação. Essa regra consiste em determinar o volume de um paralelepípedo cuja área da secção transversal é quadrada, podendo ser circunscrita pela área da menor face da tora (Fig. 3.4). Seja o lado da secção quadrada igual a s, obtém-se, por Pitágoras, a seguinte expressão do volume:

$$d_{\text{MÍN}}^2 = s^2 + s^2 \Rightarrow s^2 = \frac{d_{\text{MÍN}}^2}{2} \qquad \left[\begin{array}{c}\text{Área do}\\ \text{quadrado}\\ \text{circunscrito}\end{array}\right]$$

$$v_{\text{ÚTIL}} = s^2 \cdot l = \frac{d_{\text{MÍN}}^2 \cdot l}{2}$$

3.2.2 Peças de madeira serrada

O volume de madeira após o processamento na serraria depende do tamanho da tora, do tamanho das peças a serem serradas, do tipo de serra e dos métodos de desdobro utilizados. Para medir o volume para peças de tamanho específico, é necessário construir um diagrama de como as peças serão serradas. A Fig. 3.5 apresenta dois diagramas aplicados a uma tora com o mesmo diâmetro. Ao se construir o diagrama para peças específicas, dois pontos devem ser considerados. Em primeiro lugar, deve se definir a maneira como a tora será desdobrada, isto é, a espessura, a largura e a localização das peças. Em segundo lugar, não se pode ignorar a espessura da serra a ser utilizada.

O diagrama é sempre aplicado na face de menor diâmetro, e a área útil (área do diagrama) nesta face é multiplicada pelo comprimento da tora para se obter o volume útil. Por exemplo, tomando os diagramas da Fig. 3.5, pode se assumir que os diâmetros dos extremos da tora são 35 cm e 40 cm, enquanto o comprimento da tora é constante (l), isto é, o mesmo comprimento para ambos os métodos de desdobro. O volume sólido da tora por Smalian é:

$$\begin{aligned}v &= \frac{\pi}{8}\left[d_b^2 + d_l^2\right]l \\ &= 0{,}3927\left(0{,}40^2 + 0{,}35^2\right)l \\ &= 0{,}20677 \times l \approx 0{,}21 l \text{ m}^3\end{aligned}$$

Se a tora for desdobrada pelo diagrama (A), a área total das peças na face menor será de 612,5 cm², com um volume útil de:

$$v_A = 0{,}06125 l \approx 0{,}061 l \text{ m}^3$$

Já se a tora for desdobrada pelo diagrama (B), o volume útil será

$$v_B = 0{,}0650 l \approx 0{,}065 l \text{ m}^3$$

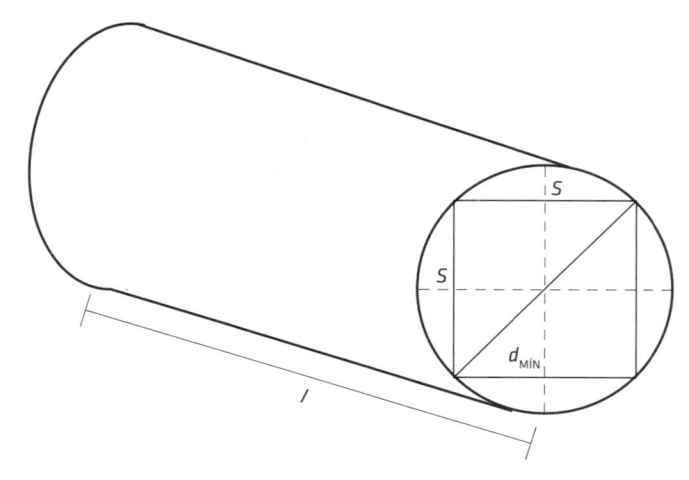

Fig. 3.4 Regra de cubagem da alfândega de Paris para a quantificação do volume útil para serraria em madeira roliça. O volume útil é definido como o volume do paralelepípedo de *secção transversal quadrada*, a qual pode ser circunscrita na face de menor diâmetro da tora: *s* é o lado da secção quadrada, $d_{MÍN}$ é o diâmetro da tora na sua menor face, sendo também a diagonal da secção quadrada, e *l* é o comprimento da tora

Assim, o diagrama (A) representa uma utilização de 30% do volume total, enquanto que, no diagrama (B), o rendimento é de 31%.

O *cálculo* do rendimento do desdobro para uma tora específica, como no exemplo anterior, independe do comprimento da tora, uma vez que é razão da área útil das peças desdobradas na face menor da tora pela média das áreas das duas faces da tora. É importante manter em mente, no entanto, que a diferença das áreas das duas faces de uma tora depende da forma da tora e, consequentemente, do seu comprimento.

3.2.3 Volume na laminação

A laminação por torno de rotação é o processo pelo qual a madeira roliça é transformada em lâminas de madeira. As lâminas obtidas podem ser utilizadas na construção de painéis compensados ou no acabamento de móveis ou portas. O processo de laminação se assemelha ao "desenrolar de um carretel de linha", em que a linha sendo desenrolada é, na verdade, uma lâmina de madeira e o carretel é o tronco.

Inicialmente, a tora passa pelo processo de *arredondamento*, tornando-a perfeitamente cilíndrica pela retirada da diferença entre o diâmetro da maior face ($d_{MÁX}$) e o diâmetro da menor face ($d_{MÍN}$). Desta forma, o volume sólido inicial da tora de comprimento *l* segundo a fórmula de Smalian:

$$v = \left(\frac{\pi}{4}\right)\left[\frac{d_{MÁX}^2 + d_{MÍN}^2}{2}\right]l$$

é reduzido para o volume útil à laminação:

$$v_{ÚTIL} = \left(\frac{\pi}{4}\right)d_{MÍN}^2 \cdot l$$

O volume das lâminas é a diferença entre esse volume útil e o volume cilíndrico definido pelo diâmetro mínimo que o torno consegue laminar (d_{RESTO}), gerando uma tora residual chamada *resto rolo*:

$$v_{RESTO} = \left(\frac{\pi}{4}\right)d_{RESTO}^2 \cdot l$$

$$v_{LÂMINA} = v_{ÚTIL} - v_{RESTO} = \frac{\pi}{4}\left(d_{MÍN}^2 - d_{RESTO}^2\right)l$$

em que $v_{ÚTIL}$ é, na verdade, o volume cilíndrico com base em $d_{MÍN}$, e v_{RESTO} é o volume do resto rolo, não aproveitado na laminação.

Outras informações sobre o processo de laminação podem ser obtidas com base no volume útil. O comprimento da lâmina ($c_{LÂMINA}$) é a área útil ($s_{ÚTIL}$) divida pela espessura (*e*) da lâmina. Já a área útil é a área na face menor da tora delimitada pelo diâmetro da menor face da tora ($d_{MÍN}$) e o diâmetro do resto rolo (d_{RESTO}):

$$c_{LÂMINA} = \frac{s_{ÚTIL}}{e} = \frac{(\pi/4)\cdot\left(d_{MÍN}^2 - d_{RESTO}^2\right)}{e}$$

Por fim, é possível obter a superfície de lâmina ($s_{LÂMINA}$) gerada no processo mediante o produto do comprimento da lâmina ($c_{LÂMINA}$) pela largura da lâmina, a qual é igual ao comprimento da tora (*l*):

$$s_{LÂMINA} = c_{LÂMINA} \cdot l$$

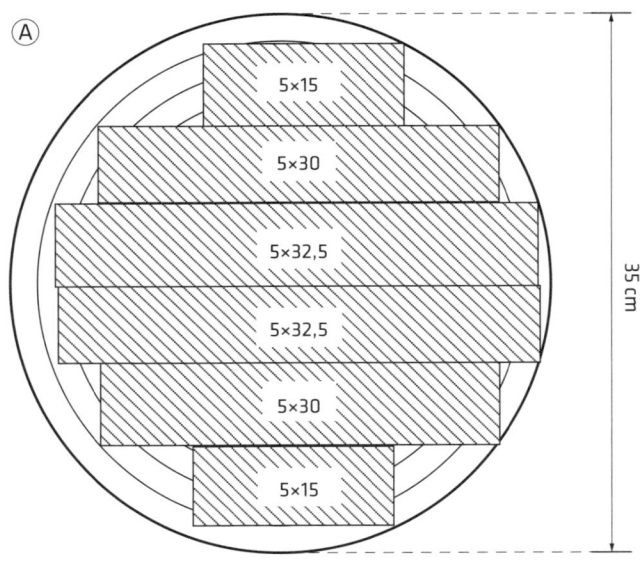

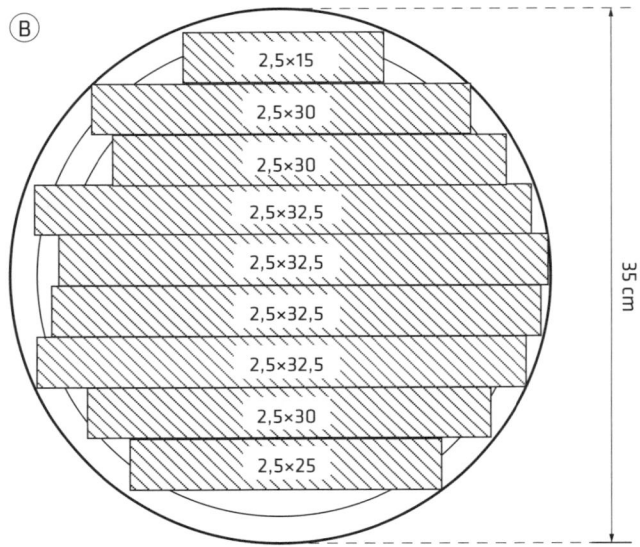

Fig. 3.5 Volume útil para serraria considerando tamanhos específicos de peças. Em (A), as peças têm espessura constante de 5 cm, enquanto que, em (B), a espessura é de 2,5 cm. A largura das peças é variável de modo a aumentar o aproveitamento da tora, já o comprimento das peças é definido pelo comprimento da tora

Os cálculos apresentados geram uma medida otimista da produção, pois assumem um processo de laminação perfeito, o que raramente é o caso. É comum que no processo de laminação haja alguma perda em consequência de imperfeições nos procedimentos ou no funcionamento das máquinas, resultando em perdas por quebras de lâmina ou pela geração de lâminas defeituosas.

3.3 Volume empilhado

Tradicionalmente, a comercialização da madeira era baseada na medida da madeira empilhada. O uso desse tipo de medida resultou da evolução das práticas florestais e do conhecimento popular na Europa durante a Idade Média. Sua aplicação se deve principalmente à sua praticidade e à objetividade com que as medidas podem ser tomadas em campo com um mínimo de tecnologia, pois basta uma trena ou vara graduada para se medir pilhas de madeira. Apesar da sua praticidade, a medida da madeira na forma de pilhas apresenta sérios inconvenientes.

3.3.1 Estéreo

Estéreo é uma unidade de volume que corresponde a um metro cúbico (1 m^3 ou 1 quilolitro) e sua criação data de 1798, no início da implantação do sistema métrico na França. Sua utilização como unidade de medida de volume, entretanto, não foi tão frequente quanto a do litro. Na Europa, seu uso se aplica tradicionalmente à medida de madeira empilhada, em geral para lenha. O termo estéreo deriva do grego *stereós*, que significa sólido, e sua utilização é generalizada na Europa, nos países que adotaram o sistema métrico: *stère* na França, *stero* na Itália, *ster* na Alemanha e *estereo* na Espanha.

O uso de uma unidade de medida para madeira empilhada não é exclusividade do sistema métrico, existindo unidades análogas no sistema imperial ou britânico. O *cord* é utilizado para comercialização de madeira nos Estados Unidos da América, representando uma pilha de madeira com dimensões de 4 pés de largura por 8 pés de comprimento por 4 pés de altura, totalizando 128 pés cúbicos.

Estéreo ou estere. O uso do volume da pilha de lenha como medida antiga de madeira é apresentado por Rowlett (1998) no seu dicionário de unidades e medidas, que apresenta tanto o estéreo e o cord. Husch, Miller e Beers (1982) apresentam o cord como unidade de uso corrente na América do Norte.

No Brasil, o estéreo vem sendo utilizado desde os tempos coloniais para a comercialização de lenha, mas também foi adotado quando se iniciou a comercialização da madeira de eucalipto para fins industriais. Atualmente, ele é a unidade empregada para comercialização de madeira na forma de toretes, desde a lenha que as padarias ou restaurantes compram em pequenas quantidades até a madeira para produção industrial. Entretanto, o estéreo não faz parte do Sistema Internacional (SI) de unidades e medidas, que é um tratado internacional ao qual o Brasil subscreve. Logo, o estéreo não faz parte do sistema oficial de unidades e medidas do Brasil.

Tecnicamente, um estéreo é igual ao volume de uma pilha de madeira de $1\,m^3$ e, portanto, compreende a madeira propriamente dita e os espaços vazios entre as toras. O estéreo não faz nenhuma restrição às dimensões das toras ou da pilha montada, nem mesmo ao método de empilhamento e, por isso, é de medição rápida no campo e permite a fácil visualização da produção de madeira após o abate das árvores. Essas foram, provavelmente, as principais razões para o seu estabelecimento como forma tradicional de comercialização de madeira e de pagamento no campo do trabalho de colheita florestal.

3.3.2 Volume de pilhas de madeira

Por pilha de madeira deve se entender a madeira roliça empilhada no campo, durante a colheita, à margem dos talhões ou povoamentos florestais, ou empilhada em pátios intermediários de armazenamento no campo ou no pátio da fábrica, ou ainda as pilhas nas carrocerias dos caminhões de transporte.

Em todos os casos, o procedimento é relativamente simples e direto: mede-se as três dimensões da pilha assumindo que ela possui a forma de um paralelepípedo. Em geral, o comprimento da tora é fixo, o que torna a largura da pilha fixa. O comprimento da pilha também é de medição direta, sendo a altura da pilha mais variável em razão das variações na formação da pilha.

A Fig. 3.6 apresenta um esquema de medição de uma pilha de madeira com suas diferentes dimensões. Somente no caso da altura são necessárias medidas repetidas, uma vez que a altura da pilha será tanto mais variável quanto maior o seu comprimento. Para essa dimensão, toma-se a altura média. Para o cálculo do volume da pilha, assume-se que a pilha tem o formato de um paralelepípedo:

$$\text{Volume empilhado} = L \cdot l \cdot \overline{h}$$

Em que L é o comprimento da pilha, l é a largura da pilha (comprimento das toras), geralmente constante, e $\overline{h}$ é a média das diferentes alturas medidas ao longo da pilha.

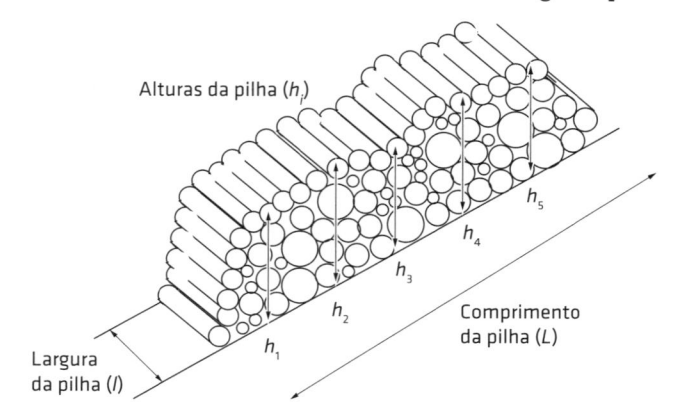

Fig. 3.6 Representação gráfica de uma pilha de toretes e da medição de suas dimensões

3.3.3 *Gaiola* ou mau empilhamento

Quando uma pilha é construída de forma uniforme, com um procedimento regular de empilhamento, é razoável esperar que o volume sólido de madeira na pilha também seja relativamente uniforme ao longo de toda a pilha. Mas quando uma pilha é construída com *gaiolas*, isto é, ela é mal arquitetada, possuindo, em alguns pontos, uma proporção excessiva de espaços vazios entre as toras, o comprador pode querer rejeitar a pilha ou aplicar-lhe um desconto, pois a relação entre o volume da pilha e o volume sólido de madeira na pilha não será constante.

É muito difícil, no entanto, estabelecer um método padrão nesses casos, pois, além das diferentes variáveis que influenciam o empilhamento, existem muitas possibilidades de se construir uma pilha de madeira com excesso de espaços vazios: objetos estranhos no meio da pilha, toras em posição transversal ou oblíqua em relação à pilha, toras mal desgalhadas ainda com *tocos* de ramos que afastam uma tora da outra etc. A Fig. 3.7 apresenta alguns exemplos de gaiolas.

3.3.4 Volume sólido nas pilhas

A questão prática realmente problemática é a medição rápida e exata do volume sólido de madeira que uma pilha contém. Rapidez e exatidão, nesse caso, são objetivos conflitantes. Os métodos que produzem medidas com boa exatidão não são rápidos, enquanto que os métodos rápidos frequentemente deixam a desejar em relação à exatidão.

Fig. 3.7 Exemplos de mau empilhamento na carroceria de caminhões. No alto, vista da carroceria de um caminhão com várias gaiolas. No centro, detalhe de uma gaiola ocasionada por uma tora oblíqua ao alinhamento da pilha. Embaixo, carga com empilhamento longitudinal com uma gaiola em forma de V, em que as toras foram empilhadas com maior altura nas bordas da carroceria, gerando um grande espaço vazio no meio da carga (versão colorida - ver prancha 3, p. 376)

Cubagem das toras

A cubagem de todas as toras da pilha é o método mais simples e mais exato, mas também o mais lento e trabalhoso. Ele consiste em medir os diâmetros e o comprimento de todas as toras individuais na pilha, de modo que uma fórmula de cubagem possa ser aplicada a cada tora, determinando seu volume sólido. O volume sólido de madeira na pilha é a soma dos volumes sólidos das toras individuais.

Mas esse método é muito trabalhoso, pois um feixe de toretes para processamento industrial transportado na carroceria de um caminhão tem ao redor de 1.500 toretes. No caso de toretes curtos (2,4 m a 3,6 m), um caminhão trucado pode transportar três feixes, um caminhão bitrem leva seis feixes e um treminhão pode levar até nove feixes. Ou seja, as carroceiras desses caminhões teriam entre 4.500 a 13.500 toretes. Esse método, portanto, é aplicável somente a um número relativamente pequeno de pilhas, dentro de um sistema de amostragem. A necessidade de amostragem se aplica tanto às pilhas no campo ou em pátios quanto aos feixes de toretes nas carrocerias de caminhões.

Método do empuxo

O método do empuxo também pode ser utilizado para determinar o volume sólido de madeira que uma pilha contém. Para que sua aplicação seja prática e eficiente, é necessário dispor de um tanque com grande capacidade e de uma balança de pesagem de veículos. Ou seja, sua aplicação operacional se restringe aos pátios de plantas industriais. As Figs 3.8 e 3.9 ilustram como o método do empuxo é aplicado num sistema operacional para determinação do volume sólido nos feixes de toretes em cargas de caminhões. Mesmo sistemas industriais como esses não são rápidos o suficiente para serem aplicados a todos o caminhões que abasteçam uma planta industrial, sendo necessário utilizar um sistema de amostragem.

Método fotográfico

O método fotográfico procura determinar o volume sólido de madeira em pilhas por meio da proporção da área de uma das faces da pilha que é tomada pela superfície dos topos das toras. Esse método consiste em fotografias horizontais tomadas perpendicularmente às faces das pilhas. A fotografia é tomada instalando-se ou mantendo-se uma câmara fotográfica a uma distância conveniente da pilha e com o eixo óptico da lente perpendicular à face da pilha. Uma vez que a fotografia é obtida, aplica-se sobre ela um reticulado de pontos e contam-se quantos pontos do reticulado não estão posicionados sobre os topos das toras, isto é, são pontos no ar (Fig. 3.10).

A proporção do volume da pilha ocupada por madeira (volume sólido) é calculada como:

$$\text{Proporção de volume sólido} = 1 - \frac{\text{Número de pontos no ar}}{\text{Número total de pontos}}$$

Em princípio, esse método é rápido, seguro e preciso. Mas o problema do mau empilhamento tem uma forte influência sobre a aplicabilidade do método. Se os topos das toras se mostram muito desalinhados em consequência do empilhamento irregular, com muitas toras em posição oblíqua à face da pilha, a contagem dos pontos será dificultada e poderá gerar resultados de menor confiabilidade. A Fig. 3.10 mostra que a irregularidade do empilhamento não pode ser totalmente evitada.

Fig. 3.8 Sistema de determinação do volume sólido de pilhas que utiliza o método do empuxo. Estrutura do sistema: (A) tanque suficientemente grande com água para imersão de feixes de madeira; (B) balança para pesagem do trator; (C) trator e cargas com os feixes de madeira; e (D) pesagem do trator sem carga para determinação da tara (versão colorida - ver prancha 4, p. 376)

Método fotográfico. Vários estudos foram realizados com o método fotográfico para mensuração do volume sólido em pilhas de madeira. Ver, por exemplo, Mountain (1949), Keepers (1945) e Rubio (1982).

Método da enumeração angular

Como o método fotográfico, o método da enumeração angular determina o volume sólido de uma pilha com base na proporção da face da pilha que é ocupada pelos topos dos toretes. Para determinar essa proporção, ele utiliza o Princípio de Bitterlich, que consiste em enumerar os topos dos toretes que aparecem maiores que um dado ângulo.

Esse método consiste em *girar* um ângulo a partir de um ponto em um dos lados da pilha (em que aparecem os topos das toretes) e contar todos as toretes cujos topos não são totalmente sobrepostos pelo ângulo (Fig. 3.11). Ao girar o ângulo, define-se um círculo com raio conhecido. O ângulo e o raio definidos determinam uma constante de proporcionalidade (k) entre o número de toretes contados e a razão da superfície dos topos dos toretes e a área do círculo formado. Essa razão é a proporção do volume da pilha que é tomada pelo volume sólido de madeira empilhada.

Primeiramente, encontra-se a razão superfície-área pelo produto da constante de proporcionalidade (k) e o número de toretes enumerados:

$$\text{Razão superfície-área} = k \times \text{Número de toretes enumerados}$$

Aplica-se, então, a razão superfície-área sobre o volume da pilha para se obter o volume sólido da pilha:

$$\text{Volume sólido} = \text{Razão superfície-área} \times \text{Volume da pilha}$$

A constante de proporcionalidade de $k = 1/100$ é sugerida como uma constante apropriada. Para construir um instrumento que a gere, basta criar um ângulo cujo raio seja cinco vezes a abertura do ângulo ao final do

CAPÍTULO 3 | ARBORIMETRIA DESTRUTIVA

Fig. 3.9 Sistema de determinação do volume sólido de pilhas que utiliza o método do empuxo. Procedimento de medição: (A) uma amostra da carga é retirada por um trator com grua frontal; (B) o trator, com a carga de toretes, é pesado *ao ar*; (C) o trator é pesado com a carga de toretes submersa em um tanque com água; e (D) a carga é retornada ao pátio (versão colorida - ver prancha 5, p. 377)

Fig. 3.10 Aplicação do método fotográfico para determinação do volume sólido de madeira em pilhas de toras e toretes. A foto detalha parte de uma pilha de pátio de fábrica de celulose que foi construída com trator com grua frontal. A proporção de pontos sobre os topos das toras ou toretes estima a proporção do volume da pilha que é tomado pelo volume sólido de madeira (versão colorida - ver prancha 6, p. 377)

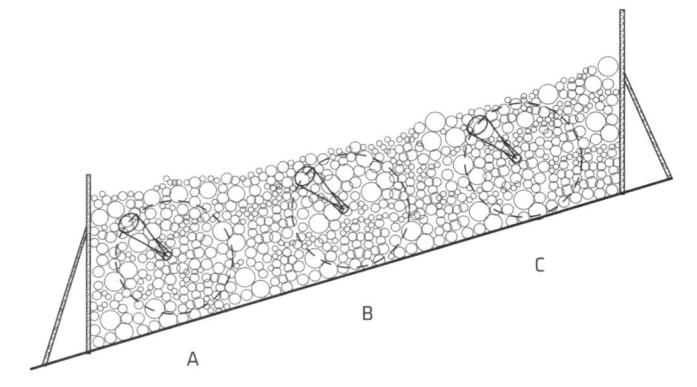

Fig. 3.11 Aplicação do ângulo para enumeração angular numa pilha de madeira, utilizando a constante de proporcionalidade $k = 1/100$. As razões entre a superfície dos topos das toras e a área do círculo encontradas são: $A = 0{,}75$, $B = 0{,}93$ e $C = 0{,}84$

Fonte: adaptado de Bitterlich (1984).

raio. A Fig. 3.12 apresenta um esquema de como esse ângulo poderia ser construído utilizando-se uma placa de plástico translúcido.

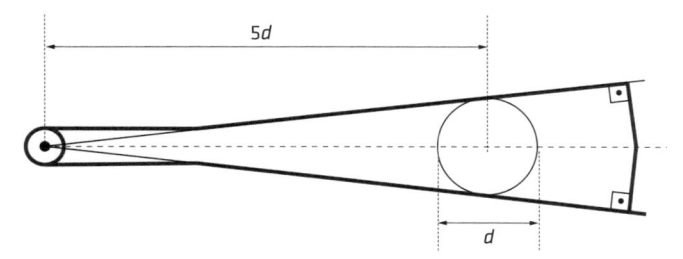

Fig. 3.12 Esquema de ângulo para determinação do volume sólido de madeira em pilhas pelo método da enumeração angular. Esse ângulo define uma constante de proporcionalidade de $k = 1/100$

Fonte: adaptado de Bitterlich (1984).

O ângulo é aplicado em vários pontos da pilha de toras ou toretes, realizando-se em cada ponto um giro de 360° e contando-se todas a toras ou toretes cujos topos não são totalmente sobrepostos pelo ângulo. A Fig. 3.11 mostra uma pilha na qual foram amostrados três pontos. A média das razões encontradas define a proporção do volume da pilha que é efetivamente tomada pelo volume sólido de madeira:

$$\frac{0,75 + 0,93 + 0,84}{3} = 0,84$$

ou seja, a madeira (volume sólido) ocupa 84% do volume da pilha.

A mesma restrição aplicada ao método da fotografia vale para o método da enumeração angular. Se os topos das toras não estiverem alinhados segundo um plano, a visualização de um topo de tora mais para dentro da pilha poderá ser dificultada. Como o método envolve uma boa dose de julgamento subjetivo, o bom treinamento dos operadores é muito importante.

Método da densidade aparente da pilha

Esse método se aplica à determinação do volume sólido de madeira nas pilhas de toretes na carroceria de caminhões no recebimento ou no pátio de unidades industriais de produção que disponham de balança para medir a massa de caminhões. Ele se inicia com a medição da massa de madeira no caminhão, a qual é obtida pela diferença entre a massa do caminhão carregado (entrada do caminhão) e a massa do caminhão descarregado (saída do caminhão).

Com o descarregamento do caminhão, uma amostra de 10 a 20 pequenos toretes (toretes amostrais) é obtida da carga do caminhão. Os toretes amostrais tem de 10 cm a 30 cm de comprimento e são retiradas das pontas dos toretes selecionados aleatoriamente da carga. Os primeiros 10 a 20 cm da ponta dos toretes devem ser desprezados quando os toretes amostrais são serrados.

Os toretes amostrais são pesados e seu volume é determinado geralmente pelo método do deslocamento de água (xilômetro). Com base nessas duas medidas, pode-se obter a densidade aparente da pilha de madeira no caminhão:

$$\delta_A = \frac{\text{Massa dos toretes amostrais}}{\text{Volume dos toretes amostrais}}$$

O volume sólido na carga do caminhão é obtido pela razão da massa de madeira no caminhão pela densidade aparente da pilha:

$$\text{Volume sólido da carga} = \frac{\text{Massa de madeira no caminhão}}{\delta_A}$$

O aspecto amostral dos métodos

A operacionalização do método da densidade aparente envolve geralmente uma amostragem em duas fases. Embora a massa da carga de madeira possa ser medida em todos os caminhões, apenas alguns caminhões podem ser amostrados para se determinar a densidade aparente de suas cargas. Essa amostragem é necessária uma vez que os procedimentos de obtenção dos toretes amostrais e de determinação da sua massa e volume não podem ser realizados automaticamente, demandando tempo. A segunda fase da amostragem se refere à amostragem de alguns toretes na carga do caminhão. Portanto, a qualidade da determinação do volume sólido por esse método depende da qualidade do sistema amostral adotado.

Na verdade, a qualidade da determinação do volume sólido por todos os métodos apresentados anteriormente está diretamente ligada à qualidade do sistema amostral adotado. No caso do método da cubagem e do método do empuxo, a sua aplicação só pode ser operacionalmente eficiente quando realizada num sistema amostral. Já no método fotográfico e no método da enumeração angular, a própria estrutura do método se apoia sobre um sistema de amostragem, que deve definir o número de posições nas faces das pilhas que devem ser observadas.

Método da escanerização da pilha por laser
A tecnologia laser também vem sendo aplicada ao problema da determinação do volume sólido de toras e toretes em feixes transportados por caminhões. Os sistemas desenvolvidos são utilizados no recebimento da madeira em plantas industriais e, ao contrário dos métodos citados anteriormente, todos os caminhões que abastecem são escanerizados ao entrar no pátio da planta. No caso de feixes com poucas toras de grandes dimensões, o sistema é capaz de escanerizar cada tora no feixe e determinar o volume das toras individualmente.

Método de escanerização de pilhas de madeira. O sistema Logmeter da empresa WoodTech (http://www.woodtechms.com/) utiliza o método de escanerização dos feixes de madeira na carga dos caminhões, na entrada das plantas industriais. Esse sistema vem sendo utilizado de modo crescente no Brasil, tendo sido implantado em diversas fábricas de celulose e papel.

No caso de feixes com muitos toretes de pequenas dimensões, como os utilizados no Brasil, o sistema não é capaz de determinar o volume dos toretes individualmente, pois a escanerização capta informações somente dos toretes que estão em três superfícies do feixe (em cima e dos lados). O volume sólido do feixe é determinado por relações de predição que associam o volume sólido com vários atributos que o escâner consegue determinar, como o volume aparente (volume empilhado) do feixe, o diâmetro médio dos toretes e a variabilidade do diâmetro médio dos toretes, dentre vários outros. A relação de predição é desenvolvida empiricamente, isto é, alguns feixes que são medidos pelo escâner são desmontados e os toretes são cubados individualmente por uma fórmula específica, para que o volume sólido do feixe seja determinado.

O sistema é capaz de escanerizar todos os caminhões que abastecem uma fábrica, mas, no caso de feixes de toretes pequenos, o volume sólido dos feixes é *predito* e não medido. Assim, o sistema contorna o problema da amostragem dos caminhões e das pilhas, mas requer um sistema de amostragem para o desenvolvimento dos modelos de predição utilizados. É importante notar que esses modelos necessitam de verificação e adaptação constante, pois os atributos dos toretes e dos feixes que uma planta industrial recebe são dependentes de uma infinidade de fatores. Tais fatores estão associados às florestas sendo colhidas, ao sistema de colheita e às condições de campo em que a colheita é realizada e, portanto, são fatores altamente variáveis no decorrer do tempo.

3.4 Forma do tronco

A forma do tronco de uma árvore é determinante tanto para o conteúdo volumétrico de madeira do tronco quanto para a definição dos tipos de produtos que se pode obter dele. Mas se o próprio volume do tronco já é impossível de se medir diretamente, uma vez que se trata de um sólido, a forma do tronco tem um caráter ainda mais intangível.

A massa e o volume de madeira de uma árvore são grandezas objetivas passíveis de mensuração direta ou indireta. Já a forma do tronco de uma árvore requer antes de tudo uma definição, uma vez que a palavra *forma* pode veicular diferentes termos. Provavelmente a maneira mais exata de se definir a forma do tronco de uma árvore é pela descrição de como o diâmetro do tronco diminui à medida que se desloca da base para o topo do tronco. Esse *perfil* do tronco representa com fidelidade o que geralmente se designa como *forma*. A Fig. 3.13 apresenta o perfil de quatro árvores de eucalipto (*Eucalyptus grandis*, Myrtaceae) de diferentes tamanhos e idades, plantadas na mesma região. Embora essa representação gráfica da forma seja muito informativa, ela não pode ser designada como uma medida da forma.

Como sugerido pela Fig. 3.13, a forma de uma árvore varia com a espécie e, dentro desta, com o material genético, com o sítio ou região em que ocorre, com a idade, com o tamanho (*DAP*) e com a densidade da floresta ou espaçamento de plantio. Essa variabilidade natural da forma, associada à intangibilidade de sua medida, resulta que a mensuração da forma se refere a *grandezas conceituais*. Ou seja, quando se mede a forma, não se mede um atributo sensível do tronco, mas uma combinação de atributos sensíveis cuja relação é tomada como um conceito de forma. Serão tratados a seguir os

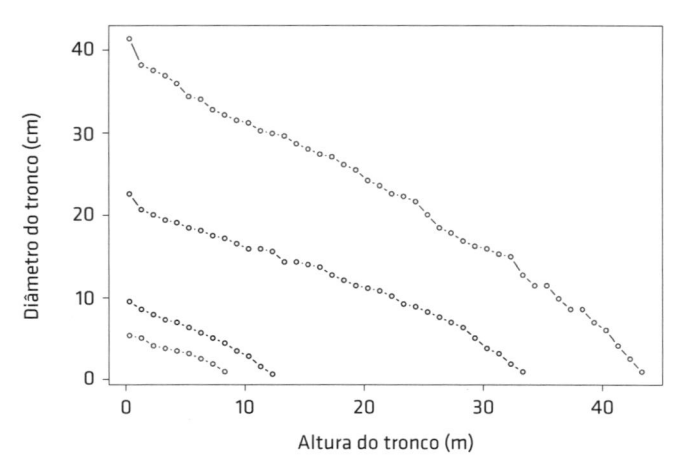

Fig. 3.13 Exemplos do perfil do tronco de árvores de eucalipto (*Eucalyptus grandis*, Myrtaceae) com diferentes tamanhos, plantadas na região central do Estado de São Paulo

Tab. 3.1 Sólidos geométricos de secção transversal circular e sua relação com o volume do cilindro. O volume do cilindro (v_C) é obtido pelo produto da área da base (a_b) pela altura (h)

Sólido geométrico		Expressão do volume	Fator de forma absoluto
Cilindro		$v_C = a_b \cdot h$	$f_a = 1$
Paraboloides			$1 > f_a > 1/3$
	Cúbico	$(3/5)\, v_C$	$f_a = 3/5$
	Quadrático	$(1/2)\, v_C$	$f_a = 1/2$
	Semicúbico	$(3/7)\, v_C$	$f_a = 3/7$
Cone		$(1/3)\, v_C$	$f_a = 1/3$
Neiloides			$1/3 > f_a > 0$
	Ordinário	$(1/4)\, v_C$	$f_a = 1/4$

dois conceitos principais de forma do tronco expressos em duas medidas distintas: o *fator de forma* e o *quociente de forma*.

3.4.1 Fator de forma

O conceito de fator de forma é análogo ao conceito de forma dos sólidos geométricos da família do cilindro (ver o Apêndice A). Nessa família de sólidos geométricos, a forma de cada membro é definida pela razão do seu volume pelo volume do cilindro, sendo sua medida chamada de *fator de forma absoluto* (Eq. A.4). O fator de forma absoluto do cilindro é unitário ($f_a = 1$), uma vez que ele é a referência da família. Já o cone tem fator de forma absoluto de um terço ($f_a = 1/3$).

Cilindro e cone formam as duas referências básicas da família. Qualquer sólido com fator de forma absoluto entre um (cilindro) e um terço (cone) é chamado de *paraboloide*. A Tab. 3.1 apresenta três exemplos de paraboloides: cúbico, quadrático e semicúbico, com fatores de três quintos ($f_a = 3/5$), meio ($f_a = 1/2$) e três sétimos ($f_a = 3/7$), respectivamente. Os membros da família com fatores de forma absolutos menores de um terço (cone) são designados genericamente como *neiloides*. Na Tab. 3.1 é apresentado somente um exemplo: o neiloide ordinário com fator de um quarto ($f_a = 1/4$).

Fator de forma do tronco

O fator de forma do tronco de uma árvore é normalmente designado simplesmente como *fator de forma*, em contraposição ao fator de forma absoluto, que se refere exclusivamente aos sólidos geométricos de secção transversal circular. O fator de forma é definido como a razão entre o volume sólido da árvore pelo volume de um determinado sólido geométrico, cujo diâmetro é igual ao *DAP* da árvore e a altura é igual à altura da árvore:

$$\text{Fator de forma} = \frac{\text{Volume sólido da árvore}}{\text{Volume do sólido geométrico}}$$

Historicamente, os mensuracionistas florestais se referiam ao fator de forma *cilíndrico* e ao fator de forma *cônico* quando o sólido geométrico de referência era o cilindro e o cone, respectivamente. No Brasil, convencionou-se utilizar apenas o cilindro como o sólido geométrico de referência. Assim, a definição corrente de fator de forma é a razão entre o volume sólido da árvore pelo volume do cilindro (v_{CIL}) cujo diâmetro é igual ao *DAP* (*d*) e cuja altura é igual à altura da árvore (*h*).

$$v_{\text{CIL}} = \left(\frac{\pi}{4}\right) d^2 \cdot h \qquad (3.5)$$

Como visto anteriormente, o volume desse cilindro é apenas *hipotético*, sendo chamado de *volume cilíndrico*.

A definição do fator de forma pode ser apresentada como a razão de dois tipos de volume da árvore:

$$\text{Fator de forma} = \frac{\text{Volume sólido da árvore}}{\text{Volume cilíndrico da árvore}}$$

Mesmo tendo convencionado o sólido geométrico de referência, essa definição de fator de forma pode resultar em medidas que não são comparáveis. Primeiramente, a altura da árvore utilizada no cálculo do volume cilíndrico pode ser a altura total ou a altura comercial. A altura *total* é normalmente utilizada no caso de árvores com arquitetura de copa excurrente, como as espécies exóticas de rápido crescimento introduzidas no Brasil. Já a altura *comercial* é mais frequentemente utilizada em espécies com arquitetura de copa decurrente, como a maioria das espécies nativas.

Outro aspecto que gera medidas distintas com base nessa definição é a medida de volume sólido. O volume sólido *total* é normalmente utilizado no caso das espécies arbóreas com copa excurrente, pois é possível uma medida do volume total do tronco. No caso das espécies com copa decurrente, a determinação do volume total do lenho é impraticável, pois o volume sólido só pode ser determinado até um diâmetro mínimo do ramo, sendo, portanto, sempre o volume sólido *comercial*. Assim, é necessário cautela ao se comparar fatores de forma. As medidas só são compatíveis para as mesmas definições de volume cilíndrico (altura da árvore) e de volume sólido.

Um aspecto mensuracional a ser ressaltado no fator de forma é que se trata de uma *grandeza adimensional*, isto é, o fator de forma não possui unidade de medida. Sendo a razão de dois volumes medidos com a mesma unidade de medida (m^3), o fator de forma é uma medida sem unidade.

Estudo empírico do fator de forma em árvores excurrentes
O estudo do fator de forma que é apresentado não deve ser tomado como uma regra geral do comportamento do fator de forma. Seu objetivo é apenas ilustrar como o fator de forma pode ser variável, mesmo no caso de florestas plantadas homogêneas.

A Fig. 3.14 apresenta o fator de forma de árvores individuais de florestas plantadas homogêneas de duas espécies de eucalipto (*Eucalyptus grandis* Hill ex. Maiden e *Eucalyptus saligna* Sm., Myrtaceae). Os dados são provenientes de várias florestas da região central do Estado de São Paulo. O fator de forma é grafado contra o *DAP* das árvores para se mostrar a sua variação com o tamanho das árvores.

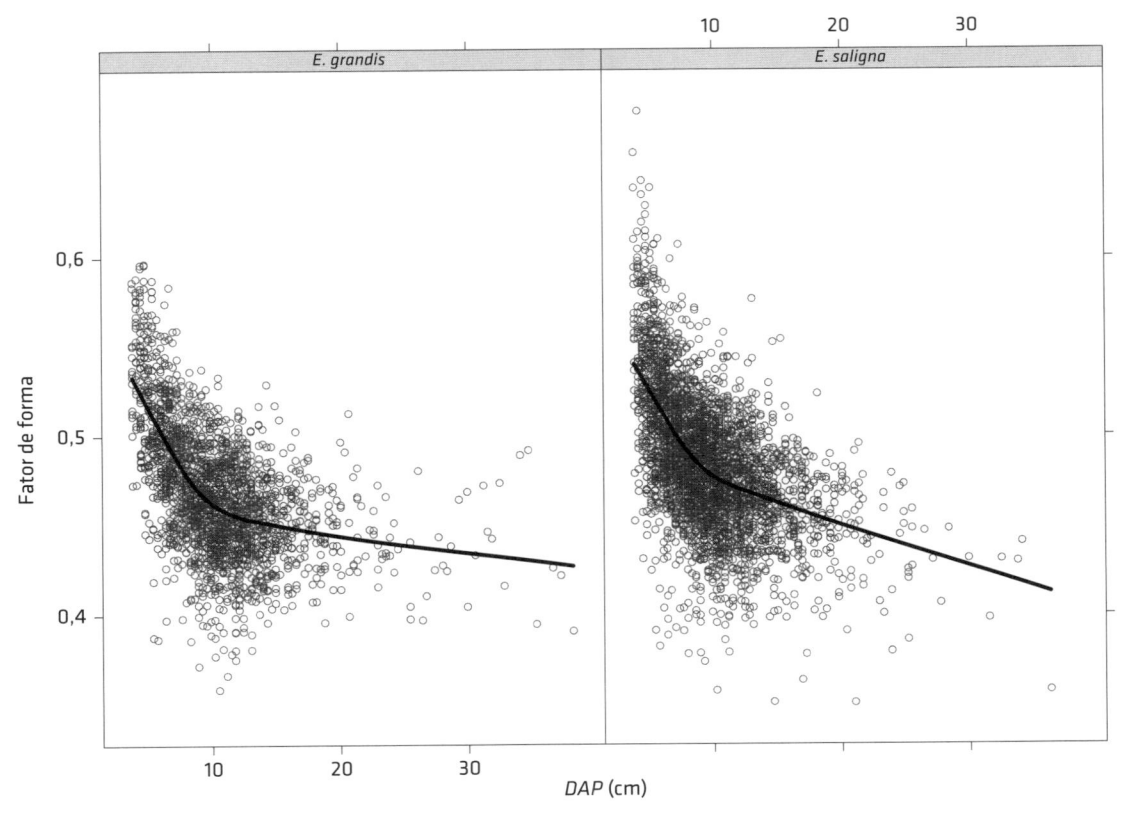

Fig. 3.14 Fator de forma de árvores individuais, grafado contra o *DAP*, de *Eucalyptus grandis* (esquerda) e *Eucalyptus saligna* (direita) de florestas plantadas na região central do Estado de São Paulo

O primeiro aspecto do comportamento do fator de forma mostrado pela Fig. 3.14 é que ele decresce com o aumento do *DAP*. Até 10 cm de *DAP*, a redução do fator de forma é bastante brusca, mas a partir desse ponto a redução se torna muito pequena. Pode-se concluir, portanto, que o fator de forma de árvores muito pequenas, isto é, com *DAP* menor que 10 cm, pode ser bastante diferente do fator de forma das árvores maiores.

Outro aspecto mostrado pela Fig. 3.14, é que o modo como o fator de forma decresce com o aumento do *DAP* difere entre as espécies. Nas árvores de E. *saligna*, a redução do fator de forma nas árvores muito pequenas (*DAP* < 10 cm) é menos pronunciado do que nas árvores de E. *grandis*, mas o reverso acontece nas árvores maiores (*DAP* > 10 cm). Logo, a maneira como o fator de forma decresce com o aumento do *DAP* depende da espécie, mas também pode estar sujeita a outros fatores como ao espaçamento de plantio e ao sistema de manejo (talhadia ou alto fuste).

A Fig. 3.15 mostra novamente o fator de forma grafado contra o *DAP* em árvores de E. *grandis* em quatro municípios da região central do Estado de São Paulo. Nos municípios de Itatinga e Salto, o fator de forma se mostra praticamente constante para as árvores com *DAP* maior que 10 cm, sendo a transição das árvores menores para as maiores bastante abrupta. Nos municípios de Bofete e Botucatu, por outro lado, a mudança do fator de forma se apresenta gradativa, sem mudanças abruptas. Tais resultados indicam que o comportamento do fator de forma é muito dependente das condições ambientais e de manejo sob as quais a florestas são submetidas. No jargão florestal, diz-se que o fator de forma depende do *sítio*.

A Fig. 3.16 mostra a influência da idade sobre a relação do fator de forma com o *DAP* para árvores de E. *grandis* em florestas plantadas no município de Bofete (Estado de São Paulo). Nas árvores mais jovens, a redução do fator de forma com o aumento do *DAP* é mais intensa que nas árvores mais velhas. A figura sugere que à medida que as árvores se tornam mais velhas a diferença de forma entre elas diminui, ainda que a diferença de tamanho (*DAP*) possa permanecer, ou mesmo aumentar.

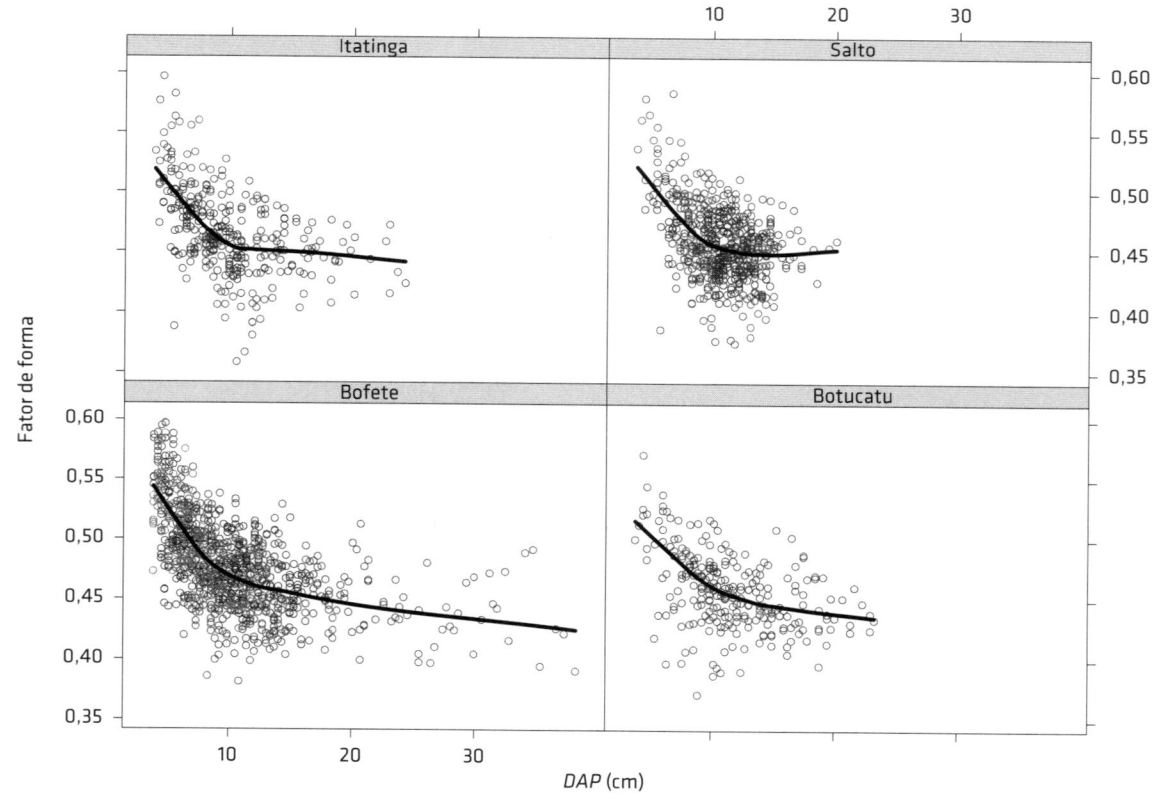

Fig. 3.15 Fator de forma em função do *DAP* para árvores de *Eucalyptus grandis* de florestas plantadas em quatro municípios da região central do Estado de São Paulo

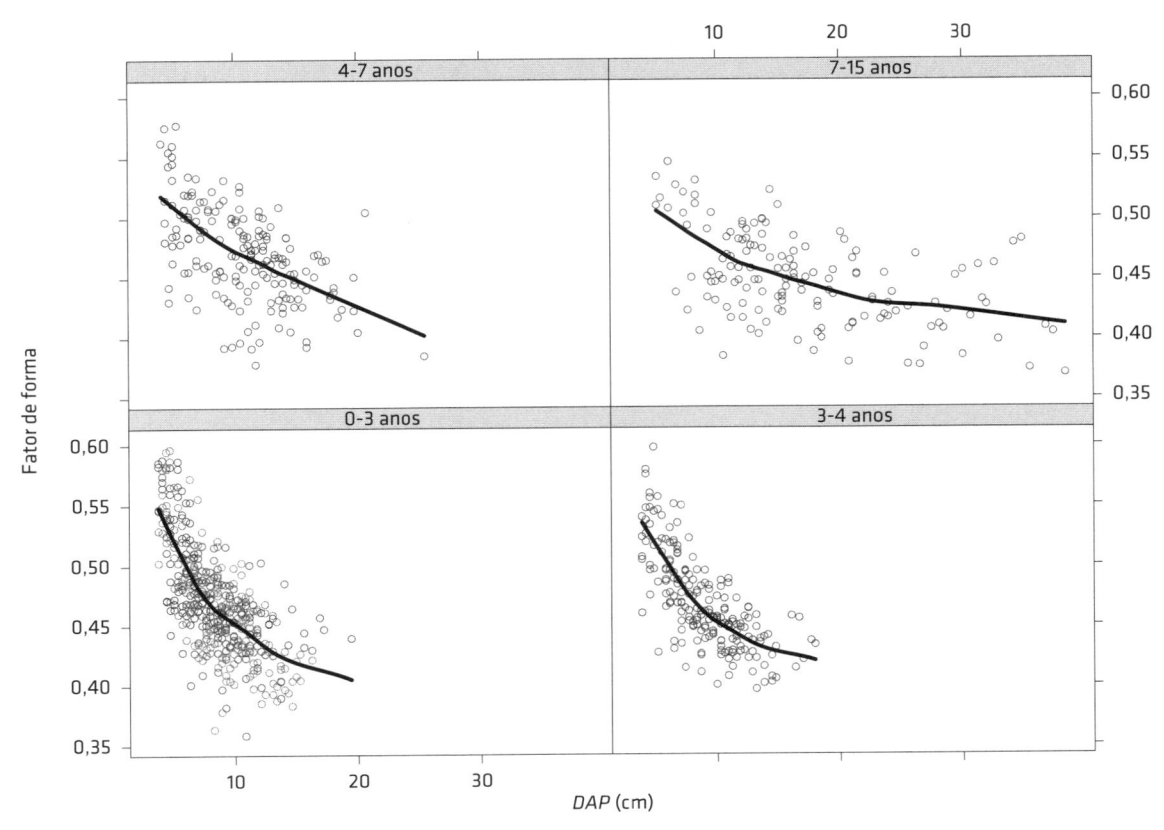

Fig. 3.16 Fator de forma em função do *DAP* para árvores de *Eucalyptus grandis* de florestas plantadas do município de Bofete (Estado de São Paulo) em quatro classes de idade: 0-3 anos, 3-4 anos, 4-7 anos e 7-15 anos

O estudo empírico apresentado ilustra a variabilidade do comportamento do fator de forma em relação ao tamanho das árvores. Não se deve tentar generalizar os aspectos particulares das figuras apresentadas, isto é, de como o fator de forma se comporta nos casos específicos de espécie, sítio e idade. O importante é considerar que, em povoamentos particulares, o fator de forma pode apresentar um comportamento constante, sendo até mesmo relativamente independente do *DAP*. Isso é mostrado na Fig. 3.17 para árvores de eucalipto-urograndis de um mesmo povoamento plantado no município de Itatinga (Estado de São Paulo).

Eucalipto-urograndis. O eucalipto-urograndis é um híbrido artificial entre as espécies de *Eucalyptus grandis* Hill ex. Maiden, que ocorre na Austrália, e de *Eucalyptus urophylla* S. T. Blake, que ocorre na Indonésia e no Timor.

Dois aspectos distinguem a Fig. 3.17 das demais figuras. O primeiro é que se trata de um mesmo povoamento, logo as árvores são da mesma espécie, estão no mesmo local ou sítio e têm a mesma idade. Em segundo lugar, todas as árvores têm *DAP* maior que 10 cm. O resultado é que a amplitude de variação do fator de forma se torna muito menor e o valor médio do fator varia pouco entre as parcelas. Logo, nas condições de um povoamento ou talhão particular, a forma das árvores pode ser bastante uniforme e relativamente independente do seu tamanho (*DAP*).

3.4.2 Quociente de forma

O quociente de forma é a razão entre um diâmetro do tronco acima da altura do peito (1,30 m) e o *DAP*. Como envolve duas medidas de diâmetro, ele não é necessariamente uma medida destrutiva, mas seu objetivo é gerar uma medida de forma que possa ser obtida em campo e que permita classificar as árvores em classes de forma, sem ter que lançar mão de uma medida destrutiva.

Apesar de sua simplicidade, ele é com frequência um bom indicador da variação da forma entre as árvores.

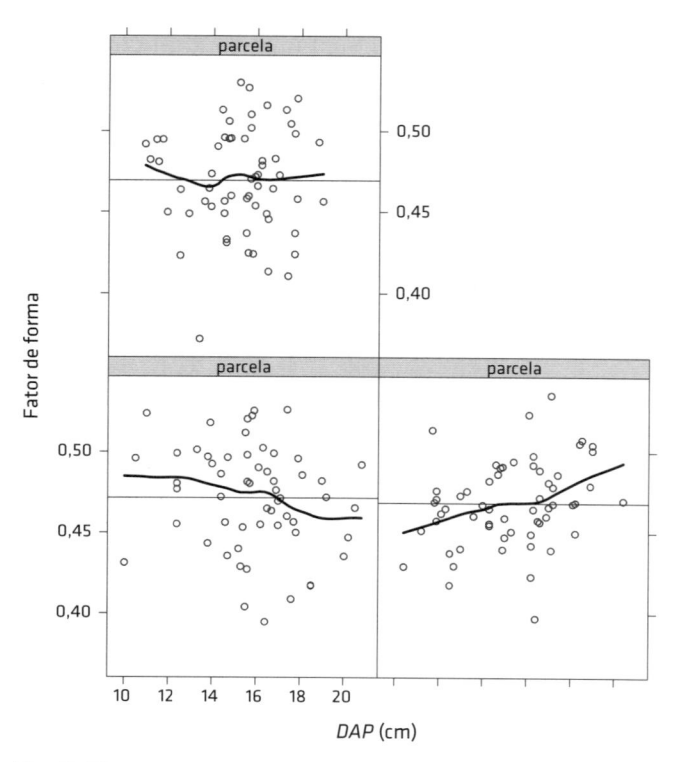

Fig. 3.17 Fator de forma em função do *DAP* para árvores de eucalipto-urograndis em três parcelas de um mesmo povoamento plantado do município de Itatinga (Estado de São Paulo). A linha horizontal representa a média do fator de forma dentro da parcela

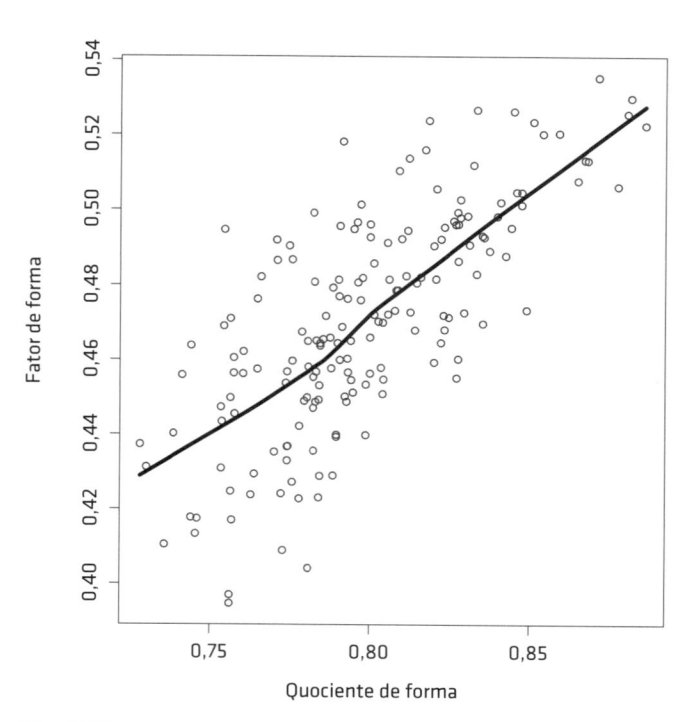

Fig. 3.18 Relação entre o fator de forma e o quociente de forma para árvores de eucalipto-urograndis de um mesmo povoamento plantado do município de Itatinga (Estado de São Paulo). O quociente de forma foi calculado pela razão do diâmetro do tronco a 8 m pelo *DAP*

A Fig. 3.18 mostra a relação entre o fator de forma e o quociente de forma para árvores de eucalipto-urograndis (as mesmas árvores da Fig. 3.17), em que o diâmetro acima da altura do peito foi tomado a 8 m. A relação entre eles é praticamente linear, o que indica que o quociente de forma pode ser um modo prático e eficiente de se agrupar as árvores em *classes de forma*, isto é, em classes definidas segundo intervalos de quociente de forma.

Tipos de quociente de forma
Conceitualmente, a razão de qualquer diâmetro do tronco acima da altura do peito e o *DAP* define um quociente de forma, mas, tradicionalmente, algumas razões são preferidas. Quando o diâmetro acima do *DAP* é tomado na metade da altura total da árvore, ele é chamado de *quociente de forma normal*:

$$q = \frac{d_{0,5h}}{d}$$

em que *d* é o *DAP* e *h* a altura total. Esse quociente possui o inconveniente de que, para árvores pequenas, o diâmetro acima da altura do peito pode se aproximar muito do *DAP*. Numa árvore com altura total igual a 2,6 m, os dois diâmetros coincidem. Assim, é mais conveniente utilizar o *quociente de forma absoluto*, em que o diâmetro superior é medido na posição central entre a altura do peito e a altura total:

$$q_a = \frac{d_{(h+1,30)/2}}{d}$$

Os diâmetros utilizados para a construção do quociente podem ser diâmetros com casca ou sem casca. Como, em algumas espécies, a espessura da casca pode variar bastante ao longo do tronco, a razão entre diâmetros com casca pode refletir antes uma variação na espessura da casca que na forma da parte lenhosa do tronco. O *quociente de forma de Girard* busca contornar esse problema utilizando a razão do diâmetro *sem casca* na altura de 17,3 pés ($\approx$ 5,71 m) pelo *DAP* (com casca). A definição das classes de forma segundo o quociente de Girard é um procedimento comum na América do Norte.

3.5 Biomassa

Como medida, a biomassa lenhosa das árvores pode ser vista tanto como uma medida da produção lenhosa quanto como medida do tamanho dos indivíduos arbóreos e da importância ecológica que eles têm num ecossistema florestal.

Diferentemente do volume, cujo foco é somente o volume lenhoso da árvore, a biomassa pode se referir não só à árvore como um todo, mas também aos seus diferentes componentes. Primeiramente, deve-se reconhecer a porção aérea da árvore, composta pelo tronco e a copa (*biomassa aérea* ou *above-ground biomass*) e a porção subterrânea composta pelo sistema radicular (*biomassa radicular* ou *below ground biomass*). A biomassa aérea é normalmente subdividida em biomassa do lenho (tronco e galhos), biomassa de ramos (finos) e biomassa foliar. Já na biomassa radicular, reconhece-se geralmente dois componentes: a biomassa de raízes grossas e finas.

Dada essa multiplicidade de componentes da biomassa das árvores, é necessário utilizar uma linguagem específica quando um estudo se refere à biomassa de árvores. A maioria dos estudos de biomassa tende a tratar da biomassa aérea.

3.5.1 Conceito de biomassa

É importante entender que o termo *biomassa* é distinto do termo geral *massa*. A massa de um objeto é obtida pela medida direta deste numa balança (pesagem). Mas a biomassa de uma árvore se refere à massa dos componentes da árvore *excluindo-se a água*. Assim, a biomassa lenhosa de uma árvore se refere à massa do conteúdo de madeira (substância madeira) na árvore, isto é, diz respeito à *massa seca* do lenho. Da mesma forma, a massa foliar da árvore se refere à massa das folhas quando estas estão completamente secas. O conceito de biomassa, portanto, deve ser entendido como a massa seca da árvore. Outro aspecto do conceito de biomassa lenhosa é que ela não se refere apenas à biomassa *da madeira* da árvore, pois ela inclui também a casca. Esse aspecto é importante quando se quantifica a biomassa para fins de processamento industrial, pois, nesse caso, é necessário distinguir a biomassa da madeira, que será utilizada como matéria-prima, e a biomassa da casca, que pode ser utilizada como combustível na caldeira da fábrica.

Embora seja possível uma medida direta da massa de uma árvore, ainda que seja necessário destruí-la para pesá-la, a biomassa não pode ser medida diretamente. A biomassa é sempre uma medida indireta, ou seja, ela é obtida a partir de outras medidas que são tomadas diretamente. Em razão das medidas tomadas diretamente, é possível distinguir dois métodos de medição da biomassa das árvores: o método gravimétrico e o método volumétrico.

3.5.2 Método gravimétrico

No método gravimétrico, a biomassa é obtida com base nas medidas da massa da árvore imediatamente após o corte, que é chamada de *massa verde*, e do *teor de umidade*. Enquanto a massa verde é obtida no campo assim que a árvore é abatida, o teor de umidade requer que algumas amostras sejam tomadas da árvore e levadas ao laboratório.

Esse método é aplicável a qualquer componente da árvore, basta que se possa medir a sua massa verde e tomar uma amostra para determinar o teor de umidade. Por exemplo, para se determinar a biomassa aérea da árvore em três componentes (lenho, ramos finos e folhas) ao abater a árvore, os três componentes são separados e sua massa verde, tomada separadamente por meio de uma balança. Toma-se uma amostra de cada componente e leva-se ao laboratório para se determinar o teor de umidade.

A biomassa de cada componente é obtida pelo produto da massa verde e do teor de umidade de cada componente:

$$b_L = m_L \left(1 - \frac{u_{\%L}}{100}\right)$$

$$b_R = m_R \left(1 - \frac{u_{\%R}}{100}\right)$$

$$b_F = m_F \left(1 - \frac{u_{\%F}}{100}\right)$$

Em que b_L, b_R e b_F são a biomassa do lenho, ramos e folhas, respectivamente (kg); m_L, m_R e m_F são a massa verde do lenho, ramos e folhas, respectivamente (kg); e $u_{\%L}$, $u_{\%R}$ e $u_{\%F}$ são o teor de umidade do lenho, ramos e folhas, respectivamente. A biomassa aérea (b_A) é a soma da biomassa dos componentes:

$$b_A = b_L + b_R + b_F$$

Para determinação da biomassa de qualquer componente ou parte da árvore, aplica-se o procedimento anterior de forma análoga.

Determinação do teor de umidade

A medição da massa verde da árvore, embora possa ser uma atividade bastante trabalhosa, principalmente no caso de grandes árvores, não oferece dificuldades, pois trata-se de procedimento padrão de pesagem.

Já a determinação do teor de umidade requer a utilização de uma balança de precisão (campo e laboratório) e de uma estufa de circulação forçada para secagem das amostras. No caso dos componentes de menor massa na árvore (ramos finos, raízes finas e folhas), a amostra levada a laboratório consiste numa amostra aleatória de aproximadamente 300 g. A massa verde da amostra (m_V) é tomada numa balança de precisão no campo e levada ao laboratório.

No caso do lenho, a amostra é composta de alguns discos serrados do tronco. Geralmente, tomam-se discos com 5 cm de espessura em cinco posições do tronco:

- **árvores excurrentes:** 10%, 25%, 50%, 75% e 90% da altura total;
- **árvores decurrentes:** 0%, 25%, 50%, 75% e 100% da altura comercial.

No laboratório, a amostra é colocada na estufa de circulação forçada à temperatura de 103 °C até que seu peso se torne constante. O peso constante é a *massa seca* da amostra (m_S). O tempo necessário para que a massa seca seja obtida depende do teor de umidade e do componente da árvore. O tempo para ramos e folhas é mais curto que para os discos de madeira. O teor de umidade é obtido pela razão da massa de água na amostra, que é a diferença entre a massa verde e a massa seca, pela massa verde:

$$u_\% = \frac{m_V - m_S}{m_V} \cdot 100$$

No caso da amostra do lenho, o teor de umidade é geralmente determinado para cada disco, tomando-se a média aritmética dos teores dos discos como o teor de umidade do lenho de toda a árvore.

3.5.3 Método volumétrico

O método volumétrico é indicado apenas para o componente lenhoso das árvores, composto pelo tronco e por grandes ramos ou raízes cujo volume possa ser adequadamente determinado por algum dos métodos tratados anteriormente. A biomassa é determinada então pelo produto do volume (v) pela densidade da madeira, mais especificamente, pela *densidade básica* da madeira (δ_B):

$$b_L = v \cdot \delta_B$$

O método volumétrico se mostra vantajoso na determinação da biomassa lenhosa de grandes árvores. Quando o volume sólido de uma árvore passa de $2\,m^3$, sua massa verde pode facilmente passar de uma tonelada (1 t). Nesse caso, a pesagem da massa verde do lenho se torna demasiado problemática e trabalhosa. A medição do volume é realizada sem muita manipulação do tronco ou de suas toras, pois é realizada pelo método da cubagem rigorosa, o qual requer apenas medidas de comprimento e diâmetro ao longo do tronco e dos galhos.

Determinação da densidade básica

O método volumétrico, ao facilitar os procedimentos no campo torna-os um tanto mais complexos no laboratório. Para determinação da densidade básica da árvore são tomadas amostras do lenho na forma de discos, utilizando o mesmo procedimento apresentado para a determinação do teor de umidade. Quando o tronco é muito grande, não é necessário tomar como amostra o disco inteiro, bastando retirar do disco serrado uma amostra na forma de setor do círculo (formato de pedaço de pizza).

Em laboratório, o disco (ou setor) fica submerso em água até atingir a saturação, de modo que se possa determinar o seu volume verde ou volume saturado (v_V). O volume verde é medido pelo método da balança hidrostática (método do empuxo).

Depois disso, o disco (ou setor) é levado à estufa de circulação forçada a 103 °C até que atinja massa constante. A massa constante é a massa seca do disco (m_S). A densidade básica do disco é dada pela razão da massa seca e o volume saturado:

$$\delta_B = \frac{m_S}{v_V}$$

A densidade básica do lenho da árvore é geralmente determinada utilizando-se a média aritmética da densidade básica dos cinco discos amostrados.

Sugestões bibliográficas

As sugestões são basicamente as mesmas do capítulo anterior, pois ambos os capítulos tratam da mensuração de árvores. Acrescente-se o livro *Fundamentos de biometria florestal*, por Finger (1992), que desenvolve esse tema com bastante detalhe. O livro de Machado e Figueiredo Filho (2009) traz, no capítulo "Volumetria", uma apresentação detalhada dos métodos de quantificação do volume das árvores, principalmente da cubagem rigorosa. Já em inglês, sugere-se os livros de Avery e Burkhart (1983) e de Husch, Beers e Kershaw Jr. (2002).

Quadro de conceitos

Conceitos básicos	Conceitos desenvolvidos
tipos de volume	volume comercial × volume total
	volume com casca × volume sem casca
	volume sólido × volume empilhado
	volume cilíndrico
medição indireta do volume	método do deslocamento de água
	xilômetro
	método do empuxo
cubagem	sólidos geométricos
	volume de sólidos geométricos truncados
	cilindro
	paraboloide
	cone
	neiloide
	fórmulas de cubagem
	fórmula de Smalian
	fórmula de Huber
	fórmula de Newton
	cubagem rigorosa
volumes convencionais	regras de cubagem
	regra de Francon
	regra da alfândega de Paris
volume de produtos	peças de madeira serrada
	volume para laminação
volume empilhado	estéreo
	volume da pilha
	mau empilhamento ou gaiola
volume sólido em pilhas	método da cubagem
	método do empuxo
	método fotográfico
	método da enumeração angular
	método da densidade aparente
	método de escanerização por laser
forma do tronco	fator de forma absoluto
	fator de forma
	variação do fator de forma
	quociente de forma
	quociente de forma absoluto
	quociente de forma normal
	quociente de forma de Girard
biomassa	conceito de biomassa
	componentes da biomassa arbórea
	método gravimétrico
	teor de umidade
	método volumétrico
	densidade básica

Problemas

1] A Tab. 3.2 apresenta medidas de alguns sólidos geométricos de secção transversal circular. Qual o sólido geométrico cujo volume mais se aproxima de cada um dos sólidos da tabela?

Tab. 3.2 Medidas de sólidos geométricos de secção transversal circular

Sólido	Área da base (cm²)	Altura (m)	Volume (dm³)
i	683,5	3,0	146,5
ii	254,5	1,2	23,8
iii	829,6	4,5	207,4
iv	1075,2	2,5	144,7
v	471,4	4,2	75,1
vi	415,5	5,0	63,2
vii	380,1	6,0	85,5
viii	254,5	7,5	114,5
ix	113,1	10,0	75,4
x	78,5	15,0	58,9

2] *Conicidade* é um termo utilizado para descrever a variação na forma do tronco em termos da diferença entre dois diâmetros medidos ao longo do tronco. A conicidade é expressa em termos de centímetros de diferença entre os diâmetros por metro de comprimento linear do tronco (cm/m). Como se calcula uma única conicidade para todo o tronco ou tora, pressupõe-se que o tronco seja um cone perfeito, daí o termo conicidade.

Determine o volume de cada torete na Tab. 3.3 utilizando as fórmulas de volumes truncados para:
  (i) paraboloide quadrático,
  (ii) cone,
  (iii) neiloide ordinário.

Com base nos cálculos, o que se conclui em relação à influência da conicidade sobre o volume obtido pelos diferentes sólidos geométricos truncados?

Tab. 3.3 Medidas tomadas em toretes de diferentes comprimentos e diâmetros

Toretes	Diâmetro de Base (d_b-cm)	Topo (d_l-cm)	Comprimento do torete (l-m)	Toretes	Diâmetro de Base (d_b-cm)	Topo (d_l-cm)	Comprimento do torete (l-m)
1	13	14	1,0	6	33	34	1,0
2	13	18	1,0	7	33	38	1,0
3	13	22	1,0	8	33	42	1,0
4	13	26	1,0	9	33	46	1,0
5	13	30	1,0	10	33	50	1,0

3] Encontre o volume total (incluindo a ponta) com casca e sem casca para as três árvores da Tab. 3.4, utilizando:
  (i) a fórmula de Smalian;
  (ii) a fórmula de Huber; e

Tab. 3.4 Árvores de pinheiro-amarelo (*Pinus taeda* L., Pinaceae) medidas em intervalos de um metro ao longo do tronco. Os *DAP* das árvores são 24,5 cm, 25,3 cm e 24,1 cm, respectivamente. Já as alturas totais das árvores são 19,8 m, 21,4 m e 20,4 m, respectivamente

Árv.	Posição (m)	Diâmetro (cm) c/c	Diâmetro (cm) s/c	Árv.	Posição (m)	Diâmetro (cm) c/c	Diâmetro (cm) s/c	Árv.	Posição (m)	Diâmetro (cm) c/c	Diâmetro (cm) s/c
1	0	30,0	26,4	2	0	26,5	23,0	3	0	31,5	28,0
1	2	23,7	20,8	2	2	24,7	21,8	3	2	26,0	22,4
1	4	22,7	19,8	2	4	23,5	20,6	3	4	24,5	21,6
1	6	20,9	19,0	2	6	22,7	20,0	3	6	22,5	20,0
1	8	19,2	17,8	2	8	19,0	17,2	3	8	20,0	18,2
1	10	17,1	15,8	2	10	16,4	14,4	3	10	18,0	16,4
1	12	15,7	14,6	2	12	13,7	12,6	3	12	15,5	14,4
1	14	10,9	10,2	2	14	9,7	8,6	3	14	12,8	11,6
1	16	8,3	7,8	2	16	5,2	4,4	3	16	8,4	7,6

   (iii) a regra da alfândega de Paris.

   Comente os resultados obtidos.

4] Encontre o volume comercial com casca e sem casca para as três árvores da Tab. 3.4, considerando o diâmetro mínimo comercial de 15 cm. Utilize:
   (i) a fórmula de Smalian;
   (ii) a fórmula de Huber; e
   (iii) a regra da alfândega de Paris.

   Comente os resultados obtidos.

5] Uma empresa produtora de painéis compensados lamina toras de *Pinus* com diâmetro mínimo de 20 cm. Os tornos de laminação têm diâmetro útil de 10 cm e produzem lâminas com espessura de 3 mm. Utilizando as árvores da Tab. 3.4, encontre para cada uma delas:
   (i) o volume útil para a laminação;
   (ii) a área útil de lâminas; e
   (iii) o comprimento total das lâminas.

6] Durante a colheita num talhão de *Eucalyptus saligna*, foi montada à margem do talhão uma pilha com toras de 3,20 m de comprimento. O comprimento total da pilha era de 45,7 m e as alturas da pilha, medidas a cada 10 m, eram: 2,8 m, 3,1 m, 3,2 m e 2,9 m. Qual o volume da pilha?

7] Para determinar o volume sólido de madeira na pilha do problema 6, um engenheiro florestal utilizou o método da enumeração angular com um ângulo cuja constante de proporcionalidade era $k = 1/100$. O ângulo foi aplicado a cada 10 m ao longo da pilha, obtendo-se a seguinte enumeração em cada ponto de aplicação: 75, 78, 69 e 81. Qual o volume sólido de madeira na pilha?

8] Encontre o fator de forma (volume total) para as três árvores da Tab. 3.4 utilizando:
   (i) a fórmula de Smalian; e
   (ii) a fórmula de Huber.

9] Para três árvores da Tab. 3.4, encontre:
   (i) o quociente de forma normal;
   (ii) o quociente de forma absoluto; e

(iii) o quociente de forma de Girard, assumindo que a primeira tora tem comprimento de 6 m.

Dica: ao calcular as alturas para determinação do diâmetro do tronco acima da altura do peito, arredonde a posição para metro e, caso necessário, use interpolação linear para o diâmetro.

10] Utilizando as informações apresentadas na Tab. 3.5, encontre a biomassa do lenho da árvore por meio do:
   (i) método gravimétrico; e
   (ii) método volumétrico.

Tab. 3.5 Informações dos discos do tronco tomados como amostra na determinação da biomassa lenhosa de uma árvore. Informações da árvore: espécie ipê-felpudo (*Zeyhera tuberculosa* (Vell.) Bureau, Bignoneaceae), *DAP* = 28 cm; altura total = 16 m; volume do lenho: 550 dm^3; massa verde do lenho: 435,5 kg

Posição da altura comercial (%)	Massa da amostra (g)			
	Submersa	Saturada	Verde	Seca
0	714,14	3.530,00	3.160,00	1.812,31
25	624,67	2.539,51	2.362,00	1.243,86
50	657,15	2.107,73	1.934,00	999,86
75	621,11	1.635,47	1.524,00	770,62
100	581,68	880,81	828,00	416,66

capítulo 4
Fundamentos de Metrologia

Medidas e medições são realidades comuns no dia a dia. Tão comuns que a maioria das pessoas lida com essas noções cotidianamente, mas teria grande dificuldade para definir o que é uma medida ou o que é medir alguma coisa. Entretanto, a mensuração não pode ser tratada como um assunto trivial uma vez que as informações que ela oferece são utilizadas para a tomada de decisões que envolvem riscos de elevadas perdas materiais ou de conclusões científicas equivocadas. Tais riscos raramente se afiguram na utilização direta de medidas simples. Porém, nos procedimento técnicos e científicos, a praxe é que medidas variadas sejam combinadas num complexo processo quantitativo que gera as informações que são a base das decisões administrativas ou das conclusões científicas.

A tecnologia e a ciência, portanto, não podem prescindir da compreensão mais aprofundada dos procedimentos de mensuração e de manipulação das medidas. Essa compreensão se assenta sobre alguns princípios aplicáveis aos mais variados tipos de medida e de procedimentos mensuracionais, que constituem uma ciência chamada *Metrologia*. Com o objetivo de se desenvolver uma compreensão mais profunda dos processos de mensuração e do tratamento quantitativo das medidas, este capítulo trata dos fundamentos da Metrologia e da sua aplicação na Arborimetria.

4.1 Conceito de medida

Raramente um livro técnico apresenta uma definição de medida ou do processo de mensuração, mas muitos erros profissionais na prática das engenharias resultam da falta de clareza desse conceito fundamental. A medida é o primeiro elemento em qualquer processo de quantificação e, portanto, estabelece a base para qualquer racionalização ou análise das informações.

Conceito de medida. Dentre os livros de mensuração, o livro de Husch, Miller e Beers (1982) é um dos poucos que trata do conceito de medida. No entanto, ele simplesmente transcreve a definição de Ellis (1966), que desenvolve o conceito de medida com base em fundamentos filosóficos e oferece uma definição rigorosa. Ainda hoje, o livro de Ellis é talvez a principal fonte para a reflexão sobre o conceito de medida e suas implicações para ciência e tecnologia, por isso o tratamento do assunto apresentado fundamenta-se totalmente nele.

Basicamente, uma medida é um *numeral* atribuído a um objeto. Já o processo de mensuração é o procedimento ou a regra utilizada para definir esse atributo. Tanto o conceito de medida como o de medição podem ser sumarizados na seguinte definição: *uma medida é uma atribuição de numerais a coisas de acordo com uma regra determinativa e não degenerativa*.

O primeiro ponto a ser notado na definição anterior é que ela se refere a atribuir *numerais* e não simplesmente *números*. Essa é uma diferença importante que amplia o conceito de medida para além do que é mais rotineiramente tratado. Mas esse aspecto será tratado posteriormente, quando as escalas de mensuração forem discutidas. Inicialmente, pode-se assumir que número é o mesmo que numeral.

O segundo aspecto da definição é que ela define o procedimento de mensuração como uma regra *determinativa* e *não degenerativa*. Por determinativa deve-se entender que, sob condições constantes, os mesmos números serão atribuídos aos mesmos objetos. Ou seja, a regra produz uma associação coerente e constante entre o objeto e o número atribuído a ele, pois ela é capaz de identificar adequadamente o objeto. Já o termo não degenerativa implica que números diferentes são atribuídos a objetos diferentes. Em outras palavras, a regra não degenera na situação de atribuir sempre o mesmo número para objetos distintos, pois é capaz de fazer a distinção adequada dos objetos.

Portanto, medir significa atribuir sempre os mesmos números a um objeto quando este é observado sob condições idênticas. Mas quando objetos diferentes são observados, ou o mesmo objeto é observado sob condições diferentes, os números atribuídos devem diferir.

4.1.1 Regra ou escala de mensuração

Essa definição pode parecer bastante estranha, pois normalmente se associa a ideia de medir com a utilização de uma escala. Por exemplo, para saber o comprimento de uma tora de eucalipto, basta medir seu comprimento com uma trena, que é uma escala de comprimento.

Na verdade, a regra e a escala de mensuração são a mesma coisa, assim, pode-se apresentar uma definição complementar à primeira: *existe uma escala de mensuração se e somente se existir uma regra determinativa e não degenerativa*.

É a regra de mensuração que define a escala. Caso se tenha uma regra apropriada, haverá uma escala de mensuração, do contrário, não.

Mas isso pode tornar tudo aparentemente ainda mais estranho, pois normalmente a escala é tomada com um objeto graduado. No exemplo da tora de eucalipto, a maioria das pessoas usaria a trena como se ela fosse a escala métrica. Considere-se, no entanto que a tora de eucalipto tenha uma certa curvatura, de modo que, se a trena for esticada em linha reta de uma ponta a outra, será obtida uma medida diferente do que se ela for esticada ao longo da tora. Qual das duas medidas seria a correta? Caso se deixe a forma de esticar a trena à escolha do medidor, cada pessoa poderá utilizar um procedimento diferente e o resultado serão números produzidos sem uma regra apropriada de medição. Esses números não terão as propriedades esperadas de uma medida, isto é, não serão determinativos nem não degenerativos.

Assim, toda regra de atribuição define uma escala de mensuração, pois ela inclui não só o *padrão de comparação* (a escala métrica, no exemplo da tora), mas também o procedimento de comparação do objeto com o padrão. O padrão de comparação por si só define uma *unidade de medida*, mas não a medida de um objeto particular. Só existe uma escala de mensuração quando há um *procedimento* de comparação do objeto com o padrão de comparação na forma de uma regra determinativa e não degenerativa.

4.2 Tipos de escalas de mensuração

Na definição de medida, foi mencionada a atribuição de *numerais* a objetos. Numeral é um conceito mais amplo que o conceito usual de *número*, pois se refere a expressão ou representação numérica que indique alguma forma de quantidade ou alguma relação quantitativa.

As escalas de mensuração envolvem três conceitos de numerais. Primeiramente, existem os *numerais cardinais*, geralmente representados pelo conjunto dos números naturais utilizados para a contagem das coisas. Eles são os números em si mesmos, no conceito usual de número. Assim, o número 2 (ou o símbolo 2) indica que há duas quantidades de um objeto. Os *numerais multiplicativos* indicam uma quantidade equivalente a uma multiplicação, por exemplo, duplicação e triplicação. Utilizar o símbolo 2 nos numerais multiplicativos indica *duas vezes* ou a duplicação. Por fim, os *numerais ordinais* designam simplesmente uma ordenação ou sucessão numérica de objetos. Nesse caso, o símbolo 2 indicaria o segundo objeto dentro da sucessão numérica que estabelece uma certa ordem dos objetos.

Esses três conceitos de numerais combinados resultam em três tipos de escala de mensuração, cada escala com propriedades quantitativas bastante distintas.

4.2.1 Escala ordinal

Como o nome já sugere, nessa escala, os numerais só possuirão sentido *ordinal*, isto é, o sentido de organizar os objetos numa sequência naturalmente crescente (ou decrescente). A escala indica simplesmente a ordenação dos objetos de acordo com algum critério, não existe noção objetiva a respeito da *distância* entre os objetos sucessivos nessa ordem.

Por não haver a noção de distância nesse tipo de escala, é frequentemente mais apropriado se utilizar uma sequência de *palavras* para ordenar os objetos do que uma sequência numérica. Por exemplo, na escala ordinal, expressam-se julgamentos do tipo: *bom-regular--mau, gelado-frio-morno-quente, cedo-pontual-atrasado, chato--normal-legal, bonito-feio* etc.

Estes são alguns exemplos das Ciências Florestais:
1] os sistemas de notas para árvores, de acordo com o seu formato de copa, tronco, casca ou qualquer outra característica, usam escalas ordinais. No Melhoramento Florestal, é comum se dar uma nota de 1 a 10 para árvores a serem designadas como matrizes de acordo com retidão do fuste, conicidade, formato de copa e inclinação dos ramos. Esse sistema pode dar a falsa impressão de que existe a mesma distância entre as notas 1 e 2 e as notas 9 e 10, mas, na prática, o sistema não difere muito de uma escala do tipo: *horrível, péssimo, muito ruim, ruim, regular, quase boa, boa, muito boa, ótima, excelente.*
2] antes de serem enviadas para o campo, as mudas são organizadas num viveiro florestal em grupos conforme a sua altura e/ou qualidade. Dessa forma, os lotes de mudas plantadas no campo são mais homogêneos, o que facilita o acompanhamento do seu desenvolvimento nos primeiros meses após o plantio. Em geral, tal classificação é feita sem uma escala ou metodologia formal, sendo intuitivo para os operários do viveiro organizar as mudas numa escala crescente.

4.2.2 Escala de intervalo

A escala de intervalo, além da noção de ordem, incorpora também a noção de *numeral cardinal* no sentido de que a distância entre duas medidas na sucessão passa a ter significado.

Exemplos comuns de medidas em escala de intervalo são as medidas de temperatura, do horário do dia, as medidas de ângulos ou de orientação geográfica (azimute ou rumo). Todas essas medidas são quantitativas, isto é, utilizam números, mas têm em comum o fato de o ponto *zero* da escala ser arbitrário, isto é, não possuir qualquer significado real. No caso de horário, ângulos e azimutes, a escala é circular e o fato de se empregar a meia-noite ou o norte como ponto de partida é uma convenção. Em algumas culturas, entende-se o cair da noite (18h) como o início do dia; e antes do advento da bússola, os pontos cardiais para orientação eram o leste (nascente) e o oeste (poente).

Numa escala de intervalo, o intervalo entre duas medidas tem o mesmo significado em qualquer ponto da escala. Dois graus Celsius de diferença entre as temperaturas de 10 °C e 12 °C representam a mesma grandeza que a diferença entre 22 °C e 24 °C. Uma aula entre 14h e 15h tem a mesma duração que uma aula das 7h às 8h. Isto implica que o resultado da adição ou subtração de medidas tomadas numa escala de intervalo têm significado real: dois graus Celsius ou uma hora de aula.

Mas, na escala de intervalo, a razão de medidas carece de significado, pois a inexistência de um *ponto zero* natural torna a sua interpretação sem sentido. Você diria que 20 °C é *duas vezes mais quente* que 10 °C? Faz sentido dizer que 7h é um horário *duas vezes mais cedo* que 14h? Na verdade, 20 °C é dez graus mais quente que 10 °C e 7h é sete horas mais cedo do que 14h. Nesse tipo de escala, somente o intervalo entre duas medidas pode ser interpretado.

4.2.3 Escala de razão

A escala de razão é a escala quantitativa plena. Uma medida nessa escala será representada por um numeral com as três propriedades: ordinal, cardinal e multiplicativa. Essas três propriedades implicam que o *ponto zero* da escala não é arbitrário, que o comprimento de intervalo tem o mesmo significado ao longo de toda a escala e que a razão entre duas medidas pode ser interpretada.

A maioria das medidas nas ciências são obtidas na escala de razão. Alguns exemplos relativos à mensuração das árvores e apresentados nos capítulos anteriores são: número de troncos de uma árvore, *DAP*, altura, comprimento da copa da árvore, diâmetro e área de projeção da copa, razão da copa, volume e superfície da copa, volume de madeira (sólido e empilhado), fator de forma do tronco, quociente de forma e biomassa.

4.2.4 Quarta escala: escala nominal

Pode-se falar ainda de uma quarta escala que não é quantitativa, mas que, juntamente com as três escalas quantitativas descritas anteriormente, compõe o conjunto completo de todas as *escalas de observação*.

Escalas de mensuração. As três escalas quantitativas e a escala nominal compreendem as quatro escalas de mensuração como definidas por Stevens (1946), que acrescentou à definição das escalas uma importante discussão sobre o tratamento estatístico apropriado para dados em cada uma das escalas.

A escala nominal é uma escala em que se atribui ao objeto não um numeral, mas uma qualidade ou categoria. Assim, uma escala nominal consiste num conjunto ou numa lista definida de categorias e num procedimento de atribuição da categoria apropriada a cada objeto. O procedimento de atribuição é frequentemente chamado de *regra de classificação*. As regras de classificação só são apropriadas e confiáveis quando possuem as mesmas propriedades das regras de mensuração, isto é, quando são determinativas e não degenerativas.

Nos procedimentos de quantificação e monitoramento de árvores e florestas, frequentemente se lança mão de regras de classificação que complementam e auxiliam a representação quantitativa. Estes são alguns exemplos:

1] em levantamentos de florestas nativas, a espécie de cada árvore é identificada. Isso corresponde a classificar as árvores por espécie, ou conferir o atributo espécie para cada árvore. Embora essa atividade seja raramente concebida como uma mensuração, ela é fundamental para qualquer análise subsequente. Frequentemente se ignora o fato de que as árvores podem estar sendo erroneamente identificadas. Diferentes nomes (mesmo nomes científicos) podem identificar como espécies distintas o que, na realidade, são árvores da mesma espécie. Por outro lado, árvores de uma mesma espécie com grande variação morfológica podem ser identificadas como espécies distintas.

2] os diferentes lotes de sementes de uma dada espécie de *Eucalyptus* são identificados de acordo com a procedência. Num experimento de comparação de procedência, aquelas com melhor desempenho silvicultural são selecionadas para plantio comercial. As procedências representam os atributos e o processo não é considerado nem mesmo uma classificação, pois os lotes já chegam com os rótulos de origem. O conceito de procedência, entretanto, é bastante impreciso. Quantas árvores foram amostradas em cada lote? Qual o tamanho da região em que tais árvores estavam distribuídas? Tais árvores representam uma mesma população ou diferentes populações? Uma procedência é uma população ou diferentes populações podem estar representadas numa procedência? Melhor seria considerar procedência como uma classificação (mensuração) preliminar. O objetivo final não é selecionar a *melhor* procedência, mas sim árvores de genótipo silviculturalmente superior.

4.3 Grandezas e unidades de medida

Na definição de medida, mencionou-se que uma medida é a atribuição de numerais a objetos. Essa é uma linguagem simplificada, pois um mesmo objeto pode ser observado segundo diferentes aspectos e, para cada aspecto, uma medida pode ser tomada. Por exemplo, o objeto árvore pode ser medido em termos de diâmetro do tronco, altura total, comprimento do tronco, superfície das folhas, biomassa do lenho, volume de madeira no tronco etc. Por outro lado, caso se considere que uma floresta cresce $35\,m^3 \cdot ha^{-1} \cdot ano^{-1}$, qual é o objeto sendo medido? Embora seja a floresta que cresça, a medida do crescimento não é uma medida do *objeto floresta*, mas do fenômeno crescimento.

Para se aprimorar o conceito de medida, é necessário introduzir o conceito de *grandeza*. Grandeza é qualquer atributo de um fenômeno, objeto ou substância que pode ser qualitativamente distinguido e quantitativamente determinado. A palavra *grandeza* pode se referir tanto a uma grandeza num sentido geral — por exemplo, comprimento, massa, volume — quanto a uma *grandeza específica* numa situação particular — por exemplo, o comprimento de uma tora, a massa dos galhos de uma árvore, o volume de um tronco.

O conceito de medida pode, portanto, ser aprimorado utilizando-se o conceito de grandeza e de escala quantitativa: *uma medida é uma associação de números a grandezas segundo uma escala quantitativa*.

É importante reconhecer duas categorias de grandezas quanto ao tipo de número associado a elas. Nas *grandezas discretas*, utilizam-se *números inteiros*, como no caso das contagens: número de plântulas de regeneração natural florestal, o número de árvores doentes ou mortas, de cachos com frutos maduros numa palmeira etc. A maioria das medidas utilizadas nas Ciências Florestais, no entanto, é referente a *grandezas contínuas*, isto é, medidas representadas por *número reais*: diâmetro, altura, volume, biomassa etc.

Além do número, a medida de uma grandeza específica é composta também por uma referência explícita à *escala quantitativa* de mensuração. Quando se diz que uma tora tem comprimento igual a 3,30 m, está, na verdade, se afirmando duas coisas. Primeiramente, que o número (real) 3,30 é o número associado à grandeza comprimento da tora. Em segundo lugar, que a escala utilizada para associar esse número ao comprimento da tora foi a escala métrica. Essa referência à escala utilizada é chamada de *unidade de medida*. A unidade de medida da escala métrica é o metro (m).

A medida de uma grandeza, portanto, é constituída de duas partes: o *valor numérico*, associado à grandeza segundo a escala de referência, e a *unidade de medida* da escala de referência. No exemplo do comprimento da tora, o valor numérico é 3,30, enquanto que a unidade de medida é o metro (m). Qualquer tratamento ou interpretação de uma medida deve considerar essas duas partes.

Valor numérico e unidade de medida são indissociáveis numa medida. Essa mesma tora poderia ter seu comprimento associado a outros números se outras escalas fossem utilizadas. Se fosse utilizada a escala britânica, o comprimento da tora seria 10,83 ft, uma vez que a unidade é o pé (em inglês: *foot*) e um pé (1 ft) equivale a aproximadamente 30 cm (0,3048 m). Na Antiguidade, essa tora teria o comprimento de 6,30 côvados ou ORC (*Old Royal Cubit*), que é a unidade de medida do sistema egípcio antigo. Um côvado egípcio corresponde a aproximadamente meio metro (0,52375 m).

Côvado e outras unidades da Antiguidade. O trabalho de Lelgemann (2004) traz uma breve e interessante discussão sobre as unidades de medidas de comprimento utilizadas por várias civilizações da Antiguidade.

4.3.1 Grandezas discretas

A mensuração das grandezas discretas consiste numa operação de enumeração ou contagem. Exemplos: número de árvores, de plântulas e de espécies (riqueza de espécies). Essas grandezas específicas pertencem a uma única grandeza no sentido geral que é denominada *enumeração*.

Para realizar uma enumeração, não é necessário desenvolver uma escala de referência específica, pois existe uma escala natural que é o próprio conjunto dos números inteiros. Por isso, não se associa uma *unidade de medida* para grandezas enumeradas. Quando se diz que foram enumeradas 85 *árvores*, o termo *árvores* não é uma unidade de medida, mas os objetos sendo enumerados. Logo, a medida 85 é um número puro, sem unidades.

Mas onde as 85 árvores foram enumeradas? Na floresta inteira? Muito dificilmente é possível enumerar todas as árvores de um povoamento. Mesmo em povoamentos pequenos, essa é uma operação tediosa e sujeita a muitos erros. Sempre que o atributo da floresta sendo medido consiste no número de objetos (árvores, plântulas, árvores mortas, falhas de plantio etc.), delimita-se uma *área* da floresta ou povoamento em que todos objetos são enumerados. Essa área é tradicionalmente chamada de *parcela*.

No exemplo anterior, se as 85 árvores foram enumeradas numa parcela de 500 m^2, a medida corretamente expressa será *85 árvores por 500 m^2*. Isso corresponde a 0,17 árvores por m^2. Como a unidade de área tradicional utilizada nas Ciências Florestais é o *hectare* (1 ha = 10.000 m²), a medida deverá ser apresentada como 1.700 árvores por ha. Na notação apropriada: 1700 ha^{-1}.

Essa sequência de transformações pode ser mais claramente apresentada numa sequência de operações aritméticas:

$$\frac{85}{500\,\text{m}^2} = \frac{0,17}{1\,\text{m}^2}$$

$$\Rightarrow \frac{0,17}{1\,\text{m}^2} \times \frac{10.000\,\text{m}^2}{1\,\text{ha}} = \frac{1.700}{1\,\text{ha}} = 1.700\,\text{ha}^{-1}$$

O exemplo apresentado mostra que as grandezas específicas de enumeração não serão geralmente utilizadas como números puros de contagem, mas como número de contagem *por unidade de área*. Logo, a unidade de medida das enumerações será o *inverso* da unidade de área, o que, nas Ciências Florestais, corresponde tradicionalmente ao ha^{-1}.

4.3.2 Grandezas contínuas

A mensuração de uma grandeza contínua é realizada geralmente por meio de um instrumento com uma escala de referência própria. Cada grandeza contínua tem sua própria escala e unidade de medida. Alguns exemplos nas Ciências Florestais são: diâmetro das árvores, área da floresta, volume do tronco e biomassa das folhas. Esses exemplos de grandezas específicas se referem a grandezas no sentido geral que possuem natureza distinta e são, respectivamente, *comprimento*, *área*, *volume* e *massa*.

Para se medir uma grandeza específica, utiliza-se uma escala de referência apropriada à sua natureza. Para se medir o diâmetro das árvores, utiliza-se uma *escala de comprimento*, para a biomassa das folhas, uma *escala de massa*.

A operação de associar números a uma grandeza segundo uma escala quantitativa é, na sua essência, determinar quantas *unidades padrão* da escala de referência correspondem à grandeza sendo medida. Medir o comprimento de uma tora em 3,30 m é determinar que o comprimento dessa tora pode ser associada a 3,30 unidades padrão da escala métrica, que é o metro (m). Se outra escala de comprimento fosse utilizada, como a escala britânica (pés) ou do Egito Antigo (côvados), a medida seria distinta porque a unidade padrão seria diferente. Por mais complexa que seja a operação realizada, por mais sofisticados que sejam os instrumentos utilizados, a mensuração consiste na operação básica de *determinar quantas unidades padrão da escala de referência correspondem à grandeza observada*.

4.4 Sistema Internacional de Unidades (SI)

Por que para uma mesma grandeza, como o comprimento, existem diversas escalas de mensuração? Uma escala de mensuração é simplesmente uma convenção que define a unidade de medida como sendo igual a uma certa grandeza específica arbitrariamente escolhida. Na escala britânica, a unidade de medida *pé* talvez tenha sido definida como o comprimento do pé de um rei. Já na escala do Egito Antigo, a unidade *côvados* pode ter sido estabelecida com base no comprimento do antebraço de um faraó. Na escala métrica, o metro foi definido inicialmente como o comprimento de uma barra de platina iridiada aceito como protótipo numa convenção internacional em 1889.

Platina iridiada é uma liga metálica composta de platina (80% a 90%) e de irídio (10% a 20%). A platina pura é muito cara, sendo geralmente cinco vezes mais cara que o ouro, já a platina iridiada é bem mais barata. Por outro lado, a platina iridiada tem ponto de fusão mais alto que a platina pura, sendo também mais dura e mais resistente ao ataque de substâncias químicas. Por isso, ela é utilizada na fabricação de instrumentos de química, instrumentos cirúrgicos, joias e também da barra que representa o *metro padrão* e do cilindro que representa o *quilograma padrão*.

Para que as mensurações realizadas por diferentes pessoas em diferentes situações sejam comparáveis, é necessário que um mesmo sistema de unidades seja utilizado. Com o intuito de superar as dificuldades no comércio internacional e na comunicação entre as nações, foi fundada a Conferência Geral de Pesos e Medidas (CGPM) em 1875. A CGPM é uma organização internacional que estabeleceu, e ainda estabelece, as convenções sobre unidades e medidas. Em 1960, ela estabeleceu o Sistema Internacional de Unidades (SI) que foi adotado por diversas nações e se estabeleceu de fato como o sistema universal, passando a ser o padrão nas comunicações científicas internacionais.

Um sistema de unidades de medidas é um conjunto de unidades definido de acordo com regras específicas para um sistema de grandezas. As grandezas (no sentido geral) a serem medidas são muitas e novas grandezas podem ser definidas pela pesquisa científica. Um sistema que simplesmente liste as grandezas e as unidades a serem utilizadas seria muito ineficiente e exigiria revisões constantes.

Grandezas e Sistema Internacional de Unidades. Seguem-se as publicações do INMETRO – Instituto Nacional de Metrologia, Qualidade e Tecnologia – de 2000 e 2003, que são referências básicas neste tema.

No SI, o sistema de unidades é definido a partir de sete *unidades de base* referentes às grandezas fundamentais (*grandezas de base*). O Quadro 4.1 apresenta essas sete grandezas. Todas as demais unidades do sistema resultam da combinação das unidades de base, formando

Quadro 4.1 Grandezas e unidades de base e algumas unidades derivadas do Sistema Internacional de Unidades (SI)

Grandeza	Nome	Símbolo	Derivação
Unidades de base			
Comprimento	metro	m	
Massa	quilograma	kg	
Tempo	segundo	s	
Corrente elétrica	ampere	A	
Temperatura	kelvin	K	
Quantidade de matéria	mol	mol	
Intensidade luminosa	candela	cd	
Algumas unidades derivadas			
Área	–	m^2	comprimento × comprimento
Volume	–	m^3	área × comprimento
Velocidade	–	$m \cdot s^{-1}$	comprimento por tempo
Aceleração	–	$m \cdot s^{-2}$	velocidade por tempo
Concentração	–	$mol \cdot m^{-3}$	quant. mat. por volume
Força	newton	$N = kg \cdot m \cdot s^{-2}$	massa × comprimento por tempo ao quadrado
Pressão	pascal	$P = N \cdot m^{-2}$	força por área
Trabalho	joule	$J = N \cdot m$	força × comprimento
Potência	watt	$W = J \cdot s^{-1}$	trabalho por tempo
Voltagem	volt	$V = W \cdot A^{-1}$	potência por ampere
Resistência elétrica	ohm	$\Omega = V \cdot A^{-1}$	voltagem por ampere
Ângulo plano	radiano	rad	Ângulo entre dois raios de uma circunferência que definem um arco de comprimento igual ao raio.
Ângulo tridimensional	estereorradiano	sr	Ângulo sólido no centro de uma esfera cuja seção na superfície da esfera tem área igual ao quadrado do raio.

as *unidades derivadas*. Assim, qualquer nova grandeza definida pela pesquisa científica e tecnológica pode ser automaticamente incorporada ao SI a partir da simples combinação das unidades de base apropriadas.

Um número ilimitado de unidades derivadas pode ser construído por multiplicação ou divisão das unidades de base. A maioria delas não possui um nome especial e seu símbolo é a combinação dos símbolos das unidades de base (*vide* Quadro 4.1). Mas, para algumas unidades derivadas frequentemente utilizadas, o SI define um nome especial e um símbolo particular.

Cada unidade de medida pode ser expressa na forma de um múltiplo ou de uma fração dela. O SI também padroniza a nomenclatura e os símbolos dos múltiplos e submúltiplos (frações) com base no sistema numérico decimal (Quadro 4.2). Os múltiplos ou submúltiplos possuem prefixos e símbolos que são acrescentados ao nome e ao símbolo da unidade, respectivamente. Por exemplo: um milhão de gramas é 10^6 g = Mg, que é chamado de *mega*grama; um centésimo de metro é 10^{-2} m = cm, que é designado como *centí*metro.

Quadro 4.2 Múltiplos e submúltiplos das unidades segundo o SI

Múltiplos			Submúltiplos		
Prefixo	Fator	Símbolo	Prefixo	Fator	Símbolo
deka	10^1	da	deci	10^{-1}	d
hecto	10^2	h	centi	10^{-2}	c
kilo	10^3	k	mili	10^{-3}	m
mega	10^6	M	micro	10^{-6}	μ
giga	10^9	G	nano	10^{-9}	n
tera	10^{12}	T	pico	10^{-12}	p
peta	10^{15}	P	femto	10^{-15}	f
exa	10^{18}	E	fatto	10^{-18}	a
zetta	10^{21}	Z	zepto	10^{-21}	z
yotta	10^{24}	Y	yocto	10^{-24}	y

Apesar do SI ser um sistema coerente e bastante completo de unidades e medidas, algumas unidades de uso corrente em ciência e tecnologia não fazem parte dele. Em razão da importância ou tradição dessas unidades, o SI permite que elas sejam utilizadas conjuntamente com as unidades oficiais em função das necessidades no campo comercial e jurídico ou em áreas científicas e tecnológicas particulares. O Quadro 4.3 apresenta algumas dessas unidades de uso corrente nas Ciências Florestais.

Quadro 4.3 Unidades de uso corrente nas Ciências Florestais mas que não fazem parte do SI

Grandeza	Unidade	Símbolo	Equivalência no SI
Tempo	minuto	min	1 min = 60 s
	hora	h	1 h = 3.600 s
	dia	d	1 d = 24 h = 86.400 s
Ângulo	grau	°	$1° = (\pi/180)$ rad
	minuto	′	$1' = (1/60)° = (\pi/10.800)$ rad
	segundo	″	$1'' = (1/60)' = (\pi/648.000)$ rad
Área	hectare	ha	$1\,ha = 1\,hm^2 = 10^4\,m^2 = 10^{-2}\,km^2$
Volume	litro	l, L	$1\,l = 1\,dm^3 = 10^{-3}\,m^3$
	estéreo, estere (metro-estere)	st	$1\,st = 1\,m^3$
Massa	tonelada	t	$1\,t = 10^3\,kg = 10^6\,g = 1\,Mg$

4.5 Incerteza da mensuração

Toda mensuração possui necessariamente um certo grau de incerteza. Pode-se tomar como exemplo a mensuração do comprimento de uma tora de eucalipto. Para determiná-lo, estica-se uma trena ao longo de todo o comprimento da tora a partir de uma de suas extremidades. A trena representa a escala de referência, e a medida é obtida por meio da leitura na trena na outra extremidade da tora.

Esse é um procedimento bastante simples de mensuração. Mas se o procedimento for repetido algumas vezes, será sempre obtido exatamente o mesmo valor numérico para o comprimento da tora? Certamente, os valores numéricos obtidos nas diversas repetições terão os mesmos algarismos para metros, decímetros e, talvez, para centímetros. Muito dificilmente os valores numéricos apresentarão sempre o mesmo algarismo para milímetros. O valor numérico da medida será incerto nos milímetros.

A incerteza nos milímetros na medida do comprimento de uma tora tem pouca relevância, podendo ser ignorado para questões prática. Mas o exemplo ilustra o fato de que toda medida possui um certo grau de incerteza, mesmo as mais simples. A incerteza das medidas é, portanto, um fato com o qual se deve lidar em função das suas consequências práticas.

Por outro lado, numa situação prática, a incerteza da mensuração não é observada, pois não são efetuadas medidas repetidas de um mesmo objeto ou fenômeno. Para lidar com a incerteza do ponto de vista prático, necessita-se da fundamentação teórica fornecida pelo conceito de erro de mensuração.

4.5.1 Erro de medição

Nas circunstâncias práticas, uma dada grandeza específica é medida apenas uma vez. Ao se tomar o diâmetro do tronco de uma árvore, a medida é feita apenas uma vez, o mesmo ocorrendo com a altura total da árvore, o volume de uma tora etc. A compreensão dos erros de medição exige, no entanto, a consideração de um cenário em que uma mesma grandeza específica (diâmetro do tronco, altura total, volume de uma tora etc.) é submetida a medições sucessivas.

Cada medição sucessiva gera um *resultado*. Tais resultados não são idênticos em consequência da incerteza da mensuração. Chama-se *repetitividade* o grau de concordância entre os resultados de medições sucessivas, efetuadas sob as mesmas condições de mensuração. Essas condições incluem: mesmo procedimento, mesmo observador, mesmo instrumento de medição utilizado nas mesmas condições, mesmo local e repetição em curto período de tempo.

O *valor verdadeiro* de uma grandeza específica é definido como a medida resultante de um *processo de mensuração perfeito*, isto é, sem incerteza. O valor verdadeiro é um valor numérico que existe, mas, nas situações práticas, será sempre desconhecido, uma vez que não é possível realizar um processo de mensuração perfeito.

O *erro de medição* é o resultado de uma medição menos o valor verdadeiro da grandeza específica sendo medida. O *erro relativo* é o erro de medição dividido pelo valor verdadeiro, isto é, apresenta o erro de medição em termos de uma fração do valor verdadeiro.

Numa série de medições sucessivas, cada resultado de medição tem o seu próprio erro de medição. Como o valor verdadeiro é indeterminado, o erro de medição é sempre indeterminado. O único elemento material para avaliar a qualidade do processo de mensuração é a repetitividade dos resultados de medição, isto é, a repetitividade das medições sucessivas.

Uma vez de posse dos resultados de uma série de medições sucessivas de uma grandeza específica, pode-se calcular o seu *valor médio*. O valor médio de uma série de medições é a média aritmética dos resultados de medição. Ele representa a melhor aproximação que se pode ter do valor verdadeiro por meio de uma série de medições.

Com base nos conceitos de resultado de medição, valor verdadeiro e valor médio, pode-se entender o erro de medição como tendo dois componentes:

- **erro aleatório**: resultado de uma medição menos o valor médio de uma série infinita de medições sucessivas;
- **erro sistemático**: valor médio de uma série infinita de medições sucessivas menos o valor verdadeiro da grandeza específica sendo medida.

O comportamento aditivo desses componentes pode ser apresentado na seguinte forma algébrica:

$$\text{Erro de medição} = \text{Resultado} - \text{Valor verdadeiro}$$

$$\text{Erro de medição} = [\text{Resultado} - \text{Valor médio}] + [\text{Valor médio} - \text{Valor verdadeiro}]$$

$$\text{Erro de medição} = \text{Erro aleatório} + \text{Erro sistemático}$$

O erro aleatório resulta de um conjunto muito grande de causas que impede que os resultados de medição sejam idênticos. Algumas dessas causas podem ser controladas, ou mesmo eliminadas, mas é impossível atuar sobre todas elas. Assim, o erro aleatório pode ser reduzido, mas jamais é eliminado. Ou seja, pode-se aumentar a repetititividade dos resultados de medição, mas nunca consegue-se torná-los idênticos. A redução do erro aleatório é obtida geralmente utilizando melhores equipamentos, aprimorando os métodos e procedimentos de mensuração, trabalhando sob condições mais uniformes etc.

O erro sistemático é também chamado de vício ou viés de medição. Ele indica que, não importa quantas medidas repetidas sejam efetuadas, o valor médio das medições não se aproximará do valor verdadeiro da medida da grandeza. Há algo de incorreto ou defeituoso no processo de medição que impede a aproximação do valor médio ao valor verdadeiro. Isso pode resultar de erro no procedimento de mensuração, de manipulação equivocada do instrumento de mensuração, de instrumento descalibrado ou de situação de trabalho inapropriada para mensuração. As causas do erro sistemático são geralmente poucas e podem ser, na maioria dos casos, eliminadas ou contornadas. Um bom processo de medição não tem erro sistemático, somente erro aleatório de pequena magnitude.

4.5.2 Precisão e exatidão

Em geral, o erro sistemático e o erro aleatório são independentes. Pode-se ter um processo de medição com um erro aleatório grande, mas sem erro sistemático, e pode-se ter um processo com baixo erro aleatório, mas com a presença de erro sistemático.

Um processo de mensuração é considerado *preciso* quando seus erros aleatórios são pequenos, isto é, quando ele possui uma alta repetitividade (Fig. 4.1). Precisão é um conceito quantitativo que pode ser, em circunstâncias práticas, estimado com base nos resultados de uma série de medições sucessivas.

Já *exatidão* ou *acurácia*, é o grau de concordância entre o resultado de uma medição e o valor verdadeiro da grandeza específica sendo medida. Exatidão é um conceito qualitativo que sugere que um resultado de medição tem tanto alta precisão quanto erro sistemático muito pequeno ou nulo (Fig. 4.1).

Para determinar a exatidão de um método de mensuração, é necessário um estudo de mensuração. Esse estudo deve ser realizado sob condições de operação que permitam que *um* valor verdadeiro da grandeza sendo medida possa ser adequadamente determinado. Geralmente, utiliza-se um instrumento ou método de mensuração mais acurado do que o método sob estudo. Por exemplo, para definir a qualidade da mensuração da altura de árvores, é necessário selecionar um grupo de árvores de diversas alturas. Cada árvore deve ser medida repetidas vezes, gerando uma série de medições sucessivas. Para determinar o valor verdadeiro, as árvores devem ser abatidas e sua altura, medida no solo utilizando uma trena. Embora a altura medida com trena também possa gerar erro, sua exatidão é muito superior às medidas de altura tomadas antes de abater as árvores. Logo, a altura medida com trena nas árvores abatidas pode ser *assumida* como valor verdadeiro para o estudo dos métodos de medição de altura.

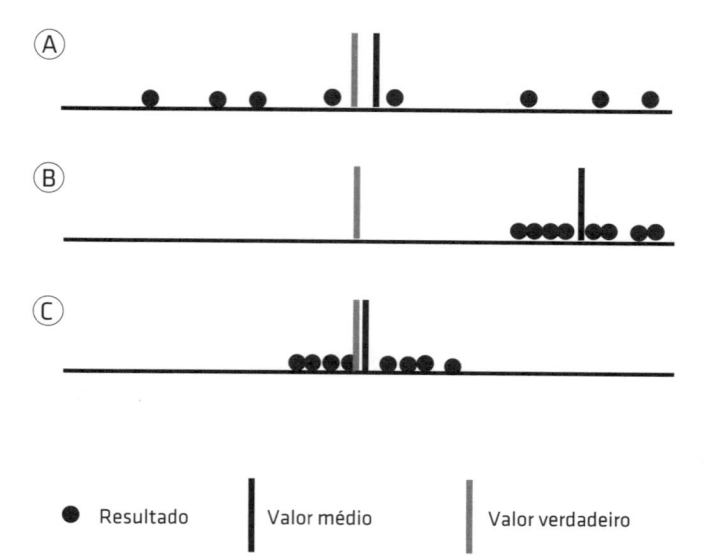

Fig. 4.1 Situações exemplificando a qualidade da mensuração: (A) erro aleatório grande e erro sistemático pequeno: a baixa precisão compromete a exatidão; (B) erro aleatório pequeno e erro sistemático grande: erro sistemático compromete a exatidão; (C) erro aleatório pequeno e erro sistemático pequeno: mensuração com alto grau de exatidão

Os procedimentos e métodos de mensuração só são considerados de qualidade quando o erro sistemático é eliminado. Assim, a questão da exatidão é normalmente reduzida à precisão, isto é, à repetitividade das medidas sucessivas de uma mesma grandeza.

4.6 Algarismos significativos

A incerteza presente em toda medida deve ser considerada na sua representação. A incerteza, no caso de procedimentos e métodos adequados de medição, é o contrário da precisão. Logo, ao se apresentar uma medida, deve-se deixar claro o grau de precisão associado ao processo de medição. Uma maneira de apresentar a precisão das medidas é utilizar a expressão do valor numérico da medida na forma de algarismos significativos.

Ao efetuar a medida de uma grandeza específica, a precisão obtida é determinada pela qualidade do procedimento e do instrumento utilizado. No entanto, ao apresentar essa medida, pode-se utilizar múltiplos e submúltiplos da unidade conforme a relação entre o valor numérico da medida e a unidade adotada, e segundo a conveniência.

Por exemplo, considere-se que o peso de uma árvore foi medido com uma balança de precisão de ± 0,5 kg e obteve-se 254 kg. Note-se que a precisão da medida foi determinada pela balança utilizada, mas, em termos de apresentação matemática, essa medida pode ser escrita como 254.000 g ou 0,254 Mg. Matematicamente, o valor numérico nas três apresentações é o mesmo, mas utilizou-se uma quantidade diferente de algarismos em cada apresentação. A representação em quilograma (254 kg) usou um número inteiro com três algarismos, enquanto o número inteiro da representação em gramas (254.000 g) possui seis algarismos. Já a representação em megagramas (0,254 Mg) adotou um número decimal com três algarismos após o marcador decimal (vírgula). Qual dessas representações é mais apropriada? Todas elas indicam o mesmo grau de precisão na medida do peso da árvore?

Se o procedimento de medição foi um só, o peso deve ser apresentado com o mesmo grau de precisão do procedimento que gerou a medida, independentemente da unidade de medida escolhida para apresentá-lo. Contudo, nos valores numéricos das apresentações anteriores (254; 254.000; 0,254), a quantidades de algarismos depende do múltiplo ou submúltiplo utilizado (kg, g ou Mg). Logo, apesar de matematicamente equivalentes, as representações *não são mensuracionalmente equivalentes*. A representação em gramas, por apresentar uma quantidade maior de algarismos, sugere um grau de precisão maior. Portanto, os algarismos não têm igual relevância nas três apresentações.

4.6.1 Conceito de algarismos significativos

Para resolver o problema da apresentação das medidas indicado anteriormente, utiliza-se o conceito de algarismo significativo:

Algarismos significativos são os algarismos do valor numérico de uma medida que representam as posições numéricas (unidade, dezena, centena, milhar etc.) que se conhece com alto grau de certeza, isto é, com pequena possibilidade de variação entre repetições da medida.

Algarismos significativos. Esse conceito já se tornou obsoleto na abordagem atual da teoria dos erros e da metrologia, mas ele permite lidar de forma simplificada com o problema da representação da incerteza das medidas e sua propagação para as medidas derivadas. A abordagem atualmente em uso não foi utilizada na apresentação porque sua compreensão requer fundamentação sólida em cálculo diferencial e estatística.

No exemplo da pesagem de uma árvore numa balança com precisão de ± 0,5 kg, é certo que, na medida 254 kg, o algarismo 2 se refere a duas centenas de quilogramas, o 5, a cinco dezenas de quilogramas e o 4, a quatro unidades de quilogramas. Se a árvore fosse pesada novamente, não haveria variação nesses três algarismos.

Mas como essa medida poderia ser expressa em gramas? A balança utilizada não permite distinguir árvores com pesos de 254.000 g, 254.300 g, 254.020 g ou 254.009 g. Em todos esses casos, qualquer medida abaixo da escala de quilogramas seria incerta, variando a cada repetição da medida. Portanto, o valor numérico dessa medida é 254, tendo apenas três algarismos que podem ser observados com certeza na balança. Esses são os algarismos significativos da medida.

Qualquer representação dessa medida deverá se restringir a esses três algarismos, pois caso se acrescente mais algarismos à medida eles não terão *significado mensuracional*, falseando a noção de precisão da medida. Se a medida 254 kg precisar ser expressa em gramas, será necessário usar a notação científica para garantir que apenas três algarismos sejam empregados: $2,54 \times 10^5$ g. Note que a expressão 10^5 g não faz parte do valor numérico da medida, sendo apenas a representação do múltiplo da unidade (grama). Por outro lado, se a medida for expressa em megagramas (Mg), bastará deslocar o marcador decimal em três posições: 0,254 Mg.

Embora uma medida possa ser expressa de muitas formas matematicamente equivalentes, as únicas formas *mensuralmente apropriadas* serão aquelas que mantêm a quantidade correta de algarismos significativos. A quantidade de algarismos significativos do valor numérico de uma medida é independente do múltiplo ou submúltiplo da unidade escolhida para expressá-la, pois representa a precisão original com que a medida foi obtida no ato da medição.

A apresentação de medidas é aspecto fundamental da mensuração, sendo de grande importância prática, principalmente em razão de comparações e decisões tomadas com base nas medidas. Alguns exemplos na Mensuração Florestal são:

Diâmetro de árvores: se uma fita métrica for usada para medir a circunferência do tronco de uma árvore, não se pode tomar como significativo o algarismo referente aos milímetros, mesmo que a fita seja graduada em milímetros. Quando a circunferência de uma árvore é medida mais de uma vez, dificilmente os resultados são coincidentes até os milímetros.

Altura de árvores: ao se medir a altura de uma árvore com um hipsômetro, não se pode expressar a medida com a precisão de centímetros, ainda que o hipsômetro permita registrar a altura nessa escala. As condições de visualização da copa da árvore dentro da floresta (nativa ou plantada) e as condições do ambiente (vento, iluminação etc.) tornam a precisão de centímetros na medida da altura absolutamente inatingível. A situação é totalmente diferente se a altura a ser medida for a de um poste de iluminação de rua.

Crescimento da floresta: na comparação de povoamentos florestais cujos crescimentos foram determinados com precisão de metros cúbicos de madeira por hectare por ano ($m^3 \cdot ha^{-1} \cdot ano^{-1}$), não faz sentido expressar o crescimento em decímetros cúbicos por hectare por ano ($dm^3 \cdot ha^{-1} \cdot ano^{-1}$), pois um metro cúbico ($1\,m^3$) equivale a mil decímetros cúbicos ($1.000\,dm^3$). Apresentar o crescimento em decímetros cúbicos é sugerir uma precisão de mensuração mil vezes maior que a real.

O uso de medidas com mais precisão que o necessário acarreta desperdício de tempo e recursos. É importante adequar a precisão da mensuração, em termos de algarismos significativos, à precisão necessária para a manipulação adequada da informação obtida. Por exemplo, num levantamento florestal, não é possível medir todas as árvores da floresta. Para se obter as informações necessárias, somente algumas das árvores, selecionadas por amostragem, são medidas. A amostra de árvores medidas estará sujeita à variabilidade natural entre as árvores da floresta. A informação sobre a floresta possuirá, portanto, duas fontes de incerteza: a da mensuração das árvores da amostra e a que está associada à amostra obtida.

Medir as árvores da amostra com extrema precisão reduzirá a incerteza da mensuração, mas não terá efeito positivo algum sobre a incerteza associada à amostra. Ao contrário, a precisão excessiva poderá ter um efeito negativo. Se a precisão na mensuração demandar muito tempo, um número menor de árvores será medido e, portanto, a amostra de árvores da floresta será menor, aumentando a incerteza associada à amostra. A atitude apropriada é manter a precisão de mensuração num nível que permita que o maior número possível de árvores possa ser medido com os recursos e tempo disponíveis. Para obter informação de qualidade sobre a floresta, essas duas incertezas devem ser consideradas.

4.7 Propagação da incerteza da mensuração

A precisão de uma medida depende do processo de mensuração que a gerou. Não se pode aumentar ou reduzir a sua precisão, aumentando ou reduzindo arbitrariamente a quantidade de algarismos significativos, pela simples mudança da unidade de medida que se utiliza para expressá-la. Também não é possível que cálculos matemáticos ou estatísticos realizados com medidas aumentem artificialmente a precisão do resultado final dos cálculos.

Como foi mostrado quando tratamos do Sistema Internacional, qualquer operação de cálculo matemático sobre uma medida ou sobre uma série de medidas gera uma *medida derivada*. A incerteza da mensuração das medidas originais se propaga para a medida derivada, pois as operações matemáticas não podem, por si mesmas, aumentar ou reduzir a precisão da informação.

4.7.1 Regras para a propagação da incerteza de mensuração

A propagação da incerteza das medidas originais para as medidas derivadas depende de quais operações matemáticas são realizadas e da precisão das medidas envolvidas. A utilização dos algarismos significativos para a apresentação da precisão das medidas implica em algumas regras que devem ser seguidas para determinar a precisão das medidas derivadas.

Essas regras não se aplicam às operações matemáticas, mas à *apresentação* das medidas derivadas. Portanto, elas não devem ser utilizadas durante a realização efetiva dessas operações. Apenas ao final dos cálculos, quando se apresentam seus resultados como uma medida derivada, é que as regras devem ser aplicadas.

REGRA 1 (multiplicação e divisão). *Na multiplicação e na divisão, a medida derivada terá a quantidade de algarismos significativos igual à da medida de menor precisão presente na operação.*

Exemplo do volume de tora por Huber: o volume de uma tora pode ser determinado pela fórmula de cubagem de Huber:

$$v = \frac{\pi}{4} \cdot d_m^2 \cdot l$$

em que d_m é o diâmetro no meio da tora, que foi medido em 23 cm, e l é o comprimento da tora, para o qual se obteve 3,21 m.

A operação matemática gera a seguinte medida derivada:

$$v = \frac{\pi}{4}\left[23\,cm\,\frac{1\,m}{100\,cm}\right]^2 3,21\,m$$
$$= \frac{\pi}{4}(0,23\,m)^2 3,21\,m$$
$$v = 0,133367676729\,m^3$$

Há nesse cálculo duas medidas originais: o diâmetro e o comprimento da tora. O diâmetro é a medida com menor precisão, pois possui dois algarismos significativos, contra três algarismos do comprimento. Logo, o volume da tora, como medida derivada por multiplicação, deverá ser expresso com a mesma precisão do diâmetro: dois algarismos significativos. Portanto, seu valor numérico é 0,13 e a medida do volume da tora fica: $v = 0,13\,m^3$.

IMPORTANTE: se o volume da tora for um resultado parcial de uma sequência de operações matemáticas que continuam, o valor a ser utilizado na continuidade das operações é o número obtido na multiplicação (0,133367676729) e não o valor numérico da medida derivada (0,13).

Exemplo do quociente de forma de Girard: o quociente de forma de Girard é uma medida da forma do tronco de árvores obtida pela razão de dois diâmetros do tronco. Uma árvore possui as seguintes medidas do tronco:

- d_t – diâmetro da ponta menor da primeira tora: 53 cm; e
- d – diâmetro da árvore à altura do peito (*DAP*): 103 cm.

O valor do quociente de Girard obtido pela operação matemática é:

$$q_G = \frac{d_t}{d} = \frac{53\,cm}{103\,cm} = 0,514563106796$$

A expressão do quociente de Girard como medida derivada terá o valor numérico com precisão igual a medida de menor precisão, logo será $q_G = 0,51$.

OBSERVAÇÃO: sendo a razão de dois diâmetros (grandezas de comprimento), o quociente de Girard torna-se uma *grandeza adimensional*, isto é, sem unidade de medida. Mas a sua determinação permanece sendo uma medição e, portanto, sujeita aos princípios de mensuração.

REGRA 2 (adição e subtração). *Na operação de adição e de subtração, os valores numéricos das medidas são alinhados pelo marcador decimal.*

A medida derivada terá a quantidade de algarismos significativos, após o marcador decimal, igual à da medida com a menor quantidade de algarismos após o marcador decimal.

Exemplo dos anéis anuais de crescimento de uma árvore: os diâmetros dos anéis anuais de crescimento de uma árvore, medidos com paquímetro, são:

Anel	Diâmetro
1	2,21 cm
2	6,482 cm
3	9,7 cm

O crescimento entre os anéis 1 e 2 é:

```
  6,482  cm
 −2,21   cm
 ───────────
  4,272  cm
```

Como a medida do anel 1 tem apenas dois algarismos significativos após o marcador decimal, o valor numérico do resultado deve ser expresso com dois algarismos: $\Delta_{2-1} = 4{,}27$ cm. O cálculo do crescimento entre os anéis 2 e 3 é:

$$\begin{array}{rl} & 9{,}7 \quad \text{cm} \\ - & 6{,}482 \quad \text{cm} \\ \hline & 3{,}218 \quad \text{cm} \end{array}$$

Entretanto, como o diâmetro do terceiro anel apresenta apenas um algarismo significativo após o marcador decimal, o resultado deve ser expresso com essa precisão: $\Delta_{3-2} = 3{,}2$ cm.

Exemplo da biomassa de uma árvore: a biomassa dos diversos componentes da parte aérea de uma árvore de pau-ferro (*Caesalpinia ferrea*) apresentou os seguintes valores:

Componente	Biomassa
Tronco	297,6 kg
Galhos	240,9 kg
Ramos	86,50 kg
Folhas	12,523 kg

A operação matemática para determinação da biomassa aérea total é:

$$\begin{array}{rl} & 297{,}6 \quad \text{kg} \\ & 240{,}9 \quad \text{kg} \\ & 86{,}50 \quad \text{kg} \\ + & 12{,}523 \quad \text{kg} \\ \hline & 637{,}523 \quad \text{kg} \end{array}$$

Como a medida da biomassa do tronco e dos galhos possui apenas um algarismo significativo após o marcador decimal, a biomassa total também deverá ser expressa dessa maneira: 637,5 kg.

REGRA 3 (somatório). *Na soma de uma série de medidas com igual quantidade de algarismos significativos, a medida resultante continuará tendo a mesma quantidade de algarismos significativos que os elementos da série.*

Exemplo da área basal de uma parcela: numa parcela de $50{,}0\,\text{m}^2$, foram encontradas cinco árvores com os seguintes diâmetros: 14 cm, 27 cm, 39 cm, 21 cm e 30 cm. Deseja-se determinar a área basal da parcela.

O somatório das áreas transversais das árvores da parcela será calculada por:

$$\sum_{i=1}^{5} \frac{\pi}{4} d_i^2 = \frac{\pi}{4} \sum_{i=1}^{5} d_i^2$$

$$= \frac{\pi}{4}\left[(14\,\text{cm})^2 + (27\,\text{cm})^2 + (39\,\text{cm})^2 + (21\,\text{cm})^2 + (30\,\text{cm})^2\right]$$

$$\sum_{i=1}^{5} \frac{\pi}{4} d_i^2 = 3.787\,\text{cm}^2$$

$$= 3.787\,\text{cm}^2 \times \frac{1\,\text{m}^2}{10.000\,\text{cm}^2} = 0{,}3787\,\text{m}^2$$

Como a área basal deve ser expressa por hectare (ha), o somatório das áreas transversais deve ser convertido da área da parcela ($50{,}0\,\text{m}^2$) para 1 ha:

$$\frac{0{,}3787\,\text{m}^2}{50{,}0\,\text{m}^2} \times \frac{10.000\,\text{m}^2}{1\,\text{ha}} = 75{,}74\,\text{m}^2 \cdot \text{ha}^{-1}$$

Com quantos algarismos significativos essa medida deve ser expressa? Primeiramente, deve-se considerar que cada diâmetro das árvores da parcela têm precisão de dois algarismos significativos. Pela regra 1, as áreas transversais das árvores também têm precisão de dois algarismos significativos. No somatório das áreas transversais, aplica-se a regra 3, logo, o total dessas áreas também tem precisão de dois algarismos significativos. Por fim, para expressar a área basal em $\text{m}^2 \cdot \text{ha}^{-1}$, deve-se aplicar a regra 1 novamente. Embora a área da parcela tenha maior precisão (três algarismos), o valor numérico da área basal terá a menor precisão, que é a de dois algarismos do total das áreas transversais. Portanto, a área basal da parcela deve ser apresentada como $76\,\text{m}^2 \cdot \text{ha}^{-1}$.

REGRA 4 (números de precisão infinita). *Números de precisão infinita não alteram a quantidade de algarismos significativos das operações matemáticas.*

São números de precisão infinita:
(a) as constantes universais; e
(b) os números puros definidos por proporções matematicamente estabelecidas ou por contagens conhecidas sem erro.

Exemplo de constantes universais: duas constantes universais são de uso muito comum nas Ciências Florestais:

$$\pi = 3{,}141592654\ldots$$
$$e = 2{,}718281828\ldots$$

Nos cálculos matemáticos, essas constantes podem ser empregadas com quantos algarismos quiser e, portanto, devem ser consideradas números de precisão infinita.

Exemplo de número puros — cálculo do diâmetro médio da parcela: para se obter o diâmetro médio de uma parcela com diâmetros de: 14 cm, 27 cm, 39 cm, 21 cm e 30 cm, é necessário dividir o seu somatório por 5. Nesse caso, 5 é um número puro, pois representa o número de árvores na parcela que é conhecido, sem erro. Quantos algarismos significativos possui o diâmetro médio da parcela?

$$\left.\begin{array}{r}14\text{ cm}\\27\text{ cm}\\39\text{ cm}\\21\text{ cm}\\30\text{ cm}\\\hline 131\text{ cm}\end{array}\right\} \Rightarrow \frac{131}{5} = 26{,}2\text{ cm}$$

Cada diâmetro da parcela foi medido com precisão de dois algarismos significativos, consequentemente o somatório também tem dois algarismos significativos (regra 3). O número 5, que divide o somatório, tem precisão infinita. Portanto, o diâmetro médio deve ser apresentado com dois algarismos significativos: 26 cm.

Exemplo da área transversal de uma árvore: a área transversal de uma árvore é dada pela seguinte função matemática do diâmetro do tronco à altura do peito (d):

$$g = \frac{\pi}{4} \cdot d^2$$

Nessa função, o termo ($\pi/4$) é um número com precisão infinita, pois π é uma constante universal e o número 4 é uma constante de proporcionalidade matemática. Portanto, a área transversal de uma árvore deverá ser apresentada com a mesma quantidade de algarismos significativos com que se apresenta o diâmetro do tronco.

REGRA 5 (o zero e suas posições). *A posição do algarismo zero no valor numérico de uma medida define se ele é significativo ou não:*
- *o zero à direita de uma sequência de algarismos é significativo;*
- *o zero à esquerda de uma sequência de algarismos não é significativo.*

Exemplo da proporção dos componentes da biomassa de uma árvore: a proporção da biomassa dos diversos componentes de uma árvore de pau-ferro (*Caesalpinia ferrea*) é determinada pela razão da biomassa de cada componente pela biomassa aérea total:

Componente	Biomassa	Proporção
Tronco	297,6 kg	0,46680669 ≈ 0,4668
Galhos	240,9 kg	0,37786872 ≈ 0,3778
Ramos	86,50 kg	0,13568138 ≈ 0,1357
Folhas	12,523 kg	0,01964321 ≈ 0,01964
TOTAL	637,523 kg	1,00000000 ≈ 1,000

Com quantos algarismos as proporções devem ser expressas? A quantidade de algarismos nas biomassas dos componentes é de quatro ou mais. Como visto em exemplo anterior, a biomassa total deve ser expressa com quatro algarismos. Logo, as proporções devem ser expressas com quatro algarismos.

No caso da biomassa das folhas (0,01964), o zero à esquerda da sequência de algarismos não nulos (imediatamente após o marcador decimal) não é considerado significativo. Já no caso da proporção da biomassa total (1,000) os três zeros após o 1 são considerados significativos.

É importante ter em mente que, embora o tipo de operação matemática influencie como a incerteza da mensuração se propaga das medidas iniciais para as medidas derivadas, *não é a execução do cálculo matemático que efetiva essa propagação*. A propagação resulta do fato de que a medida derivada é *definida* como uma função matemática das medidas iniciais. A definição matemática da medida derivada é que determina como ocorre a propagação da incerteza.

Durante o processo dos cálculos matemáticos, a propagação das incertezas e a quantidade de algarismos significativos devem ser ignoradas. Somente quando se apresenta a medida derivada como *resultado final* dos cálculos matemáticos é que se deve definir a quantidade apropriada de algarismos significativos. Realizada essa definição, o resultado final deverá ser *arredondado* para a quantidade apropriada de algarismos significativos e, assim, gerar o valor numérico da medida derivada. Por isso, durante as operações de cálculo, os números deverão ser manipulados com uma quantidade de algarismos *muito maior* que aquela necessária à apresentação do resultado final.

4.7.2 Arredondamento

O arredondamento do número resultante de cálculos matemáticos é o processo de desprezar ou descartar alguns algarismos de modo a manter apenas os algarismos significativos no valor numérico da medida derivada. O arredondamento não deve jamais ser realizado antes da conclusão de toda a sequência de operações matemáticas. Somente resultados finais devem ser arredondados.

O procedimento de arredondamento envolve a consideração de três casos:

Caso 1: Os algarismos a serem desprezados representam *menos da metade* da posição do último algarismo significativo no valor numérico da medida derivada.

O último algarismo significativo *não é alterado*.

Exemplo: arredondando as medidas para três algarismos significativos:

$15,349 \Longrightarrow 15,3$ pois $0,049 < 0,050$
$73526, \Longrightarrow 7,35 \times 10^2$ pois $26 < 50$

Caso 2: Os algarismos a serem desprezados representam *mais da metade* da posição do último algarismo significativo no valor numérico da medida derivada.

O último algarismo significativo é *acrescido de uma unidade*.

Exemplo: arredondando as medidas para quatro algarismos significativos:

$26,768 \Longrightarrow 26,77$ pois $0,008 > 0,005$
$107982, \Longrightarrow 1,080 \times 10^5$ pois $82 > 50$

Caso 3: Os algarismos a serem rejeitados representam *exatamente a metade* do último algarismo significativo. Utiliza-se o seguinte protocolo:

(A) se o último algarismo significativo for *par*, ele permanece inalterado;

(B) se o último algarismo significativo for *ímpar*, ele é acrescido de uma unidade.

Exemplo: arredondando as medidas para três algarismos significativos:

$26,65 \Longrightarrow 26,6$ pois 6 é par
$26,35 \Longrightarrow 26,4$ pois 3 é ímpar
$107500, \Longrightarrow 1,08 \times 10^5$ pois 7 é ímpar
$102500, \Longrightarrow 1,02 \times 10^5$ pois 2 é par

Sugestões bibliográficas

Os livros de metrologia em português são geralmente voltados à aplicação industrial, sendo difícil a transposição dos problemas para as questões florestais. Para compreensão dos conceitos básicos, a publicação do INMETRO (2000) *Vocabulário Internacional de Termos Fundamentais e Gerais de Metrologia* é de grande utilidade. Os conceitos de medida e de escalas de mensuração são tratados com uma visão aplicada à quantificação das florestas no livro *Forest Mensuration* de Husch, Beers e Kershaw (2002), mas com profundidade de tratamento semelhante àquela aqui apresentada.

Quadro de conceitos

Conceitos básicos	Conceitos desenvolvidos
medida	regra determinativa
	regra não degenerativa
	valor numérico
	unidade
escala de mensuração	escala nominal
	escala ordinal
	escala de intervalo
	escala de razão
grandeza	grandeza discreta
	grandeza contínua
	unidade de medida
Sistema Internacional	unidades de base
	unidades derivadas
	múltiplos e submúltiplos
	unidades de uso corrente
incerteza da mensuração	resultado de medição
	repetitividade
	valor verdadeiro
	erro de medição
	erro relativo
	erro aleatório
	erro sistemático
	precisão
	exatidão
	algarismo significativo
propagação da incerteza	medida derivada
	regras da propagação
	cálculos matemáticos
	arredondamento

Problemas

1] Solicitou-se a três engenheiros florestais que desenvolvessem uma forma de *medir* a beleza cênica da paisagem ao longo de trilhas de caminhada. O primeiro sugeriu um sistema qualitativo com a seguinte classificação da paisagem: (a) baixa beleza cênica, (b) média beleza cênica, (c) alta beleza cênica, e (d) beleza excepcional. O segundo sugeriu um sistema quantitativo com notas de 0 a 10, sendo que 0 indica nenhuma beleza cênica e 10 indica beleza excepcional. O terceiro sugeriu um sistema qualitativo com duas categorias: sem beleza cênica e com beleza cênica. Qual dos sistemas é o melhor? Explique.

2] Identifique os tipos de escala utilizados nos procedimentos de mensuração das seguintes grandezas:
   (i) diâmetro de árvores (cm);
   (ii) azimute da *face* de uma encosta (ângulo em graus);
   (iii) qualidade do fuste para serraria (notas subjetivas numa escala de 1 a 10);
   (iv) gramatura do papel ($g\,m^{-2}$);
   (v) ocorrência do cancro em árvores de eucalipto;
   (vi) produção de madeira de uma floresta ($m^3\,ha^{-1}$);
   (vii) ecounidades de uma floresta tropical (geralmente identificadas como: clareira, capoeira baixa, capoeira alta, mata madura, bambuzal);
   (viii) peso de capivaras (kg).

3] No Quadro 4.4, faça as transformações de unidades nas grandezas observadas necessárias para se obter as grandezas solicitadas.

Quadro 4.4 Quadro para transformação de grandezas

Item	Grandezas Observadas	Grandezas Solicitadas
i	Árvores plantadas num espaçamento 3 m × 3 m.	Área (m^2) por árvore. Árvores por m^2. Árvores por ha.
ii	Floresta plantada com 1.667 árvores por ha.	Espaçamento de plantio.
iii	Floresta plantada com 2.000 árvores por ha.	Espaçamento de plantio.
iv	Floresta nativa com 1.409 árvores por ha.	Espaço médio por árvore (m^2).
v	Parcela de 600 m^2 contendo 97 árvores.	Número de árvores por ha.
vi	Em mapa de escala 1:100.000, o comprimento de um rio é 35,42 cm.	Comprimento do rio em quilômetros.
vii	Em mapa de escala 1:10.000, um talhão tem formato retangular com lados de 12,5 cm e 6,3 cm.	Área do talhão em m^2. Área do talhão em ha.
viii	Em mapa de escala 1:100.000, uma estrada tem comprimento 10,73 cm e uma floresta tem área de 5 cm^2.	Comprimento da estrada em quilômetros. Área da floresta em km^2.
ix	Parcela com 500 m^2 contendo o volume de madeira de 16,38 m^3.	Produção do povoamento em volume: $m^3 \cdot ha^{-1}$.
x	Parcela com 360 m^2, contendo 75 árvores com volume médio por árvore de 0,17 m^3.	Volume total da parcela em $m^3 \cdot ha^{-1}$.

4] A Tab. 4.1 apresenta os resultados de medições repetidas da altura de uma mesma árvore, cujo valor verdadeiro é 30,0 m. Quatro métodos diferentes foram observados.
   (i) Qual dos métodos produz a medida mais precisa? Explique.
   (ii) Qual dos métodos produz a medida mais exata? Explique.
   (iii) Qual dos métodos apresenta o maior erro sistemático?

Tab. 4.1 Resultados de medições repetidas da altura de uma mesma árvore, cujo valor verdadeiro é 30,0 m, segundo quatro métodos de medição

Método	Repetição das medições									
	1	2	3	4	5	6	7	8	9	10
A	31,5	33,2	32,4	32,6	31,9	31,9	32,5	32,9	31,6	31,8
B	33,4	36,4	42,1	36,8	39,0	35,1	28,0	34,7	37,0	41,3
C	30,2	27,2	24,6	39,1	28,0	31,2	28,7	28,6	30,6	30,5
D	29,4	30,9	30,4	30,5	29,5	29,6	30,7	30,9	28,8	29,7

5] Responda as questões a seguir relativas ao problema da instalação de parcelas. Em cada questão, as medidas são apresentadas com os algarismos significativos apropriados.
   (i) Uma equipe de inventário contou 97 árvores numa parcela retangular com as dimensões de 30 m × 20 m. Qual o número de árvores por hectare?
   (ii) Uma outra equipe de inventário também contou 97 árvores numa parcela retangular com as dimensões de 30,0 m × 20,0 m. Qual o número de árvores por hectare?
   (iii) Se a floresta sendo inventariada tem 10.000 ha, qual o impacto no número de árvores determinado para toda a floresta em consequência da diferença de precisão das duas equipes? Calcule o impacto em termos absolutos (número de árvores) e relativos (porcentagem).

6] A Tab. 4.2 apresenta as medidas das árvores de uma parcela quadrada (8 m × 8 m) localizada numa floresta de *Eucalyptus grandis* com 5,3 anos. Considere que a incerteza das medições resulta em que o último algarismo significativo está na posição de centímetro para o diâmetro, de metro para a altura e de decímetro para o lado da parcela.

Tab. 4.2 Parcela quadrada (8 m × 8 m) medida numa floresta de *Eucalyptus grandis* com 5,3 anos de idade

Árvore	Diâmetro (d) (mm)	Altura (h) (dm)
1	105	192
2	153	263
3	150	278
4	91	209
5	140	250
6	88	203
7	172	273
8	162	277
9	99	184
10	135	251
11	140	285
12	174	282

   (i) Encontre o número de árvores na floresta (ha^{-1}).
   (ii) Encontre a área transversal (g) de cada árvore (m^2).

(iii) Encontre a área basal da floresta ($m^2 \cdot ha^{-1}$).

(iv) Encontre o volume de cada árvore (m^3) utilizando a expressão:
$v = 0,45\,g\,h$.

(v) Encontre o volume de madeira da floresta ($m^3 \cdot ha^{-1}$).

7] Uma equipe de mensuração instalou uma parcela retangular de 10 m × 50 m. As árvores nessa parcela tiveram os seus diâmetros e alturas medidos com precisão de dois algarismos significativos.

(i) Após a computação da área transversal das árvores da parcela, obteve-se o valor de 1,39724523169 m^2. Qual a área basal do povoamento florestal?

(ii) Após a computação do volume das árvores da parcela, obteve-se o valor de 13,5861391057 m^3. Qual o volume de madeira do povoamento florestal?

capítulo 5
Monitoramento arborimétrico

O monitoramento das árvores é o acompanhamento das transformações pelas quais elas passam ao longo do tempo. Embora se tenha exemplificado como certos atributos das árvores mudam com a idade, o tratamento adotado até aqui foi estático, isto é, cada atributo foi tratado como uma medida tomada de forma fixa, sem considerar sua alteração ao longo do tempo. As árvores, contudo, são seres vivos em constante transformação, suas dimensões e proporções estão em contínua modificação.

No Cap. 1, apresentou-se brevemente o crescimento das árvores na perspectiva dos processos fisiológicos e dos tecidos vegetais envolvidos. Neste capítulo, as transformações das árvores serão examinadas do ponto de vista dos componentes da sua estrutura (copa, ramos, tronco), cujo tamanho pode ser medido e o crescimento, acompanhado. O objetivo é tornar operacional o monitoramento dos atributos das árvores que foram tratados nos capítulos anteriores.

5.1 Fases de desenvolvimento

Numa perspectiva operacional de mensuração, acompanhar a transformações das árvores é observar a sua mudança entre e dentro de suas fases de desenvolvimento. Embora o crescimento de uma árvore seja contínuo e a mudança de uma fase de desenvolvimento para outra seja gradual, poucos atributos das árvores podem ser acompanhados e medidos durante toda a sua vida. Por outro lado, a importância de se medir um dado atributo depende da fase de desenvolvimento em questão.

Crescimento e desenvolvimento. É importante distinguir crescimento e desenvolvimento. Entende-se por crescimento o aumento do tamanho das árvores. Desenvolvimento implica não só o aumento do tamanho, mas também a diferenciação dos tecidos e estruturas da árvore de modo a resultar em mudanças sensíveis na sua forma, o que inclui a maturação para a reprodução, com a formação de flores e frutos.

O desenvolvimento das árvores pode ser didaticamente dividido em quatro fases: a *colonização*, na qual a árvore se desenvolve de semente até uma arboreta no sub-bosque da floresta; o *estabelecimento* da árvore no dossel da floresta; a sua *maturidade*, em que o crescimento e a reprodução se alternam; e a sua *senescência e morte*.

Fases de desenvolvimento. As quatro fases de desenvolvimento são organizadas na perspectiva da mensuração das árvores e não segundo uma teoria do desenvolvimento vegetal ou arbóreo.

Colonização. A fase de colonização se inicia com a germinação da semente no solo florestal e termina com o estabelecimento da arboreta no sub-bosque da floresta. Os desafios que devem ser superados pela plântula são as condições ambientais e de substrato particulares do local em que a semente está, a disponibilidade de água, a herbivoria, o abafamento por plantas herbáceas (matocompetição) e a competição com outras plântulas, que depende essencialmente da densidade de plântulas que germinam simultaneamente. Nesse caso, os atributos importantes a serem acompanhados são o crescimento em altura e a transformação da plântula, que é essencialmente herbácea, na arvoreta com caule e ramos pequenos, mas tendo uma estrutura lenhosa.

É importante reconhecer que, em florestas tropicais, esse processo é muito complexo, pois a diversidade de espécies arbóreas implica uma multiplicidade de comportamentos. Como pontos extremos dessa multiplicidade, podemos considerar as espécies intolerantes de pequena longevidade, como o mutambo (*Guazuma ulmifolia*, Malvaceae) e as embaúbas (*Cecropia* spp., Moraceae); as intolerantes de grande longevidade como as meliáceas (Meliaceae) cedro-rosa (*Cedrela fissilis*), canjarana (*Cabralea canjerana*) e mogno (*Swietenia macrophylla*); as tolerantes que atingem o dossel da floresta, como o guarantã (*Esenbeckia leiocarpa*, Rutaceae); e as tolerantes que permanecem como árvores de sub-bosque ou subdossel, por exemplo, a carrapateira (*Metreodora nigra*, Rutaceae) e a laranjeira-do-mato (*Actinostemon concolor*, Euphorbiaceae).

No caso de florestas plantadas, essa fase se inicia com o plantio das mudas e prossegue até o fechamento das copas das árvores, quando a cobertura do solo fica próxima a 100%. No decorrer desse período, o estabelecimento das mudas e arvoretas é particularmente sensível às condições ambientais extremas (insolação, seca, geadas etc.) e à matocompetição, sendo também ameaçadas pela herbivoria por formigas e cupins e, em algumas situações particulares, por animais superiores, como coelhos, lebres e capivaras. Os atributos importantes são aqueles que caracterizam o desenvolvimento da copa, como a altura da planta e o diâmetro da copa, e a proporção do terreno coberto pela projeção das copas (taxa de cobertura).

Estabelecimento. Em florestas tropicais, a fase de estabelecimento começa quando a planta já atingiu o estágio de arvoreta, tenha ela passado pela fase de colonização, ou tenha ela se formado pelo desenvolvimento de um propágulo vegetativo, como uma brotação de tronco ou raiz, que se desligou da planta-mãe. O estabelecimento termina quando a árvore atinge o dossel da floresta recebendo luz direta do sol na maior parte da sua copa. Nesse caso, também é importante considerar a multiplicidade de comportamentos possíveis que resulta da alta diversidade de espécies arbóreas nas florestas tropicais. Por exemplo, as espécies arbóreas tolerantes de sub-bosque jamais fazem parte do dossel da floresta, enquanto que as espécies intolerantes de pequena longevidade conseguem atingir o dossel somente onde ocorrem clareiras e, mesmo assim, sua permanência no dossel é efêmera.

Nas florestas plantadas, a fase de estabelecimento se caracteriza pelo rápido crescimento em altura das árvores e o estabelecimento da hierarquia das copas das árvores na floresta, definindo-se as árvores dominantes, codominantes, intermediárias e dominadas, como apresentado no Cap. 2 (seção 2.4.1).

Nessa fase, o padrão básico de crescimento é o crescimento primário de alguns poucos eixos, acentuando-se o aumento da altura da árvore. O crescimento em diâmetro normalmente segue o crescimento em altura, acontecendo na medida necessária para que a árvore adquira o suporte lenhoso para o crescimento em altura. Consequentemente, o diâmetro e a altura das árvores são os atributos de medição mais fácil nas árvores, havendo uma forte relação *DAP*-altura que frequentemente tem o padrão de uma relação linear (reta).

Maturidade. Uma vez estabelecidas no dossel, as árvores iniciam uma fase em que aumentam o seu tamanho pelo crescimento da copa, ramos, tronco e sistema radicular. O aumento da copa e do sistema radicular se dá pela multiplicação dos eixos de crescimento, seguido pelo aumento no diâmetro do tronco e dos ramos que sustentam a copa. A altura da árvore se estabiliza, mas o *DAP* continua aumentando. Nas espécies arbóreas com grande longevidade, as árvores podem chegar a tamanhos colossais, como os pinheiros-do-Paraná (*Araucaria angustifolia*, Araucariaceae) das florestas ombrófilas mistas do sul do Brasil, os jequitibás-rosa (*Cariniana legalis*, Lecythidaceae) das florestas estacionais semideciduais da região da Mata Atlântica e as sumaúmas (*Ceiba pentandra*, Malvaceae) da Floresta Amazônica.

Para a maioria das árvores, essa é a fase da maturidade reprodutiva. Logo, essa fase é caracterizada por ciclos em que se alternam o crescimento vegetativo, com aumento do tamanho da árvore, e o crescimento reprodutivo, com a produção de flores e frutos, e a dispersão das sementes.

Nas florestas plantadas, o sinal mais claro da maturidade da floresta é a estagnação do crescimento em diâmetro. A estagnação pode ser tomada como o momento de colheita, finalizando-se uma rotação, ou pode ser tomada como o momento de intervenção de manejo para a redução da densidade da floresta, por meio de desbaste, para permitir que as árvores remanescentes reiniciem o seu crescimento até que novamente o crescimento em diâmetro volte a estagnar. Em sistemas de manejo florestal de rotações longas, vários ciclos de estagnação-desbaste pode ocorrer até que se atinja o ponto de colheita.

O tamanho da árvore pode ser medido pelo volume de madeira no tronco e nos ramos, pela biomassa total ou pelo volume da copa, que são medidas seguras do crescimento da árvore. Contudo, o aumento do tamanho terá um reflexo direto no crescimento do *DAP* e da área transversal do tronco, que são medidas de mais fácil acompanhamento.

Senescência e morte. A senescência ocorre quando o crescimento é reduzido ao ponto de não permitir mais a reconstituição dos componentes da árvore, que se degradam e morrem, geralmente sob ataque de pragas e doenças oportunistas. Ela é caracterizada pelo surgimento de galhos e ramos mortos que não são substituídos por estruturas novas e a copa começa a se reduzir. Os sinais visíveis na copa são geralmente precedidos por um crescimento secundário muito pequeno ou, frequentemente, pela completa estagnação deste. Em muitas espécies arbóreas tropicais, a redução ou estagnação do crescimento é acompanhada pelo aumento do volume das regiões ocas dentro do tronco e dos ramos em consequência da ação de fungos, insetos e cupins que degradam a madeira. Embora de grande importância tanto na quantificação da produção madeireira de florestas tropicais quanto na manutenção da segurança em áreas urbanas arborizadas, esse é um sinal invisível que é detectável apenas por meio de instrumentos sofisticados como o tomógrafo. Em termos de monitoramento, o acompanhamento do *DAP* e da área transversal é a técnica mais simples de detecção da senescência das árvores.

5.2 Crescimento e tempo

As fases de estabelecimento e maturidade são as fases de desenvolvimento que geram maior alteração na produção da floresta, tanto em termos de biomassa total quanto em termos de produção madeireira. Uma vez que as transformações nessas fases são predominantemente de ordem quantitativa, associadas ao crescimento em altura, diâmetro, forma, volume e biomassa, o acompanhamento das árvores nessas fases é particularmente importante para o gerenciamento dos recursos de uma floresta.

O processo ecológico dominante nessas fases é o crescimento das árvores e o monitoramento deve focar esse processo. Contudo, uma série de outros processos ecológicos e silviculturais interferem no aumento do tamanho das árvores. Como o nome sugere, cada processo é uma transformação ao longo do tempo, mas o aspecto temporal tem duas características fundamentais. Primeiramente, as mudanças temporais são cíclicas. Por exemplo, o crescimento das árvores tende a acompanhar os ciclos climáticos que ocorrem ao longo do ano, de forma que o crescimento é intenso nos períodos em que o ambiente está quente e há diponibilidade de água e luz, mas cessa completamente nos períodos muito frios ou quando não há água disponível no solo. É o ciclo anual que alterna a estação de crescimento e a estação de dormência das plantas.

A segunda característica dos processos ecológicos e silviculturais é que cada processo possui uma escala temporal própria. Além do ciclo anual de crescimento-dormência, sabe-se que mesmo durante a estação de crescimento, existe um ciclo diário de atividade meristemática e de grau de turgor dos vasos no xilema e floema das árvores. Com um medidor de diâmetro suficientemente sensível, é possível se detectar pequenas alterações no diâmetro do tronco ao longo do ciclo de 24 horas de dia e noite. Além disso, o comportamento do clima é bem mais complexo do que o ciclo das estações do ano. Sabe-se que o clima está em constante alteração, havendo ciclos climáticos plurianuais, de décadas, de séculos e até de milênios. Também a ocorrência de pragas e doenças tende a seguir ciclos temporais associados tanto à dinâmica das populações de insetos e patógenos quanto à variação temporal do vigor das árvores, que é dependente dos ciclos climáticos e de competição e mortalidade das plantas. As árvores e a vegetação em geral respondem a todas essas alterações cíclicas que se sobrepõem no tempo. Assim, o crescimento das árvores é uma resposta à ação simultânea de uma infinidade de ciclos distintos de fatores bióticos e abióticos.

As florestas têm também os seus processos ecológicos próprios ou endógenos que ocorrem em escalas temporais distintas. Nas florestas nativas, o ciclo mais marcante é a abertura de clareiras seguida do seu fechamento pela resposta do crescimento vegetal. A escala temporal desse ciclo depende sobremaneira do tipo da floresta e das condições ambientais e de alteração antrópica que a floresta sofreu. Nas florestas tropicais ombrófilas, onde as condições ambientais sofrem poucas alterações climáticas ao longo do ano, há que considerar ciclos climáticos plurianuais e o ciclo de crescimento vegetativo e crescimento reprodutivo que ocorre em escalas temporais distintas para cada espécie.

Também as florestas plantadas sofrem mudanças temporais em função da velocidade do crescimento das árvores e do grau de competição entre elas. Assim, é comum que inicialmente as árvores cresçam muito rapidamente até que se inicie a competição entre elas. Na ausência de interferências de manejo, será necessário passar um certo tempo de estagnação do crescimento até que a competição resulte na mortalidade de várias árvores, liberando as sobreviventes para iniciar um novo período de crescimento mais intenso, até que a competição novamente se estabeleça. A escala temporal desses ciclos de crescimento-competição, contudo, depende da espécie arbórea plantada, das condições ambientais e das condições silviculturais iniciais de implantação da floresta.

Por fim, é necessário considerar que as intervenções silviculturais e de manejo florestal também influenciam o processo de crescimento das árvores. Os desbastes, cortes de liberação e cortes seletivos reduzem a densidade da floresta, permitindo às árvores remanescentes retomar um ritmo de crescimento mais rápido em virtude da redução da competição. Contudo, qualquer intervenção na floresta resulta num certo impacto negativo sobre as árvores remanescentes. A condução das operações de abate e de remoção das árvores faz com que o *grau* desse impacto negativo seja muito variável, mas ele é sempre um fator fortemente condicionante do ritmo de crescimento das árvores após a intervenção. A *frequência* com que as intervenções ocorrem durante o ciclo de manejo da floresta também condiciona a resposta das árvores em termos de ritmo de crescimento.

5.3 Monitoramento pelos registros no lenho

O tronco é formado por *camadas* que se justapõem a cada ano em razão do crescimento secundário produzido pelo câmbio. O corte transversal no tronco revela uma série de zonas de crescimento concêntricas chamadas *anéis de crescimento*. Na maioria das espécies arbóreas tropicais, os anéis de crescimento não podem ser observados macroscopicamente, mas a análise da formação anatômica da madeira pode permitir a identificação desses anéis. Nas coníferas e em algumas folhosas, eles geralmente se mostram macroscopicamente, podendo ser observados sem auxílio de lupas ou microscópios.

Para que o registro dos anéis de crescimento no tronco possa ser utilizado no estudo do crescimento das árvores, é necessário que a periodicidade de formação dos anéis seja *anual*. Em algumas regiões, o clima define claramente a estação de crescimento e a estação de dormência das árvores. Nas regiões de altas latitudes, a alternância das estações de crescimento-dormência resulta dos períodos de primavera/verão e outono/inverno. Nas regiões tropicais, as estações de crescimento-dormência podem ser definidas não pela temperatura, mas pela ocorrência de um período de chuvas seguido de um período de seca bem definidos. A alternância de períodos secos e de chuva também é característica nos climas chamados de *mediterâneos*, nos quais, ao contrário das regiões tropicais, o período seco ocorre no verão e o período chuvoso, no inverno.

A existência das estações de crescimento-dormência claramente definidas resulta na formação dos *anéis de crescimento anual* que, no corte transversal do tronco, se mostram na forma de zonas de menor densidade da madeira alternadas por zonas de maior densidade da madeira. As zonas de menor densidade, em geral mais largas e de coloração mais clara, são formadas em plena estação de crescimento, quando a atividade do câmbio é muito intensa, sendo chamadas de *lenho inicial*. As zonas de maior densidade, em geral mais estreitas e de coloração mais escura, são formadas ao final da estação de crescimento, quando a atividade do câmbio está se reduzindo e a árvore está entrando no estado de dormência, sendo chamadas de *lenho tardio*.

Uma limitação ao uso do registro do lenho para o estudo do crescimento são os *falsos anéis* de crescimento anual. Eles ocorrem nas regiões tropicais e subtropicais em anos em que não ocorre a diferenciação das estações de crescimento-dormência, seja porque os períodos curtos de chuva ocorram durante o período de seca, seja porque períodos curtos de seca intensa ocorrem no meio da estação de chuvas. Os *falsos anéis* são representações fiéis da alternância de crescimento-dormência do câmbio, mas como mais de uma alternância ocorre durante um mesmo ano, eles podem ser falsamente tomados como anéis anuais, produzindo resultados errados sobre a idade e o crescimento das árvores. Em algumas situações, os falsos anéis podem ser detectados, pois são descontínuos, isto é, não formam uma camada de lenho que circunscreve totalmente a camada de lenho anterior, de forma que, em um ou mais setores da secção transversal do tronco, o *falso* lenho tardio se dissipa no lenho inicial anterior.

5.3.1 Baqueta de incremento

Nas regiões e espécies que formam anéis de crescimento anual, o estudo do crescimento da árvore em diâmetro com base no lenho pode ser realizado sem necessidade do abate da árvore por meio de uma amostra do lenho obtida geralmente na altura do peito. Para isso, utiliza-se uma verruma ou trado, chamado de *trado dendrométrico* ou *trado de Pressler*, para se obter uma *baqueta* ou varinha do lenho que contenha os anéis de crescimento anuais.

Baqueta ou bagueta. Alguns profissionais da área florestal se referem à *bagueta* obtida pelo trado de Pressler, mas essa palavra não é encontrada nos dicionários de língua portuguesa. A palavra *baqueta*, no entanto, consta dos dicionários com o sentido apropriado para o objeto produzido pelo trado de Pressler, ou seja, uma varinha do lenho do tronco da árvore.

O trado deve ser inserido de forma transversal ao tronco, tomando a amostra do lenho ao longo de um raio da secção transversal do tronco, garantindo-se que a baqueta vai da casca até a medula do tronco de modo a conter todos os anéis de crescimento. A contagem dos anéis de crescimento anuais permite determinar a idade da árvore (idade à altura do peito), enquanto que a medida da largura dos anéis representa metade do crescimento em diâmetro a cada ano. Portanto, pela baqueta de incremento, é possível recuperar a história de crescimento do *DAP* da árvore. Cuidado especial é necessário nas árvores cuja secção transversal do tronco é muito excêntrica ou tem formato irregular, pois, se a baqueta não seguir ao longo de um raio da secção transversal, a medida da largura dos anéis será realizada numa direção oblíqua, superestimando o crescimento em diâmetro.

5.3.2 Análise de tronco

A análise de tronco requer o abate da árvore e as medidas são tomadas de forma análoga ao procedimento de cubagem rigorosa. Contudo, ao invés de se tomar o diâmetro do tronco a intervalos regulares ao longo do seu comprimento, são retirados discos da secção transversal do tronco. Além das posições ao longo do tronco, sempre é retirado um disco da secção transversal à altura do peito (1,3 m) para o acompanhamento do *DAP* (Fig. 5.1). Cada disco é estudado de forma a se medir a largura dos anéis de crescimento anual presentes nele e, do conjunto dos discos, recupera-se o *perfil* do tronco para as várias

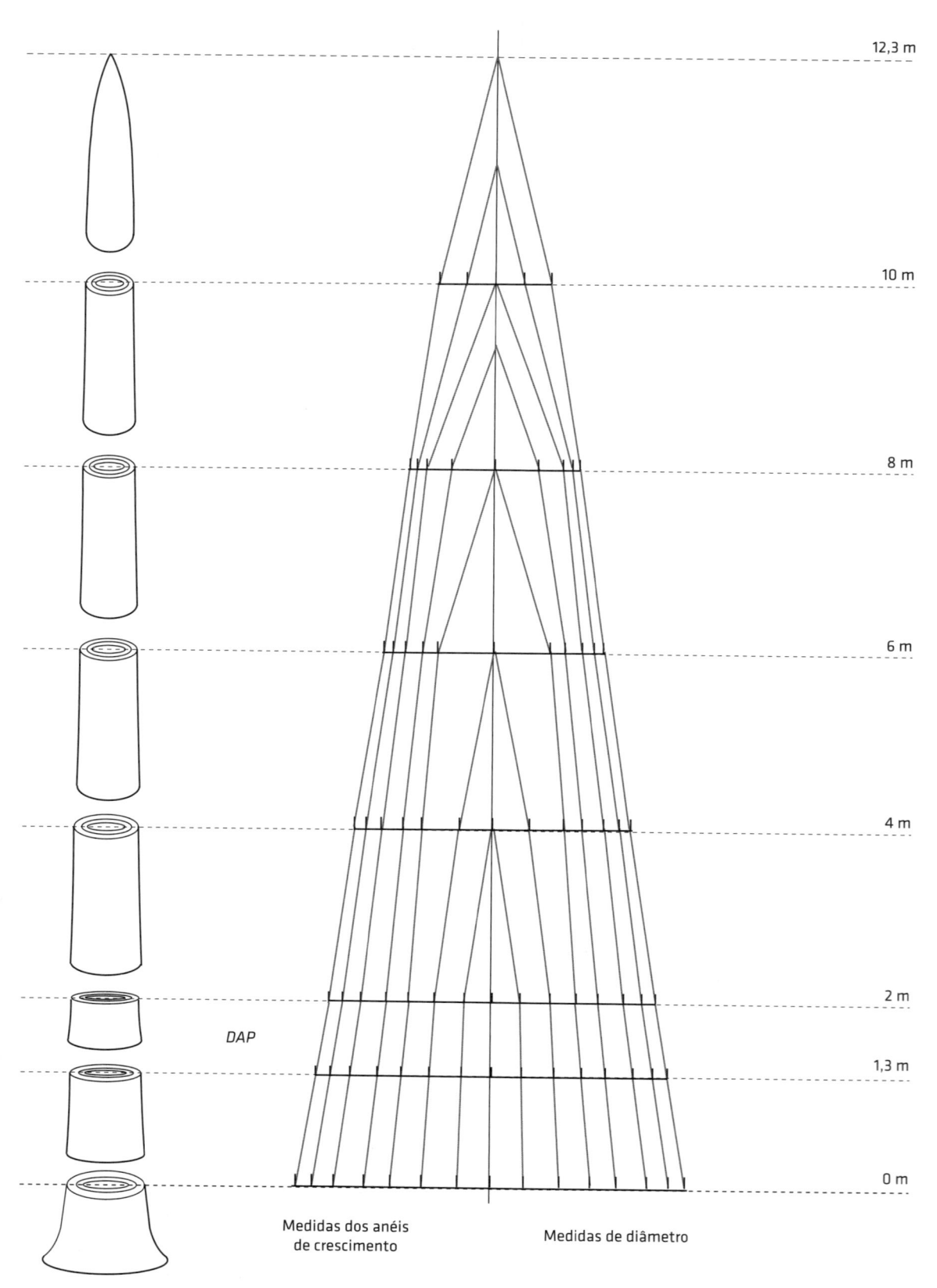

Fig. 5.1 Esquema ilustrativo da análise de tronco para recuperação no lenho das medidas da altura e dos diâmetros do tronco a diferentes alturas ao longo da vida da árvore. O tronco da árvore é seccionado a intervalos regulares (como na cubagem rigorosa) e os anéis anuais de crescimento são medidos em cada secção, gerando as medidas de diâmetro do tronco nas diferentes idades

idades da árvore. A análise de tronco pode ser entendida como a cubagem rigorosa da árvore para cada uma das suas idades.

Os diâmetros nas diferentes posições do tronco são obtidos medindo-se os anéis de crescimento anual em cada secção transversal. Dada a possibilidade da secção transversal ser excêntrica, são medidos dois raios ao longo de dois raios perpendiculares, assegurando-se que um deles é o maior raio da secção (Fig. 5.2).

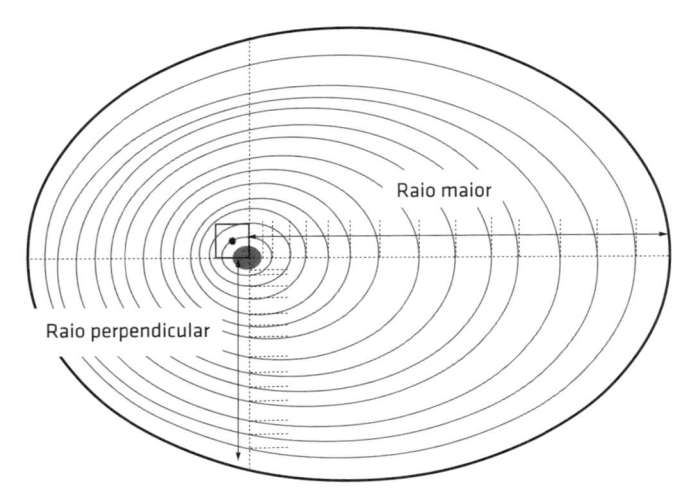

Fig. 5.2 Esquema ilustrativo das medições dos raios numa secção transversal de um tronco excêntrico. As larguras dos anéis de crescimento anual são medidas ao longo de dois raios perpendiculares, assegurando-se que um deles é o maior raio da secção

A altura da árvore é determinada por um procedimento padrão. Quando entre duas secções transversais sucessivas o número de anéis de crescimento é reduzido em apenas um anel, o final deste anel de crescimento é colocado imediatamente abaixo da próxima secção, sendo a altura desta secção tomada como a altura da árvore naquela idade. Na Fig. 5.1, isso é o que ocorre nas secções de 2 m para 4 m, de 4 m para 6 m e de 6 m para 8 m. Quando a redução do número de anéis de crescimento de uma dada secção para próxima é igual a dois ou mais, repete-se o procedimento já descrito para o anel *mais externo*, enquanto que a reta dos demais anéis faltantes é posicionada paralela à do anel mais externo, determinando as alturas relativas a cada uma das idades. Na Fig. 5.1, ocorre o desaparecimento de dois anéis de crescimento da secção de 8 m para a de 10 m e da secção de 10 m para a ponta da árvore.

Em geral, a altura da árvore nas diferentes idades determinadas por esse procedimento é superior à altura verdadeira, contudo, esse erro positivo na determinação da altura é proporcional à distância entre as posições ao longo do tronco em que os anéis de crescimento são medidos. Para que esse erro fique dentro de padrões aceitáveis, é necessário que essa distância não seja superior a dois metros.

A análise de tronco permite não só a recuperação do crescimento em *DAP* e em altura, mas também recuperação da relação *DAP*-altura nas diferentes idades da árvore (Fig. 5.3). Também, a determinação do volume do tronco para as diferentes idades e sua relação com o *DAP* e altura pode ser realizada pela análise do tronco.

Uma vez que ela consiste praticamente numa cubagem rigorosa da árvore nas suas diferentes idades, também é possível acompanhar as mudanças na forma do tronco não só pelo fator de forma ou quociente de forma, mas também do próprio perfil do tronco. Caso seja realizada a determinação da densidade básica da madeira em cada secção do tronco em que os anéis de crescimento são medidos, também é possível calcular a biomassa lenhosa da árvore nas suas diferentes idades. Os procedimentos de cálculo do volume, forma e biomassa são os mesmos já apresentados no Cap. 3. Na análise de tronco, contudo, os procedimentos são repetidos para cada anel de crescimento, isto é, para cada idade da árvore.

5.4 Monitoramento por remedições sucessivas

O acompanhamento das árvores ao longo do tempo se dá necessariamente pela *remedição* de uma *mesma árvore* em ocasiões sucessivas. A medida do crescimento da árvore nesse caso é definida pelas diferenças entre as medidas obtidas nas ocasiões sucessivas separadas por um certo intervalo de tempo.

5.4.1 Intervalo entre remedições

A unidade de tempo utilizada no estudo de crescimento de árvores é o *ano*. Assim, tomando como d_t o *DAP* da árvore no momento de medição t, o crescimento em diâmetro da árvore pode ser definido como:

$$\Delta d = \frac{d_{t_1} - d_{t_2}}{t_2 - t_1}$$

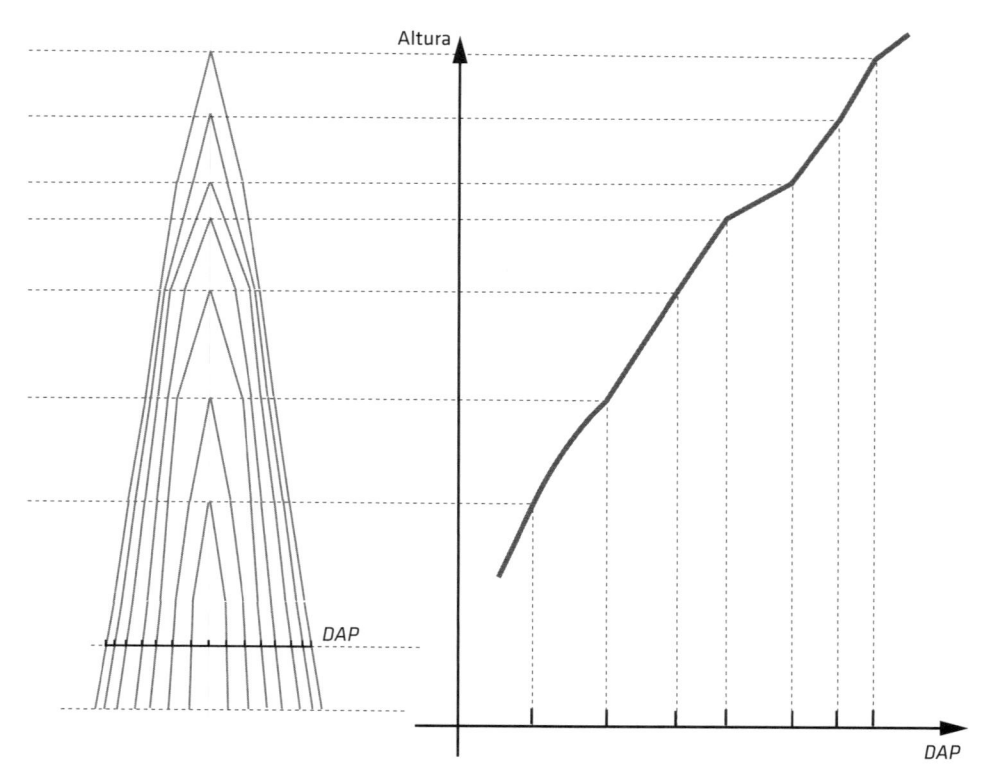

Fig. 5.3 Esquema ilustrativo da recuperação da relação *DAP*-altura nas diferentes idades, da árvore por meio da análise de tronco

Se o *DAP* é medido em centímetros (cm) e o momento de medição é definido como a idade da árvore em anos (ano), o crescimento será expresso em centímetros por ano (cm·ano^{-1}). O crescimento dos demais atributos das árvores é medido de forma análoga.

Matematicamente, o intervalo entre as medidas sucessivas é irrelevante, pois é devidamente considerado ao se determinar a unidade de tempo que define cada momento de medição. Contudo, como foi apresentado anteriormente, o crescimento das árvores é resultado de uma série de fenômenos *cíclicos*, de forma que na prática o intervalo de remedição é muito importante. Um mesmo intervalo *cronológico*, por exemplo de um ano, poderá ter diferentes implicações ecológicas e silviculturais dependendo de como ele é definido dentro das fases de desenvolvimento e dos ciclos de crescimento das árvores.

Não é recomendado utilizar intervalos de tempo menores que um ano, pois, para a maioria das árvores e das florestas, o ciclo anual de estação de crescimento e estação de dormência é geralmente o ciclo de influência mais marcante no monitoramento do crescimento a curto prazo. Mas é importante considerar que o dia e mês do ano em que a estação de crescimento ou dormência se inicia ou termina é bastante variável de um ano para outro, em virtude das oscilações naturais do ciclo climático anual. Assim, medições de crescimento em intervalo anual no início ou no fim dessas estações podem sofrer oscilações que são antes decorrentes das oscilações climáticas anuais do que do crescimento das árvores ao longo da sua vida. O ideal, portanto, é que a medição do crescimento seja realizada no meio da estação de dormência. Nas florestas tropicais ombrófilas, em que não há uma clara distinção entre estação de crescimento e de dormência, o momento de medição ideal é o meio do período de menor pluviosidade.

Outro aspecto a considerar em relação ao intervalo entre medições é a magnitude do erro de medição. O intervalo de tempo não deve ser excessivamente curto de forma que a diferença entre as medidas sucessivas seja menor que o erro de medição em cada ocasião. Isso implica que o intervalo ideal depende do próprio crescimento da floresta. É comum que as florestas de rápido crescimento sejam remedidas todo ano, enquanto que a medição de florestas nativas, que geralmente têm crescimento mais lento, é realizada a intervalos de três a cinco anos.

5.4.2 Reidentificação das árvores

Para que o crescimento seja medido nas árvores *individualmente*, é necessário que a *mesma* árvore seja medida em cada momento, isto é, que o registro das remedições seja realizado identificando-se cada árvore. Na prática, isso implica que em cada momento de medição as árvores terão que ser *reidentificadas*, e o procedimento de mensuração deve considerar explicitamente essa necessidade.

Como as árvores são geralmente medidas em parcelas, é comum que nas florestas plantadas se adote sistemas de medição da parcela nas quais a ordem de medição das árvores acompanhe o procedimento de caminhamento na parcela (Fig. 5.4). Nesses sistemas, as árvores não são simplesmente medidas, mas a ordem nas quais elas são medidas é predefinida. Também se faz necessário registrar todas as árvores vivas, bem como todas as falhas de plantio ou árvores mortas, que ocorrem em cada linha de plantio dentro da parcela.

Um sistema de reidentificação diferente é necessário para as florestas nativas, em que não há linhas de plantio, e para as florestas plantadas manejadas em rotações longas, nas quais os sucessivos desbastes tornam impossível identificar as linhas de plantio originais. Nesses casos, é comum que cada árvore na parcela seja identificada com uma plaqueta de alumínio com um número único para cada árvore. Nas árvores, a plaqueta é geralmente presa por um prego no tronco da árvore, enquanto que nas arvoretas é comum prendê-la com um arame.

No caso de árvores urbanas, também se pode utilizar a plaqueta de alumínio para identificação, mas geralmente é necessário prendê-la a uma altura que não possa ser alcançada por transeuntes, o que dificulta a sua leitura. Em alguns países da Europa, as árvores urbanas vêm sendo marcadas com *microchips* que permitem não só a sua identificação mas também o armazenamento de informações relativas a elas, como a data da última medição, sua espécie, diâmetro e altura.

5.4.3 Medidas não destrutivas

O monitoramento das árvores por meio de medidas não destrutivas é realizado diretamente pela remedição das árvores, mas existem algumas particularidades em cada tipo de medida.

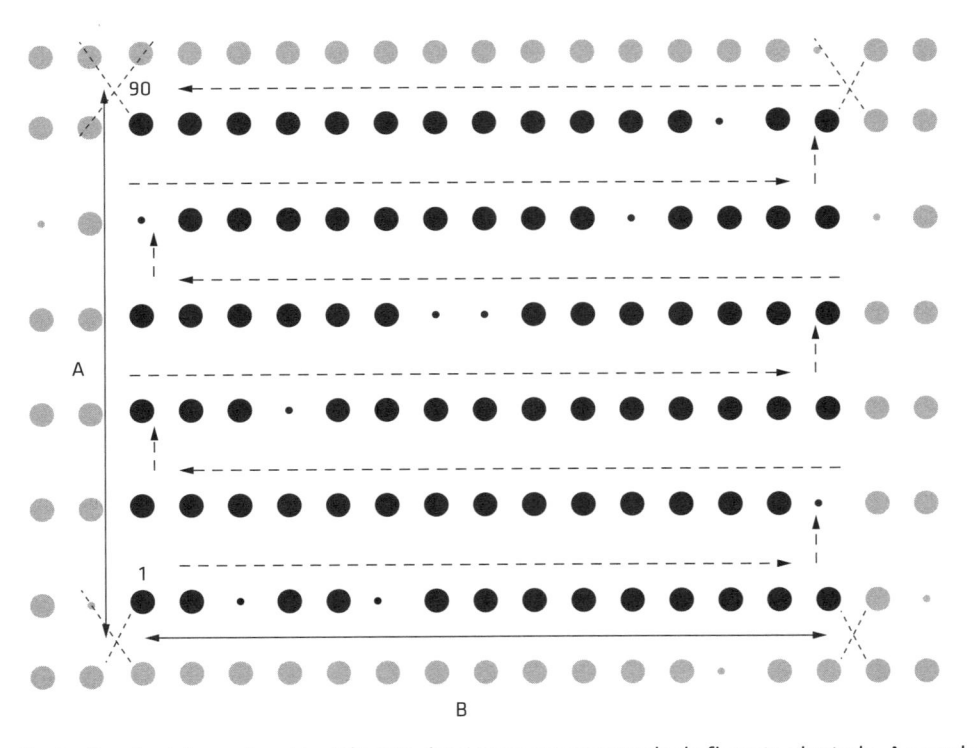

Fig. 5.4 Esquema ilustrativo do sistema de reidentificação das árvores numa parcela de floresta plantada. A parcela tem a forma retangular (lados A e B) e a medição das árvores se inicia sempre no mesmo vértice da parcela e segue um sistema de caminhamento de forma que as árvores possam ser reidentificadas a cada oportunidade de medição. Para que esse sistema funcione, é necessário que as árvores vivas e as falhas em cada linha sejam adequadamente registradas

Diâmetro do tronco. A medição do diâmetro do tronco pode ser realizada pelo método direto ou pelo método indireto. Como foi dito (seção 2.2), os dois métodos podem produzir resultados distintos dependendo da excentricidade da secção transversal do tronco. Sendo os métodos igualmente válidos, o importante é adotar apenas um deles em cada levantamento florestal. No caso do monitoramento do crescimento do diâmetro, contudo, o método direto se mostra mais problemático do que o método indireto. Com o crescimento da árvore, a excentricidade também pode mudar, fazendo com que a medida maior (d_M) e a medida menor (d_m) do diâmetro, que compõem o DAP, resultem em valores incoerentes nas remedições sucessivas da árvore. Nesse caso, é mais coerente acompanhar a alteração do CAP, pois essa medida se mantém coerente mesmo que a excentricidade do tronco sofra grandes alterações.

O instrumento mais preciso para acompanhar o crescimento do diâmetro das árvores é a *cinta dendrométrica*. Ela consiste numa cinta metálica, geralmente de alumínio, que permanece presa à árvore pela força de uma mola, tendo uma marca inicial que mostra o fechamento da cinta no momento que esta foi instalada. À medida que a árvore cresce e o tronco se torna mais espesso, a mola cede e a marca inicial se desloca ao longo da cinta, indicando o aumento do CAP. Algumas cintas dendrométricas possuem tamanha precisão que é possível acompanhar, em algumas espécies, alterações milimétricas no CAP *ao longo do dia*, em consequência dos horários de maior ou menor turgor dos vasos de translocação de seiva do tronco.

Altura e dimensões da copa. O monitoramento do crescimento em altura e da copa se faz pela remedição do atributo pelo mesmo método em ocasiões sucessivas. Um aspecto importante é a manutenção do mesmo instrumento de medição e, se possível, do mesmo operador. As medições de altura podem sofrer grande influência do instrumento utilizado, o qual tende a ter uma forte interação com o operador. Isto é, diferentes operadores produzem medidas de qualidades distintas com os diversos instrumentos de medição. Não existe algo como o melhor instrumento para todos operadores.

5.4.4 Medidas destrutivas

É evidente que o monitoramento dos atributos das árvores que só podem ser medidos por meios destrutivos não pode ser realizado por remedições sucessivas. Assim, o volume, a forma e a biomassa das árvores não são passíveis de monitoramento por remedições.

Nas florestas plantadas, é possível realizar medições destrutivas de árvores diferentes *de uma mesma plantação* em diferentes idades. Nesse caso, contudo, o que está sendo acompanhado não é o atributo da árvore individualmente, mas o *atributo médio* da plantação. Ainda que as medições destrutivas sejam realizadas por classe de tamanho (ou de DAP) das árvores, o que se acompanha por esse procedimento é sempre um atributo médio.

Para que uma dada medida destrutiva, por exemplo o volume de madeira, possa ser monitorada nas árvores individualmente, é necessário se estabelecer uma relação quantitativa entre ela e medidas não destrutivas que possam ser remedidas em ocasiões sucessivas, como o DAP e a altura da árvore. A construção dessas relações quantitativas entre medidas destrutivas e não destrutivas será abordada no Cap. 6.

5.5 Curva de crescimento e incrementos

O acompanhamento do crescimento das árvores nas fases de estabelecimento e maturidade revela um padrão básico. Esse padrão se inicia com uma etapa em que o crescimento das árvores é maior a cada ano até atingir a idade de crescimento máximo. Durante essa etapa, as árvores crescem praticamente sem influência da competição e a velocidade de crescimento aumenta a cada ano, porque quanto maior o tamanho da árvore, maior a sua velocidade de crescimento. Nas florestas plantadas, essa etapa corresponde geralmente à fase de estabelecimento.

Na segunda etapa, após o ponto de crescimento máximo, as árvores passam por um período em que o crescimento é decrescente, mas de modo lento e gradual no início. Nas florestas plantadas, é nessa etapa que a competição entre as árvores se torna gradualmente mais intensa. Na etapa final, o crescimento das árvores se torna muito pequeno e na prática corresponde à estagnação, uma vez que o crescimento é tão pequeno que se confunde com a incerteza da medição. Nas florestas plantadas, essa etapa corresponde ao período em que a competição se torna muito intensa e, caso não haja intervenção de manejo reduzindo a densidade da floresta, pode ser seguido pela senescência e morte de várias árvores codominantes e dominantes.

O aspecto gradual desse padrão básico de crescimento faz com que ele possa ser representado matematicamente por uma curva no gráfico em que se coloque a idade da árvore nas abscissas (*eixo x*) contra o tamanho da árvore nas ordenadas (*eixo y*). As propriedades matemáticas dessa curva são tomadas como representações matemáticas do próprio processo de crescimento.

5.5.1 Curva sigmoide

O padrão básico que se mostra no gráfico da idade contra o tamanho da árvore é chamado de curva sigmoide. Como o nome indica, trata-se de uma curva que descreve uma figura na forma da letra S bastante inclinada (no grego, a letra sigma), como apresentado na Fig. 5.5. Matematicamente, ele é caracterizado por três propriedades fundamentais:

1] *Crescimento monotônico*: a curva tem sempre crescimento não negativo, isto é, a primeira derivada é não negativa. *Não negativo* significa que o crescimento é positivo ou nulo (zero), mas nunca negativo.

   O crescimento monotônico implica que o tamanho da árvore só aumenta ou permanece o mesmo com a idade, ele nunca diminui. Na fase de senescência e morte da árvore pode ocorrer uma diminuição em seu tamanho, mas a curva sigmoide representa o padrão de crescimento somente das fases de estabelecimento e maturidade.

2] *Ponto de inflexão*: é o ponto em que a curva passa da situação de aceleração positiva do crescimento para aceleração negativa do crescimento, isto é, o ponto em que o crescimento é máximo e, portanto, a segunda derivada da curva é nula. Antes do ponto de inflexão, as taxas de crescimento do tamanho aumentam a cada intervalo da idade, mas, depois desse ponto, as taxas de crescimento diminuem à medida que a árvore se torna mais velha. O resultado é que o crescimento da curva se mantém positivo, mas progressivamente menor, gerando a propriedade conhecida como assímptota.

   O ponto de inflexão é a idade na qual o crescimento passa da Etapa I, em que as árvores crescem livremente, para a Etapa II, em que o efeito da competição reduzindo o crescimento já se faz sentir (Fig. 5.5).

3] *Assímptota*: é a linha horizontal para qual a curva tende à medida que o aumento do tamanho da árvore se torna progressivamente menor. Ou seja, com o aumento da idade da árvores, as taxas de crescimento se tornam gradativamente menores, tendendo à zero. O resultado é que a curva se aproxima lentamente de uma linha horizontal, a assímptota, que representa o tamanho máximo que a árvore pode atingir. Matematicamente, a assímptota nunca é atingida pela curva, pois ela é o limite da curva quando a idade tende ao infinito.

Entre o ponto de inflexão e a assímptota, há o ponto em que as árvores passam da Etapa II para a Etapa III, isto é, da etapa em que a competição já se faz sentir, reduzindo o crescimento das árvores, para a etapa em que o efeito da competição é extremo, gerando a estagnação do crescimento. A idade na qual essa passagem ocorre não pode ser claramente determinada pela simples avaliação visual da curva sigmoide, pois a redução do crescimento é gradual (Fig. 5.5).

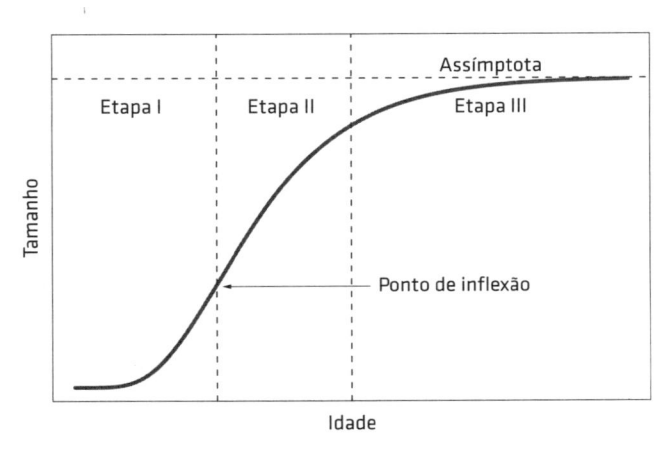

Fig. 5.5 Curva sigmoide entre o tamanho da árvore e sua idade, com as indicações do ponto de inflexão e da assímptota

Essas três propriedades definem a curva sigmoide, mas não uma função matemática particular. Na prática, existe uma infinidade de funções matemáticas que possuem essas três propriedades e, portanto, geram gráficos de curvas sigmoides. A Fig. 5.6 ilustra esse fato com dois modelos matemáticos: o de Chapman-Richards e o de Weibull. Note que todas as curvas da figura são variações possíveis da curva sigmoide, mas foram geradas por duas funções matemáticas.

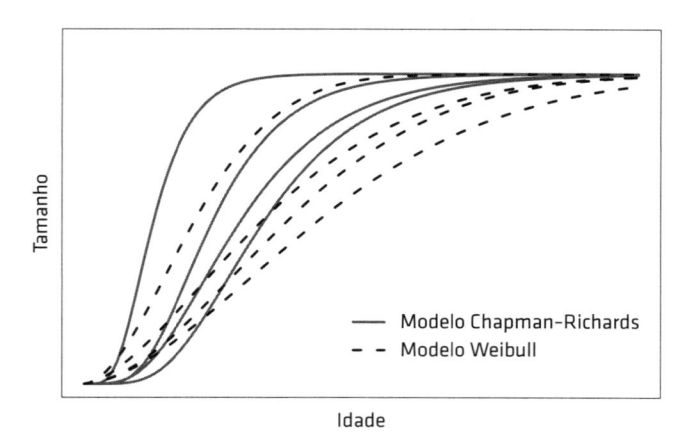

Fig. 5.6 Comparação de curvas sigmoides segundo os modelos matemáticos de Chapman-Richards e Weibull

5.5.2 Curvas de incremento

A curva sigmoide descreve o tamanho das árvores em cada idade durante o seu desenvolvimento. Associadas à curva do tamanho estão duas curvas de crescimento, ou *curvas de incremento*. As duas curvas de incremento são duas formas de se representar o crescimento em tamanho com a idade e permitem encontrar a idade em que o crescimento da árvore já se tornou demasiadamente reduzido em virtude da influência da competição, isto é, a idade de passagem da etapa II para a etapa III.

A curva de *incremento corrente anual*, que é normalmente designada pela sigla ICA, é a curva do crescimento a cada ano sucessivo. Por esse motivo, seu ponto de máximo coincide com o ponto de inflexão. Matematicamente, a curva do ICA é obtida pela primeira derivada da curva sigmoide. Graficamente, a curva do ICA indica a *inclinação* das retas tangentes em cada ponto da curva sigmoide, portanto, o ponto de ICA máximo (ponto de inflexão) é o ponto em que a inclinação da reta tangente se torna máximo (Fig. 5.7).

A segunda curva de incremento é a curva do *incremento médio anual*, também designada por uma sigla: IMA. A curva do IMA representa o crescimento *médio* que a árvore manteve ao longo da sua vida até uma dada idade. Assim, o valor do IMA no primeiro ano coincide com o valor do ICA do primeiro ano. Já no segundo ano o valor do IMA é a média dos valores do ICA do primeiro e segundo anos, enquanto que o IMA do terceiro ano é a média dos valores do ICA do primeiro, segundo e terceiro anos, e assim sucessivamente.

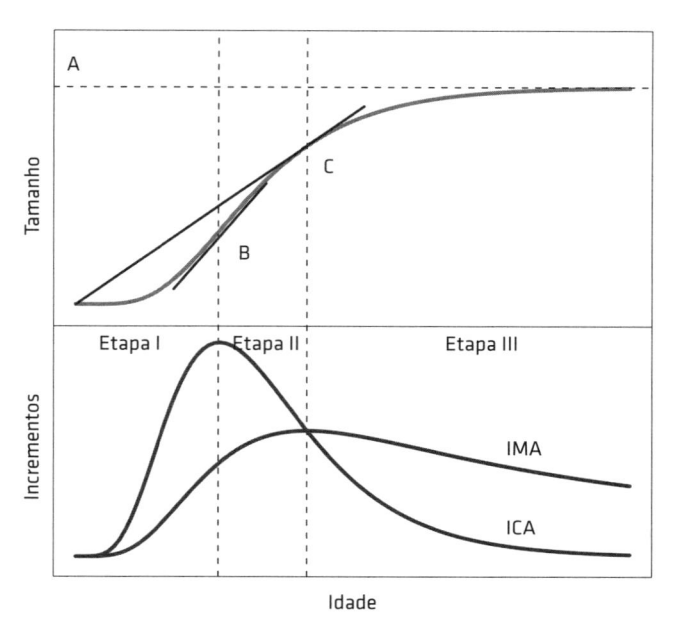

Fig. 5.7 Curva sigmoide para o tamanho da árvore e as respectivas curvas de incremento: incremento corrente anual (ICA) e incremento médio anual (IMA). A linha tracejada A é a assímptota; a linha tracejada B é o ponto de inflexão, que corresponde ao ponto máximo do ICA; e a linha tracejada C é a idade técnica de estagnação, que corresponde ao ponto máximo do IMA ou à idade em que ICA e IMA são iguais

Matematicamente, o IMA é simplesmente a razão da curva sigmoide pela idade. Graficamente, a curva do IMA é dada pelas inclinações das retas *secantes*, que são aquelas que partem da origem, isto é, o ponto com coordenadas $(x,y) = (0,0)$, e interceptam a curva sigmoide ponto a ponto (Fig. 5.7). O ponto em que a inclinação da reta secante se torna máxima é exatamente o ponto em que essa reta é, na verdade, uma reta tangente à curva. Assim, o ponto em que o IMA se torna máximo é o ponto em que ele se torna igual ao ICA, ou seja, é o ponto no gráfico em que as curvas do IMA e do ICA se cruzam (Fig. 5.7).

5.5.3 Idade técnica de estagnação do crescimento

Como foi visto, à medida que a árvore se torna mais velha, seu tamanho aumenta e pode ser representado pela curva sigmoide. A partir de uma certa idade, em razão da competição, o crescimento da árvore se torna gradativamente menor até chegar ao ponto da completa estagnação. Contudo, quando a árvore atinge esse estado, ela já se encontra sob severo estresse e a probabilidade de morrer é alta. Além disso, caso uma intervenção silvicultural seja realizada na floresta, a sua capacidade de recuperar o crescimento já estará bastante comprometida.

Assim, é necessário identificar uma *idate técnica de estagnação do crescimento* em que a intervenção silvicultural resulte na possibilidade de a árvore retomar o crescimento. Essa idade é geralmente definida como a idade em que o IMA da árvore é máximo. Até essa idade, o IMA está crescendo, ou seja, a cada ano que passa o incremento médio por ano aumenta, de forma que não seria apropriado dizer que o crescimento da árvore está estagnando, pois o desempenho médio da árvore está melhorando. Depois dessa idade, o IMA se torna menor a cada ano, mostrando que o desempenho médio está piorando e, a cada ano que se espere, esse desempenho piora ainda mais.

Outra forma de interpretar a idade técnica de estagnação é comparar o IMA ao ICA. Antes da idade técnica, o IMA é *menor* que o ICA, isto é, a cada ano que passa, o incremento no tamanho da árvore naquele ano é *maior* que o incremento médio nos anos anteriores. Ou seja, o desempenho da árvore ainda está melhorando. Mas, depois da idade técnica, o IMA se torna *maior* que o ICA. A cada ano, o incremento nesse período é *menor* que o incremento médio dos anos anteriores, logo o desempenho da árvore está piorando.

Assim, a idade técnica de estagnação do crescimento não é exatamente a idade em que o crescimento cessa completamente, mas a idade em que o IMA é máximo, o que é equivalente à idade em que IMA e ICA são iguais. Como o crescimento da árvore não está completamente estagnado, as intervenções silviculturais realizadas imediatamente após essa idade resultam na melhor resposta das árvores remanescentes em termos de sobrevivência e crescimento.

Medidas de tamanho e idade de estagnação
A idade técnica de estagnação do crescimento não é a mesma para todos os atributos da árvore, pois atributos diferentes podem ter curvas de crescimento diferentes. Em teoria, medidas lineares do tamanho, como *DAP* e altura, são atributos cuja estagnação ocorre antes das medidas do tamanho em termos de área (área transversal) e estas antes das medidas de volume (volume de madeira) ou de massa (biomassa).

A comparação do crescimento em diâmetro e em área transversal ilustra bem esse efeito. À medida que a árvore cresce, cada centímetro de crescimento em diâmetro resulta num crescimento maior em área transversal, pois o centímetro crescido é acrescentado a um círculo de maior diâmetro, formando um anel de crescimento cuja área é maior. Como a área transversal (*g*) é uma medida derivada do *DAP* (*d*), é possível demonstrar que o incremento relativo da área transversal é *duas vezes* o incremento relativo do *DAP* ($\Delta_r g = 2\Delta_r d$). Contudo, quando se trata das observações empíricas obtidas na medição das árvores no campo, a curva de crescimento do *DAP* e a da área transversal podem ser tão semelhantes que, em termos práticos, a diferença das idades técnicas obtidas por elas se torna desprezível.

Da mesma forma, o crescimento do volume do tronco da árvore é resultado do aumento da área transversal, da altura e da forma do tronco. O mesmo aumento na área transversal ou na altura será acrescido a um tronco de maior volume à medida que a árvore cresce, resultando num crescimento mais que proporcional do volume. A forma do tronco, por sua vez, também tende a potencializar esse efeito, pois o tronco tende a se tornar mais cilíndrico com a idade. Por fim, uma relação semelhante ocorre entre o volume do tronco e a sua biomassa. À medida que a árvore se torna mais velha e o seu ritmo de crescimento diminui, o lenho formado tende a se tornar mais denso, tornando maior a densidade básica da madeira.

Em termos teóricos, se o volume do tronco (*v*) for tomado como o produto da área transversal (*g*), da altura (*h*) e do fator de forma (*f*) é possível mostrar que o incremento *relativo* do volume é a *soma* dos incrementos relativos da área transversal, da altura e do fator de forma ($v = g \cdot h \cdot f \Rightarrow \Delta_r v = \Delta_r g + \Delta_r h + \Delta_r f$). Da mesma maneira, se a biomassa do lenho (*b*) for tomada como o produto do volume (*v*) pela densidade básica da madeira (d_b), então o incremento relativo da biomassa é a *soma* dos incrementos relativos do volume e da densidade básica ($b = v \cdot d_b \Rightarrow \Delta_r b = \Delta_r v + \Delta_r d_b$). A implicação em termos de idade técnica de estagnação do crescimento é que a idade de estagnação do crescimento do volume é posterior à da área transversal e da altura, enquanto que a idade de estagnação do crescimento da biomassa tende a ser posterior à do volume.

Por outro lado, forma, volume e biomassa são medidas destrutivas e, portanto, impossíveis de serem monitoradas por remedição. Como o *DAP* e a altura são as medidas não destrutivas de monitoramento mais simples, é natural que a idade técnica de estagnação do crescimento das árvores seja determinada em função do crescimento em *DAP*, como medida primária, ou em função do crescimento de medidas derivadas como a área transversal e o volume cilíndrico (produto do *DAP* e da altura).

5.6 Monitoramento das árvores

5.6.1 Florestas plantadas

A teoria das curvas de crescimento apresentada anteriormente foi desenvolvida de forma particular para as árvores de florestas plantadas equiâneas, isto é, árvores crescendo num povoamento onde todas elas têm a mesma idade. O aspecto importante nesse caso é que a idade das árvores é conhecida. Assim, os incrementos podem ser facilmente calculados com base no monitoramento, seja pelos registros no lenho, seja pelas remedições sucessivas. Tomando o *DAP* como medida do tamanho, o incremento médio anual (IMA) é obtido pela simples razão do *DAP* (*d*) numa dada remedição (*k*) e a idade da árvore nessa remedição (t_k):

$$\text{IMA} = \Delta_k^M d = \frac{d_k}{t_k} \quad (5.1)$$

O incremento corrente anual (ICA) da árvore é calculado como a razão da diferença no *DAP* (*d*) em duas remedições sucessivas ($k-1$ e k) pela diferença das idades da árvore nessas remedições (t_{k-1} e t_k):

$$\text{ICA} = \Delta_k^C d = \frac{d_k - d_{k-1}}{t_k - t_{k-1}} \quad (5.2)$$

Dado que o ICA é calculado como a diferença entre duas remedições sucessivas, ele não pode ser calculado na primeira medição ($k = 1$). A Fig. 5.8 ilustra graficamente o cálculo desses incrementos em árvores de floresta plantada que foram remedidas em quatro ocasiões.

É preciso ressaltar, contudo, que as árvores crescendo numa floresta equiânea não apresentam necessariamente as mesmas curvas de incremento. A competição entre as árvores é um processo ecológico *assimétrico*, isto é, a influência competitiva de uma árvore grande sobre uma árvore pequena é muito maior que a influência reversa, isto é, da pequena sobre a grande. Por isso, é necessário considerar que as árvores das diferentes classes de copa estão sujeitas a graus distintos de estresse competitivo e, consequentemente, a diferentes condições de crescimento.

As árvores dominantes e codominantes são as que exercem mais influência competitiva e sofrem, inicialmente, o menor estresse competitivo. Já as árvores dominadas e, numa extensão menor, as intermediárias são as primeiras a sofrer o estresse competitivo. Logo, as árvores dominantes e codominantes conseguem manter o ritmo de crescimento por um tempo maior e, portanto, sofrem os efeitos da competição posteriormente às árvores dominadas. O resultado é que a estagnação do crescimento começa primeiro nas árvores dominadas, seguindo-se nas intermediárias e finalmente nas codominantes e dominantes.

A Fig. 5.8 ilustra esse fenômeno apresentando quatro árvores de uma floresta plantada de *Eucalyptus grandis* (Myrtaceae). As árvores dominantes e codominantes apresentam a idade técnica de estagnação do crescimento do *DAP* depois de dois anos do plantio e da altura depois de cinco anos, mas o volume de madeira ainda está longe de se aproximar da idade de estagnação na última remedição. A árvore intermediária atingiu a idade de estagnação do *DAP* antes da primeira medição e, embora a estagnação da altura tenha ocorrido entre o terceiro e o quinto ano, a idade de estagnação do volume ainda não tinha sido atingida na última remedição. Já a árvore dominada apresenta o crescimento em *DAP* completamente estagnado e, embora ainda haja algum crescimento em altura, a idade de estagnação do volume já foi alcançada aos cinco anos.

5.6.2 Florestas nativas

O monitoramento do crescimento das árvores nas florestas nativas tem uma distinção fundamental do das árvores nas florestas plantadas. Nas florestas nativas, a idade das árvores é desconhecida e provavelmente árvores de diferentes idades estão presentes na floresta. Sem o conhecimento da idade das árvores, a única referência temporal para o monitoramento é o momento em que ele foi iniciado, ou seja, a data da primeira medição. O

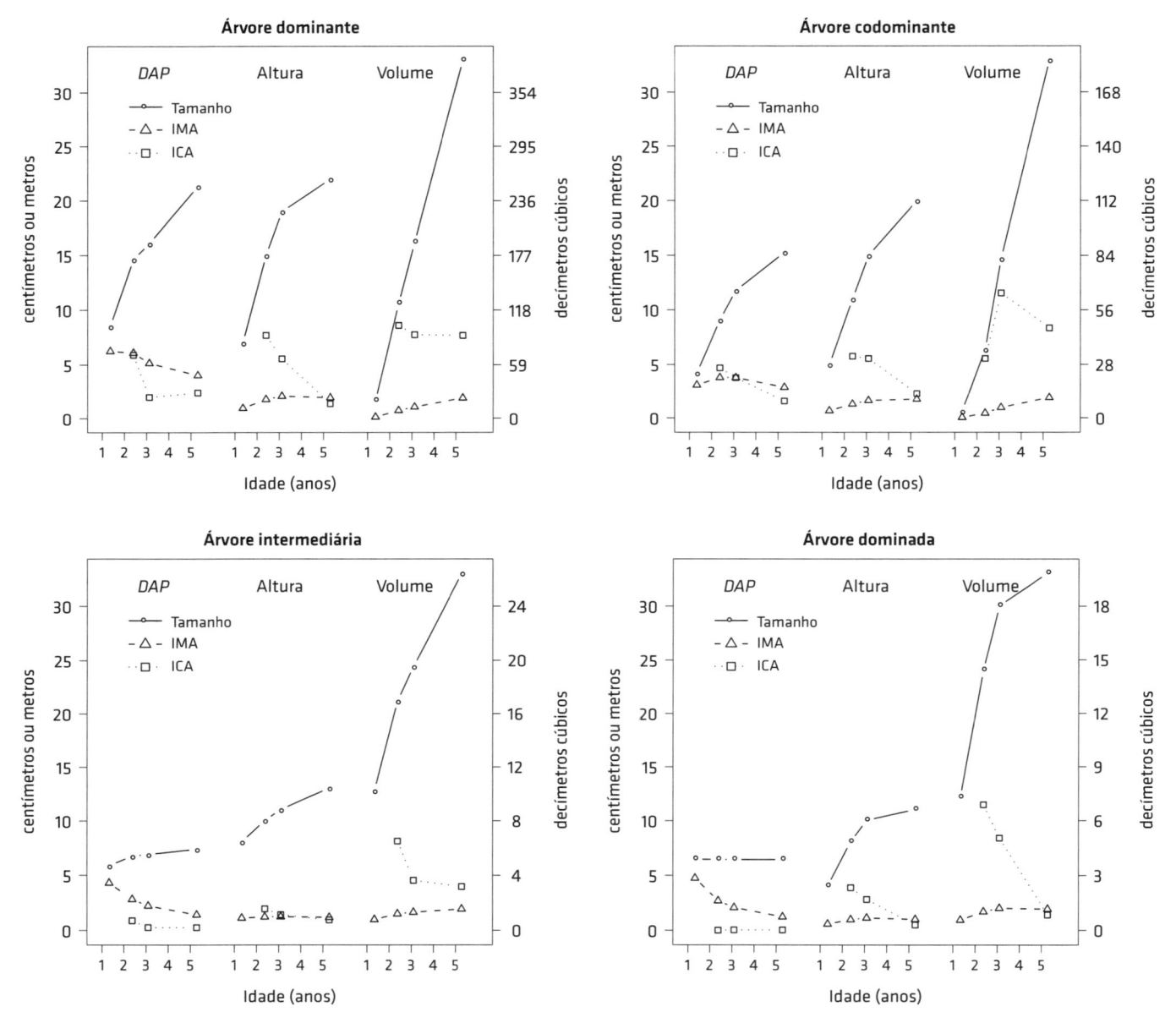

Fig. 5.8 Curvas de incremento para quatro árvores em floresta de *Eucalyptus grandis* (Myrtaceae) de diferntes classes de copa em quatro remedições do primeiro ao quinto ano. A escala do eixo relativo ao DAP e à altura (eixos à esquerda e central) permanece constante, mas a do eixo relativo ao volume (eixo à direita) é diferente em cada gráfico

tamanho da árvore na primeira medição também passa a ser uma referência para o cálculo do incremento médio.

Para distinguir os incrementos calculados nessa situação, o incremento médio é chamado de *incremento médio periódico* (IMP), isto é, o incremento médio no período de monitoramento. Tomando o DAP como medida do tamanho e a ocasião da primeira medição como referência, o incremento periódico é calculado como a razão da diferença do DAP (d) numa dada ocasião de remedição (k) para o DAP na primeira medição (k = 0) pela diferença da data da ocasião de remedição (t_k) para data da primeira medição (t_0):

$$\text{IMP} = \Delta_k^M d = \frac{d_k - d_0}{t_k - t_0} \quad (5.3)$$

Notação para crescimento e incremento. O crescimento ou incremento é a variação temporal de um dado atributo da árvore. Segundo a notação matemática, utilizou-se o triângulo (∆) como uma referência à letra grega delta maiúscula (∆), a qual denota variação na notação do cálculo. A letra que segue o triângulo indica o atributo ao qual o crescimento ou incremento se refere, enquanto o subscrito do triângulo indica o período de monitoramento. Por exemplo, o crescimento em diâmetro no período k é denotado por $\Delta_k d$. O sobrescrito indica o tipo de crescimento ou incremento: Δ_k^G – crescimento bruto (*gross growth*); Δ_k^N – crescimento líquido (*net growth*); Δ_k^M – incremento médio; e Δ_k^C – incremento corrente.

O incremento corrente também é designado como *incremento corrente periódico* (ICP) para enfatizar que os incrementos são calculados tendo como referência o período de monitoramento e não a idade das árvores. O incremento corrente é calculado pela razão das diferenças de *DAP* pelas diferenças das *datas* de duas remedições sucessivas:

$$\text{ICP} = \Delta_k^C d = \frac{d_k - d_{k-1}}{t_k - t_{k-1}} \tag{5.4}$$

Nesse caso, tanto o incremento corrente quanto o incremento médio não podem ser calculados para a primeira medição, uma vez que essa é a referência temporal para o cálculo dos incrementos. A Fig. 5.9 ilustra graficamente o cálculo dos incrementos em quatro árvores de floresta nativa da região oeste da Amazônia, remedidas em seis ocasiões.

Dados de crescimento de árvores nativas. Os dados de crescimento das árvores nativas apresentados nas Figs. 5.9 e 5.10 são referentes a um experimento de manejo de baixo impacto em floresta nativa no município de Paragominas, PA. Eles foram gentilmente cedidos pelo Prof. Edson Vidal, do Departamento de Ciências Florestais da ESALQ, Universidade de São Paulo. As quatro árvores são do tratamento controle do experimento.

Se as árvores nas florestas plantadas equiâneas têm curvas de crescimento distintas, é ilimitado o número de diferentes curvas de crescimento entre as árvores nas florestas nativas tropicais. A grande riqueza de espécies nas florestas tropicais é o primeiro aspecto que possibilita a diversidade de curvas de crescimento. O comportamento dessas espécies vai de espécies de rápido crescimento e de curta longevidade até espécies de crescimento lento com longevidade secular, de espécies que crescem até atingir o dossel da floresta, necessitando da plena iluminação solar para se reproduzirem, até espécies que atingem a maturidade reprodutiva e concluem o seu ciclo de vida no sub-bosque ou no subdossel. Como se não bastasse isso, há um grande número de espécies cujo comportamento ecofisiológico muda à medida que as árvores se desenvolvem. Essas espécies iniciam a vida como plântulas, mudas e até mesmo arvoretas com tolerância à sombra, mas se adaptam perfeitamente às condições de plena iluminação direta à medida que atingem o dossel. É possível se falar num grande número de diferentes *síndromes* de comportamento ecofisiológico entre as espécies arbóreas tropicais.

Numa outra perspectiva, há uma grande heterogeneidade de condições ambientais e ecológicas para o crescimento das árvores dentro das florestas nativas, em consequência da variação das condições edáficas e de umidade no solo, das condições de liteira e matéria orgânica e também das de luminosidade a diferentes alturas desde o nível do solo, passando pelo sub-bosque e indo para o subdossel da mata. Essa heterogeneidade é ainda maior se forem consideradas as mudanças temporais que ocorrem em razão da queda de árvores e grandes galhos, resultando na abertura de clareiras no dossel, que são rapidamente reocupadas pelo crescimento das árvores remanescentes.

A teoria de curvas de crescimento apresentada, ainda que simplificada para as condições de florestas tropicais nativas, é útil como ponto de partida para o monitoramento e estudo do crescimento das árvores. O fato é que, dentre as árvores monitoradas, provavelmente existirão árvores com crescimento vigoroso próximas a árvores com clara estagnação do crescimento. A estagnação, contudo, pode ser indicação tanto da senescência da árvore, que antecede a sua morte, quanto de estratégia de sobrevivência pela permanência num estado de dormência. Muitas árvores, se monitoradas por um período longo, apresentarão ciclos de estagnação e de retomada do crescimento, resultando em curvas de ICP e IMP que se cruzam em várias ocasiões. A compreensão dos dados do monitoramento dependerá do conhecimento sobre o comportamento das espécies das árvores sendo monitoradas.

As curvas de crescimento das quatro árvores apresentadas na Fig. 5.9 ilustra algumas das curvas possíveis.

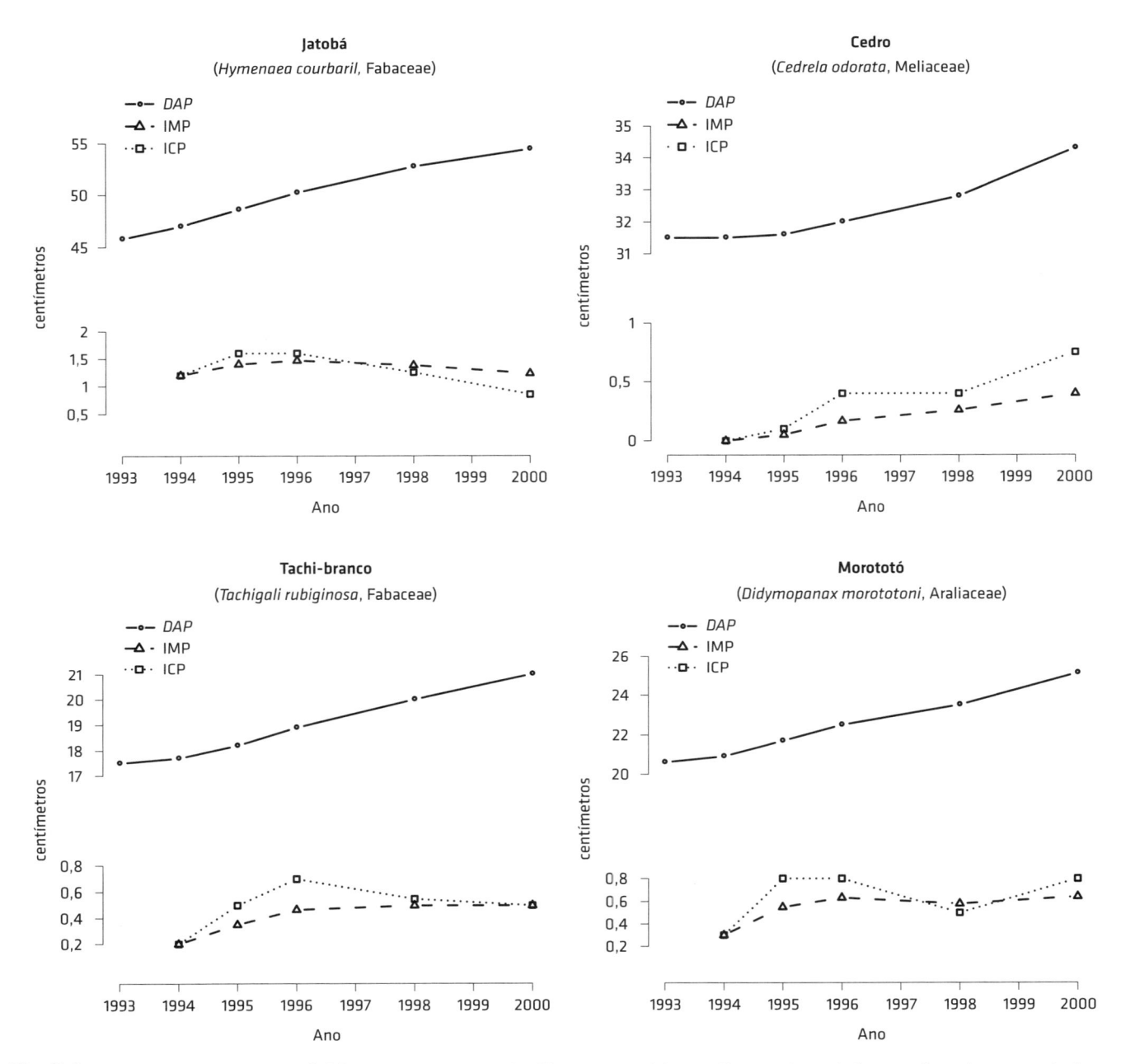

Fig. 5.9 Curvas de incremento do *DAP* de quatros árvores de diferentes espécies na Floresta Amazônica, monitoradas por meio de remedição em seis ocasiões. As árvores estão em condição de floresta que não foi colhida nem sofreu qualquer intervenção de manejo florestal

Essas quatro árvores são de espécies com comportamentos de tolerância à sombra, ritmo de crescimento, densidade da madeira e longevidade bastante distintos. Os padrões de crescimento também são distintos, enquanto a árvore de jatobá e a de tachi-branco mostram que atingiram a idade técnica de estagnação durante o período de monitoramento, a árvore de cedro mostra que o ICP ainda está crescendo e a árvore de morototó apresenta uma alternância de períodos de crescimento e estagnação. Essa grande heterogeneidade de comportamento de crescimento das árvores dentro da floresta ilustra não só a diversidade dos padrões de crescimento dentre as espécies arbóreas, mas também a variabilidade das condições de crescimento encontradas em cada árvore individualmente.

Entre as árvores de uma mesma espécie, é possível observar árvores com comportamentos de crescimento bem distintos na mesma floresta nativa. A Fig. 5.10 apre-

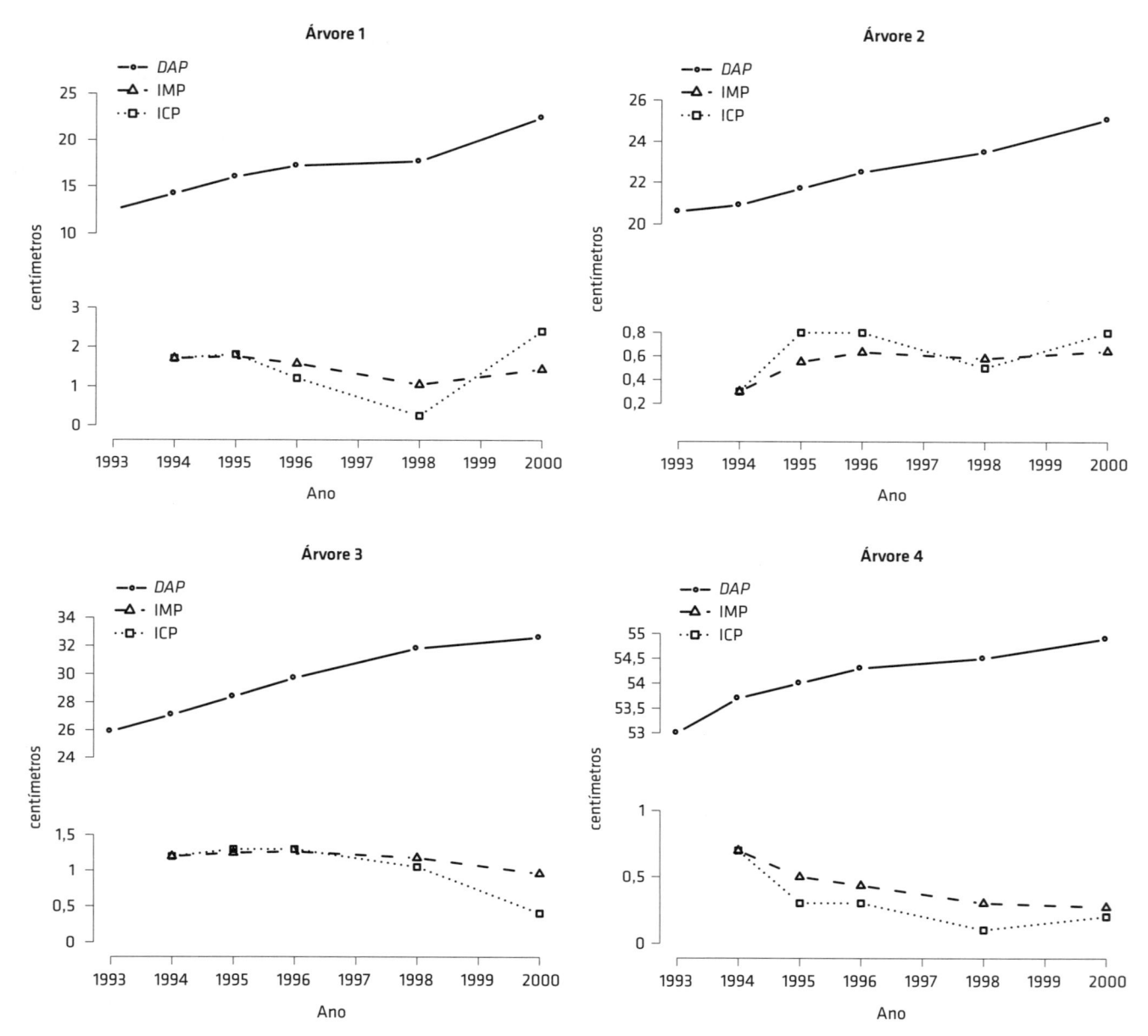

Fig. 5.10 Curvas de incremento do *DAP* de quatro árvores de morototó (*Didypomanax morototoni*, Araliaceae) na Floresta Amazônica, monitoradas por meio de remedição em seis ocasiões. As árvores estão em condição de floresta que não foi colhida nem sofreu qualquer intervenção de manejo florestal

senta as curvas de crescimento para quatro árvores de morototó na mesma mata. O morototó é uma espécie chamada de pioneira, sendo intolerante à sombra e com longevidade curta, e possui um comportamento relativamente pouco plástico. As quatro árvores, contudo, têm padrões de incremento bastante diferentes. As árvores 1 e 2 mostram alternância de crescimento e estagnação, cada árvore à sua maneira, mas enquanto a árvore 3 apresenta uma estagnação crescente no crescimento, a árvore 4 demonstra crescimento estagnado por quase todo o período de monitoramento com uma aparente retomada de crescimento no final do período.

5.6.3 Árvores urbanas

As árvores urbanas, presentes nas vias públicas e nos parques e jardins, são na maioria dos casos árvores plantadas. Contudo, é comum que não haja registros da sua idade ou da data de seu plantio. Dessa forma, o seu monitoramento segue a abordagem apresentada para as árvores nas florestas nativas.

5.6.4 Áreas de revegetação

As áreas de revegetação são áreas em que as árvores são plantadas não com o objetivo de produção de madeiras ou outros produtos, como as florestas plantadas para abastecimento industrial, mas com o objetivo de recuperação ou restauração da vegetação nativa original e dos processos ecológicos. Nas áreas jovens, recém-plantadas, é comum que haja registros da data e dos procedimentos de plantio. Assim, seu monitoramento é semelhante ao monitoramento de uma floresta plantada, embora as áreas de revegetação nos trópicos sejam geralmente plantadas com um grande número de espécies.

Quando o monitoramento é iniciado numa área de revegetação mais madura, que já tenha a aparência e a estrutura de uma floresta, mesmo quando existem registros confiáveis, ele é mais complexo. Se a revegetação obteve certo sucesso, os processos ecológicos na área já estarão parcialmente estabelecidos de forma que a regeneração natural já esteja ocorrendo. Assim, entre as árvores a serem medidas, algumas serão *regenerantes* e não árvores plantadas e, portanto, de idade desconhecida.

Se a regeneração natural ainda for incipiente e as linhas de plantio ainda forem claramente identificáveis, as regenerantes poderão ser discriminadas das árvores plantadas. Mas, nas áreas revegetadas mais antigas com intensa regeneração natural, a discriminação entre árvores plantadas e árvores regenerantes pode ser muito problemática.

Mesmo nas áreas em que a discriminação é fácil e segura, será problemático adotar duas diferentes formas de monitoramento para árvores de um mesmo levantamento. Nesse caso, a abordagem de monitoramento de árvores nas florestas nativas se mostra mais apropriado.

Sugestões bibliográficas

A literatura técnica em português é deficiente em livros didáticos que tratem do crescimento das árvores na perspectiva florestal, mas, numa abordagem de fisiologia vegetal, o livro *O crescimento das árvores*, de Morey (1980), é muito bom para compreensão do tema. As sugestões mais florestais, contudo, recaem sobre a literatura em inglês. O livro de Wilson (1984), *The Growing Tree*, é uma boa introdução ao tema. O livro *Forest Stand Dynamics*, de Oliver e Larson (1990), com uma segunda edição de 1996, possui dois ótimos capítulos sobre o crescimento das árvores sob a perspectiva da sua importância para o manejo florestal, que é o objetivo central do livro. Outro livro voltado para silvicultura, com um capítulo compacto sobre o crescimento de árvores e povoamentos, é *Silviculture and Ecology of Western U.S. Forests*, de Tappeiner, Maguire e Harrington (2007). O clássico livro de Assmann (1970), *The principles of forest yield study*, ainda permanece insuperável na perspectiva da abordagem quantitativa no estudo do crescimento de árvores e florestas, mas sua redação é técnico-científica sem muita preocupação didática.

Quadro de conceitos

Conceitos básicos	Conceitos desenvolvidos
fases de desenvolvimento	colonização
	estabelecimento
	maturidade
	senescência e morte
crescimento e tempo	variações ambientais cíclicas
	variações climáticas cíclicas
	variações ecológicas cíclicas
	sobreposição de ciclos temporais
	aproximação côncava
	intervenções silviculturais
monitoramento pelos registros no lenho	anéis de crescimento
	anéis de crescimento anuais
	falsos anéis
	trado de Pressler
	baqueta de incremento
	análise de tronco
monitoramento por remedições sucessivas	intervalo entre remedições
	época de remedição
	reidentificação das árvores
	monitoramento de medidas não destrutivas
	monitoramento de medidas destrutivas
curvas de crescimento e incrementos	curva sigmoide
	crescimento monotônico
	ponto de inflexão
	assímptota
	incremento corrente anual – ICA
	incremento médio anual – IMA
	idade técnica de estagnação
	incremento relativo
	incremento de diferentes atributos da árvore
monitoramento de árvores	nas florestas plantadas
	nas florestas nativas
	incremento corrente periódico – ICP
	incremento médio periódico – IMP
	das árvores urbanas
	nas áreas de revegetação

CAPÍTULO 5 | MONITORAMENTO ARBORIMÉTRICO

PROBLEMAS ....

1] A Tab. 5.1 apresenta o resultado do monitoramento de seis árvores numa floresta plantada durante quatro anos. Encontre, para cada árvore, o IMA, o ICA e a idade de estagnação do crescimento do *DAP* e da altura.

Tab. 5.1 Resultado do monitoramento de seis árvores numa floresta plantada

Árvore	DAP (cm)	Altura (m)	Idade (anos)	Árvore	DAP (cm)	Altura (m)	Idade (anos)
1	4,40	3	1,36	4	6,00	10	1,36
1	6,37	10	2,40	4	12,89	14	2,40
1	6,68	13	3,12	4	14,96	15	3,12
1	7,00	16	5,31	4	18,46	17	5,31
2	4,30	7	1,36	5	4,20	5	1,36
2	7,32	10	2,40	5	9,07	11	2,40
2	8,75	12	3,12	5	11,78	15	3,12
2	9,87	17	5,31	5	15,28	20	5,31
3	8,50	7	1,36	6	6,30	4	1,36
3	14,64	15	2,40	6	10,82	11	2,40
3	16,07	19	3,12	6	12,57	18	3,12
3	21,33	22	5,31	6	15,92	27	5,31

2] A Tab. 5.2 apresenta o resultado do monitoramento de nove árvores numa floresta nativa. Encontre o IMP, o ICP e analise o comportamento de cada árvore com relação ao crescimento e à estagnação.

Tab. 5.2 Resultado do monitoramento de nove árvores numa floresta nativa

Espécie	Árvore	DAP (cm)	Ano	Espécie	Árvore	DAP (cm)	Ano	Espécie	Árvore	DAP (cm)	Ano
Ipê-amarelo	1	29,1	1993	Louro	4	13,2	1993	Sucupira-preta	7	20,5	1993
	1	29,1	1994		4	14,1	1994		7	20,5	1994
	1	29,2	1995		4	15,2	1995		7	20,5	1995
	1	29,3	1996		4	16,0	1996		7	20,6	1996
	1	29,4	1998		4	17,0	1998		7	20,8	1998
	1	29,4	2000		4	18,8	2000		7	21,4	2000
Ipê-amarelo	2	28,2	1993	Sapucaia	5	96,0	1993	Tachi-branco	8	42,4	1993
	2	28,3	1994		5	96,2	1994		8	42,4	1994
	2	28,3	1995		5	96,3	1995		8	42,7	1995
	2	28,8	1996		5	93,4	1996		8	43,5	1996
	2	30,1	1998		5	96,5	1998		8	45,2	1998
	2	32,7	2000		5	96,5	2000		8	47,2	2000
Louro	3	12,0	1993	Sapucaia	6	20,5	1993	Tachi-branco	9	28,5	1993
	3	12,2	1994		6	20,6	1994		9	28,7	1994
	3	12,8	1995		6	20,8	1995		9	28,8	1995
	3	13,3	1996		6	21,1	1996		9	29,0	1996
	3	14,0	1998		6	21,2	1998		9	29,7	1998
	3	15,8	2000		6	21,5	2000		9	30,8	2000

capítulo 6
Arborimetria preditiva

O fato de que algumas das informações mais importantes sobre as árvores, como seu volume ou biomassa, só podem ser obtidas por métodos destrutivos deve ser contornado de alguma forma, do contrário o estudo das florestas, particularmente do seu crescimento, se mostra totalmente inviável.

A solução encontrada é relativamente simples, embora de implementação trabalhosa. Seleciona-se uma amostra de algumas árvores nas quais são efetuadas tanto as medidas não destrutivas, em geral diâmetro e altura, quanto as medidas destrutivas, volume e biomassa. Com base nessa amostra *destrutiva* se constrói uma relação empírica que permita determinar as medidas destrutivas a partir das não destrutivas. A aplicação dessa relação empírica a uma árvore em pé gera uma *predição* da medida destrutiva de interesse. Neste capítulo, serão apresentadas técnicas para predição da altura, volume e biomassa das árvores.

6.1 Predição da altura

Como visto, a altura das árvores não é uma grandeza que necessite de medição destrutiva, mas, comparada à medida do diâmetro do tronco, ela é uma medida que requer instrumentos mais sofisticados e caros e que demanda maior tempo. Na medição não destrutiva de uma parcela no campo, a medição da altura de todas as árvores dentro da parcela exigirá muito mais tempo que a dos diâmetros. Por outro lado, nas florestas plantadas, é comum que exista uma forte relação quantitativa entre a altura total e o *DAP* das árvores. Assim, em muitos levantamentos e inventários florestais, o tempo de medição no campo é reduzido utilizando-se o seguinte procedimento:

1] mede-se o *DAP* de todas as árvores da parcela;
2] mede-se a altura total de uma amostra das árvores da parcela;
3] estima-se a relação entre o *DAP* e a altura total utilizando-se as árvores dessa amostra;
4] utiliza-se a relação para predizer a altura de *todas* as árvores da parcela.

Esse procedimento é de aplicação corrente em levantamentos florestais, particularmente no caso de florestas plantadas de rápido crescimento, e ilustra como a construção de relações empíricas aplicadas a povoamentos florestais particulares pode fazer parte dos procedimentos usuais de mensuração de florestas.

6.1.1 Seleção das árvores na amostra

Um aspecto importante desse procedimento é o modo como são selecionadas as árvores que compõem a amostra em que a altura total será medida. Idealmente, as árvores deveriam ser selecionadas aleatoriamente, mas abrangendo toda a amplitude de variação do *DAP* e da altura das árvores do povoamento, sendo o número de árvores por classe de *DAP* aproximadamente constante. Na prática, a implementação desse procedimento de seleção é trabalhoso, uma vez que ele requer que os *DAP* de todas as árvores da parcela tenham sido medidos antes de se iniciar a medição da altura. O procedimento é simplificado, então, para se compor uma amostra de árvores selecionadas aleatoriamente na parcela, sendo o tamanho da amostra geralmente entre 5% a 10% do número de árvores da parcela.

É comum, no entanto, que o procedimento seja ainda mais simplificado, formando a amostra pela seleção sistemática das árvores. Existem vários modos de seleção sistemática: pela medição da altura de uma a cada 10 árvores com *DAP* medido (amostra de 10%); pela medição de um número fixo de árvores dentre as primeiras árvores medidas na parcela, por exemplo, as dez primeiras árvores da parcela; ou ainda, no caso de floresta plantada, pela medição das árvores nas primeiras linhas de plantio da parcela (parcela retangular) ou nas linhas centrais (parcela circular). A seleção sistemática das árvores é o modo mais prático e rápido para compor a amostra para construção da relação hipsométrica e, embora ela seja bastante distinta do modo ideal, predições com boa confiabilidade podem ser obtidas desse modo.

6.1.2 Relação hipsométrica

A relação entre o *DAP* e a altura de árvores individuais é chamada de *relação hipsométrica*. Para se incorporar a relação hipsométrica nos procedimentos de mensuração de florestas, é importante que se possa contar com uma relação DAP-altura estreita o suficiente para que a predição da altura das árvores seja confiável, isto é, seja comparável à altura obtida por medição.

Essa é, obviamente, uma questão empírica, pois diferentes tipos de floresta (plantada, nativa, urbana etc.) terão diferentes padrões de relação hipsométrica. Mas, mesmo atendo-se apenas a um único tipo florestal, diferentes florestas do mesmo tipo também terão relações distintas. Mais ainda, mesmo dentro de uma mesma floresta, a heterogeneidade ambiental e de estrutura da floresta resulta em relações hipsométricas bastante distintas. Portanto, para cada situação florestal particular existe uma relação própria e particular que deve ser captada no modelo quantitativo para que a relação hipsométrica possa substituir a medição da altura.

Os modelos de relação hipsométrica são funções matemáticas que procuram representar a *relação média* existente entre o *DAP* e a altura das árvores. Do ponto de vista teórico, considera-se que o melhor modelo de relação hipsométrica, isto é, o melhor modelo para relação média entre *DAP* e altura é a *curva sigmoide*, que foi apresentada na seção 5.5.1 e na Fig. 5.5.

As três propriedades matemáticas fundamentais da curva sigmoide tem uma interpretação particular no caso da relação hipsométrica.

1] *Crescimento monotônico*: à medida que o *DAP* das árvores cresce, a altura também cresce. As árvores podem chegar a uma situação em que o crescimento em altura é praticamente nulo e a altura permanece inalterada, mas o *DAP* continua aumentando. Não há situação em que a altura da árvore diminua com o aumento do DAP, salvo a ocorrência de eventos acidentais, como a quebra do ponteiro da árvore por ação do vento, ou a morte das gemas apicais como resultado de deficiência nutricional ou ataque de doenças e pragas. Tais situações não são consideradas no modelo teórico.

2] *Ponto de inflexão*: antes do ponto de inflexão, as taxas de aumento da altura crescem a cada aumento constante do diâmetro, mas depois desse ponto as taxas de aumento decrescem. O resultado é que o crescimento da curva se mantém positivo, mas progressivamente menor, gerando a propriedade conhecida como assímptota.

3] *Assímptota*: com o aumento do diâmetro, as taxas de crescimento da altura se tornam gradativamente menores, tendendo a zero. O resultado é que a curva se aproxima lentamente de uma linha horizontal, a assímptota, que representa a *altura média* final das árvores.

Embora a curva sigmoide seja o melhor modelo teórico para a relação hipsométrica, na prática, frequentemente não se observa o ponto de inflexão. Isso acontece porque muitas vezes o ponto de inflexão acontece quando a árvore ainda é muito pequena e as medidas de *DAP* e altura ainda não começaram a ser tomadas.

Ao se considerar apenas as propriedades de crescimento monotônico e assímptota, a curva sigmoide se torna uma *curva côncava*. É comum que se considere a curva côncava com um bom modelo para predição da altura nas situações práticas de aplicação da relação hipsométrica. Como a curva sigmoide é o melhor modelo teórico, podemos considerar a curva côncava como um *modelo de aproximação* da relação hipsométrica para a região da curva sigmoide que exclui o ponto de inflexão (Fig. 6.1). Essa região é aquela em que a curvatura do modelo se manifesta mais claramente, surgindo gradativamente a assímptota.

Em vários povoamentos, a relação hipsométrica se mostra como um *modelo linear simples*, isto é, um segmento de reta. Nesse caso, a única propriedade matemática é o crescimento monotônico, mas com *taxa de crescimento constante* para a altura à medida que o *DAP* aumenta. Em diversas situações, o modelo linear pode se mostrar como um modelo bastante apropriado para aplicação prática da relação hipsométrica. Mas é importante considerar que ele representa uma situação bastante particular da curva sigmoide (Fig. 6.1).

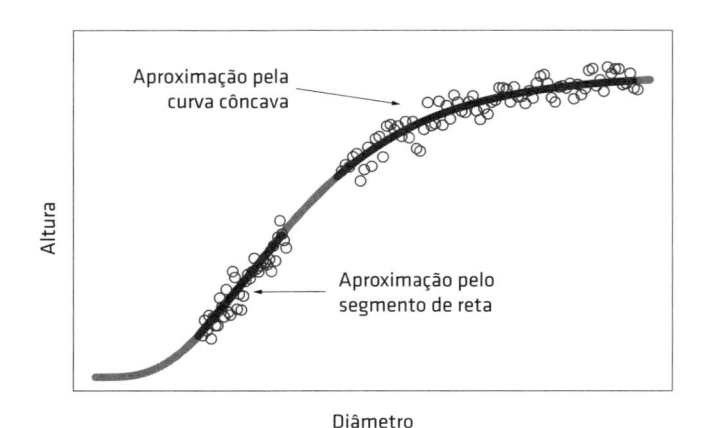

Fig. 6.1 Exemplos de aproximações pela curva côncava e pelo segmento de reta para regiões específicas da curva sigmoide

6.1.3 Situações particulares de relação hipsométrica

Alguns exemplos de situações particulares de relação hipsométrica em florestas plantadas com espécies exóticas e nativas ilustram os vários fatores que influenciam a relação. Também esclarecem como os diversos padrões de relação hipsométrica podem ser aproximados ora por curvas côncavas, ora por segmentos de reta.

Influência do local

A relação hipsométrica para uma mesma espécie plantada sob as mesmas condições de implantação e condução da floresta pode variar em função das diversas situações ambientais do local em que a floresta é implantada. É impossível enumerar todos os fatores ambientais que definem uma dada situação ambiental e os fatores de maior importância que se modificam de situação para situação. Assim, é mais fácil se referir ao conjunto desses fatores ambientais, que definem uma situação particular, como sendo o *local* ou o *sítio* em que a floresta foi plantada.

A Fig. 6.2 mostra a relação hipsométrica para diversos povoamentos de *Eucalyptus saligna* (Myrtaceae) plantados em municípios da região central do Estado de São Paulo. Embora haja uma considerável variação de condições ambientais dentro de um município, este é utilizado nessas figuras como uma indicação do local. Existe certa variação no padrão da relação entre os municípios. Em alguns locais, a relação está bem próxima da reta, em outros, a melhor aproximação é a curva côncava. Além da influência do local, os padrões observados tem a influência simultânea da composição de idades dos povoamentos que varia de local para local.

Influência da estrutura do povoamento

Mesmo em condições ambientais semelhantes, povoamentos que estão sob regimes de manejo diferentes podem apresentar relações hipsométricas bastante distintas. A Fig. 6.3 apresenta a relação hipsométrica de quatro povoamentos de *E. saligna*. Nesse exemplo, as condições ambientais não são idênticas, mas são bastante semelhantes, contudo, os povoamentos foram submetidos a diferentes sistemas de colheita e condução da rebrota, gerando povoamentos com estruturas bastante distintas.

Influência da idade

À medida que as árvores crescem e se desenvolvem, a relação entre o *DAP* e a altura da árvore sofre grandes modificações. Tais modificações são mais intensas nas fases iniciais do desenvolvimento das árvores, quando as

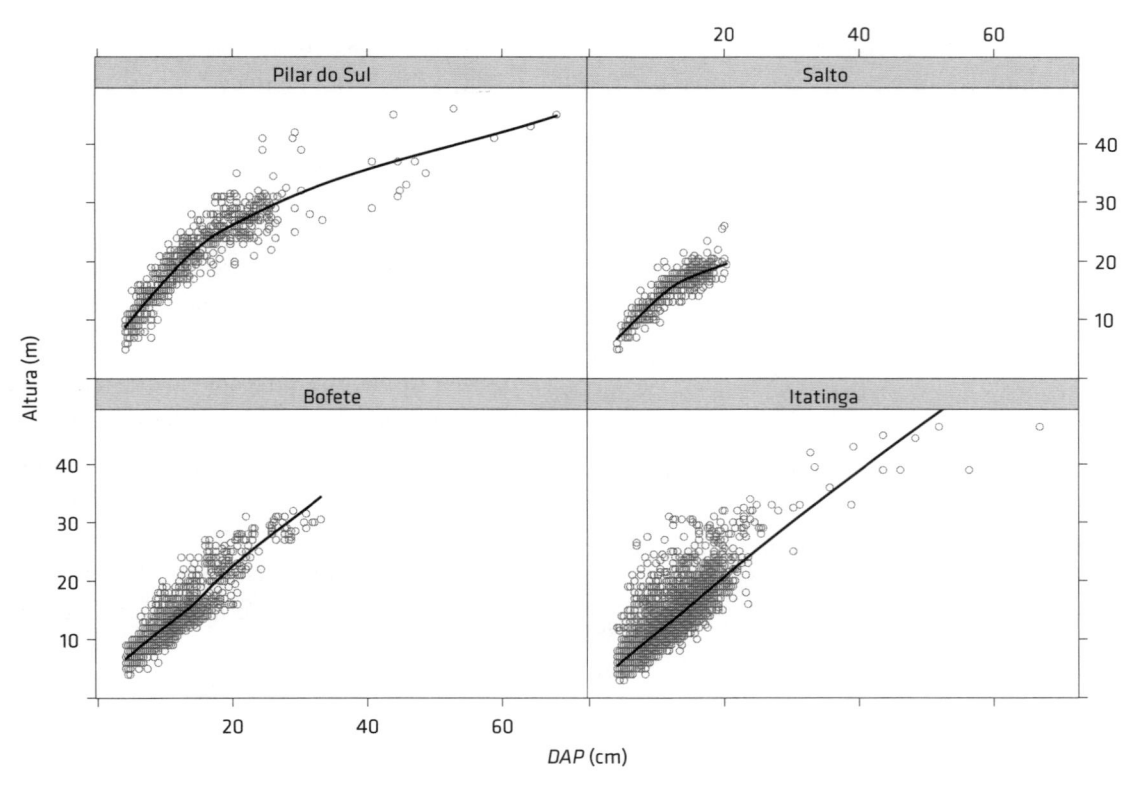

Fig. 6.2 Relação *DAP*-altura para árvores de *Eucalyptus saligna* (Myrtaceae) de plantações de segunda rotação em diferentes municípios da região central do Estado de São Paulo

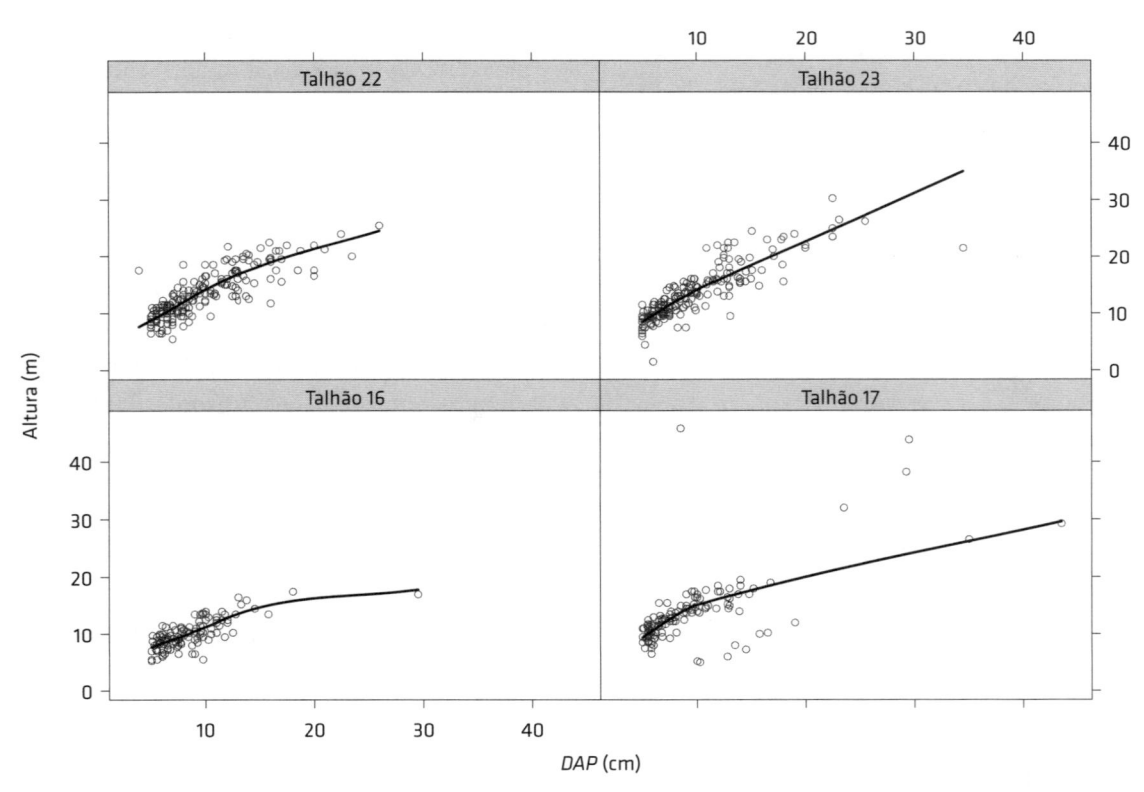

Fig. 6.3 Relação *DAP*-altura para árvores de *Eucalyptus saligna* em quatro talhões da Estação Experimental de Ciências Florestais de Itatinga, Estado de São Paulo

árvores ainda estão formando a sua copa e o crescimento da superfície foliar ainda está acelerado. Assim, espera-se que a idade da floresta tenha uma grande influência na relação *DAP*-altura observada nos povoamentos florestais.

A Fig. 6.4 mostra a relação *DAP*-altura de árvores de uma procedência de E. *grandis* medidas em duas idades: 1,36 e 5,31 anos. Na primeira idade, as árvores ainda têm o *DAP* relativamente pequeno e a relação é claramente linear. Num período de apenas quatro anos, as árvores tiveram um grande crescimento em diâmetro e um crescimento relativo menor em altura, de modo que a relação se tornou claramente côncava. Nessa figura, as mesmas árvores foram remedidas e, portanto, a transformação na relação *DAP*-altura resultou apenas do crescimento das árvores.

Áreas de revegetação
As florestas geradas por revegetação ou pela recuperação de áreas degradadas também são florestas plantadas e, consequentemente, as árvores possuem a mesma idade. O que as difere das florestas exóticas de rápido crescimento é que elas não são florestas homogêneas, uma vez que várias espécies diferentes são plantadas nessas áreas. Apesar da grande diversidade de espécies, é comum se observar um padrão claro na relação *DAP*-altura em florestas de revegetação e de recuperação.

A Fig. 6.5 mostra nove parcelas de 2.500 m² locadas em áreas de revegetação à margem de reservatórios de usinas hidroelétricas na região do Pontal do Paranapanema, Estado de São Paulo. As parcelas compreendem uma gama de florestas de idades entre 4 e 10 anos, com composição florística bastante variada, com o número de espécies arbóreas por parcela variando entre 11 e 27. Apesar da grande variação na relação hipsométrica entre as parcelas, a relação é bastante consistente dentro de cada parcela.

A consistência da relação hipsométrica dentro da parcela não implica que todas as espécies, ou grupos de espécies, sigam a mesma relação. As variações específicas são esperadas, uma vez que cada espécie deve possuir a sua forma própria de relação *DAP*-altura. Mas há, nessas parcelas, dois grupos de árvores que possuem uma clara diferença na relação do *DAP*-altura: o grupo que foi plantado e o grupo regenerante, isto é, que se estabeleceu na parcela após o plantio. A Fig. 6.6 mostra a relação hipsométrica para esses dois grupos de árvores na parcela 7 da Fig. 6.5.

Um aspecto que diferencia a relação hipsométrica nas áreas de revegetação e nas florestas homogêneas

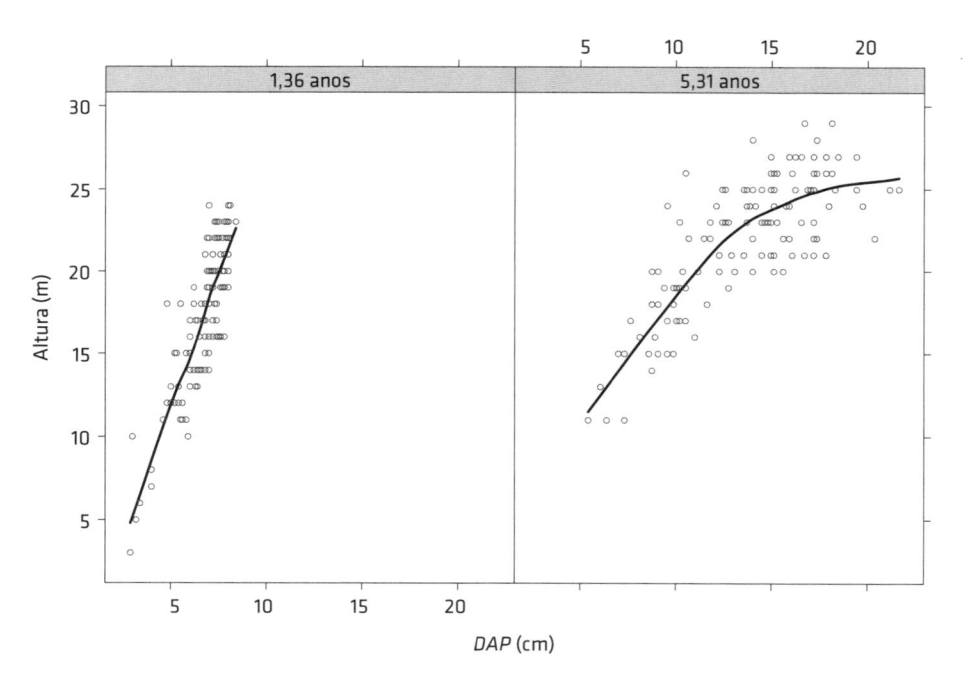

Fig. 6.4 Relação *DAP*-altura de árvores de *Eucalyptus grandis* num ensaio de comparação de procedência/progênie. Os gráficos se referem às mesmas árvores, de uma única procedência, medidas em duas idades

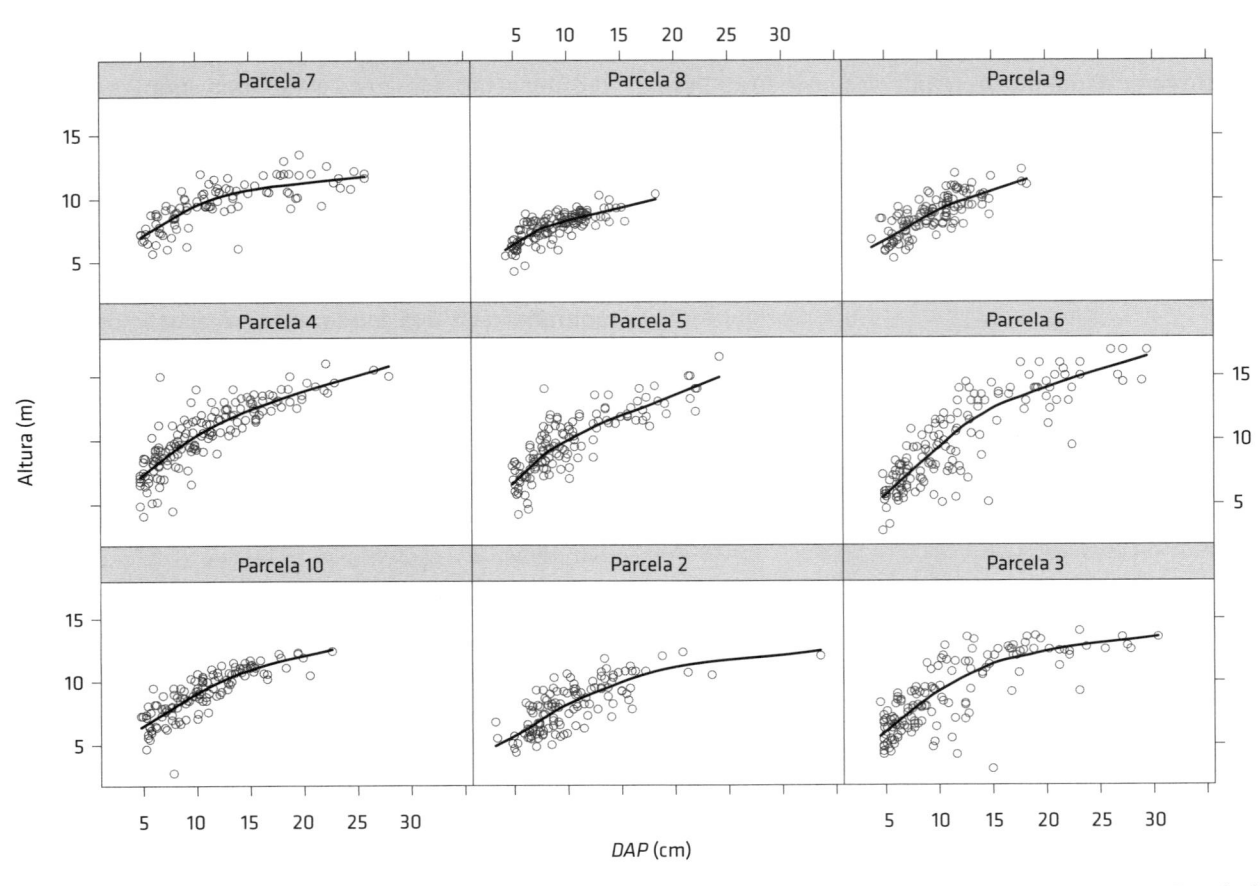

Fig. 6.5 Relação hipsométrica de parcelas em área de revegetação à margem de reservatórios no Pontal do Paranapanema, Estado de São Paulo: idade entre 4 e 10 anos e número de espécies arbóreas entre 11 e 27

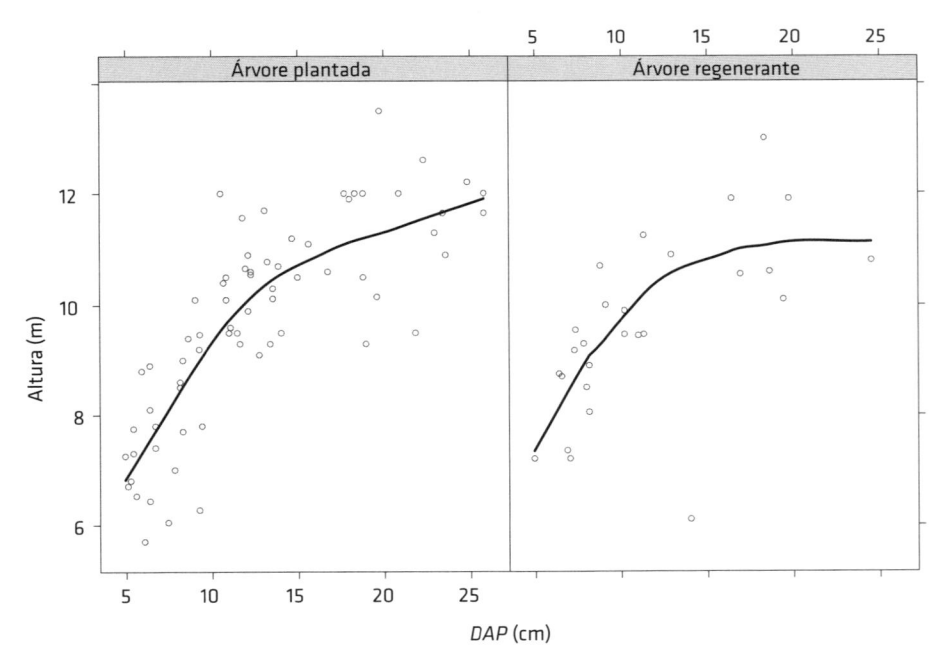

Fig. 6.6 Relação hipsométrica de árvores de espécies nativas na parcela 7 referente à Fig. 6.5, para duas classes de árvores: plantadas e regenerantes (regeneração natural)

é que a dispersão das observações ao longo da relação média (curva grafada) é bem maior nas primeiras. Essa maior dispersão não deve ser ignorada e, provavelmente, é devida às diferenças na relação *DAP*-altura entre as espécies. A implicação prática é que a predição da altura das árvores em florestas de revegetação é bem menos precisa que a predição em florestas plantadas homogêneas.

6.1.4 Modelos matemáticos de relação hipsométrica

As curvas sigmoide e côncava podem ser representadas por diferentes funções matemáticas. Essas funções matemáticas são chamadas de *modelos não lineares* quando há uma relação complexa entre as medidas do *DAP* e da altura como os parâmetros do modelo. O Quadro 6.1 apresenta cinco modelos não lineares comumente utilizados. Os modelos Chapman-Richards e Weibull geram curvas sigmoides, enquanto os modelos monomolecular, Gompertz e logístico produzem curvas côncavas com assímptota, mas sem ponto de inflexão. A forma complexa desses modelos torna a sua estimação bastante complicada e sofisticada, requerendo conhecimento da técnica estatística de regressão não linear.

Já os *modelos lineares* são modelos de relação hipsométrica de tratamento estatístico mais simples. O Quadro 6.2 apresenta alguns exemplos desses modelos. O aspecto linear deles é evidenciado na sua *forma de estimação* (*vide* Quadro 6.2), que mostra que todos são aditivos, isto é, são compostos de uma série de termos que se somam. Em cada termo, tem-se a medida do *DAP*, ou uma transformação dela, sendo multiplicada por um parâmetro (β_i, $i = 1, 2, \ldots$), com exceção do parâmetro β_0, que sempre aparece como uma simples constante. A estrutura linear da forma de estimação desses modelos torna a sua estimação estatística mais simples, podendo se utilizar a técnica estatística de regressão linear (veja Apêndice C).

Em termos de aproximação da curva sigmoide, o polinômio (1) é o modelo do segmento de reta. Já os demais modelos da tabela geram curvas côncavas com crescimento monotônico, mas *sem assímptota*, pois somente os modelos não lineares são capazes de gerar assímptotas. O que diferencia esses modelos é que as curvas côncavas geradas têm *curvatura* distinta em cada um deles.

6.1.5 Construção da relação hipsométrica

Na prática, nunca se sabe de antemão qual é o melhor modelo de relação hipsométrica para uma situação particular. Por isso, o procedimento de predição da altura das árvores é totalmente empírico, podendo ser descrito na forma de uma série de passos.

1] Toma-se uma amostra de árvores nas quais se mede tanto o *DAP* quanto a altura. A forma de selecionar as árvores pode ser tanto por sorteio (seleção aleatória) quanto de forma sistemática, por exemplo, as primeiras dez árvores a serem medidas na parcela.

2] Define-se o conjunto de modelos candidatos que sejam apropriados para a relação hipsométrica e que representem uma boa amplitude de formas de curvas possíveis para relação na floresta.

3] Ajusta-se todos os modelos candidatos aos dados de *DAP* e altura, encontrando-se as estimativas de seus parâmetros. O ajuste é realizado por regressão linear (*vide* Apêndice C) ou regressão não linear, dependendo do modelo candidato.

4] Seleciona-se, dentre os modelos candidatos, o melhor modelo com base no comportamento dos modelos na própria amostra. Esse comportamento é avaliado com base em medidas e indicadores estatísticos, em análises gráficas e em técnicas de validação de modelos.

5] Utiliza-se o modelo selecionado para fazer a predição da altura de *todas* as árvores que tiveram o *DAP* medido.

Quadro 6.1 Modelos não lineares de relação hipsométrica

Modelo	Forma preditiva e de estimação
Chapman-Richards	$h = \beta_0 [1 - \exp(-\beta_1 \cdot d)]^{\beta_2} + \varepsilon$
Weibull	$h = \beta_0 [1 - \exp(-\beta_1 \cdot d^{\beta_2})] + \varepsilon$
Monomolecular	$h = \beta_0 [1 - \beta_1 \cdot \exp(-\beta_2 \cdot d)] + \varepsilon$
Gompertz	$h = \beta_0 \exp[-\beta_1 \cdot \exp(-\beta_2 \cdot d)] + \varepsilon$
Logístico	$h = \beta_0 / [1 + \beta_1 \cdot \exp(-\beta_2 \cdot d)] + \varepsilon$

h – altura total das árvores individuais;
d – diâmetro à altura do peito (*DAP*);
$\beta_0, \beta_1, \beta_2$ – parâmetros a serem estimados, $\beta_0' = \exp(\beta_0)$;
ε – componente estocástico do modelo.

Quadro 6.2 Modelos lineares de relação hipsométrica. A forma de estimação se refere à maneira utilizada para estimar os parâmetros dos modelos, enquanto que a forma preditiva se refere à maneira como o modelo é aplicado para se predizer a altura

Modelo		Forma de estimação	Forma preditiva
Polinômios			
	1	$h = \beta_0 + \beta_1 \cdot d + \varepsilon$	–
	2	$h = \beta_0 + \beta_1 \cdot d + \beta_2 \cdot d^2 + \varepsilon$	–
Hiperbólicos			
	1	$h = \beta_0 + \beta_1(1/d^2) + \varepsilon$	$\hat{h} = \frac{\beta_0 \cdot d^2 + \beta_1}{d^2}$
	2	$1/\sqrt{h} = \beta_0 + \beta_1(1/d^2) + \varepsilon$	$\hat{h} = \left[\frac{d^2}{\beta_0 \cdot d^2 + \beta_1}\right]^2$
	3	$1/h = \beta_0 + \beta_1(1/d) + \beta_2(1/d^2) + \varepsilon$	$\hat{h} = \frac{d^2}{\beta_0 + \beta_1 \cdot d + \beta_2 \cdot d^2}$
	4	$d^2/h = \beta_0 + \beta_1 \cdot d + \beta_2 \cdot d^2 + \varepsilon$	$\hat{h} = \frac{d^2}{\beta_0 + \beta_1 \cdot d + \beta_2 \cdot d^2}$
	5	$d/\sqrt{h} = \beta_0 + \beta_1 \cdot d + \beta_2 \cdot d^2 + \varepsilon$	$\hat{h} = \frac{d^2}{(\beta_0 + \beta_1 \cdot d + \beta_2 \cdot d^2)^2}$
Potência			
	1	$\ln(h) = \beta_0 + \beta_1 \cdot \ln(d) + \varepsilon$	$\hat{h} = \beta_0' \cdot d^{\beta_1}$
	2	$\ln(1/h) = \beta_0 + \beta_1 \cdot \ln(d) + \beta_2 \cdot \ln^2(d) + \varepsilon$	$\hat{h} = \frac{1}{\beta_0'} \cdot d^{-[\beta_1 + \beta_2 \ln(d)]}$
	3	$\ln(h) = \beta_0 + \beta_1 \cdot \ln(d/(1+d)) + \varepsilon$	$\hat{h} = \beta_0' \left(\frac{d}{1+d}\right)^{\beta_1}$
Exponencial (Schumacher)		$\ln(h) = \beta_0 + \beta_1(1/d) + \varepsilon$	$\hat{h} = \beta_0' \cdot \exp(\beta_1 \cdot d^{-1})$
Semilogarítmico		$h = \beta_0 + \beta_1 \cdot \ln(d) + \varepsilon$	$\hat{h} = \beta_0 + \beta_1 \cdot \ln(d) \Leftrightarrow d = \exp\left(\frac{h - \beta_0}{\beta_1}\right)$

h – *medida* da altura total das árvores individuais;
$\hat{h}$ – altura total *predita*;
d – diâmetro à altura do peito (*DAP*);
$\beta_0, \beta_1, \beta_2$ – parâmetros a serem estimados, $\beta_0' = \exp(\beta_0)$;
ε – componente estocástico do modelo;
ln – logaritmo natural ou neperiano.

Predição da altura de todas as árvores. O procedimento de, após a obtenção da relação hipsométrica, se ignorar as alturas efetivamente medidas e se trabalhar apenas com as alturas preditas é passível de debate. Alguns autores preferem realizar a predição apenas para as árvores que não tiveram a altura medida. Mas isso implica que haverá uma combinação de alturas *medidas* e de alturas *preditas*. Se altura for utilizada na predição do volume ou biomassa das árvores, como rotineiramente acontece, a qualidade dessas predições poderá se tornar muito variável entre as árvores, ocorrendo a possibilidade de vício de predição, dependendo de como o modelo de predição de volume ou biomassa foi construído. É mais apropriado, portanto, utilizar a predição para todas as árvores do levantamento.

6.2 Predição do volume

Uma vez que a medição não destrutiva do volume é impraticável, a predição é o único método possível para a determinação do volume do conteúdo lenhoso de árvores em pé e, consequentemente, para determinação da produção e do crescimento das florestas. Os procedimentos de predição de volume se baseiam num princípio que se pode dizer quase autoevidente para aqueles que se dedicam a observar atentamente as árvores e seus troncos.

Princípios de predição do volume. Os princípios básicos utilizados para a predição do volume de árvores estão em uso há mais de 200 anos. Embora os termos, as técnicas de cálculo, os instrumentos e a forma de aplicação tenham se desenvolvido bastante nesse período, os conceitos fundamentais que orientam a predição de volume datam do início do século XIX. A primeira publicação a estabelecer um princípio norteador é atribuída a Heinrich Cotta (1763-1844), que, em 1804, publicou a primeira *tabela de volume* para faia (*Fagus sylvatica*) na Saxônia, que atualmente faz parte da Alemanha. A tabela de volume de Cotta era organizada em páginas e cada uma delas apresentava uma tabela para uma dada classe de forma. Nessa tabela, o volume sólido do tronco era apresentado no corpo da tabela em função das classes de diâmetro e da altura, localizadas nas margens da tabela. O fato de Cotta ter construído tabelas de volume para diferentes espécies mostra que ele acreditava que essa relação de dependência não podia ser generalizada para além do nível de espécie. Com base nas tabelas de Cotta, muitas tabelas de volume foram publicadas na Europa e, posteriormente, na América do Norte.

6.2.1 Postulado de Cotta

O postulado de Cotta é o princípio fundamental para predição do volume lenhoso das árvores. Ele estabelece que três atributos da árvore definem o seu conteúdo volumétrico de lenho (*volume da árvore*):

> *O volume de uma árvore depende de seu diâmetro, altura e forma. Se o volume de uma árvore for corretamente determinado, ele será válido para todas as outras árvores de mesmo diâmetro, altura e forma.* (Spurr, 1952, p. 56).

É importante lembrar que o diâmetro e a altura podem ser medidos, mas a medição da forma só pode ser realizada por meio de conceitos abstratos de forma, como uma função matemática que descreva a forma do tronco ou como índices quantitativos: o fator de forma e o quociente de forma.

O postulado de Cotta não define uma relação matemática entre volume e diâmetro, altura e forma, mas é, na sua essência, empírico, pois simplesmente afirma a dependência do volume em relação às demais grandezas da árvore. O reconhecimento de que essa relação pode ser muito diferente para árvores de espécies distintas, de idades diferentes e crescendo em locais diversos faz do postulado de Cotta um princípio totalmente empírico. Logo, o procedimento ideal de predição deve ser baseado na relação do volume com as demais grandezas para cada situação particular.

Um aspecto que deve ser ressaltado é que o postulado de Cotta não considera exatamente a *árvore*, mas sim o *tronco* da árvore. Ou seja, ele assume que o volume lenhoso de interesse numa árvore se encontra em *um único tronco*. Em termos de arquitetura de árvores, isso significa que Cotta estava pensando em árvores *excurrentes* com um único tronco. A maioria das espécies de coníferas e várias folhosas de interesse comercial, como as espécies de eucalipto, têm de fato esse tipo de arquitetura. Às vezes, a espécie é excurrente, mas pode ter vários troncos, como a rebrota de várias espécies de eucalipto; nesses casos, porém, basta assumir que a predição será realizada para cada tronco individualmente.

Contudo, a maioria das espécies arbóreas tropicais têm arquitetura de copa decurrente e várias delas perfilham, gerando vários troncos. Nesse caso, o volume lenhoso total da árvore terá relação com o diâmetro e a altura do tronco, porém, a *forma* não somente é uma medida do tronco mas uma indicação da arquitetura da árvore.

6.2.2 Predição por fator de forma

No Cap. 3, o fator de forma foi visto como um índice quantitativo que representa a forma do tronco como a razão do volume sólido pelo volume cilíndrico. Mas ele também pode ser utilizado como técnica de predição do volume de madeira de árvores em pé.

Nesse sentido, toma-se uma amostra *destrutiva* de árvores de um dado povoamento florestal, medindo-se o seus *DAP* e alturas antes do abate. Após o abate, determina-se o volume sólido das árvores por meio da cubagem rigorosa ou de outro método igualmente ou mais preciso. Assumindo a premissa de que a variação na forma do tronco das árvores desse povoamento é *irrelevante*, pode-se estimar o fator de forma *geral* para as árvores do povoamento com base na razão da soma dos volumes sólidos pela soma dos volumes cilíndricos das árvores da amostra destrutiva:

$$\widehat{f} = \frac{\sum_{i=1}^{n} v_i}{\sum_{i=1}^{n} v_{\text{CIL}\,i}} = \frac{\sum_{i=1}^{n} v_i}{\sum_{i=1}^{n} (\pi/4)\, d_i^2 \cdot h_i} \tag{6.1}$$

em que v_i é o volume sólido da $i$ésima árvore da amostra destrutiva ($i = 1, 2, \ldots, n$), $v_{\text{CIL}\,i}$ é o volume cilíndrico, calculado com base no *DAP* (d_i) e na altura (h_i). O volume de uma dada árvore do povoamento é predito com base no volume cilíndrico e, portanto, calculado com as medidas do *DAP* (d_k) e da altura (h_k) da árvore, utilizando o fator de forma estimado ($\widehat{f}$) para o povoamento:

$$\widehat{v}_k = v_{\text{CIL}k}\widehat{f} = \left[\left(\frac{\pi}{4}\right)d_k^2 \cdot h_k\right]\widehat{f}$$

Como ficará mais claro adiante (Cap. 15), o fator de forma pode ser entendido, do ponto de vista amostral, como um *estimador de razão*. Assim, a seleção das árvores para compor a amostra destrutiva, na qual o volume sólido das árvores será determinado, segue um princípio particular, sendo diferente da seleção das árvores para a construção dos modelos arborimétricos. No caso do fator de forma, a seleção das árvores deve ser completamente aleatória, sem qualquer preocupação de selecionar árvores em todas as classes de tamanho (*DAP* ou altura) ou de forma.

Volume total versus *volume comercial*
Nessa forma de predição, os volumes sólidos das árvores são tomados como diretamente proporcionais aos seus volumes cilíndricos e o fator de forma é tomado como uma constante de proporcionalidade. Portanto, a predição do volume das árvores será boa somente se a relação entre o volume sólido e o volume cilíndrico for de fato uma relação de proporcionalidade. Quando o volume sólido é o volume *total* do tronco, a relação é sempre bem próxima da relação proporcional, mas, no caso de *volumes comerciais*, a relação se afasta gradativamente da relação proporcional à medida que o diâmetro mínimo de utilização comercial aumenta e o volume comercial se torna uma fração menor do volume total. A Fig. 6.7 apresenta esse efeito para uma espécie excurrente e a Fig. 6.8 para uma espécie decurrente.

Geometricamente, a relação de proporcionalidade é representada por uma reta que *passa pela origem* do plano cartesiano, sendo um caso particular das relações lineares que são representadas por retas. À medida que o diâmetro mínimo de utilização aumenta, a relação entre o volume comercial e o volume cilíndrico pode se manter linear, mas deixará de ser uma simples relação de proporcionalidade porque a reta que o representa deixará de passar pela origem (diâmetro mínimo de 10 cm na Fig. 6.7). Para volumes comerciais definidos por diâmetros mínimos relativamente grandes, a relação entre o volume comercial e o volume cilíndrico deixa de ser linear, (diâmetro de 15 cm na Fig. 6.7 e o diâmetro de 12 cm na Fig. 6.8).

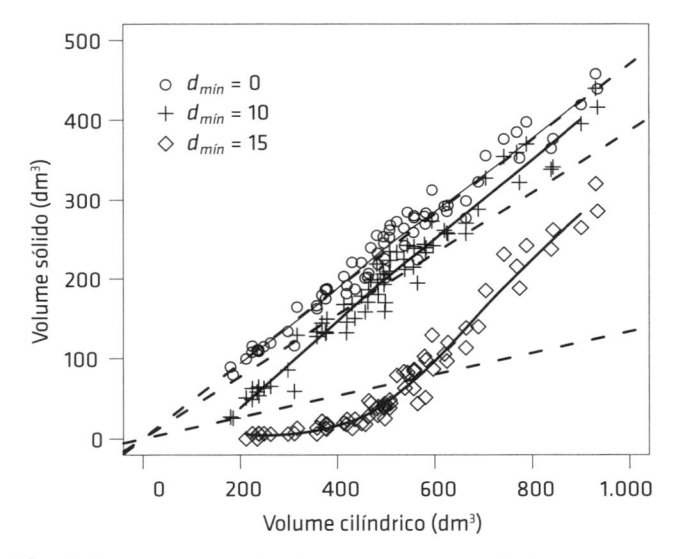

Fig. 6.7 Comparação da relação entre volume cilíndrico e volume comercial para diferentes diâmetros mínimos de utilização em árvores de *Eucalyptus grandis* (Myrtaceae). A linha tracejada indica o fator de forma para cada um dos diâmetros mínimos ($d_{mín}$) de utilização comercial da madeira (em cm). Já a linha sólida indica a verdadeira tendência da relação entre volume comercial e volume cilíndrico

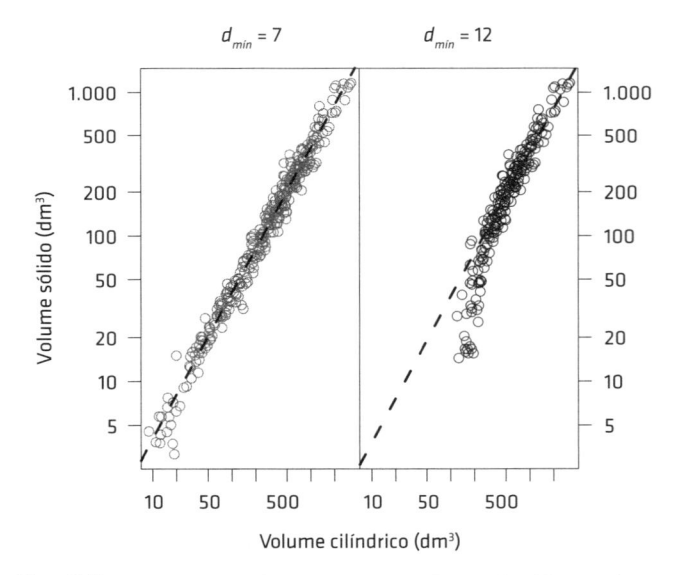

Fig. 6.8 Comparação da relação entre volume cilíndrico e volume comercial para dois diâmetros mínimos de utilização em árvores de caixeta (*Tabebuia cassinoides*, Bignoniaceae). A linha tracejada indica o fator de forma e o diâmetro apresentado acima de cada gráfico é o diâmetro mínimo ($d_{mín}$) para utilização comercial da madeira (em cm)

Para uma espécie de arquitetura de copa decurrente, como a *Tabebuia cassinoides* (Fig. 6.8), o fator de forma não representa mais a razão entre os volumes sólido e cilíndrico do tronco, mas do volume lenhoso de toda a árvore. Nessa espécie, a fração do volume lenhoso dos galhos da copa em relação ao volume lenhoso total é em média 10%, mas pode passar de 30% em algumas árvores.

Assim, a predição do volume das árvores por meio do fator de forma só é um procedimento adequado no caso do volume sólido *total*. Quanto maior o diâmetro mínimo de utilização e, consequentemente, menor a fração do volume comercial em relação ao volume total da árvore, mais problemática será a utilização do fator de forma.

6.2.3 Predição por equação de volume

A *equação de volume* é a forma mais usual de se realizar a predição do volume das árvores individualmente. Como o nome sugere, uma equação de volume é uma expressão algébrica em que o volume de madeira é apresentado como função de outras grandezas da árvore que podem ser medidas por meios não destrutivos. Um exemplo de equação de volume do lenho de árvores de caixeta (*Tabebuia cassinoides*, Bignoniaceae) é o seguinte:

$$\hat{v} = 0{,}0442\, d^{2{,}0584} \times h^{1{,}0555}$$

em que $\hat{v}$ é o volume predito (dm^3), d é o *DAP* (cm) e h é a altura total (m). Mas os volumes preditos por essa equação também podem ser organizados na forma de tabela (Tab. 6.1). Uma vez que se disponha de calculadoras e computadores eletrônicos, a equação é de utilização mais prática. Contudo, a tabela permite visualizar o volume predito para as diversas classes de diâmetro e de altura, explicitando em quais dessas classes foram tomadas árvores na amostra destrutiva. Assim, a tabela de volume permite identificar quando a predição do volume de uma árvore é uma *interpolação* ou uma *extrapolação*.

Tabela de volume e equação de volume. Originalmente, a relação do volume com diâmetro, altura e forma era construída por procedimentos práticos de cálculo e os resultados eram organizados em *tabelas* para permitir a rápida consulta. Com o advento das calculadoras eletrônicas, na segunda metade do século XX, as tabelas de volume foram substituídas por equações nas quais o volume é expresso como uma função matemática das demais grandezas.

Exemplo de equação de volume. A equação de volume e a tabela de volume exemplificada na Tab. 6.1 é apresentada em detalhes em Batista, Marquesini e Viana (2004). Esse é apenas um dos muitos trabalhos de equação de volume que podem ser encontrados na literatura técnica florestal brasileira. Existe, contudo, uma grande diversidade de formas de desenvolvimento e de apresentação nesses trabalhos.

6.2.4 Equações de dupla entrada ou equações padrão

O postulado de Cotta afirma que o volume do tronco de uma árvore depende de seu *DAP*, sua altura e sua forma. O *DAP* e a altura são de medição simples e apresentam poucos problemas. Já a forma, como foi visto, é uma grandeza conceitual e sua medição é mais trabalhosa. Assim, é prática corrente que o volume das árvores seja predito com base apenas nas medidas de *DAP* e altura.

As equações de volume que utilizam o *DAP* e a altura como medidas preditoras são chamadas de *equações de dupla entrada*, nome que é uma referência às *tabelas de dupla entrada* que eram utilizadas antes da generalização das calculadoras e dos computadores eletrônicos. Contudo, dado o uso predominante desse tipo de equação de volume, elas também podem ser designadas como *equações padrão de volume*, uma vez que elas de fato podem ser tomadas como o procedimento padrão de predição de volume.

As florestas tropicais densas impõem grande dificuldade à visualização do ponto mais alto da copa das árvores, principalmente das árvores de dossel e das árvores emergentes. O resultado é que as medidas de altura total nessas florestas são geralmente de pouca confiabilidade. Assim, para utilizar as equações padrão na predição do volume das árvores, é comum que a altura total seja substituída pela altura da base da copa, isto é, a altura até o ponto de inserção da primeira ramificação no tronco.

Em florestas ou povoamentos em que a forma das árvores é relativamente homogênea, as equações padrão produzem predições de boa qualidade sem o ônus de exigirem a medição da forma. A ausência de uma medida

Tab. 6.1 Tabela de volume (dm³) para diâmetro de utilização de 7 cm para caixeta (*Tabebuia cassinoides*) com base em amostra destrutiva de 313 árvores provenientes de 22 localidades no Vale do Ribeira, litoral do Estado de São Paulo e litoral sul do Estado do Rio de Janeiro. Os valores em negrito dentro do polígono delimitado se referem às classes de *DAP*-altura que tiveram árvores efetivamente amostradas

Classes de *DAP* (cm)	Classes de altura total (m)								
	4	6	8	10	12	14	16	18	20
6	8	**12**	**16**	**20**	24				
8	14	**21**	**29**	**36**	**44**	52			
10	22	**34**	**45**	**57**	**70**	82	94		
12	32	**49**	**66**	**84**	**101**	119	137	156	
14	44	67	**91**	**115**	**139**	**164**	189	214	
16	58	88	**120**	**151**	**183**	**216**	**248**	281	314
18	73	112	**152**	**193**	**234**	**275**	**317**	358	401
20		140	189	**239**	**290**	**342**	**393**	445	498
22		170	230	**291**	**353**	**416**	**479**	**542**	606
24		203	275	**349**	**422**	**497**	**572**	648	724
26		240	325	**411**	**498**	**586**	**675**	764	854
28		279	378	**479**	**580**	**683**	**786**	**890**	995
30			436	552	**669**	**787**	**906**	**1026**	1147
32			498	630	764	**899**	**1035**	**1172**	1310
34			564	714	**865**	**1018**	**1172**	1327	1484
36				803	973	1145	**1319**	**1493**	1669
38				897	1088	1280	**1474**	**1669**	1865
40				997	1209	1423	**1638**	1855	2073
42				1103	1337	**1573**	1811	2051	**2292**
44				1214	1471	**1731**	**1993**	2257	2522
46					1612	1897	**2184**	2473	2764
48						2071	**2384**	2700	3017

da forma do tronco implica que a forma nessas equações está definida *implicitamente*, seja pela sua estrutura funcional, seja pelo valor das constantes da equação. Os diversos modelos de equação padrão de volume podem ser mais bem compreendidos segundo as diferentes abordagens possíveis para a incorporação da forma do tronco nas equações.

Modelos do volume cilíndrico ou da variável combinada

O volume cilíndrico, como variável, é uma combinação das medidas de *DAP* (*d*) e altura (*h*), a qual é frequentemente designada como *variável combinada* ($d^2 \cdot h$). O volume cilíndrico deve ser entendido como diretamente proporcional à variável combinada, sendo a constante de proporcionalidade igual a $\pi/4$. Essa relação é puramente matemática e, não sendo influenciada por nenhum outro atributo da árvore, não varia de árvore para árvore. Assim, em termos de equação de volume, volume cilíndrico e variável combinada são a mesma variável preditora.

A primeira abordagem para se definir uma equação padrão de volume se baseia na generalização do fator de forma, isto é, na generalização da relação entre o volume sólido e o volume cilíndrico do tronco, ou melhor, na generalização da relação entre o volume sólido e a variável combinada.

Foi mostrado que a relação entre o volume sólido *total* e a variável combinada tende a uma simples relação de proporcionalidade, mas que no caso do volume *comercial* essa relação será dependente do diâmetro mínimo de utilização. Para diâmetros mínimos relativamente pequenos, a relação pode se manter linear, mas sem a proporcionalidade (Fig. 6.7), já para diâmetros mínimos maiores, a relação deixa de ser linear, tomando formato curvo (Figs. 6.7 e 6.8).

O Quadro 6.3 apresenta alguns modelos de equação padrão de volume. Os modelos da variável combinada apresentados captam a relação linear pela expressão algébrica da reta (VC-1) e a relação curva pela relação logarítmica (VC-2) ou não linear (VC-3). A relação linear (modelo VC-1 ou Spurr) implica que a forma do tronco é independente do tamanho da árvore, já a relação de simples proporcionalidade (predição pelo fator de forma) é um caso particular desse modelo, quando a reta passa pela origem, isto é, o parâmetro β_0 é nulo ($\beta_0 = 0$). Como dito, esse caso só é um modelo realista quando se determina o volume total.

A relação curvilínea entre a variável combinada e o volume sólido pode ser modelada pela transformação logarítmica das medidas (modelo VC-2 ou log-Spurr). Geometricamente, essa transformação implica que a relação é linear num plano cartesiano em *escala logarítmica*. A Fig. 6.8 apresenta uma situação em que isso ocorre, que é o caso do volume comercial com diâmetro mínimo de 7 cm da caixeta. Essa figura também apresenta o caso do volume comercial com diâmetro mínimo de 12 cm, na qual a relação é não linear mesmo na escala logarítmica, sendo necessário tentar outros modelos de relação curvilínea, como o modelo não linear (VC-3).

Modelos da potência variável. Esses modelos são geralmente conhecidos como modelos de Schumacher-Hall, pois esses autores foram os primeiros a propô-los, em 1933. Mas no trabalho original (Schumacher; Hall, 1933) somente o modelo na escala logarítmica foi apresentado, uma vez que naquela época ainda não existia o ajuste por regressão não linear. Contudo, a construção do modelo com base na potência variável para o *DAP* e a altura é a base da argumentação apresentada e, por isso, escolheu-se denominá-los *modelos de potência variável*.

Modelos da potência variável

Partindo-se da relação entre volume sólido e variável combinada, é possível desenvolver uma outra abordagem para a construção de modelos de equação padrão de volume. Na predição pelo fator de forma, assume-se uma relação de proporcionalidade entre o volume sólido e a variável combinada (volume cilíndrico). Está implícito que a relação de proporcionalidade é entre o volume sólido e o produto do *quadrado* do *DAP* pela altura na *primeira potência*:

$$v = k \cdot v_{CIL} = k^* (d^2 \cdot h^1)$$

Como foi visto, no caso do volume comercial, essa relação deixa de ser realista. Mas é possível que o volume sólido tenha uma relação de proporcionalidade com uma potência do *DAP* diferente da quadrática e com uma potência da altura diferente da primeira potência. Nesse caso, a relação de proporcionalidade se torna:

$$v = \beta_0 (d^{\beta_1} \cdot h^{\beta_2})$$

em que β_0 é a constante de proporcionalidade, sendo β_1 e β_2 as potências do *DAP* e da altura, respectivamente.

No Quadro 6.3, esse é o modelo PV-2, que é o modelo não linear. A sua transformação logarítmica resulta em:

$$\ln(v) = \ln(\beta_0) + \beta_1 \cdot \ln(d) + \beta_2 \cdot \ln(h)$$

Isso implica a relação linear entre as variáveis no plano cartesiano na escala logarítmica (modelo Schumacher-Hall ou PV-1).

O modelo PV3 é uma variação não linear do modelo de Schumacher-Hall que acrescenta um intercepto na escala não linear, o que pode melhorar o ajuste de equações de volume comercial. Já o modelo do Instituto de Pesquisa Florestal de Baden-Württemberg, Alemanha, (modelo PV-4) tem como premissa que, na escala logarítmica, a supefície do volume em função do *DAP* e da altura é uma superfície parabólica. O modelo PV-5 é a versão não linear do modelo PV-4 que se baseia no fato de que a potência do *DAP* é uma variável que segue uma função logarítmica do próprio *DAP*, enquanto a potência da altura é igualmente uma variável que segue uma função logarítmica da própria altura. Esses modelos são, portanto, aplicações ainda mais gerais e amplas do conceito de equações de volume de potência variável.

Quadro 6.3 Modelos de equação padrão de volume ou equação de dupla entrada. Modelos marcados com asterisco (*) são modelos não lineares. Todos os modelos são apresentados na sua forma de estimação

Modelos de variável combinada		
VC-1	Spurr	$v_i = \beta_0 + \beta_1(d_i^2 \cdot h_i) + \varepsilon_i$
VC-2	log-Spurr	$\ln(v_i) = \beta_0 + \beta_1 \cdot \ln(d_i^2 \cdot h_i) + \varepsilon_i$
VC-3*		$v_i = \beta_0 + \beta_1(d_i^2 \cdot h_i)^{\beta_2} + \varepsilon_i$
Modelos de potência variável		
PV-1	Schumacher-Hall	$\ln(v_i) = \beta_0 + \beta_1 \cdot \ln(d_i) + \beta_2 \cdot \ln(h_i) + \varepsilon_i$
PV-2*		$v_i = \beta_0 \cdot d_i^{\beta_1} \cdot h_i^{\beta_2} + \varepsilon_i$
PV-3*		$v_i = \beta_{00} + \beta_0 \cdot d_i^{\beta_1} \cdot h_i^{\beta_2} + \varepsilon_i$
PV-4	Baden-Württemberg	$\ln(v_i) = \beta_0 + \beta_1 \cdot \ln(d_i) + \beta_2 \cdot \ln^2(d_i) + \beta_3 \cdot \ln(h_i) + \beta_4 \cdot \ln^2(h_i) + \varepsilon_i$
PV-5*		$v_i = \beta_0 \cdot d_i^{\beta_1 + \beta_2 \cdot \ln(d_i)} \cdot h_i^{\beta_3 + \beta_4 \cdot \ln(h_i)} + \varepsilon_i$
Modelos de harmonização DAP-altura		
H-1	Stoate	$v_i = \beta_0 + \beta_1 \cdot d_i^2 + \beta_2(d_i^2 \cdot h_i) + \beta_3 \cdot h_i + \varepsilon_i$
H-2	Meyer	$v_i = \beta_0 + \beta_1 \cdot d_i + \beta_2 \cdot d_i^2 + \beta_3(d_i \cdot h_i) + \beta_4(d_i^2 \cdot h_i) + \beta_5 \cdot h_i + \varepsilon_i$
H-3	Meyer modificada	$v_i = \beta_0 + \beta_1 \cdot d_i + \beta_2 \cdot d_i^2 + \beta_3(d_i \cdot h_i) + \beta_4(d_i^2 \cdot h_i) + \varepsilon_i$
H-4	Näslund	$v_i = \beta_0 + \beta_1 \cdot d_i^2 + \beta_2(d_i^2 \cdot h_i) + \beta_3(d_i \cdot h_i^2) + \beta_4 \cdot h_i^2 + \varepsilon_i$
Modelos de fator forma		
FF-1*	Takata	$v_i = (d_i^2 \cdot h_i) / [\beta_0 + \beta_1 \cdot d_i] + \varepsilon_i$
FF-2*	Honer	$v_i = d_i^2 / [\beta_0 + \beta_1/h_i] + \varepsilon_i$

i – índice que indica as árvores na amostra destrutiva ($i = 1, 2, \ldots, n$);
v_i – volume sólido (total ou comercial);
d_i – DAP;
h_i – altura total ou comercial;
ln – logaritmo natural ou neperiano;
ε_i – componente estocástico do modelo.

Nomes dos modelos arborimétricos. Os nomes dos modelos florestais em geral, e dos modelos arborimétricos em particular, são referências aos autores que os propuseram ou os utilizaram, não existindo nenhuma regra ou sistema padronizado para tais nomes. A fim de se manter a coerência na apresentação dos modelos arborimétricos, escolheu-se seguir a nomenclatura utilizada por um único autor, no caso, Finger (1992). Contudo, na definição dos nomes dos grupos em que os modelos foram agrupados (modelos do volume cilíndrico, modelos de potência variável etc.) seguiram-se outros critérios.

Modelos de harmonização. O desenvolvimento desses modelos é apresentado por Gomes (1957). Embora ele não utilize o termo *harmonização* para esse desenvolvimento, existe uma relação claramente analógica entre o *método gráfico de harmonização*, para construção de tabelas de volume de dupla entrada, e o procedimento algébrico de desenvolvimento desses modelos.

Modelos de harmonização das classes de DAP-altura
Os modelos de harmonização das classes de DAP e altura resultam de uma abordagem bastante distinta das apresentadas anteriormente. Ela parte da premissa bastante razoável de que em cada classe de DAP há uma relação linear entre o volume sólido e a altura da árvore. A Fig. 6.9 ilustra essa relação com algumas árvores de *Eucalyptus grandis*, ressaltando que a relação linear muda de uma classe de DAP para outra.

Algebricamente, a relação entre volume sólido (v) e altura (h) em cada classe de DAP (d) tem a seguinte forma:

$$v|d = \alpha_0 + \alpha_1 \cdot h$$

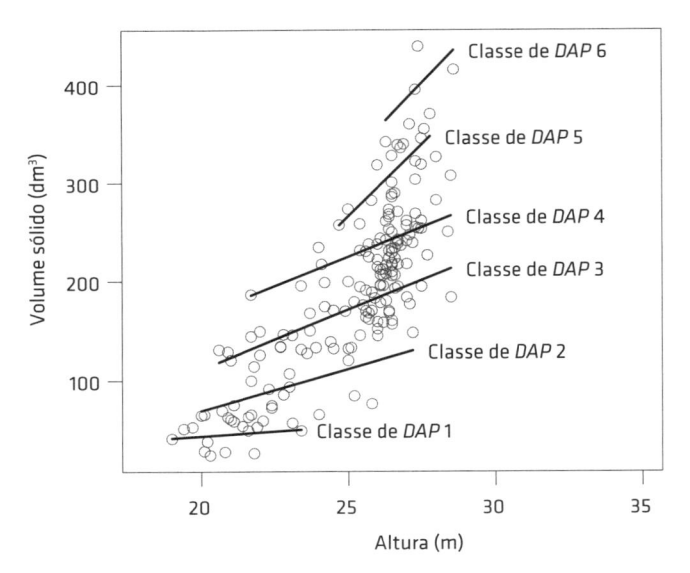

Fig. 6.9 Relação entre volume comercial e altura total em árvores de *Eucalyptus grandis* (Myrtaceae). Cada linha representa a relação linear entre o volume e a altura para cada classe de DAP

em que $v|d$ indica o volume para uma dada classe de DAP. Essa expressão indica que os parâmetros da relação linear (α_0 e α_1) são diferentes em cada classe de DAP e podem ser tomados como função deste. Se os parâmetros da relação volume-altura tem uma relação quadrática com o DAP:

$$\alpha_0 = \beta_0 + \beta_1 \cdot d^2$$
$$\alpha_1 = \beta_3 + \beta_2 \cdot d^2$$

a relação volume-altura pode ser expressa em função dos termos dessas relações parâmetro-DAP:

$$v = \alpha_0 + \alpha_1 \cdot h$$
$$= [\beta_0 + \beta_1 \cdot d^2] + [\beta_3 + \beta_2 \cdot d^2]h$$
$$v = \beta_0 + \beta_1 \cdot d^2 + \beta_2 \cdot d^2 \cdot h + \beta_3 \cdot h$$

O modelo resultante é o modelo de Stoate (Quadro 6.3), que pode ser obtido invertendo-se o processo de harmonização, isto é, assumindo que o volume sólido tem uma relação quadrática com o DAP (relação linear com a área transversal) em cada classe de altura:

$$v|h = \alpha_0 + \alpha_1 \cdot d^2$$

enquanto que os parâmetros dessa relação têm uma relação linear com a altura:

$$\alpha_0 = \beta_0 + \beta_3 \cdot h$$
$$\alpha_1 = \beta_1 + \beta_2 \cdot h$$

A substituição dos termos gera o mesmo modelo:

$$v = [\beta_0 + \beta_3 \cdot h] + [\beta_1 + \beta_2 \cdot h]d^2$$
$$v = \beta_0 + \beta_1 \cdot d^2 + \beta_2 \cdot d^2 \cdot h + \beta_3 \cdot h$$

Todos os modelos de harmonização DAP-altura apresentados no Quadro 6.3 podem ser obtidos por meio desse procedimento, bastando utilizar as relações adequadas.

Modelos de fator de forma

Os modelos de fator de forma representam ainda uma quarta abordagem na elaboração de modelos de equações padrão de volume. Em vez de buscar diretamente uma relação do volume sólido com o DAP e a altura, busca-se modelar o fator de forma como uma função do DAP. O Quadro 6.3 apresenta dois modelos desse tipo, em que a transformação algébrica do componente matemático do modelo ilustra que se trata de modelos nos quais o fator de forma pode variar entre as árvores. No modelo de Takata, a transformação é:

$$v_i = (d_i^2 \cdot h_i) / [\beta_0 + \beta_1 \cdot d_i]$$
$$\Rightarrow \frac{v_i}{d_i^2 \cdot h_i} = f_i = \frac{1}{\beta_0 + \beta_1 \cdot d_i}$$

enquanto que, no modelo de Honer, a transformação adequada envolve a divisão do modelo original pela variável combinada ($d^2 \cdot h$):

$$v_i = \frac{d_i^2}{\beta_0 + \beta_1/h_i} \quad \Rightarrow \quad \frac{v_i}{d_i^2 \cdot h_i} = f_i = \frac{1}{\beta_1 + \beta_0 \cdot h_i}$$

É importante não confundir a predição do volume pelo fator de forma com essa abordagem. No primeiro caso, o fator de forma é estimado para o *povoamento como um todo*. Nessa abordagem, busca-se uma relação do fator de forma das *árvores individualmente* com o seu DAP. Trata-se de um modelo de equação padrão, pois a sua aplicação requer o conhecimento do DAP e da altura de cada árvore.

Diferentemente dos outros tipos de modelos de equação padrão, nessa abordagem a estrutura funcional do modelo procura captar a variação do fator de forma em função do DAP. Esse tipo de modelo pode ser adequado quando a forma das árvores muda com a classe de DAP.

6.2.5 Equações locais

O postulado de Cotta afirma que o volume lenhoso de uma árvore depende do seu diâmetro, altura e forma. As equações padrão de volume predizem o volume com base apenas no diâmetro e altura, tornando a forma um componente implícito à predição. Seguindo um processo de simplificação, as equações locais de volume são uma simplificação adicional do postulado. Elas assumem que, na floresta ou povoamento de interesse, a forma das árvores é constante, isto é, independe do tamanho das árvores. Mas as equações locais assumem adicionalmente que a relação hipsométrica também se mantém constante.

Tais premissas são realistas apenas no caso de povoamentos que são relativamente homogêneos internamente. Consequentemente, sua aplicação na predição do volume é apropriada somente para povoamentos particulares, sendo raramente possível aplicar uma mesma equação local a mais de um povoamento. Essa é a justificativa para sua designação de equações *locais*, ou seja, equações para serem aplicadas em locais específicos.

Os levantamento em florestas nativas é uma outra situação em que pode ser justificável o uso de equações locais. Frequentemente, não é possível realizar medidas confiáveis da altura, nem mesmo da altura comercial, pois a impossibilidade de visualizar adequadamente a copa das árvores resulta em medidas de altura com erros sistemáticos. O uso de uma equação padrão, alimentada com medidas viciadas de altura, redunda em predições enviesadas do volume das árvores. Mas a utilização de uma equação local, em que as predições são função apenas do *DAP*, ainda que tenha formalmente menor precisão que uma equação padrão, resulta em predições mais confiáveis.

Modelos de equações locais

A equação local de volume surge quando a equação padrão ou de dupla entrada é reduzida a uma expressão em que o volume se torna função única do *DAP*. A premissa para sua aplicação é que a relação hipsométrica é constante. Por exemplo, partindo do modelo de Schumacher-Hall de equação padrão:

$$\ln(v_i) = \beta_0 + \beta_1 \cdot \ln(d_i) + \beta_2 \cdot \ln(h_i) + \varepsilon_i$$

se a relação hipsométrica for uma equação de potência:

$$\ln(h_i) = \beta_{h0} + \beta_{h1} \cdot \ln(d_i)$$

a equação de volume resultante é:

$$\ln(v_i) = \beta_0 + \beta_1 \cdot \ln(d_i) + \beta_2 [\beta_{h0} + \beta_{h1} \cdot \ln(d_i)] + \varepsilon_i$$
$$= (\beta_0 + \beta_2 \cdot \beta_{h0}) + (\beta_1 + \beta_2 \cdot \beta_{h1}) \ln(d_i) + \varepsilon_i$$

$$\ln(v_i) = \beta_0^* + \beta_1^* \cdot \ln(d_i) + \varepsilon_i$$

que expressa o volume como uma potência do *DAP*.

O Quadro 6.4 apresenta alguns modelos de equação local de volume que são de utilização frequente. Entre os modelos polinomiais, o modelo P-1 toma o volume como uma função linear da área transversal da árvore (*DAP* ao quadrado), enquanto que o modelo P-2 se baseia numa relação parabólica entre o volume e o *DAP*. Os modelos de potência variável são simplificações de modelos de equações padrão. Os modelos PV-1, PV-2 e PV-3 são simplificações do modelos de Schumacher-Hall e suas variações não lineares, enquanto que os modelos PV-4 e PV-5 são simplificações do modelo de Baden-Württemberg (Quadro 6.3).

Os modelos exponenciais apresentados no Quadro 6.3 têm em comum o fato de todos resultarem na presença de um termo exponencial na sua versão não linear. O modelo de Schumacher (E-1) já foi apresentado como uma aproximação côncava para relação hipsométrica (veja Quadro 6.2), mas no caso de equações locais ele se torna uma aproximação convexa. O modelo E-2 é a sua versão não linear.

Os modelos E-3 e E-4 são respectivamente as versões linear e não linear do mesmo modelo. Eles resultam da equação padrão de Schumacher-Hall (modelos PV-1 e PV-2 do Quadro 6.3), quando se assume uma relação hipsométrica segundo o modelo de Schumacher (modelo exponencial do Quadro 6.2).

É importante enfatizar que as equações locais de volume só produzem boas predições nas situações em que a relação hipsométrica é suficientemente constante dentro do povoamento, para que ela possa ser representada de modo implícito na equação de volume. Mas, mesmo nessas situações, as equações padrão de volume ainda produzem predições com precisão superior à das equações locais.

Quadro 6.4 Modelos de equação local de volume. Modelos marcados com asterisco (*) são modelos não lineares. Todos os modelos são apresentados na sua forma de estimação

Modelos polinomiais		
P-1	Área transversal	$v_i = \beta_0 + \beta_2 \cdot d_i^2 + \varepsilon_i$
P-2	Parabólico	$v_i = \beta_0 + \beta_1 \cdot d_i + \beta_2 \cdot d_i^2 + \varepsilon_i$
Modelos de potência variável		
PV-1		$\ln(v_i) = \beta_0 + \beta_1 \cdot \ln(d_i) + \varepsilon_i$
PV-2*		$v_i = \beta_0 \cdot d_i^{\beta_1} + \varepsilon_i$
PV-3*		$v_i = \beta_{00} + \beta_0 \cdot d_i^{\beta_1} + \varepsilon_i$
PV-4		$\ln(v_i) = \beta_0 + \beta_1 \cdot \ln(d_i) + \beta_2 \cdot \ln^2(d_i) + \varepsilon_i$
PV-5*		$v_i = \beta_0 d_i^{\beta_1 + \beta_2 \cdot \ln(d_i)} + \varepsilon_i$
Modelos exponenciais		
E-1	Schumacher	$\ln(v_i) = \beta_0 + \beta_1(1/d_i) + \varepsilon_i$
E-2*		$v_i = \beta_0 \cdot \exp[\beta_1/d_i] + \varepsilon_i$
E-3		$\ln(v_i) = \beta_0 + \beta_1 \cdot \ln(d_i) + \beta_2 \cdot (1/d_i) + \varepsilon_i$
E-4*		$v_i = \beta_0 \cdot d_i^{\beta_1} \cdot \exp[\beta_2/d_i] + \varepsilon_i$

i – índice que indica as árvores na amostra destrutiva ($i = 1, 2, \ldots, n$);
v_i – volume sólido;
d_i – DAP;
ln – logaritmo natural ou neperiano;
ε_i – componente estocástico dos modelos.

6.2.6 Equações de volume de aplicação mais ampla

As equações locais representam particularizações das equações padrão, mas há situações em que se busca uma equação de volume que seja mais geral que a equação padrão, isto é, que sua aplicação possa ser realizada de forma mais ampla ou mais precisa que a equação padrão. Nesse caso, é necessário obter no campo a medida de um terceiro atributo da árvore, além do DAP e da altura. O atributo mais apropriado depende da arquitetura da copa da árvore, sendo necessário distinguir as árvores excurrentes das árvores decurrentes.

Árvores excurrentes

Nas árvores excurrentes, o volume lenhoso da árvore se encontra majoritariamente no tronco. Nessas árvores, o postulado de Cotta é de aplicação direta ao afirmar que *o volume de uma árvore depende de seu diâmetro, altura e forma*. Logo, para se obter uma equação de volume de aplicação mais ampla ou de maior precisão que a equação padrão de volume, é necessário tomar como um terceiro atributo da árvore a forma do tronco.

Originalmente, a forma era incluída nas *tabelas de volume* por meio de *classes de forma*, que frequentemente eram de caracterização subjetiva. As equações de volume que incluem a forma mantiveram o mesmo nome original, sendo ainda hoje designadas como *equações de classe de forma*.

A forma deve ser incluída nas equações de volume por meio de medidas não destrutivas, para que as equações sejam aplicáveis às árvores em pé. As duas maneiras mais comuns de introduzir a forma são a utilização de um segundo diâmetro do tronco medido acima da altura do peito, para gerar um contraste com o DAP, e o uso do quociente de forma, isto é, a razão entre o diâmetro medido acima da altura do peito e o DAP.

O Quadro 6.5 apresenta alguns modelos de equação de volume de classe de forma que ilustram como a medida da forma é combinada com as medidas do DAP e da altura. Nos modelos de variável combinada, ela geralmente entra como quociente de forma de Girard. Mas o produto do quociente de forma pela variável

Quadro 6.5 Modelos de equação de volume de classe de forma. O nome dos modelos são referência a autores que os propuseram ou defenderam. Modelo marcado com asterisco (*) é modelo não linear

		Modelos da variável combinada
	VC-1	$v_i = \beta_0 + \beta_1 \cdot q_i(d_i^2 \cdot h_i) + \varepsilon_i = \beta_0 + \beta_1(d_{[h>1,3]i} \cdot d_i \cdot h_i) + \varepsilon_i$
	VC-2	$v_i = \beta_0 + \beta_1 \cdot q_i + \beta_2(d_i^2 \cdot h_i) + \beta_3 \cdot q_i(d_i^2 \cdot h_i) + \varepsilon_i$
	VC-3	$\ln(v_i) = \beta_0 + \beta_1 \cdot \ln(d_{[h>1,3]i} \cdot d_i \cdot h_i) + \varepsilon_i$
Ogaya	VC-4	$v_i = \beta_0 + \beta_1 \cdot q_{Ni}(d_i^2 \cdot h_i) + \varepsilon_i = \beta_0 + \beta_1(d_{[0,5h]i} \cdot d_i \cdot h_i) + \varepsilon_i$
		Modelos de potência variável
	PV-1	$\ln(v_i) = \beta_0 + \beta_1 \cdot \ln(d_i) + \beta_2 \cdot \ln(h_i) + \beta_3 \cdot \ln(d_{[h>1,3]i}) + \varepsilon_i$
	PV-2*	$v_i = \beta_0 \cdot d_i^{\beta_1} \cdot h_i^{\beta_2} \cdot d_{[h>1,3]i}^{\beta_3} + \varepsilon_i$
		Modelo de fator de forma
Schiffel	FF-1	$v_i/(d_i^2 \cdot h_i) = \beta_0 + \beta_1 \cdot q_i + \beta_2(q_i \cdot h_i)^{-1} + \varepsilon_i$

i – índice que indica as árvores na amostra destrutiva ($i = 1, 2, \ldots, n$);
v_i – volume sólido;
d_i – DAP;
h_i – altura total ou comercial;
q_i – medida de forma: quocientes de forma;
q_{Ni} – medida de forma: quocientes de forma *normal*;
$d_{[h>1,3]i}$ – medida de forma: diâmetro acima da altura do peito;
$d_{[0,5h]i}$ – medida de forma: diâmetro do tronco na metade da altura total;
ln – logaritmo natural ou neperiano;
ε_i – componente estocástico do modelo.

combinada gera uma variável que é a combinação do DAP, da altura e do diâmetro acima da altura do peito:

$$q_i(d_i^2 \cdot h_i) = \frac{d_{[h>1.3]i}}{d_i} d_i^2 \cdot h_i = d_{[h>1.3]i} \cdot d_i \cdot h_i$$

que resulta na presença da medida do diâmetro do tronco tomada acima da altura do peito nesses modelos.

Nos modelos de potência variável, que são derivados do modelo original de Schumacher-Hall, a forma sempre entra como uma segunda medida do diâmetro do tronco, enquanto que, no modelo de fator de forma, modelo de Schiffel, a medida da forma é tomada como quociente de forma.

As equações de classe de forma são as equações com a maior capacidade de generalização, isto é, os dados utilizados para a sua construção podem compreender uma grande gama de situações diferentes e, consequentemente, a maior amplitude de variação do volume sólido das árvores. A capacidade de representar essa maior amplitude em uma única equação matemática é resultado direto da inclusão da medida da forma na equação. Mas raramente se agrupa mais de uma espécie arbórea por equação de classe de forma.

A grande virtude das equações de classe de forma é também sua maior limitação: a medida da forma. As medidas de forma, sejam diâmetros do tronco acima da altura do peito, sejam quocientes de forma, são de mensuração trabalhosa. Medidas de diâmetro próximas da altura do peito, embora mais fáceis de efetuar, são representações mais pobres da forma do tronco. As melhores medidas para representar a forma do tronco são de diâmetros próximos à metade da altura total da árvore e os melhores quocientes de forma são derivados dessas medidas. Mas tais medidas exigem dendrômetros especiais, sendo de medição difícil e imprecisa.

As equações de classe de forma permitem que se utilize uma única equação para predição do volume em povoamentos que se distinguem por conter árvores com forma distinta. Entretanto, a dificuldade de se medir a forma de modo rápido e preciso pode fazer com que seja mais conveniente utilizar uma equação padrão específica para cada povoamento.

Árvores decurrentes

Nas árvores decurrentes, é possível que uma parte considerável do volume lenhoso esteja nos ramos e galhos da copa. Assim, a informação adicional necessária para ampliar a generalidade ou para aumentar a precisão das equações padrão é geralmente uma informação da forma da copa. Para que a aplicação da equação de volume seja operacionalmente vantajosa, é necessário que a informação adicional seja obtida por um atributo de fácil medição.

Em geral, se utiliza o *comprimento de copa*, na sua forma de medida absoluta ou relativa, pois para obtê-la basta, além da medição do *DAP* e da altura total, uma única medida adicional: a altura da base da copa. Mas alguns autores também utilizam a razão da copa, embora essa variável resulte da medição de dois atributos adicionais: a altura da base da copa e o diâmetro da copa.

A medida da forma da copa pode ser introduzida nas equações de volume de modo análogo às medidas de forma do tronco dos modelos da variável combinada e de potência variável do Quadro 6.5. O ganho em generalidade e precisão é muito variável, pois depende da relação entre as medidas de forma da copa e o volume lenhoso a ser predito. Essa relação é influenciada por vários fatores, principalmente espécie, idade, sítio e as condições de luminosidade no ambiente em que a árvore cresce.

6.3 Predição do sortimento da madeira

A madeira produzida por uma árvore costuma ser utilizada para diversos fins. Uma mesma árvore pode gerar toras para serraria, toretes para produção de celulose e lenha para utilização doméstica ou industrial. Em geral, a utilização da madeira está ligada às dimensões das toras. Toras de maiores dimensões são utilizadas para serraria e outros fins mais nobres, como estruturas de madeira e movelaria, tornando-as, portanto, mais valiosas. Toras de pequena dimensão são de utilização restrita servindo apenas à fabricação de carvão vegetal ou lenha e, consequentemente, têm menor valor comercial.

Quando a madeira de uma árvore se destina a usos múltiplos, a estimativa do volume lenhoso envolve não só o volume comercial total, mas também o volume para cada um dos usos. Neste caso, o seccionamento do tronco da árvore em toras (*toragem*) é mais complexo e a predição do volume deve considerar como o tronco será seccionado. O aspecto fundamental é que o sistema de predição do volume para os diversos usos seja *coerente*, isto é, para uma mesma árvore, a soma dos volumes dos diversos usos mais o volume do resíduo lenhoso deve ser igual ao volume total da árvore.

6.3.1 Sistema de equações de volume

O conceito de sistema de sortimento coerente é bastante simples, sendo mais bem compreendido com um exemplo. Assumindo que numa dada floresta o sistema de sortimento da madeira para usos múltiplos segue as regras de sortimento adiante:

1) O diâmetro mínimo de utilização para serraria (d_{uS}) é de 30 cm, e o comprimento de tora para serraria (l_S) é de 5 m. Toras com diâmetro mínimo (d_l) maior que 30 cm e comprimento de tora maior que 5 m são destinada à serraria.
2) O diâmetro mínimo de utilização para processamento industrial para produção de fibras (celulose, chapas) (d_{uF}) é de 15 cm, e o comprimento de tora para processamento (l_F) é de 2,4 m. Toras com d_l entre 30 cm e 15 cm e com comprimento de 2,4 m são destinadas à venda para processamento industrial.
3) O diâmetro mínimo de utilização para lenha (energia) (d_{uL}) é de 10 cm, e o comprimento de tora de lenha (l_L) é de 1 m. Toras com d_l entre 15 cm e 10 cm e comprimento de 1 m são utilizadas como lenha.
4) Toras com d_l abaixo de 10 cm são resíduo (sem utilização).

Uma abordagem simplista para desenvolver um sistema de sortimento seria predizer o volume de cada árvore individualmente para os diversos usos por meio de um sistema com uma equação para cada uso:

$$\text{Volume total: } v = \beta_0 + \beta_1 \cdot d^2 \cdot h + \varepsilon$$
$$\text{Volume para serraria: } v_S = \beta_2 + \beta_3 \cdot d^2 \cdot h + \varepsilon_S$$
$$\text{Volume para fibra: } v_F = \beta_4 + \beta_5 \cdot d^2 \cdot h + \varepsilon_F$$
$$\text{Volume para lenha: } v_L = \beta_6 + \beta_7 \cdot d^2 \cdot h + \varepsilon_L$$
$$\text{Volume residual: } v_R = \beta_8 + \beta_9 \cdot d^2 \cdot h + \varepsilon_R$$

Cada equação de volume é adaptada da forma convencional de ajuste de equações de volume. É importante perceber que os componentes estocásticos das equações não são os mesmos, pois cada equação é um modelo independente dos demais.

O bom senso informa que a soma dos volumes dos usos, incluindo o resíduo, deve ser igual ao volume total, isto é, espera-se que as predições geradas pelo sistema tenha a propriedade de:

$$\hat{v} = \hat{v}_S + \hat{v}_F + \hat{v}_L + \hat{v}_R$$

No entanto, não há como garantir essa propriedade, pois as equações foram ajustadas independentemente umas das outras. Portanto, a expressão anterior não será verdadeira e tal sistema de equações será sempre *incoerente*, isto é:

$$\hat{v} \neq \hat{v}_S + \hat{v}_F + \hat{v}_L + \hat{v}_R$$

Uma forma de se obter um sistema de sortimento *coerente* utilizando equações de volume para cada uso é partir da ideia de que o volume total pode ser obtido pela soma dos volumes dos diversos usos e do volume residual. Logo, o volume total não precisa ser predito e o sistema de equações se torna:

Volume para serraria: $v_S = \beta_0 + \beta_1 \cdot d^2 \cdot h + \varepsilon_S$

Volume para fibra: $v_F = \beta_2 + \beta_3 \cdot d^2 \cdot h + \varepsilon_F$

Volume para lenha: $v_L = \beta_4 + \beta_5 \cdot d^2 \cdot h + \varepsilon_L$

Volume residual: $v_R = \beta_6 + \beta_7 \cdot d^2 \cdot h + \varepsilon_R$

Volume total: $v = v_S + v_F + v_L + v_R$

$$= [\beta_0 + \beta_2 + \beta_4 + \beta_6]$$
$$+ [\beta_1 + \beta_3 + \beta_5 + \beta_7] d^2 \cdot h$$
$$+ [\varepsilon_S + \varepsilon_F + \varepsilon_L + \varepsilon_R]$$

Essa abordagem tem a vantagem de manter a propriedade de aditividade, mas como o volume total é a soma da predição de todos os usos da madeira, o componente estocástico na predição do volume total é o maior. Logo, a incerteza na predição do volume total será maior que a incerteza na predição de cada uso particular.

Uma alternativa é concentrar a incerteza da predição no volume residual de madeira. Nesse caso, o volume do resíduo é obtido subtraindo-se do volume total o volume dos demais usos:

Volume total: $v = \beta_0 + \beta_1 \cdot d^2 \cdot h + \varepsilon$

Volume para serraria: $v_S = \beta_2 + \beta_3 \cdot d^2 \cdot h + \varepsilon_S$

Volume para fibra: $v_F = \beta_4 + \beta_5 \cdot d^2 \cdot h + \varepsilon_F$

Volume para lenha: $v_L = \beta_6 + \beta_7 \cdot d^2 \cdot h + \varepsilon_L$

Volume residual: $v_R = v - [v_S + v_F + v_L]$

$$= [\beta_0 - \beta_2 - \beta_4 - \beta_6]$$
$$+ [\beta_1 - \beta_3 - \beta_5 - \beta_7] d^2 \cdot h$$
$$+ [\varepsilon - \varepsilon_S - \varepsilon_F - \varepsilon_L]$$

Nesse sistema, a incerteza de predição foi alocada ao volume residual, contudo, o fato desse volume ser obtido pela *subtração* de equações ajustadas de modo independente não assegura que o volume residual predito será *sempre positivo*. Novamente, o sistema obtido não é coerente.

Outro problema muito grave em qualquer sistema de equações independentes de volume destinado à predição do sortimento é que o sistema só é válido para um sistema *fixo* de regras de sortimento. Qualquer mudança nas regras, quer nos diâmetros mínimos de utilização, quer nos comprimentos das toras, exigirá que o sistema seja reajustado. A abordagem de sistema de equações de volume, portanto, é inviável.

Existem duas abordagens para desenvolver sistemas de predição dos múltiplos volumes de uma mesma árvore. A primeira constrói modelos da forma do tronco, tornando possível simular a toragem do tronco e predizer o volume de cada tora obtida e destinada aos diferentes usos. A segunda constrói equações da razão do volume comercial pelo volume total. Nesse caso, o volume comercial é definido para diversos diâmetros mínimos de utilização e suas respectivas alturas ao longo do tronco. Ambas as abordagens resultam em *sistemas de sortimento coerentes*. No entanto, enquanto o sortimento de árvores excurrentes pode ser realizado por ambos os sistemas, o sortimento de árvores decurrentes só pode ser coerentemente realizado por meio das equações de razão do volume comercial.

6.3.2 Equações de forma ou equações de afilamento

Como foi apresentado no Cap. 3, a equação da forma é uma equação que descreve o *perfil* do tronco à medida que se desloca ao longo do tronco, da base para o topo. Para se entender o conceito e o funcionamento das equações de forma, é melhor utilizar um modelo simples que torne o processo de cálculo mais fácil e o procedimento de sortimento mais claro.

Modelo parabólico

Nesse modelo, a razão entre a área transversal ao longo do tronco pela área transversal à altura do peito ($h_d = 1,30$) é modelada como um polinômio de segundo grau da razão entre a altura ao longo do tronco (h_d) e a altura total (h):

$$\frac{(\pi/4)d_{hi}^2}{(\pi/4)d_i^2} = (d_{hi}/d_i)^2 \qquad (6.2)$$
$$= \beta_0 + \beta_1(h_{di}/h_i) + \beta_2(h_{di}/h_i)^2 + \varepsilon_i$$

em que i é o índice que identifica as árvores da amostra destrutiva ($i = 1, 2, \ldots, n$), d_i é o DAP, d_{hi} é o diâmetro do tronco que varia segundo a altura h_{di} ao longo do tronco, h_i é a altura total da árvore, e β_0, β_1 e β_2 são os parâmetros do modelo a serem estimados por regressão linear. Um aspecto importante a ser notado é que o modelo consiste na razão entre diâmetros em função da razão entre alturas. Logo, as variáveis do modelo são *grandezas adimensionais*, isto é, não têm unidades de medidas, e, portanto, os parâmetros do modelo também são adimensionais.

Para que este modelo seja útil, devemos ajustá-lo para uma amostra destrutiva de árvores que foram medidas por cubagem rigorosa e depois aplicá-lo às árvores em pé. Portanto, os dados necessários para construção de uma equação de forma são os mesmos dados necessários à construção de uma equação de volume, isto é, os dados produzidos por cubagem rigorosa.

Uma vez estimados os parâmetros do modelo ($\widehat{\beta}_0$, $\widehat{\beta}_1$ e $\widehat{\beta}_2$), o diâmetro do tronco para uma dada árvore pode ser predito em qualquer posição ao longo do tronco (h_d) utilizando a expressão:

$$\widehat{d}_h = d\sqrt{\widehat{\beta}_0 + \widehat{\beta}_1(h_d/h) + \widehat{\beta}_2(h_d/h)^2} \qquad (6.3)$$

É importante notar que o DAP (d) e a altura total (h) da árvore são tomados como conhecidos, pois essa expressão é aplicada a cada árvore individualmente.

Com base na predição do diâmetro do tronco, é possível estimar a área transversal em qualquer posição do tronco, pois basta aplicar a fórmula da área do círculo sobre o diâmetro predito:

$$\widehat{g}(h_d) = \frac{\pi}{4}(\widehat{d}_h)^2$$
$$= \frac{\pi}{4} \cdot d^2\left[\widehat{\beta}_0 + \widehat{\beta}_1(h_d/h) + \widehat{\beta}_2(h_d/h)^2\right]$$

Tendo predito a área transversal, é simples obter o volume do tronco da base até uma altura qualquer ao longo do tronco. Esse volume é obtido pela integração da função da área transversal da base até a altura desejada (h_d):

$$\widehat{v}(h_d) = \int_0^{h_d} \widehat{g}(x) \cdot dx$$
$$= \int_0^{h_d} \frac{\pi}{4} \cdot d^2\left[\widehat{\beta}_0 + \widehat{\beta}_1(x/h) + \widehat{\beta}_2(x/h)^2\right] dx$$
$$\widehat{v}(h_d) = \left(\frac{\pi}{4}\right)d^2\left[\widehat{\beta}_0(h_d) + \frac{\widehat{\beta}_1}{2h}(h_d)^2 + \frac{\widehat{\beta}_2}{3h^2}(h_d)^3\right]$$

O volume sólido da árvore é função do seu DAP (d), da sua altura total (h), da posição ao longo do tronco desejada (h_d) e das estimativas dos parâmetros da equação de forma ($\widehat{\beta}_0; \widehat{\beta}_1; \widehat{\beta}_2$). Se a posição ao longo do tronco for igual à altura total ($h_d = h$), a expressão anterior fornecerá o volume sólido total da árvore:

$$h_d = h \Rightarrow \widehat{v} = \left(\frac{\pi}{4}\right)d^2\left[\widehat{\beta}_0(h) + \frac{\widehat{\beta}_1}{2h}(h)^2 + \frac{\widehat{\beta}_2}{3h^2}(h)^3\right]$$
$$= \left(\frac{\pi}{4}\right)d^2 \cdot h\left[\widehat{\beta}_0 + \frac{\widehat{\beta}_1}{2} + \frac{\widehat{\beta}_2}{3}\right]$$
$$\widehat{v} = \left(\frac{\pi}{4}\right)d^2 \cdot h[f]$$

Portanto, a equação de forma parabólica implica na predição do volume sólido *total* por meio do fator de forma *constante* de valor:

$$f = \widehat{\beta}_0 + \frac{\widehat{\beta}_1}{2} + \frac{\widehat{\beta}_2}{3}$$

o qual é totalmente determinado pelas estimativas dos parâmetros do modelo. Todo modelo de equação de forma possui implicitamente uma expressão para predição do volume sólido total do tronco, embora essa expressão não seja necessariamente baseada num fator de forma constante.

As regras de sortimento da madeira definem o uso de uma dada tora em função da comparação do seu diâmetro mínimo com os diâmetros mínimos dos diversos usos. Para aplicar a equação de forma, é necessário, portanto, que se possa predizer *a posição* ao longo do tronco em que um dado diâmetro mínimo de utilização é atingindo. Logo, é necessário ter uma expressão que seja o inverso da Eq. 6.3, ou seja, predizer a posição ao longo do tronco (h_d) em função do seu diâmetro (d_h):

$$\widehat{h}_d = \frac{-\widehat{\beta}_1 \cdot h - \sqrt{(\widehat{\beta}_1 \cdot h)^2 - 4\widehat{\beta}_2\left[\widehat{\beta}_0 \cdot h^2 - (d_h^2 \cdot h^2/d^2)\right]}}{2\widehat{\beta}_2}$$

Exemplo de aplicação do modelo parabólico

A aplicação da equação de forma do modelo parabólico para predição dos volumes de madeira destinados aos diferentes usos se resume à utilização de três fórmulas geradas na apresentação anterior:

Fórmula 1: predição do volume total da árvore:

$$\hat{v} = \left(\frac{\pi}{4}\right) d^2 \cdot h [f]$$
$$f = \left[\hat{\beta}_0 + \frac{\hat{\beta}_1}{2} + \frac{\hat{\beta}_2}{3}\right] \quad (6.4)$$

Fórmula 2: predição da altura ou posição ao longo do tronco em função do diâmetro do tronco:

$$\hat{h}_d = \frac{-\hat{\beta}_1 \cdot h - \sqrt{(\hat{\beta}_1 \cdot h)^2 - 4\hat{\beta}_2 \left[\hat{\beta}_0 \cdot h^2 - (d_h^2 \cdot h^2/d^2)\right]}}{2\hat{\beta}_2} \quad (6.5)$$

Fórmula 3: predição do volume em função da altura ou posição ao longo do tronco:

$$\hat{v}(h_d) = \left(\frac{\pi}{4}\right) d^2 \left[\hat{\beta}_0(h_d) + \frac{\hat{\beta}_1}{2h}(h_d)^2 + \frac{\hat{\beta}_2}{3h^2}(h_d)^3\right] \quad (6.6)$$

Essas três fórmulas são aplicadas a cada árvore individualmente, seguindo-se as regras de sortimento estabelecidas.

O modelo parabólico foi ajustado para árvores de *Eucalyptus* spp., resultando nas seguintes estimativas dos parâmetros:

$$\hat{\beta}_0 = 1{,}5037 \quad \hat{\beta}_1 = -3{,}3590 \quad e \quad \hat{\beta}_2 = 2{,}0082$$

Suponha-se que se deseja fazer o sortimento, segundo as regras apresentadas anteriormente, para uma árvore com DAP de 31 cm ($d = 31$) e altura total de 30 m ($h = 30$). O sortimento é realizado numa sequência de passos.

1º Passo: predição do volume total do tronco:

$$f = \left[1{,}5037 + \frac{(-3{,}3590)}{2} + \frac{2{,}0082}{3}\right] = 0{,}4936$$
$$\hat{v} = \left(\frac{\pi}{4}\right)\left(\frac{31}{100}\right)^2 30(0{,}4936) = 1{,}1177\,m^3$$

2º Passo: predição da altura ao longo do tronco para os diâmetros mínimos dos diferentes usos. Para isso, a fórmula de cálculo dessa altura ao longo do tronco pode ser simplificada em função apenas do diâmetro do tronco:

$$\hat{h}_d = [-(-3{,}3590(30))]$$
$$- \sqrt{(-3{,}3560(30))^2 - 4(2{,}0082)}$$
$$\times \sqrt{\left[1{,}5037(30)^2 - \left(\frac{d_h \times 30}{31}\right)^2\right]} \Big/ [2(2{,}0082)]$$

$$\hat{h}_d = \frac{100{,}7700 - \sqrt{-716{,}4363 + 7{,}5229(d_h)^2}}{4{,}0164}$$

O resultado da aplicação dessa fórmula para os diferentes diâmetros mínimos de utilização é:

Serraria ⇒ $d_{uS} = 30\,cm$ ⇒ $\hat{h}_{d=30} = 5{,}7169 \approx 5{,}7\,m$
Fibra ⇒ $d_{uF} = 15\,cm$ ⇒ $\hat{h}_{d=15} = 17{,}3104 \approx 17{,}3\,m$
Lenha ⇒ $d_{uL} = 10\,cm$ ⇒ $\hat{h}_{d=10} = 23{,}5988 \approx 23{,}6\,m$

3º Passo: definir a toragem do tronco utilizando as regras de sortimento:
- a primeira tora será para serraria e o comprimento será de 5 m;
- uma vez cortado o tronco na altura de 5 m, será possível retirar cinco toras para processamento industrial para produção de fibra, cada uma delas com 2,4 m, o que levará até a altura de 17 m;
- a partir da altura de 17 m, será possível obter seis toras para lenha, cada uma com 1 m, chegando à altura de 23 m;
- a madeira acima da altura de 23 m será resíduo.

A Tab. 6.2 resume a situação da toragem.

4º Passo: predição dos volumes até as alturas ao longo do tronco correspondentes a cada tipo de utilização:

$$\hat{v}(h_d) = \left(\frac{\pi}{4}\right)\left(\frac{31}{100}\right)^2$$
$$\times \left[1{,}5037(h_d) + \frac{-3{,}3590}{2 \times (30)}(h_d)^2 + \frac{2{,}0082}{3 \times (30)^2}(h_d)^3\right]$$
$$\hat{v}(h_d) = 0{,}0755\left[1{,}5037(h_d) - 0{,}0560(h_d)^2 \right.$$
$$\left. + (7{,}438 \times 10^{-4})(h_d)^3\right]$$

Serraria ⇒ $\hat{h}_S = 5{,}0\,m$ ⇒ $\hat{v}(5{,}0) = 0{,}4689\,m^3$
Fibra ⇒ $\hat{h}_F = 17\,m$ ⇒ $\hat{v}(17) = 0{,}9481\,m^3$
Lenha ⇒ $\hat{h}_L = 23\,m$ ⇒ $\hat{v}(23) = 1{,}0581\,m^3$
Resíduo ⇒ $\hat{h}_{d=0} = 30\,m$ ⇒ $\hat{v}(0) = \hat{v}_k = 1{,}1177\,m^3$

A situação do volume acumulado a cada altura pode ser acrescentada à Tab. 6.3 de toragem.

Tab. 6.2 Tabela de toragem

Utilização	Tora	Altura no tronco (m)
Serraria	1	5,0
Fibra	2	7,4
	3	9,8
	4	12,2
	5	14,6
	6	17,0
Lenha	7	18,0
	8	19,0
	9	20,0
	10	21,0
	11	22,0
	12	23,0
Resíduo	–	30,0

Tab. 6.3 Tabela de toragem

Utilização	Tora	Altura no tronco (m)	Volume acumulado (m³)
Serraria	1	5,0	0,4689
Fibra	2	7,4	
	3	9,8	
	4	12,2	
	5	14,6	
	6	17,0	0,9481
Lenha	7	18,0	
	8	19,0	
	9	20,0	
	10	21,0	
	11	22,0	
	12	23,0	1,0581
Resíduo	–	30,0	1,1177

5º Passo: predição do volume para cada uso pela diferença dos volumes acumulados até as alturas relativas aos usos:

$$v_S = \hat{v}(5) = 0,4689\,\text{m}^3$$
$$v_F = \hat{v}(17) - \hat{v}(5) = 0,9841 - 0,4689 = 0,5152\,\text{m}^3$$
$$v_L = \hat{v}(23) - \hat{v}(17) = 1,0581 - 0,9841 = 0,0741\,\text{m}^3$$
$$v_R = \hat{v}(30) - \hat{v}(23) = 1,1177 - 1,0581 = 0,0595\,\text{m}^3.$$

O volume de cada uso pode ser acrescentado à Tab 6.4 de toragem.

A estimativa dos volumes para os diferentes usos envolve grande quantidade de cálculos, pois esses quatro passos devem ser aplicados a todas as árvores de um levantamento florestal. Entretanto, tal sistema pode ser fácilmente automatizado utilizando-se um sistema computadorizado de modo a minimizar a influência dos erros de origem humana nos resultados dos levantamentos florestais.

Propriedades ideais das equações de forma

A Fig. 6.10 ilustra uma equação de forma, mostrando que existem algumas propriedades ideais que se espera dessas equações para que elas tenham perfeita coerência. Estas propriedades são:

1] O diâmetro do tronco (d_h) *decresce monotonicamente* com o aumento da altura ao longo do tronco a partir da base (h_d).

Tab. 6.4 Tabela de toragem

Utilização	Tora	Altura no tronco (m)	Volume acumulado (m³)	Volume por uso (m³)
Serraria	1	5,0	0,4689	0,4689
Fibra	2	7,4		
	3	9,8		
	4	12,2		
	5	14,6		
	6	17,0	0,9481	0,5152
Lenha	7	18,0		
	8	19,0		
	9	20,0		
	10	21,0		
	11	22,0		
	12	23,0	1,0581	0,0741
Resíduo	–	30,0	1,1177	0,0595

2] À altura do peito ($h_d = 1,3$), o diâmetro do tronco é igual ao *DAP* ($d_h = d$).

3] No topo ($h_d = h$), o diâmetro do tronco é nulo ($d_h = 0$).

O modelo parabólico não satisfaz nenhuma dessas propriedades. A primeira propriedade (decréscimo mo-

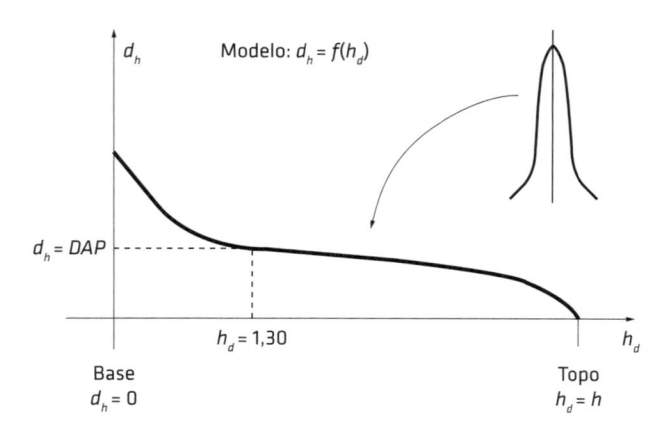

Fig. 6.10 Equação de forma descrevendo a forma do tronco: o diâmetro ao longo do tronco (d_h) é uma função da posição no tronco (h_d). Condições de coerência de uma equação de forma: para $h_d = 1{,}30$, $d_h = DAP$; para $h_d = h$, $d_h = 0$

notônico) não é satisfeita, pois o modelo é parabólico. A Eq. 6.3 estabelece a predição do diâmetro do tronco em função da altura ao longo do tronco:

$$\hat{d}_h = d \cdot \sqrt{\hat{\beta}_0 + \hat{\beta}_1 (h_d/h) + \hat{\beta}_2 (h_d/h)^2}$$

Ela deixa claro que para satisfazer a segunda propriedade seria necessário que o modelo ajustado cumprisse a condição:

$$\hat{\beta}_0 + \hat{\beta}_1 (1{,}3/h) + \hat{\beta}_2 (1{,}3/h)^2 = 1$$

Mas essa condição depende da altura total da árvore (h) e, portanto, será diferente para cada árvore. Já a terceira propriedade estabelece a condição

$$\hat{\beta}_0 + \hat{\beta}_1 (h/h) + \hat{\beta}_2 (h/h)^2 = 0 \Rightarrow \hat{\beta}_0 + \hat{\beta}_1 + \hat{\beta}_2 = 0$$

Essa condição pode ser *imposta* ao modelo no procedimento de estimação dos parâmetros. Mas, nesse caso, o modelo deve ser ajustado por procedimento bem mais complexo que o de regressão linear.

Modelos de equações de forma

O Quadro 6.6 apresenta alguns modelos tradicionais na literatura florestal. Os modelos de equação de forma são geralmente bem mais complexos que os modelos de equação de volume. Essa maior complexidade surge em parte pelo fato de que o perfil do tronco das árvores tem que ser representado por expresssões matemáticas mais complexas que a relação do volume com o DAP e a altura total. A necessidade de satisfazer as propriedades de uma equação de forma ideal é outro aspecto que aumenta sobremaneira a complexidade dos modelos de equação de forma. Mas a complexidade desses modelos é uma necessidade para se obter predições realistas tanto do diâmetro do tronco quanto do volume do tronco a diferentes alturas.

A complexidade do modelo tradicional de Bennett e Swindel (Quadro 6.6) se deve ao fato de ele satisfazer as propriedades ideais das equações de forma e poder ser ajustado pelo método clássico de regressão linear. Os modelos de polinômios segmentados são modelos em que dois ou mais polinômios, de graus diferentes ou iguais, são unidos numa única função para tentar captar a forma complexa do perfil do tronco das árvores. Dentre os inúmeros modelos de polinômios segmentados existentes, o Quadro 6.6 apresenta apenas dois, o primeiro resultante da junção de dois polinômios quadráticos e o segundo resultante da união de três. Os pontos de junção desses modelos é dado pelas variáveis J, que no quadro são apresentados como posições relativas fixas da altura total, o que permite que esses modelos sejam ajustados por regressão linear. As variáveis indicadoras I são aquelas que designam a passagem de um segmento de polinômio para o outro. Os modelos de polinômios segmentados são desenvolvidos de tal modo que a função resultante permaneça contínua em toda a sua extensão.

A abordagem de modelagem dos modelos de expoente variável (Quadro 6.6) consiste em tomar a razão do diâmetro do tronco nas diferentes alturas pelo DAP como uma potência da altura relativa, mas o expoente dessa potência varia com a própria posição relativa e com alguns atributos das árvores. Na sua versão mais simples, os atributos são apenas o DAP e a altura total, mas na versão mais complexa são introduzidos atributos da copa da árvore, como comprimento da copa, razão da copa e altura da base da copa. Os modelos de expoente variável são muito flexíveis, mas sua aplicação no sortimento da madeira é extremamente complexa. Já os modelos trigonométricos, dos quais o quadro apresenta apenas um exemplo, captam a complexidade da forma do perfil do tronco por meio de funções trigonométricas. As funções trigonométricas simplificam a obtenção do volume do tronco via integração da equação de forma, mas, por outro lado, limitam a capacidade do modelo satisfazer as propriedades ideais das equações de forma.

Quadro 6.6 Exemplo de alguns modelos de equação de forma

Modelos tradicionais

Parabólico (Kozak; Munro; Smith, 1969)

$d_h^2/d^2 = \beta_0 + \beta_1(h_d/h) + \beta_2(h_d/h)^2 + \varepsilon$

Bennett-Swindel (Bennett; Swindel, 1972)

$d_h^2/d^2 - X_1 = \beta_1 \cdot X_2 + \beta_2 \cdot X_3 + \beta_3 \cdot X_4 + \varepsilon$

$X_1 = (h - h_d)/(h - 1,37)$

$X_2 = (h - h_d)(h_d - 1,37)/d^2$

$X_3 = h(h - h_d)(h_d - 1,37)/d^2$

$X_4 = (h - h_d)(h_d - 1,37)(h + h_d + 1,37)/d^2$

Modelos de polinômios segmentados

Dois quadráticos (Max; Burkhart, 1976)

$d_h^2/d^2 = \beta_1(X - 1) + \beta_2(X^2 - 1) + \beta_3(J - X)^2 I + \varepsilon$

$X = (h_d - 1,3)/(h - 1,3)$

$J = 0,90\,h$

$I = \begin{cases} 0 \text{ se } X > J \\ 1 \text{ se } X \leq J \end{cases}$

Três quadráticos (Max; Burkhart, 1976)

$d_h^2/d^2 = \beta_1(X - 1) + \beta_2(X^2 - 1)$
$+ \beta_3(J_1 - X)^2 I_1 + \beta_4(J_2 - X)^2 I_2 + \varepsilon$

$X = (h_d - 1,3)/(h - 1,3)$

$J_1 = 1,3/h$

$J_2 = 0,76\,h$

$I_1 = \begin{cases} 0 \text{ se } X > J_1 \\ 1 \text{ se } X \leq J_1 \end{cases}$

$I_2 = \begin{cases} 0 \text{ se } X > J_2 \\ 1 \text{ se } X \leq J_2 \end{cases}$

Modelos de expoente variável

DAP e altura (Kozak, 1988)

$d_h/d = X^C + \varepsilon$

$X = (1 - \sqrt{Z})/(1 - \sqrt{p})$

$Z = h_d/h$

$p = 1,3/h$

$C = \beta_1 \cdot Z + \beta_2 \cdot Z^2 + \beta_3 \cdot \ln(Z) + \beta_4 \sqrt{Z} + \beta_5(d/h)$

Modelos de expoente variável (cont.)

Dimensões da copa (Kozak, 1988)

$d_h/d = X^C + \varepsilon$

$C = \beta_1 \cdot Z + \beta_2 \cdot \sqrt{Z} + \beta_3 \cdot (d/h) + \beta_4 \cdot l_c + \beta_5 \cdot l_{Rc} + \beta_6 \cdot h_{cb}$

Modelo trigonométrico

Thomas-Parresol (Thomas; Parresol, 1991)

$d_h^2/d^2 = \beta_1(X - 1) + \beta_2 \cdot \text{sen}(\beta_3 \cdot \pi \cdot X)$
$+ \beta_4 \cdot \text{cotan}(\pi \cdot X/2) + \varepsilon$

$X = h_d/h$

d – DAP; h – altura total; 1,3 – altura do peito; d_h – diâmetro do tronco a diferentes alturas ao longo do tronco; h_d – altura ao longo do tronco para diferentes diâmetros do tronco; l_c – comprimento da copa; l_{Rc} – razão da copa; h_{cb} – altura até a base da copa; β_i ($i = 1, 2, \ldots, 6$) – parâmetros do modelo; ε – componente estocástico do modelo.

Em razão da complexidade dos modelos, muitas equações de forma não possuem uma solução analítica para a integral da equação que gera o volume do tronco em função da altura ao longo do tronco, incluindo a expressão do volume total do tronco. Frequentemente é necessário lançar mão de *métodos numéricos* de integração para se obter valores aproximados das integrais e poder aplicar os modelos no sortimento da madeira.

6.3.3 Equação da razão do volume comercial

Os bons modelos de equação de forma são complexos e exigem maior experiência estatística no seu ajuste. Além disso, a complexidade da aplicação desses modelos no sortimento é outro grande inconveniente na sua utilização prática. Uma alternativa mais simples, tanto no ajuste dos modelos quanto na sua aplicação, é a *equação da razão de volume comercial*.

Apesar do seu nome, a equação da razão de volume comercial consiste na verdade de um *sistema* de três equações ajustadas de forma independente por regressão linear. A aplicação das três equações no sortimento de madeira segue o mesmo procedimento da equação de forma, mas, comparado aos modelos complexos de equação de forma, apresenta cálculos bem mais simples. Apesar de ser uma alternativa menos flexível em termos da modelagem do perfil do tronco, a equação da razão tem a vantagem de poder ser aplicada a árvores com copa decurrente, nas quais não existe uma relação entre o diâmetro do tronco e a altura ao longo do tronco.

As três equações que compõem o sistema são:

Equação do volume total: é uma equação de volume tradicional que fornece o volume total da árvore. Essa equação pode ser de qualquer modelo, mas, em geral, utiliza-se uma equação padrão, sendo que o modelo de Schumacher-Hall é mais frequentemente empregado:

$$\log(v_i) = \beta_0 + \beta_1 \cdot \log(d_i) + \beta_2 \cdot \log(h_i) + \varepsilon_i$$

[forma de ajuste]

$$\hat{v} = \hat{\beta}_0^* \cdot d^{\hat{\beta}_1} \cdot h^{\hat{\beta}_2} \qquad (6.7)$$

em que i ($i = 1, 2, \ldots, n$) é o índice das árvores da amostra destrutiva utilizadas para o ajuste do modelo; v, d e h são o volume, o DAP e a altura, respectivamente; β_0, β_1 e β_2 são parâmetros estimados por regressão linear, sendo $\hat{\beta}_0^* = \exp[\hat{\beta}_0]$; e ε_i é o componente estocástico do modelo.

Equação da razão do volume comercial para a razão dos diâmetros: é uma equação em que a razão do volume (comercial) até um dado diâmetro do tronco (d_h) pelo volume total da árvore (v) é função da razão do respectivo diâmetro do tronco (d_h) e o DAP (d):

$$\log\left[1 - \frac{v_{di}}{v_i}\right] = \beta_3 + \beta_4 \cdot \log(d_{hi}) + \beta_5 \cdot \log(d_i) + \varepsilon_i$$

[forma de ajuste]

$$\hat{R}_d = \left[\frac{\hat{v}_d}{\hat{v}}\right] = 1 - \hat{\beta}_3^* \frac{(d_h)^{\hat{\beta}_4}}{d^{\hat{\beta}_5}} \qquad (6.8)$$

em que $\hat{\beta}_3^* = \exp[\hat{\beta}_3]$ e os demais termos como definidos anteriormente.

Equação da razão do volume comercial para a razão das alturas: como na expressão anterior, é a razão do volume do tronco (v_h) até uma certa altura (h_d) pelo volume total (v) e função da razão dessa respectiva altura (h_d) pela altura total (h):

$$\log\left[1 - \frac{v_{hi}}{v_i}\right] = \beta_6 + \beta_7 \cdot \log(h_i - h_{di}) + \beta_8 \cdot \log(h_i) + \varepsilon_i$$

[forma de ajuste]

$$\hat{R}_h = \left[\frac{\hat{v}_h}{\hat{v}}\right] = 1 - \hat{\beta}_6^* \frac{(h - h_d)^{\hat{\beta}_7}}{h^{\hat{\beta}_8}} \qquad (6.9)$$

em que $\hat{\beta}_6^* = \exp[\hat{\beta}_6]$ e os demais termos como definidos anteriormente.

É importante notar que as três equações são ajustadas de forma independente por regressão linear, embora a forma de aplicação das equações seja uma forma não linear.

Equação de forma implícita

As duas equações da razão do volume comercial (Eqs. 6.8 e 6.9) implicam uma equação de forma. Uma vez que a razão dos volumes é a mesma nas duas equações, é possível igualá-las obtendo-se a expressão:

$$\hat{R}_d = \hat{R}_h \implies 1 - \hat{\beta}_3 \frac{(d_h)^{\hat{\beta}_4}}{d^{\hat{\beta}_5}} = 1 - \hat{\beta}_6 \frac{(h - h_d)^{\hat{\beta}_7}}{h^{\hat{\beta}_8}}$$

Essa expressão pode ser solucionada para se gerar uma equação de forma propriamente dita, que prediz o diâmetro do tronco em função da altura ao longo dele:

$$\hat{d}_h = \left(\frac{\hat{\beta}_6}{\hat{\beta}_3}\right)^{1/\hat{\beta}_4} \frac{d^{\hat{\beta}_5/\hat{\beta}_4}(h - h_d)^{\hat{\beta}_7/\hat{\beta}_4}}{h^{\hat{\beta}_8/\hat{\beta}_4}} \qquad (6.10)$$

Mas também pode ser solucionada para gerar a predição da altura ao longo do tronco em função do seu diâmetro:

$$\hat{h}_d = \left(\frac{\hat{\beta}_3}{\hat{\beta}_6}\right)^{1/\hat{\beta}_7} \frac{h^{\hat{\beta}_8/\hat{\beta}_7}(d_h)^{\hat{\beta}_4/\hat{\beta}_7}}{d^{\hat{\beta}_5/\hat{\beta}_7}} \qquad (6.11)$$

É importante notar que essa equação de forma será compatível com as predições de volume uma vez que ela foi derivada das próprias equações de razão do volume. Por outro lado, o sistema requer a estimação de *nove parâmetros*, que é um número maior que o exigido por qualquer modelo de equação de forma.

Aplicação da razão do volume comercial: árvores excurrentes

Como na aplicação da equação de forma, a aplicação da razão do volume comercial no sortimento de madeira do tronco de árvores *excurrentes* requer o uso de três fórmulas de cálculo:

Fórmula 1: predição do volume total do tronco:

$$\hat{v} = \hat{\beta}_0^* \cdot d^{\hat{\beta}_1} \cdot h^{\hat{\beta}_2}$$

Fórmula 2: predição da altura ao longo do tronco referente a um dado diâmetro do tronco:

$$\hat{h}_d = \left(\frac{\hat{\beta}_3}{\hat{\beta}_6}\right)^{1/\hat{\beta}_7} \frac{h^{\hat{\beta}_8/\hat{\beta}_7}(d_h)^{\hat{\beta}_4/\hat{\beta}_7}}{d^{\hat{\beta}_5/\hat{\beta}_7}}$$

CAPÍTULO 6 | ARBORIMETRIA PREDITIVA

Fórmula 3: predição do volume até a uma dada altura ao longo do tronco:

$$\hat{v}(h_d) = \hat{v} \cdot \widehat{R}_h = \hat{v}\left[1 - \hat{\beta}_6^* \frac{(h-h_d)^{\hat{\beta}_7}}{h^{\hat{\beta}_8}}\right]$$

As fórmulas foram ajustadas para árvores de *Eucalyptus grandis* (Myrtaceae) em 1ª rotação, obtendo-se as seguintes estimativas para os parâmetros:

$$\left.\begin{array}{l}\hat{\beta}_0^* = 2{,}706 \times 10^{-5} \\ \hat{\beta}_1 = 1{,}8298 \\ \hat{\beta}_2 = 1{,}1712\end{array}\right\} \Rightarrow \hat{v} = (2{,}706 \times 10^{-5})d^{1{,}8298} \times h^{1{,}1712} \quad (A)$$

$$\left.\begin{array}{l}\hat{\beta}_3 = 0{,}3704 \\ \hat{\beta}_4 = 3{,}1128 \\ \hat{\beta}_5 = 2{,}8828\end{array}\right\} \Rightarrow \widehat{R}_d = 1 - 0{,}3704\left[(d_h)^{3{,}1128}/d^{2{,}8828}\right] \quad (B)$$

$$\left.\begin{array}{l}\hat{\beta}_6 = 1{,}0180 \\ \hat{\beta}_7 = 2{,}4643 \\ \hat{\beta}_8 = 2{,}4625\end{array}\right\} \Rightarrow \widehat{R}_h = 1 - 1{,}0180\left[(h-h_d)^{2{,}4643}/h^{2{,}4625}\right] \quad (C)$$

As estimativas dos parâmetros das fórmulas 1 e 3 já estão contempladas nas expressões (A) e (C). Para predição da altura em função do diâmetro do tronco (fórmula 2), é necessário combinar as estimativas dos parâmetros anteriores gerando a fórmula de cálculo:

$$\left.\begin{array}{l}(\hat{\beta}_3/\hat{\beta}_6)^{1/\hat{\beta}_7} = 0{,}6635 \\ \hat{\beta}_8/\hat{\beta}_7 = 0{,}9993 \\ \hat{\beta}_4/\hat{\beta}_7 = 1{,}2632 \\ \hat{\beta}_5/\hat{\beta}_7 = 1{,}1698\end{array}\right\} \Rightarrow \hat{h}_d = h - 0{,}6635 \times \frac{h^{0{,}9993}(d_h)^{1{,}2632}}{d^{1{,}1698}}$$

Suponha-se que se deseja fazer o sortimento, segundo as regras de sortimento já apresentadas, para uma árvore com *DAP* de 31 cm ($d = 31$) e altura total de 30 m ($h = 30$). Assim, pode-se determinar a sequência de passos para o sortimento da madeira dessa árvore.

1º Passo: predição do volume total:

$$\hat{v} = (2{,}706 \times 10^{-5})(31)^{1{,}8298}(30)^{1{,}1712} = 0{,}7784\,\text{m}^3$$

2º Passo: predição da altura para os diâmetros-limite de utilização:

$$\hat{h}_d = (30) - 0{,}6635 \frac{(30)^{0{,}9993}(d_u)^{1{,}2632}}{(31)^{1{,}1698}}$$

$$= 30 - 0{,}2907(d_u)^{1{,}2632}$$

O resultado da aplicação dessa fórmula aos diâmetros mínimos de utilização é o seguinte:

Serraria $\Rightarrow d_{uS} = 30\,\text{cm} \Rightarrow \hat{h}_{[d=30]} = 1{,}887 \approx 1{,}9\,\text{m}$

Fibra $\Rightarrow d_{uF} = 15\,\text{cm} \Rightarrow \hat{h}_{[d=15]} = 18{,}2588 \approx 18{,}3\,\text{m}$

Lenha $\Rightarrow d_{uL} = 10\,\text{cm} \Rightarrow \hat{h}_{[d=10]} = 22{,}9647 \approx 23{,}0\,\text{m}$

Resíduo $\Rightarrow d = 0\,\text{cm} \Rightarrow \hat{h}_{[d=0]} = h = 30\,\text{m}$

3º Passo: definir a toragem do tronco utilizando as regras de sortimento:
- a altura para diâmetro de 30 cm é de apenas 1,9 m e, portanto, não é possível obter dessa árvore uma tora para serraria;
- a altura para o diâmetro de 15 cm é 18,3 m, sendo possível obter sete toras para fibra de comprimento de 2,4 m, chegando-se até a altura de 16,8 m;
- a partir da altura de 16,8 m, é possível obter seis toras de 1 m de comprimento para lenha, atingindo-se a altura de 22,8 m;
- a madeira acima da altura de 22,8 m será resíduo. A Tab. 6.5 apresenta a toragem dessa árvore.

Tab. 6.5 Tabela de toragem

Utilização	Tora	Altura no tronco (m)
Serraria	–	–
Fibra	1	2,4
	2	4,8
	3	7,2
	4	9,6
	5	12,0
	6	14,4
	7	16,8
Lenha	8	17,8
	9	18,8
	10	19,8
	11	20,8
	12	21,8
	13	22,8
Resíduo	–	30,0

4º Passo: predição dos volumes até as alturas ao longo do tronco correspondentes a cada tipo de utilização:

$$\hat{v}(h_d) = \hat{v} \cdot \widehat{R}_h = \hat{v}\left[1 - 1{,}0180\frac{(30-h_d)^{2{,}4643}}{30^{2{,}4625}}\right]$$

Fibra $\Rightarrow \hat{h}_F = 16{,}8\,\text{m} \Rightarrow \hat{v}(16{,}8) = 0{,}6812\,\text{m}^3$

Lenha $\Rightarrow \hat{h}_L = 22{,}8\,\text{m} \Rightarrow \hat{v}(22{,}8) = 0{,}7566\,\text{m}^3$

Resíduo $\Rightarrow \hat{h}_{d=0} = 30{,}0\,\text{m} \Rightarrow \hat{v}(0) = \hat{v} = 0{,}7784\,\text{m}^3$

A situação do volume acumulado até cada altura pode ser acrescentado à tabela de toragem (Tab. 6.6):

Tab. 6.6 Tabela de toragem

Utilização	Tora	Altura no tronco (m)	Volume acumulado (m³)
Serraria	–	–	
Fibra	1	2,4	
	2	4,8	
	3	7,2	
	4	9,6	
	5	12,0	
	6	14,4	
	7	16,8	0,6812
Lenha	8	17,8	
	9	18,8	
	10	19,8	
	11	20,8	
	12	21,8	
	13	22,8	0,7566
Resíduo	–	30,0	0,7784

5º Passo: predição do volume dos usos pela diferença dos volumes acumulados até as alturas de cada uso:

$$v_{\text{Fibra}} = \hat{v}(16{,}8) = 0{,}6812\,\text{m}^3$$

$$\begin{aligned} v_{\text{Lenha}} &= \hat{v}(22{,}8) - \hat{v}(16{,}8) \\ &= 0{,}7566 - 0{,}6812 = 0{,}0754\,\text{m}^3 \end{aligned}$$

$$\begin{aligned} v_{\text{Resíduo}} &= \hat{v}(30{,}0) - \hat{v}(22{,}8) \\ &= 0{,}7784 - 0{,}7566 = 0{,}0218\,\text{m}^3 \end{aligned}$$

O volume de cada uso pode ser acrescentado à tabela de toragem da árvore (Tab. 6.7).

Aplicação da razão do volume comercial: árvores decurrentes

As árvores decurrentes são caracterizadas pela existência de vários troncos que crescem lado a lado, formados pelo perfilhamento a partir do sistema radicular ou pela ramificação de um tronco único. Por isso, nessas árvores não é possível estabelecer uma equação de forma, isto é,

Tab. 6.7 Tabela de toragem

Utilização	Tora	Altura no tronco (m)	Volume acumulado (m³)	Volume por uso (m³)
Serraria	–	–		
Fibra	1	2,4		
	2	4,8		
	3	7,2		
	4	9,6		
	5	12,0		
	6	14,4		
	7	16,8	0,6812	0,6812
Lenha	8	17,8		
	9	18,8		
	10	19,8		
	11	20,8		
	12	22,8		
	13	22,8	0,7566	0,0754
Resíduo	–	30,0	0,7784	0,0218

uma relação unívoca entre a altura ao longo do tronco e o diâmetro deste. Numa árvore decurrente, se for determinada certa altura, 5 m por exemplo, cada um dos troncos terá um diâmetro diferente nessa posição. Se, por outro lado, for determinado um certo valor de diâmetro do tronco, 7 cm por exemplo, ele corresponderá a posições de alturas diferentes nos vários troncos da árvore. A impossibilidade de se estabelecer uma equação de forma para as árvores decurrentes implica a impossibilidade de realizar o sortimento de suas toras com base nas duas informações básicas do sortimento: o comprimento de tora e o diâmetro mínimo para cada tipo de uso da madeira.

Contudo, é possível se estabelecer uma relação matemática entre um dado valor de diâmetro do tronco e a proporção do volume sólido presente na árvore até esse dado diâmetro, ou seja, é possível se construir uma equação da razão do volume comercial para a razão dos diâmetros. É possível, portanto, se predizer o volume lenhoso da árvore, compreendendo os vários troncos, até um dado diâmetro mínimo e, consequentemente, é possível realizar o sortimento com base apenas na regra dos diâmetros mínimos de utilização.

O sortimento assim simplificado pode ser operacionalizado utilizando-se uma versão mais simples do sistema de equações da razão de volume comercial. Apenas duas fórmulas de cálculo são necessárias:

Fórmula 1: predição do volume total do tronco:

$$\hat{v} = \hat{\beta}_0^* \cdot d^{\hat{\beta}_1} \cdot h^{\hat{\beta}_2}$$

Fórmula 2: predição do volume até a um dado diâmetro mínimo de utilização:

$$\hat{v}(d_u) = \hat{v} \cdot \hat{R}_d = \hat{v}\left[1 - \hat{\beta}_3^* \frac{(d_u)^{\hat{\beta}_4}}{d^{\hat{\beta}_5}}\right]$$

As fórmulas de volume total e da razão do volume comercial para a razão dos diâmetros foram ajustadas em dados de cubagem de árvores de caixeta (*Tabebuia cassinoides*, Bignoniaceae), resultando nas seguintes estimativas dos parâmetros:

$$\left.\begin{array}{l}\hat{\beta}_0^* = 0{,}0299 \\ \hat{\beta}_1 = 1{,}9938 \\ \hat{\beta}_2 = 1{,}0279\end{array}\right\} \Rightarrow \hat{v} = (0{,}0299)d^{1{,}9938} \times h^{1{,}0279}$$

$$\left.\begin{array}{l}\hat{\beta}_3 = 0{,}2237 \\ \hat{\beta}_4 = 0{,}8003 \\ \hat{\beta}_5 = -0{,}5037\end{array}\right\} \Rightarrow \hat{R}_d = 1 - 0{,}2237\left[(d_h)^{0{,}8003}/d^{-0{,}5037}\right]$$

Como se trata de uma espécie nativa, as regras de sortimento são diferentes das apresentadas anteriormente para eucalipto. A madeira da caixeta é uma madeira de densidade intermediária podendo ser utilizada para serraria ($d_S = 20\,\text{cm}$), artesanato ($d_A = 7\,\text{cm}$) e lenha ($d_L = 4\,\text{cm}$).

Tomando-se como exemplo uma árvore de caixeta com *DAP* de 30 cm ($d = 30$) e altura total de 15 m ($h = 15$), o procedimento de sortimento fica reduzido a apenas três passos:

1º Passo: predição do volume total:

$$\hat{v} = (0{,}0299)(30)^{1{,}9938}(15)^{1{,}0279}$$
$$= 426{,}4573 \approx 426\,\text{dm}^3$$

2º Passo: predição dos volumes acumulados até os diâmetros mínimos de utilização:

$$\hat{v}(d_h) = \hat{v} \cdot \hat{R}_d = \hat{v}\left[1 - 0{,}2237\frac{(d_h)^{0{,}8003}}{30^{-0{,}5037}}\right]$$

Serraria $\Rightarrow \hat{d}_S = 20\,\text{cm} \Rightarrow \hat{v}(20) = 237{,}3567 \approx 237\,\text{dm}^3$
Artesanato $\Rightarrow \hat{d}_A = 7\,\text{cm} \Rightarrow \hat{v}(7) = 344{,}8378 \approx 345\,\text{dm}^3$
Lenha $\Rightarrow \hat{d}_L = 4\,\text{cm} \Rightarrow \hat{v}(4) = 374{,}3040 \approx 374\,\text{dm}^3$
Resíduo $\Rightarrow \hat{d}_R = 0\,\text{cm} \Rightarrow \hat{v}(0) = \hat{v} = 426\,\text{dm}^3$

3º Passo: predição do volume dos usos pela diferença dos volumes acumulados até os diâmetros mínimos de utilização:

$$v_S = \hat{v}(20) = 237\,\text{dm}^3$$
$$v_A = \hat{v}(7) - \hat{v}(20) = 345 - 237 = 108\,\text{dm}^3$$
$$v_L = \hat{v}(4) - \hat{v}(7) = 374 - 345 = 29\,\text{dm}^3$$
$$v_R = \hat{v}(0) - \hat{v}(4) = 426 - 374 = 52\,\text{dm}^3$$

Desvantagem da razão do volume comercial

A predição do sortimento por meio dos sistemas de razão do volume comercial é bastante simples de se operacionalizar e seu ajuste por regressão linear é fácil de se implementar. Contudo, o ajuste das equações é frequentemente de *baixa qualidade*, tanto em relação à sua capacidade preditiva quanto em relação ao comportamento dos erros de predição. Isso faz com que a predição de sortimento gerada por equações de forma seja, via de regra, mais precisa que aquelas geradas pela razão do volume comercial.

Uma possível explicação é o fato de que o tronco de uma árvore não pode ser representado por um único sólido geométrico, pois a sua forma varia ao longo das diferentes posições da base para o topo. O sistema de razão do volume comercial assume, no entanto, que a proporção do volume total do tronco tem uma relação fixa com a razão dos diâmetros e com a razão das alturas.

6.4 Predição da biomassa

Como foi visto, a biomassa da árvore é uma medida destrutiva e, portanto, o monitoramento do crescimento em biomassa de árvores e povoamentos requer necessariamente uma forma de predizê-la. Ao contrário do volume, a biomassa de uma árvore não se refere apenas ao seu lenho, mas a todos os seus *componentes*. Reconhece-se que as árvores são formadas por duas partes, a aérea e a subterrânea. A parte aérea é geralmente identificada como tendo duas subpartes: o tronco e a copa. O tronco pode ser visto como tendo como componentes o lenho e a casca, enquanto que os componentes identificados na copa são geralmente os ramos, os galhos (finos) e as folhas. Frequentemente, os galhos finos e as folhas são reunidos num único componente (folhagem) para reduzir o trabalho de campo, dispensando-se a separação uns dos outros. Já na parte subterrânea se reconhece apenas um componente que são as raízes, em alguns trabalhos se faz a distinção entre raízes de diferentes diâmetros.

Em razão da maior facilidade de se realizar medidas em amostras destrutivas, a maioria dos estudos e planos de manejo que utilizam a biomassa se refere à biomassa da parte aérea, que é chamada de *biomassa aérea* da árvore. A quantificação da *biomassa subterrânea* é extremamente trabalhosa e onerosa, sendo raros os estudos e planos de manejo que a utilizam.

6.4.1 Biomassa dos componentes da árvore

A predição da biomassa dos componentes da árvore requer o desenvolvimento de um sistema de equações, no qual cada equação realiza a predição de um dado componente. De forma análoga ao problema do sortimento da madeira da árvore para diversos usos, o sistema de equações para predição da biomassa dos componentes da árvore também deve ser *coerente*, isto é, a soma das predições dos vários componentes deve resultar igual à predição da biomassa total da árvore.

Os sistemas de equação de predição dos componentes da biomassa, contudo, são geralmente mais complexos que os sistemas de sortimento, pois, geralmente, cada equação do sistema tem uma forma funcional distinta. As melhores medidas para predizer a biomassa do tronco são com frequência distintas das melhores medidas para predizer a biomassa dos componentes da copa da árvore ou a biomassa de casca. Por exemplo, um sistema de equações para predição da biomassa pode ter a seguinte forma:

$$\hat{b}_{\text{TRONCO}} = \hat{\beta}_{10} + \hat{\beta}_{11} \cdot d^2 \cdot h$$
$$\hat{b}_{\text{CASCA}} = \hat{\beta}_{20} + \hat{\beta}_{21} \cdot d^2$$
$$\hat{b}_{\text{FOLHAGEM}} = \hat{\beta}_{30} + \hat{\beta}_{31} \cdot d^2 \cdot l_c$$
$$\hat{b}_{\text{RAMOS}} = \hat{\beta}_{40} + \hat{\beta}_{41} \cdot d^2 \cdot h$$
$$\hat{b}_{\text{TOTAL}} = \hat{\beta}_{50} + \hat{\beta}_{51} \cdot d^2 \cdot h + \hat{\beta}_{52} \cdot d^2 + \hat{\beta}_{53} \cdot d^2 \cdot l_c$$

em que d é o *DAP*, h é a altura total, l_c é o comprimento de copa e $\hat{\beta}_{ij}$ ($i = 1, 2, 3, 4, 5; j = 0, 1$) são as estimativas dos parâmetros.

Todos os problemas associados a sistemas de equações estimados por regressão linear que foram discutidos quanto aos sistemas de sortimento estão igualmente presentes nos sistemas de equação de biomassa. Mas, ao contrário do problema do sortimento, no caso da biomassa dos componentes da árvore, não há alternativas ao sistema de equações. Assim, a construção de sistemas de equações da biomassa requer o uso de técnicas de estimativa de parâmetros bem mais sofisticadas que os métodos tradicionais de regressão linear. Esses métodos ajustam os parâmetros de todas as equações do sistema *simultaneamente*, sendo possível impor restrições de forma que as estimativas geradas resultem num *sistema coerente* de predição. No sistema exemplificado anteriormente, as restrições necessárias para que a predição da biomassa total fosse coerente são:

$$\hat{\beta}_{50} = \hat{\beta}_{10} + \hat{\beta}_{20} + \hat{\beta}_{30} + \hat{\beta}_{40}$$
$$\hat{\beta}_{51} = \hat{\beta}_{11} + \hat{\beta}_{41}$$
$$\hat{\beta}_{52} = \hat{\beta}_{21}$$
$$\hat{\beta}_{53} = \hat{\beta}_{31}$$

Contudo, a complexidade de tais métodos de ajuste vai muito além do escopo deste livro.

Ajuste simultâneo de sistemas de equações. Os métodos de ajuste simultâneo de sistemas de equações são o SUR – *seemingly unrelated regression* – e o NSUR – *nonlinear seemingly unrelated regression*. Para detalhes sobre a construção de sistemas de equações de biomassa, *vide* Burkhart e Tomé (2012) e, sobre os métodos de ajuste, *vide* Parresol (1999, 2001).

6.4.2 Biomassa lenhosa

O lenho — entendido como a combinação de madeira e casca nos componentes lignificados da árvore: tronco e galhos, na parte aérea, e as raízes, na parte subterrânea — corresponde à maior proporção da biomassa total da árvore. Logo, a biomassa de uma floresta, nativa ou plantada, é também majoritariamente lenhosa. Por outro lado, a biomassa lenhosa está associada a uma série de produtos que podem ser obtidos da madeira e que são medidos como massa, por exemplo, a quantidade de fibra ou celulose e a biomassa para energia (lenha ou carvão). A quantificação da biomassa lenhosa, portanto, tem relevância própria.

A biomassa lenhosa é diretamente proporcional ao volume de madeira na árvore, uma vez que ela é o volume multiplicado pela densidade da madeira. Como a biomassa é sempre a *massa seca*, a densidade da madeira em questão não é a densidade aparente, mas a *densidade básica*. É possível, portanto, se ampliar o postulado de Cotta, acrescentando-se a densidade básica como o quarto componente necessário à determinação da biomassa lenhosa de uma árvore.

A biomassa lenhosa de uma árvore depende de seu diâmetro, altura, forma e densidade básica. Se a biomassa lenhosa de uma árvore for corretamente determinada, ela será válida para todas as outras árvores de mesmo diâmetro, altura, forma e densidade básica.

Como no caso do volume, a *forma* deve ser entendida como forma do tronco no caso das árvores excurrentes, mas como *forma da copa* (tronco e ramos) nas árvores decurrentes.

Essa ampliação do postulado de Cotta permite que os mesmos fundamentos utilizados na predição do volume de madeira das árvores possam ser aplicados, uma vez corretamente ampliados, à predição da biomassa lenhosa

Predição pelo produto volume-densidade

De modo análogo à predição do volume sólido pelo produto do volume cilíndrico e do fator de forma, a biomassa lenhosa de uma árvore pode ser predita pelo produto do seu volume sólido pela densidade básica da madeira:

$$\widehat{b}_{Li} = \delta_B \cdot \widehat{v}_i$$

em que i é o índice das árvores ($i = 1, 2, \ldots, n$), $\widehat{b}_{Li}$ é a biomassa predita, $\widehat{v}_i$ é o volume sólido predito e δ_B é a densidade básica da madeira. É importante notar que, nessa expressão, a densidade básica não varia de árvore para árvore, devendo ser considerada como uma densidade básica *média* das árvores na amostra.

Se a medida da densidade básica for de fato uma média estimada da população das árvores em que a predição será realizada, essa abordagem é tão apropriada quanto a predição pelo fator de forma na predição do volume sólido. Contudo, é comum que se utilize a densidade básica média da *espécie* indicada pela literatura técnico-científica. Assume-se que essa medida de densidade básica é conhecida sem erro e aplica-se igualmente bem a todas as árvores da amostra, de modo que o erro ou a incerteza associados à biomassa predita são derivados unicamente da predição do volume sólido. Embora essa premissa seja bastante discutível, essa abordagem é razoável quando se busca conhecer a biomassa sem qualquer preocupação com a incerteza das predições, em situações em que predições e estimativas, ainda que grosseiras, sejam úteis.

Predição por equações em florestas homogêneas

Nas florestas onde as árvores possuem certa homogeneidade na forma e na densidade básica, a biomassa lenhosa poderá ser bem predita com base no *DAP* e na altura total. É o caso das florestas de rápido crescimento plantadas com espécies de eucalipto e *Pinus*, em que a construção de equações de predição de biomassa pode ser baseada nos modelos de *equação padrão* (Quadro 6.3). Os modelos mais apropriados são, provavelmente, os modelos da variável combinada e os modelos de potência variável, pois o raciocínio que fundamenta tais modelos estabelece uma relação entre o volume sólido e o *DAP* e a altura da árvore, tornando a forma implícita na estrutura e nos seus parâmetros do modelo. A ampliação desse raciocínio tornaria também a densidade básica da madeira, tomada como constante ou pouco variável entre as árvores, como elemento implícito do modelo. No caso dos modelos de harmonização e de fator de forma, contudo, é difícil encontrar um raciocínio com base em seus fundamentos como preditores do volume que possa ser ampliado para aplicação na predição da biomassa.

Nos casos em que também a altura das árvores é relativamente homogênea na floresta, os modelos de *equação local* também pode ser utilizados com proveito. Destacam-se nesse caso os modelos de potência variável e os modelos exponenciais.

Predição por equações em florestas heterogêneas

A predição da biomassa lenhosa é bem mais problemática em florestas heterogêneas quanto à densidade da madeira, principalmente em florestas tropicais nativas e em áreas de revegetação plantadas com uma grande diversidade de espécies. O primeiro aspecto problemático é a grande variação da densidade básica entre as espécies arbóreas tropicais. Nas florestas nativas brasileiras, a variação da densidade da madeira é muito alta, encontrando-se espécies pioneiras com madeiras muito leves, como o guapuruvu (*Schizolobium parahyba*, Fabaceae), cuja densidade é de $0{,}32\,g \cdot cm^{-3}$, e a embaúba (*Cecropia obtusifolia*, Urticaeae), com densidade de $0{,}27\,g \cdot cm^{-3}$, até espécies de madeira extremamente densa, como o pau-ferro (*Ceasalpinea ferrea*, Fabaceae), cuja madeira tem densidade básica de $1{,}17\,g \cdot cm^{-3}$, e o jatobá (*Hymenaea stigonocarpa*, Fabaceae), com densidade de $0{,}90\,g \cdot cm^{-3}$. A heterogeneidade da densidade básica resulta em predições com alto grau de incerteza, isto é, com baixa precisão, pois haverá uma grande variação na biomassa lenhosa entre as árvores com o mesmo *DAP*, altura e volume sólido, dada a grande variação na densidade da madeira.

Mas a utilização de equações padrão ou equações locais para a predição da biomassa lenhosa possui um segundo aspecto ainda mais problemático. Nessas equações, tanto a forma quanto a densidade da madeira são incorporadas de modo implícito na estrutura funcional do modelo e no *valor das estimativas* dos parâmetros do modelo. Assim, a composição de espécies presentes na amostra destrutiva, utilizada para construção da equação de predição, resulta numa composição de densidades básicas que estabelece uma *densidade média* que se torna implícita no modelo por meio das estimativas dos seus parâmetros. Quando a equação de predição é utilizada numa parcela de inventário florestal, a composição de espécies da parcela pode diferir muito da composição da amostra destrutiva, de modo que a densidade média implícita do modelo será muito diferente da densidade média da parcela. O resultado é que a biomassa da parcela será obtida com um erro sistemático ou viés desconhecido. Esse problema é mais grave que o anterior, pois, além de ser desconhecido, não é possível corrigi-lo.

Conclui-se que, nas florestas heterogêneas com alta diversidade de espécies, a única forma de se obter predições confiáveis da biomassa lenhosa é incorporando a informação de densidade da madeira às equações de predição. Como a densidade básica de uma árvore só pode ser determinada por métodos destrutivos, é necessário utilizar uma medida substitutiva da densidade da árvore em que a equação de predição é aplicada.

A medida substitutiva mais comumente utilizada na literatura científica é a densidade básica média *da espécie*. Essa abordagem requer que, além de se medir o *DAP* e a altura da árvore, a sua espécie seja identificada e se encontre o valor da densidade básica das espécies na literatura técnico-científica. Uma segunda abordagem é utilizar um instrumento chamado *penetrômetro*, que produz uma medida de *penetração* no lenho do tronco. Essa medida é tomada árvore a árvore tanto na amostra destrutiva quanto nas medições de inventário, constituindo, portanto, uma terceira medida, além do *DAP* e da altura, a ser tomada em cada árvore. A sua vantagem é que a identificação da espécie da árvore deixa de ser necessária.

Equações de biomassa com medida de penetração. A utilização de uma medida de penetração como medida substituta da densidade básica da árvore em equações de biomassa é apresentada em detalhes por Vismara (2009).

O Quadro 6.7 apresenta alguns modelos de equação de biomassa que incorporam uma medida da densidade. Essa medida pode ser tanto a da densidade média da espécie quanto a de penetração no lenho, sendo que sua forma de incorporação se dá de modo semelhante à incorporação da medida de forma nas equações de volume de classe de forma. Mas, nesse caso, a incorporação da medida de densidade pode ser realizada tanto em modelos de equações padrão quanto de equações locais.

As equações locais para predição da biomassa lenhosa são utilizadas nas florestas tropicais nativas em razão, principalmente, da dificuldade de se obter medidas confiáveis da altura total das árvores, em especial das árvores de dossel. Mas a sua aplicação em formações florestais distintas da floresta em que a amostra destrutiva foi tomada deve ser evitada, pois é fonte de viés ou erros sistemáticos nos valores de biomassa obtidos. Uma possibilidade pouco explorada na literatura científica é a sua substituição pela altura da base da copa ou altura até o ponto da primeira ramificação do tronco.

Quadro 6.7 Modelos de equação de biomassa que incorporam uma medida associada à densidade básica da madeira. A medida substitutiva da densidade básica nos modelos (p_i) pode ser tanto medida de penetração no lenho quanto a densidade média da espécie. Modelos marcados com asterisco (*) são modelos não lineares

Modelo de equação local		
Potência variável	PV-1	$\ln(b_i) = \beta_0 + \beta_1 \cdot \ln(d_i) + \beta_2 \cdot \ln(p_i) + \varepsilon_i$
	PV-2*	$b_i = \beta_0 \cdot d_i^{\beta_1} \cdot p_i^{\beta_2} + \varepsilon_i$
(Chaves)	PV-3	$\ln(b_i) = \beta_0 + \beta_1 \cdot \ln(d_i) + \beta_2 \cdot \ln^2(d_i) + \beta_3 \cdot \ln^3(d_i) + \beta_4 \cdot \ln(p_i) + \varepsilon_i$
	PV-4*	$b_i = \beta_0 \cdot d_i^{\beta_1 + \beta_2 \cdot \ln(d_i) + \beta_3 \cdot \ln^2(d_i)} \cdot p_i^{\beta_4} + \varepsilon_i$
Exponencial	E-1	$\ln(b_i) = \beta_0 + \beta_1(1/d_i) + \beta_2 \cdot \ln(p_i) + \varepsilon_i$
	E-2*	$b_i = \beta_0 \cdot \exp[\beta_1/d_i] p_i^{\beta_2} + \varepsilon_i$

Modelo de equação padrão		
Variável combinada	VC-1	$\ln(b_i) = \beta_0 + \beta_1 \cdot \ln(d_i^2 \cdot h_i \cdot p_i) + \varepsilon_i$
	VC-2*	$b_i = \beta_0 (d_i^2 \cdot h_i \cdot p_i)^{\beta_1} + \varepsilon_i$
	VC-3	$\ln(b_i) = \beta_0 + \beta_1 \cdot \ln(d_i^2 \cdot h_i) + \beta_2 \cdot \ln(p_i) + \varepsilon_i$
	VC-4*	$b_i = \beta_0 (d_i^2 \cdot h_i)^{\beta_1} p_i^{\beta_2} + \varepsilon_i$
Expoente variável	EV-1	$\ln(b_i) = \beta_0 + \beta_1 \cdot \ln(d_i) + \beta_2 \cdot \ln(h_i) + \beta_3 \cdot \ln(p_i) + \varepsilon_i$
	EV-2*	$b_i = \beta_0 \cdot d_i^{\beta_1} \cdot h_i^{\beta_2} \cdot p_i^{\beta_3} + \varepsilon_i$

i – índice que indica as árvores na amostra destrutiva ($i = 1, 2, \ldots, n$);
b_i – biomassa lenhosa;
d_i – DAP;
h_i – altura total ou comercial;
p_i – medida substitutiva da densidade básica;
ε_i – componente estocástico do modelo.

6.5 Construção de modelos arborimétricos

A construção de modelos arborimétricos com base em amostras destrutivas deve ser precedida pelo conhecimento da floresta na qual o modelo será aplicado. Esse conhecimento deve ser não só qualitativo (espécies, materiais genéticos, idade, sistema de implantação e manejo, classes de produtividade etc.) como também quantitativo. Isso implica que um levantamento prévio da floresta é necessário para se conhecer o comportamento das medidas preditoras do modelo, isto é, o DAP, a altura e a medida da forma.

A amostra destrutiva das árvores para construção do modelo deve cobrir toda a amplitude de variação das medidas preditoras. Essa cobertura deve ser a mais uniforme possível, isto é, deve se evitar que algumas combinações de DAP, altura e forma estejam super-representadas na amostra, enquanto que outras estejam sub-representadas. Essa cobertura uniforme é obtida definindo-se classes de DAP e amostrando o mesmo número de árvores em cada classe.

Em florestas homogêneas plantadas, é recomendável amostra de 50 a 100 árvores para obtenção de equações locais de volume de alta precisão. No caso de equações padrão de volume, a amostra destrutiva deve conter pelo menos 150 árvores, para se obter uma alta precisão. Florestas mais heterogêneas requerem amostras destrutivas maiores para se obter a mesma precisão nas equações de volume. Esses tamanhos de amostra também são razoáveis para os outros tipos de modelos arborimétricos, como os modelos de sortimento e as equações de biomassa.

Tamanho da amostra para construção de modelos arborimétricos. O tamanho de amostra necessário para a construção de modelos arborimétricos confiáveis é discutido, no caso de equações de volume, por Guimarães e Leite (1996).

No caso dos modelos para predição da *produção comercial* (volume ou biomassa), é necessário um cuidado especial na determinação do volume sólido ou da biomassa das árvores, atentando-se para o diâmetro mínimo de utilização que define a produção comercial. Toda medida de produção comercial deve ser claramente definida em função desse diâmetro mínimo de utilização. Sempre que possível, o volume sólido total ou a biomassa total também devem ser determinados.

A estimação dos modelos arborimétricos deve ser realizada por métodos estatísticos de estimação de parâmetros. A regressão linear é o método mais comumente utilizado, mas só é aplicável aos modelos cuja forma de estimação seja linear. Os modelos não lineares só podem ser ajustados por regressão não linear que, sendo mais complexa que a regressão linear, requer o domínio de softwares estatísticos para sua implementação.

A escolha do modelo apropriado para a construção do modelo arborimétrico em um caso particular segue um procedimento empírico. Independentemente do método de estimação, vários modelos candidatos devem ser ajustados e o modelo que apresentar o melhor ajuste aos dados deve ser o escolhido.

Os métodos de estimação tornam irrelevantes as unidades das medidas de volume, DAP, altura e forma da árvore, isto é, qualquer unidade pode ser utilizada. Entretanto, é necessário registrar as unidades no ato da construção do modelo, pois as mesmas unidades deverão ser utilizadas quando o modelo for aplicado.

Procedimento de construção de modelos arborimétricos

O procedimento para construção de modelos arborimétricos deve seguir estas etapas:

1. Levantamento prévio da floresta para caracterizar o comportamento das medidas preditoras: DAP, altura e medida da forma.
2. Tomar a amostra destrutiva buscando assegurar o mesmo número de árvores amostradas em cada classe de DAP.
3. No caso da produção comercial (volume ou biomassa), determinar o diâmetro mínimo de medição para cubagem rigorosa ou pesagem em função do diâmetro mínimo para utilização comercial da madeira. Determinar tanto o volume sólido comercial ou a biomassa lenhosa comercial quanto o volume sólido total ou a biomassa lenhosa total das árvores.
4. Registrar a amplitude de variação das medidas observadas na amostra destrutiva: volume, DAP, altura e medida da forma. Construir uma tabela do número de árvores amostradas por classes de DAP e de altura como a Tab. 6.8.

Tab. 6.8 Exemplo de tabela para caracterizar o número de árvores de amostra destrutiva para construção de modelos arborimétricos por classes de DAP e altura. Esta tabela se refere à amostra de 313 árvores de caixeta (*Tabebuia cassinoides* (Lam.) DC., Bignoniaceae) tomadas em caixetais no Vale do Ribeira, no litoral do Estado de São Paulo e no litoral sul do Estado do Rio de Janeiro

Classes de DAP (cm)	Classes de altura total (m)									Total
	4	6	8	10	12	14	16	18	20	
6	5	9	7	1						22
8		6	11	8	2					27
10		1	5	17	3					26
12		1	3	1	8					22
14			2	1	8	6				26
16			1	1	15	4	2			23
18			2	2	11	8	1			24
20				3	11	8	2			24
22				3	9	8	3	1		24
24				3	4	9	5			21
26				1	4	1	3			18
28				1	3	5	4	1		14
30					1	6	3	2		12
32					4	6	1			11
34					1	1	1			3
36							3	1		4
38							2	1		3
40							1			1
42						1		1		2
44						1	1			2
46							1			1
48						1				1
Total	5	17	31	60	80	71	39	7	1	313

5. Ajustar vários modelos candidatos para a amostra obtida, por meio de regressão linear ou regressão não linear. Selecionar o modelo que melhor represente as árvores da amostra.
6. No caso de equações de volume, elaborar uma *tabela de volume* com base no modelo selecionado. Embora essa etapa seja opcional atualmente, a tabela de volume permite uma *visualização* do procedimento de predição do volume que a equação não oferece. Por exemplo, a Tab. 6.1 delimita por meio de um polígono e dos números em negritos as classes de *DAP* e altura em que houve árvores amostradas.
7. Registrar, juntamente com o modelo arborimétrico, informações que caracterizem a floresta para a qual ele foi construído:
    - espécie, ou grupo de espécies, e material genético (clone, procedência, progênie);
    - localidade;
    - idade e informações silviculturais da floresta;
    - unidades de medidas utilizadas;
    - tipo de volume obtido na equação: sólido ou empilhado, total ou comercial, com casca ou sem;
    - no caso de volume comercial, o diâmetro mínimo de utilização;
    - tamanho da amostra destrutiva;
    - unidades de medida e amplitude de variação do volume, *DAP*, altura e medida de forma;
    - descrição do método de determinação do volume sólido;
    - medidas apropriadas da qualidade do modelo estimado, como o erro padrão da estimativa;
    - autores e data da construção da equação.

Sugestões bibliográficas

Para uma apresentação detalhada, com uma grande quantidade de equações matemáticas de modelos arborimétricos, sugere-se o livro *Fundamentos de biometria florestal*, de Finger (1992). Uma apresentação mais sequencial e didática sobre a construção de modelos arborimétricos pode ser encontrada no livro de Avery e Burkhart (1983); no primeiro capítulo do livro *Timber management: a quantitative approach*, de Clutter et al. (1983); e no livro *Forest inventory*, de Spurr (1952). Este último livro, não sendo recente, está um tanto desatualizado, mas a clareza no tratamento do assunto e a sua forma histórica de desenvolvimento são de grande valia para uma compreensão mais aprofundada do tema.

Quadro de conceitos

Conceitos básicos	Conceitos desenvolvidos
predição da altura	procedimento de mensuração
	relação *DAP*-altura
	fatores que influenciam a relação *DAP*-altura
	relação hipsométrica
modelos de relação hipsométrica	modelo sigmoide
	crescimento monotônico
	ponto de inflexão
	assímptota
	aproximação côncava
	aproximação linear simples
	modelos não lineares
	modelos lineares
predição do volume	postulado de Cotta
	equações de volume
	tabelas de volume
	equações de classe de forma
	equações padrão ou de dupla entrada
	equações locais
	construção de equações
predição do sortimento	sistema de sortimento coerente
	regras de sortimento
	equações de forma
	equações de afilamento
	volume por meio da equação de forma
	sortimento por equação de forma
	propriedades de equação de forma
	modelos de equações de forma
	razão do volume comercial
	equação de forma implícita
	sortimento por razão do volume
predição da biomassa	componentes da árvore
	sistema de equações de predição
	biomassa lenhosa
	predição pelo produto volume-densidade
	predição por equações em florestas homogêneas
	predição por equações em florestas heterogêneas
	medidas da densidade básica

Problemas

1] Construa um gráfico com os três modelos de relação hipsométrica a seguir. Coloque nas ordenadas (eixo y) a altura (h) e nas abscissas (eixo x) o DAP (d), fazendo o DAP variar de 5 cm a 70 cm. O que se observa em relação à forma da curva que cada modelo define?

Polinômio (1° grau): $h = \beta_0 + \beta_1 \cdot d$ $\beta_0 = 6{,}7; \beta_1 = 0{,}27$.

Exponencial: $\log(h) = \beta_0 + \beta_1 \left(\dfrac{1}{d}\right)$ $\beta_0 = 3{,}0; \beta_1 = -8{,}5$.

Potência: $\log(h) = \beta_0 + \beta_1 \cdot \log(d)$ $\beta_0 = 0{,}96; \beta_1 = 0{,}52$.

2] Encontre qual dos três modelos da questão anterior (1) é mais apropriado para a amostra de árvores apresentada na Tab. 6.9.

Tab. 6.9 Amostra de 28 árvores de *Eucalyptus grandis* que tiveram o DAP e altura medidos

Árvore	DAP (cm)	Altura total (m)	Árvore	DAP (cm)	Altura total (m)	Árvore	DAP (cm)	Altura total (m)
1	23,6	15,3	11	33,7	14,2	21	16,9	13,0
2	25,1	16,0	12	17,8	14,0	22	8,6	6,1
3	30,9	15,0	13	10,5	9,7	23	19,1	10,6
4	15,9	12,0	14	8,6	9,1	24	25,5	13,0
5	26,9	13,6	15	17,5	11,4	25	23,9	12,6
6	11,5	8,4	16	9,5	6,1	26	8,3	7,1
7	22,0	14,9	17	27,7	16,5	27	12,4	10,6
8	19,4	13,0	18	42,3	14,7	28	13,4	9,0
9	13,7	12,2	19	20,7	12,0			
10	29,6	13,4	20	10,8	10,0			

3] Aplique o modelo estimado na questão anterior para predição da altura das árvores com os seguintes valores de DAP (cm) indicados na Tab. 6.10:

Tab. 6.10 Amostra de oito árvores e seus respectivos valores de DAP

Árvore	1	2	3	4	5	6	7	8
DAP (cm)	5,0	10,0	20,0	30,0	40,0	50,0	60,0	70,0

O que ocorre com as alturas preditas à medida que o DAP se torna maior? Quais estimativas podem ser consideradas apropriadas? Por quê?

4] Com base na Tab. 6.11, encontre o fator de forma. Compare o fator de forma encontrado com o fator de forma médio das árvores.

Tab. 6.11 Dados obtidos com a cubagem rigorosa de dez árvores

Árvore de DAP	DAP (cm)	Altura total (m)	Volume sólido (dm^3)	Árvore de DAP	DAP (cm)	Altura total (m)	Volume sólido (dm^3)
1	20	26	377	6	30	33	954
2	28	32	832	7	26	31	686
3	24	28	531	8	15	25	200
4	17	25	257	9	12	25	135
5	10	21	86	10	8	15	33

5] Construa uma equação de volume local com base nas árvores da Tab. 6.12.

Tab. 6.12 Dados de árvores de *Eucalyptus grandis* com idade inferior a 4 anos

Arv.	DAP (cm)	Volume (dm^3)	Arv.	DAP (cm)	Volume (dm^3)	Arv.	DAP (cm)	Volume (dm^3)
1	10,82	74,3	11	14,01	126,4	21	3,82	2,6
2	11,14	77,4	12	16,87	208,9	22	6,37	14,8
3	10,19	63,9	13	7,00	17,4	23	5,73	10,8
4	9,87	59,0	14	6,37	13,9	24	6,05	12,7
5	10,50	68,9	15	7,32	15,8	25	6,68	17,1
6	8,91	43,6	16	5,73	10,0	26	7,00	18,3
7	7,96	32,0	17	6,68	14,8	27	7,96	23,8
8	5,09	6,4	18	7,32	21,0	28	7,64	22,9
9	5,73	14,7	19	5,73	11,1	29	9,23	38,0
10	13,05	106,0	20	8,28	29,3	30	7,64	24,1

6] Com base nos dados da Tab. 6.13, construa uma equação de volume de dupla entrada para volume lenhoso do tronco para diâmetro mínimo de utilização de 7 cm e outra equação de volume para diâmetro mínimo de utilização de 12 cm.

Tab. 6.13 Dados de 40 árvores de caixeta (*Tabebuia cassinoides*)

DAP (cm)	Altura Total (m)	Volume lenhoso $d \geq 7\,cm$ (dm^3)	Volume lenhoso $d \geq 12\,cm$ (dm^3)	DAP (cm)	Altura Total (m)	Volume lenhoso $d \geq 7\,cm$ (dm^3)	Volume lenhoso $d \geq 12\,cm$ (dm^3)	DAP (cm)	Altura Total (m)	Volume lenhoso $d \geq 7\,cm$ (dm^3)	Volume lenhoso $d \geq 12\,cm$ (dm^3)
14	10	47	17	18	12	138	111	27	14	295	295
9	9	20		19	16	192	192	12	12	57	
30	18	805	761	28	16	329	317	31	15	311	311
12	8	33		8	9	16		7	9	16	
24	12	367	367	10	11	45		42	20	884	857
24	14	247	236	20	12	122	110	8	8	20	
20	15	235	235	28	13	273	273	7	8	15	
51	16	1.134	1.134	10	10	30		8	8	11	
8	10	18		10	9	23		23	15	273	273
23	15	228	228	13	12	70	19	12	11	33	
19	12	205	183	11	10	40		23	16	219	197
14	12	71	33	22	14	243	233	28	12	285	285
6	5	5		27	16	281	245				
31	16	402	402	32	14	500	472				

7] Considere as seguintes regras de sortimento (Tab. 6.14):

Tab. 6.14 Regras de sortimento

Usos	Diâmetro mínimo (cm)	Comprimento de tora (m)
Serraria	15	3,00
Indústria	8	2,20

Utilizando o sistema de equações de forma a seguir, faça a predição do sortimento para as árvores da Tab. 6.15.

$$\frac{d_h^2}{d^2} = 1{,}5037 - 3{,}3590\left(\frac{h_d}{h}\right) + 2{,}0082\left(\frac{h_d}{h}\right)^2$$

$$\widehat{h_d} = \frac{-3{,}3590h - \sqrt{(-3{,}3590h)^2 - 4(2{,}0082)\left[1{,}5037h^2 - (d_h^2 \times h^2/d^2)\right]}}{2(2{,}0082)}$$

$$v(h_d) = \left(\frac{\pi}{40{.}000}\right)d^2\left[1{,}5037(h_d) + \frac{-3{,}3590}{2h}(h_d)^2 + \frac{2{,}0082}{3h^2}(h_d)^3\right]$$

Tab. 6.15 Dados de árvores de caixeta (*Tabebuia cassinoides*)

Árvore	DAP (cm)	Altura total (m)
1	16	16,2
2	18	19,3
3	20	21,4
4	22	23,5
5	24	26,1

8] Considere o seguinte sistema de equações da razão do volume comercial (d em cm, h em m e v em m³):

$$\hat{v} = 0{,}00002706\, d^{1{,}8298} \times h^{1{,}1712}$$

$$\widehat{R_h} = \left[\frac{\widehat{v_h}}{\widehat{v}}\right] = 1 - 1{,}0180 \times \frac{(h-h_d)^{2{,}4643}}{h^{2{,}4625}} \qquad h_d = h - 0{,}6635 \times \frac{h^{0{,}9993} \times d_h^{1{,}2632}}{d^{1{,}1698}}$$

Utilize esse sistema para predizer o sortimento das árvores da Tab. 6.15.

9] Construa uma equação de biomassa adequada para as árvores da tabela 6.16.

Tab. 6.16 Dados de 36 árvores de *Eucalyptus saligna*

DAP (cm)	Altura total (m)	Biomassa total (kg)	DAP (cm)	Altura total (m)	Biomassa total (kg)	DAP (cm)	Altura total (m)	Biomassa total (kg)
19,9	21,50	212,64	7,0	11,30	15,47	12,5	11,05	57,62
12,4	15,74	51,40	12,5	15,70	79,85	22,0	25,52	299,91
16,5	11,74	120,49	10,4	10,52	34,76	9,4	12,64	80,44
9,0	7,72	49,95	6,0	7,53	16,78	17,0	20,42	128,44
7,0	6,55	27,61	12,3	14,20	57,08	16,0	17,30	115,63
10,5	8,79	56,95	10,0	11,36	34,23	12,0	17,20	56,39
13,0	12,86	62,32	5,9	11,26	8,10	17,0	16,20	146,33
20,0	20,05	229,83	20,0	11,40	207,64	13,7	11,80	61,96
7,0	11,60	18,66	7,0	6,74	11,74	23,0	16,80	291,10
6,3	6,36	13,27	15,3	14,90	117,56	22,0	15,65	266,61
15,5	18,20	122,83	6,0	8,12	7,67	19,0	18,60	142,79
8,5	10,96	17,91	8,6	14,05	31,41	15,4	14,16	101,85

parte II

ARVOREDOS

Floret silva nobilis
Floribus et follis. [...]
Floret silva undique.

"Floret silva nobilis". Trecho da cantata *Carmina Burana* (1935/1936), composta por Carl Orff com base em canções profanas datadas dos séculos XI, XII e XIII: "Floresce a nobre floresta / Com flores e folhas. [...] / Floresce a floresta em todos os lugares".

capítulo 7
Arvoredos

A primeira parte deste livro tratou da medição das árvores. A árvore foi abordada como o elemento individual de estudo e mensuração, discriminando-se os atributos que podem ser medidos na árvore em pé (medidas não destrutivas) daqueles que requerem o abate da árvore (medidas destrutivas). Contudo, uma floresta não é simplesmente um ajuntamento de árvores. A floresta é um tipo de ecossistema ou de formação vegetal em que as árvores são o elemento fundamental, mas que é muito mais que uma mera coleção de árvores. Até mesmo as florestas plantadas, em sua homogeneidade e simplicidade comparativamente às florestas nativas, são mais complexas que um conjunto de árvores.

Para se realizar estudos e levantamentos quantitativos de informações sobre as florestas, é necessário reconhecer a existência de um componente intermediário entre as árvores e a floresta. Esse componente possui uma existência material, pois pode ser identificado como um aspecto da estrutura espacial da floresta, mas possui também um forte componente arbitrário, pois depende tanto da abordagem teórica quanto da empírica que são escolhidas para realizar o estudo ou levantamento. Ele não é como as árvores, cuja presença é percebida da mesma forma, independentemente da maneira com que se deseja observá-las ou medi-las. A percepção da presença desse componente intermediário na floresta é, em boa parte, moldada pela perspectiva com que se observa a floresta. A melhor forma de entender esse componente é como um *conceito abstrato*, isto é, como um conceito construído separando-se da realidade material, que é a floresta, os atributos e as qualidades de interesse para o estudo.

Infelizmente, não existe na literatura científica florestal e ecológica uma única palavra para designar esse componente. Por ser um conceito abstrato, cada área de pesquisa ou de atividade técnica, quais sejam a ecologia, a silvicultura, o manejo florestal, o inventário florestal, aborda esse componente numa perspectiva distinta e, portanto, utiliza palavras diferentes para representá-lo.

A melhor maneira de se evitar a confusão terminológica é utilizar uma palavra de uso menos comum, mas que permita identificar o mais claramente possível esse componente intermediário. *Arvoredo* foi a palavra escolhida, pois evoca uma situação intermediária entre as árvores e a floresta, permitindo estabelecer uma ponte conceitual entre a mensuração das árvores e a obtenção de informações sobre a floresta. Este capítulo apresenta e detalha esse conceito, mostrando que, na verdade, a floresta deve ser entendida como um composição de arvoredos, que mantêm entre si não só uma relação quantitativa, mas principalmente uma inter-relação dinâmica que resulta num *todo orgânico*, que se chama floresta.

7.1 Estrutura das florestas nativas

Toda vegetação ou formação vegetal é composta por *manchas* que agregam um conjunto de plantas que, em razão das características do conjunto, podem ser identificadas como unidades estruturais e delimitadas no espaço. Uma floresta pode, portanto, ser vista como um *mosaico* de manchas estruturalmente distintas. Mas essas manchas estão dinamicamente inter-relacionadas não só pelo fato de que elas estão arranjadas no espaço, existindo superfícies de contato entre elas, mas principalmente porque elas representam *fases* de uma sequência temporal do desenvolvimento estrutural da floresta.

Manchas e mosaico. A palavra *mancha* é uma tradução da palavra *patch* em inglês, que também pode ser traduzida como retalho ou pequeno pedaço de área. A visão da vegetação como um mosaico de fases estruturais foi provavelmente proposta pela primeira vez por Watt (1947), que exemplificou o conceito da vegetação como mosaico de manchas estruturais em sete tipos de vegetação, entre elas uma floresta de faia (*Fagus* spp., Fagaceae). Posteriormente, essa visão foi incorporada à concepção de ecologia de comunidades por Whittaker e Levin (1977), sendo apoiada como uma visão apropriada para descrição das florestas tropicais por diversos autores, entre eles: Richards (1957), Whitmore (1976, 1982, 1989) e Hallé, Oldeman e Tomlinson (1978). A concepção do mosaico nas florestas tropicais como sendo composto de três manchas ou fases estruturais (clareira, construção e madura) foi proposta de forma clara e didática por Whitmore (1989).

A transformação da floresta ao longo do tempo não ocorre *em bloco*, isto é, da mesma forma em toda a extensão da floresta, mas em manchas, cada qual com dimensões e características estruturais que revelam uma fase específica do desenvolvimento da floresta. A situação se torna ainda mais complexa, pois os fatores ambientais (solo, relevo, face ou aspecto, microclima etc.) são heterogêneos no espaço e influenciam cada fase de desenvolvimento de modo distinto.

Face ou aspecto. Entende-se por *face* ou *aspecto* a orientação cardinal das encostas. No hemisfério sul, principalmente abaixo do trópico de Capricórnio, as encostas de face norte recebem mais insolação que as de face sul, tendendo a ser mais iluminadas, mas também mais quentes e secas.

Em cada floresta, as manchas, isto é, as fases estruturais que compõem o seu desenvolvimento, são particulares e definidas por características específicas do tipo florestal, incluindo a composição das espécies. Como o desenvolvimento estrutural de uma floresta é contínuo, a identificação de fases é, em boa medida, uma questão controversa.

Existem várias propostas de caracterização e identificação dessas fases para as florestas tropicais, mas a proposta mais simples é aquela que reconhece apenas três tipos de manchas. A primeira fase é consequência da queda de uma ou várias árvores, resultando uma abertura no dossel: a clareira (*gap* ou *chablis*). Com essa abertura, uma grande quantidade de luz passa a atingir o solo florestal estimulando o desenvolvimento de sementes, plantas jovens e brotos oriundos das raízes das árvores vizinhas à clareira. Inicia-se, assim, um processo de colonização da clareira e de crescimento e desenvolvimento das árvores, que é denominado fase de *construção* da estrutura florestal (*building*). Quando a estrutura original existente no local antes da abertura da clareira é atingida, alcança-se a fase de estrutura *madura* da floresta (*mature*). Uma nova fase de clareira ocorre com a queda de uma ou várias árvores numa área de fase madura da floresta, reiniciando o ciclo de desenvolvimento estrutural.

Nessa abordagem, a floresta tropical é vista como um mosaico composto de três fases estruturais: clareira, construção e madura. As fases se sucedem num processo cíclico de destruição e reconstrução da estrutura da floresta, ocorrendo nas manchas que formam o mosaico. Embora o número de fases que compõem o ciclo de destruição e reconstrução estrutural da floresta seja um elemento de controvérsia entre os pesquisadores, existe certo consenso sobre essa visão de estrutura e transformação dinâmica da floresta, que é chamada de *Teoria da dinâmica de clareiras* (*Gap dynamics theory*).

Uma visão alternativa das transformações da floresta ao longo do tempo é apresentada pela *Teoria da dinâmica de povoamentos* (*Stand dynamics theory*). Essa teoria considera as transformações da floresta numa escala espacial e temporal muito maior que a escala da dinâmica de clareiras. A escala espacial compreenderia uma escala regional e a escala temporal abrangeria uma escala de vários séculos.

Teoria da dinâmica de povoamentos. Esta teoria é a base para um sistema de manejo florestal, sendo apresentada didaticamente por Oliver e Larson (1990). Ela é aceita atualmente como a melhor explicação para a dinâmica e a estrutura das florestas temperadas e de altas latitudes, em que a idade das árvores pode ser determinada pela análise dos anéis anuais de crescimento. Evidências a favor dessa teoria em áreas tropicais e de baixa latitude já foram obtidas em regiões onde a variação anual do clima resulta na formação de anéis de crescimento, ver, por exemplo, Baker et al. (2005).

Na dinâmica de povoamentos, o processo de transformação também é cíclico, mas se inicia não com um pequeno distúrbio na floresta — a queda de uma ou várias árvores — mas com um distúrbio de dimensões catastróficas. Esses grandes distúrbios são grandes incêndios, terremotos ou grandes inundações que destroem a floresta em áreas muito extensas, de centenas ou milhares de quilômetros quadrados. São distúrbios de grandes magnitudes, mas de ocorrência bastante rara, ou seja, ocorrem uma vez a cada quatro ou cinco séculos.

A primeira fase que se segue ao distúrbio catastrófico é a fase de recolonização pelas plantas da área da floresta destruída. Ela é denominada de fase de *iniciação do povoamento* (*stand initiation*) e sua duração depende muito da extensão e da severidade do distúrbio que destruiu a floresta original. Uma vez que toda a superfície da floresta original destruída está colonizada por árvores jovens, inicia-se o crescimento dessas árvores seguindo-se uma fase de intensa competição entre elas. Essa segunda fase culmina numa alta taxa de mortalidade das árvores competidoras e, por isso, é denominada de fase de *exclusão* (*stem exclusion*). A mortalidade das árvores atingirá algumas árvores do dossel da floresta, produzindo temporariamente aberturas que permitirão que uma maior luminosidade atinja o solo florestal. O aumento de luminosidade estimulará a germinação de sementes e o crescimento de mudas e arvoretas, gerando uma fase de colonização do sub-bosque da floresta, por isso, essa terceira fase é designada como fase de *reiniciação no sub-bosque* (*understory reinitiation*).

As fases de exclusão e reiniciação no sub-bosque podem se repetir uma ou mais vezes dependendo das condições ambientais em que a floresta se desenvolve. Em regiões sujeitas a intenso estresse ambiental, por exemplo, regiões com inverno intenso ou muito secas, essas fases se repetirão uma ou duas vezes, no máximo. Já nas regiões com ambiente propício ao crescimento vegetal, por exemplo, as regiões tropicais úmidas, essas fases podem se repetir várias vezes.

Quando as fases de exclusão e reiniciação se sucedem, a estrutura da floresta se torna mais complexa, pois o restabelecimento da estrutura da floresta madura não se dá na mesma velocidade em toda área da floresta. A floresta adquire, então, a estrutura de mosaico de manchas em fases estruturais já descrita e sua transformação se dá segundo a dinâmica de clareiras até que um novo distúrbio de dimensões catastróficas ocorra, recomeçando o processo secular. Essa fase pode ser designada em inglês como *old growth phase*, o que, numa tradução livre, corresponderia à fase de floresta *primeva* ou *primitiva*.

7.1.1 Unidades estruturais e arvoredo

Tanto a teoria da dinâmica de povoamentos quanto a teoria de dinâmica de clareiras se apoiam na observação de que a floresta é mais complexa do que uma coleção de árvores. Ambas partem da consideração de que a estrutura espacial da floresta é estabelecida com base em grupos ou conglomerados de árvores que podem ser identificados como uma *unidade estrutural* dentro da floresta. O tamanho dessas unidades estruturais, contudo, permanece em aberto. Na teoria da dinâmica de clareiras, essas unidades são tomadas, em geral, como relativamente pequenas, pois são associadas às clareiras formadas pela queda de uma ou mais árvores. Já na teoria da dinâmica de povoamentos, o tamanho dessas unidades estruturais é variável ao longo do ciclo secular de distúrbio e reconstrução da floresta. Nas fases iniciais de ciclo, essas unidades podem ser de grande tamanho, mas, à medida que os ciclos de exclusão e reiniciação no sub-bosque se sucedem, elas se tornam menores, resultando numa floresta cujo mosaico tem uma *textura fina*.

As unidades estruturais descritas, independentemente da sua fase estrutural e do seu tamanho, são o *arvoredo*. Ou seja, a floresta deve ser pensada como uma coleção de arvoredos. Se, na perspectiva do estudo da ecologia das florestas, o tipo de fase estrutural e a inter-relação entre essas fases é um aspecto fundamental, na perspectiva do estudo quantitativo das florestas, basta assumir que o arvoredo, como unidade estrutural, é internamente homogêneo quanto aos seus atributos estruturais. Logo, a variabilidade interna da floresta em termos de sua estrutura é, em essência, a variabilidade *entre* arvoredos.

7.2 Estrutura das florestas plantadas

As florestas plantadas, particularmente as florestas homogêneas, plantadas com uma única espécie, possuem uma estrutura muito mais simples que as florestas nativas. As diferenças na estrutura das florestas plantadas são mais visíveis quando se compara florestas com idades distintas ou plantadas com materiais genéticos — espécies ou clones — diferentes. Às vezes, mudanças abruptas na topografia, na face das encostas ou no tipo de solo podem resultar em alterações claramente discretas na estrutura das florestas plantadas. A maior parte dos fatores que atuam sobre a estrutura florestal, contudo, tende a ocorrer de forma contínua e gradual, como os gradientes ambientais de fertilidade e umidade do solo. Na linguagem técnica florestal, diz-se que as alterações de *sítio* ocorrem de forma gradual dentro das florestas. Entende-se por sítio o componente que integra a atuação de todos fatores ambientais que influenciam o crescimento das árvores.

A identificação dos arvoredos como unidades estruturais, nesse caso, se torna muito difícil ou impraticável em razão da gradualidade das alterações da estrutura florestal. Mas, ao caminhar pela floresta, o profissional experiente será capaz de, mesmo nessa situação de alterações graduais, reconhecer *zonas* com estruturas bem distintas, ainda que haja uma transição gradual de uma zona para outra. Dessa forma, medidas realizadas nas áreas centrais dessas zonas revelam estruturas florestais claramente distintas. O conceito da floresta como uma coleção de arvoredos e o reconhecimento da heterogeneidade interna da floresta como a variabilidade entre arvoredos permanece válido, ainda que o reconhecimento dos arvoredos no interior da floresta seja mais difícil.

As florestas de recuperação ambiental e os plantios de revegetação podem ser exceções a esse aspecto de mudança gradual na estrutura da floresta. Nessas florestas, é comum se plantar um grande número de espécies arbóreas, de modo que o arranjo espacial das espécies no plantio, associado às diferenças de forma e velocidade de crescimento, resultam em áreas com diferentes atributos estruturais. Não se trata de negar que nessas florestas também ocorra alterações graduais na estrutura florestal em função dos gradientes de sítio. Contudo, a variação da composição de espécies e o arranjo espacial das espécies geralmente resultam em distinções estruturais marcantes. Esse aspecto certamente é válido nas florestas nativas, onde os processos de destruição e reconstrução da floresta se mostram mais marcantes na estrutura florestal do que a influência de gradientes ambientais.

7.3 Arvoredo e unidade amostral

Para que o arvoredo seja útil nos estudos quantitativos das florestas, é necessário não só justificá-lo como unidade estrutural da floresta mas também relacioná-lo aos métodos e técnicas de observação quantitativa das florestas. As informações obtidas da floresta são sempre geradas pelo processo de estimação, pois não é só impraticável medir todas as árvores da floresta como também é impossível distinguir todos os arvoredos da floresta. O processo de estimação se baseia, portanto, num conjunto de observações da floresta chamado de *amostra*. Cada observação dentro da amostra é uma *unidade amostral*, mas tais unidades não são árvores, e sim arvoredos.

Contudo, para que houvesse um processo de seleção que definisse quais arvoredos, como *unidades estruturais* da floresta, fossem observados, seria necessário se dispor, antes de qualquer amostragem, de um mapa da floresta com todos os arvoredos delimitados e identificados. Os mapas das florestas são ferramentas essenciais nos levantamentos florestais, mas os mapas disponíveis não trazem os arvoredos delineados como unidades estruturais dentro da floresta. Frequentemente, esses mapas apresentam apenas os limites ou bordas da floresta e algumas indicações topográficas ou de acidentes geográficos dentro da floresta (rios, trilhas, grotas etc.). Quando se dispõem de maiores informações, os mapas trazem delineadas grandes subáreas ou blocos dentro da floresta que caracterizam variações de estrutura e composição da floresta. Essas subáreas são geralmente chamadas de *estratos* e estão longe de possuir a homogeneidade estrutural que se observa num arvoredo.

Assim, para que o arvoredo seja uma unidade amostral para observação quantitativa da floresta, é necessário aplicar um certo grau de arbitrariedade e simplificação na definição e identificação do arvoredo. Nesse caso, ele deixa de ser uma unidade estrutural da floresta e passa a ser um conjunto ou conglomerado de árvores definido por algumas regras mais ou menos arbitrárias, mas que simplificam a sua utilização como unidade de observação para a amostragem da floresta. Toda unidade amostral é definida por tais regras e, portanto, ela pode ser considerada um arvoredo, não mais como unidade estrutural, mas como uma unidade cujo conjunto reflete a estrutura e a heterogeneidade da floresta numa perspectiva quantitativa.

Por exemplo, num levantamento florestal pode se definir que as unidades amostrais serão retângulos de 20 m por 30 m, isto é, com área total de 600 m², localizados aleatoriamente dentro da floresta. As unidades amostrais de área fixa são geralmente chamadas de *parcelas* e o conjunto das parcelas compõe uma amostra. Ao se realizar um levantamento dessa forma, a heterogeneidade da floresta, em termos do atributo quantitativo de interesse, por exemplo na produção de madeira (m³ · ha⁻¹), será medida pela diferença entre as parcelas. Nesse levantamento, cada parcela deve ser interpretada, independentemente da sua homogeneidade interna, como um arvoredo, de modo que a heterogeneidade da floresta é estimada pela heterogeneidade entre os arvoredos. O essencial nesse exemplo é perceber que a parcela, tomada como um arvoredo, não é uma unidade estrutural da floresta e, portanto, a heterogeneidade estimada indicada pela amostra (conjunto de parcelas) se refere unicamente ao atributo de interesse, ou seja, à produção de madeira, e não a outros atributos estruturais da floresta.

7.4 Arbustimetria: mensuração de arvoredos

Nesta segunda parte do livro, serão desenvolvidos os tópicos relativos aos arvoredos e sua medição. Tradicionalmente, a literatura florestal se refere a esses tópicos como relativos às unidades amostrais ou aos talhões ou povoamentos florestais. Mas, como foi argumentado, o arvoredo é a unidade de observação da floresta e, portanto, pode ser tomado tanto como unidade amostral quanto como uma unidade estrutural.

O aspecto-chave do conceito de arvoredo é que a floresta deve ser entendida como uma composição de arvoredos e essa concepção é válida tanto na perspectiva estrutural, em que a floresta é um mosaico de manchas estruturais, isto é, um mosaico de arvoredos, quanto na perspectiva quantitativa amostral, em que um dado atributo da floresta é obtido com base no valor desse atributo nos diversos arvoredos observados. Em ambos os casos, a heterogeneidade da floresta é resultado da heterogeneidade entre arvoredos. No caso do arvoredo como unidade estrutural, essa heterogeneidade implica também a heterogeneidade decorrente do arranjo espacial dos arvoredos, mas no caso do arvoredo como unidade amostral, a heterogeneidade da floresta é uma simples medida quantitativa das diferenças entre os arvoredos.

O ponto fundamental desta segunda parte do livro é o reconhecimento de que entre as árvores e a floresta existe uma terceira entidade de medição que é o arvoredo. Para explicitar a medição dessa entidade, será utilizada a palavra *arbustimetria*, pois, no latim clássico, a palavra *arbustum/arbusti* designa um lugar plantado de árvores e, portanto, pode ser entendido como um aglomerado de árvores num dado local da floresta. Assim, da medição das árvores individualmente — *Arborimetria* — passa-se à medição dos arvoredos: *Arbustimetria*.

Primeiramente, a arbustimetria é apresentada em termos dos atributos que caracterizam os arvoredos. Tais atributos são, em essência, medidas tomadas nas árvores individualmente, que são agregadas para o conjunto das árvores que formam o arvoredo e são, portanto, chamadas de *medidas arbustimétricas*. Segue-se a apresentação das diferentes formas de identificar e medir os arvoredos no campo, isto é, trata-se dos *métodos arbustimétricos*. Essa apresentação está focalizada na identificação dos arvoredos como unidades amostrais, que é o enfoque tradicionalmente utilizado nos levantamentos e inventários florestais. O monitoramento dos arvoredos é apresentado em seguida, mostrando-se que a dinâmica das transformações dos arvoredos envolve processos e fenômenos que superam o simples tratamento do arvoredo como um conjunto de árvores. Conclui-se a segunda parte do livro apresentado-se os conceitos e abordagens fundamentais para a construção de modelos visando à predição dos atributos dos arvoredos de mais importância com base em atributos de rápida medição.

Sugestões bibliográficas

Em português, são praticamente inexistentes os textos sobre a dinâmica de florestas que sejam didáticos e tratem o tema de forma ampla, oferecendo uma visão geral bem elaborada. Um ótimo texto sobre o tema específico da regeneração de clareiras em florestas tropicais ombrófilas é o artigo de Lima (2005). Em inglês, textos que fazem uma boa apresentação sobre a teoria de dinâmica de clareiras são os de Whitmore (1982, 1984), de Shugart (1984), de Brokaw (1985) e de Oldeman (1990a). Já a teoria de dinâmica de povoamentos é apresentada num trabalho científico por Oliver (1980) e desenvolvida em detalhes no livro de Oliver e Larson (1990).

Quadro de conceitos

Conceitos básicos	Conceitos desenvolvidos
arvoredo	conceito abstrato
teoria da dinâmica de clareiras	manchas
	fases estruturais
	mosaico
	fase de clareira
	fase de construção
	fase madura
teoria da dinâmica de povoamentos	distúrbios catastróficos
	fase de iniciação
	fase de exclusão
	fase de reiniciação no sub--bosque
	fase de floresta primeva ou primitiva
estrutura de florestas nativas	arvoredo
	unidades estruturais
	variabilidade da floresta
	variabilidade entre arvoredos
estrutura de florestas plantadas	variação espacialmente contínua
	variação ambiental gradual
	arvoredos como zonas de estrutura
arvoredo e unidade amostral	unidade amostral
	estratos amostrais
	parcelas
	variabilidade entre arvoredos

capítulo 8
Medidas arbustimétricas

Os atributos observados ou medidos nos arvoredos são geralmente resultado da combinação ou agregação das observações ou medidas tomadas nas árvores do arvoredo individualmente. Quando a agregação se dá pela enumeração ou pela soma das medidas nas árvores, a medida do arvoredo deve sempre ser expressa por hectare, que é a unidade de área convencional das Ciências Florestais.

Alguns atributos dos arvoredos, contudo, são combinações complexas das medidas das árvores e representam características do conjunto de árvores que vão muito além da simples agregação das medidas das árvores. Tais atributos são muito importantes, por representam características estruturais intimamente ligadas à dinâmica dos arvoredos, e a compreensão do seu significado requer um certo conhecimento de silvicultura e ecologia florestal.

8.1 Atributos qualitativos

O Quadro 2.1 do Cap. 2 apresenta os atributos qualitativos mais frequentemente observados nas árvores individualmente. Muitos desses atributos qualitativos, quando agregados, representam informações importantes sobre os arvoredos. Por exemplo, é comum se avaliar a qualidade de um plantio florestal pela *porcentagem de falha* observada, a qual é obtida calculando-se a proporção de *árvores falhadas* no arvoredo.

Outros atributos igualmente importantes em florestas plantadas é a proporção de árvores bifurcadas, e a proporção de árvores com troncos sinuosos ou tortuosos. Já em florestas nativas, é comum se calcular o número de árvores mortas por hectare e o número de árvores perfilhadas por hectare.

Em alguns levantamentos de florestas nativas, são observados atributos qualitativos dos arvoredos que não constituem uma agregação de atributos das árvores. Um desses atributos pode ser a identificação da fase estrutural do arvoredo no contexto da concepção da floresta como um mosaico de fases estruturais. Mas também é comum se identificar, pela aparência ou estrutura do arvoredo, *tipos florestais* que representam variações qualitativas dentro da floresta em estudo. Exemplos desses tipos são *floresta aberta* em contraste com *floresta fechada*, *capoeira* versus *floresta madura*, *floresta de encosta* em contraposição à *floresta de área plana*. Essas informações qualitativas dos arvoredos podem ser de grande utilidade não só na caracterização qualitativa da floresta, mas também no aumento da precisão de estimativas e atributos quantitativos, principalmente quando a identificação de campo pode ser associada ao mapeamento dos tipos florestais por meio de fotografias aéreas ou imagens de satélite.

Outros atributos qualitativos referentes ao arvoredo como um todo e frequentemente observados em levantamentos florestais são a presença de espécies de interesse particulares ou de alterações específicas na estrutura da floresta. Nas florestas ombrófilas, é comum se indicar a presença de samambaias na forma de xaxim ou o predomínio de bambus e taquaras dentro do arvoredo, de forma a abafar a regeneração natural. Em regiões com grande variação de solo, que pode ser identificada rapidamente, é comum se registrar o tipo de solo em que o arvoredo se encontra, bem como a presença de afloramentos rochosos ou a existência de laterita. Às vezes, as variações drásticas na estrutura e fertilidade do solo resultam em alterações abruptas na estrutura da floresta, gerando a existência de enclaves de tipos florestais mais abertos, de menor altura e dominados por plantas esclerófilas dentro de uma formação florestal tropical luxuriante. São exemplos desse fenômeno as *mussunungas* na Mata de Tabuleiros, no Estado do Espírito Santo, e as *caatingas* encravadas na floresta ombrófila ao norte do rio Amazonas. Registrar essas informações associadas aos arvoredos é essencial para garantir a qualidade das informações geradas pelos levantamentos florestais.

8.2 Estrutura do arvoredo

No contexto da floresta como um mosaico de fases estruturais, a estrutura do arvoredo é identificada qualitativamente como uma das fases do ciclo de desenvolvimento da floresta. Contudo, para o manejo das florestas, é necessário que a estrutura dos arvoredos seja representada quantitativamente. Na perspectiva quantitativa, a estrutura dos arvoredos é representada pela distribuição das espécies e dos tamanhos das árvores presentes no arvoredo. Para facilitar essa representação, a medida de tamanho utilizada é o *DAP*, de modo que, na literatura técnica, a distribuição do *DAP* das árvores de um arvoredo é tomada como sinônimo da estrutura do arvoredo.

8.2.1 Distribuição de DAP

A distribuição de *DAP* é apresentada tradicionalmente por uma tabela de frequência na qual são mostradas as classes de *DAP* e o número de árvores em cada classe. As classes de *DAP* têm as mesmas amplitudes que são definidas com base no algoritmo de Sturges:

$$\text{Amplitude de classe de } DAP \approx \frac{\max(d_i) - \min(d_i)}{1 + \log_{10}(N) / \log_{10}(2)}$$

em que d_i é o diâmetro da $i^{\text{ésima}}$ árvore no arvoredo ($i = 1, 2, \ldots, N$). Essa expressão indica a amplitude aproximada de cada classe de *DAP* pela razão da amplitude dos dados, isto é, a diferença entre os valores máximo e mínimo do *DAP* e o número de classes de *DAP* a ser utilizado na tabela, a qual, por sua vez, depende do número de árvores no arvoredo (N).

É importante manter em mente que o algoritmo de Sturges *sugere* uma amplitude de classe que, frequentemente, é um número decimal. A amplitude de classe efetivamente utilizada deve ser um valor aproximado ao número obtido pelo algoritmo, de modo que as classes de *DAP* sejam definidas por números convenientes à rápida visualização da distribuição do *DAP*.

Uma vez definida a amplitude das classes de *DAP*, os limites das classes são definidos de modo que a árvore de menor *DAP* esteja na primeira classe e a de maior *DAP*, na última classe. Quando um *DAP* mínimo de medição é imposto no levantamento de campo, isto é, quando árvores menores do que o *DAP* mínimo estavam presentes nos arvoredos mas foram ignoradas na medição, a primeira classe deve necessariamente ser iniciada por esse *DAP* mínimo.

Definidas as classes, enumeram-se as árvores em cada classe. Para isso, assume-se que cada classe de *DAP* é um intervalo fechado no limite inferior, mas aberto no limite superior. Ou seja, se duas classes de *DAP* são definidas como sendo de 15 cm a 20 cm e de 20 cm a 25 cm, matematicamente essas classes são definidas como intervalos iguais a [15,20) e [20,25), respectivamente. Logo, uma árvore com *DAP* igual a 20 cm será enumerada na segunda classe.

Por fim, com o número de árvores do arvoredo em cada classe de *DAP*, transforma-se esse número em *árvores por hectare*, para que a frequência em cada classe não seja dependente do tamanho do arvoredo. A tabela com a distribuição do *DAP* é definida como uma tabela com os limites de cada classe (inferior e superior), com o valor de *DAP* do centro da classe e a frequência em cada classe expressa em árvores por hectare.

Exemplo de distribuição de DAP

A Tab. 8.1 apresenta os *DAP* de 53 árvores de um arvoredo de floresta plantada para produção industrial. A amplitude de classe de *DAP* apropriada para esse arvoredo, seguindo o algoritmo de Sturges, é:

$$\frac{\text{máx}(21{,}9) - \text{mín}(5{,}9)}{1 + \log_{10}(117)/\log_{10}(2)} = \frac{16}{6{,}72792} = 2{,}378149 \approx 2\,\text{cm}$$

Como o menor *DAP* é 5,9 cm, a primeira classe pode começar com 5 cm, de modo que a árvore de menor *DAP* fica aproximadamente no centro da primeira classe. As demais classes de *DAP* são definidas a partir desse valor em intervalos de 2 cm.

Tab. 8.1 Diâmetros (*DAP* em cm) de 53 árvores de um arvoredo (420 m^2) de floresta plantada de *Eucalyptus grandis* (Myrtaceae)

12,0	13,7	12,2	21,9	6,4	8,8	14,8	16,0	17,9	9,3	15,2	15,3
11,1	13,3	17,0	15,3	16,0	16,7	9,5	15,0	8,1	13,0	13,2	16,4
17,2	14,0	13,0	13,2	7,2	13,3	12,7	14,4	10,1	5,9	13,0	20,9
13,8	14,5	14,5	16,5	13,9	12,5	12,9	7,0	14,8	13,2	14,8	12,7
17,4	11,0	16,2	14,2	11,5							

A Tab. 8.2 apresenta a tabela de distribuição de *DAP* resultante, com a enumeração das árvores por classe de *DAP* e a frequência em árvores por hectare. Na frequência de árvores por hectare, é necessário um pequeno ajuste. As 53 árvores do arvoredo representam 1.261,9 árvores por hectare. Ao se arredondar a frequência de árvores por hectare para números inteiros, o total resulta em 1.261. Como o número correto está mais próximo de 1.262, aumentou-se em 0,6 ha^{-1} a frequência na segunda classe, resultando em 72 ha^{-1}, fazendo com que o total chegasse a 1.262 ha^{-1}.

Graficamente, a tabela de *DAP* pode ser apresentada tanto na forma de um histograma quanto na forma de um gráfico de linhas. No gráfico de linhas, os valores de contagem são grafados contra os centros das classe de *DAP*. A Fig. 8.1 apresenta uma combinação do histograma com o gráfico de linhas.

Distribuição de DAP e estrutura etária do arvoredo

O estudo da distribuição do *DAP* em vários tipos de floresta revelou que existem dois padrões básicos de estrutura que são bastante distintos entre si, embora

Tab. 8.2 Tabela de distribuição de *DAP* de um arvoredo de 420 m^2 de *Eucalyptus grandis* (Myrtaceae)

Classe de *DAP* (cm)	Centro de classe (cm)	Número de árvores no arvoredo (420 m^2)	Número de árvores por hectare (ha^{-1})
[5, 7)	6	3	71,4 ≈ 71
[7, 9)	8	3	71,4 → 72
[9, 11)	10	4	95,2 ≈ 95
[11, 13)	12	11	261,9 ≈ 262
[13, 15)	14	17	404,8 ≈ 405
[15, 17)	16	10	238,1 ≈ 238
[17, 19)	18	3	71,4 ≈ 71
[19, 21)	20	1	23,8 ≈ 24
[21, 23)	22	1	23,8 ≈ 24
		53	1.261,8 → 1.262

comportem uma boa dose de variação dentro de cada padrão. Esses padrões se referem a arvoredos cujas árvores possuem a mesma idade e arvoredos cujas árvores apresentam idades distintas.

Os arvoredos formados por árvores de mesma idade são chamados de arvoredos *equiâneos*, enquanto os arvoredos formados por árvores com diferentes idades são ditos *inequiâneos*, ou numa terminologia alternativa, também utilizada no Brasil, os arvoredos são conhecidos como *coetâneos* e *dissetâneos*. Nos arvoredos equiâneos, as árvores não precisam ter exatamente a mesma idade, isto é, as diferenças de idades entre as árvores não precisa ser menor que um ano, pois isso só aconteceria nas plantações florestais. Nas florestas em que ocorre a regeneração natural, mas esta fica restrita a um período curto de tempo, é possível que a idade das árvores seja bastante próxima. Já numa floresta em que regeneração natural ocorre continuamente, a idade das árvores terá uma grande amplitude. Define-se, portanto, como arvoredo equiâneo aquele em que a diferença de idade entre as árvores não seja maior que 30% do tempo de rotação da floresta. Logo, os arvoredos inequiâneos são aqueles cuja amplitude de idade das árvores ultrapassa 30% do tempo de rotação da floresta.

Arvoredos equiâneos. Nos arvoredos equiâneos, a maioria das árvores tende a ter valores semelhantes de *DAP*, uma vez que todas têm aproximadamente a mesma idade e passam pelas mesmas fases de desenvolvimento simultaneamente. Algumas poucas árvores, com crescimento destacado das demais, apresentam valores de *DAP* maiores que a maioria, enquanto que outras árvores, com crescimento lento e suprimido pelas demais, apresentam valores menores de *DAP*. O resultado é que distribuição tende a uma forma chamada de *unimodal*, isto é, com valores concentrados ao redor da *moda*, que é o valor mais frequente de *DAP*. A Fig. 8.1 ilustra esse padrão de distribuição. Esse padrão não é função da espécie arbórea, mas da estrutura etária do arvoredo. A Fig. 8.2A mostra que o mesmo padrão é observado em arvoredos homogêneos e equiâneos de espécies arbóreas nativas.

Embora a forma unimodal seja o padrão dominante, à medida que o arvoredo se desenvolve, a distribuição de *DAP* também sofre transformações, pois as árvores possuem um crescimento diferenciado em função da sua posição dentro do arvoredo. As árvores dominantes e codominantes terão maior crescimento que as árvores intermediárias e dominadas. Assim, a amplitude de variação do *DAP* aumenta com a idade do arvoredo e, consequentemente, o número de árvores em cada classe de *DAP* diminui (Fig. 8.2B). Em alguns arvoredos, pode ocorrer uma forte estratificação entre as árvores de maior e as de menor *DAP*, resultando numa forma de distribuição de *DAP* chamada de *bimodal*, isto é, com duas modas. Geralmente, as árvores dominantes e codominantes, que são presentes em maior número, se concentram ao redor de um valor maior de *DAP*, enquanto que as árvores dominadas e intermediárias, em menor número, se concentram ao redor de um valor inferior de *DAP*. Isso pode ser observado no arvoredo de 5,31 anos de idade na Fig. 8.2B.

Arvoredos inequiâneos. A distribuição de *DAP* nos arvoredos inequiâneos tem padrão completamente diferente. A regeneração natural contínua gera sempre um grande número de árvores jovens. Mesmo com uma taxa constante de mortalidade ao longo da vida das árvores, o número de árvores vai se reduzindo à medida que se passa das menores classes de *DAP* para as maiores. O resultado é uma distribuição sem a presença de um valor de moda, cuja frequência das árvores diminui dos menores *DAP* para os maiores. Esse padrão é tradicionalmente chamado de *J-invertido* (Fig. 8.3). Esse é o padrão básico em florestas inequiâneas no mundo todo, mas é particularmente dominante nas florestas tropicais nativas.

Ao contrário do padrão de distribuição de *DAP* dos arvoredos equiâneos, esse tipo de distribuição de *DAP* não pode ser apropriadamente descrito por um *DAP* médio. O aspecto que caracteriza esse tipo de distribuição é a taxa de diminuição da curva com o aumento do *DAP* e os valores máximos de *DAP* alcançados. Como pode ser visto na Fig. 8.3, esses dois aspectos da distribuição não são independentes. Florestas em que as árvores

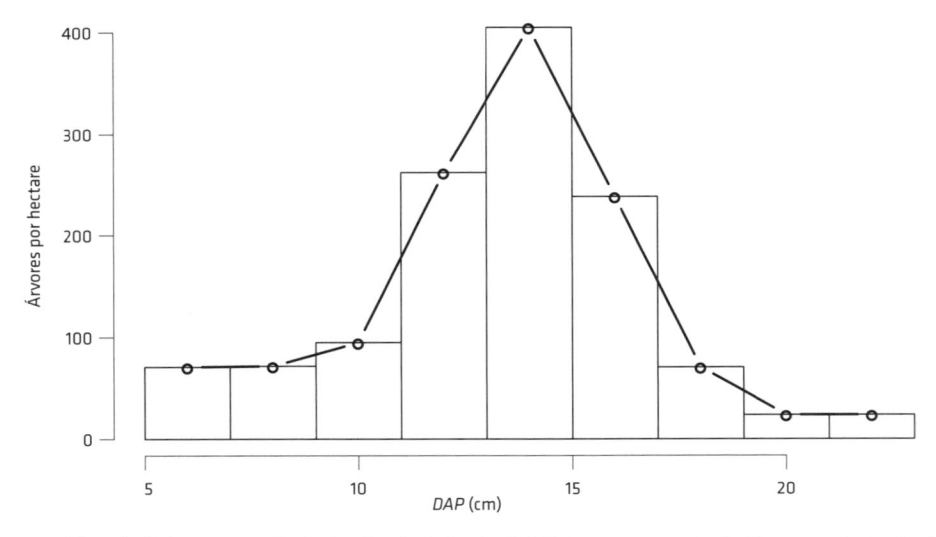

Fig. 8.1 Histograma e gráfico de linhas para tabela de distribuição de *DAP* de um arvoredo de floresta plantada de *Eucalyptus grandis* (Myrtaceae)

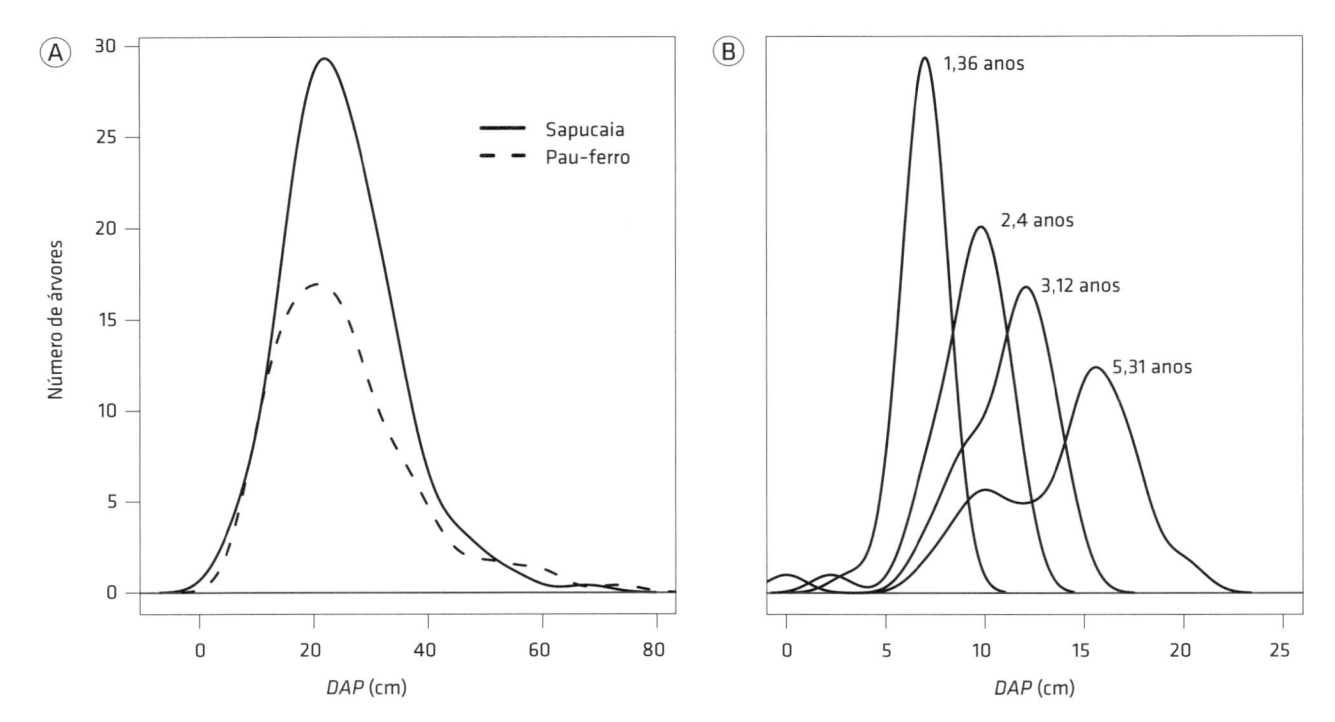

Fig. 8.2 Diferença da estrutura de arvoredos de florestas equiâneas: (A) arvoredos de sapucaia (*Lecythis* sp., Lecythidaceae) e de pau-ferro (*Caesalpinia ferrea*, Fabaceae); (B) arvoredo de *Eucalyptus grandis* (Myrtaceae) em três idades diferentes

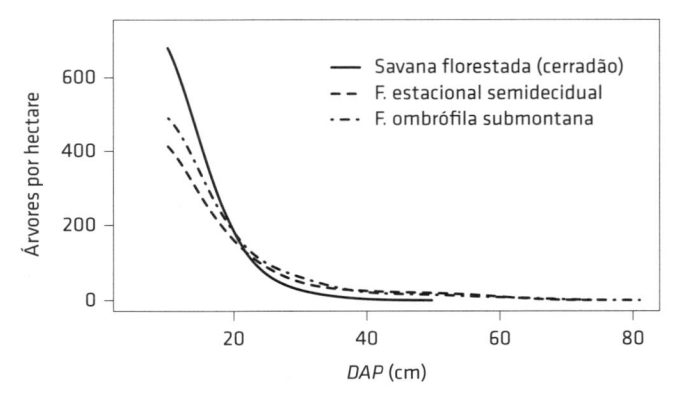

Fig. 8.3 Estrutura de arvoredos de três formações florestais nativas que ocorrem no Estado de São Paulo.

podem atingir grandes *DAP* tendem a ter uma taxa de diminuição de frequência menor, formando uma curva mais *achatada* (floresta ombrófila submontana). Já as florestas com grande taxa de diminuição da frequência são dominadas por árvores de pequeno *DAP*, enquanto que o valor máximo de *DAP* alcançado pelas árvores é menor (savana florestada ou cerradão).

8.3 Tamanho médio das árvores

Outra forma de caracterizar os arvoredos, particularmente os arvoredos equiâneos, é por meio do tamanho médio e da variabilidade do tamanho das árvores. Mas, o tamanho das árvores pode ser caracterizado por diferentes medidas. Geralmente, quando se busca determinar a produção de uma floresta, a medida de interesse do tamanho é o volume ou a biomassa lenhosa das árvores. Contudo, essas medidas só podem ser obtidas por métodos destrutivos e a sua aplicação para florestas em pé requer a aplicação de um sistema de predição, que nem sempre é disponível. A altura também é uma medida que caracteriza apropriadamente o tamanho de uma árvore. Contudo, existem várias situações, principalmente de povoamentos equiâneos, em que as diferenças de altura entre os arvoredos é muito pequena, embora os arvoredos sejam bastante distintos em termos da sua produção e estrutura.

Assim, a caracterização do tamanho médio é baseada na medida do *DAP* e da área transversal das árvores, pois essas medidas podem ser tomadas em qualquer situação de estudo quantitativo das florestas. Como o *DAP* também é a variável utilizada para descrever a estrutura de tamanho de um arvoredo, o seu uso como medida de tamanho médio permite a associação entre estrutura de tamanho, por meio da distribuição do *DAP*, e tamanho médio.

8.3.1 Diâmetro médio

O diâmetro médio ou *DAP* médio é uma das medidas do tamanho médio das árvores, sendo calculado na forma de média aritmética das medidas de *DAP* das árvores num arvoredo:

$$\bar{d} = \frac{\sum_{i=1}^{N} d_i}{N} \quad (8.1)$$

em que d_i são os *DAP* das árvores do arvoredo ($i = 1, 2, \ldots, N$).

Normalmente, se associa ao *DAP* médio uma medida da *variabilidade* dos diâmetros das árvores do arvoredo. Essa medida é o *desvio padrão* dos *DAP*:

$$s_d = \sqrt{\frac{\sum_{i=1}^{N} (d_i - \bar{d})^2}{N}} = \sqrt{\frac{\sum_{i=1}^{N} d_i^2 - \left(\sum_{i=1}^{N} d_i\right)^2 / N}{N}} \quad (8.2)$$

que deve ser interpretado como o *desvio médio* dos *DAP* ao redor do *DAP* médio. Quanto maior variabilidade houver no tamanho das árvores do arvoredo, tanto maior será o desvio padrão.

Desvio padrão. A fórmula de cálculo tradicional do desvio padrão é:

$$s = \sqrt{\frac{\sum_{i=1}^{n} (x_i - \bar{x})^2}{n-1}}$$

O denominador $n-1$ é chamado de *graus de liberdade*. Os graus de liberdade são uma correção necessária no caso da *estimação* do desvio padrão em *pequenas amostras*. Contudo, no caso apresentado aqui, esse desvio é um atributo *do arvoredo*, pelo qual todas as árvores são medidas e enumeradas. Logo, o desvio padrão nesse caso é o *desvio padrão populacional*.

Como o desvio padrão do *DAP* está na mesma unidade de medida do *DAP* médio, que geralmente é o centímetro, ele permite uma interpretação absoluta da variabilidade do tamanho das árvores. Mas, às vezes, é conveniente expressar a variabilidade em termos relativos em relação ao *DAP* médio. Nesse caso, o desvio padrão é transformado num *coeficiente de variação* que indica a variabilidade em termos de porcentagem do *DAP* médio:

$$V_{\%;d} = \frac{s_d}{\bar{d}} \cdot 100 \quad (8.3)$$

A mudança da estrutura do arvoredo é acompanhada por uma clara alteração nos valores do *DAP* médio e da variabilidade dos *DAP* no arvoredo. No caso dos arvoredos de pau-ferro e sapucaia, cuja estrutura é apresentada na Fig. 8.2A, tem-se os seguintes dados de tamanho das árvores (Tab. 8.3):

Tab. 8.3 Valores de *DAP* médio, desvio padrão e coeficiente de variação das árvores apresentadas na Fig. 8.2A

Espécie	DAP das árvores		
(anos)	$\bar{d}$ (cm)	s_d (cm)	$V_{\%;d}$ (%)
Pau-ferro	25	12	48
Sapucaia	25	10	40

Nota-se que embora o tamanho médio seja o mesmo, o arvoredo de pau-ferro se mostra muito mais variável no tamanho das árvores. Já o arvoredo de *E. grandis*, cuja mudança da estrutura com a idade é apresentada na Fig. 8.2B, tem os seguintes valores de *DAP* médio, desvio padrão e coeficiente de variação (Tab. 8.4):

Tab. 8.4 Valores de *DAP* médio, desvio padrão e coeficiente de variação de *Eucalyptus grandis* de acordo com a idade. Dados apresentados na Fig. 8.2B

Espécie	DAP das árvores		
(anos)	$\bar{d}$ (cm)	s_d (cm)	$V_{\%;d}$ (%)
1,4	7	1	13
2,4	9	2	20
3,1	11	3	25
5,3	14	4	29

Essa tabela mostra que o tamanho das árvores quase dobra no período de tempo estudado e que a variabilidade do tamanho aumenta mais que o dobro na escala relativa (coeficiente de variação), mas, enquanto o aumento do tamanho médio é gradativo, o aumento da variabilidade acontece com maior intensidade nos anos iniciais do arvoredo. Também nas formações florestais nativas (Fig. 8.3), as diferenças na distribuição de *DAP* se refletem nos valores de tamanho médio e na variabilidade dos tamanhos das árvores (Tab. 8.5).

O arvoredo de savana florestada possui uma distribuição de *DAP* bastante distinta das outras duas formações e essa maior diferença é demonstrada nas medidas associadas ao tamanho médio das árvores.

Tab. 8.5 Valores de DAP médio, desvio padrão e coeficiente de variação das árvores apresentadas na Fig. 8.3

Formação florestal	DAP das árvores		
	$\overline{d}$ (cm)	s_d (cm)	$V_{\%;d}$ (%)
Savana florestada (cerradão)	9	5	54
Floresta estacional semidecidual	12	11	87
Floresta ombrófila submontana	12	10	81

8.3.2 Diâmetro médio quadrático

A área transversal das árvores também é uma medida apropriada para se caracterizar o tamanho das árvores de um arvoredo. A sua vantagem sobre o DAP é que a área transversal geralmente é linearmente relacionada ao volume e à biomassa lenhosa das árvores. Mas ela tem a desvantagem de ser uma medida de área e, portanto, ser de difícil interpretação absoluta intuitiva. Para contornar os problemas de uma medida de tamanho expressa em área, utiliza-se a transformação da área transversal em diâmetro.

O diâmetro médio quadrático ou DAP médio quadrático é o DAP referente à área transversal média do arvoredo ($\overline{g}$). Com base nesse conceito, se desenvolve uma expressão de cálculo do DAP médio quadrático diretamente dos valores de DAP:

$$\overline{d}_g = \sqrt{\frac{4}{\pi}\,\overline{g}} = \sqrt{\frac{4}{\pi} \cdot \frac{\sum_{i=1}^{N}(\pi/4)\,d_i^2}{N}} \Rightarrow \overline{d}_g = \sqrt{\frac{\sum_{i=1}^{N} d_i^2}{N}} \quad (8.4)$$

Como a área transversal da árvore é uma medida fortemente relacionada ao espaço de crescimento ocupado pela árvore para o seu desenvolvimento, o DAP médio quadrático é uma medida de tamanho médio que está mais intimamente ligada aos processos ecológicos e silviculturais que ocorrem no arvoredo.

8.3.3 Relação entre os diâmetros médios

No estudo e manejo dos arvoredos, DAP médio e DAP médio quadrático são sempre utilizados em conjunto, pois cada um expressa um aspecto do tamanho das árvores do arvoredo. Enquanto o DAP médio é o tamanho médio associado à distribuição dos DAP e, portanto, à estrutura de tamanho do arvoredo, o DAP médio quadrático é uma medida relativa à área transversal média do arvoredo

e, consequentemente, mais representativa do tamanho médio associado ao volume e à biomassa das árvores e ao seu ritmo de crescimento.

Existe entre essas duas medidas uma relação matemática direta, que pode ser demonstrada pela expressão do desvio padrão (Eq. 8.2):

$$s_d = \sqrt{\frac{\sum_{i=1}^{N} d_i^2 - \left(\sum_{i=1}^{N} d_i\right)^2 / N}{N}}$$

$$\Rightarrow s_d = \sqrt{\frac{\sum_{i=1}^{N} d_i^2}{N} - \left(\frac{\sum_{i=1}^{N} d_i}{N}\right)^2}$$

$$\Rightarrow s_d = \sqrt{\overline{d}_g^2 - \overline{d}^2} \quad (8.5)$$

$$\Rightarrow \overline{d}_g^2 = \overline{d}^2 + s_d^2 \quad (8.6)$$

Essa relação pode ser entendida como um *teorema de Pitágoras florestal*, em que o DAP médio quadrático é a hipotenusa, enquanto que o DAP médio e o desvio padrão do DAP são os catetos do triângulo retângulo (Fig. 8.4). Uma implicação matemática dessa relação é que o DAP médio quadrático é sempre maior que o DAP médio. A igualdade só ocorre na hipótese irreal em que todas as árvores do arvoredo têm exatamente o mesmo DAP.

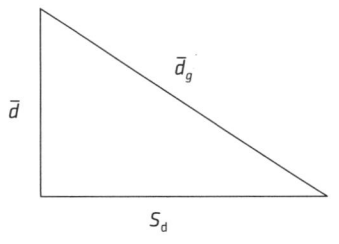

Fig. 8.4 Relação entre o DAP médio quadrático ($\overline{d}_g$), DAP médio ($\overline{d}$) e desvio padrão do DAP (s_d), seguindo a relação entre hipotenusa e catetos do triângulo retângulo

Como medida de tamanho médio, o DAP médio quadrático deve ser entendido como uma composição entre o DAP médio e o desvio padrão do DAP, isto é, entre o tamanho médio aritmético e a variabilidade dos tamanhos das árvores.

8.4 Densidade do arvoredo

A densidade do arvoredo é o grau de aglomeração ou adensamento das árvores que compõem o arvoredo. Ela se refere ao grau de ocupação do espaço pelas árvores do arvoredo. Por isso, esse atributo também pode ser compreendido como a *área média* disponível ao crescimento de cada árvore do arvoredo e, consequentemente, medidas de densidade são frequentemente tomadas como medidas do grau de competição entre as árvores. Dada as diferentes interpretações possíveis a respeito da densidade do arvoredo, não existe uma única medida, nem mesmo um medida ideal ou perfeita para representá-la. Assim, frequentemente se trabalha com mais de uma medida de densidade nos estudos quantitativos e nos planos de manejo florestal.

8.4.1 Densidade de estande

A *densidade de estande* é a medida mais simples e direta da densidade do arvoredo. Ela é a razão entre o número de árvores no arvoredo (N) e a área do arvoredo (S_p), sendo expressa por unidade de área, isto é, por número de árvores por hectare (ha^{-1}).

$$D = \frac{N}{S_p} \qquad (8.7)$$

em que S_p está em hectares.

Como cada árvore é contada como uma unidade, a densidade de estande reflete o grau de aglomeração do arvoredo, mas ignora a diferença de tamanho entre as árvores. Dois arvoredos com a mesma densidade de estande, diga-se $1.200\,ha^{-1}$, têm o mesmo grau de aglomeração em termos enumerativos, isto é, em termos de cada árvore como uma unidade. Contudo, se num dos arvoredos as árvores forem maiores, este arvoredo terá um *adensamento* maior, pois o espaço ocupado por cada árvore está associado ao seu tamanho. Por outro lado, dois arvoredos com densidade de estande diferente, diga-se $1.200\,ha^{-1}$ e $500\,ha^{-1}$, têm graus de aglomeração diferentes. Mas eles podem, em termos práticos, ter o mesmo adensamento se as árvores no arvoredo de menor densidade de estande forem muito maiores que no outro. O tamanho das árvores pode compensar de tal forma a diferença de densidade de estande que ambos os arvoredos podem ter o mesmo grau de ocupação do espaço.

A densidade de estande também pode ser apresentada na forma do número de *troncos* ou *fustes* por hectare, principalmente em florestas em que as árvores perfilham, mas o perfilhamento é bastante variável. Um exemplo dessa situação são as florestas plantadas de eucalipto em segunda rotação, onde um certo número de árvores não rebrota após o corte, mas frequentemente se deixa um ou dois brotos por árvore para se desenvolverem como troncos. Nesse caso, o número de árvores por hectare é reduzido da primeira para a segunda rotação, mas o número de troncos é grandemente aumentado na tentativa de manter um grau adequado de ocupação do espaço.

8.4.2 Área basal

A *área basal* é uma medida de densidade do arvoredo que considera tanto o grau de aglomeração do ponto de vista enumerativo, quanto o grau de adensamento em função do tamanho das árvores. A área basal é definida como a soma das áreas transversais das árvores que compõem o arvoredo dividida pela área do arvoredo, sendo expressa em metros quadrados por hectare ($m^2 \cdot ha^{-1}$):

$$G = \frac{\sum_{i=1}^{N} g_i}{S_p} = \frac{(\pi/4) \sum_{i=1}^{N} d_i^2}{S_p} \qquad (8.8)$$

em que G é a área basal do arvoredo, S_p é a área do arvoredo (em ha), e d_i e g_i são o *DAP* e a área transversal de cada árvore i do arvoredo (em m e m^2), respectivamente.

A área basal e a densidade de estande frequentemente estão fortemente associadas, mas nas florestas em que a densidade de estande tem menor variação, as duas medidas podem ter comportamentos independentes. A Fig. 8.5 mostra essa relação da densidade de estande e área basal de arvoredos de três formações florestais nativas do Estado de São Paulo. A savana florestada (cerradão) e a floresta ombrófila mostram uma relação positiva entre densidade de estande e área basal, ou seja, os arvoredos de maior densidade de estande também tendem a possuir maior área basal. Contudo, a relação tem um pequeno grau de incerteza na savana florestada, mas possui um alto grau de varição na floresta ombrófila. Já na floresta estacional semidecidual, a densidade de estande se mostra bem menos variável que nas outras duas formações e praticamente não apresenta relação com a área basal. A grande variação da área basal nessa formação mostra que a densidade dos arvoredos não é tão homogênea quanto a densidade de estande sugere.

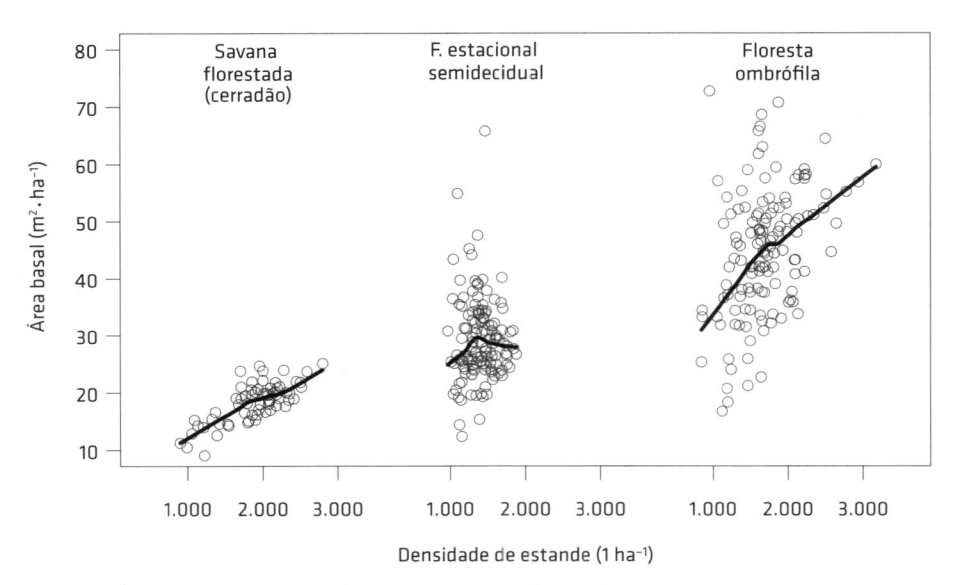

Fig. 8.5 Relação entre a densidade de estande (ha^{-1}) e a área basal (m^2 · ha^{-1}) de arvoredos em três formações florestais nativas do Estado de São Paulo

Nas florestas plantadas com espécies de rápido crescimento e manejada no sistema de rotações curtas, como as florestas de eucalipto para produção de madeira para energia e indústria, a densidade de estande se mantém relativamente inalterada durante toda a rotação. Assim, a área basal se torna uma medida mais apropriada para representar a variação da densidade dos arvoredos. Já nas florestas plantadas manejadas em rotações longas e sujeitas à aplicação de desbastes, o manejo florestal adequado não pode ser realizado sem informação de ambas as medidas de densidade do arvoredo.

A área basal é uma medida de densidade dos arvoredos apropriada para se considerar o grau de ocupação do espaço de crescimento pelas árvores, mas ela também é limitada. Sua principal limitação é que ela não considera o tamanho das árvores individualmente, mas somente a soma total das suas áreas transversais. Um arvoredo com elevada área basal pode ser tanto um arvoredo de alta densidade de estande formado por árvores pequenas, quanto um arvoredo com baixa densidade de estande composto de grandes árvores.

8.4.3 Índice de densidade do arvoredo

O índice de densidade do arvoredo (*stand density index*) procura contornar a limitação da área basal nas florestas equiâneas utilizando a relação entre a densidade de estande e o tamanho médio das árvores, medido pelo *DAP* da árvore de área transversal média, isto é, pelo *DAP* médio quadrático. Para se obter o índice, é necessário construir um sistema de predição que é mais bem exemplificado utilizando-se o gráfico da densidade de estande contra o *DAP* médio quadrático (Fig. 8.6).

Índice de densidade do arvoredo. O *stand density index* foi proposto por Reineke (1933), tendo ampla aplicação na América do Norte. No Brasil ele é tradicionalmente designado como *índice de densidade do povoamento*. Apesar de sua aplicação no Brasil ser restrita, ele é um recurso importante, pois permite combinar a densidade de estande e a área basal numa relação mais adequada ao manejo da densidade dos arvoredos do que qualquer uma daquelas duas medidas separadamente. O ajuste dos modelos do índice de densidade do arvoredo utiliza técnicas bem mais sofisticadas que a regressão linear, como a regressão quantílica ou *reduced major axis regression*, que são técnicas de biometria que vão muito além do escopo deste livro.

O índice de densidade do arvoredo (IDA) assume que a relação entre a densidade de estande (*D*) e o *DAP* médio quadrático ($\overline{d}_g$) é linear na escala logarítmica:

$$\log(D_i) = \beta_0 + \beta_1 \cdot \log(\overline{d}_{gi}) + \varepsilon_i \quad (8.9)$$

em que *i* indica o índice de identificação dos arvoredos ($i = 1, 2, \ldots, n$) e ε_i é o componente estocástico do modelo. Contudo, a relação que se deseja com essa

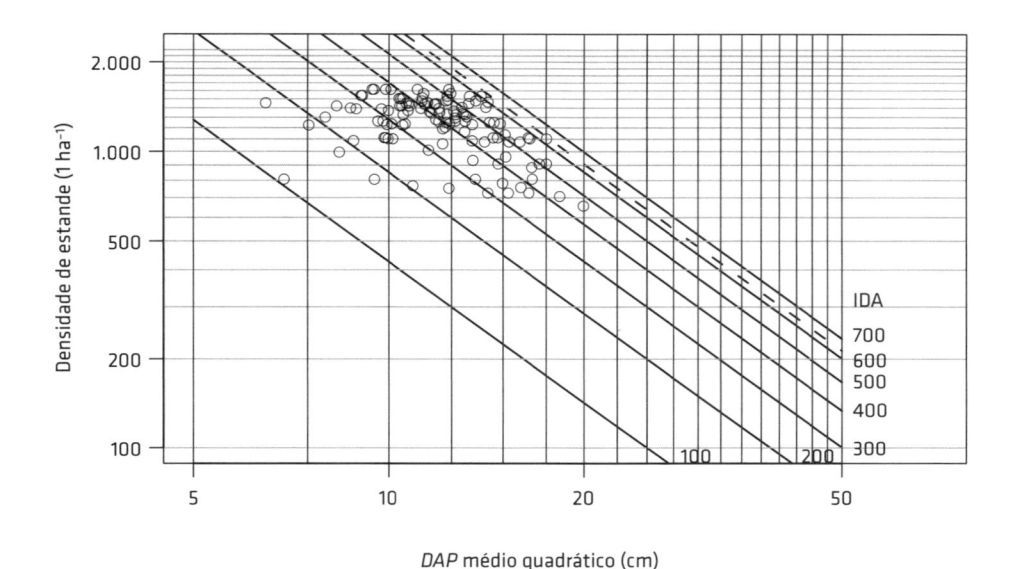

Fig. 8.6 Gráfico do índice de densidade de arvoredo (IDA) para floresta plantada de *Eucalyptus saligna* (Myrtaceae). A linha tracejada representa a posição-limite para os valores observados de densidade de estande e *DAP* médio quadrático, que resultam numa reta com inclinação de -1.5818. O gráfico apresenta as retas de IDA de 100, 200, 300, 400, 500, 600 e 700 (ha^{-1}) para *DAP* médio quadrático de referência igual a 25 cm. O gráfico foi construído com base na estimativa do parâmetro β_1, apresentado por Schneider et al. (2011). O *DAP* médio quadrático de referência de 25 cm segue o valor proposto por Reineke (1933) de 10 polegadas

expressão não é a relação média, mas a relação limite em que o aumento no *DAP* médio quadrático implica a redução da densidade de estande em consequência da mortalidade provocada pela intensa competição entre as árvores (linha tracejada da Fig. 8.6). Por esse procedimento, os valores dos parâmetros da Eq. 8.9 são estimados resultando na seguinte relação de predição:

$$\log(D_i) = \widehat{\beta}_0 + \widehat{\beta}_1 \cdot \log(\overline{d}_{gi}) \quad \Rightarrow \quad D_i = \exp[\widehat{\beta}_0](\overline{d}_{gi})^{\widehat{\beta}_1}$$

As linhas que indicam o IDA são linhas paralelas a essa linha limite. O valor do IDA é obtido no ponto em que cada linha paralela cruza a linha vertical do *DAP* médio quadrático de referência (que é igual a 25 cm na Fig. 8.6). Para cada uma dessas linhas, no ponto de cruzamento no *DAP* médio quadrático de referência, o valor da densidade de estande é o IDA (D_{Ik}). A única diferença entre essas retas é o intercepto, que pode ser expresso pela razão entre o IDA (D_{Ik}) e o *DAP* médio quadrático de referência ($\overline{d}_{gR}$):

$$D_{Ik} = \exp[\widehat{\beta}_0](\overline{d}_{gR})^{\widehat{\beta}_1} \quad \Rightarrow \quad \exp[\widehat{\beta}_0] = \frac{D_{Ik}}{(\overline{d}_{gR})^{\widehat{\beta}_1}}$$

Introduzindo esse valor de intercepto na relação de predição anterior, obtém-se a equação de predição do IDA:

$$D_k = \left[\frac{D_{Ik}}{(\overline{d}_{gR})^{\widehat{\beta}_1}}\right](\overline{d}_{gk})^{\widehat{\beta}_1} \quad \Rightarrow \quad D_{Ik} = D_k \left[\frac{\overline{d}_{gR}}{\overline{d}_{gk}}\right]^{\widehat{\beta}_1} \quad (8.10)$$

O sistema de predição da Fig. 8.6 tem a seguinte forma:

$$D_{Ik} = D_k \left[\frac{25}{\overline{d}_{gk}}\right]^{-1,5818}$$

sendo o índice de densidade do arvoredo (D_{Ik}) predito com base na densidade de estande (D_k) e do *DAP* médio quadrático ($\overline{d}_{gk}$) observados para um dado arvoredo k.

Para mostrar a relevância do índice de densidade do arvoredo, é necessário considerar que, à medida que o arvoredo se desenvolve, o crescimento das árvores resulta no aumento da área basal e, consequentemente, do *DAP* médio quadrático (tamanho médio das árvores). Mas, quando a competição se torna muito intensa, o crescimento das árvores é reduzido e a morte de algumas delas gera uma redução na densidade do estande. No manejo florestal, é importante planejar as intervenções de forma que o arvoredo seja mantido numa densidade de estande que permita o crescimento adequado das árvores. Contudo, à medida que as árvores se tornam maiores, a densidade de estande apropriada ao crescimento se torna menor. A intervenção de manejo consiste, portanto, em antecipar-se à mortalidade abatendo algumas delas, isto é, realizando o desbaste do arvoredo.

A questão fundamental do manejo é, portanto, decidir *quando* realizar o desbaste e com qual *intensidade*, isto é, quantas árvores devem ser removidas. A Fig. 8.7 apresenta a trajetória hipotética de um arvoredo ao longo do tempo que sofreu dois desbastes para manutenção da densidade de estande adequada. Essa trajetória é apresentada tanto no gráfico do índice de densidade do arvoredo quanto no gráfico da densidade de estande contra a área basal. Também hipoteticamente, os desbastes visam manter o índice de densidade do arvoredo entre 300 e 500, de forma a assegurar um bom ritmo de crescimento para as árvores. A Fig. 8.7 ilustra que o índice de densidade do arvoredo é uma ferramenta muito útil ao manejo, pois sem ele seria muito difícil definir quando e com qual intensidade realizar o desbaste.

8.4.4 Densidade e estoque

A densidade do arvoredo e o *estoque* do arvoredo são duas expressões frequentemente utilizadas como sinônimos, pois as medidas de densidade também podem ser interpretadas como medidas associadas ao estoque. Mas é necessário discriminar essas expressões, pois há uma importante, embora sutil, diferença entre elas.

A densidade do arvoredo se refere ao grau de adensamento de *todas as árvores* do arvoredo. Entende-se por *todas as árvores* aquelas que são medidas com base em um *DAP* mínimo de medição, que geralmente é de 5 cm. Já o estoque se refere às árvores do arvoredo que são consideradas *úteis a uma dada finalidade de manejo e produção*.

No exemplo hipotético do arvoredo de *E. saligna* na Fig. 8.7, o estoque apropriado é aquele com índice de densidade do arvoredo (IDA) entre 300 e 500 (ha^{-1}). Essa faixa de IDA é o indicador do estoque adequado.

Num outro exemplo, considere-se uma floresta tropical manejada para produção de madeira com o ciclo de corte de 30 anos, isto é, a cada 30 anos se realiza a colheita das árvores apropriadas a partir de um *DAP* mínimo de corte. As medidas de densidade do arvoredo, nessa e em qualquer outra situação de manejo, consideram todas as árvores nele presentes. Contudo, o estoque do arvoredo, nessa situação particular, se refere apenas às árvores que possuem tamanho e ritmo de crescimento tal que, no próximo corte, estarão aptas a serem colhidas. Portanto, é possível dizer que o estoque de um dado arvoredo está *baixo*, *apropriado* ou *muito alto*, dependendo

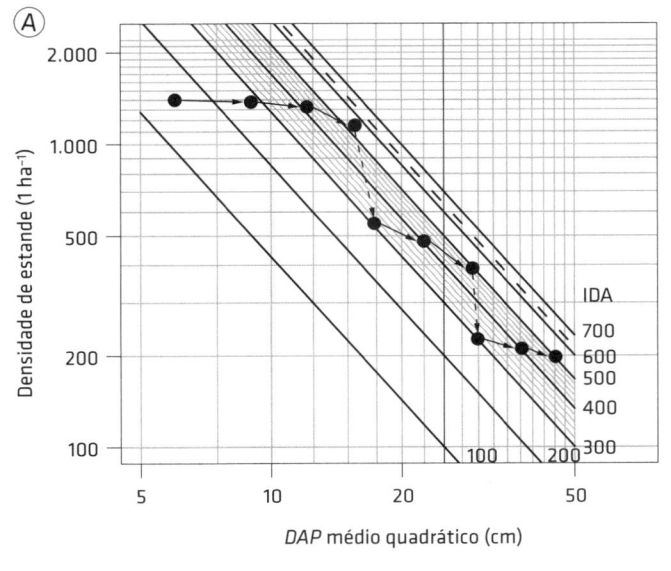

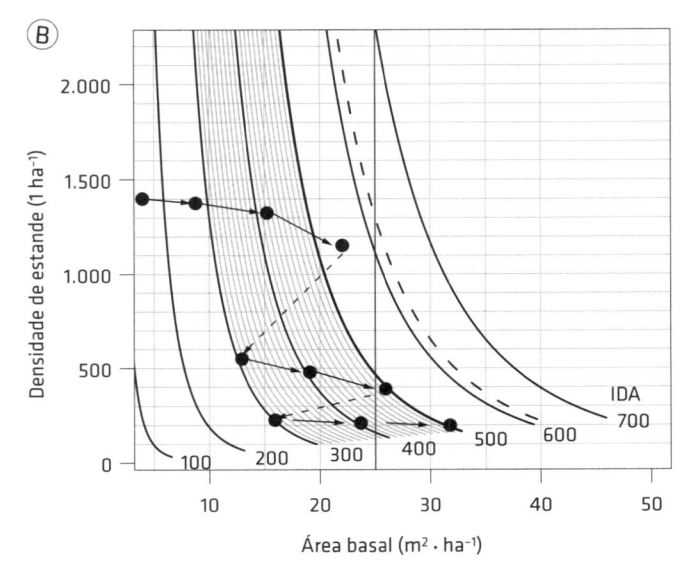

Fig. 8.7 Trajetória *hipotética* de um arvoredo de floresta plantada de *Eucalyptus saligna* (Myrtaceae) (A) no gráfico do índice de densidade de arvoredo (IDA) e (B) no gráfico da densidade de estande contra a área basal. As setas em linha sólida indicam a mudança do estado do arvoredo com a idade, enquanto que a seta em linha tracejada indica a ocorrência de desbaste. A região hachurada entre os IDA de 300 e 500 representa a situação *hipoteticamente ideal* de densidade de estande para o crescimento do arvoredo

da densidade de árvores no arvoredo que estarão aptas para colheita.

8.5 Qualidade do sítio

Nas florestas homogêneas e equiâneas, as diferenças observadas entre os arvoredos é, em boa medida, função dos fatores ambientais do local em que cada arvoredo se desenvolve. Uma diferença muito importante para o manejo florestal é a diferença em produtividade, seja em volume lenhoso, seja em biomassa lenhosa. Mas é muito difícil conseguir uma relação clara entre a produtividade dos arvoredos e fatores ambientais específicos, expressos na forma de medidas de umidade do solo, medidas de fertilidade do solo ou mesmo medidas das condições topográficas e de face das encostas. É por essa razão que tradicionalmente a literatura florestal utiliza a expressão *sítio* para designar as alterações dos fatores ambientais de um local (ou sítio) para outro dentro da floresta e que influenciam a produtividade dos arvoredos.

A *qualidade do sítio* é a capacidade das condições ambientais locais de sustentar o crescimento das árvores e, portanto, a produtividade florestal. O sítio de melhor qualidade é aquele que resulta numa maior produtividade. Mas essa qualidade deve ser expressa não por fatores ambientais específicos, nem por combinações arbitrárias de fatores particulares, mas pelo efeito global e integrador resultante da ação conjunta e simultânea de todos os fatores ambientais sobre o crescimento e produção do arvoredo.

A primeira implicação do conceito de sítio é que só se pode falar de qualidade de sítio em arvoredos equiâneos e homogêneos, isto é, compostos por uma única espécie arbórea ou, no mínimo, com uma clara dominância dessa espécie. Nos arvoredos heterogêneos e inequiâneos, a composição de espécies e de idades, bem como as complexas interações de competição inter e intraespecífica, tem uma forte influência sobre o crescimento das árvores, a qual se confunde com a influência dos fatores ambientais.

A segunda implicação é que a qualidade de sítio deve ser medida por uma variável observada no próprio arvoredo, mas o comportamento dessa variável deve refletir o efeito integrado dos fatores ambientais com a mínima influência por fatores ecológicos bióticos e fatores silviculturais e de manejo. O crescimento da produção em volume ou biomassa lenhosa é uma medida que poderia ser utilizada, contudo, a produção do arvoredo é fortemente influenciada pela sua densidade (número de árvores por hectare) e requer a aplicação de modelos de predição cuja construção pode ser afetada por vários aspectos silviculturais e de manejo, como o diâmetro mínimo para utilização comercial ou a seleção da amostra destrutiva. Assim, a prática tradicional de mensuração de árvores e florestas consagrou a altura média das árvores dominantes do arvoredo como a medida mais apropriada da qualidade do sítio.

8.5.1 Altura média das árvores dominantes

No Cap. 2 foi apresentado um procedimento para a identificação das árvores dominantes num arvoredo segundo o julgamento do observador com base nas classes de copa (veja Quadro 2.3). Embora esse procedimento seja bastante útil do ponto de vista qualitativo, para uma medida quantitativa da qualidade do sítio, ele apresenta um alto grau de arbitrariedade do observador que dependerá da definição convencional das classes de copa e do treinamento realizado com os observadores.

Para uma medida quantitativa do sítio, é necessário um processo menos subjetivo de identificação das árvores dominantes do arvoredo. Usualmente, utiliza-se a definição de árvore dominante proposta por Assmann (1970, p. 144): "As árvores dominantes são as 100 árvores de maior *DAP* por hectare."

Essa definição estabelece um critério quantitativo, ainda que arbitrário, de árvore dominante, sendo de fácil operacionalização, pois não requer a mensuração da altura de todas as árvores do arvoredo, mas apenas dos seus *DAP*. Ela também determina um critério de identificação das árvores dominantes com base na *área* dos arvoredos, estabelecendo a presença de uma árvore dominante a cada $100\,m^2$ de arvoredo, independentemente da densidade do arvoredo. Assim, num arvoredo com $500\,m^2$, as árvores dominantes são as cinco árvores de maior *DAP*.

Mas a simples obtenção da altura média das árvores dominantes não é suficiente para se caracterizar quantitativamente o sítio de um arvoredo. Ao se comparar arvoredos de diferentes idades, as diferenças nas alturas das árvores dominantes existem não só por causa do sítio mas também das diferenças de idade. É necessário fixar uma idade de referência para poder utilizar a altura das árvores dominantes como medida de qualidade de sítio. Essa idade, é chamada de *idade índice* ou *idade-base*. Sua escolha é totalmente arbitrária e é geralmente resultado de convenção aceita entre os profissionais que trabalham com a mesma espécie arbórea em condições similares de manejo florestal. Na Europa e América do Norte, onde as rotações de manejo são muito longas, é comum que se adote idades índices de 50 ou 100 anos. No Brasil, para as florestas plantadas de eucalipto voltadas para produção de madeira para processamento industrial, é comum se adotar 5 ou 7 anos. Já nas florestas de espécies do gênero *Pinus* se utiliza 15, 20 ou 30 anos, dependendo do comprimento da rotação.

8.5.2 Índice de sítio

O *índice de sítio* é o nome que se dá à medida quantitativa da qualidade do sítio de um arvoredo com base na altura das árvores dominantes. Sua definição é: *índice de sítio é a altura média das árvores dominantes que um dado arvoredo tem na idade índice*.

Como ele é uma *altura média*, o índice de sítio é uma medida com a mesma unidade com que se mede a altura das árvores, ou seja, metros. Mas o índice de sítio é uma altura média numa determinada idade, que é a idade índice estabelecida arbitrariamente. Não é possível se *medir diretamente* o índice de sítio de um dado arvoredo, exceto se o arvoredo tem exatamente a idade índice na data de medição. O índice de sítio é sempre uma *medida predita* com base na altura média das árvores dominantes e na idade do arvoredo. Para obtê-lo, é necessário dispor de um sistema de *curvas de sítio*.

A Fig. 8.8 exemplifica um sistema de curvas de sítio para floresta plantada de *Eucalyptus grandis*. A idade índice do sistema é 5 anos e, portanto, o índice de sítio de um dado arvoredo é a altura média das árvores dominantes predita pelo sistema aos 5 anos. Com base na idade do árvoredo e na medida das alturas das árvores dominantes, o sistema prediz o índice de sítio, seja a idade do arvoredo maior ou menor que a idade índice do sistema.

Mas a obtenção do índice de sítio de um arvoredo também pode ser feita algebricamente, pois todo sistema de curvas de sítio é construído com base em um modelo de crescimento de altura. No caso das curvas de sítio apresentadas na Fig. 8.8, o índice de sítio de um dado arvoredo é obtido pela expressão:

$$S_h = \frac{\bar{h}_D}{\exp[-1{,}70217(1/t - 1/t_B)]}$$

em que S_h é o índice de sítio, $\bar{h}_D$ é a altura média das árvores dominantes do arvoredo, t é a idade do arvoredo e t_B é a idade índice ou idade-base ($t_B = 5$). A construção de curvas de índice de sítio é tratada no Cap. 11, que aborda a predição de medidas do arvoredo.

O índice de sítio possui duas grandes limitações. Primeiramente, ele não é constante ao longo do tempo, pois, como o clima tem comportamento cíclico, a produtividade de um dado arvoredo e, consequentemente, o crescimento em altura das árvores dominantes acompanham essas variações cíclicas do clima. Não é incomum que o índice de sítio de um dado arvoredo mude ao longo de sua vida. Em segundo lugar, um sistema de índice de sítio desenvolvido numa floresta plantada de uma dada espécie não pode ser adaptado para outra espécie plantada no mesmo local. As respostas dos arvoredos ao sítio são *específicas* tanto na sua magnitude (valores do índice de sítio) quanto no seu padrão espacial, isto é, a sensibilidade à variação espacial dos fatores ambientes é diferente em cada espécie.

Apesar dessas limitações, o índice de sítio é uma ferramenta muito útil ao manejo florestal. Ele é o método mais simples e prático de se identificar a heterogeneidade espacial da capacidade produtiva nas florestas equiâneas.

8.6 Diversidade de espécies

Um atributo importante dos arvoredos nas florestas nativas e nas áreas de revegetação, principalmente das regiões tropicais, é a riqueza e diversidade de espécies arbóreas que compõem o arvoredo. As formações florestais tropicais se caracterizam por uma grande diversidade de espécies arbóreas, mas a diversidade da floresta como um todo é composta tanto pela diversidade de espécies dentro dos arvoredos quanto pela diferença de composição de espécies entre arvoredos. A caracterização da diversidade de espécies de uma floresta deve, portanto, se iniciar com o estudo da composição e diversidade de espécies nos arvoredos.

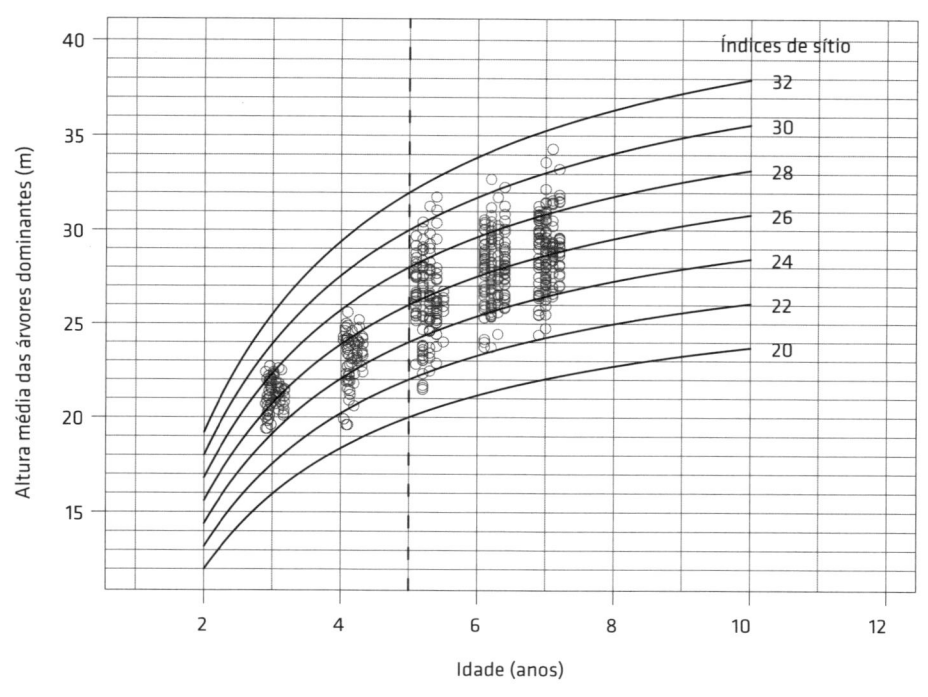

Fig. 8.8 Exemplo de curvas de índice de sítio para floresta plantada de *Eucalyptus grandis* (Myrtaceae) na região sul do Estado de São Paulo. As linhas indicam os limites

A avaliação da composição e diversidade de espécies é tradicionalmente uma atividade da Ecologia de Comunidades e, portanto, está ligada ao estudo das florestas como uma *comunidade arbórea*. Contudo, apresentam-se aqui os mesmos métodos na perspectiva do estudo dos arvoredos. Nessa perspectiva, a floresta é considerada uma formação vegetal composta por várias comunidades. A abordagem tradicional possui um grande problema, frequentemente ignorado nos estudos de Ecologia de Comunidades de florestas tropicais: todos os métodos aplicados consideram que os indivíduos, isto é, as árvores, são observados independentemente. Na prática, o que se observa de modo independente são agrupamentos de árvores, ou seja, os arvoredos.

8.6.1 Riqueza de espécies

A riqueza de espécies, ou simplesmente riqueza, é o número de espécies arbóreas distintas que ocorrem no arvoredo. Ela é a medida mais simples e direta da diversidade de espécies, mas é também problemática, pois a riqueza do arvoredo depende em grande medida do número de árvores que o compõem, isto é, da sua densidade de estande.

A Fig. 8.9 mostra a relação entre o número de espécies e o número de árvores dos arvoredos de três formações florestais do Estado de São Paulo. O gráfico apresenta o número de árvores como densidade de estande porque todos os arvoredos têm a mesma área (900 m^2). A grande amplitude de densidade de estande entre os arvoredos dentro de cada formação florestal resulta que a variação no número de espécies entre os arvoredos de uma mesma formação chega a ser maior que a diferença média do número de espécies entre formações. Esse efeito é particularmente evidente na floresta ombrófila, que não só possui maior número de espécies nos arvoredos, mas também a maior amplitude de variação na densidade do estande e no número de espécies.

A savana florestada (cerradão) possui uma grande amplitude de variação na densidade de estande dos arvoredos, mas a sua menor diversidade se mostra no menor número de espécies, mesmo nos arvoredos com grande número de árvores. Entre os arvoredos dessa formação, contudo, existe uma clara relação entre número de espécies e número de árvores. A floresta estacional semidecidual possui diversidade de espécies intermediária entre as outras duas formações. Embora a amplitude de variação da densidade do estande seja bem menor

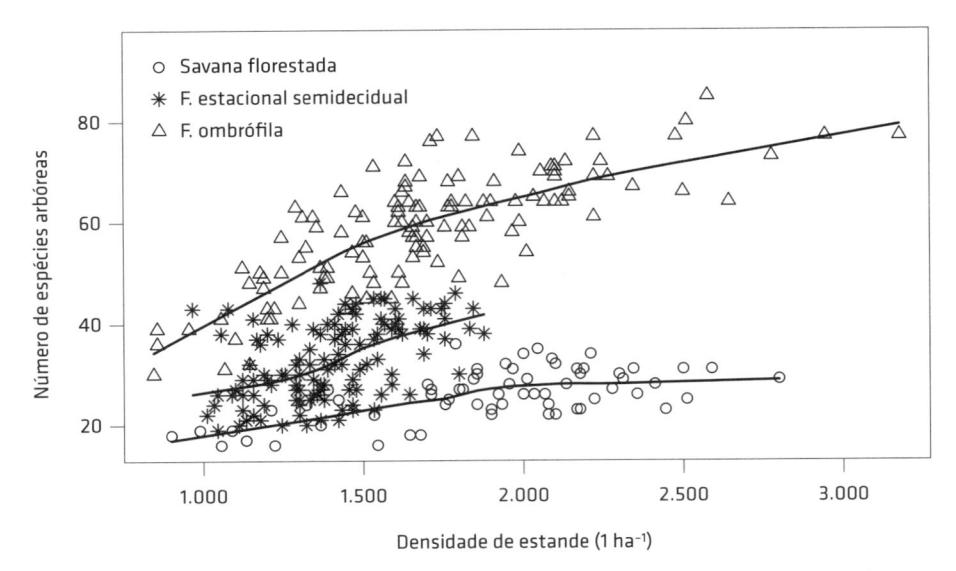

Fig. 8.9 Relação entre o número de espécies arbóreas e o número de árvores (densidade de estande, ha^{-1}) nos arvoredos de três formações florestais do Estado de São Paulo

que as outras formações, a relação número de espécies e número de árvores também se mostra muito consistente.

Método da rarefação

Para que o número de espécies de arvoredos com diferentes densidades de estande possa ser tomado como uma medida da riqueza de espécies e ser utilizado para comparação entre arvoredos, é necessário utilizar um método que *calibre* o número de espécies em função do número de árvores presentes nos arvoredos. Não existe um único método para realizar essa calibração que seja de aceitação geral e universal, pois o problema é bastante complexo. Contudo, o método da rarefação é o método de aceitação mais ampla dentre os métodos existentes.

O método da rarefação calcula o número de espécies que se *espera* encontrar nos arvoredos, caso todos eles tenham um mesmo valor arbitrário de número de árvores. Assim, a *riqueza esperada* (S_R) é o número de espécie que se espera encontrar no arvoredo e o *valor de referência* (N_R) é o valor arbitrário de número de árvores. O método se chama *rarefação* porque o valor de referência deve ser *menor* que todos os valores de número de árvores efetivamente observados nos arvoredos, consequentemente, a riqueza esperada será menor que o número de espécies efetivamente observado nos arvoredos.

O cálculo da riqueza esperada é realizado para cada um dos arvoredos seguindo-se um raciocínio probabilístico. A princípio se determina arbitrariamente o valor de referência para o número de árvores (N_R). Em seguida, é necessário saber quantos grupos contendo N_R árvores são possíveis de se organizar num arvoredo com N árvores observadas. Essa quantia é obtida pela operação de análise combinatória que calcula quantas combinações de N elementos são possíveis em grupos de tamanho N_R (combinação de N, N_R a N_R):

$$\binom{N}{N_R} = \frac{N!}{N_R!(N-N_R)!}$$

em que o sinal de exclamação (!) indica a operação fatorial: se k é um número inteiro não negativo, então $k! = k(k-1)(k-2)\ldots(1)$.

O próximo passo é saber quantos grupos contendo N_R árvores são possíveis de se organizar num arvoredo com N árvores observadas, *caso as árvores da espécie i sejam excluídas*. Novamente, essa quantia é obtida por uma operação de análise combinatória:

$$\binom{N-N_i}{N_R} = \frac{(N-N_i)!}{N_R!(N-N_i-N_R)!}$$

A probabilidade da espécie i ser observada no arvoredo se o número de árvores fosse igual ao valor de referência é dada então por:

$$\left[1 - \binom{N-N_i}{N_R} \bigg/ \binom{N}{N_R}\right]$$

Somando-se essa probabilidade para todas as S espécies efetivamente observadas no arvoredo, obtém-se a riqueza esperada (S_R) do arvoredo, isto é, o número de espécies que se espera observar caso o número de árvores no arvoredo seja igual ao valor de referência. A riqueza esperada é, portanto, dada pela expressão:

$$S_R = \sum_{i=1}^{S}\left[1 - \binom{N-N_i}{N_R}\bigg/\binom{N}{N_R}\right] \quad (8.11)$$

que pode ser apresentada na forma de operações fatoriais:

$$S_R = S - \frac{\sum_{i=1}^{S}(N-N_i)!/(N-N_i-N_R)!}{N!/(N-N_R)!}$$

O raciocínio probabilístico implica a premissa de que cada arvoredo é um conjunto *completamente aleatório* de árvores de S espécies diferentes. Essa premissa é razoável para os arvoredos, desde que eles não sejam muito grandes. Mas, a floresta como um todo não pode ser considerada um conjunto aleatório de árvores, pois as espécies arbóreas não ocorrem de forma completamente aleatória dentro da floresta.

No método da rarefação, frequentemente se faz menção à *curva de rarefação*. Embora não seja necessário construir essa curva para se obter a riqueza esperada pelo método da rarefação, o gráfico da curva é bastante ilustrativo do procedimento. A Fig. 8.10 apresenta as curvas de rarefação para os arvoredos de floresta ombrófila (os mesmos apresentados na Fig. 8.9).

As curvas de rarefação são construídas utilizando a Eq. 8.11 para o cálculo da riqueza, mas fazendo o valor de referência para o número de árvores (N_R) variar desde o número de árvores de fato observado no arvoredo até o valor que foi efetivamente tomado como referência. No caso da Fig. 8.10, o valor de referência tomado foi de 70 árvores ($\approx 778\,\text{ha}^{-1}$). As curvas apresentadas na figura indicam a redução do número esperado de espécies em cada arvoredo à medida que o valor de referência do número de árvores é reduzido do número observado até 70.

Nota-se nessa figura que cada arvoredo tem uma curva de rarefação própria em função do número de espécies e do número de árvores presentes nele. É importante perceber que a curva de rarefação não é exatamente igual à curva de tendência média da relação entre o número de espécies e o número de árvores no conjunto dos arvoredos.

8.6.2 Índices de diversidade

Uma outra forma de se medir a diversidade de espécies num arvoredo são os *índices de diversidade*. O conceito de índices de diversidade surge do reconhecimento que o número de espécies (ou riqueza de espécies), embora reflita a diversidade de uma formação florestal, não mostre todos os aspectos dessa diversidade.

Se dois arvoredos têm a mesma riqueza, eles podem ser considerados igualmente diversos em termos de número de espécies. Contudo, pode acontecer que, num arvoredo, o número de árvores por espécie é aproximadamente o mesmo para todas as espécies, enquanto que, no outro, algumas poucas espécies dominam o arvoredo, sendo a maioria das espécies representadas por um pequeno número de árvores. Esses arvoredos diferem quanto à sua *equabilidade*, isto é, em quão homogênea é a abundância relativa das espécies.

Os índices de diversidade consideram, portanto, que a diversidade de espécies possui dois componentes: a *riqueza*, ou número de espécies, e a *equabilidade*, ou a homogeneidade da abundância relativa das espécies. Muitas abordagens diferentes de como se considerar a equabilidade foram propostas, resultando em diferentes índices de diversidade. Mas os índices de uso mais frequente podem ser apresentados numa forma análoga à riqueza de espécies, isto é, na forma de *número de espécies*.

Os índices de diversidade de espécies se baseiam na *abundância relativa* das espécies no arvoredo. Tradicionalmente, a abundância relativa é definida em termos de número de árvores, de acordo com a Eq. 8.12.

$$p_i = \frac{N_i}{N} \quad (8.12)$$

em que N_i é o número de árvores da espécie i ($i = 1, 2, \ldots, S$) e N é o número total de árvores no arvoredo ($N = \sum N_i$). Embora de uso menos comum na área florestal, a abundância relativa também pode ser definida em termos de medidas contínuas das árvores:

$$p_i = \frac{G_i}{G} \quad \text{ou} \quad p_i = \frac{V_i}{V} \quad \text{ou} \quad p_i = \frac{B_i}{B} \quad (8.13)$$

em que G_i é a soma das áreas transversais da árvores da espécie i, V_i é a soma dos volumes e B_i é a soma das biomassas, enquanto que os denominadores das razões são os totais no arvoredo ($G = \sum G_i$; $V = \sum V_i$; $B = \sum B_i$).

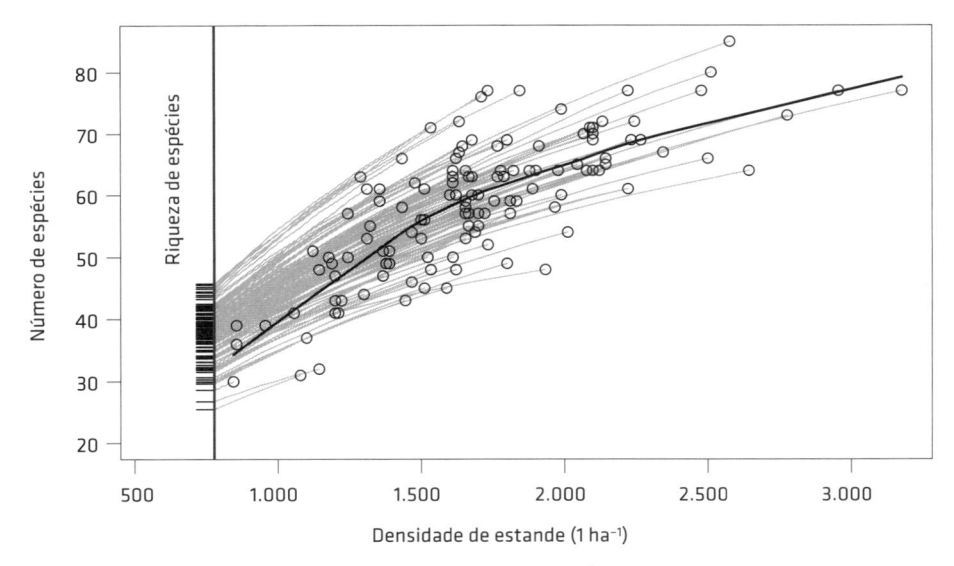

Fig. 8.10 Curvas de rarefação para os arvoredos de floresta ombrófila (900 m²). O número de árvores de referência utilizado é de 70 árvores ($\approx 778\ \text{ha}^{-1}$). Apesar dos cálculos da rarefação serem realizados com o número de árvores, o gráfico é construído com a densidade de estande

Índice de Shannon

O índice de Shannon é provavelmente o índice de diversidade mais popular dentre os índices utilizados nos estudos e levantamentos florestais. O índice resultou da aplicação nos estudos de ecologia do trabalho de C. E. Shannon em teoria matemática da informação.

Diversidade de espécies. No método da rarefação, seguiu-se a abordagem apresentada por Krebs (1999). Já em relação aos índices de diversidade, seguiu-se a de Hill (1973), pois essa abordagem representa uma visão unificadora de quase todos os índices de diversidade. Contudo, utilizou-se uma notação diferente. Sobre o desenvolvimento da teoria matemática da informação, ver Shannon (1948).

Considere-se o conjunto das árvores de um arvoredo como uma mensagem, na qual as espécies arbóreas são os símbolos utilizados para codificá-la. A medida de entropia da mensagem de Shannon é dada por:

$$E_H = -\sum_{i=1}^{S} p_i \cdot \ln(p_i) \tag{8.14}$$

em que S é o número de espécies no arvoredo e os p_i são as abundâncias relativas dessas espécies. Embora o índice seja frequentemente utilizado nessa forma de medida de entropia, é mais fácil interpretá-lo na forma de número de espécies:

$$S_H = \exp[E_H] = \exp\left[-\sum_{i=1}^{S} p_i \cdot \ln(p_i)\right] \tag{8.15}$$

S_H é o número de espécies com igual abundância relativa ($p_i = p = 1/S$) necessário para gerar a mesma medida de entropia E_H observada no arvoredo.

A medida de entropia de Shannon é uma medida da incerteza associada a uma mensagem, entenda-se o conjunto das árvores num arvoredo. Quanto maior a incerteza, maior a diversidade presente na mensagem, isto é, maior a diversidade de espécies arbóreas no arvoredo. Mas a interpretação em termos de entropia ou incerteza é de difícil entendimento e visualização. Assim, é mais apropriado expressar a diversidade em termos do número de espécies com igual abundância relativa que resultaria na mesma entropia ou incerteza do conjunto de árvores do arvoredo.

Apesar da sua intepretação em termos de número de espécies, o índice de Shannon mede a diversidade do arvoredo combinando ambos os componentes da diversidade: riqueza de espécies e equabilidade.

Índice de Simpson

Ao contrário do índice de Shannon, o índice de diversidade de Simpson não é uma medida da entropia, mas da *concentração* das árvores entre as espécies arbóreas do arvoredo. Sua abordagem é essencialmente probabilística, pois o índice é uma medida da probabilidade de que duas árvores selecionadas aleatoriamente no arvoredo sejam da *mesma espécie*:

$$D_S = \sum_{i=1}^{S} p_i^2 \qquad (8.16)$$

Como probabilidade, o índice de Simpson fica sempre no intervalo $[1/S, 1]$, e sua interpretação é mais simples e direta: valores próximos a $1/S$ indicam baixa concentração e, consequentemente, alta diversidade, enquanto que valores próximos a 1 indicam alta concentração e, portanto, baixa diversidade.

Por ser uma medida de concentração da abundância relativa, diversas modificações foram propostas para substituir o índice originalmente proposto. Contudo, da mesma forma que o índice de Shannon, é vantajoso apresentá-lo na forma do número de espécies com igual abundância relativa que resulta na mesma medida de concentração:

$$S_S = \frac{1}{D_S} = \frac{1}{\sum_{i=1}^{S} p_i^2} \qquad (8.17)$$

Como o índice de Shannon, o índice de Simpson também resulta da combinação entre a riqueza de espécies e a equabilidade das abundâncias relativas das espécies. Mas, enquanto o índice de Shannon alcança valores altos pela presença de espécies raras, o índice de Simpson é elevado pela redução da abundância relativa das espécies mais numerosas.

A Fig. 8.11 ilustra a relação entre essas medidas de diversidade de espécies. Em geral, o método da rarefação resulta num número esperado de espécies maior que o índice de Shannon, e este é maior que o índice de Simpson. Outro aspecto ilustrado pela Fig. 8.11 é que a relação entre os métodos também não é constante, pois depende da formação florestal em questão. Nas formações florestais de menor diversidade (savana florestada) pode até haver uma relação paralela entre os valores obtidos, mas nas formações florestais de maior diversidade (floresta ombrófila) a relação é bem mais complexa.

Como não há equivalência entre os métodos, é necessário que se padronize o método a ser utilizado num dado levantamento florestal e apenas um deles deve ser adotado para o estudo da diversidade de espécies dos arvoredos. O índice de Shannon é provavelmente o índice de utilização mais comum na literatura florestal.

8.7 Produção e tabela do arvoredo

A produção do arvoredo pode ser definida em termos do volume de madeira total ou comercial, ou em termos da sua biomassa. Em ambos os casos, na medida da produção, é a soma do volume ou biomassa lenhosa das árvores que compõe o arvoredo. Como o volume e a biomassa das árvores individualmente são obtidos por meio de modelos preditivos, pois a sua medida é essencialmente destrutiva, a produção do arvoredo é obtida pela soma dos valores preditos para as árvores individualmente. Essa soma, no entanto, é sempre expressa por unidade de área, isto é, por hectare:

$$V = \frac{\sum_{i=1}^{n} v_i}{S_p} \quad \text{ou} \quad B = \frac{\sum_{i=1}^{n} b_i}{S_p} \qquad (8.18)$$

em que V é a produção do arvoredo em volume de madeira ($m^3 \cdot ha^{-1}$), v_i é o volume da árvore i (m^3), B é a produção do arvoredo em biomassa ($Mg \cdot ha^{-1}$), b_i é a biomassa da árvore i (Mg), num arvoredo com área S_p (ha), composto por n árvores ($i = 1, 2, \ldots, n$).

É comum que, além das informações de produção, outras informações do arvoredo sejam apresentadas por classes de *DAP* numa forma tabular. Essa forma de apresentação é chamada de *tabela do arvoredo* (tradução do inglês *stand table*) e a base da sua construção é a tabela de distribuição de *DAP* apresentada no início deste capítulo. O objetivo da tabela do arvoredo é apresentar as medidas quantitativas segundo as classes de *DAP* para que, além da informação do arvoredo como um todo, se construa uma visão da estrutura do arvoredo também com base nessas medidas quantitativas.

É comum que a tabela de arvoredo apresente a densidade de estande, a área basal e a produção lenhosa por classe de *DAP*, como apresentado na Tab. 8.6. A estrutura do arvoredo é visualizada com base na distribuição do número de árvores (densidade do estande) por classe de *DAP*, mas a distribuição da área basal e do volume são informações relevantes para representar o arvoredo. Frequentemente, acrescenta-se à tabela do arvoredo as medidas do *DAP* médio e do *DAP* médio quadrático

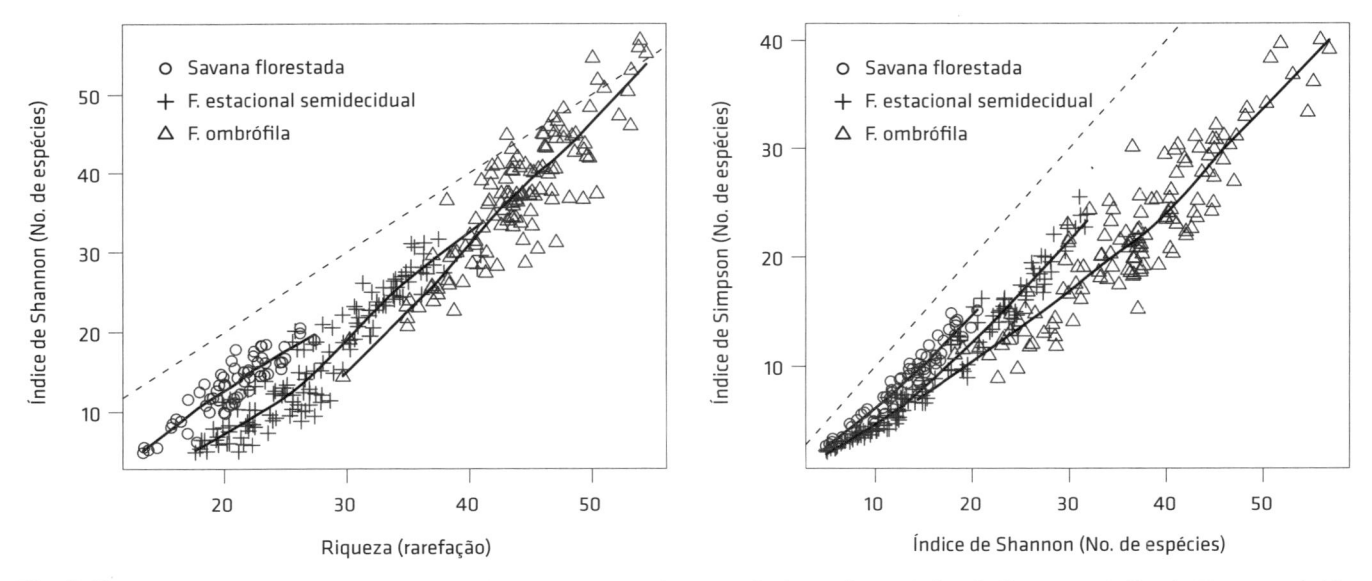

Fig. 8.11 Relação entre os valores de número de espécies segundo o método da rarefação, índice de Shannon e índice de Simpson, obtidos para diferentes arvoredos em três formações florestais do Estado de São Paulo. A linha tracejada indica a relação de igualdade entre os eixos

para completar as informações quantitativas sobre o arvoredo.

A tabela do arvoredo enfatiza um aspecto de todas as florestas. Embora as classes de maior *DAP* tenham menor número de árvores, essas classes têm uma importância mais do que proporcional em termos de área basal e produção de madeira, pois as árvores nessas classes são as maiores árvores do arvoredo. Na Tab. 8.6, por exemplo, as classes 8 e 9, embora tenham o menor número de árvores por hectare, representam contribuição relevante tanto na área basal quanto no volume de madeira.

Quando o arvoredo é composto de árvores de diferentes espécies ou categorias de espécies, a tabela do arvoredo apresenta as medidas quantitativas para cada uma das espécies ou categorias. A Tab. 8.7 apresenta a tabela de um arvoredo de área de revegetação de mata ciliar. As espécies plantadas foram agrupadas em três grupos ecológicos: pioneiras, secundárias iniciais e secundárias tardias.

A tabela revela que esse arvoredo é composto majoritariamente de espécies pioneiras cujas árvores compreendem toda a amplitude de tamanho das árvores do arvoredo, enquanto que as espécies secundárias têm uma participação de menor importância. A tabela também mostra que dentre as árvores do grupo de secundárias iniciais se destacam dois grupos de árvores: um grupo mais numeroso formado por árvores pequenas e outro com menor número de árvores de tamanho intermediário.

Outro aspecto revelado por essa tabela de arvoredo é que a distribuição de *DAP* do arvoredo é uma composição da distribuição das espécies pioneiras e secundárias iniciais. O arvoredo como um todo tem distribuição unimodal assimétrica à esquerda, que é semelhante à distribuição

Tab. 8.6 Tabela de um arvoredo (420 m^2) de floresta plantada de *Eucalyptus grandis* (Myrtaceae)

Classe de *DAP*	*DAP* da classe (cm)	Densidade de estande (ha^{-1})	Área basal (m$^2 \cdot$ ha^{-1})	Produção lenhosa (m$^3 \cdot$ ha^{-1})
1	6	71	0,23	1,62
2	8	72	0,36	2,79
3	10	95	0,52	4,33
4	12	262	3,40	31,88
5	14	405	5,84	58,24
6	16	238	5,24	55,92
7	18	71	1,72	19,25
8	20	24	0,81	9,91
9	22	24	0,90	11,25
Total no arvoredo		1.262	19,04	195,19
DAP médio	13,47			
DAP médio quadrático	13,86			

Tab. 8.7 Tabela de um arvoredo (900 m^2) de área de revegetação de mata ciliar na região oeste do Estado de São Paulo. As espécies arbóreas plantadas foram agrupadas em três grupos ecológicos: P. – pioneiras, S. I. – secundárias iniciais, e S. T. – secundárias tardias

Classe de DAP	DAP (cm)	Densidade de estande (ha^{-1})				Área basal (m$^2 \cdot$ ha^{-1})			
		P.	S. I.	S. T.	Total	P.	S. I.	S. T.	Total
1	6	67	133	22	222	0,18	0,35	0,07	0,60
2	8	211	45	22	278	1,08	0,21	0,09	1,39
3	10	211	56		267	1,71	0,45		2,15
4	12	189			189	2,12			2,12
5	14	156	22		178	2,41	0,35		2,76
6	16	78	11		89	1,54	0,20		1,74
7	18	22	11		33	0,56	0,28		0,84
8	20	33	11		44	1,04	0,33		1,37
9	22	11			11	0,45			0,45
Total no arvoredo		978	289	44	1.311	11,09	2,17	0,16	13,42
DAP médio		11,48	8,60	6,72	10,65				
DAP médio quadrático		12,02	9,49	6,77	11,34				

das espécies pioneiras, pois essas correspondem à maioria das árvores. As espécies secundárias, no entanto, têm distribuição J-invertido, que acentua a assimetria da distribuição do arvoredo.

8.8 Conclusão

Neste capítulo foram apresentados os principais atributos observados e medidos nos arvoredos. Alguns desses atributos podem ser medidos em todos os tipos de arvoredo, como a sua estrutura por meio da distribuição de diâmetros, o tamanho médio das árvores, a densidade de estande, a área basal, a produção e a tabela do arvoredo. Outros atributos, contudo, são apropriados apenas para arvoredos equiâneos, como o índice de sítio e o índice de densidade do arvoredo. Por fim, alguns atributos são típicos dos arvoredos de florestas nativas, nos quais a presença de várias espécies arbóreas é medida pela diversidade de espécies.

Os atributos apresentados não configuram uma lista completa de atributos, mas apenas aqueles de observação e medição mais frequente nos levantamentos florestais. Pesquisas quantitativas e levantamentos florestais com objetivos específicos geralmente implicam na medição de atributos particulares, não necessariamente apresentados anteriormente.

Para que os atributos sejam medidos, é necessário, entretanto, que os arvoredos possam ser identificados e delimitados na floresta. Assim, o Cap. 9 trata de como se identifica os arvoredos como unidades de observação dentro das florestas.

Sugestões bibliográficas

O tema deste capítulo agrega assuntos que raramente são tratados numa mesma publicação, uma exceção é o livro de Husch, Beers e Kershaw (2002). Sobre as medidas de tamanho médio dos arvoredos, o livro de Machado e Figueiredo Filho (2009) apresenta em detalhes várias medidas de diâmetro médio e de altura média, mas que são tratadas nos capítulos de medição de diâmetro e de medição de altura, respectivamente. Uma análise em profundidade sobre as medidas de densidade dos arvoredos pode ser encontrada no terceiro capítulo do livro de Clutter et al. (1983). Sobre o estudo da diversidade de espécies, o livro *Ecological diversity and its measurement*, de Magurran (1988), aborda o assunto em grande profundidade e o livro *Ecological methodology*, de Krebs (1999), é um excelente manual para orientar o cálculo de vários índices e a aplicação do método da rarefação.

Quadro de conceitos

Conceitos básicos	Conceitos desenvolvidos
atributos qualitativos	porcentagens
	porcentagem de falha
	tipos florestais
estrutura do arvoredo	distribuição de *DAP*
	histogramas
	estrutura etária
	arvoredos equiâneos
	arvoredos inequiâneos
	J-invertido
tamanho médio das árvores	*DAP* médio
	DAP médio quadrático
	desvio padrão do *DAP*
densidade do arvoredo	densidade de estande
	área basal
	índice de densidade do arvoredo
	densidade e estoque
qualidade do sítio	povoamentos equiâneos
	altura média das árvores dominantes
	índice de sítio
	idade índice ou idade-base
	curvas de sítio
diversidade de espécies	riqueza de espécies
	método da rarefação
	índice de diversidade
	equabilidade
	índice de Shannon
	índice de Simpson
produção e tabela de arvoredo	tabela de arvoredo

Quantificação de recursos florestais

Problemas

1] A Tab. 8.8 apresenta os dados das árvores de um arvoredo (0,25 ha) em área de revegetação de mata ciliar. Construa a tabela do arvoredo com os seguintes atributos:
   (i) o *DAP* médio e o *DAP* médio quadrático;
   (ii) a densidade de estande (ha^{-1}); e
   (iii) a área basal ($m^2 \cdot ha^{-1}$).

Tab. 8.8 Grupo ecológico e *DAP* das árvores de um arvoredo (0,25 ha) em área de revegetação de mata ciliar

Grupo ecológico	DAP (cm)	Grupo ecológico	DAP (cm)	Grupo ecológico	DAP (cm)	Grupo ecológico	DAP (cm)
Pioneira	18	Pioneira	6	Pioneira	8	Secundária inicial	12
	18		10		10		14
	12		8		4		11
	18		10		11		13
	13		12		10		5
	12		6		14		6
	15		11		12		11
	9		9		9		7
	11		9		7		11
	9		6		12		8
	13		7		7		14
	11		15		9		10
	13		14		7		8
	13		6		9		5
	11		8		6		7
	7		10		11		7
	12		12		6		5
	11		13		7		6
	11		12		6		5
	11		11		12		7
	11		13		8	Secundária tardia	6
	9		8		10		6
	11		10		10		5
	11		11		5		5
	9		12		7		6
	11		11	Secundária inicial	7		6
	9		11		12		7
	8		11		11		9
	12		14		15		7
	11		8		6		

2] Represente a estrutura do arvoredo da Tab. 8.8 por meio de um histograma do *DAP*.

3] A Tab. 8.9 apresenta os dados de um arvoredo em floresta plantada de eucalipto (560 m²). Encontre os seguintes atributos do arvoredo:

(i) *DAP* médio e *DAP* médio quadrático;
(ii) altura média;
(iii) altura média das árvores dominantes;
(iv) o índice de sítio segundo as curvas de sítio definidas pela expressão:

$$S_h = \frac{\overline{h}_D}{\exp[-1{,}70217\,(1/t - 1/t_B)]}$$

(v) produção em volume lenhoso, aplicando a seguinte equação de volume:

$$\hat{v} = 0{,}0261 + 0{,}0235(d^2 \cdot h)$$

4] Construa a tabela do arvoredo para o arvoredo da Tab. 8.9.

Tab. 8.9 Arvoredo de floresta plantada de eucalipto (560 m²). As classes de qualidade são: N – normal, D – dominante, B – bifurcada

DAP (cm)	Altura total (m)	Classe qualid.	DAP (cm)	Altura total (m)	Classe qualid.	DAP (cm)	Altura total (m)	Classe qualid.
14,1	25,0	N	20,3		N	14,0		N
11,1	19,3	N	12,7		N	16,0		N
21,9	29,8	D	16,3		N	17,8		N
20,4	30,8	N	9,1		N	19,3		N
18,6	29,5	N	15,8		N	10,6		N
17,0	29,8	N	13,0		N	5,4		N
22,0	30,0	D	19,6		N	13,8		N
19,2	27,0	N	17,5		N	20,9		N
11,6	20,5	N	5,4		N	21,2		N
12,3	21,5	N	18,5		N	18,4		N
17,8		N	4,9		N	16,4		N
20,5		N	12,4		N	7,5		B
15,0		N	14,9		N	6,8		B
21,6		N	21,7	29,3	D	19,0		N
12,3		N	18,1		N	13,1		N
15,4		N	8,1		N	12,4		N
16,7		N	8,7		N	18,0		N
19,0		N	21,4		N	18,6		N
16,9		N	16,9		N	15,6		N
17,9		N	13,3		N	23,1	29,5	D
6,5		N	13,0		N	18,5		N
22,8	29,3	D	7,1		N			

capítulo 9
Métodos arbustimétricos

Foram vistos vários atributos que podem ser observados e medidos nos arvoredos, mas como os arvoredos são identificados e observados na floresta? Como unidades de observação, os arvoredos têm um aspecto arbitrário que é o método utilizado para delimitá-lo. Em essência, todos os métodos consistem em regras para definição do conjunto de árvores que compõe o arvoredo. Não existe, em princípio, um método que seja sempre superior aos demais, pois cada método possui suas vantagens e desvantagens e a superioridade de um dado método depende dos objetivos do levantamento florestal.

Neste capítulo são apresentados os métodos mais frequentemente utilizados nos levantamentos florestais para definição dos arvoredos como unidades de observação e de amostragem da floresta. Em todos os métodos, existe um ponto central: é a necessidade de que, independente de como o conjunto de árvores que compõe o arvoredo é definido, a agregação da medida da produção das árvores resulte numa medida de produção do arvoredo *expressa por unidade de área*. Assim, os métodos de identificação dos arvoredos são definidos tanto pelas regras de seleção das árvores quanto pelo procedimento de agregação das medidas de produção das árvores.

Métodos arbustimétricos. O mesmo sentido da expressão *métodos arbustimétricos*, aqui utilizada, é com frequência encontrado na literatura técnica florestal brasileira como sendo *métodos de amostragem*. Ver por exemplo, Péllico Netto e Brena (1997) e Sanqueta et al. (2006).

Trata-se de uma expressão problemática, porque sugere uma relação com a teoria de amostragem e, em outras áreas de conhecimento, ela possui sentido muito diverso. Preferiu-se, portanto, cunhar uma expressão tipicamente florestal para expressar a mesma ideia.

9.1 O arvoredo como superfície

A maneira mais simples e direta de se delimitar um arvoredo dentro da floresta é pela demarcação de uma pequena superfície da floresta, formando uma figura geométrica de forma e área conhecida. O arvoredo é definido, assim, como uma pequena parte ou *parcela* da floresta. Ele é composto, portanto, de todas as árvores presentes dentro dessa parcela, as quais são observadas, enumeradas e medidas.

O método de parcela é o mais utilizado para a definição e medição dos arvoredos nos levantamentos florestais. Várias formas e tamanhos diferentes de parcela são utilizadas em função do tipo da floresta e dos objetivos do levantamento florestal. Em geral, as parcelas são circulares, retangulares (retângulos ou quadrados) ou faixas, isto é, retângulos de pequena largura e grande comprimento.

A Fig. 9.1 apresenta esquemas de parcelas circulares e retangulares em florestas plantadas e nativas, e de parcela em faixa em floresta nativa. A distinção entre floresta plantada e nativa só faz sentido na Fig. 9.1 porque assume-se que, na floresta plantada, o espaçamento de plantio é bem regular e perfeitamente identificável no campo. Esse aspecto é importante não só para escolha do tamanho e dimensões das parcelas, mas também para sua instalação e monitoramento no decorrer do tempo.

Outro aspecto importante a ser lembrado é que a área da parcela, como representativa da área do arvoredo, será associada à *área da floresta*. A área de toda a floresta, contudo, é definida como *área plana* ou *área topográfica*, isto é, a área da floresta num *mapa planimétrico* ou num *mapa planialtimétrico*. O mapa planimétrico é a projeção plana do terreno, com as delimitações de florestas e propriedades e com a localização de rios, estradas, construções etc. O mapa é chamado de *mapa planialtimétrico* se ele também trouxer a representação das curvas de nível do terreno na forma de linhas de contorno, isto é, linhas que indicam uma determinada cota no terreno (por exemplo, 100 m de altitude em relação ao nível do mar). Logo, a área plana de uma floresta ou de uma parcela é independente da declividade do terreno, consequentemente, as distâncias medidas no terreno, como as dimensões das parcelas, devem ser sempre as *distâncias horizontais* (distância no mapa planimétrico) e as áreas de regiões delimitadas no terreno, como a área de parcelas, povoamentos florestais e florestas inteiras, devem ser sempre as *áreas planas*. Em terrenos muito declivosos, é necessário especial cuidado no cálculo de distâncias e de áreas. Caso não seja possível medir as distâncias horizontais, deve-se determinar as distâncias inclinadas no terreno, medir a declividade do terreno, realizar a correção para declividade nas medidas de distâncias e, com base nas distâncias corrigidas, calcular a área.

É importante observar que, num dado levantamento, o tamanho e a forma da parcela permanecem fixos, isto é, todas as parcelas do levantamento são iguais. Por isso, esse método também é chamado de *método da parcela de área fixa*. Embora pequenas variações na área das parcelas possam ser acomodadas na aplicação do método, grandes variações no tamanho e na forma das parcelas de um mesmo levantamento devem ser consideradas nos procedimentos de obtenção das informações sobre a floresta e podem comprometer a qualidade dessas informações.

Parcelas retangulares. As parcelas retangulares (Fig. 9.1A e B), que incluem as parcelas quadradas quando ambos os lados da parcela têm o mesmo comprimento, se caracterizam por serem formadas com os quatro vértices em ângulos retos (90°). Esse aspecto é importante porque somente assim a área da parcela pode ser obtida pelo produto dos lados ($S_p = A \cdot B$). À medida que os ângulos dos vértices da parcela se afastam do ângulo reto, a forma da parcela se afasta do retângulo, tornando-se gradativamente mais losangular e, consequentemente, a área calculada se torna progressivamente uma *superestimativa* da área verdadeira da parcela no campo.

Quando as parcelas retangulares são instaladas em florestas plantadas cujo espaçamento é constante e regular, as linhas de plantio podem ser utilizadas para guiar a instalação da parcela (Fig. 9.1A). Nesse caso, os vértices da parcela são definidos pela posição entre duas linhas de plantio e entre duas árvores nas linhas de plantio. A constância e a regularidade do espaçamento é a garantia de que os ângulos dos vértices da parcela serão retos.

O outro lado dessa garantia e praticidade no campo é que as dimensões e área de uma parcela retangular devem ser compatíveis com o espaçamento de plantio, isto é, os comprimentos dos lados da parcela devem ser múltiplos da respectiva distância de espaçamento, de modo que a área da parcela seja um múltiplo da área por árvore do espaçamento. Por exemplo, numa floresta plantada no espaçamento 3 × 2 (6 m² por árvore), as parcelas poderão ter dimensões como 12 × 30 (360 m²), 15 × 30 (450 m²), 18 × 40 (720 m²) ou quaisquer outras dimensões que sejam múltiplos de 3 × 2 e, portanto, a área da parcela sempre será um múltiplo de 6 m². Se esse cuidado não for tomado, os atributos

CAPÍTULO 9 | MÉTODOS ARBUSTIMÉTRICOS 199

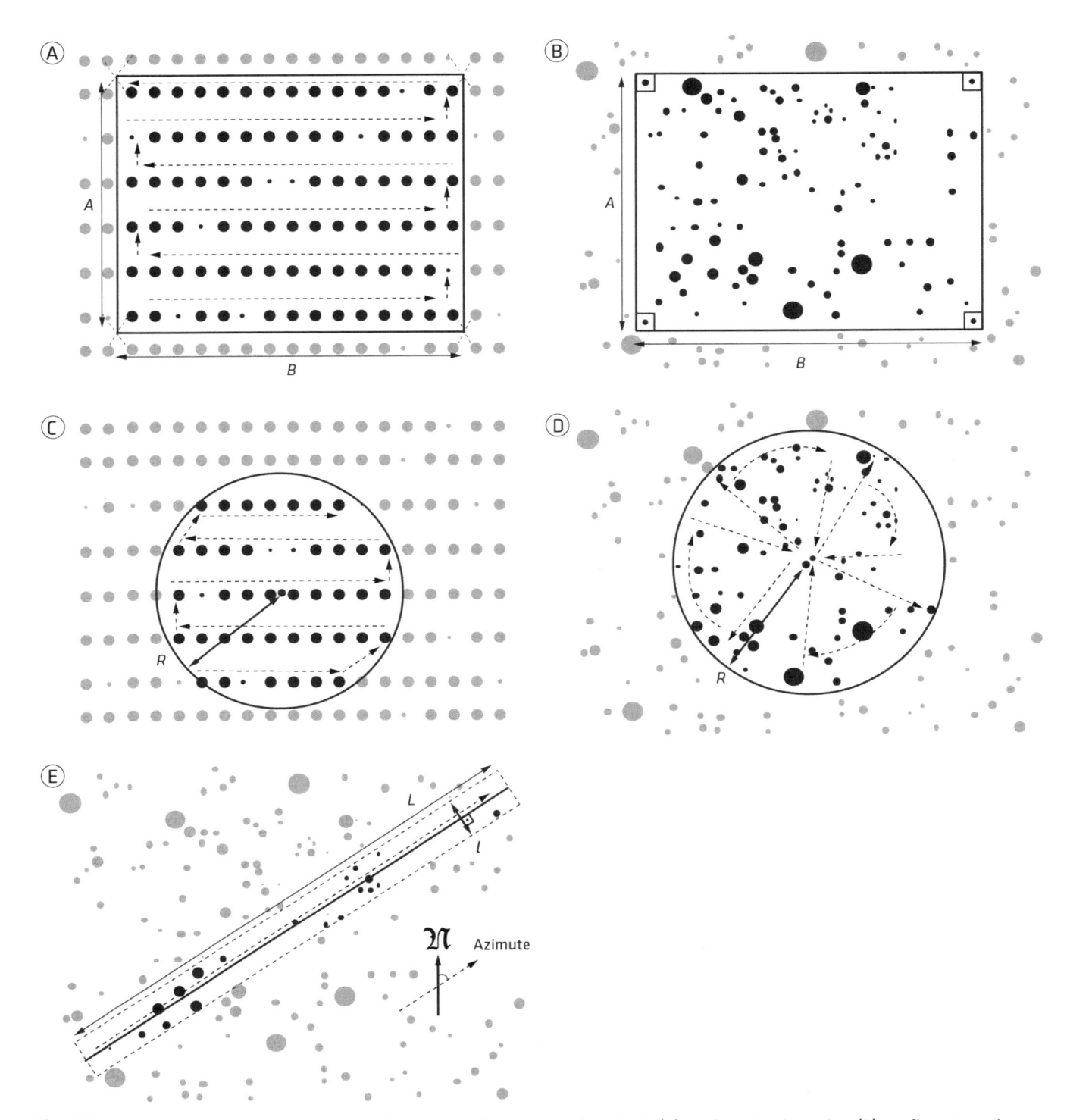

Fig. 9.1 Exemplos de parcelas de diferentes formas: parcela retangular/quadrada (A) em floresta plantada e (B) em floresta nativa; parcela circular (C) em floresta plantada e (D) em floresta nativa; e parcela (E) em faixa em floresta nativa. As setas tracejadas indicam a sequência de caminhamento e medição das árvores que são normalmente usadas dentro das parcelas

agregados do arvoredo, como a densidade de estande, a área basal e a produção, terão um erro sistemático, em virtude da incompatibilidade entre o número de árvores na parcela e o número de árvores por unidade de área (hectare) que o espaçamento de plantio produz na floresta.

Nas florestas nativas (Fig. 9.1B) e nas florestas plantadas, em que as linhas e o espaçamento de plantio não podem ser identificados no campo, o que acontece quando a floresta sofre dois ou mais desbastes, a instalação da parcela requer o uso de instrumentos que garantam que os ângulos dos vértices sejam retos. Para conseguir isso, pode-se utilizar bússolas ou esquadros, como o famoso triângulo retângulo 3-4-5, embora o método mais prático e preciso seja, provavelmente, a utilização de prismas quadrados, destinados à determinação de ângulos retos, juntamente com balizas topográficas para orientar as visadas dos ângulos.

Parcelas circulares. Diferentemente das parcelas retangulares, as parcelas circulares (Fig. 9.1C,D) são de instalação rápida e fácil, pois basta a marcação do centro da parcela. Na medição de parcelas circulares, nenhum esforço é despendido na marcação e delimitação do perímetro da parcela. Nas florestas plantadas com espaçamento regular, a árvore inicial e final de cada linha de plantio é marcada de modo que as árvores limítrofes da parcela são identificadas linha a linha. Nas florestas nativas e nas plantadas sem espaçamento regular, a medição é realizada posicionando-se um observador fixo no centro da parcela, cuja função é definir quais as árvores vistas do centro estão dentro da parcela. No início, tal observador necessitará utilizar a trena ou qualquer outro instrumento de medição de distância com uma certa frequência, mas, à medida que o levantamento se desenvolve, tal observador desenvolverá uma grande capacidade de julgar as distâncias, e a necessidade de verificar a distância do centro da parcela à árvore para decidir se a árvore está dentro da parcela se tornará muito rara e restrita àquelas árvores bem próximas do limite da parcela.

Embora a única dimensão da parcela circular seja o seu raio (R na Fig. 9.1C,D), o uso de parcelas circulares em florestas plantadas com espaçamento regular também requer a compatibilização da área da parcela com a área que o espaçamento de plantio reserva a cada árvore individualmente. Por exemplo, em florestas com espaçamento 3 × 2, a área de parcela deve ser necessariamente um múltiplo de 6 m², enquanto que num espaçamento 3 × 1,8, a área da parcela deve ser um múltiplo de 5,4 m². Esse cuidado implica que o número de árvores observadas na parcela será sempre um número inteiro. Sem esse cuidado, incorre-se, como nas parcelas retangulares, num erro sistemático nas medidas agregadas do arvoredo em razão da incompatibilidade entre o número de árvores observadas nas parcelas e o número de árvores que o espaçamento de plantio produz na floresta.

Parcelas em faixa. Geometricamente as parcelas em faixa são retângulos. Contudo, o procedimento de instalação e medição é completamente diferente das parcelas retangulares. As parcelas em faixa são eficientes em florestas nativas onde a instalação de uma parcela retangular de mesma área demandaria muito tempo de trabalho. Para se obter uma parcela com a mesma área de uma parcela retangular, restringe-se a largura da parcela (dimensão l na Fig. 9.1E) e amplia-se o seu comprimento (dimensão L na Fig. 9.1E). Por exemplo, somente a instalação de uma parcela retangular de 50 m × 50 m (2.500 m²) pode requerer de uma equipe bem treinada até uma hora e meia de trabalho no campo. Se for utilizada uma parcela em faixa de 250 m × 10 m, a instalação e a medição da parcela ocorrem concomitantemente, de modo que o tempo de instalação é grandemente reduzido.

Nas parcelas em faixa, a largura da parcela é reduzida a uma distância que pode ser avaliada visualmente com facilidade, permitindo que os observadores desenvolvam uma alta acuidade (como a distância centro-árvore nas parcelas circulares). Geralmente, essa largura nunca passa 10 m. Para se obter uma parcela grande, o comprimento da parcela é aumentado e definido por meio do caminhamento na floresta. Assim, nas parcelas em faixa, o perímetro da parcela nunca é delimitado. Define-se um eixo de caminhamento em linha reta, segundo um azimute previamente definido no escritório, e, à medida que se caminha ao longo do eixo central da parcela em faixa, observa-se e mede-se as árvores de ambos os lados. Como na parcela circular, é comum que um observador se desloque sempre ao longo do eixo central da parcela, sendo ele quem determina quais árvores estão dentro da parcela. O eixo central da parcela em faixa segue os procedimentos topográficos para o caminhamento em linha reta, sendo necessário o uso de bússola, de três balizas topográficas e que o comprimento do eixo seja dado pela distância horizontal e não pela distância sobre o terreno.

As parcelas em faixa são tradicionalmente utilizadas em levantamentos realizados em florestas tropicais. Sua grande vantagem é que o tempo de instalação que uma parcela retangular exigiria é convertido em tempo de medição e de caminhamento na floresta, de modo que a instalação da parcela, a medição das árvores e o deslocamento na floresta ocorrem concomitantemente.

9.1.1 Tamanho e forma de parcela

O tamanho e forma ideal das parcelas para representar os arvoredos é uma questão que depende fundamentalmente dos objetivos do levantamento florestal em que as parcelas serão utilizadas e, portanto, é um tema a ser apresentado na terceira parte deste livro. Contudo, algumas palavras sobre esse assunto são necessárias para melhor compreensão de como os arvoredos são representados pelas parcelas.

Tamanho e forma são dois aspectos da *escala espacial* da representação do arvoredo por uma superfície da floresta. Quanto maior a parcela, maior a superfície da floresta que é tomada como representativa do arvoredo e maior o número de árvores que compõe o arvoredo. Consequentemente, a *heterogeneidade interna* do arvoredo aumenta. Por outro lado, à medida que os arvoredos se tornam internamente mais heterogêneos, o comportamento médio deles se aproxima mais do comportamento médio da floresta e a heterogeneidade *entre os arvoredos* tende a se tornar menor.

Assim, em florestas naturalmente muito diversas e heterogêneas, como as florestas tropicais nativas, é comum utilizarem-se parcelas de grande tamanho, isto é, de 2.500 m² ou ainda maiores. Já em florestas homogêneas, como as florestas plantadas, em geral, e as florestas clonais, em particular, parcelas relativamente pequenas (300 m² a 500 m²) são mais vantajosas, pois o aumento do tamanho da parcela para além desses tamanhos não resulta em maior semelhança entre as parcelas.

A forma das parcelas traz em si o aspecto da *localidade* na representação dos arvoredos. As parcelas circulares são aquelas que possuem a maior área para o menor perímetro (maior razão área/perímetro), por isso, elas são as parcelas mais indicadas para representar o arvoredo como uma localidade dentro da floresta. Já as parcelas em faixa são aquelas que têm a menor razão área/perímetro e, consequentemente, elas definem o arvoredo como um conjunto de árvores de localidades ao longo de grandes deslocamentos dentro da floresta. Assim, as parcelas em faixa são as melhores parcelas para estudar gradientes ambientais na floresta, pois elas são capazes de captar internamente a variação gradativa de uma localidade para outra dentro da floresta.

9.1.2 Fator de expansão do arvoredo

Independentemente dos métodos de definição do arvoredo para sua medição em campo, é necessário que haja uma forma de que as medidas de produção determinadas para as árvores individualmente, tanto na forma de volume de madeira quanto de biomassa, sejam agregadas para o arvoredo e expressas *por unidade de área*. O *fator de expansão do arvoredo* é o fator que realiza essa operação e, em cada método de definição do arvoredo, ele terá uma definição específica.

No caso das parcelas, independentemente da sua forma e tamanho, o fator de expansão do arvoredo é sempre o inverso da área da parcela em hectares:

$$f_D = \frac{1}{S_p} = \frac{10.000}{S_p^*} \quad (9.1)$$

em que S_p é a área da parcela em hectares (ha) e S_p^* é a área da parcela em metros quadrados (m²). A unidade de medida do fator de expansão do arvoredo é, portanto, o inverso de hectare (ha^{-1}).

O fator de expansão do arvoredo pode ser visto como um simples fator que converte as medidas das árvores agregadas obtidas na parcela para a correta unidade de área, que é o hectare. Nessa perspectiva, ele é apenas um fator de conversão de unidades de medida, mas na verdade ele é mais do que isso.

É importante entender que o fator de expansão do arvoredo define a *representatividade* de cada árvore medida na parcela como um componente do arvoredo que será expandido para a floresta como um todo em função da área da floresta. Por exemplo, se a parcela tiver 10.000 m², ou seja, 1 ha, cada árvore medida na parcela representa uma única árvore por hectare. Se a floresta tiver 1.200 ha de área total, cada árvore medida na parcela representa 1.200 árvores na floresta. Mas, se a parcela tiver 5.000 m² (0,5 ha), cada árvore medida na parcela representa duas árvores por hectare e, consequentemente, 2.400 árvores na floresta. Já numa parcela menor, de 500 m² (0,05 ha), cada árvore medida na parcela representa 20 árvores por hectare, o que resulta em 24.000 árvores na floresta. Assim, quando os arvoredos são definidos como parcelas, o fator de expansão do arvoredo, sendo o inverso da área da parcela, deixa claro que quanto menor a parcela, maior a representatividade de cada árvore medida na parcela.

Outro aspecto particular do fator de expansão do arvoredo no caso das parcelas é que ele é o mesmo para todas as árvores da parcela, independente do seu tamanho. Isso implica que, nas parcelas, todas as árvores devem ser medidas com igual qualidade, ainda que as árvores pequenas tenham uma contribuição muito menos relevante que as árvores grandes na determinação da produção do arvoredo.

Todas as medidas agregadas das árvores para compor a medida do arvoredo podem e devem ser expressas em termos do fator de expansão do arvoredo:

- Densidade do estande (ha^{-1})

$$D = N / S_p = N \cdot f_D = \sum_{i=1}^{N} f_D$$

- Área basal ($m^2 \cdot ha^{-1}$)

$$G = \sum_{i=1}^{N} g_i / S_p = f_D \sum_{i=1}^{N} g_i = (\pi/4) \sum_{i=1}^{N} d_i^2 \cdot f_D$$

- Produção: volume lenhoso ($m^3 \cdot ha^{-1}$)

$$V = \sum_{i=1}^{N} v_i / S_p = f_D \sum_{i=1}^{N} v_i = \sum_{i=1}^{N} v_i \cdot f_D$$

- Produção: biomassa ($Mg \cdot ha^{-1}$)

$$B = \sum_{i=1}^{N} b_i / S_p = f_D \sum_{i=1}^{N} b_i = \sum_{i=1}^{N} b_i \cdot f_D$$

em que S_p é a área da parcela (ha); N é o número de árvores no arvoredo; i é o índice que indica as árvores do arvoredo ($i = 1, 2, \ldots, N$), sendo que, para a $i^{ésima}$ árvore, g_i é a sua área basal (m^2), d_i é o seu DAP (m), v_i é o seu volume (m^3), e b_i é a sua biomassa (Mg).

Essas expressões matemáticas das medidas agregadas do arvoredo enfatizam que elas podem ser obtidas multiplicando-se o total da parcela pelo fator de expansão do arvoredo. Mas elas também mostram que a medida agregada pode ser obtida somando-se o produto do fator de expansão do arvoredo e cada medida das árvores individuais. Essa segunda forma de cálculo pode parecer um tanto estranha, uma vez que o fator de expansão do arvoredo é constante, isto é, é o mesmo para todas as árvores da parcela. Contudo, em outras formas de definição do arvoredo, que não as parcelas, o fator de expansão do arvoredo não será o mesmo para todas as árvores do arvoredo. Assim, a expressão da soma do produto do fator de expansão e as medidas das árvores individuais são uma forma mais geral de se apresentar as medidas agregadas dos arvoredos, independentemente do método de definição do arvoredo.

9.2 O arvoredo pelo método de Prodan

Na utilização das parcelas como forma de definição do arvoredo, a área dos vários arvoredos é constante, pois a área da parcela permanece fixa. Já o número de árvores que compõe cada arvoredo varia de uma parcela para outra em função da variação natural da densidade de estande dentro da floresta.

O método de Prodan define o arvoredo fixando o número de árvores a ser observado, mas permitindo que a área das parcelas que contêm as árvores varie de arvoredo para arvoredo. O objetivo é ter um procedimento prático e rápido de identificação dos arvoredos no campo, minimizando o tempo despendido com a instalação das parcelas.

O objetivo de Prodan foi estimar a produção da floresta na forma de volume de madeira com alta precisão. Ele observou que, nas florestas em que trabalhava, a variação da produção entre os arvoredos, medida pelo coeficiente de variação, se tornava estável quando pelo menos seis árvores eram medidas em cada arvoredo. Assim, ele propôs um método em que o arvoredo é identificado no campo a partir de um ponto, tomando-se as seis árvores mais próximas desse ponto (Fig. 9.2). Ele associa às seis árvores uma parcela circular cujo raio é dado pela distância da sexta árvore, por isso, o método também é conhecido como *método das seis árvores* ou *método da parcela de área variável*.

Como o método de Prodan define uma parcela, o fator de expansão do arvoredo é definido pelo inverso da área da parcela. Mas, como a parcela é definida por seis árvores, a área da parcela varia de arvoredo para arvoredo e, consequentemente, o fator de expansão do

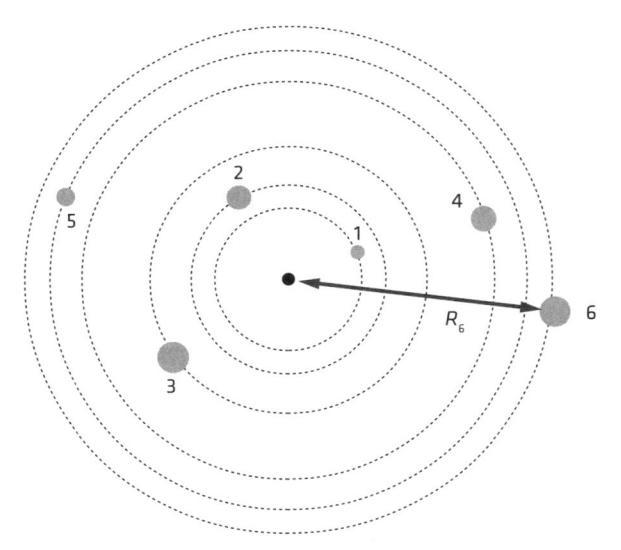

Fig. 9.2 Identificação do arvoredo no campo pelo método de Prodan utilizando as seis árvores mais próximas de um ponto de amostragem

arvoredo também. O fator de expansão deve ser calculado para cada arvoredo como:

$$f_{Dj} = \frac{10.000}{\pi \cdot R_{6j}^2} \qquad (9.2)$$

em que R_{6j} é a distância em metros da sexta árvore ao ponto central da parcela de Prodan no $j^{ésimo}$ arvoredo.

Para se determinar as medidas agregadas dos arvoredos, é importante identificar que, das seis árvores que compõem o arvoredo, as cinco primeiras estão efetivamente dentro da parcela definida. A sexta árvore, contudo, é uma *árvore de borda*, uma vez que ela se encontra no limite que define a parcela. Prodan considerou que a representatividade dessa árvore deve ser considerada como sendo a metade das demais e, consequentemente, o seu fator de expansão também tem o valor reduzido à metade. Assim, as medidas agregadas das árvores que compõem as medidas do $j^{ésimo}$ arvoredo são determinadas pelo método de Prodan como sendo:

- Densidade do estande (ha^{-1})

$$D_j = \sum_{i=1}^{5} f_{Dj} + \frac{f_{Dj}}{2} = (5,5) f_{Dj}$$

- Área basal (m$^2 \cdot$ ha^{-1})

$$G_j = \sum_{i=1}^{5} g_i \cdot f_{Dj} + g_6 \frac{f_{Dj}}{2} = \frac{\pi}{4} f_{Dj} \left[\sum_{i=1}^{5} d_i^2 + \frac{d_6^2}{2} \right]$$

- Produção: volume lenhoso (m$^3 \cdot$ ha^{-1})

$$V_j = \sum_{i=1}^{5} v_i \cdot f_{Dj} + v_6 \frac{f_{Dj}}{2} = f_{Dj} \left[\sum_{i=1}^{5} v_i + \frac{v_6}{2} \right]$$

- Produção: biomassa (Mg $\cdot$ ha^{-1})

$$B_j = \sum_{i=1}^{5} b_i \cdot f_{Dj} + b_6 \frac{f_{Dj}}{2} = f_{Dj} \left[\sum_{i=1}^{5} b_i + \frac{b_6}{2} \right]$$

em que f_{Dj} é o fator de expansão do $j^{ésimo}$ arvoredo, i é o índice que indica as árvores do arvoredo ($i = 1, 2, 3, 4, 5$), sendo que, para a $i^{ésima}$ árvore, g_i é a sua área basal (m^2), d_i é o seu *DAP* (m), v_i é o seu volume (m^3), e b_i é a sua biomassa (Mg).

Embora Prodan tenha definido como seis o número adequado para definir o arvoredo de modo que a estimativa do volume de madeira na floresta fosse obtida com alta precisão, o método em si não impede que outros números de árvores sejam utilizados. No método de Prodan, o número de árvores é que define o tamanho da parcela. Da mesma forma que parcelas menores são mais eficientes em florestas homogêneas e parcelas maiores são mais eficientes em florestas heterogêneas, é natural que o número ideal em florestas homogêneas seja menor que o número ideal em florestas heterogêneas. Assim, na aplicação do método de Prodan a uma floresta em particular, é importante que se realize um estudo-piloto para definição do número ideal de árvores no arvoredo.

9.3 O arvoredo pelo método de Bitterlich

O método de Bitterlich não define o arvoredo nem pela sua área, nem por um número fixo de árvores. As árvores que compõem o arvoredo são determinadas por *enumeração angular*, isto é, utiliza-se um ângulo fixo para observar cada árvore a partir de um ponto de amostragem. As árvores que *aparecem* maior que o ângulo compõem o arvoredo, enquanto que as demais são ignoradas.

O método de Bitterlich é um método típico da Engenharia Florestal, pois foi desenvolvido especificamente para a amostragem de árvores visando a estimativa da produção de um povoamento florestal. O método foi inicialmente proposto pelo florestal austríaco Walter Bitterlich na década de 1940 e, posteriormente, foi aperfeiçoado e generalizado por uma série de florestais norte-americanos, europeus e japoneses, destacando-se os trabalhos de Keen, Grosenbaugh e Hirata na década de 1950. O método possui vários nomes como *amostragem por pontos de Bitterlich*, *amostragem pontual horizontal*, *parcela de área variável*, *parcela de raio variável* e *amostragem por enumeração angular*, sendo este o nome preferido pelo próprio proponente do método.

Embora na aparência o método afigure-se incoerente, ele é muito eficiente na determinação da produção da floresta tanto em termos de volume de madeira quanto em termos de biomassa. A sua eficiência se baseia no fato de que, por esse método, a mensuração fica concentrada nas árvores de maior tamanho, reduzindo-se o tempo gasto na medição das árvores pequenas que são pouco relevantes na composição da produção da floresta.

O método se baseia no chamado *Postulado de Bitterlich*, o qual estabelece que: *o número de árvores (N) de um povoamento, cujos DAP vistos de um ponto fixo aparecem maiores a um dado valor (θ), é proporcional à sua área basal por hectare (G)*.

Dessa forma, é possível estimar a área basal da floresta (G) diretamente por meio de um processo de contagem que enumere as árvores (N) em função de um ângulo de visada (θ).

Para melhor compreensão do método, apresenta-se primeiramente como o procedimento de campo é realizado, seguindo-se a demonstração informal de como o princípio de Bitterlich funciona.

9.3.1 Procedimento de campo

O procedimento começa com a seleção de um *fator de área basal* (F_G em $m^2 \cdot ha^{-1}$) que corresponde a um dado ângulo de visada (θ). No campo, a unidade de observação do arvoredo é um ponto, que é locado de modo aleatório na floresta, e, centrado nesse ponto, se faz um giro de 360° visualizando-se cada árvore à altura do peito (1,3 m). O *DAP* de cada árvore é comparado ao ângulo θ selecionado por meio de algum instrumento de visualização que fixa o ângulo da visada (Fig. 9.3A). Bitterlich desenvolveu um instrumento especificamente para isso, o *relascópio*, mas qualquer instrumento que permita a visualização de um ângulo fixo, ainda que de construção simples, pode funcionar perfeitamente (Fig. 9.3B).

As árvores cujos *DAP aparecem* maiores que o ângulo θ são aquelas incluídas na amostra, ou seja, são as *árvores enumeradas*, já as demais são ignoradas (na Fig. 9.3A são sete), isto é, não são enumeradas. Para se obter a estimativa da área basal da floresta, basta multiplicar o número de árvores enumeradas no ponto (N) pelo fator de área basal (F_G) utilizado no levantamento. Assim, a estimativa da área basal da floresta (G em $m^2 \cdot ha^{-1}$) com base num ponto de amostragem é obtida pela expressão:

$$G = N \cdot F_G$$

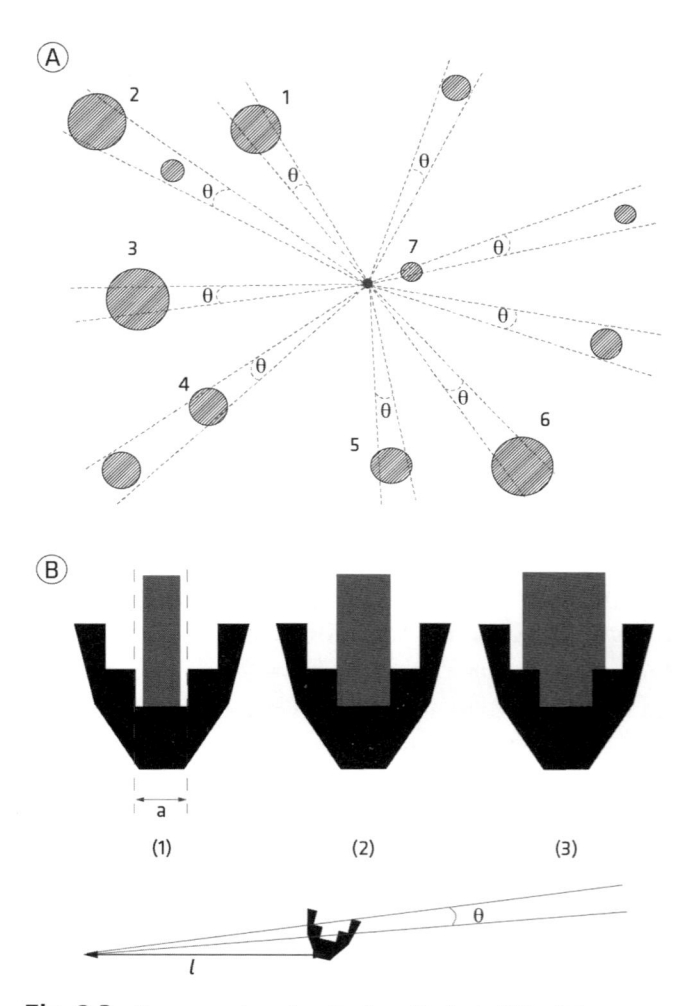

Fig. 9.3 Esquema de aplicação do método de Bitterlich num ponto de amostragem. (A) As árvores cujos *DAP* aparecem maiores que um dado ângulo θ são enumeradas, enquanto as demais são ignoradas. (B) Comparação do *DAP* das árvores com o ângulo de visada fixo (abertura horizontal): (1) árvore ignorada (fora do arvoredo), (2) árvore *de borda*, (3) árvore enumerada. O ângulo de visada é definido em função da distância l e da abertura a do visualizador: $\theta = 2\ \mathrm{tg}^{-1}(a/2l)$

Nas florestas onde o sub-bosque permite a fácil visualização das árvores, os pontos de Bitterlich são medidos com grande eficiência e rapidez. Dada a rapidez com que as medidas são tomadas em cada ponto, o tempo que se despende medindo uma parcela pode gerar um grande número de pontos de Bitterlich.

9.3.2 Princípio de Bitterlich

O princípio de Bitterlich funciona porque ele faz com que cada árvore enumerada contribua exatamente a quantidade de metros quadrados por hectare igual ao fator de área basal (F_G em m² · ha⁻¹) para a medida da área basal do arvoredo (G). Contudo, F_G é uma constante que depende unicamente do ângulo de visada (θ) escolhido arbitrariamente pelo profissional. Segue uma demonstração informal de como o método de Bitterlich funciona:

1. As árvores são visualizadas por um ângulo θ projetado na altura do DAP.
2. Essa projeção do ângulo gera uma série de *parcelas circulares hipotéticas*, sendo que o raio (r_i) de cada parcela está associado ao DAP (d_i) de cada árvore ($i = 1, 2, \ldots, N$). A Fig. 9.4 esquematiza essa projeção.
3. O raio r_i de cada parcela concêntrica é determinado pelo diâmetro de cada árvore e não é influenciado pela localização espacial da árvore.

   A formação da parcela circular hipotética pode ser vista de duas perspectivas. Se a parcela hipotética estiver centrada no ponto de observação, a árvore com DAP d_i que estiver a uma distância menor que r_i será enumerada (Fig. 9.4A). Se a parcela hipotética estiver centrada no tronco de cada árvore, a árvore de DAP d_i cujo ponto amostral estiver a uma distância menor que r_i será enumerada (Fig. 9.4B).

   Cada árvore forma, assim, uma parcela circular hipotética com três elementos básicos: DAP d_i, o raio r_i e área S_i da parcela. Esse processo ocorre sucessivamente com todas as árvores enumeradas num dado ponto ($i = 1, 2, \ldots, N$).

4. A razão entre o DAP d_i de cada árvore enumerada e o raio r_i que faz com que esta árvore seja enumerada é constante:

$$\frac{(d_1/100)}{r_1} = \frac{(d_2/100)}{r_2} = \cdots = \frac{(d_i/100)}{r_i} = \cdots$$
$$= \frac{(d_N/100)}{r_N} = 2\,\text{sen}\left(\frac{\theta}{2}\right) = k$$

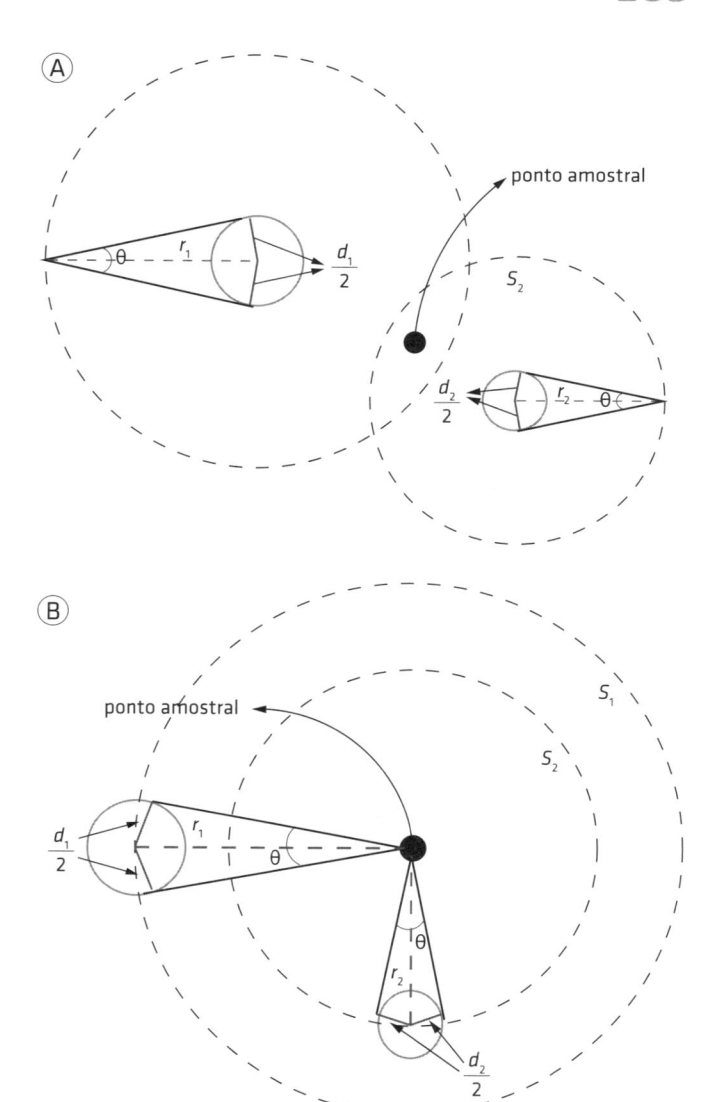

Fig. 9.4 Formação hipotética de parcelas com raio variável num ponto de amostragem para duas árvores com DAP d_1 e d_2, mostradas na *borda* da parcela hipotética. (A) Ângulo de visada centrado no centro do tronco das árvores. (B) Ângulo de visada (θ) situado no ponto de amostragem

A constante 100 nessa expressão refere-se à conversão de unidades: o diâmetro d_i em centímetros é convertido para metros, a mesma unidade do raio r, de modo que a razão seja um número puro. É importante notar que a constante k depende única e exclusivamente do ângulo θ definido no levantamento, sendo a mesma para todas as árvores enumeradas.

5. O fato da razão entre o DAP de cada árvore enumerada e o raio da parcela circular hipotética que a contém ser a constante k implica que a razão entre a área transversal (($\pi/4$)($d_i/100$)²) de cada árvore

enumerada e a área da parcela hipotética ($\pi \cdot r^2$) que a contém também será constante.

$$\frac{d_i/100}{r_i} = k \Longrightarrow \frac{(\pi/4)(d_i/100)^2}{\pi \cdot r_i^2} \left[\frac{m^2}{m^2}\right] = \frac{1}{4}k^2$$

6] O fator de área basal F_G é exatamente esta constante, tomando-se o cuidado de expressar a área transversal das árvores em m² e a área da parcela em ha, de modo que a área basal resultante seja em m²/ha:

$$\frac{(\pi/4)(d_i/100)^2}{\pi \cdot r_i^2} \cdot \frac{10.000}{1} \left[\frac{m^2}{ha}\right] = \frac{d_i^2}{4r_i^2}$$

$$= 2.500\, k^2 = F_G$$

7] Como a constante k é função do ângulo de visada θ, pode-se escolher esse ângulo segundo o valor de F_G desejado:

$$\left.\begin{array}{l} k = 2\,\text{sen}(\theta/2) \Rightarrow \theta = 2\,\text{sen}^{-1}(k/2) \\ F_G = 2.500\, k^2 \Rightarrow k = \sqrt{F_G/2.500} \end{array}\right\}$$

$$\Longrightarrow \theta = 2\,\text{sen}^{-1}\left(\frac{\sqrt{F_G}}{100}\right)$$

A Tab. 9.1 apresenta os ângulos de visada relativos a fatores de área basal comumente utilizados:

Tab. 9.1 Ângulos de visada referentes aos fatores de área basal mais usuais

F_G	k	θ
1	0,0200	1,1459°
2	0,0283	1,6206°
3	0,0346	1,9849°
4	0,0400	2,2920°

9.3.3 Alguns aspectos práticos

Alguns aspectos práticos devem ser considerados na utilização do método de Bitterlich. Primeiramente, a visualização das árvores na altura do *DAP* é fundamental para a eficiência do método comparada a outros métodos de medição dos arvoredos. Se a visualização for difícil, será necessário sempre medir a distância observador-árvore para saber qual árvore deve ser enumerada. Embora essa situação não exclua, em tese, a aplicação do método, a dificuldade de visualização fará com que árvores que deveriam ser enumeradas não o sejam e, consequentemente, os resultados obtidos serão enviesados.

A escolha do melhor fator de área basal (F_G) é fundamental para o sucesso do método. Um fator de área basal pequeno resultará em muitas árvores sendo enumeradas em cada ponto e, consequentemente, aumentará a possibilidade de uma árvore obstruir a visualização de outra. Se o fator escolhido for muito grande, o número de árvores por ponto será muito pequeno e a importância de cada árvore enumerada será demasiadamente grande, o que pode inflacionar a variação da área basal entre os pontos amostrados, gerando imprecisão. Nessa situação, corre-se ainda o risco de que a enumeração incorreta de uma única árvore possa gerar um grande erro na área basal. A regra prática é escolher um fator de área basal de modo que o número de árvores por ponto seja no mínimo 5 a 6 árvores e no máximo 20 a 22 árvores. Essa regra indica, no caso das florestas brasileiras, que o fator mais apropriado está *provavelmente* ao redor de 3 e 4 para florestas nativas e em torno de 2 para florestas plantadas.

A distância mínima entre pontos de amostragem dentro da floresta deve ser tal que seja nula a possibilidade de uma mesma árvore ser enumerada em dois pontos amostrais. Uma forma bastante conservadora de se definir a distância mínima entre pontos (em m) é utilizar a grandeza:

$$\frac{\text{máx}(d)}{\sqrt{F_G}}$$

em que máx(d) é o maior *DAP* (em cm) que se espera encontrar na floresta. É necessário também tomar igual cuidado com a distância da borda da floresta para que as parcelas circulares hipotéticas do método não sobreponham áreas fora da floresta. O procedimento prático é utilizar como distância da borda a metade da distância mínima entre pontos.

As *árvores de borda* são aquelas que estão exatamente na borda da parcela ao se visualizar o *DAP* e este for igual ao ângulo de visada. As árvores de borda devem ser verificadas medindo-se o *DAP* (d em cm) e a distância ponto-árvore (r em m). A árvore de borda será enumerada se:

$$\frac{d^2}{4r^2} > F_G$$

Em *levantamentos expeditos*, quando se deseja obter rapidamente uma estimativa da floresta, sem necessidade de alta precisão e exatidão, é comum se adotar o procedimento em que as *árvores de dentro* são enumeradas com o *valor 1* e as *árvores de borda*, com o *valor 0,5*. Desta forma se economiza o tempo de verificação da distância ponto-árvore. Este procedimento, no entanto, gera medidas ligeiramente enviesadas, devendo ser utilizado apenas em situações especiais.

Árvores pequenas demais devem ser evitadas, pois introduzem viés nas medidas do arvoredo. O método de Bitterlich não é apropriado quando se deseja incluir árvores com *DAP* menor que 5 cm como árvores que compõem o arvoredo.

9.3.4 Fator de expansão e medidas do arvoredo

Nos pontos de Bitterlich, a área da parcela hipotética para cada árvore enumerada é variável. Logo, o fator de expansão do arvoredo não é constante, pois cada árvore enumerada tem seu próprio fator de expansão. Se i for tomado como o índice de cada árvore enumerada, então:

$$f_{Di} = \frac{1 \text{ hectare}}{\text{Área da parcela circular hipotética da árvore } i}$$
$$= \frac{10.000}{\pi \cdot r_i^2}$$

Mas a área da parcela hipotética é diretamente proporcional à área transversal da árvore i:

$$F_G = \frac{(\pi/4)(d_i/100)^2}{\pi r_i^2} 10.000$$

$$\Rightarrow \pi \cdot r_i^2 = \frac{(\pi/4)(d_i/100)^2}{F_G} 10.000$$

logo:

$$f_{Di} = \frac{10.000}{[(\pi/4)(d_i/100)^2/F_G] 10.000} = \frac{F_G}{(\pi/4)(d_i/100)^2}$$

$$f_{Di} = \frac{F_G}{g_i} \quad \left[\frac{m^2/ha}{m^2} \Rightarrow ha^{-1}\right]$$

em que g_i é a área transversal da árvore i (em m²). Nessa expressão, a conversão das unidades de medida é apresentada dentro dos colchetes, mostrando que a razão do fator de área basal e da área transversal em m² resulta na unidade apropriada do fator de expansão que é ha⁻¹. Note que o fator de expansão de uma árvore é *inversamente proporcional* à sua área transversal. Portanto, quanto maior for a árvore, menor o seu fator de expansão.

Para que as medidas do arvoredo possam ser determinadas pelo método de Bitterlich, é necessário utilizar o fator de expansão (f_{Di}) como termo de ponderação para as medidas tomadas nas árvores individualmente. Assumindo que se observou o arvoredo j, em que foram enumeradas N_j árvores, segue-se as principais medidas de um dado arvoredo.

Densidade de estande. A densidade de estande é obtida somando-se os fatores de expansão (f_{Di}) das árvores no ponto:

$$D_j = \sum_{i=1}^{N_j} f_{Dij}$$

Qualquer caracterização do arvoredo que se baseie na *frequência* da ocorrência das árvores no arvoredo, como a caracterização da estrutura do arvoredo por meio da distribuição do *DAP*, deve se apoiar, no método de Bitterlich, na densidade de estande obtida a partir do fator de expansão das árvores. Uma vez que o método de Bitterlich privilegia a seleção das árvores segundo a sua área transversal, a proporção das maiores árvores na composição do arvoredo será sempre inflacionada. Portanto, é sempre necessário utilizar o fator de expansão como a genuína medida da ocorrência das árvores segundo o seu tamanho.

Área basal. A área basal do arvoredo pode ser obtida somando-se o produto das áreas transversais (g_{ij}) das árvores pelos seus respectivos fatores de expansão:

$$G_j = \sum_{i=1}^{N_j} g_{ij} \cdot f_{Dij} = \sum_{i=1}^{N_j} g_{ij} \cdot \frac{F_G}{g_{ij}} = \sum_{i=1}^{N_j} F_G = N_j \cdot F_G$$

Portanto, a área basal é obtida pelo número das árvores enumeradas multiplicado pelo fator de área basal, conforme estabelecido pelo postulado de Bitterlich.

Produção. A medida da produção do arvoredo é obtida pelo somatório dos produtos das medidas de produção das árvores individuais pelos respectivos fatores de expansão (f_{Di}). A medida de produção pode ser o volume de madeira (v_{ij}) ou a biomassa (b_{ij}):

$$V_j = \sum_{i=1}^{N_j} v_{ij} \cdot f_{Dij} \qquad B_j = \sum_{i=1}^{N_j} b_{ij} \cdot f_{Dij}$$

DAP médio. Como no método de Bitterlich as árvores de maior *DAP* tem maior probabilidade de serem selecionadas para compor o arvoredo, o *DAP* médio não pode ser calculado simplesmente pela média dos *DAP* medidos. Novamente, o fator de expansão das árvores individuais é utilizado como termo de ponderação de modo que o *DAP* médio é a *média ponderada* dos *DAP* observados:

$$\bar{d}_j = \frac{\sum_{i=1}^{N_j} d_{ij} \cdot f_{Dij}}{\sum_{i=1}^{N_j} f_{Dij}}$$

em que d_{ij} é o *DAP* da árvore *i* do arvoredo *j*.

DAP médio quadrático. O *DAP* médio quadrático é obtido a partir da área transversal média das árvores do arvoredo:

$$\bar{g}_j = \frac{G_j}{D_j} = \frac{N_j \cdot F_G}{\sum_{i=1}^{N_j} f_{Dij}} = \frac{N_j \cdot F_G}{\sum_{i=1}^{N_j} (F_G/g_{ij})} = \frac{N_j}{\sum_{i=1}^{N_j} (1/g_{ij})}$$

$$\bar{d}_{gj} = \sqrt{(4/\pi)\bar{g}_j} = \sqrt{(4/\pi)\frac{N_j(\pi/4)}{\sum_{i=1}^{N_j}(1/d_{ij}^2)}} = \sqrt{\frac{N_j}{\sum_{i=1}^{N_j}(1/d_{ij}^2)}}$$

em que $\bar{g}_j$ é a área transversal média das árvores do arvoredo *j* e $\bar{d}_{gj}$ é o seu diâmetro médio quadrático. Note-se que a área transversal média é obtida pela *média harmônica* das áreas transversais das árvores.

As medidas dos arvoredos apresentadas anteriormente demonstram os dois procedimentos de determinação das medidas dos arvoredos pelas medidas das árvores individuais no método de Bitterlich. Quando a medida do arvoredo é obtida pela soma das medidas das árvores individuais, essa soma deve ser ponderada pelo fator de expansão de cada árvore. Já quando a medida do arvoredo é uma média das medidas das árvores individuais, ela deve ser calculada pela média ponderada, tomando-se o fator de expansão das árvores como pesos.

9.3.5 Seleção com probabilidade proporcional ao tamanho

A seleção das árvores para compor o arvoredo pelo método de Bitterlich também pode ser vista como uma *seleção com probabilidade proporcional ao tamanho*. A medida do *tamanho*, no caso, é a área transversal da árvore.

A Fig. 9.4A pode ser interpretada como um esquema de duas árvores numa floresta. Cada árvore é o centro de uma parcela circular hipotética; caso um ponto amostral seja locado dentro dessa parcela, a árvore será enumerada. A probabilidade de a árvore ser selecionada, portanto, é a razão entre a área dessa parcela e a área da floresta:

$$P(\text{Árvore } i \text{ é selecionada}) = \frac{S_i}{|A|}$$

em que S_i é a área da parcela circular ao redor da árvore *i* (ha) e $|A|$ é a área da floresta (ha).

Mas, a área da parcela hipotética depende da área transversal da árvore. O próprio conceito de fator de área basal é a razão entre a área transversal da árvore e a área dessa parcela hipotética:

$$F_G = \frac{(\pi/4)(d_i/100)^2}{\pi \cdot r_i^2 / 10.000} \Rightarrow F_G = \frac{g_i}{S_i} \Rightarrow S_i = \frac{g_i}{F_G}$$

em que as unidades das medidas são: *DAP* (d_i) em centímetros, raio da parcela hipotética (r_i) em metros, área transversal (g_i) em metros quadrados e área da parcela hipotética (S_i) em hectares. Logo, a probabilidade de seleção de uma árvore é:

$$P(\text{Árvore } i \text{ é selecionada}) = \frac{S_i}{|A|} = \frac{g_i/F_G}{|A|}$$

sendo, portanto, *diretamente proporcional* à sua área transversal:

$$P(\text{Árvore } i \text{ é selecionada}) = \left(\frac{1}{|A|F_G}\right) g_i$$

e *inversamente proporcional* ao seu fator de expansão:

$$P(\text{Árvore } i \text{ é enumerada}) = \left(\frac{1}{|A|}\right)\frac{g_i}{F_G} = \left(\frac{1}{|A|}\right)\frac{1}{f_{Di}}$$

Dessa forma, as árvores de maior área transversal terão maior probabilidade de serem selecionadas, mas, por outro lado, representarão um menor número de árvores por hectare (menor fator de expansão).

9.3.6 Ampliação e generalização do princípio de Bitterlich

O princípio de Bitterlich foi ampliado e generalizado resultando em outros métodos de definição de arvoredos. Uma das generalizações, conhecida como método de Hirata, foi a utilização de um ângulo de visada *vertical*, de modo a selecionar as árvores segundo a sua altura. Nessa abordagem, a definição do arvoredo é realizada com base num ponto de observação, e a seleção das árvores é feita com probabilidade proporcional ao quadrado das suas alturas.

Uma outra forma de generalização, conhecida como método de Strand, foi a transformação do ponto de seleção em *linha de seleção*. Nesse caso, a utilização da enumeração angular *horizontal* com a linha de observação resulta que as árvores são selecionadas com probabilidade proporcional ao seu *DAP*. Já na aplicação da linha com a enumeração angular *vertical*, as árvores são selecionadas com probabilidade proporcional à sua altura.

Ainda outras formas de ampliação e generalização do princípio de Bitterlich foram propostas e desenvolvidas. Contudo, esses métodos não serão apresentados porque sua utilização nas florestas tropicais nativas e plantadas é relativamente rara.

9.4 Outros métodos arbustimétricos

Neste capítulo foram apresentados os três principais métodos arbustimétricos utilizados com mais frequência nos levantamentos florestais de florestas tropicais nativas e plantadas. Vários outros métodos podem ser encontrados na literatura florestal e ecológica, como o método dos quadrantes, muito utilizado em levantamentos florísticos, e o método da interceptação por linha, que surgiu como solução para a quantificação de resíduos lenhosos deixados no campo após a colheita por corte raso. Geralmente, tais métodos são de aplicação mais específica para circunstâncias particulares e frequentemente apresentam limitações para sua aplicação em situações diversas das situações em que eles foram desenvolvidos.

Com base na apresentação das medidas dos atributos dos arvoredos (medidas arbustimétricas) e dos métodos de identificação e medição dos arvoredos na floresta (métodos arbustimétricos), torna-se possível tratar do acompanhamento e estudo das transformações que ocorrem nos arvoredos ao longo do tempo (monitoramento arbustimétrico) e da construção de modelos empíricos para predição de medidas dos arvoredos que são de mensuração problemática ou impossível (arbustimetria preditiva).

Sugestões bibliográficas

O livro de Sanqueta et al. (2006), intitulado *Inventários florestais: planejamento e execução*, traz um capítulo dedicado ao tema com o título "Métodos de amostragem". Mas um tratamento mais aprofundado sobre os métodos arbustimétricos é encontrado no livro *Inventário florestal*, de Péllico Netto e Brena (1997), no capítulo "Métodos de amostragem".

Sobre o método de Bitterlich, o livro de Machado e Figueiredo Filho (2009) traz um bom capítulo com o título "Relascopia". Nesse tema, o livro de Péllico Netto e Brena (1997) apresenta também o método de Hirata e o método de Strand.

Em inglês, o livro de Husch, Miller e Beers (1982) tem um excelente capítulo que explica didaticamente o método da enumeração angular em todas as suas versões. Mas a melhor fonte a respeito do método de Bitterlich e de todas as suas implicações é o livro do próprio autor *The Relascope Idea* (Bitterlich, 1984).

Quadro de conceitos

Conceitos básicos	Conceitos desenvolvidos
parcelas	parcelas retangulares
	parcelas circulares
	parcelas em faixa
	forma e tamanho de parcelas
	fator de expansão do arvoredo
método de Prodan	instalação e medição da parcela
	fator de expansão
	cálculo das medidas do arvoredo
método de Bitterlich	postulado de Bitterlich
	enumeração angular
	procedimento de medição
	princípio de Bitterlich
	fator de área basal
	ângulo de visada
	distância entre pontos
	árvores de borda
	fator de expansão
	medidas do arvoredo
	seleção com probabilidade proporcional ao tamanho

PROBLEMAS

1] Considere o arvoredo de floresta plantada de eucalipto apresentado na Tab. 8.9. Utilizando o fator de expansão do arvoredo, encontre a densidade de estande e a área basal desse arvoredo.

2] O método de Prodan foi utilizado num levantamento para se estimar densidade e área basal de árvores com *DAP* maior que 20 cm numa floresta tropical (Tab. 9.2). Com base nos dados apresentados, encontre:
(i) a estimativa da área basal com a respectiva variância; e
(ii) a estimativa da densidade com a respectiva variância.

Tab. 9.2 Dados de um levantamento florestal pelo método de Prodan em floresta ombrófila densa na região de Paragominas, PA

Ponto	Árvore	Distância (m)	DAP (cm)	Ponto	Árvore	Distância (m)	DAP (cm)	Ponto	Árvore	Distância (m)	DAP (cm)
1	1	4,54	54,2	2	5	11,37	40,4	4	3	9,80	25,9
1	2	10,74	20,9	2	6	14,27	21,1	4	4	14,29	28,1
1	3	13,92	21,7	3	1	7,47	37,4	4	5	17,99	31,7
1	4	14,42	23,1	3	2	7,57	27,9	4	6	18,25	83,2
1	5	14,54	29,6	3	3	9,74	57,0	5	1	6,12	28,8
1	6	17,00	21,7	3	4	10,42	27,8	5	2	6,36	28,8
2	1	5,56	129,0	3	5	12,24	27,5	5	3	7,80	30,9
2	2	7,79	36,0	3	6	13,17	102,5	5	4	7,85	25,0
2	3	11,05	48,8	4	1	7,18	21,2	5	5	11,36	34,5
2	4	11,35	35,0	4	2	8,99	26,5	5	6	13,08	32,4

3] A Tab. 9.3 apresenta o número de árvores enumeradas em pontos de Bitterlich utilizando fator de área basal de $2\,m^2 \cdot ha^{-1}$ em floresta ombrófila densa na serra de Paranapiacaba, no Estado de São Paulo. Encontre a média e o erro padrão para área basal da floresta e dos estratos verticais da floresta. O que se pode concluir sobre a estrutura da floresta?

Tab. 9.3 Dados de enumeração angular (fator de área basal de $2\,m^2 \cdot ha^{-1}$) em floresta ombrófila densa na serra de Paranapiacaba, Estado de São Paulo

Ponto amostral	Estratos verticais			Total
	Dossel	Emergente	Subdossel	
A1	9	0	2	11
A2	3	1	2	6
A3	2	3	5	10
A4	3	3	1	7
A5	10	0	2	12
A6	2	1	7	10
A7	5	2	1	8
A8	3	2	4	9

4] A Tab. 9.4 apresenta a área basal em cinco pontos de duas formações de floresta ombrófila densa. Pergunta-se: quantas árvores seriam enumeradas se fossem utilizados fatores de área basal de $2\,m^2 \cdot ha^{-1}$, $3\,m^2 \cdot ha^{-1}$ e $4\,m^2 \cdot ha^{-1}$? Seria possível utilizar o mesmo fator para levantamentos nas duas formações?

Tab. 9.4 Área basal de cinco pontos de enumeração em duas formações de florestas ombrófila densa ($m^2 \cdot ha^{-1}$)

Pontos	F.O.D. montana	F.O.D. submontana
1	33,44	25,95
2	45,45	57,06
3	22,71	59,05
4	45,75	47,48
5	50,19	48,12

5] A Tab. 9.5 apresenta dados de *DAP* e distância a partir de um ponto de amostragem para árvores numa floresta ombrófila densa. Para cada árvore, defina para qual fator de área basal a árvore seria enumerada: $1\,m^2 \cdot ha^{-1}$, $2\,m^2 \cdot ha^{-1}$, $3\,m^2 \cdot ha^{-1}$ ou $4\,m^2 \cdot ha^{-1}$.

6] Ainda com base na Tab. 9.5, defina qual é o diâmetro da parcela circular hipotética para cada uma das árvores, considerando um fator de área basal de $3\,m^2 \cdot ha^{-1}$.

7] Encontre o ângulo de visada que corresponde a um fator de área basal de $10\,m^2 \cdot ha^{-1}$.

8] Encontre o fator de área basal ($m^2 \cdot ha^{-1}$) que corresponde a um ângulo de visada de 5°.

9] A Tab. 9.6 apresenta alguns dados de formações florestais do Estado de São Paulo. Qual o fator de área basal e a distância mínima entre pontos de amostragem que se deveria utilizar em cada uma dessas formações?

10] Também com base na Tab. 9.6, qual é a distância da borda da floresta que se deveria guardar em cada formação florestal para se evitar problemas na amostragem por enumeração angular?

Tab. 9.5 Medidas de *DAP* e distância ao ponto de Bitterlich numa floresta ombrófila densa

Árvore	Distância (m)	DAP (cm)	Árvore	Distância (m)	DAP (cm)
1	4,41	310	7	4,08	432
2	16,50	141	8	11,89	340
3	8,44	285	9	8,55	70
4	14,72	90	10	6,45	99
5	10,85	62	11	10,12	53
6	10,15	62	12	13,14	60

Tab. 9.6 Dados de diferentes formações florestais do Estado de São Paulo

Região ecológica	Formação	Área basal ($m^2 \cdot ha^{-1}$)	DAP máximo (cm)
Floresta ombrófila densa	Montana	44,6	180
Floresta obbrófila densa	Submontana	43,4	184
Floresta estacional semidecidual	–	31,8	168
Savana florestada	–	16,6	150

11] A Tab. 9.7 apresenta os dados de um levantamento numa floresta de *Pinus oocarpa* pelo método de Bitterlich, em que se utilizou o fator de área basal de $2 \, m^2 \cdot ha^{-1}$. Encontre para cada arvoredo:

(i) a área basal ($m^2 \cdot ha^{-1}$);

(ii) a densidade de estande (ha^{-1});

(iii) o volume lenhoso ($m^3 \cdot ha^{-1}$) com base na seguinte equação de volume: $v_i = -0,01273 + 0,000026 \, (d_i^2 \cdot h_i)$, em que v_i é o volume da árvore (m^3); d_i é o DAP da árvore (cm); e h_i é a altura da árvore (m).

Tab. 9.7 Dados de três arvoredos de um levantamento pelo método de Bitterlich numa floresta de *Pinus oocarpa*, em que se utilizou o fator de área basal de $2 \, m^2 \cdot ha^{-1}$

Árvore	DAP (cm)	Altura (m)	Árvore	DAP (cm)	Altura (m)	Árvore	DAP (cm)	Altura (m)
1	20,0	11,0	1	15,0	11,5	1	18,5	21,5
2	17,0	10,0	2	19,0	11,8	2	17,5	15,5
3	14,0	12,0	3	18,0	13,5	3	21,0	18,2
4	20,0	12,0	4	21,5	14,3	4	18,0	17,2
5	17,5	13,0	5	19,5	13,8	5	22,0	19,5
6	18,0	10,0	6	21,0	12,5	6	18,0	18,5
7	19,0	11,0	7	23,0	15,0	7	18,0	16,8
8	19,0	12,0	8	16,0	14,0	8	14,5	17,8
9	18,0	12,0	9	22,0	18,0	9	18,5	15,8
10	16,5	12,0	10	25,0	19,5	10	22,0	20,5
11	14,5	12,0	11	19,0	18,0	11	15,5	17,5
12	16,0	11,0	12	27,0	16,0	12	18,5	15,2
			13	11,0	15,0			
			14	21,0	17,0			
			15	19,0	16,0			
			16	18,0	16,0			

capítulo 10
Monitoramento arbustimétrico

Assim como as transformações que as árvores sofrem ao longo do tempo podem ser monitoradas, também os arvoredos podem ser monitorados nas transformações que sofrem. A base do monitoramento dos arvoredos é o monitoramento das árvores, pois a unidade básica de mensuração são as árvores individualmente, e as medidas dos arvoredos são composições das medidas das árvores. Mas o monitoramento dos arvoredos é também a base do monitoramento da floresta, pois as transformações que ocorrem na floresta ao longo do tempo é resultado da composição temporal e espacial das transformações que ocorrem nos arvoredos individualmente.

Neste capítulo são apresentados os princípios e procedimentos de monitoramento dos arvoredos. Monitorar os arvoredos é acompanhar no tempo um conjunto de árvores, o que implica não só o acompanhamento das transformações das árvores individualmente, mas também das mudanças das relações entre as árvores que compõem o conjunto. Os arvoredos tratados não são as unidades estruturais naturalmente observáveis nas florestas, mas as unidades de observação definidas pelos métodos apresentados no capítulo anterior. Essa abordagem é necessária para que as observações feitas nos arvoredos possam ser posteriormente combinadas para produzir informações sobre a floresta como um todo.

10.1 Fases de desenvolvimento dos arvoredos

Assim como as árvores se desenvolvem ao longo da sua vida, também os arvoredos, como um conjunto de árvores em desenvolvimento, têm um ciclo de vida próprio que se revela ao longo do tempo. O desenvolvimento das árvores é, em grande medida, influenciado pelas condições ambientais do local em que as árvores estão estabelecidas e pelos ciclos climáticos que ocorrem em escalas temporais variadas: ciclos diários, ciclos sazonais ou anuais, ciclos em décadas, em séculos e até ciclos milenares. Influenciando o comportamento das árvores, as condições ambientais e climáticas agem duplamente sobre os arvoredos. Primeiramente, pela influência direta no comportamento de cada árvore que compõe o arvoredo e, em segundo lugar, pela influência das relações e interações entre as árvores do arvoredo.

Depois das condições ambientais e climáticas, as intervenções silviculturais e de manejo florestal são os fatores de maior influência sobre o desenvolvimento dos arvoredos. Esses fatores também podem atuar tanto diretamente no desenvolvimento das árvores, como o procedimento de adubação, que acelera o crescimento das árvores individualmente, quanto na transformação da interação entre as árvores, como o procedimento de desbaste, que reduz o grau de competição entre elas.

Mas o aspecto próprio dos arvoredos com a força mais preponderante sobre o seu desenvolvimento é a *estrutura etária do arvoredo*. O desenvolvimento de arvoredos equiâneos, isto é, cujas árvores têm aproximadamente a mesma idade, é bastante diferente dos arvoredos inequiâneos, que são aqueles compostos de árvores de diferentes idades.

10.1.1 Arvoredos equiâneos

Os arvoredos equiâneos podem ser identificados como aqueles de florestas plantadas, tanto das florestas homogêneas, monoespecíficas ou monoclonais quanto das áreas de revegetação, onde pode haver uma grande riqueza de espécies. Mas os arvoredos equiâneos também podem ocorrer naturalmente, seja por meio da regeneração natural numa área de floresta nativa que sofreu corte raso, seja pela colonização de pastagens ou de lavouras agrícolas abandonadas pelas espécies arbóreas presentes nas florestas ou fragmentos florestais nativos adjacentes.

Nos arvoredos equiâneos, como as árvores têm aproximadamente a mesma idade, todas as árvores do arvoredo passam simultaneamente pelas mesmas fases de desenvolvimento. Logo, as fases de desenvolvimento do arvoredo seguem as fases de desenvolvimento das árvores individualmente.

No Cap. 5, foram apresentadas quatro fases de desenvolvimento das árvores: colonização, estabelecimento, maturidade e senescência/morte. No caso dos arvoredos equiâneos, as fases de colonização e estabelecimento podem ser unidas numa só fase, pois essa distinção se refere ao estabelecimento da árvore como plântula no sub-bosque da floresta (colonização) e ao seu desenvolvimento como árvore do dossel da floresta (estabelecimento). Já a fase de maturidade deve ser desdobrada em duas fases para distinguir o período em que as árvores estão sob uma competição que permite o seu crescimento da situação em que o grau de competição entre as árvores é tão elevado que o crescimento delas entra em estagnação, seguindo-se uma grande mortalidade das árvores. Por fim, a fase de senescência e morte também pode ocorrer nos arvoredos plantados se o processo de regeneração natural não se estabelecer durante o desenvolvimento do arvoredo.

Iniciação. A *fase de iniciação* do arvoredo é análoga às fases de colonização e estabelecimento do desenvolvimento das árvores individualmente. A palavra *iniciação* vem da Teoria de Dinâmica de Povoamentos e descreve o aspecto fundamental dessa fase de desenvolvimento do arvoredo: o seu início. Ela corresponde ao período que vai do estabelecimento das plântulas, seja por regeneração natural, seja pelo plantio de mudas nas florestas plantadas, até o estabelecimento de um dossel do arvoredo, que só ocorre quando as copas das árvores se tocam de forma a cobrir totalmente o solo. Pode se entender que essa fase é um período de *crescimento livre* das árvores, isto é, um período em que a competição *entre as árvores* é praticamente inexistente ou pouco relevante para desenvolvimento do arvoredo. De fato, nessa fase, a principal competição que as plântulas e arvoretas sofrem é a competição por plantas de outras formas de vida: as herbáceas, as arbustivas e as trepadeiras. Também é uma fase em que a herbivoria, seja por insetos (formigas e cupins), seja por animais superiores, é um fenômeno muito limitante no desenvolvimento do arvoredo.

Notação para crescimento e incremento. Utilizou-se neste capítulo a mesma notação do capítulo sobre monitoramento arborimétrico (Cap. 5). O triângulo (Δ) é o símbolo da variação (crescimento ou incremento), a letra que segue o triângulo indica o atributo ao qual o crescimento ou incremento se refere, enquanto o subscrito do triângulo indica o período de monitoramento. Por exemplo, o crescimento em área basal G no período k é denotado por $\Delta_k G$. O sobrescrito indica o tipo de crescimento ou incremento: Δ_k^G - crescimento bruto (*gross growth*); Δ_k^N - crescimento líquido (*net growth*); Δ_k^M - incremento médio; e Δ_k^C - incremento corrente.

Crescimento sob competição. A partir do ponto em que as copas das árvores cobrem totalmente o solo e começam a se tocar, o arvoredo adquire a aparência ou fisionomia de floresta. Deste ponto em diante, o processo determinante para o desenvolvimento das árvores e do arvoredo é a competição ou interação entre as árvores. Como a competição vegetal é assimétrica, isto é, as plantas maiores exercem sobre as menores uma influência maior do que o contrário, a competição das plantas herbáceas, arbustivas e trepadeiras se torna um fenômeno secundário no desenvolvimento das árvores.

À medida que as árvores crescem e se tornam maiores, o grau de competição entre elas se intensifica, reduzindo a sua velocidade de crescimento. Se, na primeira fase, o crescimento das árvores era livre e se acelerava, nesta, o crescimento se torna progressivamente menor.

Estagnação do crescimento. A um certo ponto, o grau de competição entre as árvores se torna tão intenso que o crescimento de todas elas se estagna, isto é, se torna tão pequeno que não pode ser medido. Nessa fase, as medidas de crescimento revelam um crescimento nulo ou negativo, o qual reflete antes o ruído resultante dos erros de medição do que o crescimento propriamente dito. O tempo em que um arvoredo permanece nesse estado depende da espécie e das condições ambientais e climáticas em que ele se encontra. Algumas espécies são capazes de tolerar um alto grau de competição, sem apresentar aparentemente nenhum crescimento, por décadas.

A fase de estagnação é superada naturalmente quando se inicia a mortalidade das árvores, resultando na redução da competição entre as árvores, de forma que o arvoredo pode retornar à fase de crescimento sob competição. A alta taxa de mortalidade das árvores pode ser antecipada por fenômenos climáticos, por exemplo um período de seca mais intensa ou mais prolongada que o normal, ou ainda a ocorrência de invernos rigorosos ou geadas.

Uma vez reduzida a competição, a fase de estagnação cede lugar a uma nova fase de crescimento sob competição. Numa floresta não manejada, a intensa mortalidade que acontece quando o arvoredo atinge um alto grau de competição reduz a densidade do arvoredo e, consequentemente, o grau de competição, permitindo que o arvoredo retome o crescimento. Nas florestas manejadas, a redução da densidade do arvoredo é realizada por desbastes ou cortes seletivos. Ao longo do seu ciclo, um arvoredo pode alternar entre a fase de estagnação de crescimento e a de crescimento sob competição várias vezes, esteja o arvoredo sob manejo ou não.

A função principal do manejo florestal é evitar que os arvoredos entrem em fase de estagnação de crescimento. As intervenções de manejo devem se antecipar a essa fase realizando operações de desbaste ou corte seletivo, de modo a reduzir a competição entre as árvores. A meta do manejo florestal é manter o arvoredo na fase de crescimento sob um grau razoável de competição, a fim de maximizar a capacidade produtiva do arvoredo em cada sítio.

Senescência e morte. A senescência e morte de um arvoredo ocorre quando, concluído o ciclo de vida das árvores, o processo de regeneração natural não se fez presente, de modo que a vegetação arbórea cede lugar a outro tipo de formação vegetal. As florestas plantadas com espécies de eucalipto no Brasil certamente morreriam, pois estas espécies, via de regra, não possuem um mecanismo de regeneração natural. Mas o ciclo dessas florestas pode ser bastante longo, uma vez que essas espécies possuem essa característica. É comum se observar florestas de eucalipto abandonadas há muito tempo, em que as árvores dessa espécie constituem apenas um estrato de árvores emergentes de grande porte, sob o qual se desenvolve uma floresta nativa. Nesse caso, a floresta plantada original está sendo substituída por uma vegetação nativa de porte arbóreo.

Já as florestas plantadas no Brasil com espécies do gênero *Pinus* têm um comportamento distinto. Em geral, essas espécies produzem intensa regeneração natural, a qual poderia ser manejada para manutenção da floresta. A eficiência de regeneração das espécies de *Pinus* é tal que, em algumas regiões, particularmente onde a vegetação nativa é o cerrado, elas podem ser consideradas invasoras.

Nas florestas plantadas destinadas à revegetação e recuperação de áreas degradadas, a expectativa é que o processo de regeneração natural se restabeleça, de modo que, a partir das árvores plantadas, a floresta se perpetue. Contudo, pode se observar, em algumas áreas plantadas com uma grande proporção de espécies pioneiras de ciclo de vida curto, que as árvores pioneiras podem entrar na fase de senescência e morte antes que a regeneração natural esteja plenamente restabelecida. Nesse caso, a floresta tende a ceder espaço para formações vegetais herbáceas dominadas por espécies exóticas invasoras que retomam as áreas de plantio de revegetação.

A situação ideal nos plantios de revegetação é que a regeneração natural promovesse a substituição das árvores pioneiras de ciclo de vida curto, que morrem, por árvores de espécies secundárias de ciclo mais longo. Assim, o arvoredo plantado, que é originalmente equiâneo, seria gradativamente transformado num arvoredo inequiâneo.

10.1.2 Arvoredos inequiâneos

Os arvoredos inequiâneos são compostos por árvores de idades diferentes e, frequentemente, de espécies diversas. Sua estrutura etária complexa implica que as árvores do arvoredo não estão passando pelas mesmas fases de desenvolvimento. Do mesmo modo, as diferentes espécies presentes no arvoredo resultam em formas de crescimento distintas entre as árvores.

Duas formas de crescimento são geralmente reconhecidas: espécies *tolerantes* ao sombreamento e espécies *intolerantes* ao sombreamento. As espécies *intolerantes* são aquelas incapazes de se estabelecer e se desenvolver apropriadamente na condição de sombra, isto é, no sub-bosque da floresta. Essas espécies necessitam da luz plena do sol em todas as suas fases de desenvolvimento. Já as espécies *tolerantes* são aquelas capazes de se estabelecer e crescer sob a sombra, mas, como o nome diz, elas *toleram a sombra*, pois o seu crescimento e desenvolvimento é melhor quando plenamente iluminadas.

Essas formas foram originalmente reconhecidas nas florestas europeias e constituem uma grande simplificação para espécies arbóreas tropicais, nas quais se pode identificar uma grande gama de comportamentos de tolerância. O comportamento das espécies arbóreas tropicais tem, num extremo, as espécies pioneiras de ciclo de vida curto, que são intolerantes, pois necessitam da iluminação plena do sol desde a sua germinação até a sua reprodução. O outro extremo são as espécies tipicamente clímax, que germinam e se estabelecem no sub-bosque da floresta, sendo incapazes de fazê-lo em situação de pleno sol, mas que, à medida que se desenvolvem, necessitam progressivamente de maior iluminação, de forma que só se reproduzem quando atingem o dossel da floresta em situação de iluminação plena do sol.

A combinação de árvores de diferentes idades, de diversas espécies e com diferentes exigências em cada uma das suas fases de desenvolvimento resulta no fato de o arvoredo inequiâneo ser estruturalmente muito mais complexo que o arvoredo equiâneo. Tal complexidade faz com que seja impossível identificar fases de desenvolvimento nos arvoredos inequiâneos. As fases de desenvolvimento seriam as próprias fases estruturais discutidas na teoria de dinâmica de clareiras e na teoria de dinâmica de povoamentos (Cap. 7). Mas, se o arvoredo é definido no campo pelo método de parcelas, pelo método de Prodan ou pelo método de Bitterlich, ele se torna uma combinação das fases estruturais e, portanto, não tem um desenvolvimento próprio.

O monitoramento de medidas de densidade e de crescimento dos arvoredos inequiâneos normalmente revela uma oscilação de valores que indica a ausência do desenrolar de fases. Contudo, quando se monitora um arvoredo inequiâneo *após* a intervenção de manejo, a situação se transforma completamente e as medidas tendem a seguir padrões temporais semelhantes às mesmas medidas de arvoredos equiâneos. As intervenções de manejo, como desbastes e cortes seletivos, causam a redução da densidade do arvoredo e a abertura do espaço de crescimento para as árvores remanescentes. Mesmo num povoamento inequiâneo, composto por árvores de diferentes idades, essa liberação do espaço de crescimento estimula as árvores a acelerar o seu ritmo de crescimento, o que acontece com todas as árvores remanescentes. Embora cada árvore responda segundo a sua idade e fase de desenvolvimento, o resultado é um efeito simultâneo de crescimento semelhante ao que acontece nos povoamentos equiâneos. Assim, após uma intervenção de manejo, os arvoredos inequiâneos apresentam resposta de crescimento semelhante aos arvoredos equiâneos e, portanto, ambos os tipos de arvoredos podem ser monitorados da mesma forma.

10.2 Componentes do crescimento dos arvoredos

Os arvoredos, como conglomerado de árvores, possuem aspectos próprios do seu crescimento que resultam da interação das árvores que os compõem. Assim, o crescimento dos arvoredos possui *quatro componentes* que se referem a quatro funções que as árvores podem apresentar.

Durante o monitoramento do arvoredo, as árvores são observadas e medidas em ocasiões sucessivas. O intervalo de tempo entre as ocasiões de mensuração é o intervalo de monitoramento e os eventos que ocorrem nesse intervalo só serão observados ao final deste, isto é, na ocasião de mensuração seguinte (Fig. 10.1).

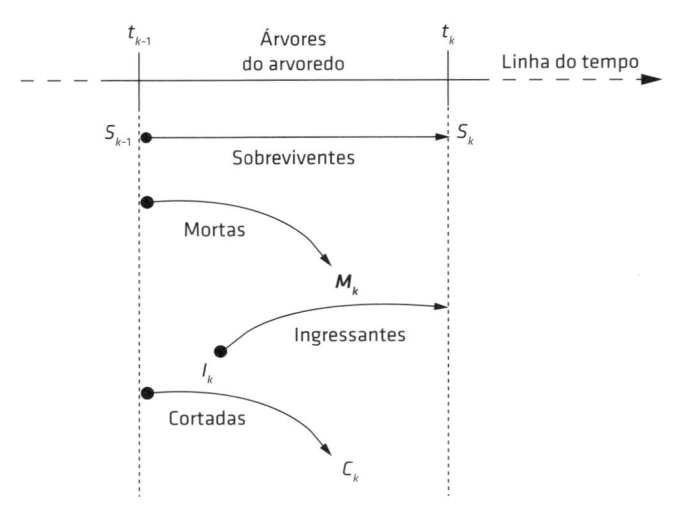

Fig. 10.1 Esquema ilustrativo dos quatro componentes do crescimento dos arvoredos no intervalo de monitoramento k: S – árvores sobreviventes, M – árvores mortas, I – árvores ingressantes e C – árvores cortadas. Os componentes são registrados no início (t_{k-1}) ou no final (t_k) do intervalo de tempo de monitoramento ao qual os componentes se referem

As árvores que são observadas e medidas tanto no início quanto no final do intervalo de monitoramento, ou seja, em duas ocasiões sucessivas de mensuração, são as *árvores sobreviventes*, pois elas estavam presentes durante todo o intervalo de monitoramento. As *árvores mortas*, que compõem a mortalidade do arvoredo, são aquelas árvores observadas no início do intervalo de monitoramento, mas que estão ausentes no final. Já as *árvores ingressantes* são as que provavelmente já estavam presentes no início do intervalo de monitoramento, mas como o seu *DAP* era menor que o *DAP* mínimo de medição, elas não foram observadas ou medidas no início do intervalo. O crescimento dessas árvores durante o intervalo de monitoramento resulta que elas passam a compor o arvoredo ao final do intervalo e, portanto, passam a ser medidas e acompanhadas. Por fim, aquelas árvores que estavam presentes no início do intervalo de monitoramento, mas foram cortadas em operações de desbastes ou colhidas numa operação de corte seletivo, são designadas *árvores cortadas* e configuram um componente da produção lenhosa do arvoredo.

10.2.1 Medidas de crescimento e de incremento

O crescimento de um arvoredo pode ser mensurado em termos de qualquer uma das medidas quantitativas do arvoredo, tanto as medidas agregadas (densidade de estande, área basal, volume e biomassa) quanto as medidas de tamanho médio (*DAP* médio, *DAP* médio quadrático, altura média). Os quatro componentes de crescimento podem fazer parte do crescimento em termos de qualquer uma dessas medidas. A participação dos componentes no crescimento do arvoredo se deve antes à estrutura e aos processos naturais do arvoredo que à medida utilizada para se quantificar seu crescimento. Em geral, os quatro componentes estão sempre presentes nas medidas de crescimento dos arvoredos inequiâneos com regeneração natural. Nos arvoredos equiâneos de florestas plantadas, em que a regeneração natural das árvores é ausente ou suprimida, as árvores ingressantes estarão ausentes do crescimento.

Segue-se uma apresentação de como os componentes de crescimento influenciam as medidas de crescimento do arvoredo em termos da produção, medida como volume de madeira (V). Contudo, essa apresentação é válida para qualquer medida de crescimento do arvoredo.

Produção no início e no final do intervalo de monitoramento
A produção do arvoredo no início do intervalo de monitoramento (V_k) é o volume de madeira contido nas árvores que serão sobreviventes (S_k), mas também nas árvores que morrerão (M_k) e que serão cortadas durante o intervalo (C_k). Assim, no início do intervalo de monitoramento, a produção do arvoredo é dada por:

$$V_{k-1} = S_{k-1} + M_k + C_k \qquad (10.1)$$

A produção do arvoredo ao final do intervalo de monitoramento (V_k) será o volume de madeira das árvores sobreviventes ao final desse intervalo (S_k) somado ao volume das árvores que ingressaram no arvoredo durante o intervalo:

$$V_k = S_k + I_k \qquad (10.2)$$

Nas expressões anteriores e nas que se seguem, o índice k identifica cada intervalo de monitoramento pelo *instante final* do intervalo de monitoramento, conforme a Fig. 10.1. Logo, no primeiro instante de monitoramento, isto é, no início do primeiro intervalo, o valor de k é nulo ($k = 0$), de modo que o índice acompanha a sequência dos números naturais ($k = 0, 1, 2, \ldots$).

Crescimento da produção inicial

O volume inicial é a base pela qual a produção da floresta se desenvolve durante o intervalo de monitoramento. O *crescimento bruto do volume inicial* é, em essência, o acréscimo de volume que ocorre nas árvores sobreviventes, isto é, aquelas árvores medidas no início e no final do intervalo de monitoramento:

$$\begin{aligned}\Delta_k^G V &= S_k - S_{k-1} \\ &= V_k + M_k + C_k - I_k - V_{k-1}\end{aligned} \qquad (10.3)$$

Embora essa expressão some o volume das árvores mortas e cortadas e subtraia o volume das árvores ingressantes, o resultado final é que o volume dessas árvores é excluído da equação, restando apenas a variação no volume das árvores sobreviventes.

A razão dessa exclusão é que o volume das árvores mortas não representam crescimento, mas sim decréscimo do volume inicial, enquanto que as árvores cortadas representam a parte do volume inicial que foi convertida em produção. O volume das árvores ingressantes não faz parte do volume inicial do arvoredo e, consequentemente, não pode ser tomado como crescimento desse volume. Logo, o crescimento bruto do volume inicial é aquele que resulta exclusivamente do crescimento volumétrico das árvores que compõem o arvoredo no início do intervalo de monitoramento e sobrevivem até o final desse intervalo.

Já o *crescimento líquido do volume inicial* representa o aumento efetivo que ocorre a partir do volume do arvoredo no início do intervalo, ou seja, o crescimento bruto descontada a *perda* do volume de madeira presente nas árvores mortas:

$$\begin{aligned}\Delta_k^N V &= V_k + C_k - I_k - V_{k-1} \\ &= \Delta_k^G V - M_k\end{aligned} \qquad (10.4)$$

Assim como o volume das árvores mortas representa uma perda em relação ao volume inicial do arvoredo, o ingresso deve ser considerado um *ganho extra* no volume, uma vez que as árvores ingressantes não faziam parte do arvoredo no início do intervalo de monitoramento.

Incremento da produção

O *incremento* da produção do arvoredo é o incremento efetivamente observado ao se realizar duas medidas sucessivas no arvoredo. Se não houver o monitoramento das árvores do arvoredo individualmente e, consequentemente, os componentes do crescimento não puderem ser monitorados, ele é a única medida de crescimento do arvoredo que poderá ser determinada. O incremento da produção é, portanto, a diferença entre o volume de madeira medido no final (V_k) e no início (V_{k-1}) do intervalo de monitoramento. Considerando os componentes do crescimento, o *incremento líquido* resulta em:

$$\begin{aligned}\Delta_k V &= V_k - V_{k-1} \\ &= \Delta_k^G V + I_k - M_k - C_k\end{aligned} \qquad (10.5)$$

Logo, o incremento da produção da floresta é o aumento volumétrico das árvores sobreviventes (crescimento bruto: $\Delta_k^G V = S_k - S_{k-1}$), acrescido o volume das árvores ingressantes e subtraído o volume das árvores mortas e cortadas.

Crescimento e incremento

As palavras *crescimento* e *incremento* são frequentemente utilizadas como sinônimos nas Ciências Florestais, o que pode ou não ser apropriado dependendo do contexto do uso dessas palavras. Quando se fala de árvores *individuais*, de fato, crescimento e incremento podem ser considerados sinônimos, pois ambos referem-se à alteração temporal de um atributo da árvore, como o *DAP* ou a altura. Mas, no processo de crescimento de árvores individuais, não é possível identificar *componentes do crescimento*, como no caso dos arvoredos.

A existência dos componentes de crescimento torna o processo de crescimento dos arvoredos mais complexo e, consequentemente, a distinção entre *crescimento* e *incremento* se torna necessária. No caso dos arvoredos, a palavra *crescimento* se refere sempre à transformação da condição inicial do arvoredo, isto é, daquilo que é observado no *início* do intervalo de monitoramento. Como apresentado anteriormente, a transformação do volume inicial do arvoredo é chamada de *crescimento*, o qual pode ser *bruto* ou *líquido*, dependendo dos componentes considerados no seu cálculo. Mas, independentemente de ser crescimento bruto ou líquido, o valor de crescimento do volume estará sempre associado ao volume do arvoredo no *início* do intervalo de monitoramento.

Já a expressão *incremento* está associada à alteração, em geral líquida, que ocorre no arvoredo durante o intervalo de monitoramento. Conforme apresentado anteriormente, o incremento da produção é a variação líquida da produção associada com o *final* do intervalo de monitoramento.

Assim, no estudo do *crescimento* dos arvoredos, o objetivo é quantificar os diferentes componentes do crescimento dos arvoredos e como eles alteram as condições iniciais do arvoredo. Já quando se busca quantificar os *incrementos* dos arvoredos, a atenção se concentra nas alterações líquidas, frequentemente ignorando-se as alterações dos seus componentes de crescimento.

10.3 Monitoramento por remedições sucessivas

O monitoramento dos arvoredos é realizado *necessariamente* por remedições sucessivas. Quando se monitora as árvores individualmente, é possível lançar mão dos registros do lenho naquelas espécies e regiões em que acontecem anéis anuais de crescimento (Cap. 5). Contudo, dentre as mudanças que ocorrem num arvoredo ao longo do tempo, existe a morte de algumas árvores e o ingresso de novas árvores. Tais alterações do arvoredo podem ser *inferidas* com base no lenho das árvores sobreviventes num dado momento da história do arvoredo, pela observação de períodos de maior ou menor crescimento dos anéis. Mas essas alterações não podem ser *medidas* de modo a estabelecer alterações quantitativas na densidade e estrutura do arvoredo no decorrer do tempo. O monitoramento quantitativo dos arvoredos requer, portanto, a remedição dos mesmos arvoredos em ocasiões sucessivas.

As remedições sucessivas dos arvoredos implica a identificação do arvoredo e das árvores do arvoredo ao longo de tempo. Essa identificação dos arvoredos requer que o método de definição do arvoredo garanta não só a identificação das árvores do arvoredo no campo, mas também, e principalmente, que as alterações de composição e estrutura do arvoredo no decorrer do tempo sejam apropriadamente representadas. Os métodos de Prodan e Bitterlich apresentam, nesse aspecto, grandes limitações.

No método de Prodan, o arvoredo é definido por um número fixo de árvores, tradicionalmente seis árvores. Se as mesmas seis árvores se mantiverem vivas ao longo do tempo, o método de Prodan representará apenas o crescimento das árvores sobreviventes, sem qualquer indicação da mortalidade ou do ingresso de novas árvores no arvoredo. Por outro lado, se uma ou mais das árvores definidas pelo método morrerem, elas terão que ser substituídas por outras árvores, segundo o critério das árvores mais próximas do ponto central. A substituição segundo esse critério torna impossível definir se as novas árvores já estavam presentes anteriormente ou se representam árvores jovens que estão ingressando no povoamento e, portanto, será impossível definir quantitativamente a mortalidade e o ingresso das árvores no arvoredo. Desse modo, o método de Prodan se mostra inadequado ao monitoramento dos arvoredos.

O método de Bitterlich também apresenta algumas limitações para o monitoramento dos arvoredos. O crescimento das árvores sobreviventes pode ser adequadamente representado; e também a mortalidade das árvores será indicada pela morte de algumas das árvores monitoradas no tempo. Contudo, se num determinado arvoredo uma nova árvore é medida num dado momento do tempo, surge um problema de representação. A nova árvore ingressou no arvoredo por que ela ultrapassou o *DAP* mínimo de medição e, portanto, ela é uma árvore ingressante, ou por que, com o seu crescimento, ela passou a aparecer maior que o ângulo de visada, tornando-se enumerável e, portanto, trata-se simplesmente do crescimento de uma árvore sobrevivente? Se for o segundo caso, qual é o crescimento que essa árvore acrescenta ao crescimento do arvoredo? Essas são perguntas problemáticas que dificultam a utilização do método de Bitterlich no monitoramento.

Algumas técnicas foram propostas para realizar correções nas medidas, de modo que os *pontos permanentes* possam ser utilizados para o monitoramento, gerando *estimativas* de crescimento consistentes no *longo prazo*. Mas a definição de crescimento líquido apresentada (Eq. 10.4) não pode ser adotada, pois ela não é uma medida coerente de crescimento num ponto permanente. Assim, o método de Bitterlich tem aspectos bastante particulares quando utilizado no monitoramento dos arvoredos, e a noção de *medição do crescimento* tem que ser substituída pela noção de *estimação do crescimento*.

10.3.1 Parcelas permanentes

O método de parcelas é o método tradicional e também o mais apropriado para se monitorar os arvoredos de uma floresta. Como o arvoredo é definido como uma *parcela*, isto é, uma pequena superfície da floresta, o acompanhamento das alterações dentro da parcela é sempre representativo do que acontece no arvoredo.

As parcelas utilizadas para monitoramento devem ser não só instaladas e medidas, mas também *monumentadas*, isto é, a marcação da parcela no campo na primeira ocasião de mensuração deve garantir que a parcela será reencontrada nas ocasiões seguintes de mensuração. Geralmente, as parcelas permanentes têm forma retangular ou circular. As parcelas permanentes retangulares requerem a monumentação dos quatro vértices da parcela, mas basta a reidentificação de dois vértices para que a parcela possa ser remedida. Já as parcelas circulares necessitam da monumentação apenas do ponto central da parcela e do registro do seu raio, de modo que a sua monumentação é mais simples e de menor custo. No monitoramento de florestas plantadas em ciclos curtos na ausência de desbastes, a monumentação da parcela pode ser realizada por meio da marcação das árvores de bordadura da parcela em cada linha de plantio. Mas, nas florestas plantadas manejadas em ciclos longos com incidência de vários desbastes, as linhas de plantio deixam de ser observáveis no decorrer do tempo. Nessas florestas, assim como nas florestas nativas, a monumentação de parcelas permanentes exige a utilização de estacas ou mourões para a marcação dos vértices das parcelas.

Para que os componentes do crescimento do arvoredo possam ser identificados e quantificados, é necessário também que as árvores sejam marcadas individualmente, para que possam ser reidentificadas em cada ocasião de mensuração (Cap. 5), de modo que a mortalidade, o ingresso e o crescimento de cada árvore do arvoredo possam ser determinados e quantificados. As parcelas devidamente monumentadas e com as árvores identificadas individualmente são chamadas *parcelas permanentes*. Já as parcelas instaladas e medidas numa ocasião sem qualquer preocupação de monumentação e de identificação das árvores individualmente são chamadas de *parcelas temporárias*, pois tais parcelas são medidas numa única ocasião.

10.4 Curvas de incremento

A curva de produção dos arvoredos equiâneos segue o mesmo padrão sigmoidal da curva do tamanho das árvores individualmente, consequentemente, as curvas de incremento dos arvoredos são semelhantes às curvas de incremento das árvores individualmente. Nos arvoredos inequiâneos, o aumento da produção após uma intervenção de manejo também segue o padrão sigmoidal. Dessa forma, a partir do momento de intervenção também é possível observar nesses arvoredos curvas de incremento semelhantes às curvas das árvores individuais. Portanto, curvas de incremento semelhantes às curvas das árvores individuais são observadas nos arvoredos equiâneos e nos arvoredos inequiâneos *após uma intervenção de manejo*.

De modo análogo às árvores individuais, é possível identificar dois tipos de incremento no crescimento dos arvoredos (Fig. 10.2). O *incremento corrente* é o incremento que acontece entre dois momentos de monitoramento, isto é, num dado intervalo de monitoramento. Nos arvoredos equiâneos, cuja idade é conhecida, o incremento corrente é chamado de ICA — incremento corrente anual —, pois, em tese, é possível determinar o incremento do arvoredo em cada ano da sua história. No caso dos arvoredos inequiâneos, a idade do arvoredo é desconhecida e, consequentemente, o incremento num dado intervalo de monitoramento é chamado ICP — incremento corrente periódico —, pois o incremento se refere ao observado nos intervalos de monitoramento durante o período *após* a intervenção de manejo.

O *incremento médio* é a média dos incrementos observados durante todo o período de monitoramento, embora esteja associado aos intervalos de monitoramento. Nos arvoredos equiâneos, o incremento médio

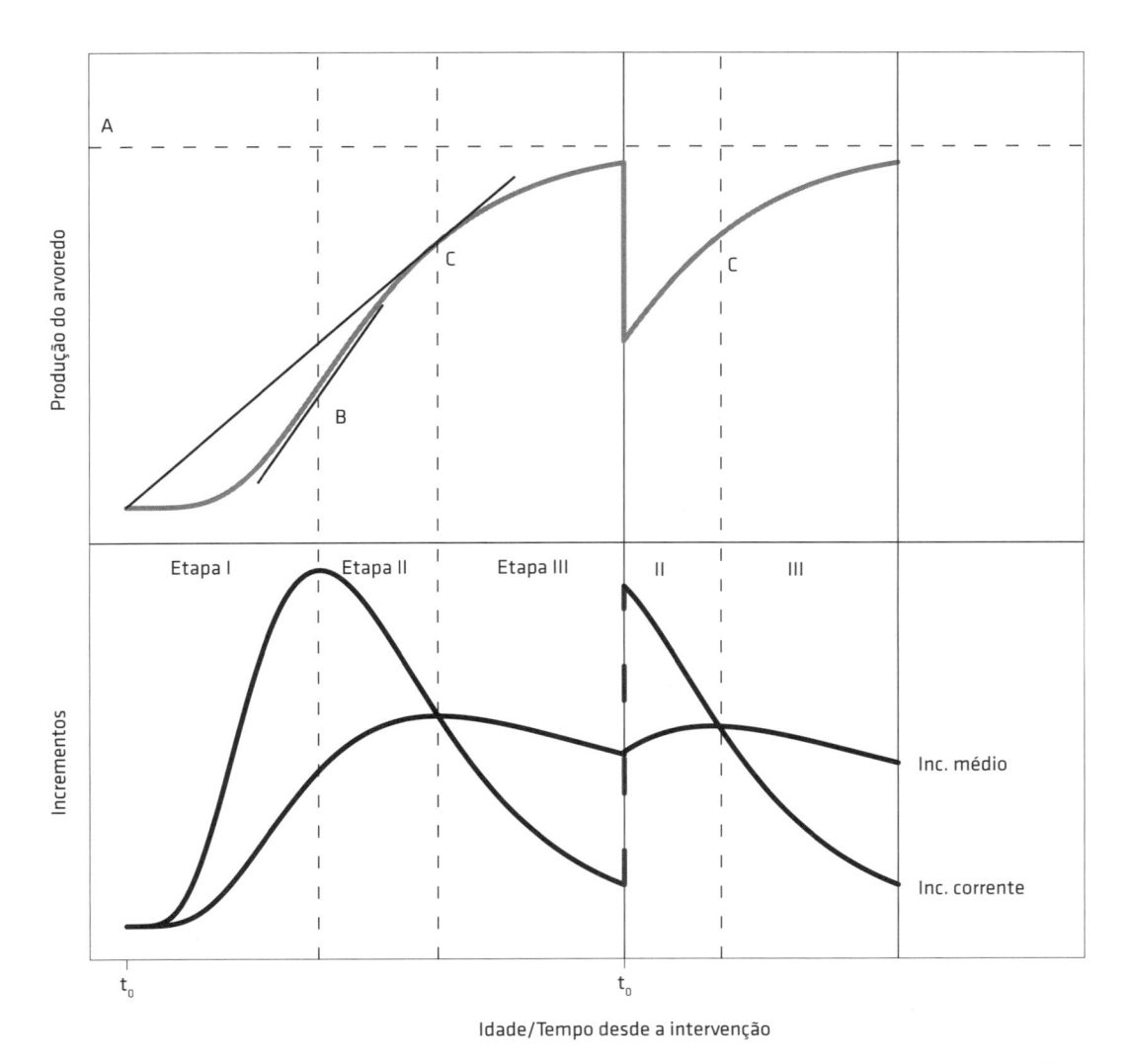

Fig. 10.2 Curva sigmoide para a produção do arvoredo e as respectivas curvas de incremento: incremento corrente (ICA ou ICP) e incremento médio (IMA ou IMP). A linha tracejada A é a assímptota, a linha tracejada B é o ponto de inflexão, que corresponde ao ponto máximo de incremento corrente, e a linha tracejada C é a idade técnica de corte, que corresponde ao ponto máximo do incremento médio ou à idade em que incremento corrente e incremento médio são iguais

é a razão entre a produção do arvoredo e sua idade, sendo chamado de IMA — incremento médio anual. Nos arvoredos inequiâneos, ele é a razão entre o *aumento da produção* no período de monitoramento e o comprimento do período de monitoramento, sendo designado como IMP — incremento médio periódico.

De modo análogo às curvas de incremento das árvores individualmente, também se pode identificar três etapas no desenvolvimento dos arvoredos (Fig. 10.2). A primeira etapa (Etapa I, Fig. 10.2) corresponde ao período em que ambos os incrementos, corrente e médio, são crescentes, ou seja, o arvoredo se encontra num período de intenso crescimento com pouca influência da competição entre as árvores. Na segunda etapa (Etapa II, Fig. 10.2), o incremento corrente se torna decrescente, mas o incremento médio continua crescente. Essa situação indica que a competição entre as árvores do arvoredo já exerce sua influência reduzindo o ritmo de crescimento das árvores. Quando o incremento médio atinge o seu valor máximo e começa a decrescer, inicia-se a terceria etapa (Etapa III, Fig. 10.2). A partir do ponto de máximo incremento médio, a competição entre as árvores se torna demasiadamente severa, sendo o fator preponderante da estagnação do crescimento das árvores e, consequentemente, do arvoredo.

No ponto de início da Etapa III, não só o incremento médio é máximo, mas também incremento médio e incremento correntes são iguais. No caso das curvas de incremento das árvores individualmente, esse ponto é chamado de idade técnica de estagnação do crescimento, mas, no caso dos arvoredos, ele deve ser designado como *idade técnica de corte*.

Considerando-se um *horizonte de tempo de manejo infinito* e que a curva de produção permanece a mesma, isto é, não há ganho nem perda de produtividade, a partir desse ponto, se não for realizada nenhuma intervenção de manejo no arvoredo, haverá uma redução da produção total obtida deste. A intervenção pode ser o *corte raso*, reiniciando-se a produção do arvoredo numa nova rotação, nesse caso, as curvas de produção e de incrementos se repetiriam.

Se a intervenção for um desbaste ou corte seletivo, as árvores remanescentes continuam crescendo após essa ação, a curva de produção após a intervenção repete *parte* da curva de produção anterior à intervenção (Fig. 10.2). A *parte* da curva de produção que se repete após a intervenção depende da intensidade do corte realizado na intervenção. Os desbastes e cortes seletivos geralmente utilizam uma intensidade de corte moderada (retirada de 20% a 30% da área basal do arvoredo), o que faz com que o arvoredo retorne à Etapa II de desenvolvimento, isto é, à etapa de incremento corrente decrescente e incremento médio crescente (Fig. 10.2). No entanto, intensidades de cortes severas podem fazer com que o arvoredo retome o crescimento na Etapa I.

O padrão de crescimento do arvoredo após a intervenção resulta que a idade técnica de corte será novamente alcançada, requerendo uma nova intervenção de manejo. Assim, o padrão global de desenvolvimento dos arvoredos sob manejo é representado por curvas de produção e de incremento que se desenvolvem segundo as etapas de crescimento I, II e III até a intervenção de manejo. Após a intervenção, as curvas são retomadas nas Etapas I ou II, seguindo novamente até a Etapa III até a intervenção seguinte, repetindo-se esse processo sucessivamente.

O monitoramento dos arvoredos por meio de parcelas permanentes remedidas regularmente é essencial para que as curvas de incremento do arvoredo possam ser quantificadas. Assim, os incrementos observados a cada intervalo de monitoramento informam a etapa de desenvolvimento do arvoredo, indicando a necessidade de intervenção para o manejo apropriado do arvoredo.

10.4.1 Arvoredos equiâneos

O cálculo dos incrementos em arvoredos equiâneos é análogo ao cálculo dos incrementos de árvores em florestas plantadas, uma vez que a idade do arvoredo é conhecida. O incremento médio anual (IMA) é a razão entre a medida da produção do arvoredo e a idade do arvoredo. A medida de produção pode ser tanto uma medida agregada, como área basal, volume ou biomassa, quanto uma medida de tamanho médio das árvores, como o *DAP* médio ou o *DAP* médio quadrático, sendo que a medida de produção e a idade são tomadas no mesmo instante de monitoramento. O IMA, em termos de volume de madeira, é então definido por:

$$\text{IMA:} \quad \Delta_k^M V = \frac{V_k}{t_k} \quad (10.6)$$

em que V_k é a produção do arvoredo em termos de volume de madeira (em $m^3 \cdot ha^{-1}$) no instante de monitoramento k, e t_k é a idade do arvoredo (em anos). Já o incremento corrente anual (ICA) é a razão do incremento durante um dado intervalo de monitoramento pelo comprimento deste intervalo:

$$\text{ICA:} \quad \Delta_k^c V = \frac{V_k - V_{k-1}}{t_k - t_{k-1}} \quad (10.7)$$

em que V_k e V_{k-1} são a produção do arvoredo em termos de volume de madeira (em $m^3 \cdot ha^{-1}$), enquanto t_k e t_{k-1} são a idade do arvoredo, ambas grandezas observadas no final (k) e no início ($k-1$) do intervalo de monitoramento, respectivamente.

10.4.2 Arvoredos inequiâneos

Nos arvoredos inequiâneos, o cálculo dos incrementos é realizado de modo análogo ao das árvores de florestas nativas em que a idade das árvores é desconhecida. Os incrementos são calculados, portanto, a partir do momento da última intervenção de manejo (t_0) acompanhada no monitoramento do arvoredo. Nesse caso, o incremento médio periódico (IMP) é definido como o incremento médio do arvoredo durante o período de monitoramento desde a última intervenção. Tomando como medida de produção o volume de madeira do arvoredo, o IMP é definido como:

$$\text{IMP:} = \Delta_k^M V = \frac{V_k - V_0}{t_k - t_0} \quad (10.8)$$

em que V_k e V_0 são a produção do arvoredo em termos de volume de madeira (em $m^3 \cdot ha^{-1}$) no $k^{ésimo}$ instante de monitoramento e no momento de intervenção de manejo, respectivamente, enquanto t_k e t_0 são o tempo (em anos) desses instantes de monitoramento. O incremento corrente periódico (ICP) é calculado para cada intervalo dentro do período de monitoramento:

$$\text{ICP:} \quad \Delta_k^c V = \frac{V_k - V_{k-1}}{t_k - t_{k-1}} \quad (10.9)$$

em que V_k e V_{k-1} são a produção do arvoredo em termos de volume de madeira, enquanto t_k e t_{k-1} são o tempo (em anos) no final (k) e no início ($k-1$) do intervalo de monitoramento, respectivamente.

10.5 Mortalidade e ingresso

A mortalidade e o ingresso nos arvoredos podem ser considerados sob duas perspectivas. A primeira se refere a ambos como componentes do crescimento e incremento dos arvoredos, como são apresentados nas Eqs. 10.1 a 10.5. Nessa perspectiva, eles são calculados na forma de uma medida de produção (área basal, volume de madeira ou biomassa) presente nas árvores que morreram ou que ingressaram no arvoredo durante um dado intervalo de monitoramento. Logo, a mortalidade e o ingresso como componentes do crescimento dos arvoredos são calculados como medidas em *intervalos finitos de tempo*.

Numa outra perspectiva, a mortalidade e o ingresso, assim como a sobrevivência das árvores, podem ser vistos como atributos quantitativos do processo dinâmico de funcionamento dos arvoredos, independentemente de sua influência sobre o crescimento ou incremento da produção. Nesse caso, eles são definidos em termos da proporção de *indivíduos arbóreos* que morrem ou que se estabelecem no arvoredo segundo uma escala contínua de tempo. Consequentemente, a mortalidade e o ingresso são calculados como *taxas instantâneas*, isto é, como processos que ocorrem a cada instante de tempo.

10.5.1 Medidas de intervalos

Assumindo como medida de produção o volume de madeira, a mortalidade num arvoredo, como medida de intervalo, é simplesmente a razão do volume de madeira (em $m^3 \cdot ha^{-1}$) presente nas árvores que morreram durante o período de monitoramento pelo comprimento do intervalo de monitoramento (em anos):

$$M_k = \frac{\sum_{i=1}^{N_{k-1}} V_i \cdot I_{i[\text{NÃO CORTADAS E AUSENTES EM } k]}}{t_k - t_{k-1}} \quad (10.10)$$

em que o somatório se realiza sobre o volume (V_i) de todas as árvores presentes no arvoredo no início do intervalo de monitoramento ($k-1$), as quais totalizam N_{k-1} árvores; $I_{i[\text{CONDIÇÃO}]}$ é uma variável indicadora que assume o valor unitário (1) caso a condição entre colchetes seja verdadeira ou, do contrário, o valor nulo (0); a expressão no denominador ($t_k - t_{k-1}$) é o comprimento de tempo do intervalo de monitoramento. Nessa expressão, serão somados apenas os volumes de árvores que estavam presentes no início do intervalo de monitoramento, mas que estavam ausentes ao final desse intervalo sem terem sido cortadas. Note-se que os volumes somados são os volumes da árvores no *início* do intervalo, pois o índice i se refere às N_{k-1} árvores observadas no início do intervalo de monitoramento.

O cálculo do componente de árvores cortadas é semelhante ao da medida de intervalo de mortalidade, pois esse cálculo é realizado com base no volume das árvores no início do intervalo de monitoramento e *não no momento do corte*:

$$C_k = \frac{\sum_{i=1}^{N_{k-1}} V_i \cdot I_{i[\text{CORTADAS ENTRE } k \text{ E } k-1]}}{t_k - t_{k-1}} \quad (10.11)$$

O cálculo da medida de intervalo do ingresso é realizado de modo semelhante ao da mortalidade, mas, nesse caso, a soma se dá sobre os volumes das árvores ao *final* do intervalo de monitoramento:

$$I_k = \frac{\sum_{i=1}^{N_k} V_i \cdot I_{i[\text{AUSENTES EM } k-1]}}{t_k - t_{k-1}} \quad (10.12)$$

em que o índice i se refere às N_k árvores observadas ao final do intervalo de monitoramento e, consequentemente, o volume V_i se refere ao volume dessas árvores no final do intervalo. A variável indicadora $I_{i[\text{AUSENTES EM } k-1]}$ garante que será somado somente o volume das árvores não presentes no início do intervalo de monitoramento.

10.5.2 Taxas instantâneas

A mortalidade, a sobrevivência e o ingresso como taxas instantâneas são calculados assumindo-se uma *escala contínua* no transcorrer do tempo. Pela observação dos fenômenos em intervalos de tempo, as taxas instantâneas são calculadas assumindo uma mudança contínua no tempo com base num *modelo* de mudança temporal.

O modelo geralmente utilizado é o *modelo exponencial*, que estabelece que a taxa instantânea de alteração do número de árvores no arvoredo é constante ao longo do tempo. Assim, a alteração temporalmente contínua do número de árvores é diretamente proporcional ao número de árvores vivas em cada instante. Matematicamente, isso corresponde a dizer que a derivada do número de árvores em relação ao tempo é diretamente proporcional ao número de árvores:

$$\frac{dN}{dt} = \lambda N \qquad (10.13)$$

em que N é o número de árvores, t é o tempo (contínuo) e λ é a constante de proporcionalidade, que é a própria taxa instantânea de alteração do arvoredo.

Se o modelo exponencial (Eq. 10.13) for integrado num intervalo de tempo (t_{k-1} a t_k), obtém-se a curva exponencial de sobrevivência:

$$N_k = N_{k-1} \exp[\lambda(t_k - t_{k-1})] \qquad (10.14)$$

em que N_{k-1} e N_k são o número de árvores nos instantes t_{k-1} e t_k, respectivamente. Essa expressão pode ser rearranjada de modo a obter uma expressão para o cálculo da taxa instantânea:

$$\lambda = \frac{\ln(N_k) - \ln(N_{k-1})}{t_k - t_{k-1}} \qquad (10.15)$$

Se a população estiver diminuindo de tamanho ($N_k < N_{k-1}$), a taxa será negativa e, portanto, isso representa uma taxa instantânea de mortalidade. Já no caso da população estar aumentando ($N_k > N_{k-1}$), então a taxa será positiva, representando uma taxa instantânea de ingresso (ou recrutamento). Contudo, nos arvoredos, se observa ambos os fenômenos: mortalidade e ingresso, sendo o aumento ou a diminuição do número de árvores resultado do balanceamento dos processos de mortalidade, regeneração natural e crescimento das árvores. É necessário, portanto, medir cada um dos processos, de mortalidade e de ingresso, separadamente, com base nos componentes do crescimento da floresta. Mas os componentes, nesse caso, são medidos exclusivamente em termos de *número de árvores*.

Taxa instantânea de mortalidade. A taxa instantânea de mortalidade deve ser calculada tomando-se o número total de árvores no início do intervalo de monitoramento, isto é, as árvores sobreviventes e as árvores mortas ($N_{k-1} = S_k + M_k$), pelo número de árvores sobreviventes ao final do intervalo ($N_k = S_k$):

$$\lambda_M = \frac{\ln(S_k) - \ln(S_k + M_k)}{t_k - t_{k-1}} \qquad (10.16)$$

A taxa de mortalidade será, portanto, sempre negativa.

Taxa instantânea de ingresso. A taxa instantânea de ingresso deve ser calculada tomando-se o número de árvores sobreviventes no início do intervalo ($N_{k-1} = S_k$) pelo número de árvores total no final do intervalo, isto é, a soma das árvores sobreviventes e das ingressantes ($N_k = S_k + I_k$):

$$\lambda_I = \frac{\ln(S_k + I_k) - \ln(S_k)}{t_k - t_{k-1}} \qquad (10.17)$$

Assim, a taxa de ingresso será sempre positiva.

Taxa instantânea de alteração. A taxa instantânea de alteração do arvoredo é a soma das taxas de mortalidade e ingresso e, portanto, resulta da compensação entre os processos de mortalidade e regeneração/crescimento das árvores. A soma das taxas instantâneas é equivalente a se tomar o número total de árvores no início ($N_{k-1} = S_k + M_k$) e no final ($N_k = S_k + I_k$) do intervalo de monitoramento:

$$\lambda = \lambda_M + \lambda_I = \frac{\ln(S_k + I_k) - \ln(S_k + M_k)}{t_k - t_{k-1}} \qquad (10.18)$$

A taxa de alteração pode ser negativa ou positiva, dependendo de qual dos dois processos for o processo dominante na alteração do arvoredo.

Comprimento do intervalo de monitoramento

As expressões apresentadas permitem o cálculo direto e prático das taxas instantâneas de mortalidade e de ingresso, contudo, o comprimento do intervalo de tempo utilizado no monitoramento pode influenciar os valores das taxas instantâneas calculadas dessa forma. O cálculo das taxas instantâneas segundo o modelo exponencial tem duas premissas fundamentais: a primeira é que a taxa instantânea é constante ao longo do tempo, isto é, assume-se que as transformações pelas quais o arvoredo passará não alteram a taxa instantânea; a segunda é que a taxa instantânea se refere a uma população homogênea, ou seja, todas as árvores do arvoredo seguem o mesmo processo natural de ingresso e mortalidade. No caso de arvoredos equiâneos homogêneos, essas premissas são razoáveis, mas os arvoredos inequiâneos heterogêneos são compostos por árvores de diferentes idades e espécies, de forma que essas premissas são demasiadamente simplificadas.

Taxas instantâneas. A apresentação do cálculo das taxas instantâneas se baseia na abordagem de Krebs (1999) e requer noções de Cálculo Diferencial e Integral, uma vez que o próprio conceito de taxa *instantânea* só faz sentido dentro da perspectiva do cálculo em intervalos infinitesimais ao longo do tempo como variável contínua.

A influência do comprimento dos intervalos de monitoramento sobre os valores de taxa instantânea é discutida em detalhes nos trabalhos de Sheil, Burslem e Alder (1995) e de Sheil e May (1996). Esse é um aspecto muito importante, principalmente no monitoramento dos arvoredos em florestas tropicais, pois Lewis et al. (2004) mostrou que ocorre uma certa redução da taxa instantânea de mortalidade à medida que o intervalo de monitoramento se torna maior.

Quando não existe homogeneidade na composição do arvoredo nem constância temporal, as taxas instantâneas calculadas são influenciadas pelo comprimento do intervalo de monitoramento. Em florestas tropicais, foi observada uma certa redução da taxa instantânea de mortalidade à medida que o intervalo de monitoramento se torna maior. Embora a redução observada não seja muito grande, ela pode comprometer comparações entre estudos e levantamentos em florestas tropicais que utilizam intervalos de monitoramento de comprimento muito diferentes.

Sugestões bibliográficas

Esse também é um tema pouco documentado nos livros técnicos em português. O capítulo "Stand growth" do livro de Husch, Miller e Beers (1982) é provavelmente a melhor fonte para o aprofundamento dos aspectos quantitativos do monitoramento do crescimento dos arvoredos.

Quadro de conceitos

Conceitos básicos	Conceitos desenvolvidos
fases de desenvolvimento	estrutura etária
	arvoredos equiâneos
	arvoredos inequiâneos
	fase de iniciação
	fase de crescimento sob competição
	fase de estagnação do crescimento
	fase de senescência e morte
componentes do crescimento	intervalo de monitoramento
	árvores sobreviventes
	árvores mortas
	árvores ingressanttes
	árvores cortadas
	mortalidade
	ingresso
medidas de crescimento e incremento	produção no início do intervalo
	produção no final do intervalo
	crescimento bruto da produção inicial
	crescimento líquido da produção inicial
	incremento líquido
	crescimento e incremento
monitoramento por remedições sucessivas	problemas do método de Prodan
	problemas do método de Bitterlich
	parcelas permanentes
	parcelas temporárias
	monumentação de parcelas permanentes
curvas de incremento	incremento médio: IMA e IMP
	incremento corrente: ICA e ICP
	problemas do método de Bitterlich
	etapas da curva de crescimento
	horizonte de tempo infinito
	idade técnica de intervenção
mortalidade e ingresso	componentes do crescimento
	medidas de intervalo
	medida da mortalidade
	medida do ingresso
	taxas instantâneas
	taxa instantânea de mortalidade
	taxa instantânea de ingresso
	taxa instantânea de alteração
	comprimento do intervalo de monitoramento

PROBLEMAS

1] Calcule os incrementos corrente anual e médio anual para o arvoredo da Tab. 10.1. Construa gráficos das curvas de incremento para todas as medidas apresentadas na tabela, determinando a idade técnica de corte. A idade técnica de corte é a mesma para todas as medidas?

Tab. 10.1 Dados de um arvoredo em floresta plantada de *Eucalyptus grandis* no município de Botucatu, SP, remedido em seis ocasiões sucessivas

Idade	Médias			Área	Produção - Volume	
	DAP (cm)	Altura (m)	Alt. dom. (m)	basal (m^2 · ha^{-1})	sólido (m^3 · ha^{-1})	empilhado (st · ha^{-1})
3,1	7,74	12,04	14,90	11,35	55,80	99,20
4,0	8,62	13,49	16,68	14,76	80,00	144,00
4,8	8,91	14,28	18,25	15,85	91,20	158,40
5,9	9,54	16,54	21,08	17,81	118,00	206,50
6,6	9,85	16,58	21,50	15,86	125,40	217,80
7,8	10,53	18,39	23,75	17,79	148,20	265,20

2] Encontre o incremento médio periódico (IMP) do arvoredo da Tab. 10.2 para (a) o *DAP* médio e (b) a área basal.

Tab. 10.2 Dados de um arvoredo (2.500 m^2) em mata de tabuleiro, em Linhares, ES, medidos em duas ocasiões: 1984 e 1994. O *DAP* mínimo para medição das árvores foi de 10 cm

Árv.	DAP (cm)		Árv.	DAP (cm)		Árv.	DAP (cm)		Árv.	DAP (cm)		Árv.	DAP (cm)	
	1984	1994		1984	1994		1984	1994		1984	1994		1984	1994
1	17,0	19,4	21	10,0	12,5	41	18,0	21,4	61	16,7	17,3	81	23,2	24,5
2	80,0	92,0	22	16,0	17,5	42	57,0		62	10,2	14,0	82	12,4	13,6
3	33,0	39,0	23	10,0	13,3	43	11,0	13,0	63	12,4	14,0	83	87,8	90,0
4	13,0	16,5	24	10,5	11,7	44	13,0	17,0	64	15,0	17,0	84	13,2	14,1
5	11,0	14,0	25	40,0	44,2	45	17,0		65	22,0	26,4	85	12,8	14,0
6	17,0	18,3	26	10,0	11,2	46	10,0	11,4	66	17,8	18,3	86	16,8	17,6
7	18,0	18,7	27	15,0	15,5	47	14,0	15,0	67	12,0	16,0	87	26,2	28,3
8	13,0	13,5	28	23,0	24,6	48	12,0	14,1	68	15,8	18,0	88	10,0	10,5
9	11,0	12,0	29	13,5	15,0	49	24,0	25,1	69	12,0	15,2	89	15,0	15,7
10	17,9	19,4	30	20,4	23,5	50	13,0	14,1	70	25,0		90	11,0	11,7
11		11,6	31	23,0	23,7	51	12,0	15,0	71	10,0	11,2			
12	15,0	18,0	32	43,0	45,0	52	10,0		72	21,6	23,7			
13	41,0	44,8	33	14,4	15,1	53	14,0	17,0	73	16,0	17,0			
14	15,0	16,5	34	10,0	12,7	54	14,5	16,0	74	26,0	28,2			
15	49,0	51,0	35	11,0	13,0	55	28,0	30,5	75	11,4	13,0			
16	10,4	11,6	36	26,0	26,2	56		11,0	76	12,8	14,3			
17	10,2	11,0	37	13,3	14,0	57	38,6		77		11,1			
18	10,0	12,0	38	10,0	10,3	58	33,7	36,2	78	17,0	18,1			
19	26,0	35,4	39	27,0	28,3	59	19,0	20,2	79	12,0	14,0			
20	17,0	18,6	40	10,0	11,1	60	28,0	36,4	80	36,5	40,2			

3] Encontre as taxas instantâneas de ingresso e mortalidade do arvoredo da Tab. 10.2. Qual a taxa instantânea de alteração desse arvoredo?

capítulo 11
Arbustimetria preditiva

Neste capítulo, são tratados os modelos empíricos utilizados para a predição de atributos e da produção dos arvoredos. Esse é um tema fundamental para o manejo das florestas nativas e plantadas, uma vez que as decisões de manejo só podem ser tomadas com base numa expectativa quantitativa da resposta da floresta a médio e longo prazo às intervenções de manejo. Mas construir e aplicar modelos empíricos que gerem informações úteis ao manejo florestal é um tema extremamente amplo, ao ponto de consistir, por si só, numa área de conhecimento da Engenharia Florestal: a Biometria Florestal.

O objetivo deste capítulo não é, portanto, apresentar um tratamento completo ou mesmo extensivo sobre o tema, mas apresentá-lo de modo que seja possível conhecer dois aspectos que são muito importantes para a mensuração e os levantamentos florestais. O primeiro aspecto é que os modelos preditivos de arvoredo podem ser úteis ao próprio procedimento de mensuração, tornando-o mais eficiente, no sentido de obter informações precisas e de baixo custo de obtenção sobre as florestas. O segundo aspecto é que as informações provenientes dos modelos de predição são complementares àquelas obtidas nos levantamentos florestais, sendo ambas necessárias ao manejo das florestas. Os tópicos apresentados neste capítulo visam, portanto, que o leitor possa, não necessariamente no estudo deste texto, mas no devido tempo, reconhecer e entender esses dois aspectos relativos aos modelos de predição de arvoredos.

11.1 Predição de atributos dos arvoredos

A predição dos atributos dos arvoredos pela Arbustimetria Preditiva consiste na utilização de modelos essencialmente empíricos, que podem ser desenvolvidos e aplicados com base nas informações obtidas pela mensuração dos arvoredos. Para que se entenda o caráter particular desses modelos dentro do contexto mais amplo dos *modelos biométricos florestais* faz-se necessária uma breve explicação dos tipos de modelos biométricos utilizados no estudo e manejo das florestas.

11.1.1 Modelos biométricos florestais

A maneira mais direta para se entender os modelos biométricos florestais é classificá-los de acordo com o seu *nível* e o seu *fundamento teórico* de modelagem.

O nível de modelagem se refere ao nível de detalhamento com base no qual o comportamento da floresta é modelado. São reconhecidos três níveis de modelagem: (1) arvoredo, (2) classes de tamanho de árvores e (3) árvores individuais. Os modelos de arvoredo estabelecem relações quantitativas entre variáveis medidas no arvoredo, como densidade de estande, área basal, produção e incrementos da produção. Já os modelos de classe de tamanho estabelecem relações quantitativas visando predizer o número de árvores presentes nas diferentes classes de *DAP* a cada intervalo de tempo. Predizendo a proporção de árvores que mudam de classe de *DAP*, que permanecem na mesma classe, que morrem e que ingressam na menor classe de *DAP*, os modelos de classe de tamanho permitem obter as variáveis medidas no arvoredo. Por fim, nos modelos de árvores individuais, a unidade de predição são as árvores como indivíduos, isto é, as relações quantitativas se referem ao crescimento, mortalidade e ingresso das árvores individuais presentes no arvoredo. Esses modelos são capazes de predizer variáveis que seriam medidas nas árvores ao longo do tempo e, então, agregar as medidas preditas para obter as de produção e incremento dos arvoredos. Nos modelos de arvoredo, as medidas de produção e incremento são obtidas *explicitamente* nas próprias relações quantitativas utilizadas na modelagem, mas nos modelos de classe de tamanho e de árvores individuais, essas medidas são geradas *implicitamente*, com base no número de árvores por classe de tamanho ou no crescimento, ingresso e mortalidade das árvores individualmente.

Modelos de arvoredos. Na literatura técnica florestal, os modelos de arvoredo são geralmente chamados de *modelos de povoamento* (*stand models*) ou, de forma mais detalhada, *modelos no nível de povoamento* (*whole-stand models*). No contexto da modelagem, o *povoamento* é o próprio arvoredo, pois, nos modelos, as unidades de modelagem são as unidades amostrais individuais, geralmente, parcelas permanentes.

Quanto ao fundamento teórico da modelagem, existem duas abordagens básicas. A abordagem tradicional é utilizada nos *modelos empíricos* e se fundamenta em modelos matemáticos que estabelecem as relações quantitativas entre as variáveis utilizadas no modelo. O fundamento teórico desses modelos é estabelecido pela relação funcional dos modelos matemáticos utilizados. Por exemplo, a apresentação de por que a curva sigmoide é uma forma de função apropriada para representar o crescimento de árvores (Cap. 5) e arvoredos (Cap. 10) é o fundamento teórico do uso de modelos sigmoides na modelagem empírica da produção e do crescimento. Uma outra arbordagem de modelagem busca construir *modelos de processo*, isto é, que representem os processos fisiológicos, ecológicos, silviculturais e de manejo que determinam o comportamento das florestas. Nesses modelos, as relações quantitativas resultam da estrutura racional das teorias que explicam os processos de funcionamento da floresta.

Os modelos empíricos, via de regra, geram predições mais precisas da produção e do incremento florestal. Os modelos de processo, por sua vez, permitem predizer situações ecológicas, silviculturais e de manejo distintas daquelas que foram previamente aplicadas na floresta, sendo, portanto, flexíveis o suficiente para simular e predizer o resultado de prescrições de manejo ainda não implementadas. Em razão das vantagens das duas abordagens básicas, surgiu mais recentemente uma terceira abordagem que busca combiná-las e conjugá-las.

Em virtude da própria estrutura dos modelos, o nível de modelagem e o fundamento teórico não são aspectos independentes. Os modelos empíricos são essencialmente modelos de arvoredo ou modelos de classe de tamanho, enquanto que os modelos de processo são, na sua maioria modelos de árvores individuais.

O conceito de arvoredo, contudo, está presente em todos os modelos, independentemente do nível de modelagem ou fundamento teórico utilizado, isso porque, em primeiro lugar, as predições de produção e incremento da floresta são sempre obtidas no nível de arvoredo. Mas, além disso, a estrutura dos modelos requer o conceito de arvoredo, pois, nos modelos de classe de tamanho e de árvores individuais, as medidas do grau de competição que influenciam o crescimento das árvores devem ser um atributo do conjunto das árvores sendo modeladas, o que, geralmente, é traduzido em termos de densidade de estande (ha^{-1}) ou área basal ($m^2 \cdot ha^{-1}$). Em alguns modelos de árvores individuais, chamados de *modelos espacialmente explícitos*, a competição é definida com base numa *vizinhança* ao redor de cada árvore modelada. Esses modelos exigem, portanto, a posição espacial de cada árvore do conjunto de árvores sendo modelado, mas esse *conjunto* é, em essência, o arvoredo.

Uma vez que os modelos biométricos florestais foram brevemente apresentados, é possível definir mais claramente os tipos de modelos que serão abordados neste capítulo. A arbustimetria preditiva trata de modelos empíricos explícitos, isto é, modelos empíricos no nível de arvoredo.

11.1.2 Fundamentos dos modelos empíricos

Há dois aspectos fundamentais à construção e aplicação dos modelos empíricos no nível de arvoredo. O primeiro aspecto se refere aos atributos do arvoredo que podem ser facilmente medidos e se mostram como bons preditores da sua produção e do seu crescimento. Embora existam relações gerais que guiem a construção dos modelos empíricos, a forma funcional matemática das relações depende sempre da estrutura particular do arvoredo, como sua estrutura etária (equiâneo ou inequiâneo) e sua composição de espécies. Dada a estrutura mais simples, as relações se mostram mais fortes nos arvoredos equiâneos homogêneos, existindo uma extensa literatura técnica a respeito de modelos de crescimento e produção para esses arvoredos. A estrutura complexa dos arvoredos inequiâneos e heterogêneos (compostos de diversas espécies) torna a construção de modelos uma tarefa mais complicada, demandando maior conhecimento de métodos estatísticos e matemáticos de construção de modelos.

O segundo aspecto que é fundamental à construção dos modelos empíricos é o tipo de dados disponíveis sobre os arvoredos. Modelos e situações complexas sempre exigem dados mais completos gerados por grandes amostras, o que torna mais exigente e cara a coleta dos dados. Como os dados necessários à construção dos modelos empíricos geralmente implica o monitoramento da floresta, os dados disponíveis são frequentemente o fator determinante do tipo de modelo utilizado nas situações particulares.

Atributos preditivos

Nos modelos empíricos, a predição da produção e do crescimento dos arvoredos é realizada com base em alguns atributos que estão diretamente relacionados ao processo de crescimento dos arvoredos.

Tempo ou idade. O primeiro aspecto que influencia a produção e o crescimento de um arvoredo é o desenrolar do tempo. No caso dos arvoredos equiâneos, como os que ocorrem em florestas plantadas, a própria idade das árvores é uma medida desse tempo. Já os arvoredos inequiâneos são compostos por árvores de diferentes idades, de modo que o desenrolar do tempo e sua influência no crescimento do arvoredo não pode ser associado à idade das árvores. O comportamento desses arvoredos deve ser modelado a partir de uma data de intervenção, como um corte seletivo ou um corte de raleamento, que se torna o *marco zero* para a medida do passar do tempo.

Densidade do arvoredo. O crescimento de um arvoredo é dependente da sua densidade. O atributo de densidade pode ser representado por diferentes medidas, como a densidade de estande, isto é, o número de árvores por unidade de área, a área basal ou os índices que relacionam a densidade ao tamanho médio das árvores, como o índice de densidade do arvoredo. Tanto em arvoredos equiâneos quanto nos inequiâneos, uma medida de densidade é essencial para se obter uma boa predição da produção ou do crescimento. Nos arvoredos equiâneos, a produção se mostra fortemente relacionada tanto com a densidade de estande quanto com a área basal. Já nos arvoredos inequiâneos, a área basal tende a apresentar uma relação mais clara com a produção do que com a densidade de estande, uma vez que esta última pode ser influenciada por vários processos que não necessariamente influenciam a produção do arvoredo.

Qualidade do sítio. A identificação da qualidade do sítio é fundamental para se distinguir arvoredos mais produtivos daqueles com menor produtividade, de modo a obter uma predição precisa do crescimento e da produção da floresta. O índice de sítio é a medida geralmente utilizada para determinar a qualidade do sítio dos arvoredos, mas o seu uso só é possível nas florestas equiâneas homogêneas, para as quais se pode construir um sistema de curvas de sítio que represente a variação espacial da qualidade do sítio. Nas florestas tropicais nativas, que são inequiâneas e heterogêneas, não é possível desenvolver um sistema de curvas de sítio, pois não há como determinar a qualidade do sítio com base num atributo de fácil medição, como a altura das árvores dominantes. Nos modelos empíricos de arvoredos inequiâneos, portanto, a informação da qualidade de sítio não é utilizada como atributo preditivo.

Composição de espécies. A maioria dos modelos de predição no nível de arvoredo se refere a arvoredos equiâneos e homogêneos e, portanto, se referem a uma única espécie. A modelagem de arvoredos heterogêneos se faz complexa porque o comportamento de crescimento, mortalidade e ingresso é geralmente diferente entre as espécies presentes no arvoredo. No caso das florestas tropicais nativas, a situação se torna ainda mais complexa, pois a grande diversidade de espécies faz com que sua composição seja muito variável de um arvoredo para outro dentro da mesma floresta. Além disso, a maioria das espécies presentes num levantamento florestal é representada por algumas poucas árvores, tornando-se impossível obter uma boa medida do comportamento de cada uma das espécies observadas no levantamento. Uma abordagem frequentemente utilizada é a formação de *grupo de espécies* conforme uma classificação ecológica, ou mesmo segundo o interesse comercial das espécies, de forma que o modelo realize a predição da produção e crescimento dos grupos. Outra abordagem é construir o modelo definindo a produção e o crescimento dos arvoredos somente em termos das espécies de interesse comercial, embora os atributos preditivos sejam definidos com base em todas as espécies presentes nos arvoredos.

Dados para construção dos modelos
Existem três métodos possíveis para se obter dados para a construção dos modelos de predição de arvoredos. Uma delas é a análise de tronco. Como apresentado no Cap. 5, em certas regiões, a análise de tronco permite recuperar o crescimento de uma árvore individualmente com base no registro dos anéis anuais de crescimento do lenho. O crescimento recuperado é válido para árvores individuais e pode até mesmo ser utilizado para a construção de curvas de sítio com base na análise de tronco de árvores dominantes. Contudo, a recuperação do crescimento das árvores individualmente não permite a recuperação do crescimento do arvoredo, pois não é possível determinar a mortalidade e o ingresso no arvoredo ao longo do tempo. Ainda que se assuma que o crescimento das árvores analisadas represente um crescimento médio do arvoredo ao longo do tempo, o que está longe de ser uma premissa razoável, o crescimento total do arvoredo não pode ser determinado, porque se ignora o número de árvores por unidade de área presente no arvoredo ao longo do tempo.

Os levantamentos florestais realizados com *parcelas temporárias*, num único momento ou em poucos momentos da vida de uma floresta, também geram dados que podem ser utilizados na modelagem de florestas plantadas (florestas equiâneas homogêneas). A utilização desses dados, contudo, está assentada numa premissa fundamental a respeito da situação particular em que os dados foram coletados. Como não há *remedições de uma mesma parcela* (de um mesmo arvoredo), assume-se que a relação da medida de produção com as medidas de densidade e sítio observadas *espacialmente* entre as parcelas do levantamento (entre arvoredos) reflete de modo fidedigno a relação que ocorre *ao longo do tempo* dentro de cada parcela (dentro de cada arvoredo). Na ausência de dados de monitoramento, essa abordagem é frequentemente utilizada. Contudo, na maioria das situações particulares de florestas plantadas, tal premissa está longe ser razoável e, consequentemente, predições enviesadas e viciadas são geradas, atribuindo-se equivocadamente o problema *ao modelo*.

Somente os sistemas de monitoramento geram dados apropriados para a construção de modelos empíricos em qualquer situação particular. O monitoramento deve ser baseado em *parcelas permanentes* remedidas ao longo de toda uma rotação (florestas equiâneas) ou por todo um ciclo de corte (florestas inequiâneas). Os dados assim gerados permitem inferir de modo confiável a relação entre a produção e o crescimento do arvoredo por meio dos atributos preditivos tanto no seu *aspecto espacial*, isto é, entre arvoredos num dado momento do tempo, quanto no seu *aspecto temporal*, ou seja, dentro de cada arvoredo ao longo do tempo.

11.2 Curvas de sítio

Os muitos modelos e abordagens de construção de curvas de sítio compreendem a aplicação de uma ampla gama de métodos matemáticos e estatísticos, desde os métodos mais simples, como a regressão linear clássica ou o método dos quadrados mínimos ordinários, até métodos sofisticados, como o ajuste de sistemas de equações simultâneas ou a construção de modelos de efeitos mistos. Em tese, os métodos mais sofisticados garantiriam maior precisão nas predições e maior flexibilidade na aplicação do sistema de curvas de sítio. Contudo, em muitas situações práticas, os métodos mais simples, como o método da curva guia e o método da equação da diferença, podem gerar sistemas de curvas de sítio de boa confiabilidade.

11.2.1 Método da curva guia

O método da curva guia parte de um modelo estocástico que estabelece a relação entre a altura média das árvores dominantes ($\overline{h}_D$) e a idade do arvoredo (t). Muitos modelos podem ser escolhidos, sendo frequente construir as curvas com vários modelos e compará-los empiricamente para verificar qual deles melhor representa os dados. Um modelo que frequentemente se mostra superior aos demais é o modelo de Schumacher, que estabelece a relação do logaritmo natural da altura média das árvores dominantes com a função recíproca da idade do arvoredo:

$$\ln(\overline{h}_D) = \beta_0 + \beta_1 \cdot t^{-1} + \varepsilon_i \quad (11.1)$$

em que β_0 e β_1 são as constantes (parâmetros do modelo) e ε_i é o componente estocástico do modelo.

Esse modelo pode ser ajustado pelo método da regressão linear clássica, estabelecendo uma relação entre a altura dominante predita e a idade do arvoredo:

$$\widehat{\ln(\overline{h}_D)} = \widehat{\beta}_0 + \widehat{\beta}_1 \cdot t^{-1} \quad (11.2)$$

em que $\widehat{\beta}_0$ e $\widehat{\beta}_1$ são os valores estimados dos parâmetros do modelo. Essa expressão é a *curva guia* que é uma *relação média* entre a altura das árvores dominantes e a idade dos arvoredos. A Fig. 11.1 ilustra a curva guia para um conjunto de dados de floresta plantada de *Eucalyptus grandis* (Myrtaceae) na região sul do Estado de São Paulo.

As curvas de desenvolvimento da altura média das árvores dominantes em cada sítio serão paralelas à curva guia. Essas curvas são referenciadas estabelecendo-se uma idade como sendo a idade índice (t_B) e definindo o sítio como a altura dominante alcançada para cada arvoredo nessa idade índice. Como as curvas dos sítios *são paralelas*, o parâmetro da Eq. 11.2 que representa os sítios é o intercepto (β_0) e a equação da curva de um sítio qualquer em particular (k) terá a forma:

$$\widehat{\ln(\overline{h}_D)} = \widehat{\beta}_{0k} + \widehat{\beta}_1 \cdot t^{-1} \quad (11.3)$$

Por definição, quando a idade do arvoredo é igual à idade índice ($t = t_B$), a altura das dominantes é o índice de sítio (S_h):

$$\ln(S_h) = \widehat{\beta}_{0k} + \widehat{\beta}_1 \cdot t_B^{-1} \quad \Rightarrow \quad \widehat{\beta}_{0k} = \ln(S_h) - \widehat{\beta}_1 \cdot t_B^{-1}$$

Substituindo essa expressão na Eq. 11.3, se obtém a expressão que define o sistema de curvas de sítio:

$$\widehat{\ln(\overline{h}_D)} = \ln(S_h) + \widehat{\beta}_1 \left(t^{-1} - t_B^{-1} \right)$$

ou

$$\widehat{\ln(S_h)} = \ln(\overline{h}_D) - \widehat{\beta}_1 \left(t^{-1} - t_B^{-1} \right) \quad (11.4)$$

O sistema assim apresentado, contudo, está na escala original do modelo de Schumacher, que é a escala logaritmo-recíproca. A exponenciação dessa expressão gera o sistema de curvas de sítio na escala original em que as medidas são observadas:

$$\widehat{\overline{h}_D} = S_h \cdot \exp\left[\widehat{\beta}_1 \left(t^{-1} - t_B^{-1} \right) \right]$$

ou

$$\widehat{S_h} = \overline{h}_D \cdot \exp\left[-\widehat{\beta}_1 \left(t^{-1} - t_B^{-1} \right) \right] \quad (11.5)$$

Esse sistema é exemplificado na Fig. 11.2 tanto na escala logaritmo-recíproca quanto na escala original em que as medidas são observadas.

A Fig. 11.2A mostra que as curvas de sítio são curvas paralelas geradas com base na curva guia, que representa a *relação média* entre o logaritmo natural da altura das árvores dominantes e a função recíproca da idade. Esse paralelismo é causado pelo fato de que o parâmetro do modelo linear de Schumacher que muda com o sítio é o intercepto (β_0), enquanto que o parâmetro que controla a inclinação do modelo permanece o mesmo para todos os sítios. Na escala original da altura e da idade dos arvoredos, as curvas mantêm o paralelismo conservando uma *relação de proporcionalidade constante*. Isso pode ser

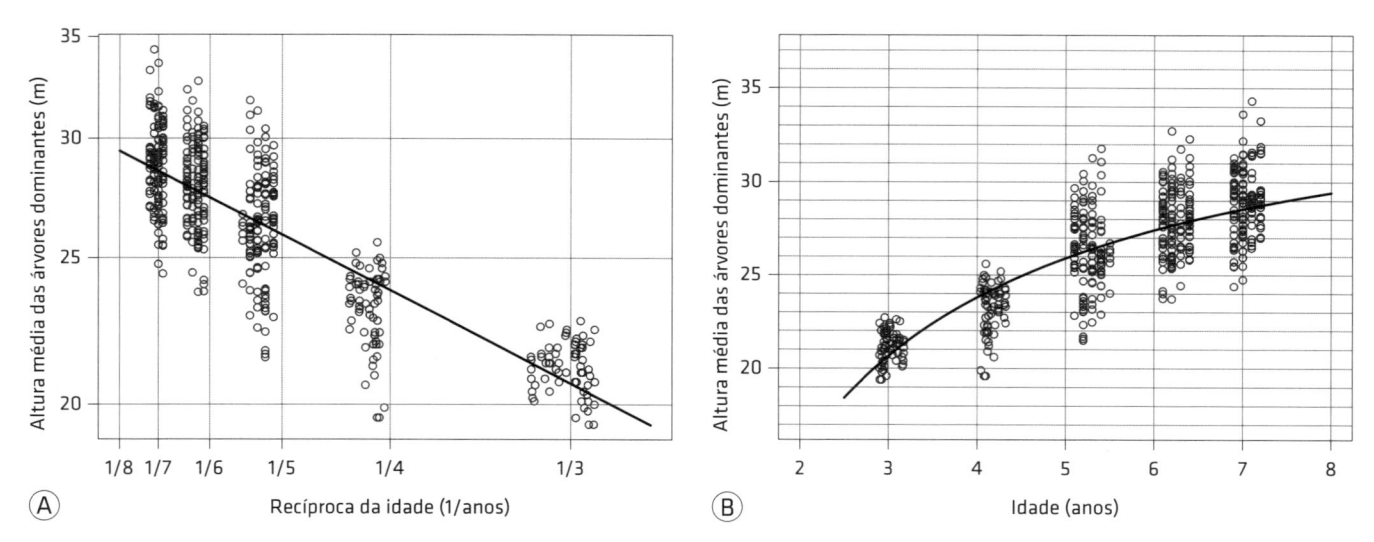

Fig. 11.1 Modelo Schumacher para a relação entre a altura média das árvores dominantes e a idade do arvoredo em floresta plantada de *Eucalyptus grandis* (Myrtaceae) na região sul do Estado de São Paulo: (A) na escala de ajuste do modelo e (B) na escala original das medidas observadas

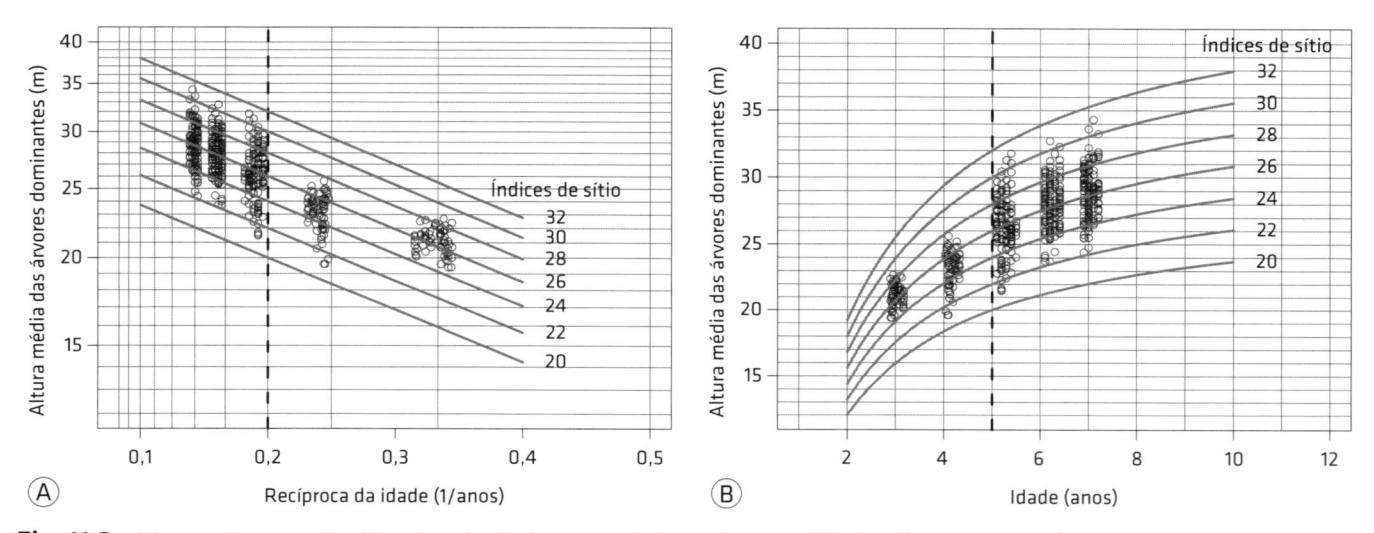

Fig. 11.2 Sistema de curvas de sítio pelo método da curva guia baseado no modelo de Schumacher para floresta plantada de *Eucalyptus grandis* (Myrtaceae) na região sul do Estado de São Paulo: (A) na escala de ajuste do modelo e (B) na escala original das medidas observadas. As linhas dos gráficos definem os limites das classes de índice de sítio, sendo a idade índice de 5 anos

observado fazendo-se a razão das curvas de sítio para dois sítios quaisquer (1 e 2):

$$\frac{\widehat{\overline{h_{D1}}}}{\widehat{\overline{h_{D2}}}} = \frac{S_{h1} \exp\left[-\widehat{\beta}_1\left(t^{-1} - t_B^{-1}\right)\right]}{S_{h2} \exp\left[-\widehat{\beta}_1\left(t^{-1} - t_B^{-1}\right)\right]} = \frac{S_{h1}}{S_{h2}}$$

Os sistemas de curvas de sítio com essa propriedade são chamados de sistemas de *curvas anamórficas*.

A construção de um sistema de curvas de sítio pelo método da curva guia pode ser realizada tanto com dados de parcelas temporárias quanto com dados das parcelas permanentes de um sistema de monitoramento. Na prática, o método da curva guia se baseia apenas na *relação média* entre a altura das árvores dominantes e a idade dos arvoredos. A informação da remedição da altura das árvores dominantes ao longo do tempo, disponível apenas em parcelas permanentes, não é utilizada nesse método.

11.2.2 Método da equação da diferença

O método da equação da diferença requer dados provenientes de parcelas permanentes com pelo menos duas medições ou dados oriundos da análise de tronco.

CAPÍTULO 11 | ARBUSTIMETRIA PREDITIVA

O método é bastante flexível e prático porque é desenvolvido com base em uma *equação da diferença* do modelo de altura-idade em dois momentos de remedição. Tomando-se o modelo de Schumacher para relação altura-idade e considerando dois momentos de remedição (t_1 e t_2), a equação da diferença é:

$$\ln(\overline{h}_{D2}) = \beta_0 + \beta_1(1/t_2)$$
$$- \ln(\overline{h}_{D1}) = \beta_0 + \beta_1(1/t_1)$$

$$\ln(\overline{h}_{D2}) - \ln(\overline{h}_{D1}) = [\beta_0 + \beta_1(1/t_2)] - [\beta_0 + \beta_1(1/t_1)]$$
$$\ln(\overline{h}_{D2}) - \ln(\overline{h}_{D1}) = \beta_1(1/t_2 - 1/t_1)$$
$$\Rightarrow \beta_1 = \frac{\ln(\overline{h}_{D2}) - \ln(\overline{h}_{D1})}{1/t_2 - 1/t_1}$$

A Fig. 11.3 apresenta uma explicação geométrica para a equação da diferença do modelo de Schumacher. O ponto P_1 com coordenadas [$\ln(\overline{h}_{D1})$, $1/t_1$] representa a medição inicial, enquanto que o ponto P_2 com coordenadas [$\ln(\overline{h}_{D2})$, $1/t_2$] representa a remedição. O modelo de Schumacher implica que ambos os pontos estão na mesma reta cuja inclinação é:

$$\beta_1 = \frac{\ln(\overline{h}_{D2}) - \ln(\overline{h}_{D1})}{1/t_2 - 1/t_1}$$

Logo, a forma da diferença no modelo de Schumacher implica a seguinte equação da diferença (equação da reta):

$$\ln(\overline{h}_{D2}) = \ln(\overline{h}_{D1}) + \beta_1\left(\frac{1}{t_2} - \frac{1}{t_1}\right) \quad (11.6)$$

Para se estimar o parâmetro β_1, basta definir a forma de ajuste do modelo como sendo:

$$Y = \beta_1 \cdot X + \varepsilon \quad (11.7)$$

em que $Y = \ln(\overline{h}_{D2}) - \ln(\overline{h}_{D1})$; $X = 1/t_2 - 1/t_1$; e ε é o componente estocástico do modelo.

Nessa forma de ajuste, o parâmetro β_1 pode ser estimado pelo método da regressão linear simples *pela origem*, isto é, sem a presença do intercepto.

Uma vez estimado β_1, o índice de sítio de um dado arvoredo é obtido fazendo com que a idade de remedição seja igual à idade índice ($t_2 = t_B$), de modo que a altura média obtida é o próprio índice de sítio:

$$\ln(S_h) = \ln(\overline{h}_{D1}) + \widehat{\beta}_1\left(\frac{1}{t_B} - \frac{1}{t_1}\right) \quad (11.8)$$

ou, na escala original de medição:

$$S_h = \overline{h}_{D1} \cdot \exp\left[\widehat{\beta}_1(1/t_B - 1/t_1)\right]$$

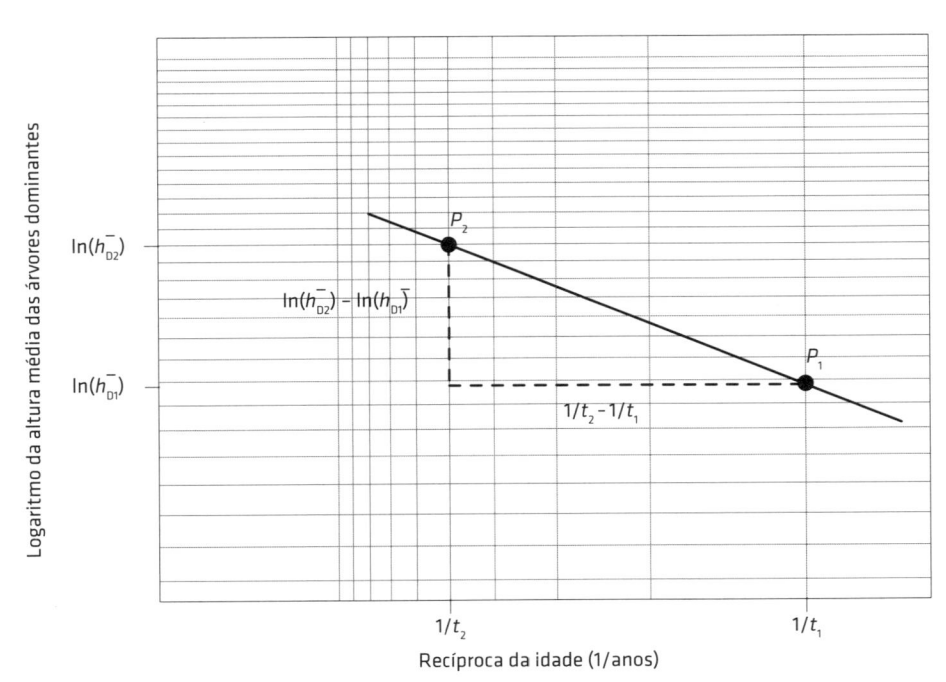

Fig. 11.3 Exemplo da relação que se estabelece no método da equação da diferença entre duas remedições de uma parcela permanente utilizando o modelo de Schumacher. O ponto P_1 indica a medição inicial, enquanto que o ponto P_2 indica a remedição

A Fig. 11.4 exemplifica graficamente esse procedimento de cálculo de índice de sítio.

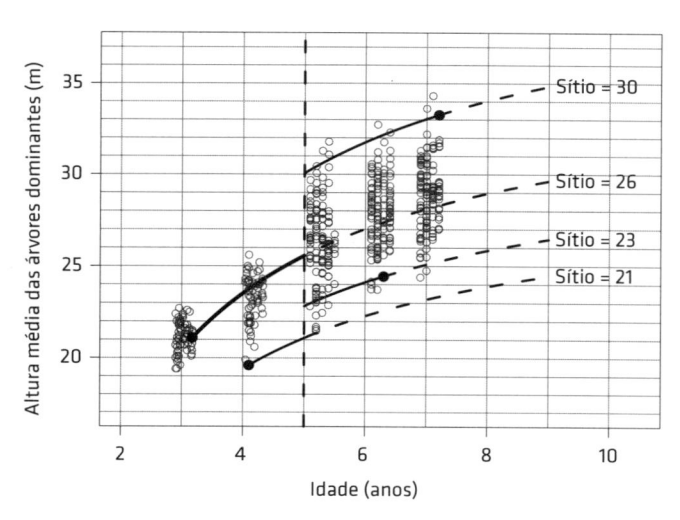

Fig. 11.4 Exemplo do cálculo do índice de sítio pelo método da equação da diferença baseado no modelo de Schumacher para floresta plantada de *Eucalyptus grandis* (Myrtaceae) na região sul do Estado de São Paulo. Cada ponto representa a medição inicial de um dado arvoredo, enquanto que a linha contínua indica a predição do índice de sítio (na idade índice) com base na altura e idade do arvoredo na medição inicial

Note-se que a Eq. 11.8 é matematicamente equivalente à Eq. 11.5 do sistema de curvas de sítio obtida pelo método da curva guia. Contudo, existe uma diferença fundamental. As estimativas do parâmetro ($\hat{\beta}_1$) são obtidas por abordagens completamente diferentes nos dois métodos. No método da curva guia, o parâmetro estimado representa a inclinação da curva guia (*curva média*) da relação entre altura das dominantes e idade. Já no método da equação da diferença, o parâmetro é estimado buscando-se uma *diferença relativa média* entre as alturas das árvores dominantes remedidas ao longo do tempo em cada arvoredo.

11.3 Equações de produção

As equações de produção configuram o método mais direto e mais simples para a predição da produção dos arvoredos. Em essência, elas buscam estabelecer relações empíricas entre uma medida de produção, geralmente volume lenhoso ou biomassa, com atributos quantitativos do arvoredo. Conforme os fundamentos apresentados anteriormente, esses atributos quantitativos são medidas da densidade, do sítio e da idade do arvoredo. A utilização da idade, contudo, não implica a predição da produção *ao longo do tempo*. Nas equações de produção, a idade é utilizada apenas como mais um atributo do arvoredo, sem qualquer representação da transformação temporal que ocorre nele. Pode-se dizer que as equações de produção são modelos de predição *estáticos*, pois todos os atributos presentes nelas, incluindo a idade, são observados no mesmo instante do tempo em que a produção é observada.

Predição da produção. Uma terminologia de uso frequente na Biometria Florestal é a proposta por Clutter et al. (1983). Esses autores utilizam a expressão *predição da produção corrente* (*current yield prediction*) para designar o conjunto de modelos e métodos de predição da produção de arvoredos que não envolvem a modelagem da variação da densidade do arvoredo ao longo do tempo. Nesse livro, esses modelos são chamados simplesmente equações de produção, pois realizam a predição da produção num dado momento do tempo com base em atributos do povoamento nesse mesmo momento, sendo, portanto, modelos estáticos.

Clutter et al. (1983) usam a expressão *predição da produção futura* (*future yield prediction*) no sentido dos modelos dinâmicos, isto é, além da produção, outros atributos do arvoredo, normalmente uma medida da densidade do arvoredo, também são modelos no decorrer do tempo. Essa modelagem dinâmica pode ser realizada de vários modos. Uma forma é modelar os atributos do arvoredo (densidade) ao longo do tempo, para poder projetá-lo no tempo. O valor do atributo projetado no futuro é, então, transformado na produção por uma equação de produção. Outra forma é modelar o crescimento da produção em função do tempo e dos atributos do povoamento. Nesse caso, o que se projeta no tempo é o crescimento da produção, que, ao ser acumulado, gera a predição da produção no futuro. Por fim, a produção do arvoredo no futuro pode ser modelada diretamente com base no comprimento do intervalo de tempo de projeção e dos atributos atuais do arvoredo, que podem incluir a produção atual. Nesses modelos, a produção do arvoredo é que é projetada no tempo. Qualquer um desses tipos de modelo são chamados, nesse livro, de *modelo de crescimento e produção*, mas somente o primeiro tipo é apresentado.

11.3.1 Equações de volume de arvoredo

Na sua versão mais elementar, as equações de produção predizem a produção dos arvoredos de modo análogo à predição do volume de árvores individuais, substituindo-se a área transversal da árvore pela área basal do arvoredo e a altura da árvore pela altura média ou pela altura média das árvores dominantes do arvoredo. Por isso, nessa forma elementar, as equações de produção são também chamadas de *equações de volume de arvoredo*.

Os modelos de equação de produção nessa forma mais elementar são análogos aos modelos de equação de volume, como o modelo de Spurr:

$$Y_i = \beta_0 + \beta_1(G_i \cdot \overline{h}_i) + \varepsilon$$
$$\text{ou} \quad Y_i = \beta_0 + \beta_1(G_i \cdot \overline{h}_{Di}) + \varepsilon \quad (11.9)$$

Em que Y é a medida de produção do arvoredo (volume lenhoso ou biomassa), G é a área basal, $\overline{h}$ é a altura média e $\overline{h}_D$ é a altura média das árvores dominantes, sendo i o índice que identifica os arvoredos observados ($i = 1, 2, \ldots, n$). Em tese, também outros modelos de equação de volume de árvores individuais podem ser adaptados e aplicados aos arvoredos, como os modelos log-Spurr, Schumacher-Hall, Baden-Württemberg etc. (ver Quadro 6.3). Como as medidas utilizadas nas equações de volume de arvoredo são resultado da agregação das medidas das árvores, espera-se maior homogeneidade nas relações no nível de arvoredo que aquela observada no nível das árvores individuais.

Exemplo para arvoredos equiâneos

A Fig. 11.5A ilustra uma equação de volume de arvoredo para uma floresta plantada de *Eucalyptus grandis* (Myrtaceae) na região sul do Estado de São Paulo. O modelo ajustado que gerou o gráfico tem a forma:

$$\widehat{V}_i = -4{,}619770 + 0{,}504114(G_i \times \overline{h}_i) \quad [R^2 = 0{,}9752]$$

em que $\widehat{V}_i$ é o volume predito para o $i$ésimo arvoredo (m³ · ha⁻¹).

Esse modelo de equação de produção ignora totalmente a variação da produtividade entre os arvoredos em consequência das diferenças de sítio. Assim, ele pode ser melhorado ligeiramente incluindo-se a medida da altura média das árvores dominantes, resultando no modelo ajustado:

$$\widehat{V}_i = -47{,}246717 + 0{,}464872(G_i \times \overline{h}_i) + 2{,}271988(\overline{h}_{Di})$$
$$[R^2 = 0{,}9791]$$

Esse modelo é apresentado na Fig. 11.5B, na forma de um gráfico de contorno. Nesse gráfico, os valores da altura média das árvores dominantes (ordenadas) é grafado contra o produto da altura média das árvores e a área basal (abscissas), na forma de um gráfico de dispersão. Sobre esse gráfico de dispersão são locadas as *isolinhas* da produção dos arvoredos.

A introdução da altura média das dominantes permite distinguir arvoredos de qualidade de sítios diferentes, melhorando ligeiramente a equação de volume do arvoredo. Contudo, a altura média das dominantes também varia com o tempo, logo, arvoredos com qualidades de sítio diferentes podem ser confundidos se o arvoredo de pior qualidade de sítio tiver idade maior que o arvoredo de melhor qualidade de sítio. O índice de sítio é a medida correta para corrigir esse problema, mas seu uso requer um sistema de curvas de sítio desenvolvido para a floresta em estudo. Como há disponibilidade de um sistema de curvas de sítio para essa floresta (apresentada na Fig. 11.2), o índice de sítio pode ser utilizado para aperfeiçoar a equação de volume do arvoredo:

$$\widehat{V}_i = -53{,}856041 + 0{,}433195(G_i \times \overline{h}_i) + 2{,}913750 \times (S_h)$$
$$[R^2 = 0{,}9846]$$

em que S_h é o índice de sítio. A Fig. 11.6 compara graficamente a equação de volume do arvoredo original com aquela gerada pelo modelo anterior. Na prática, a introdução do índice de sítio significa que cada sítio passa a ter uma equação de volume de arvoredo particular, aumentando a precisão da predição da produção dos arvoredos.

Exemplo para arvoredos inequiâneos

Nas florestas tropicais, a medição da altura total das árvores é sempre um procedimento problemático. Consequentemente, é comum a substituição da altura total pela altura comercial, geralmente medida como a altura até a primeira bifurcação do tronco ou até a base da copa. Em certos levantamentos, a medição da altura é completamente suprimida, fazendo-se registro apenas do *DAP* e da espécie das árvores.

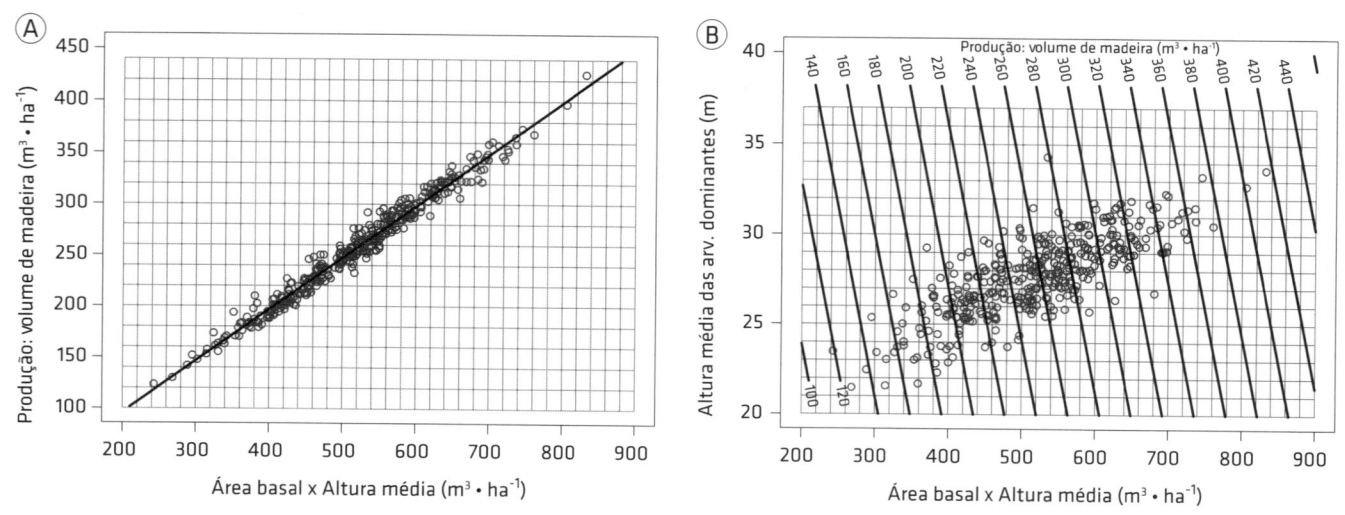

Fig. 11.5 Gráficos de equações de produção na forma de *equação de volume do arvoredo* para floresta plantada de *Eucalyptus grandis* (Myrtaceae) na região sul do Estado de São Paulo. O gráfico (A) apresenta o modelo de Spurr, no qual o volume de madeira é função do produto entre área basal e altura média das árvores. O gráfico (B) é um gráfico de contorno para o modelo de Spurr acrescido da altura média das árvores dominantes. A altura média das árvores dominantes (ordenadas) é grafada contra o produto da área basal pela altura média das árvores (abscissas), sendo que as linhas de contorno são *isolinhas* da produção do arvoredo em termos de volume de madeira

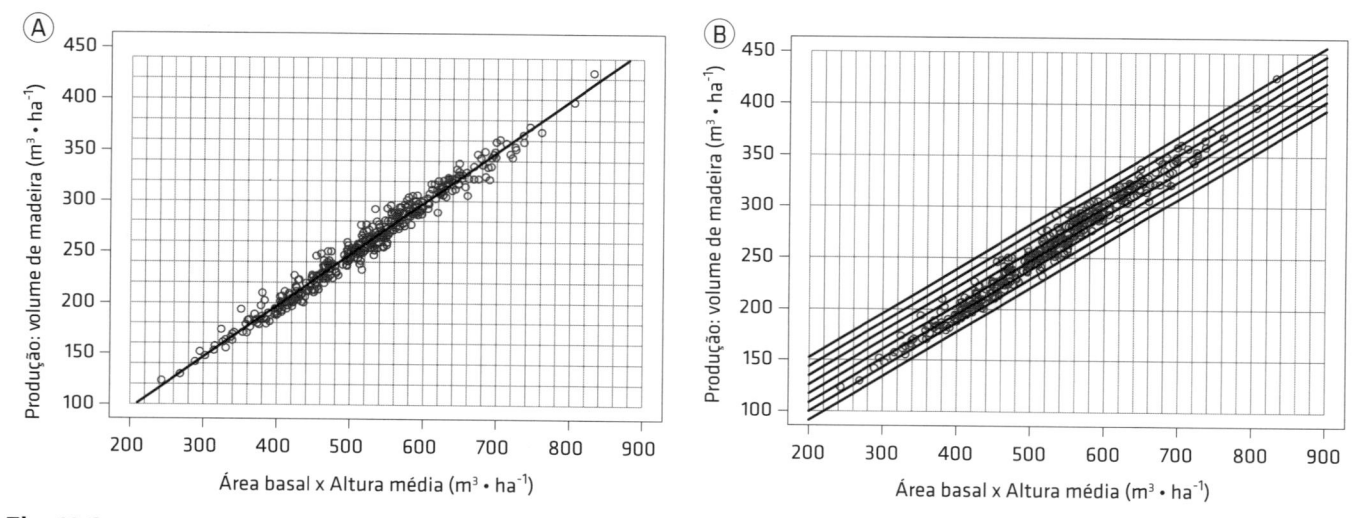

Fig. 11.6 Gráficos de equações de produção na forma de *equação de volume do arvoredo* para floresta plantada de *Eucalyptus grandis* (Myrtaceae) na região sul do Estado de São Paulo. O gráfico (A) apresenta o modelo de Spurr, no qual o volume de madeira é função do produto entre área basal e altura média das árvores. O gráfico (B) apresenta o modelo de Spurr acrescido da informação de sítio. Cada sítio possui uma linha própria que estabelece a relação entre a produção (volume de madeira) e o produto da área basal pela altura média das árvores

A equação de volume do arvoredo, nesses casos, pode ser desenvolvida utilizando-se a altura média *comercial* ou simplesmente fazendo-se a relação do volume do arvoredo apenas com a sua área basal. Por exemplo, num experimento de manejo sustentado com colheita de mínimo impacto na região de Paragominas (PA), obteve-se a seguinte equação de volume do arvoredo:

$$\widehat{\ln(V_i)} = -2{,}01290 + 1{,}08208 \times \ln(G_i) \quad [R^2 = 0{,}9825]$$

em que V_i é o volume de madeira (m³ · ha⁻¹) das árvores comerciais com *DAP* acima de 10 cm somado ao volume das árvores não comerciais com *DAP* acima de 25 cm, enquanto que G_i é a área basal do arvoredo relativa a essas árvores (m² · ha⁻¹).

Na ausência da altura, outros atributos do arvoredo podem ser utilizados para melhorar o ajuste do modelo. Por exemplo, o modelo anterior pode ser aprimorado utilizando-se o número de espécies arbóreas presentes no arvoredo:

$$\widehat{\ln(V_i)} = 2{,}25693 + 1{,}13258 \times \ln(G_i) - 0{,}09278 \times \ln(S_i)$$
$$[R^2 = 0{,}9846]$$

ou a densidade de estande dos arvoredos:

$$\widehat{\ln(V_i)} = 2{,}69624 + 1{,}25110 \times \ln(G_i) - 0{,}22368 \times \ln(D_i)$$
$$[R^2 = 0{,}9956]$$

em que S_i é o número de espécies no arvoredo (ha^{-1}) e D_i é a densidade de estande do arvoredo (ha^{-1}).

Nos arvoredos inequiâneos, as *equações de volume de arvoredo* aprimoradas por atributos adicionais são frequentemente os únicos modelos de produção que podem ser construídos, em razão da inexistência da idade do arvoredo.

11.3.2 Equações de produção de arvoredo

As equações de produção propriamente ditas relacionam a produção do arvoredo com os seus três atributos básicos: idade, sítio e densidade. Partindo do modelo de Schumacher, que estabelece uma relação linear entre o logaritmo natural da produção e a recíproca da idade, o sítio e a densidade do arvoredo são introduzidos também na forma linear:

$$\ln(Y_i) = \beta_0 + \beta_1 \cdot t_i^{-1} + \beta_2 \cdot f(S_{hi}) + \beta_3 \cdot g(D_i) + \varepsilon_i \quad (11.10)$$

em que Y_i é uma medida da produção, t_i é a idade do arvoredo, $f(S_{hi})$ é uma função do índice de sítio e $g(D_i)$ é a função de uma medida da densidade do arvoredo. As medidas de densidade mais frequentemente utilizadas são a área basal e a densidade de estande, mas outras medidas, como o índice de densidade do arvoredo, podem ser utilizadas. Em geral, a função do índice de sítio (f) é a função identidade, enquanto que a densidade do arvoredo é medida pela área basal na forma de logaritmo natural. Assim, a versão do modelo Schumacher de uso mais frequente é:

$$\ln(Y_i) = \beta_0 + \beta_1 \cdot t_i^{-1} + \beta_2 \cdot S_{hi} + \beta_3 \cdot \ln(G_i) + \varepsilon_i \quad (11.11)$$

As equações de produção que incluem a idade do arvoredo (t_i) podem dar a impressão ilusória de que a modelagem foi realizada ao longo do tempo e, consequentemente, sugerir a possibilidade de se calcular as curvas de incremento (IMA e ICA) por meio delas. É importante ter em mente, contudo, que nas equações de produção todos os atributos utilizados são *estáticos*, inclusive a idade do arvoredo.

Curvas de incremento calculadas por equações de produção são baseadas na *premissa da cronossequência*. Uma cronossequência é um grupo de arvoredos diferentes organizados numa sequência de idades, mas medidos no mesmo momento no tempo. O uso da cronossequência assume que a variação da produção de arvoredos numa sequência de idade diferentes é uma representação adequada da *variação temporal* da produção, isto é, da variação da produção ao longo do tempo num mesmo arvoredo. A premissa da cronossequência pode ser considerada realista somente em poucas situações particulares.

Exemplo para arvoredos equiâneos

A Fig. 11.7 ilustra a equação de produção baseada no modelo de Schumacher ajustado para uma floresta plantada de *Eucalyptus grandis* (Myrtaceae) na região sul do Estado de São Paulo. A equação de produção representada no gráfico é:

$$\widehat{\ln(Y_i)} = 1{,}9417088 - 1{,}2885519\, t_i^{-1}$$
$$+ 0{,}0080326\, \hat{S}_{hi} + 1{,}1527175 \ln(G_i) \quad (11.12)$$
$$[R^2 = 0{,}9959]$$

em que a predição do índice de sítio ($\hat{S}_{hi}$) foi realizada segundo o sistema de curvas de sítio definido pela Eq. 11.5.

11.4 Modelos de crescimento e produção

Para incorporar a idade ou o tempo como *atributo dinâmico*, é necessário que os modelos assumam que todos os atributos dos arvoredos são variáveis no tempo, não apenas a produção. O crescimento do arvoredo será obrigatoriamente acompanhado, embora ele não esteja necessariamente presente *de modo explícito* no modelo. É nesse sentido que esses modelos são chamados de *modelos de crescimento e produção*, sendo que os dados para a sua construção são provenientes de sistemas de monitoramento com parcelas permanentes, que foram

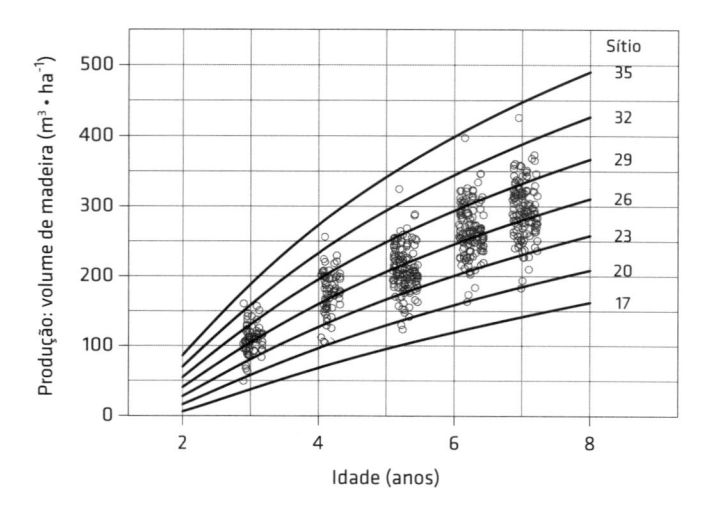

Fig. 11.7 Gráfico de equação de produção segundo o modelo de Schumacher que estima o volume de arvoredos de uma floresta plantada de *Eucalyptus grandis* (Myrtaceae) na região sul do Estado de São Paulo (Eq. 11.12)

remedidas no mínimo duas vezes. Segue-se uma apresentação apenas dos modelos de crescimento e produção em que a produção é obtida explicitamente no nível do arvoredo.

O método mais simples para se construir um modelo de crescimento e produção no nível do arvoredo é pelo modelo de Schumacher (Eq. 11.10) tratando os atributos do arvoredo como variáveis no tempo. Partindo da forma mais comum do modelo de Schumacher (Eq. 11.11):

$$\ln(Y) = \beta_0 + \beta_1 \cdot t^{-1} + \beta_2 \cdot S_h + \beta_3 \cdot \ln(G) \quad (11.13)$$

nota-se que além da produção (Y), a área basal (G) também é um atributo que varia com a idade do arvoredo. O índice dos arvoredos (i) é omitido dessa e das equações subsequentes, pois elas tratam de relações matemáticas para um mesmo arvoredo ao longo do tempo.

O modelo tradicionalmente utilizado para tratar o *crescimento da área basal* ao longo do tempo baseia-se em duas medições do arvoredo

$$\ln(G_2) = \ln(G_1)\left(\frac{G_1}{G_2}\right) + \alpha_1\left(1 - \frac{t_1}{t_2}\right) \quad (11.14)$$

em que G_1 e G_2 são as áreas basais do arvoredo na medição inicial (t_1) e na remedição (t_2), respectivamente.

Incorporando o modelo de crescimento da área basal (11.14) ao modelo de produção na forma de Schumacher (11.13), obtém-se um modelo de crescimento e produção capaz de projetar a produção para um momento no tempo diferente do atual:

$$\ln(Y_2) = \beta_0 + \beta_1 \cdot t_2^{-1} + \beta_2 \cdot S_h$$
$$+ \beta_3\left[\ln(G_1)\left(\frac{t_1}{t_2}\right) + \alpha_1\left(1 - \frac{t_1}{t_2}\right)\right]$$

$$\ln(Y_2) = \beta_0 + \beta_1 \cdot t_2^{-1} + \beta_2 \cdot S_h$$
$$+ \beta_3 \cdot \ln(G_1)\left(\frac{t_1}{t_2}\right) + \beta_4\left(1 - \frac{t_1}{t_2}\right) \quad (11.15)$$

em que t_1 é a idade atual, t_2 é a idade de projeção, G_1 é a área basal atual e Y_2 é a projeção da produção, sendo $\beta_4 = \beta_3 \cdot \alpha_1$.

Nota-se que o crescimento do arvoredo não está presente explicitamente nesse modelo, embora esteja implícito na variação da área basal e da produção entre a idade atual (t_1) e a idade de projeção (t_2). A presença do crescimento é introduzida no modelo por meio de um modelo do crescimento da área basal (Eq. 11.14), o qual também é implícito, uma vez que a área basal na idade de projeção (t_2) é definida em função da área basal na idade atual (t_1). Portanto, a construção do modelo de crescimento e produção (Eq. 11.15) requer necessariamente dados de parcelas permanentes com remedições ao longo do tempo.

Exemplo para arvoredos equiâneos
O modelo de crescimento e produção baseado no modelo de Schumacher (Eq. 11.15) ao ser ajustado aos dados de parcelas permanentes de uma floresta plantada de *Eucalyptus grandis* (Myrtaceae) na região sul do Estado de São Paulo resultou no seguinde modelo:

$$\ln(Y_2) = 1,977776 - 0,747378 \times t_2^{-1} + 0,018608 \times S_h$$
$$+ 1,021376 \times \ln(G_1)\left(\frac{t_1}{t_2}\right)$$
$$+ 4,118898\left(1 - \frac{t_1}{t_2}\right) \quad (11.16)$$

Como o modelo faz a predição da produção projetando-a a partir de uma dada idade e área basal do arvoredo, a Fig. 11.8 ilustra as curvas de produção geradas por esse modelo para quatro parcelas permanentes.

Sugestões bibliográficas

Existem alguns textos em português que tratam do tema dos modelos de crescimento e produção florestal, cobrindo uma amplitude de assuntos bem maior que a da apresentação deste livro. Contudo, esses textos

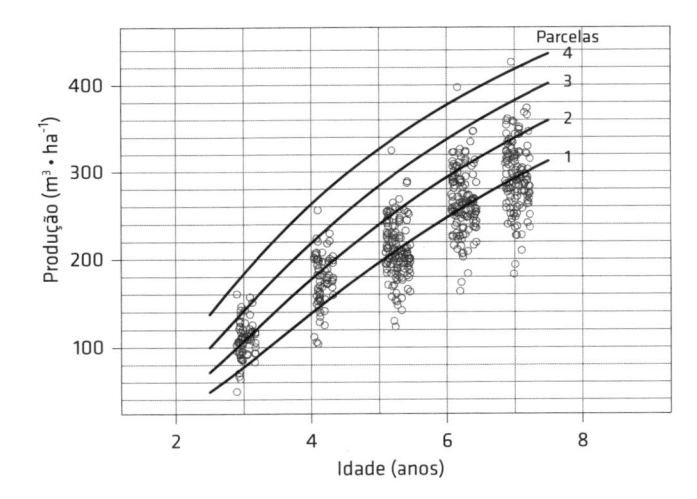

Fig. 11.8 Gráfico do modelo de crescimento e produção segundo o modelo de Schumacher que prediz o volume de arvoredos de uma floresta plantada de *Eucalyptus grandis* (Myrtaceae) na região sul do Estado de São Paulo (Eq. 11.15)

trazem geralmente uma apresentação demasiadamente sintética em cada um dos vários tópicos do tema, de forma que a simples leitura desses textos, sem o acompanhamento dos cursos ou disciplinas dos seus autores, não é muito frutífera para alguém que já não tenha um bom embasamento no assunto. O capítulo "Growth and yield models", do livro de Avery e Burkhart (1983), é uma boa leitura inicial para explorar o tema. A primeira parte do livro de Clutter et al. (1983), apesar de ser um tanto técnica, é talvez uma das apresentações mais didáticas sobre o tema. Por fim, o livro de Burkhart e Tomé (2012), *Modeling forest trees and stands*, é uma fonte completa e atualizada, embora muito técnica para um leitor iniciante.

Quadro de conceitos

Conceitos básicos	Conceitos desenvolvidos
predição de atributos de arvoredo	modelos biométricos empíricos
	modelos no nível de arvoredo
	modelos no nível de classes de tamanho
	modelos no nível de árvores individuais
	modelos implícitos
	modelos explícitos
	modelos empíricos
	modelos de processo
	modelos espacialmente explícitos
fundamentos dos modelos empíricos	atributos preditivos
	dados para construção de modelos
construção de curvas de sítio	método da curva guia
	método da equação da diferença
	modelo de Schumacher
modelos de produção	atributos estáticos
	equação de volume do arvoredo
	equação de produção do arvoredo
	modelo de Schumacher
modelos de crescimento e produção	atributos dinâmicos
	modelo de Schumacher
	projeção da área basal
	projeção da produção

Problemas

1] Utilizando os dados da Tab. 11.1 e o modelo de Schumacher, construa um sistema de curvas de sítio aplicando o método da curva guia. Determine o índice de sítio de cada arvoredo da tabela.

Tab. 11.1 Arvoredos de uma floresta de eucalipto da região sul do Estado de São Paulo. As medidas apresentadas de cada arvoredo são: t – idade (anos); G – área basal ($m^2 \cdot ha^{-1}$); $\bar{h}_D$ – altura média das árvores dominantes (m); D – densidade de estande (ha^{-1}); e V – volume lenhoso ($m^3 \cdot ha^{-1}$)

Arv.	t	G	$\bar{h}_D$	D	V	Arv.	t	G	$\bar{h}_D$	D	V
511	2,93	11,5	20,3	1.206	95,6	2.149	3,05	11,1	21,3	1.292	91,8
	4,08	15,3	22,3	1.200	158,3		4,19	12,6	20,6	1.322	125,3
	5,22	17,0	21,7	1.162	170,3		5,34	14,7	22,4	1.289	141,8
	6,19	20,2	25,4	1.141	226,3		6,31	17,5	24,4	1.308	183,6
	6,99	21,7	26,3	1.141	251,4		7,10	18,8	26,6	1.308	210,0
614	3,11	12,6	21,3	1.051	108,4	2.352	2,98	12,4	21,6	1.165	105,4
	4,25	17,1	24,0	989	182,3		4,12	17,4	23,3	1.193	181,2
	5,39	21,5	25,8	1.007	232,7		5,27	19,5	26,5	1.170	209,7
	6,37	25,3	29,3	1.007	306,0		6,24	24,1	27,7	1.170	281,9
	7,16	26,4	29,1	1.007	321,9		7,03	26,0	29,6	1.170	318,8
923	2,96	13,2	21,8	1.268	111,6	2.558	2,98	14,0	21,6	1.264	120,5
	4,11	15,1	22,0	1.274	154,9		4,13	16,4	22,8	1.271	169,7
	5,25	16,0	23,4	1.232	161,2		5,27	17,4	25,1	1.279	181,6
	6,22	18,7	25,6	1.232	206,3		6,24	21,2	25,4	1.279	236,5
	7,02	19,7	27,4	1.142	227,4		7,04	23,1	28,4	1.279	271,6
1.434	2,95	15,7	21,9	1.238	137,3	2.761	3,02	14,6	22,4	1.118	128,2
	4,10	19,1	24,2	1.334	200,5		4,16	19,8	24,6	1.164	208,0
	5,24	20,8	28,0	1.257	224,5		5,30	21,8	29,8	1.117	245,0
	6,21	24,7	27,6	1.257	287,5		6,28	25,8	30,0	1.117	309,5
	7,01	26,4	28,9	1.220	318,0		7,07	27,7	31,5	1.117	343,0
1.664	2,95	13,0	21,0	1.312	109,2	2.762	3,02	12,6	22,2	1.099	109,7
	4,10	15,8	22,7	1.236	164,3		4,16	16,2	22,9	1.088	168,3
	5,24	17,3	27,0	1.175	183,9		5,30	19,0	29,0	1.061	211,6
	6,21	21,2	28,1	1.159	246,9		6,28	21,4	30,2	1.061	256,2
	7,01	22,4	28,9	1.126	268,8		7,07	22,8	34,3	1.061	292,0

2] Construa um modelo de equação de produção utilizando os dados da Tab. 11.1 e a Eq. 11.11.

3] Utilizando a Eq. 11.16, construa curvas de incremento e determine a idade técnica de corte para os arvoredos da Tab. 11.1. Ao construir as curvas, assuma que a idade t_1 é sempre a primeira idade apresentada para cada arvoredo.

parte III

FLORESTAS

Casta Diva, che inargenti
Queste sacre antiche piante,
A noi volgi il bel sembiante,
Senza nube e senza vel!

"Casta Diva". Trecho da ária "Casta Diva" da ópera *Norma* (1831), de Vincenzo Bellini com libreto de Felice Romani: *"Deusa casta, que com seu esplendor de prata ilumina, / Estes antigos e sagrados bosques, / Volte para nós o teu belo semblante / Sem nuvem e sem véu!"*

capítulo 12
FLORESTAS

Assim como as árvores, as florestas sempre foram fonte de admiração, reverência e temor para as civilizações humanas. Fonte de muitos recursos importantes, principalmente de madeira, as florestas também foram consideradas lugares sagrados para muitas civilizações. A tensão entre o fim utilitário das florestas e seu valor espiritual parece ser tão antiga quanto as civilizações. O *Épico de Gilgamesh* é talvez o exemplo mais claro da antiguidade dessa questão. Trata-se do mais antigo poema épico conhecido, tendo sido registrado em 12 tábuas de cerâmica pela civilização suméria ao redor de 2700 anos a.C. A história narra as diversas façanhas de Gilgamesh, rei de Uruk. Numa delas, Gilgamesh, visando obter madeira para construir uma cidade para imortalizar seu nome, viola a floresta sagrada, o "Jardim dos Deuses", desafiando o seu guardião, Humbaba, "cujo ronco é a tempestade, cuja boca é o fogo e cujo hálito é a morte" (Perlin, 1992, p. 38). Gilgamesh alcança o seu objetivo, mas ele e sua cidade são amaldiçoados pelos deuses: "sua comida será consumida pelo fogo, sua bebida será consumida pelo fogo" (Perlin, 1992, p. 38).

A civilização atual, com sua cultura urbana e global que se caracteriza, paradoxalmente, tanto por valorizar a riqueza de bens e serviços materiais quanto por retomar aspectos da religiosidade pagã, que associa o sagrado aos elementos naturais, tem levado a uma situação extrema a tensão entre a floresta como fonte de recursos e a floresta como lugar de reverência espiritual. O ponto central, contudo, é que as florestas são *lugares* e não objetos, como as árvores. Essa tensão desemboca, portanto, na questão de como os espaços do planeta, com suas características e recursos, devem ser ocupados e com qual finalidade.

Na busca da solução para essa tensão, as informações qualitativas e quantitativas sobre esses lugares chamados florestas são necessárias para o balizamento do debate. Os levantamentos e inventários florestais são os instrumentos para se obter essas informações, tanto no sentido da quantificação dos recursos disponíveis quanto no sentido da caracterização da floresta como ambiente natural. Sendo instrumentos específicos para florestas, os levantamentos e inventários florestais trazem como premissa um conceito de floresta que a distingue dos demais ambientes naturais. Assim, antes de discorrer sobre como se quantifica os atributos e os recursos das florestas, este capítulo trata do conceito de floresta e da sua classificação.

12.1 Conceito de floresta

As florestas são lugares caracterizados pela presença abundante das árvores. É comum que as florestas sejam definidas como formações vegetais *densamente* arborizadas, mas há que considerar que existe uma grande amplitude de variação na densidade de árvores entre os diferentes tipos de florestas, sem que exista, contudo, um limite mínimo de densidade arbórea para que um dado ambiente possa ser chamado de floresta. As florestas podem ser ambientes naturais ou ambientes antrópicos, isto é, ambientes formados ou transformados por ação humana. Na prática, a presença das árvores define uma certa *fisionomia* nos ambientes naturais ou antrópicos, permitindo que eles sejam chamados de *florestas*.

O conceito de floresta é, em essência, um conceito estético e, como tal, engloba uma ampla gama de tipos. Na linguagem coloquial, existem muitas palavras e expressões associadas ao conceito de floresta, utilizadas para designar os seus diferentes tipos. O Quadro 12.1 traz algumas dessas expressões. É importante ressaltar que, em português, a palavra *mata* é sinônimo de floresta, embora seu uso seja menos frequente na literatura técnica e científica.

Embora várias expressões apresentadas no Quadro 12.1 sejam encontradas na literatura profissional, é difícil afirmar que sejam expressões técnicas com definições precisas. Por exemplo, as expressões *floresta primária* e *floresta secundária* possuem definições bem claras, mas, na prática, é muito difícil saber se uma floresta já sofreu alguma influência antrópica. De fato, é questionável afirmar que existam florestas que nunca sofreram nenhuma influência antrópica, seja da nossa civilização ou das que a precederam. A questão é antes de alterações *perceptíveis* contra alterações que já não se pode perceber. A expressão *mata ciliar* também é frequentemente tratada como uma expressão técnica, mas é importante ter em mente que ela designa mais a *localização* da floresta do que a sua estrutura. Existem muitas matas ciliares diferentes. Algumas são inundadas periodicamente (mata de várzea), outras sofrem inundação raramente. O importante é o tipo de influência que o curso d'água exerce sobre a floresta à sua margem.

Dadas as incertezas e indefinições associadas à palavra *floresta*, um *conceito operacional* de floresta deve ser, ao mesmo tempo, prático e flexível.

Quadro 12.1 Algumas expressões comumente utilizadas para designar diferentes tipos de floresta

Floresta primária	Floresta que não sofreu influência ou transformação antrópica.
Floresta secundária	Floresta que se forma após colheita de madeira, corte raso ou incêndio florestal.
Floresta ripária	Floresta das margens dos cursos d'água.
Floresta paludosa	Floresta de terrenos pantanosos e alagadiços que permanecem encharcados ou inundados.
Mata	Sinônimo de floresta; às vezes floresta de grande extensão: Mata Atlântica, Mata Amazônica.
Mata primeva, mata primitiva	Floresta primária.
Mata de galeria, mata ciliar	Floresta das margens dos cursos d'água.
Mata de várzea	Na Amazônia, designa as florestas de terrenos baixos, sujeitas a inundações periódicas no período das chuvas.
Mata de igapó	Na Amazônia, designa as florestas de terrenos baixos que permanecem alagadas mesmo nos períodos de estiagem.
Mata de terra firme	Na Amazônia, designa as florestas de terrenos mais altos, que não sofrem inundações.
Mata virgem	Floresta primária.
Mato	Floresta, geralmente de baixo porte, carente de utilidade ou de recursos importantes.
Matagal	Floresta densa e enredada.
Jângal	Mata extensa, densa e selvagem.
Selva	Floresta, mas com a conotação de ser ambiente selvagem.
Capoeira	Floresta secundária, geralmente formada após corte raso e queimada.
Cipoal	Mato denso e emaranhado de cipós onde o caminhamento é muito difícil.
Bosque	Floresta não muito extensa com árvores e arbustos mais espaçados onde o caminhamento é fácil e agradável.
Brenha	Floresta de baixo porte com denso sub-bosque formado por arbustos e espinheiros que dificultam o caminhamento.

Floresta é uma região do espaço coberta de vegetação natural ou antrópica, que pode ser delimitada e mapeada, tendo uma área mínima de um hectare (1 ha), na qual as árvores são o componente vegetal predominante e determinante da fisionomia.

Essa definição tem três aspectos básicos: o espacial, o estético e a área mínima. Primeiramente, a floresta não é um objeto ou uma coleção de objetos (o conjunto das árvores). A floresta é uma região do espaço e, portanto, um lugar por onde se caminha, onde se localizam as árvores que podem ser medidas e onde se pode instalar e observar arvoredos. O segundo aspecto é que, dentre as plantas presentes nesse lugar, são as árvores o elemento predominante que determina a aparência da vegetação: a fisionomia florestal. Definindo-se a floresta pela fisionomia, não é necessário se estabelecer critérios quantitativos quanto ao número ou à densidade de árvores, o que complicaria muito a aplicação do conceito, uma vez que a densidade de árvores pode ser altamente variável dentro de uma mesma floresta. Por outro lado, a operacionalização do conceito requer a determinação de uma área mínima, pois os métodos de quantificação das florestas, sendo métodos amostrais, perdem a sua eficiência, e às vezes a sua própria razão de ser, em áreas muito pequenas.

A definição operacional não faz qualquer menção à questão da heterogeneidade interna da floresta. Assim, a definição contempla uma grande amplitude de vegetações florestais, do extremo da mais alta homogeneidade, como uma *floresta clonal*, onde todas as árvores são geneticamente idênticas, até o extremo da maior heterogeneidade, como uma floresta tropical nativa de alta diversidade de espécies, que pode ser entendida como um mosaico de fases estruturais.

Definição de floresta. Talvez mais que a definição de árvore, a definição de floresta é um tema muito controverso, que os profissionais florestais discutem há muito tempo. Particularmente discutível é a questão da área mínima, pois trata-se de uma definição quantitativa sujeita a um alto grau de arbitrariedade e, consequentemente, sujeita às mudanças de concepções e aplicações ao longo do tempo. Por exemplo, a FAO (Food and Agriculture Organization), nos seus programas de levantamentos de recursos florestais (FRA, Global Forest Resources Assessments), alterou essa definição algumas vezes. Em 1980, quando o problema da fragmentação das florestas não era tão presente quanto hoje e quando os recursos de sensoriamento remoto tinham uma resolução espacial bem inferior à atual, o FRA-1980 definiu floresta como tendo uma área mínima de 10 ha (FAO, 2010). Já em 1998, o FRA-1998 definiu essa área mínima como sendo 0,5 ha (FAO, 1998). Mais recentemente, o IPCC (Intergovernmental Panel on Climate Change) definiu floresta como tendo uma área mínima entre 0,05 ha e 1 ha (IPCC, 2003). O limite de 1 ha deve ser visto como um limite operacional, pois, em áreas menores que essa, o censo, isto é, a mensuração de todas as árvores, passa a ser uma alternativa viável quando comparado aos métodos amostrais tipicamente utilizados nos levantamentos e inventários florestais.

O aspecto fisionômico da definição de floresta tem implicações que podem não ser percebidas num primeiro momento. Assim, o plantio de árvores em propriedades agrícolas como plantios agrossilviculturais e silvopastoris não estarão contemplados pela definição se a fisionomia desses plantios não for florestal. Por exemplo, considere-se o caso de renques de árvores formados por uma ou mais linhas de plantio e utilizados para delimitar áreas de lavoura ou pastagem ou como barreiras para reduzir a velocidade do vento. Os renques de uma propriedade não podem ser considerados uma floresta, ainda que a área total deles seja maior que 1 ha na propriedade, pois a sua fisionomia é distinta de uma floresta.

Os *corredores ecológicos*, contudo, que são formados pelo plantio de árvores para possibilitar a movimentação de animais da fauna silvestre em paisagens agrícolas ou urbanas, têm que possuir a fisionomia florestal para que funcionem de fato como corredores para a fauna. Da mesma forma, as árvores plantadas nas vias públicas de uma cidade podem ser entendidas como formando uma floresta urbana, pois, se as edificações e demais componentes da infraestrutura urbana forem retirados, a vegetação resultante terá a fisionomia de uma floresta aberta ou de uma savana.

12.1.1 Estudo espacial das florestas

Como a floresta é um lugar em que a vegetação é dominada por árvores, o estudo espacial é parte fundamental do estudo das florestas. É por isso que os estudos quantitativos das florestas foram e são chamados até hoje de *levantamentos florestais*. Tradicionalmente, os levantamentos florestais começavam com o levantamento topográfico e planialtimétrico da floresta, visando a elaboração de mapas. Na verdade, a medição das árvores era um aspecto quase que secundário dos levantamentos florestais, o importante era conhecer as áreas das florestas, associando a elas uma estimativa de produção. O mensuracionista florestal era, em boa medida, um agrimensor.

Atualmente, os levantamentos florestais assumem a existência de mapas e informações espaciais a respeito da floresta a ser levantada, de modo que no mínimo um levantamento topográfico é tomado como etapa prévia ao levantamento florestal. O conhecimento espacial da floresta a ser estudada continua sendo fundamental e as diversas técnicas e métodos que se desenvolveram foram sendo incorporados aos levantamentos florestais. Inicialmente, eram apenas os levantamentos topográficos. Na década de 1950, o uso de fotografias aéreas se generalizou e as técnicas de *fotogrametria* foram incorporadas aos levantamentos florestais. Seguiu-se o uso de imagens de satélites para o estudo de grandes áreas e as técnicas de *sensoriamento remoto* e *interpretação de imagens* passaram a ser uma etapa inicial obrigatória nos levantamentos de florestas extensas. Mais recentemente, a *videografia* foi incorporada às técnicas de sensoriamento remoto, permitindo aumentar ainda mais a resolução espacial no estudo de florestas grandes ou pequenas.

Essas técnicas elevaram o estudo espacial das florestas de um mero levantamento de agrimensura, visando a confecção de mapas e a determinação da área da floresta, para um estudo complexo e detalhado da heterogeneidade espacial, com a possibilidade de classificação e delimitação espacial da variação estrutural e dos tipos de vegetação dentro de uma mesma floresta. As informações das diferentes técnicas são organizadas num sistema de banco de dados, em que se conserva a localização espacial de cada informação e, por isso, é chamado de SIG — Sistema de Informação Geográfica.

O aspecto espacial da floresta torna tais estudos uma ferramenta muito importante para os levantamentos florestais. Como esses temas têm organização conceitual e abordagem técnico-científica próprias, eles não são tratados neste livro. Contudo, um conhecimento desses temas, no mínimo, instrumental deve ser considerado essencial para qualquer profissional responsável por levantamentos e inventários florestais.

12.2 Formações vegetais

Os ambientes naturais são, em grande parte, definidos pelo tipo de vegetação que os ocupa, assim, é comum que eles também sejam designados como *formações vegetais*. A palavra *formação* indica que o conceito é, em essência, fisionômico logo, dada a dominância das árvores na determinação da aparência da vegetação, as formações vegetais são designadas em grande parte pelo fato de as árvores serem predominantes ou não na aparência da vegetação. Pode-se dizer que existem dois grandes grupos de formações vegetais: as formações *florestais* e as formações *não florestais*.

As formações não florestais são aquelas em que as árvores, embora possam estar presentes, não têm predominância na fisionomia da vegetação. Nas regiões tropicais, elas são chamadas de *savanas* e, nas regiões subtropicais e temperadas, são designadas como *estepes*, na Europa e Ásia, e como *prairie* ou *grassland*, na América do Norte. Os elementos dominantes nessas formações são as plantas herbáceas, predominantemente da família das gramíneas, com a presença mais esparsa de plantas arbustivas e arbóreas. Na região mais fria do globo próxima do Ártico, existe a formação não florestal chamada de *tundra*, que é dominada por plantas herbáceas perenes, plantas lenhosas anãs, briófitas e líquens. Nas regiões desérticas, surgem formações dominadas por plantas adaptadas ao estresse hídrico severo (xerófitas), que são designadas como *estepe desértica* ou *chaparral* (na América do Norte).

A presença de formações florestais e não florestais numa região está associada principalmente a dois gradientes ambientais — a disponibilidade de água no solo e o clima em termos de temperatura e de fotoperíodo como definidores de uma estação de crescimento — embora outros fatores ambientais, como a ocorrência de incêndios, naturais ou antrópicos, e a fertilidade do solo, possam influenciar. Dentre as diversas formas de vida, as árvores são mais exigentes em termos de disponibilidade de água e condições de temperatura para completar o seu ciclo de vida. Onde existe farta disponibilidade de água no solo e clima adequado, a vegetação será composta por formações florestais. À medida que a disponibilidade de água diminui ou as temperaturas se tornam menores, definindo estações de crescimento mais curtas, as formações florestais se tornam inicialmente de menor densidade, menor porte e menor diversidade, passando em seguida para formações com menor presença de árvores e finalmente para formações não florestais. Assim, é comum que exista uma série de subtipos das formações não florestais em razão de maior ou menor presença de árvores.

No Brasil, o gradiente de umidade no solo caracteriza a transição das florestas para o cerrado. Às vezes, a transição é abrupta, como no caso das matas de galeria que ocorrem ao longo dos cursos d'água nas regiões de cerrado típico no Brasil Central ou nas regiões de campos nos pampas gaúchos. Sendo um país quase que totalmente tropical, o gradiente de clima e estação de crescimento ocorre no Brasil apenas parcialmente em função da altitude dos terrenos, principalmente na região da Serra do Mar.

12.2.1 Classificação da vegetação brasileira

Nos levantamentos de florestas nativas, é comum se utilizar uma terminologia padrão para designar os diferentes tipos de florestas e demais formações vegetais. A classificação adotada pelo IBGE é provavelmente o sistema mais consistente e de uso mais amplo no Brasil. Assim, será apresentada uma versão mais breve e simplificada do *sistema primário*, destinado à classificação das formações vegetais nativas que não sofreram alterações antrópicas.

O sistema primário é um sistema de classificação *fisionômico-ecológico*, isto é, os critérios para classificação da vegetação são critérios relativos à fisionomia da vegetação e aos fatores ecológicos e ambientais que influenciam a vegetação. Contudo, critérios relativos à composição florística também são utilizados no sistema. O sistema primário descreve os *tipos de vegetação* ou *regiões fitogeográficas*, as *formações pioneiras*, as faixas de *tensão ecológica*, que são áreas de transição entre duas ou mais regiões fitoecológicas, e os *refúgios vegetacionais*.

Regiões fitoecológicas

Referem-se às formações vegetais que, segundo a teoria da sucessão ecológica, estariam em estado de clímax, isto é, numa área cuja estrutura e composição florística são estáveis.

Classes de formação. O sistema reconhece cinco *classes de regiões fitogeográficas* no Brasil: floresta, campinarana, savana, savana estépica e estepe. Nas florestas, as formas de vida predominantes são as árvores, enquanto que, nas demais classes, são as formas herbáceas e arbustivas. O Quadro 12.2 apresenta esquematicamente essas classes e suas subdivisões.

As *campinaranas* são as *caatingas do rio Negro*. Elas ocorrem no norte da Amazônia brasileira, mas também nos vales dos rios Orinoco e Branco, na Venezuela e Colômbia. Sua estrutura, composição e peculiaridade ecológica justificam a definição de uma classe de vegetação particular. A classe *savana* se refere às formações de cerrado, com seus variados subtipos que ocorrem em todo o Brasil.

A classe *savana estépica* se refere à caatinga do sertão árido do nordeste, e várias áreas no oeste e sul do Brasil que sofrem influência do *chaco boreal argentino-paraguaio-boliviano*, vegetação também denominada de *savana úmida chaquenha*. Embora sejam extremos opostos em termos de disponibilidade de água, esses dois conjuntos de área possuem um clima caracterizado pela *dupla estacionalidade*. No sertão árido do Nordeste, são dois períodos secos anuais, um período longo seguido de chuvas intermitentes e outro curto seguido de chuvas torrenciais que podem faltar durante anos. Já nas áreas sob influência do chaco, a dupla estacionalidade é resultado de um período frio de três meses com chuvas fracas que provoca seca fisiológica, seguido de um grande período chuvoso, com um mês de déficit hídrico. A classe *estepe* se refere às áreas da campanha gaúcha, com sua vegetação gramíneo-lenhosa, que possui semelhança fitofisionômica com as estepes do hemisfério norte.

Subclasses de formação. As classes de formação são subdivididas em *subclasses* segundo o tipo de clima e de déficit hídrico. O sistema de classificação reconhece apenas duas subclasses: a *ombrófila*, em que o clima não possui déficit hídrico, e a *estacional*, que corresponde aos climas com estação seca bem definida. Na prática, somente as florestas são subdivididas nessas duas subclasses, pois as demais classes de formação estão sempre associadas a um único tipo de clima.

Grupos de formação. A subdivisão seguinte são os *grupos de formação* e se referem ao comportamento fisiológicos das plantas da formação vegetal. As formações *higrófitas* possuem plantas com adaptação fisiológica e morfológica para ambientes úmidos, enquanto que as *xerófitas* apresentam predominantemente plantas com

Quadro 12.2 Apresentação simplificada do sistema primário de classificação da vegetação brasileira do IBGE: classificação das *regiões fitoecológicas*

	Formações		
Subclasses	**Grupos**	**Subgrupos**	**Propriamente ditas**
Clima/déficit hídrico	Fisiologia	Fisionomia	Relevo/altitude
Classe de formação floresta			
Ombrófila	Higrófita	Densa	Aluvial
			Terras baixas
			Submontana
			Montana
			Altomontana
		Aberta	Terras baixas
			Submontana
			Montana
		Mista	Aluvial
			Submontana
			Montana
			Altomontana
Estacional	Higrófita/Xerófita	Semidecidual	Aluvial
			Terras baixas
			Submontana
			Montana
	Higrófita	Decidual	Aluvial
			Terras baixas
			Submontana
			Montana
Classe de formação campinarana (campinas)			
Ombrófila	Higrófita	Florestada	Relevo tabular
		Arborizada	e/ou
		Gramíneo-lenhosa	depressão fechada
Classe de formação savana (cerrado)			
Estacional	Higrófita	Florestada	Planaltos tabulares
		Arborizada	e/ou
		Parque	planícies
		Gramíneo-lenhosa	
Classe de formação savana estépica (caatinga, chaco, campos de Roraima)			
Estacional	Xerófita/Higrófita	Florestada	Depressão interplanáltica
		Arborizada	arrasada nordestina
		Parque	e/ou depressões com
		Gramíneo-lenhosa	acumulações recentes
Classe de formação estepe (campanha gaúcha, campos meridionais)			
Estacional	Higrófita/Xerófita	Arborizada	Planaltos
		Parque	e/ou
		Gramíneo-lenhosa	pediplanos

Fonte: adaptado de IBGE (2012).

características morfológicas que indicam a sua capacidade de sobreviver e crescer em ambientes secos, suportando longos períodos de seca.

Subgrupos de formação. Os *subgrupos* de formação são a próxima subdivisão do sistema de classificação e são definidos novamente em função de características fisionômicas da vegetação. Nas florestas ombrófilas, essas características estão ligadas à densidade de árvores (densa e aberta) ou à presença abundante do pinheiro-do-paraná (*Araucaria angustifolia*, Araucariaceae) como única espécie de conífera a compor o dossel da floresta (floresta ombrófila mista). Já nas florestas estacionais, os subgrupos se referem à proporção de espécies arbóreas decíduas que compõem o dossel, que pode ser composto apenas por essas espécies (floresta estacional decidual) ou ser parcialmente composto por elas (floresta estacional semidecidual). Nas formações não florestais (campinarana, savana, savana estépica, estepe), os subgrupos são definidos pela abundância e porte das plantas lenhosas presentes na formação. A abundância e o porte tendem a decrescer na sequência dos subgrupos *florestada*, *arborizada*, *parque* e *gramíneo-lenhosa*, embora existam particularidades em cada classe de formação que tornam a interpretação dos subgrupos específica para cada uma delas.

Formações propriamente ditas. A última subdivisão do sistema são as *formações propriamente ditas*, que estão associadas ao relevo e à altitude. Nas formações não florestais, essa categoria é definida pelas particularidades geomorfológicas das regiões onde ocorre cada uma das formações, sendo, na prática, antes uma descrição geomorfológica do que uma subdivisão. No caso das florestas, o relevo e a altitude implicam de fato subtipos florestais. As florestas *aluviais* ocorrem nas planícies de inundação às margens dos cursos d'água, por isso estão sujeitas a inundações periódicas nos períodos de cheia dos rios. As categorias *terra baixa*, *submontana*, *montana* e *altomontana* indicam altitudes progressivamente maiores que influenciam tanto a fisionomia da floresta quanto a sua composição florística. Mas essas categorias não são definidas apenas por limites de altitude, pois as alterações no tipo de clima que ocorre com a altitude dependem também da latitude em que a floresta ocorre. Assim, esses tipos de floresta associados com a altitude são definidos por limites quantitativos de altitude (em metros) segundo faixas específicas de latitude. Por exemplo, a formação montana é definida entre os limites de altitude de 600 m a 2.000 m na faixa de latitude de 4° N a 16° S, de 500 m a 1.500 m na faixa de 16° S a 24° S e de 400 m a 1.000 m na faixa de 24° S a 32° S.

Esse sistema de classificação da vegetação primária faz com que o tamanho do nome de uma formação particular seja bastante variável entre os tipos de formações. A designação completa de uma floresta envolve sempre a classe, a subclasse, o subgrupo e a formação propriamente dita, por exemplo, floresta ombrófila densa das terras baixas ou floresta estacional semidecidual submontana. Já nas demais formações, o nome completo envolve apenas a classe e o subgrupo: campinarana arborizada, savana florestada (cerradão), savana estépica arborizada (caatinga) ou estepe gramíneo-lenhosa (campos dos pampas).

Áreas de formações pioneiras

As formações pioneiras são vegetações em que a sucessão ecológica ainda pode resultar em mudanças naturais na estrutura e na composição florística ao longo do tempo. O sistema de classificação reconhece três tipos:

- *Vegetação com influência marinha*: são normalmente conhecidas por restingas, sendo influenciadas pelas marés.
- *Vegetação com influência fluviomarinha*: são os manguezais e campos salinos, que ocorrem nos estuários ao longo da costa, sofrendo influência tanto dos rios quanto das marés.
- *Vegetação com influência fluvial*: também chamadas de comunidades aluviais, são formações vegetais que ocorrem nas planícies de inundação dos rios e cuja estrutura e composição se transforma à medida que a deposição de sedimentos altera a sua elevação em relação ao leito o rio. Um exemplo característico são os *caixetais*, que são formações florestais que ocorrem nos alúvios ao longo do litoral dos Estados de São Paulo e Rio de Janeiro, com grande variação de densidade de árvores, mas sempre com a predominância da caixeta (*Tabebuia cassinoides*, Bignoniaceae).

Áreas de tensão ecológica
São áreas de vegetação de transição entre duas ou mais formações florestais. Os *ecótonos* são vegetações de transição em que a transformação fisionômica normalmente não é evidente, mas cuja composição florística é uma mistura entre os tipos de vegetação. Já os *enclaves* são áreas disjuntas que se contactam onde as diferenças de fisionomia são geralmente evidentes, formando um mosaico de áreas encravadas de um tipo de vegetação em outro.

Refúgios vegetacionais (comunidades relíquias)
Considera-se um *refúgio ecológico* qualquer vegetação que difere floristicamente, e também fisionômico-ecologicamente, do contexto geral da flora dominante e das condições da vegetação clímax da região. Exemplos são as comunidades localizadas em altitudes acima de 1.800 m, nos cumes litólicos das serras (campos de altitude), e as áreas turfosas nos planaltos ou nas terras baixas (matas de turfa).

A Fig. 12.1 ilustra a localização das principais formações vegetais no Brasil. O nível de detalhamento do mapa é pequeno, uma vez que se trata de um mapa ilustrativo. As florestas são apresentadas no nível de *subgrupos de formação*, enquanto os demais tipos de formação vegetal são apresentados apenas no nível de *classe de formação*.

12.3 Silvimetria: mensuração de florestas

A primeira parte deste livro tratou da mensuração das árvores, enquanto que a segunda parte foi dedicada à mensuração dos arvoredos. Nesta parte, o tema é a *mensuração das florestas*. Mas, se as florestas são *lugares no espaço*, as únicas medidas propriamente ditas que delas se pode tomar são espaciais, isto é, medidas topográficas e geográficas. Contudo, como foi dito anteriormente, atualmente os levantamentos florestais têm como premissa que tais informações já são conhecidas antes do levantamento ser planejado e executado.

As informações sobre a floresta, que são o objetivo dos levantamentos florestais, são obtidas pela *medição* dos arvoredos que compõem a floresta. Se fosse possível *medir todos* os arvoredos da floresta, os levantamentos florestais seriam realizados por meio do *censo*, isto é, a simples e pura medição de todas as árvores e arvoredos. Mas o censo é praticável somente no caso de pequenos povoamentos florestais. A regra dos levantamentos florestais é medir *alguns* arvoredos e, com base neles, obter as informações desejadas a respeito de toda a floresta, ou seja, o procedimento padrão dos levantamentos consiste em realizar uma *amostragem* da floresta. Como apenas uma amostra da floresta é efetivamente medida, as informações geradas pelos levantamentos florestais não são propriamente medidas da floresta, mas *estimativas*. O conceito de estimativa é desenvolvido com um pouco mais de profundidade no Apêndice B, juntamente com o conceito de *predição*. Assim, o objetivo de um levantamento florestal é caracterizar a estrutura, a composição e a quantidade e a qualidade de recursos de uma floresta na forma de estimativas que possam ser associadas à área dessa floresta, isto é, à região do espaço ocupado pela floresta. O conhecimento da floresta como região do espaço e a obtenção de estimativas confiáveis são indissociáveis.

Para utilizar um termo tradicionalmente associado aos levantamentos florestais e para manter a coerência terminológica com a duas primeiras partes deste livro, a obtenção de informações sobre a floresta será designada como Silvimetria, isto é, mensuração de florestas. A Silvimetria engloba, portanto, todos os tipos de levantamentos e de inventários florestais.

Silvimetria. No latim clássico, a palavra para designar floresta é *silva/silvæ*. A expressão *metria* deriva do substantivo *metrum/metri* que significa medida.

A apresentação da Silvimetria se inicia com a exposição dos conceitos básicos que fundamentam o seu desenvolvimento (Cap. 13). Segue-se o Cap. 14, no qual os métodos básicos de obtenção de estimativas da floresta são tratados, e o Cap. 15, que trata dos métodos em que medidas auxiliares são utilizadas para se obter as informações quantitativas desejadas com maior precisão. O acompanhamento de informações sobre a floresta ao longo do tempo é discutido no Cap. 16.

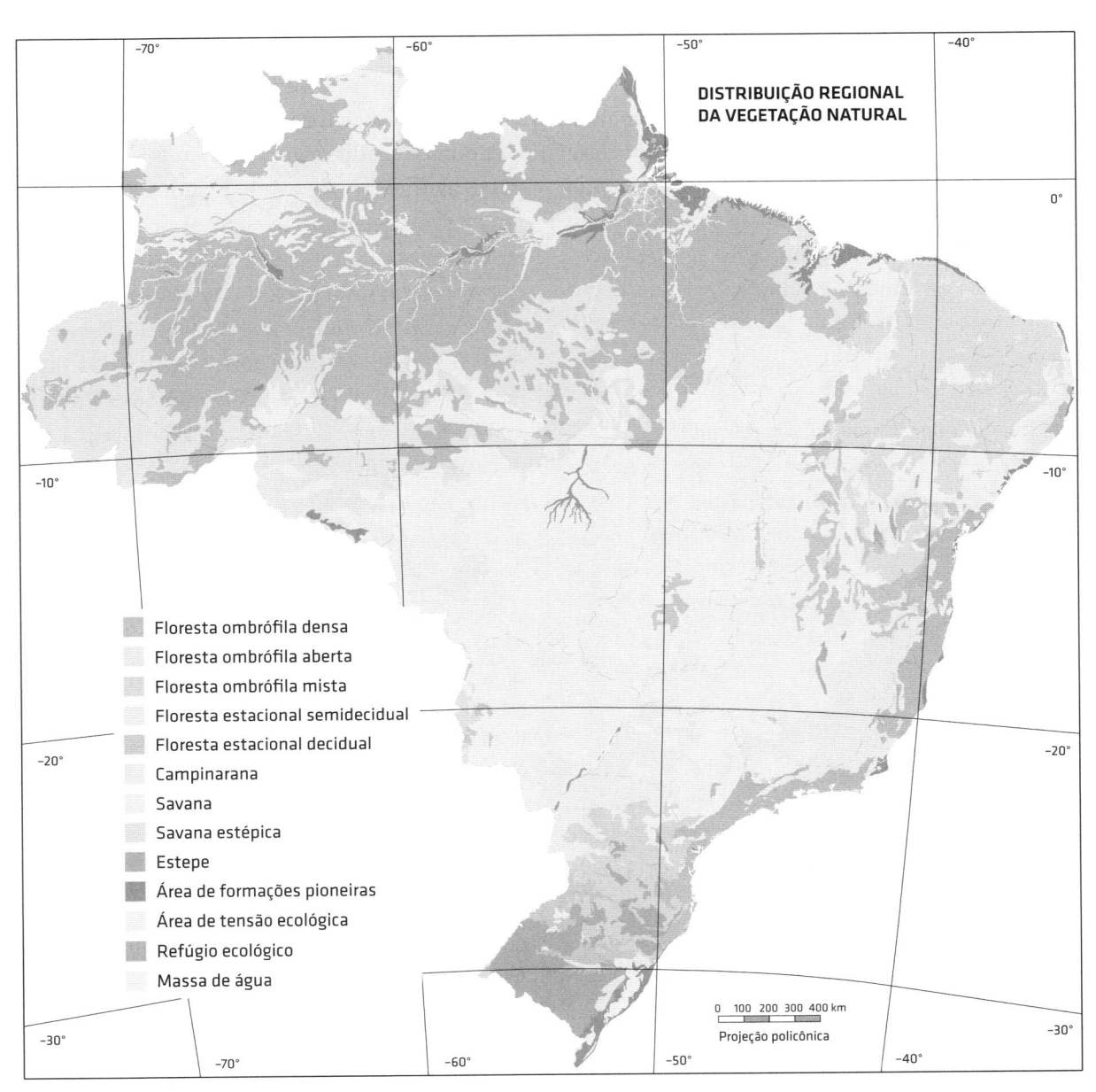

Fig. 12.1 Mapa da distribuição regional da vegetação natural no Brasil. As florestas são apresentadas no nível de *subgrupos de formação*, enquanto os demais tipos de formação vegetal são apresentados apenas no nível de *classe de formação* (versão colorida - ver prancha 7, p. 378)

Fonte: IBGE (2012).

Sugestões bibliográficas

Sobre o *Épico de Gilgamesh* e a importância das florestas na história mundial, a melhor referência é o livro de Perlin (1992), *História das florestas: a importância da madeira no desenvolvimento da civilização*. Sobre o mapeamento das florestas e o uso de sensoriamento remoto, o livro de Sanqueta et al. (2006) traz o capítulo "Mapeamento em inventários florestais", que é dedicado ao tema. Para mais detalhes sobre o sistema de classificação da vegetação brasileira, veja o "Manual técnico da vegetação brasileira", do IBGE na sua publicação original (1992) ou na sua segunda edição revisada e ampliada (2012).

Quadro de conceitos

Conceitos básicos	Conceitos desenvolvidos
conceito de floresta	região do espaço
	espaço delimitado
	ambiente dominado por árvores
	conceito espacial
	conceito fisionômico
	área mínima
	vegetação nativa
	vegetação antrópica
	tipos de floresta
estudo espacial das florestas	levantamentos topográficos
	sensoriamento remoto
	SIG
formações vegetais do mundo	formações florestais e formações não florestais
	savanas
	estepes
	prairie ou *grassland*
	tundra
	estepe desértica ou chaparral
classificação da vegetação brasileira	sistema primário
	classificação fisionômico-ecológica
	região fitogeográfica
	formações pioneiras
	regiões de tensão ecológica
	refúgios vegetacionais
	categorias da classificação das regiões fitogeográficas
	floresta ombrófila
	floresta estacional semidecidual
	floresta estacional decidual
	floresta montana
	campinarana
	savana
	savana estépica
	estepe
silvimetria	medidas *versus* estimativas

capítulo 13
Fundamentos de silvimetria

Os conceitos básicos necessários ao planejamento e execução dos levantamentos e inventários florestais se baseiam na *teoria da amostragem*, uma teoria matemática que utiliza o conceito probabilístico de representatividade para obter medidas de incerteza das informações quantitativas produzidas por meio da amostragem. Tradicionalmente, os fundamentos da Silvimetria são, em grande parte, os conceitos da teoria da amostragem aplicados aos problemas específicos dos levantamentos florestais. Contudo, tem ocorrido crescente uso de levantamentos florestais como método para se testar hipóteses sobre certos fenômenos naturais que não se pode pesquisar por meio de experimentos. Certos levantamentos florestais têm combinado a teoria da amostragem com conceitos básicos de experimentação e de Estatística Experimental. Exemplos dessa combinação são as pesquisas sobre o impacto das operações silviculturais de colheita de madeira sobre a floresta, sobre fragmentação florestal e as pesquisas de ecologia de paisagens em geral. A combinação, que nem sempre tem sido criteriosa, é por si só problemática e conflitante se os aspectos amostrais e os aspectos experimentais não forem conceitualmente harmonizados.

Este capítulo trata primeiramente dos conceitos básicos para se testar hipóteses por meio de estudos experimentais e estudos observacionais (levantamentos), construindo um quadro de referência para se entender os diversos tipos de levantamentos florestais, desde os levantamentos descritivos até os levantamentos que visam avaliar o impacto das intervenções antrópicas nas florestas. Em seguida, são apresentados os conceitos fundamentais da teoria da amostragem necessários ao planejamento e execução dos levantamentos florestais.

13.1 Experimentos e levantamentos

Na perspectiva do teste de hipóteses científicas, a diferença entre *experimentos* e *levantamentos* está associada ao estudo de *fenômenos controláveis* e *fenômenos não controláveis*. Na realidade, nenhum fenômeno natural é controlável na sua totalidade conforme ocorre em situações naturais, pois os *fatores* que atuam em qualquer fenômeno natural não são enumeráveis, sendo, portanto, impossível controlá-los todos. A ideia de experimento implica uma simplificação das condições originais em que o fenômeno ocorre. Nessa simplificação, alguns poucos fatores são controlados, sendo designados *fatores experimentais*, enquanto se procura gerar um ambiente, de laboratório ou de campo experimental, em que os demais fatores, que não são de interesse na pesquisa, permaneçam constantes, isto é, sem alterações que interfiram nos resultados observados no experimento. Obviamente, a condição de constância em que os fatores sem interesse experimental são mantidos no experimento é determinada arbitrariamente pelo pesquisador. Assim, os *fenômenos controláveis* correspondem, na realidade, a hipóteses científicas que podem ser testadas nas condições simplificadas de um experimento. Os *fenômenos não controláveis*, por outro lado, correspondem a hipóteses que não podem ser testadas em condições experimentais.

O exemplo clássico de experimento de fenômeno controlável são os *ensaios de adubação* em culturas agrícolas e florestais. Suponha-se que se deseja saber a magnitude do efeito da adubação de plantio com nitrogênio sobre o crescimento de uma dada espécie florestal. O experimento consistirá em se tomar um campo experimental e homogeneizá-lo o máximo possível por meio de calagem, igual adubação dos demais nutrientes, preparo de solo e plantio das mudas. O único elemento que será variável será a adubação nitrogenada (fator experimental), que será aplicada em várias doses repetidas para diferentes conjuntos de plantas. Se forem observadas diferenças no crescimento e na produção das plantas, o único fator que poderá ser responsável por isso será a adubação nitrogenada, uma vez que todos os demais fatores foram mantidos constantes no experimento.

Um exemplo de hipótese que não pode ser testada por experimento é a teoria do distúrbio intermediário. Essa teoria afirma que, numa dada floresta nativa, as áreas de maior diversidade de espécies são aquelas sujeitas a uma frequência e severidade de distúrbios naturais que é intermediária entre os extremos de distúrbios raros e de baixa severidade e distúrbios muito frequentes e de alta severidade. Não há como testar tal hipótese num experimento, pois, nesse caso, a condição que deveria ser perfeitamente uniforme é a floresta nativa e o fator a ser controlado são os fenômenos naturais que resultam em distúrbios, como queda de árvores, tempestades, incêndios naturais, furacões, terremotos etc.

13.1.1 Experimentos e inferência forte

Voltando ao exemplo de experimento de adubação nitrogenada, depois que o campo experimental for devidamente homogeneizado, sua área será subdivida em subáreas que receberão as diferentes doses de nitrogênio. Cada subárea é chamada de *unidade experimental* e as doses de nitrogênio são designadas como *níveis* do fator experimental (adubação nitrogenada). Se o experimento de adubação utilizar três níveis de nitrogênio, 0, 1 e 2 doses, o fator adubação terá três níveis. A palavra *nível* sugere uma relação quantitativa, mas também é utilizada para fatores experimentais qualitativos. Num ensaio de comparação do crescimento de diferentes clones de eucalipto, cada clone é um *nível* do fator experimental clones de eucalipto.

Os níveis dos fatores experimentais também são chamados genericamente de *tratamentos*. O experimento de adubação nitrogenada mencionado anteriormente tem um fator com três níveis e, por isso, possui três tratamentos. Tome-se um experimento de adubação com dois fatores, nitrogênio e fósforo, cada fator com três níveis (0, 1 e 2), nesse caso, o experimento tem nove tratamentos: três níveis de nitrogênio vezes três níveis de fósforo. Assim, nos experimentos com dois ou mais fatores, os tratamentos experimentais são todas as combinações dos níveis de cada fator. Tais experimentos são ditos *experimentos fatoriais*.

Cada nível de um fator experimental implica um dado grau ou tipo de intervenção do pesquisador controlando a ação do fator experimental. Mas alguns níveis implicam a não intervenção, por exemplo a dose 0 (zero) do experimento de adubação nitrogenada, ou a dose 0 nitrogênio e 0 fósforo, no experimento fatorial de adubação nitrogênio-fósforo. Esse tratamento é chamado de *tratamento controle*. Todo tratamento experimental que, no contexto do tema da pesquisa, implica uma não intervenção do pesquisador é um tratamento controle.

Cada unidade de observação dos efeitos dos tratamentos num experimento é chamada de *unidade experimental* e, consequentemente, cada unidade experimental recebe um único tratamento. A unidade experimental pode ser uma única planta ou árvore, pode ser um grupo de plantas ou árvores ou pode ser uma área da floresta plantada ou nativa, como uma parcela ou mesmo um povoamento florestal inteiro, com um número variável de árvores.

Princípios experimentais

O planejamento e execução de um experimento deve seguir três princípios fundamentais. O primeiro deles é o *princípio da repetição* e implica que cada tratamento experimental deve ser repetido, isto é, ao menos *duas unidades experimentais* devem receber o mesmo tratamento. Como o ambiente do experimento, campo experimental ou laboratório foi homogeneizado e todos os fatores não experimentais são mantidos constantes, duas unidades experimentais que receberam o mesmo tratamento são, em princípio, idênticas e, por isso, são chamadas de *repetições*. Quando os princípios experimentais foram propostos, a palavra originalmente usada no inglês foi *replication*, que tem o sentido de replicar, ou seja, produzir réplicas. Mas, no português, a palavra que ficou consolidada foi *repetição*.

Para se equilibrar o experimento, todos os tratamentos devem ter o mesmo número de repetições e quanto maior o número de repetições num experimento, maior segurança se terá da observação do efeito de cada tratamento. A repetição permite quantificar a incerteza experimental, pois as diferenças observadas entre repetições de um mesmo tratamento são diferenças que não podem ser explicadas pelo experimento.

O segundo princípio experimental é o *princípio da aleatorização*, que estabelece que a escolha das unidades experimentais que receberão cada tratamento deve ser realizada por um processo completamente aleatório. Esse princípio é importante porque por mais rigoroso que seja o processo de homogeneização do ambiente experimental ele nunca é perfeito, principalmente quando realizado num campo experimental. Certa heterogeneidade natural sempre existirá entre as unidades experimentais. Se o pesquisador escolher arbitrariamente como aplicar os tratamentos nas unidades experimentais, ele pode gerar a situação em que unidades experimentais naturalmente diferentes sejam alocadas como repetições a tratamentos diferentes, ampliando ou mascarando os efeitos dos tratamentos.

O terceiro princípio é o *princípio do controle local* e está ligado ao processo de homogeneização do ambiente experimental. Esse princípio estabelece que se uma homogeneidade mínima não puder ser garantida em toda a área experimental, essa deverá ser subdividida em subáreas nas quais a homogeneidade interna pode ser garantida. Todos os tratamentos deverão estar igualmente representados em todas as subáreas do campo experimental. Esse procedimento é às vezes chamado de *blocagem*, pois essas subáreas são denominadas *blocos experimentais*.

O exemplo clássico de controle local é a instalação de um experimento de campo numa encosta íngrime, onde a disponibilidade de água e a fertilidade mudam com a cota no terreno. Nessa situação, a área experimental é subdividida em blocos que formam faixas de aproximadamente mesma cota na encosta, de modo que a heterogeneidade de água e a fertilidade sejam menores dentro de cada bloco.

Inferência forte

Quando uma hipótese é testada em condições experimentais cuidadosamente planejadas e executadas, o resultado do experimento é chamado de *inferência forte*. Essa expressão significa que se forem observadas diferenças entre os tratamentos, então tem-se uma grande confiança de que elas realmente existam. Por outro lado, se não forem observadas diferenças entre os tratamentos, também há uma grande confiança de que elas não existam. A força da inferência é a confiança no *realismo* do resultado experimental observado.

A força da inferência experimental vem de condições de homogeneidade-controle do experimento. Nas condições experimentais, a hipótese científica pode ser verificada com muita segurança e, portanto, os resultados dos experimentos são altamente confiáveis. Mas, paradoxalmente, as condições experimentais são uma simplificação das condições naturais, o que implica uma redução do realismo do fenômeno efetivamente observado no experimento.

Não é incomum que experimentos sejam frustrantes ou contraditórios. Por exemplo, resultados de bons ensaios de adubação de florestas podem não se mostrar ou se mostrar inexpressivos nas condições de plantios comerciais. Isso pode ocorrer por diversas razões. As condições experimentais podem apresentar condições radicalmente diferentes das condições das operações rotineiras de plantio, seja pela homogeneidade até certo ponto artificial do campo experimental, seja pelo alto grau de controle das operações de campo durante a implantação do experimento. Mesmo que as condições experimentais não sejam muito diferentes das condições de operações florestais rotineiras, existe ainda a possibilidade de que as condições climáticas durante os anos em que o experimento foi acompanhado sejam diferentes das condições climáticas nos anos subsequentes quando o resultado do experimento passa a ser aplicado nas operações rotineiras. Por mais que um experimento de campo possa ser controlado, as condições climáticas sob as quais ele acontece nunca são controláveis. Por isso, não é impossível que um mesmo experimento conduzido em épocas diferentes gere resultados diferentes.

A força da inferência experimental, portanto, não é algo que se sustenta a si própria ou na robustez teórica do método experimental. Ela se sustenta na premissa de que as condições experimentais são condições razoáveis e realistas. Sendo essa premissa válida, os resultados experimentais são altamente confiáveis.

13.1.2 Levantamentos e inferência fraca

Ao contrário dos experimentos, nos levantamentos florestais, o pesquisador não tem controle sobre nenhum dos fatores que atuam sobre o fenômeno estudado, nem mesmo sobre os fatores de interesse da pesquisa. O fenômeno é estudado como ele acontece, com um mínimo de intervenção por parte do pesquisador. A virtude dos levantamentos é sua capacidade de *descrever* qualitativa e quantitativamente os fenômenos da maneira como eles ocorrem naturalmente.

A ausência de controle implica que se o pesquisador desejar testar hipóteses com base nos resultados dos levantamentos, a confiabilidade do teste será bem menor que a confiabilidade do teste baseado num experimento. Por isso, nos casos dos levantamentos florestais, a inferência sobre as hipóteses científicas é chamada de inferência fraca.

Suponha-se o seguinte exemplo: num estudo da diversidade de espécies arbóreas em fragmentos florestais de diferentes tamanhos numa dada região, o pesquisador pode chegar à conclusão de que o tamanho do fragmento influencia a diversidade. Essa conclusão, embora se baseie na observação do fenômeno natural, descrito apropriadamente e sem as simplificações de um experimento, não é tão confiável quanto uma conclusão experimental. Mesmo que um grande número de fragmentos florestais seja levantado no estudo, o que aumentará a qualidade da descrição do fenômeno, a conclusão continuará tendo força de inferência menor que a inferência baseada num experimento.

A inferência fraca de qualquer estudo baseado em levantamentos resulta do fato de que os procedimentos e princípios experimentais não podem ser aplicados. Por exemplo, no estudo mencionado, o *fator experimental* é o tamanho de fragmento florestal. Não é possível que o pesquisador sorteie alguns fragmentos na região e *aplique a eles o tamanho de 10 ha*, isto é, não é possível que ele especifique o nível do fator *tamanho* para cada fragmento. Ou seja, o procedimento no qual o pesquisador determina que tratamento cada unidade experimental recebe não pode ser executado. O que o pesquisador faz é sortear fragmentos de modo que o seu levantamento inclua fragmentos de diferentes tamanhos que englobem toda a amplitude de tamanhos observados na região. Idealmente, os fragmentos serão sorteados de maneira que as classes de tamanho estejam igualmente representadas no levantamento.

Por outro lado, dois fragmentos na mesma classe de tamanho não podem ser considerados *repetições* de um mesmo tratamento. O princípio da repetição simplesmente não se aplica. O que se tem é que, em cada classe de tamanho, isto é, dentro de cada tratamento, são observados vários fragmentos, cada qual com suas particularidades e, consequentemente, com muitas diferenças naturais e não controláveis entre si.

Também os princípios da aleatorização e do controle local não podem ser aplicados, pois como o pesquisador não pode determinar o tratamento de cada unidade, ele não pode fazê-lo nem de modo aleatório, nem subdividindo a área experimental (região em que ocorre o estudo). Há uma grande possibilidade de que os diferentes tamanhos de fragmento estejam fortemente associados a condições edáficas e geomorfológicas. Em paisagens agrícolas, a maior parte dos terrenos férteis e planos é convertida à agricultura e os fragmentos florestais remanescentes tendem a ser pequenos. Já os terrenos de baixa fertilidade e relevo íngreme frequentemente permanecem com sua cobertura vegetal original, formando fragmentos florestais maiores. O próprio processo de fragmentação florestal é um impedimento à aplicação desses princípios experimentais.

13.1.3 Tipos de levantamentos florestais

Embora os levantamentos florestais estejam restritos à inferência científica fraca, eles são de grande utilidade não só na descrição dos fenômenos naturais que ocorrem nas florestas, mas também na comparação e na análise desses fenômenos visando o teste de hipóteses. Por isso, existem vários tipos de levantamentos florestais em função de seus objetivos serem descritivos, comparativos ou analíticos.

Levantamentos descritivos

Os levantamentos florestais descritivos têm como objetivo a descrição qualitativa e quantitativa de *uma* floresta em particular. Quando a descrição é focada nas informações quantitativas dos recursos da floresta, como a produção de madeira, esses levantamentos são chamados de *inventários florestais*. No caso de florestas nativas, os levantamentos que procuram descrever uma área florestal em particular são frequentemente chamados de *levantamentos ecológicos*, quando o objetivo é descrever a estrutura florestal ou avaliar o grau de degradação da floresta, e de *levantamentos florísticos*, quando o foco principal é a composição florística. Como o objetivo dos inventários florestais é fornecer informações quantitativas para valoração e/ou manejo das florestas, existe uma grande variedade de métodos silvimétricos apropriados à sua implementação, visando alcançar a máxima eficiência de custo possível em cada situação particular.

Levantamentos comparativos

O objetivo dos levantamentos comparativos é comparar duas ou mais florestas ou duas ou mais áreas dentro de uma mesma floresta que são consideradas tipos florestais diferentes, segundo critérios ecológicos ou silviculturais. Enquanto no levantamento descritivo o objetivo é geralmente estimar uma medida quantitativa de uma floresta, nos levantamentos comparativos se busca verificar se medidas quantitativas estimadas em florestas (ou tipos florestais) distintas(os) podem ser consideradas efetivamente diferentes. Por exemplo, um típico levantamento comparativo seria aquele em que se deseja saber se, numa área, as florestas nas várias posições do relevo (fundo de vale, encosta e topo de colina) possuem taxas de crescimento e mortalidade diferentes. O objetivo não é apenas estimar com precisão as taxas, como num levantamento descritivo, mas verificar se as taxas estimadas para os tipos florestais devem ser consideradas como sendo efetivamente distintas.

Como nos levantamentos descritivos, os resultados obtidos num levantamento comparativo não podem ser extrapolados para além das florestas que foram levantadas de fato. No exemplo anterior, se forem observadas taxas de crescimento distintas para florestas nas várias posições do relevo, não se pode concluir que *a posição do relevo influencia o crescimento de* qualquer *floresta*. A única conclusão possível é que, na área florestal levantada, as florestas em posições diferentes têm crescimento diferente. O interesse prático dos levantamentos comparativos está, portanto, restrito à área florestal ou aos tipos florestais estudados.

A confusão conceitual é formada quando se utiliza o jargão experimental. Nos levantamentos comparativos, os *tratamentos* são as próprias florestas ou situações particulares sendo comparadas. Não se trata, obviamente, de *tratamentos experimentais*, pois uma dada floresta ou situação particular não pode ser replicada e, consequentemente, não pode haver *repetições*. Mas o uso de expressões e palavras típicas do jargão experimental, como *tratamentos* e *repetições*, pode induzir o profissional florestal à aplicação da análise experimental dos dados, o que é absolutamente inapropriado.

Na literatura de ecologia florestal, é comum se utilizar a expressão *pseudorrepetição* para designar as unidades de observação de estudos que, em essência, são levantamentos comparativos. O fato de as repetições serem *falsas* tornaria inválidas as análises estatísticas experimentais realizadas nesses casos. Contudo, não se trata nem mesmo de *experimentos* e, consequentemente, nem de *repetições falsas*.

O fato de os levantamentos comparativos não serem experimentos não impossibilita que sejam realizadas comparações estatísticas entre as florestas ou entre situações particulares. Mas as comparações estatísticas não terão a forma nem a interpretação da comparação dos tratamentos de uma análise experimental. Elas serão comparações de *estimativas* dos parâmetros populacionais das várias florestas ou situações particulares sob estudo.

Levantamentos analíticos

Os levantamentos analíticos se distinguem dos levantamentos descritivos e comparativos porque o seu foco não são florestas ou áreas florestais particulares, mas avaliar a relevância de um ou mais fatores ambientais (no sentido experimental da palavra) que atuam sobre as florestas de uma grande região.

Considere-se o exemplo em que se deseja avaliar se a taxa de crescimento de floresta *Pinus elliottii* (Pinaceae) é influenciada pela orientação de face dos terrenos (norte, sul, leste e oeste) na região sudoeste do Paraná. Inicialmente, será necessário um pré-levantamento de todas as áreas de floresta de *P. elliottii* na região, visando mapeá-las e identificar dentro das florestas as orientações de face. Será necessário também classificar as florestas em função de fatores secundários que influenciam a taxa de crescimento, como a densidade de estande e a idade. Com base nesse pré-levantamento, o levantamento propriamente dito poderá ser executado, selecionando-se aleatoriamente em cada classe de orientação de face um certo número de florestas. Esse exemplo deixa claro que, nos levantamentos analíticos, o objetivo não é descrever ou comparar florestas particulares, mas avaliar a relevância de um dado fator (orientação de face do terreno) sobre um atributo das florestas (taxa de crescimento).

Os levantamentos analíticos têm estrutura bem mais complexa que os descritivos e comparativos, mas a estrutura ainda não é experimental. Nos levantamentos analíticos, é possível se analisar a importância de um dado fator, como a orientação de face do terreno, e garantir que cada nível do fator pesquisado, face norte, por exemplo, é idêntico nos diversos arvoredos (unidades de observação) em que o nível é nominalmente o mesmo. Isto é, todos os arvoredos com terreno face norte têm de fato o mesmo nível do fator orientação de face. Contudo, a estrutura ainda não é experimental porque os fatores de influência não pesquisados não são controláveis e não é possível garantir a sua homogeneidade. Por exemplo, não é possível garantir que todos os arvoredos em terrenos de face norte têm a mesma densidade de estande ou a mesma idade. Ou seja, não é possível se ter um controle completo sobre os demais fatores de influência, além do fator experimental, para uniformizá-los nos arvoredos que têm um mesmo *tratamento*.

Os três tipos de levantamento podem aplicar os mesmos métodos silvimétricos, mas os levantamentos analíticos têm a exigência adicional de que os fatores a serem estudados devem ser considerados no planejamento do estudo, identificando-os nas florestas da região onde o estudo é realizado. Essa operação pode ser realizada previamente, como no exemplo visto, em que foi feito um pré-levantamento, ou pode ser implementada para alguns fatores simultaneamente ao levantamento propriamente dito. Nesse segundo caso, o instrumental quantitativo a ser utilizado será bem mais complexo, exigindo maior familiaridade dos pesquisadores com a teoria da amostragem.

Levantamentos de impacto

Os levantamentos de impacto têm por objetivo investigar os efeitos de eventos não controláveis ou que, quando é possível um certo controle sobre o evento, não podem ser repetidos como se fosse um tratamento experimental. Logo, esses eventos não podem ser estudados em experimentos. Exemplos de eventos não controláveis são os resultantes de intempéries naturais, como tempestades e fortes vendavais que danificam as árvores, incêndios ou inundações naturais, deslizamento de encostas e ocorrência de pragas e doenças. Exemplos de eventos em que há certo grau de controle, mas não há a possibilidade de repetição, são as intervenções silviculturais e de manejo florestal, por exemplo: a colheita florestal com seu impacto sobre a regeneração e o crescimento das árvores remanescentes nas florestas nativas, as alterações na qualidade da água numa bacia hidrográfica que sofreu corte raso e a influência da colheita dos frutos de uma espécie florestal (como o palmiteiro-juçara — *Euterpe edulis*, Arecaceae) sobre a dinâmica da população dessa espécie na floresta.

Dois aspectos são característicos dos levantamentos de impacto. O primeiro é que frequentemente o interesse não está no impacto como um conceito abstrato de fator de influência sobre as florestas em geral, mas sim no impacto como um fator que influencia uma dada floresta em *particular*. Por exemplo, se uma comunidade tradicional pretende obter receita com a polpa dos frutos do palmiteiro-juçara, não basta concluir que a colheita não tem influência negativa sobre as populações de juçara em geral. O importante é saber que *aquela população de juçara* particular, que terá seus frutos colhidos pela comunidade tradicional, não será negativamente influenciada. Esse é um dos aspectos que impossibilita a repetição do estudo de impacto: comunidades tradicionais diferentes e florestas diferentes não podem ser tomadas como repetição, pois o aspecto particular do estudo é fundamental.

O segundo aspecto é que os efeitos do impacto serão sentidos ao longo do tempo, consequentemente, os levantamentos de impacto implicam não um levantamento numa única ocasião, mas o *monitoramento* dos efeitos do impacto. Mas, se as condições da floresta *antes* do impacto não forem conhecidas, não é possível avaliar os efeitos do impacto *após* a sua ação. Logo, os levantamentos de impacto implicam o monitoramento da floresta *antes e depois* do impacto a ser estudado. Isso faz com que os levantamentos de impacto sejam os levantamentos mais complexos, pois devem considerar a observação da floresta tanto no espaço quanto no tempo. Esse tema é tratado no capítulo sobre monitoramento silvimétrico (Cap. 16).

13.2 Fundamentos de teoria da amostragem

A teoria da amostragem é essencial para os levantamentos florestais, porque eles, via de regra, são implementados por meio da amostragem dos arvoredos da floresta. Somente em pequenas áreas florestadas ou diminutas plantações de árvores é possível realizar o censo, isto é, observar e medir todos os arvoredos e todas as árvores. Como a definição operacional de floresta apresentada toma a área mínima de uma floresta como sendo 1 ha, o censo é raramente possível, praticável ou desejável.

Em grandes florestas, o censo é impossível, pois a quantidade de trabalho e o tempo necessário à sua realização são incomensuráveis. Em florestas de tamanho médio, o censo é impraticável, pois a sua realização implica custos muito maiores que qualquer orçamento realista. Mas, mesmo em florestas pequenas, o censo não é desejável, pois quando um grande número de medições é realizado o acúmulo dos erros de medição pode resultar em incerteza maior que a incerteza gerada pela amostragem. Por isso, a regra geral nos levantamentos florestais é utilizar os métodos silvimétricos, os quais são, em essência, métodos de amostragem.

Base conceitual dos métodos silvimétricos

Os métodos silvimétricos, como todos os métodos técnico-científicos, possuem duas bases: a base empírica e a base teórica. A sua base empírica é constituída pelos problemas práticos que motivam a realização dos levantamentos e também as particularidades botânicas, ecológicas e silviculturais das florestas que são estudadas. Essa base empírica é construída com base nas informações técnicas e científicas sobre as florestas, mas também em função das observações e percepções pessoais dos profissionais que realizam o levantamento. A base teórica é a própria teoria da amostragem, que é formada por um conjunto de conceitos matemáticos e probabilísticos que permite determinar a incerteza associada às informações obtidas nos levantamentos florestais. O planejamento e a implementação dos levantamentos florestais são um problema prático e, portanto, exigem tanto o conhecimento empírico das florestas quanto o conhecimento teórico dos conceitos de amostragem, pois essas formas de conhecimento são complementares.

A teoria da amostragem, no entanto, é em essência um desenvolvimento matemático e probabilístico que parte de um problema central que é a busca de informações sobre um *todo* — a *população* — por meio do conhecimento de uma *parte desse todo* — a *amostra*. Sendo uma teoria matemática, o conhecimento profundo da teoria da amostragem requer uma sólida base dessa ciência. Na sequência, são apresentados os conceitos básicos dessa teoria, recorrendo-se ao conhecimento matemático mínimo necessário à sua compreensão. Trata-se, portanto, de uma apresentação bastante simplificada, na qual se apela mais ao pensamento analógico do leitor que ao pensamento lógico-dedutivo característico dos desenvolvimentos matemáticos.

13.2.1 População-alvo e população matemática

Lançando-se mão de uma analogia, pode-se dizer que o conceito de *população* é uma *ponte conceitual* que é uma *via de mão dupla*. Ela permite passar do problema prático de se obter informações a respeito de uma dada floresta para a teoria da amostragem, ou, fazendo o trajeto no sentido inverso, da teoria da amostragem para o problema prático.

Na verdade, esse trânsito se dá entre *duas* populações. Uma delas é a floresta ou área florestal que é o objeto do levantamento florestal. Independentemente de se tratar de uma formação vegetal, como uma floresta nativa, ou de uma plantação de árvores que se torna floresta à medida que as árvores crescem, ela é uma realidade material. A floresta é um lugar onde se pode entrar e caminhar e que pode ser localizado e delimitado. Em todo bom levantamento florestal, a floresta é sempre adequadamente representada por um mapa ou por um conjunto de mapas organizados num SIG (Sistema de Informação Geográfica). A floresta, a área florestada ou ainda a região florestal que é o objeto de um levantamento florestal será designada como *população-alvo*.

A segunda população é a população tratada pela teoria da amostragem. Nesse caso, a população é um conceito abstrato representado por um conjunto numérico, que pode ser de tamanho finito ou infinito. Sendo um conjunto numérico, ele possui certas propriedades matemáticas básicas que são conhecidas e, portanto, pode ser adequadamente manipulado pelas operações do cálculo de probabilidades. Esse conjunto numérico, que é uma população abstrata e matemática, será designado como *população matemática*.

Construção da população matemática

Desenvolvendo um pouco mais a analogia citada, pode-se dizer que o levantamento florestal é o conjunto de procedimentos que *constrói a ponte* entre a população-alvo e a população matemática. Ao se planejar o levantamento florestal se está *elaborando o projeto da ponte* entre a floresta que é objeto do estudo (população-alvo) e o conjunto numérico da teoria da amostragem (população matemática). Quando se implementa o levantamento, indo até a floresta, instalando os arvoredos, medindo as árvores e tabulando os dados, se está efetivamente *construindo a ponte*. Por fim, o trabalho de analisar os dados, realizando os cálculos para gerar as informações desejadas e interpretá-las, já é *transitar sobre a ponte*.

Medida de interesse. O primeiro passo para *elaborar o projeto da ponte* é definir quais são as informações que se deseja obter da floresta, quais são as medidas de interesse. Nos inventários florestais, cujo objetivo é quantificar a produção da floresta, a medida de interesse é geralmente a produção de madeira em termos de volume ($m^3 \cdot ha^{-1}$) ou de biomassa ($Mg \cdot ha^{-1}$). Nos levantamentos ecológicos, é comum que se busque uma caracterização da floresta em termos de densidade de estande, área basal e distribuição de *DAP*. Os valores da medida de interesse que ocorrem na floresta levantada (população-alvo) constituem o conjunto numérico que é a população matemática. Logo, cada medida de interesse constitui uma população matemática diferente. Por exemplo, se o interesse é a produção em termos de biomassa lenhosa, a população matemática será constituída por números reais não negativos, cujos limites inferior e superior não podem ser definidos. Se a medida de interesse for a proporção de árvores bifurcadas na floresta, a população matemática será constituída por números reais no intervalo de zero a um ($[0,1]$). Se o objetivo do levantamento é determinar o número de plântulas na regeneração natural, então a população matemática será um conjunto numérico composto por números naturais.

Arvoredo: a unidade amostral. O segundo passo para *elaborar o projeto da ponte* é a definição do arvoredo, pois a medida de interesse será necessariamente obtida pela medição dos arvoredos. Logo, a definição do arvoredo a ser utilizado no levantamento florestal implica a definição das *unidades amostrais*, isto é, as unidades que comporão espacialmente a população-alvo (a floresta) e que comporão numericamente a população matemática (o conjunto numérico). Cada arvoredo será formado por um conjunto de árvores da floresta e, ao fornecer um valor da medida de interesse, produzirá um valor numérico da população matemática.

No Cap. 9 foram apresentados vários métodos de medição dos arvoredos. No método de parcelas, os arvoredos são definidos como superfícies de forma e tamanho fixos, enquanto que, no método de Prodan, os arvoredos são círculos de raio variável, e, no método de Bitterlich, os arvoredos são definidos a partir de um ponto. Definir os arvoredos como parcelas implica dividir a população-alvo em um grande número de parcelas. Por exemplo, no levantamento de uma floresta de 1.400 ha, definir que os arvoredos serão parcelas de 500 m² implica dizer que a floresta (população-alvo) é composta de 28.000 parcelas. Logo, a população matemática será um conjunto numérico com 28.000 valores da medida de interesse. Por outro lado, se o tamanho da parcela for 2.500 m², a população matemática será composta por 5.600 valores numéricos. A forma da parcela também influencia a população matemática formada. No caso de parcelas de 2.500 m², se as parcelas forem quadradas (50 m × 50 m) ou em faixa (10 m × 250 m), as populações matemáticas terão o mesmo tamanho, mas no segundo caso a população matemática provavelmente será numericamente mais homogênea, pois uma maior proporção da heterogeneidade espacial natural da floresta estará dentro da parcela em faixa, reduzindo as diferenças entre elas. Esse efeito será ainda mais pronunciado se a floresta ocorrer numa área de encosta, onde as parcelas em faixa são instaladas com o comprimento ao longo do declive.

Por outro lado, se o arvoredo for definido segundo o método de Bitterlich, a população matemática terá tamanho infinito. Embora a floresta, como população-alvo, seja finita e delimitada, o número de pontos que podem ser locados dentro dela é infinito e, consequentemente, o número de valores numéricos da medida de interesse que podem ser gerados pelo método de Bitterlich é também infinito.

13.2.2 Amostra: seleção e representatividade

Retomando a imagem analógica da *construção da ponte*, uma vez definida a população matemática, o *projeto da ponte* está completo. Deve-se agora passar à *execução do projeto*, que corresponde a obter efetivamente uma amostra da população. Inicialmente, são selecionados alguns arvoredos (unidades amostrais) da população-alvo. Cada arvoredo selecionado, quando instalado e medido, resultará num valor numérico da medida de interesse, logo, os valores numéricos obtidos dos arvoredos selecionados são a amostra da população matemática.

A questão central ao se obter uma amostra é saber se ela é *representativa* da população. Mas a palavra *representativa* pode ter muitos sentidos diferentes, como nas expressões: democracia representativa, pessoa representativa da sua classe social, comportamento representativo de uma dada profissão, dados representativos de uma conjuntura e amostra representativa. É necessário definir o mais claramente possível o que é uma *amostra representativa*.

Amostragem seletiva ou intencional

Antes do surgimento da teoria de amostragem, os mensuracionistas florestais costumavam selecionar a *situação média* de uma floresta para instalar as parcelas e realizar as medições. O critério de julgamento da *situação média* dependia totalmente da experiência do profissional e do conhecimento que ele tinha da floresta em questão. Os resultados alcançados por bons mensuracionistas eram, geralmente, bastantes confiáveis.

Na área de ecologia vegetal, é muito comum que o local para realização de um estudo de pesquisa dentro de uma floresta ou unidade de conservação seja definido com base na representatividade do local em termos do tipo de vegetação que se deseja estudar. As justificativas para a localização das grandes parcelas permanentes dos estudos ecológicos de florestas, ou seja, parcelas de 10 ha, 40 ha ou 50 ha, instaladas em várias regiões tropicais, são baseadas na ideia de que a área das parcelas é representativa de uma floresta tropical com o mínimo de perturbação antrópica.

Esse tipo de amostragem *não probabilística* é geralmente chamada de *amostragem intencional*. Quando, num estudo ecológico, a representatividade que se busca é a representatividade de uma categoria abstrata de floresta, é natural que se utilize a amostragem intencional. As categorias abstratas de florestas estão presentes em muitos estudos florestais, por exemplo, realizar um estudo numa floresta ombrófila densa *com baixo nível de alteração antrópica*, caracterizar uma área de *cerradão típica do interior* da região central do Brasil e avaliar uma área de mata ciliar *com degradação característica da extração de areia de rios*.

A amostragem intencional, contudo, é muito problemática para ser utilizada nos levantamentos florestais, em razão de dois motivos principais. Primeiramente, ela não é passível de ser repetida ou padronizada e, consequentemente, não pode ser avaliada ou auditada. Em segundo lugar, ela não gera uma avaliação da qualidade da informação obtida, isto é, não há uma medida de *precisão* da informação. Mesmo quando alguma forma de precisão é gerada, esta tem forte tendência a ser uma precisão superestimada e, portanto, otimisticamente irreal.

Viés de seleção

O grande problema da amostragem intencional é o *viés de seleção*. Como a seleção dos arvoredos a serem medidos é guiada por critérios pessoais e subjetivos, a probabilidade de seleção não é a mesma para todos os arvoredos da floresta, sendo que essa probabilidade é totalmente desconhecida. O resultado é que alguns arvoredos terão uma grande probabilidade de fazer parte da amostra, enquanto que outros muito raramente serão selecionados. Ao se compor as estimativas, contudo, os arvoredos serão tratados como sendo igualmente prováveis de compor a amostra e, consequentemente, a estimativa gerada terá um *viés*.

O viés na estimativa significa que o valor obtido da estimativa estará desviado do valor verdadeiro por uma quantia desconhecida. O viés de seleção produzirá na estimativa o mesmo problema que um erro sistemático provoca numa medida. O viés também permanece mesmo quando se aumenta o número de arvoredos na amostra, isto é, ainda que se aumente o tamanho da amostra, o viés permanece. O viés permanece porque ele é resultado do *procedimento de seleção* das unidades amostrais e, portanto, ele é um problema de representatividade da amostragem.

Amostra representativa

Mas o viés de seleção não é um problema somente da amostragem intencional. Ele pode ocorrer em qualquer levantamento florestal em que o procedimento de seleção dos arvoredos não é cuidadosamente planejado no escritório ou que não é rigorosamente executado no campo.

Tipos de viés. Além do viés de seleção, existem dois outros tipos de vieses que comprometem a representatividade de uma amostra, mas estão ligados a levantamentos de populações humanas, em que a forma de se obter informações é por meio de questionários ou entrevistas. Um deles é conhecido como *viés de não resposta*, pois ele resulta do fato de que as pessoas que se recusam a participar do levantamento possuem uma opinião particular a respeito do assunto abordado. Esse é o problema de todos os estudos sobre o comportamento sexual da população, pois as pessoas mais tímidas ou pudicas se recusam a falar sobre o assunto. Logo, tais estudos sempre criam uma falsa imagem de maior liberalidade no comportamento sexual da população. O outro viés é chamado de *viés de resposta*, pois a forma de organizar e formular as perguntas, ou ainda a atitude ou abordagem do entrevistador, induz as pessoas a um certo tipo de resposta. Por exemplo, se for pedido ao entrevistado escolher uma opção dentre as presentes numa lista com ordem fixa, a maioria das pessoas escolherá alguma das primeiras opções que constam na lista. Para evitar o viés de resposta, a ordem da lista de opções deve ser sorteada a cada entrevistado.

A representatividade de uma amostra é a *representatividade probabilística*, que implica que cada arvoredo da floresta possui uma certa probabilidade de ser selecionado para fazer parte da amostra e essa probabilidade é conhecida. A maneira mais simples de obter uma amostra representativa é fazer um sorteio entre todos os arvoredos da floresta, de modo que nenhum critério arbitrário seja utilizado na seleção dos arvoredos. Esse procedimento é conhecido como *amostragem aleatória simples* ou *amostragem casual simples*, pois o procedimento de seleção é puramente aleatório, nenhum outro critério é utilizado na seleção dos arvoredos que comporão a amostra.

O outro aspecto da representatividade probabilística de uma amostra é que, uma vez definido o procedimento de seleção, todas as amostras com o mesmo tamanho, isto é, com o mesmo número de arvoredos, são igualmente prováveis (equiprováveis). Note que, num dado procedimento de seleção, os arvoredos podem ter probabilidade diferente de serem selecionados, mas todas as amostras geradas por esse procedimento e que possuam, por exemplo, cem arvoredos serão equiprováveis. Novamente, a maneira mais simples de se gerar amostras equiprováveis é por meio da amostragem aleatória simples, pois o procedimento de seleção é puramente aleatório.

A importância de os levantamentos florestais serem realizados com base em amostras probabilísticas, isto é, amostras probabilisticamente representativas, *não é* decorrente de eles serem mais verdadeiros que outras formas de se obter informações sobre uma floresta. A amostra representativa garante repetitividade, uma vez que o procedimento de amostragem pode ser repetido, gerando resultados equiprováveis. Logo, o levantamento pode ser verificado, auditado e, se necessário, ampliado para aumentar a precisão das informações geradas.

13.2.3 Parâmetro, estimativa e estimador

Retornando novamente à analogia da ponte entre população-alvo e população matemática, constata-se que uma vez que uma amostra foi obtida, com os arvoredos medidos no campo e os valores numéricos da medida de interesse convenientemente registrados e tabulados, a ponte está *construída*. É possível então *trafegar por essa ponte* tanto no sentido da população-alvo (a floresta) para a população matemática (o conjunto dos valores numéricos da medida de interesse) quanto no sentido inverso. Toda informação quantitativa a respeito da floresta como um todo (população-alvo) estará apropriadamente associada a um atributo do conjunto dos valores da medida de interesse (população matemática). Esse tema também é tratado de forma ligeiramente diferente no Apêndice B.

Parâmetro

Os atributos da população matemática são chamados de *parâmetros*. É importante ter em mente que o parâmetro é um atributo do *conjunto* dos valores numéricos e, portanto, é um conceito abstrato e não um valor numérico observado. Por exemplo, num levantamento florestal numa floresta de 1.400 ha, utilizaram-se arvoredos de 500 m² para se medir a produção da floresta em termos de biomassa lenhosa. A biomassa média da floresta é o parâmetro obtido pela média aritmética da biomassa lenhosa de todos os 28.000 arvoredos da floresta. Algebricamente, qualquer *média populacional* pode ser apresentada da seguinte forma:

$$\mu = \frac{\sum_{i=1}^{N} x_i}{N} \qquad (13.1)$$

em que a letra grega μ (pronuncia-se *mi*) é a média populacional, i é o índice que identifica os arvoredos da floresta ($i = 1, 2, \ldots, N$), N é o *tamanho da população*, isto é, o número de arvoredos da floresta, e x_i é o valor numérico da medida de interesse no $i$ésimo arvoredo. Outro parâmetro de interesse frequente é o *total populacional*, que, no exemplo anterior, é a biomassa total da floresta, que pode ser expresso na forma:

$$\tau = N \cdot \mu = \sum_{i=1}^{N} x_i \qquad (13.2)$$

sendo o total populacional representado pela letra grega τ (pronuncia-se *tau*).

Geralmente, as medidas de produção dos arvoredos é expressa em termos de unidade de área, no exemplo da biomassa, a unidade é $Mg \cdot ha^{-1}$. Nesse caso, o tamanho da população na expressão do total populacional não deve ser o número de arvoredos, mas a área da floresta. Logo, a expressão apropriada é:

$$\tau = S \cdot \mu = (N \cdot S_p)\mu = \left(\frac{N}{f_D}\right)\mu = \frac{1}{f_D} \sum_{i=1}^{N} x_i \qquad (13.3)$$

em que S é a área da floresta (ha), S_p é a área do arvoredo (ha), f_D é o fator de expansão do arvoredo (ha^{-1}), e x_i é a medida de produção expressa por unidade de área.

Note que esses parâmetros só podem ser definidos pela soma de valores individuais no caso de *populações finitas*. No caso de populações infinitas, outras formas de definição de parâmetros devem ser utilizadas, por isso, a abordagem conceitual aqui apresentada focalizará as populações matemáticas finitas.

Outros parâmetros de interesse frequente são aqueles que medem a heterogeneidade ou a variabilidade da população matemática, como a variância:

$$\sigma^2 = \frac{\sum_{i=1}^{N}(x_i - \mu)^2}{N} \qquad (13.4)$$

e o desvio padrão:

$$\sigma = \sqrt{\sigma^2} = \sqrt{\frac{\sum_{i=1}^{N}(x_i - \mu)^2}{N}} \qquad (13.5)$$

Para se representar a variância e o desvio padrão, utiliza-se a letra grega σ (pronuncia-se *sigma*) que correspondente à letra latina *s*. Os parâmetros são sempre representados por letras gregas para que não sejam confundidos com medidas relativas às observações ou com grandezas calculadas com base na amostra.

Estimativa e estimador

Todo parâmetro, sendo um atributo quantitativo de um conjunto numérico é também um número, isto é, um valor constante. Como as expressões anteriores mostram, o parâmetro só pode ser conhecido se todos os valores da população matemática também o forem, o que é o mesmo que conhecer a medida de todos arvoredos da floresta, ou seja, os parâmetros são conhecidos somente no caso de um censo. Como os levantamentos florestais utilizam amostras, os parâmetros permanecem desconhecidos, sendo substituídos pelas respectivas *estimativas*, que são calculadas com base nos valores da medida de interesse obtidos numa amostra.

O procedimento de obtenção de uma estimativa é chamado de *estimador*. O estimador compreende uma expressão matemática para o cálculo da estimativa *juntamente com as premissas* que tornam a expressão matemática válida. O cálculo de uma estimativa só é válido quando os valores utilizados na expressão matemática do estimador foram obtidos pela medição de arvoredos cujo procedimento de seleção segue de fato, no campo, o procedimento planejado.

Por exemplo, no caso de os arvoredos de um levantamento serem selecionados segundo a amostragem aleatória simples, o estimador da média populacional é:

$$\hat{\mu} = \frac{\sum_{i=1}^{n} x_i}{n} \quad (13.6)$$

em que n é o tamanho da amostra, isto é, o número de arvoredos na amostra, i é o índice que identifica os arvoredos na amostra ($i = 1, 2, \ldots, n$), e x_i é o valor da medida de interesse no $i^{ésimo}$ arvoredo. Na amostragem aleatória simples, os estimadores do total populacional, da variância e do desvio padrão são respectivamente:

$$\hat{\tau} = S \cdot \hat{\mu} \quad (13.7)$$

$$\hat{\sigma}^2 = \frac{\sum_{i=1}^{n}(x_i - \hat{\mu})^2}{n-1} \quad (13.8)$$

$$\hat{\sigma} = \sqrt{\frac{\sum_{i=1}^{n}(x_i - \hat{\mu})^2}{n-1}} \quad (13.9)$$

Para se evitar confusão entre o estimador e o parâmetro, o estimador é representado com o acento circunflexo sobre a letra grega que representa o parâmetro.

Propriedades dos estimadores

Para entender as duas propriedades mais importantes dos estimadores, é necessário imaginar uma *situação hipotética* que consiste em repetir o mesmo procedimento de amostragem um grande número de vezes na mesma população, gerando sempre amostras de mesmo tamanho. Aplicando-se o estimador a cada uma dessas amostras, obtém-se uma estimativa do parâmetro de interesse para cada amostra e, consequentemente, um grande número de estimativas é obtido ao final das repetições.

É necessário pensar segundo essa situação hipotética para se entender claramente um aspecto muito importante a respeito das estimativas. Na prática, sempre se realiza uma única amostragem de uma dada floresta e, portanto, a estimativa é um único número obtido pela aplicação do estimador aos valores obtidos na amostra. Mas a estimativa obtida é apenas uma, de um grande número que poderia ter sido obtido, uma vez que os arvoredos selecionados na amostra resultaram de um processo aleatório (sorteio), que pode gerar um grande número de amostras diferentes, todas com o mesmo tamanho. Consequentemente, uma estimativa não pode jamais ser entendida como um número constante ou fixo, pois na verdade ela é sempre uma *variável*. Ela é uma variável da qual, na prática, se conhecerá apenas um único valor, mas, ainda assim é uma variável.

Valor esperado e viés do estimador. Voltando à situação hipotética, se a média desse grande número de estimativas for calculada, obtém-se o *valor esperado* do estimador. Se o valor esperado de um estimador for igual ao parâmetro que o estimador estima, então esse estimador tem a propriedade de ser *não enviesado*, ou seja, o estimador não possui viés. O viés é, portanto, a diferença entre o valor esperado do estimador e o valor do parâmetro a ser estimado. Os estimadores não enviesados não possuem viés, ou seja, têm viés igual a zero. Essa é a primeira propriedade importante de um bom estimador.

Na prática, a situação hipotética nunca é realizada, logo, a definição das propriedades de um estimador só pode ser *deduzida teoricamente* aplicando-se o cálculo de probabilidades e a teoria da amostragem. Essa aplicação demonstra que, dos estimadores apresentados anteriormente, os estimadores da média (Eq. 13.6), do total (Eq. 13.7) e da variância (Eq. 13.8) são estimadores não enviesados.

É importante distinguir entre o viés de seleção e a ausência de viés nos estimadores não enviesados. Quando se tem viés de seleção num procedimento de amostragem, qualquer estimador que se utilizar terá viés, em razão do problema da seleção das unidades amostrais. Já quando se realiza uma boa amostragem, sem viés de seleção, alguns estimadores serão não enviesados, enquanto que outros podem ser enviesados, dependendo exclusivamente das propriedades matemáticas do estimador.

Variância do estimador. A situação hipotética ilustra que a estimativa obtida de uma amostra é uma variável. Logo, como variável, ela possui uma certa variabilidade que pode ser medida pela *variância do estimador* que gerou a estimativa. A aplicação do cálculo de probabilidades e da teoria da amostragem permite *deduzir teoricamente* a variância dos estimadores. Por exemplo, essa aplicação mostra que, na amostragem aleatória simples, dentre todos os estimadores não enviesados que podem estimar a média populacional, o estimador da média apresentado anteriormente (Eq. 13.6) é aquele de menor variância. Essa variância é:

$$\text{Var}(\hat{\mu}) = \frac{\sigma^2}{n}$$

a qual pode ser calculada pelo estimador:

$$\widehat{\text{Var}}(\hat{\mu}) = \frac{\hat{\sigma}^2}{n}$$

O estimador do total populacional também tem a sua variância:

$$\text{Var}(\hat{\tau}) = N^2 \cdot \frac{\sigma^2}{n}$$

que é estimada por

$$\widehat{\text{Var}}(\hat{\tau}) = N^2 \cdot \frac{\hat{\sigma}^2}{n}$$

A variância dos estimadores é sempre representada na forma de uma função com nome Var($\cdot$) para não ser confundida com a variância que é parâmetro populacional. Para se indicar que a variância do estimador está sendo estimada, acrescenta-se o acento circunflexo ao nome da função: $\widehat{\text{Var}}(\cdot)$.

É importante notar que a variância do estimador da média (Var($\hat{\mu}$)) e do total (Var($\hat{\tau}$)) são inversamente proporcionais ao tamanho da amostra (*n*). Embora a variância populacional (σ^2) seja um dado da floresta que não pode ser alterado, as variâncias dos estimadores da média e do total podem ser reduzidas arbitrariamente tomando-se amostras maiores.

Quando se aplica a teoria da amostragem, procura-se aplicar nas diversas situações práticas um bom estimador, isto é, um estimador que tenha duas propriedades importantes: não possuir viés e ter a menor variância possível para um dado tamanho de amostra fixo.

Sugestões bibliográficas

Os assuntos tratados neste capítulo envolvem tanto conceitos de experimentação quanto de amostragem e é difícil encontrar obras que abordem esses assuntos dessa forma. Livros-textos de introdução à Estatística são geralmente muito breves no tratamento desses temas, mas dois bons livros introdutórios que tratam tanto de amostragem quanto de estatística experimental são o *Estatística*, de Costa Neto (1977) e o *Curso prático de bioestatística*, de Beiguelman (1994). Os livros-textos sobre inventário florestal, de Péllico Netto e Brena (1997) e de Sanqueta et al. (2006), também tratam dos conceitos básicos de amostragem, mas utilizam uma terminologia distinta da adotada aqui.

Quadro de conceitos

Conceitos básicos	Conceitos desenvolvidos
experimentos e levantamentos	fenômenos controláveis e não controláveis
	fatores experimentais
	unidade experimental
	níveis de fatores experimentais
	tratamentos
	tratamento controle
	princípio experimental da repetição
	princípio experimental da aleatorização
	princípio experimental do controle local
	blocos experimentais
	inferência forte
	inferência fraca
	levantamentos descritivos
	levantamentos comparativos
	levantamentos analíticos
	levantamentos de impacto
fundamentos de teoria da amostragem	população
	amostra
	população-alvo
	população matemática
	medida de interesse
	arvoredo como unidade amostral
	amostragem intencional
	viés de seleção
	amostra representativa
	representatividade probabilística
	amostragem aleatória simples
	parâmetro
	estimativa e estimador
	estimador não enviesado
	variância do estimador

Problemas

1] Em cada uma das situações apresentadas a seguir, procure determinar e discutir os seguintes aspectos: (1) qual é o tipo de levantamento florestal, (2) qual é a população-alvo, (3) qual é ou pode ser a medida de interesse, (4) qual é ou pode ser o arvoredo, (5) qual é a população matemática.

(i) Uma engenheira florestal deseja determinar a produção de madeira de uma floresta de eucalipto com 1.200 ha e para isso ela pretende utilizar parcelas de 200 m².

(ii) Num projeto de pesquisa, deseja-se saber se a atividade agrícola no entorno dos fragmentos florestais tem influência sobre o estado de conservação do fragmento. A região de estudo é Piracicaba, onde as atividades agrícolas principais são três: cultura da cana, pastagem e outras culturas agrícolas. Os pesquisadores pretendem amostrar os fragmentos utilizando parcelas em faixa com 10 m de largura.

(iii) Um pesquisador deseja realizar um estudo genético sobre o grau de endogamia na população de jatobá (*Hymenaea courbaril*) numa estação ecológica com 76 ha. Acredita-se que a densidade média dessa espécie na região seria originalmente de $0{,}2\,\text{ha}^{-1}$.

(iv) Num levantamento florestal, deseja-se determinar a quantidade de bromélias epífitas num trecho de 700 ha de Mata Atlântica, avaliando se essa quantidade muda com a altitude do terreno.

(v) Um gerente florestal precisa avaliar o impacto da colheita de madeira sobre as árvores remanescentes numa floresta tropical nativa. Ele acredita que o número de árvores mortas em consequência da colheita é uma boa medida desse impacto.

(vi) Na caracterização de florestas tropicais, é comum se utilizar um tipo de levantamento chamado de *levantamento fitossociológico*. O resultado desse tipo de levantamento é geralmente uma tabela contendo uma série de índices para cada espécie arbórea observada no levantamento. Um desses índices é o de valor de cobertura (IVC) que é calculado para cada espécie i da seguinte forma:

$$IVC_i = \left\{ \frac{n^\circ \text{ árvores da espécie } i}{n^\circ \text{ árvores total da amostra}} + \frac{\text{área basal da espécie } i}{\text{área basal total da amostra}} \right\} \times 100$$

As observações são realizadas em parcelas cuja área varia de 1.000 m² a 1 ha.

2] A Tab. 13.1 apresenta as áreas basais ($\text{m}^2 \cdot \text{ha}^{-1}$) de todos arvoredos de 100 m² que ocorrem num fragmento de 1 ha e, portanto, caracteriza a população matemática desse fragmento. Pede-se:

(i) encontre os parâmetros populacionais relativos a média, total e variância da área basal.

(ii) selecione aleatoriamente uma amostra de dez árvoredos e encontre as estimativas da média, total e variância da área basal.

(iii) repita o item anterior dez vezes e encontre a média e a variância da área basal média das amostras.

Tab. 13.1 Área basal ($\text{m}^2 \cdot \text{ha}^{-1}$) de todos arvoredos de 100 m² que ocorrem num fragmento de 1 ha.

14	4	12	9	11	12	18	14	17	23
2	11	26	16	7	23	9	27	12	36
22	12	15	8	9	4	39	7	29	6
8	6	1	3	23	20	6	12	12	5
19	14	3	8	7	16	17	13	7	16
13	11	17	28	4	17	25	8	7	3
10	13	16	8	9	21	14	19	11	5
6	14	25	8	19	14	8	10	16	7
19	8	1	5	9	10	10	15	11	10
14	13	27	23	12	16	20	38	9	21

capítulo 14
Métodos silvimétricos básicos

A expressão *métodos silvimétricos* se refere aos métodos que a silvimetria adota para obter informações sobre a floresta como um todo. Todos os métodos silvimétricos compreendem duas etapas. Como raramente é possível medir todos os arvoredos da floresta, isto é, realizar um censo na floresta, a primeira etapa de cada método silvimétrico consiste no procedimento de seleção dos arvoredos que serão medidos. Já a segunda etapa consiste em obter, com base nos arvoredos medidos, informações confiáveis a respeito da floresta como um todo.

Em essência, os métodos silvimétricos são aplicações da teoria da amostragem nos levantamentos florestais, isto é, na obtenção de informações a respeito das florestas. O processo de seleção dos arvoredos da floresta para medição corresponde, na teoria da amostragem, aos diferentes procedimentos de seleção dos elementos de uma população, os quais são chamados de *delineamentos amostrais*. A obtenção de informações confiáveis sobre a floresta por meio dos arvoredos medidos, por sua vez, corresponde à aplicação dos *estimadores* associados aos delineamentos amostrais.

Um aspecto absolutamente importante na aplicação prática da teoria da amostragem é que delineamento amostral e estimadores estão inseparavelmente fundidos. Só faz sentido prático utilizar um dado estimador se o delineamento amostral efetivamente utilizado em campo foi aquele delineamento pelo qual o estimador foi deduzido pela teoria da amostragem. É por isso que se optou por utilizar, nesta apresentação, a expressão *método silvimétrico*, pois há o risco de que, como frequentemente acontece, utilizando a terminologia estatística da teoria da amostragem, ela seja associada somente aos procedimentos de cálculo, enquanto as atividades de campo são vistas como uma questão meramente operacional a ser guiada apenas pela *vivência prática* do profissional.

Como já foi dito, a aplicação apropriada *no campo* do procedimento de seleção dos arvoredos da floresta constrói a ponte entre população-alvo e população matemática que garante a confiabilidade das informações calculadas *no escritório* sobre a floresta. O método silvimétrico é essa ponte e, portanto, compreende simultânea e inseparavelmente os procedimentos de seleção dos arvoredos a serem medidos na floresta e os procedimentos de cálculo executados com as medidas realizadas nos arvoredos selecionados.

Na teoria da amostragem, o procedimento de seleção que é aplicado à população é o ponto de partida para dedução dos estimadores, isto é, dos procedimentos de cálculo das informações quantitativas sobre a população. Assim, os métodos silvimétricos são nomeados segundo o procedimento de seleção dos arvoredos da floresta. A expressão *procedimento de seleção dos arvoredos*, contudo, pode ser resumida numa única palavra: *amostragem*. Logo, os métodos silvimétricos são designados como diferentes tipos de amostragem.

Terminologia. A terminologia na teoria da amostragem é bastante variada e existem diversas expressões equivalentes. Assim, os métodos silvimétricos aqui definidos são equivalentes aos *métodos de seleção* dos elementos da população, que é o mesmo que dizer *métodos de composição da amostra* ou *método de amostragem*, ou ainda *delineamento amostral*. Nos livros de teoria da amostragem, a expressão mais comumente utilizada é *método de amostragem*.

Na literatura sobre inventários florestais no Brasil, os delineamentos amostrais são frequentemente designados como *processos de amostragem*, enquanto a expressão *métodos de amostragem* é equivalente aos *métodos arbustimétricos*, por exemplo, em Péllico Netto e Brena (1997) e Sanqueta et al. (2006). Aqui, optou-se por resgatar o termo tradicional *Silvimetria* e utilizar a expressão *método silvimétrico* para enfatizar a inseparabilidade entre os procedimentos de seleção dos arvoredos em campo e a aplicação dos estimadores correspondentes.

Dentre os métodos silvimétricos, existem dois que são básicos, pois é com base neles que todos os demais são elaborados. A *amostragem aleatória simples* é, na teoria da amostragem, o método básico do ponto de vista conceitual, pois todos os demais métodos podem ser entendidos como variações dele. Já a *amostragem sistemática* é o método básico para a silvimetria em razão da operacionalização da seleção dos arvoredos em campo, uma vez que o procedimento sistemático é o procedimento de implementação mais fácil e prático na maioria das condições florestais.

14.1 Amostragem aleatória simples

A *amostragem aleatória simples*, também chamada de *amostragem casual simples*, é o método mais simples, pois nela o procedimento de seleção dos arvoredos que compõem a amostra é total e absolutamente aleatório. Mesmo sendo frequentemente problemática a sua implementação nos levantamentos florestais, é importante entendê-la, pois ela é a base para os demais métodos.

A implementação da amostragem aleatória simples na forma de um procedimento de seleção totalmente aleatório não implica necessariamente que todos os arvoredos tenham a mesma probabilidade de serem selecionados. Na verdade, o procedimento deve garantir que amostras compostas do mesmo número de arvoredos (*amostras de mesmo tamanho*) sejam *equiprováveis*, isto é, tenham a mesma chance de serem obtidas.

Nos levantamentos florestais, a amostragem aleatória simples é sempre implementada *sem reposição*, isto é, uma vez que um dado arvoredo é selecionado, ele é excluído da população e não pode ser selecionado novamente. Assim, cada arvoredo selecionado estará na amostra uma única vez. Por isso, ao se selecionar aleatoriamente uma amostra de tamanho n de uma floresta com N arvoredos, as probabilidades de seleção do primeiro, segundo, terceiro, até o $n^{ésimo}$ arvoredo são dadas pela sequência:

$$\frac{1}{N}; \frac{1}{N-1}; \frac{1}{N-2}; \ldots; \frac{1}{N-n+1}$$

Contudo, todas as amostras de tamanho n terão a mesma probabilidade de serem obtidas. O número de amostras de tamanho n que pode ser obtido numa floresta de tamanho N é dado pelo número de combinações possíveis de N elementos em grupos de tamanho n (combinação de N, n-a-n — C_N^n):

$$C_N^n = \frac{N}{(N-n)!n!}$$

Mesmo em populações finitas, o número de amostras possíveis cresce rapidamente para números assombrosos. Por exemplo, considere duas amostras, uma pequena composta de dez arvoredos de 1.000 m² ($n = 10$) e outra grande composta de cem arvoredos do mesmo tamanho. O número de amostras aleatórias simples (sem reposição) possíveis desses dois tamanhos de amostra, à medida que o tamanho da população cresce, resulta na progressão apresentada na Tab. 14.1. Na verdade, o número infinito (∞) da progressão não é exatamente infinito, mas um número tão grande que o computador não consegue calcular.

Para ter uma noção de comparação da grandeza desses números, considere algumas grandezas presentes não no mundo probabilístico, mas no mundo natural. O Parque Nacional da Tijuca, localizado dentro da cidade do Rio de Janeiro, tem aproximadamente 40 km². A Floresta Nacional do Tapajós, localizada no Estado do Pará entre o rio Tapajós e a estrada Cuiabá-Santarém (BR-163), possui uma área de $5,27 \times 10^3$ km². Já a área da Floresta Nacional de Roraima, a maior das florestas nacionais, é de $2,66 \times 10^4$ km², enquanto que a área de toda a Amazônia é de aproximadamente $5,5 \times 10^6$ km². Por outro lado, o número de estrelas no universo deve estar ao redor de 10^{21} e estima-se que o número de átomos existentes no universo esteja entre 10^{73} e 10^{83}.

Essas grandezas mostram que, no caso de amostras de tamanho pequeno ($n = 10$), o número de amostras aleatórias simples atinge rapidamente valores impressionantes à medida que o tamanho da população cresce. Mas, no caso de amostras de tamanho médio ($n = 100$), o número de amostras possíveis já é excepcionalmente grande mesmo em populações relativamente pequenas (1 km² = 100 ha).

É importante lembrar que em qualquer levantamento florestal se trabalhará com uma única amostra. Essa única amostra é apenas uma dentre um número assombrosamente grande de amostras possíveis. Portanto, na perspectiva da teoria da amostragem, a confiabilidade das amostras nos levantamentos florestais não está baseada nas medidas que são efetivamente observadas nos arvoredos selecionados. Ela está fundamentada na *representatividade probabilística* da amostra, a qual depende do *procedimento de seleção* dos arvoredos que são observados.

14.1.1 Procedimento de seleção

O procedimento de seleção dos arvoredos na amostragem aleatória simples é simplesmente o sorteio dentre todos os arvoredos que compõem a floresta, que é a população-alvo. Por *sorteio* entende-se um procedimento *completamente aleatório*, isto é, sem qualquer tendência ou interferência por parte das pessoas que planejam o levantamento e que o executam em campo. O procedimento aleatório de seleção na população-alvo garante que os valores obtidos da população matemática sejam aleatórios e, consequentemente, também garante a validade prática dos estimadores.

Quando se utiliza o método de parcelas para se definir os arvoredos, a forma mais simples para implementar uma seleção aleatória é tomar um mapa da floresta e compor a população-alvo subdividindo a floresta em arvoredos com o tamanho desejado. A Fig. 14.1A mostra um detalhe do mapa de uma floresta de eucalipto em que os talhões estão subdivididos segundo uma grade de 100 m × 100 m, formando parcelas quadradas de 1 ha. Nesse mapa, cada parcela deve ser rotulada com um número, em seguida, realiza-se o sorteio de alguns números para se obter uma amostra aleatória simples de parcelas.

Nessa situação, esse procedimento é possível porque o número de parcelas formadas é de apenas algumas dezenas. Mas parcelas de 1 ha são muito grandes para

Tab. 14.1 Número de amostras de tamanho $n = 10$ e $n = 100$ para populações de diferentes tamanhos. O tamanho da população é dado pelo número de arvoredos de 1.000 m² na floresta e, portanto, define a área da floresta

Tamanho da população (N)	10	10^2	10^3	10^4	10^5	10^6	10^7	10^8	10^9
Área da floresta (km²)		10^{-2}	10^{-1}	1	10	10^2	10^3	10^4	10^5	10^6
Número de amostras de tamanho $n = 10$	1	10^{13}	10^{23}	10^{33}	10^{43}	10^{53}	10^{63}	10^{73}	10^{83}
de tamanho $n = 100$	–	1	10^{139}	10^{241}	∞	∞	∞	∞	∞

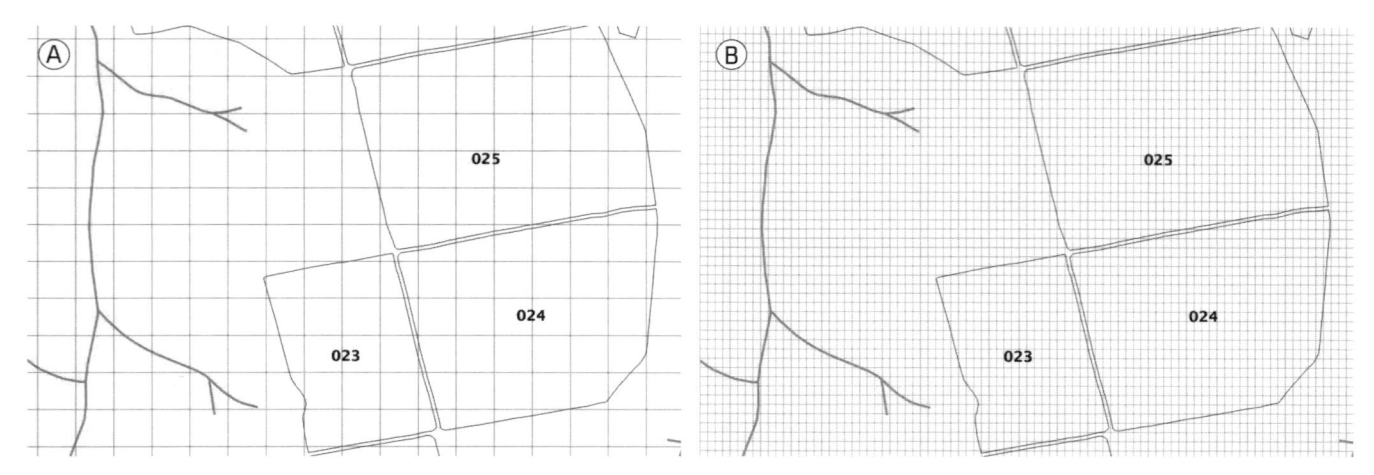

Fig. 14.1 Detalhe do mapa de uma floresta plantada de eucalipto em que são mostrados os cursos d'água e a delimitação de três talhões (numerados 023, 024, 025). As grades que cobrem o mapa definem (A) parcelas de 1 ha (100 m × 100 m) e (B) parcelas de 500 m² (20 m × 25 m).

florestas de eucalipto. Se forem utilizadas parcelas com um tamanho mais apropriado para esse tipo de floresta, como parcelas de 500 m² (20 m × 25 m), o número de parcelas a serem rotuladas aumenta muito, como mostra a Fig. 14.1B. Note-se que, nesse exemplo, a floresta é composta de apenas três talhões com algumas dezenas de hectares. Em florestas maiores, esse procedimento é impraticável. E mais, deve-se acrescentar a esse problema de seleção a dificuldade de se localizar no campo cada uma das parcelas selecionadas, para que elas possam ser medidas.

Se o procedimento descrito anteriormente é impraticável em florestas maiores quando se utiliza o método de parcelas, ele é *impossível* de ser implementado quando se utilizam outros métodos arbustimétricos, como os de Bitterlich e de Prodan. Nesses métodos, o arvoredo é definido a partir de um ponto e não é possível subdividir uma floresta em pontos.

Seleção de pontos aleatórios. O procedimento apropriado de seleção completamente aleatória de arvoredos consiste na seleção de *pontos aleatórios* dentro da floresta que é a população-alvo, como mostra a Fig. 14.2. Os arvoredos são definidos a partir desses pontos. Se o método utilizado é o método de Bitterlich, o método de Prodan ou o método de parcelas circulares, cada ponto aleatório é tomado como o centro do arvoredo. Caso o método arbustimétrico seja o método de parcelas retangulares, cada ponto será definido como um dos vértices da parcela.

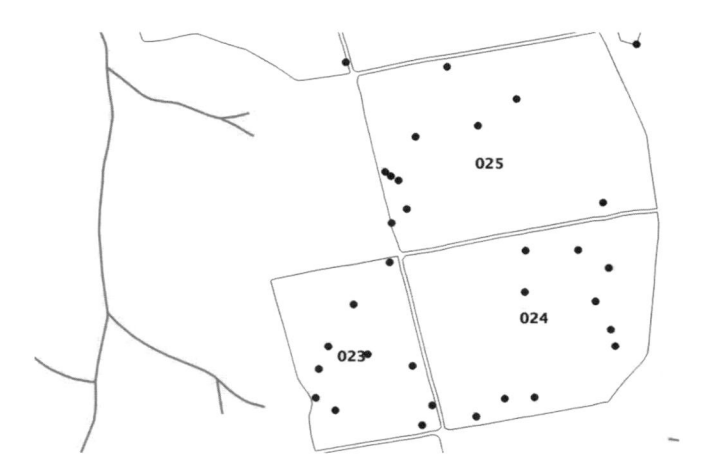

Fig. 14.2 Detalhe do mapa de uma floresta plantada de eucalipto em que são mostrados os cursos d'água e a delimitação de três talhões (numerados 023, 024, 025). Os pontos são localizações determinadas de modo completamente aleatório dentro de cada talhão

A obtenção de um conjunto de pontos aleatórios com base em um mapa pode ser igualmente realizada para a floresta como um todo ou para cada talhão ou povoamento florestal da floresta individualmente (Figs. 14.2 e 14.3). Apresenta-se o procedimento tomando-se como exemplo o talhão 024 das figuras apresentadas.

Inicialmente, gera-se uma *série de números aleatórios*. Números aleatórios são números gerados numa série completamente aleatória, de modo que cada dígito em cada número da série tenha sido sorteado dentre os algarismos de zero a nove (0, 1, 2, 3, 4, 5, 6, 7, 8, 9). O marcador da posição decimal é sempre acrescentado antes do primeiro dígito do número, de modo que os números aleatórios são sempre números no intervalo de zero a um ([0,1]). Os números aleatórios podem ser gerados em computadores, utilizando-se softwares ou aplicativos adequados, em calculadoras científicas ou a partir de uma tabela de números aleatórios, que era o procedimento padrão antes do advento dos equipamentos eletrônicos. O Apêndice D traz uma tabela de mil números aleatórios e apresenta o procedimento baseado em tabelas. Embora as tabelas não sejam mais utilizadas, a apresentação do procedimento baseado na tabela tem valor didático, pois torna explícito o conceito de procedimento aleatório.

Se o objetivo é gerar uma amostra com n pontos aleatórios, deve-se criar um conjunto com $2n$ números aleatórios. Nesse caso, a localização dos pontos aleatórios será definida por um sistema de coordenadas cartesianas em que cada localização é definida por um par de distâncias (X,Y). A Fig. 14.3 exemplifica a formação do sistema de coordenadas cartesianas, em que a origem do sistema é posicionada num dos vértices do talhão.

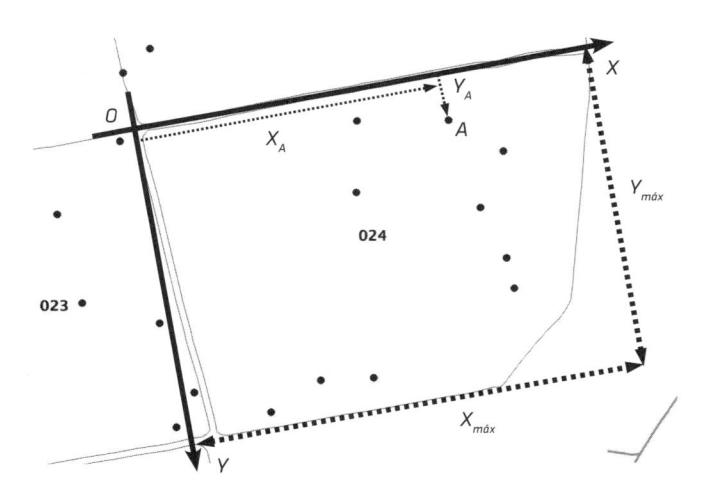

Fig. 14.3 Detalhe de mapa de uma floresta plantada de eucalipto enfatizando a locação de arvoredos no talhão 024. Um dos vértices do talhão (O) é tomado como origem do eixo de coordenadas cartesianas (X,Y) que é utilizado tanto para seleção aleatória da localização dos arvoredos, quanto para locação dos arvoredos no campo. A localização do arvoredo A é dada pelas coordenadas cartesianas (X_A, Y_A)

Para obter um ponto aleatório para o arvoredo A, toma-se um número aleatório da série gerada e multiplica-se pela distância máxima ao longo do eixo X ($X_{máx}$). Assim, o número aleatório que está no intervalo [0,1] é transformado numa distância aleatória X_A com valor no intervalo [0,$X_{máx}$]. Em seguida, toma-se o próximo número aleatório da série e multiplica-se pela distância máxima ao longo do eixo Y ($Y_{máx}$), obtendo-se a distância aleatória Y_A com valor no intervalo [0,$Y_{máx}$]. O ponto aleatório que indica a localização do arvoredo A é dado pelas coordenadas (X_A, Y_A) no sistema cartesiano. Caso as coordenadas indiquem uma localização *fora* dos limites do talhão, essas coordenadas são ignoradas e novos números aleatórios são utilizados.

Localização dos arvoredos no campo. O procedimento de seleção de pontos aleatórios também torna a localização dos arvoredos no campo mais fácil e eficiente. Para se encontrar a localização do arvoredo A em campo, toma-se a coordenada X_A como a distância ao longo da estrada do maior lado do talhão, enquanto que a coordenada Y_A é tomada como a distância a ser caminhada perpendicularmente à estrada, entrando-se no talhão (Fig. 14.3). A definição da origem do sistema de coordenadas cartesianas como sendo um dos vértices do talhão faz com que um dos eixos (eixo X) seja coincidente com uma das estradas ao longo do talhão e que o outro eixo (eixo Y) seja a direção de entrada para dentro do talhão perpendicular à estrada.

Área de borda. As árvores nas áreas de borda das florestas, dos talhões ou dos povoamentos florestais são geralmente árvores com maior tamanho em razão da maior disponibilidade de luz, umidade e nutrientes que resulta do menor grau de competição lateral que elas sofrem. No caso de fragmentos de florestas naturais, contudo, o efeito pode ser oposto, uma vez que as árvores na borda dos fragmentos serão mais sujeitas ao estresse por condições extremas de temperatura e umidade, bem como às intempéries naturais e antrópicas, como os ventos e os incêndios.

As áreas de borda são, portanto, áreas com condições bastante diversas das condições usuais da floresta. A proporção da área de borda decresce com o aumento da área total da floresta e este decréscimo depende da forma do talhão ou floresta.

Pode acontecer que dentre os pontos aleatórios selecionados numa amostragem aleatória simples, alguns se localizem na área de borda (Fig. 14.4). Nesse caso, é comum que a proporção de pontos na área de borda supere em muito a proporção da área de borda na área total da floresta, de modo que a borda seja *super-representada* na amostra. Essa super-representação tende a ser maior quanto menor o tamanho da amostra.

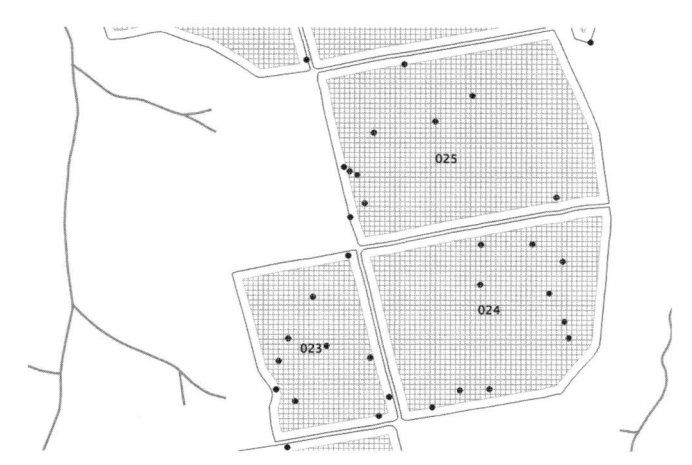

Fig. 14.4 Detalhe do mapa de uma floresta plantada de eucalipto em que são mostrados os cursos d'água e a delimitação de três talhões (numerados 023, 024, 025). A área quadriculada representa a área efetivamente a ser amostrada, excluindo-se a área de borda. O número de pontos localizados na área de borda nos talhões 023, 024 e 025, são 4, 1 e 3, respectivamente. A proporção desses pontos no tamanho da amostra em cada talhão é de 40%, 10% e 30%, respectivamente, sendo tais proporções maiores que a proporção da área da borda na área total dos talhões

Para se evitar essa super-representação e o viés que ela causaria nas estimativas dos parâmetros da floresta, os pontos aleatórios localizados na área de borda são ignorados. Para se manter o tamanho de amostra desejado, os pontos localizados na borda devem ser substituídos por novos pontos aleatórios locados na área central da floresta.

O tamanho da borda depende não só de causas naturais, como a competição entre árvores ou o efeito da borda nos fragmentos florestais, mas também do método arbustimétrico utilizado. No método das parcelas, as bordas são definidas em função apenas das causas naturais, mas no método de Bitterlich e no método de Prodan a área de borda a ser evitada está intimamente ligada à definição de arvoredo desses métodos (detalhes no Cap. 9).

Seleção aleatória de parcelas em faixa. Quando os arvoredos a serem medidos na amostragem aleatória simples são definidos por parcelas em faixa, o procedimento de locação da parcelas em campo é ligeiramente diferente do apresentado anteriormente. As parcelas em faixa são geralmente utilizadas em florestas nativas e, por isso, será apresentado o exemplo de amostragem em área de mata ciliar (Fig. 14.5).

Incialmente, são selecionados pontos aleatórios dentro da floresta que será levantada, segundo o procedimento apresentado na Fig. 14.5A. Em seguida, define-se o azimute ou rumo de orientação que será a direção guia do eixo central da parcela em faixa. Geralmente, esse azimute é transversal à floresta a ser levantada, a estradas, aceiros ou trilhas utilizadas para deslocamento dentro da mata, ou ainda aos rios ou cursos d'águas, no caso de matas ciliares. É importante que esse azimute seja definido no escritório, com base no mapa da floresta, e permaneça fixo para todas as parcelas em faixa do levantamento. As parcelas em faixa são locadas no campo de modo que o eixo da parcela intercepte os pontos selecionados aleatoriamente. A Fig. 14.5B mostra as parcelas em faixa referentes a cada ponto aleatório, tendo se tomado o azimute de 60°. O mapa também deve ser utilizado para medir a distância de caminhamento ao longo de estradas ou trilhas até o ponto inicial da parcela em faixa, tornando o trabalho de locação das parcelas mais fácil, rápido e eficiente.

14.1.2 Estimadores

Os estimadores da amostragem aleatória simples são os estimadores de cálculo mais simples e direto. Os estimadores não enviesados para esse método são:

Média populacional:

$$\widehat{\mu} = \frac{1}{n}\sum_{i=1}^{n} y_i \tag{14.1}$$

Variância populacional:

$$\widehat{\sigma}^2 = \frac{1}{n-1}\sum_{i=1}^{n}(y_i - \widehat{\mu})^2 \tag{14.2}$$

$$\widehat{\sigma}^2 = \frac{1}{n-1}\left(\sum_{i=1}^{n} y_i^2 - \frac{(\sum_{i=1}^{n} y_i)^2}{n}\right) \tag{14.3}$$

Variância da média:

$$\widehat{\text{Var}}(\widehat{\mu}) = \frac{\widehat{\sigma}^2}{n}\left[1 - \frac{n}{N}\right] \tag{14.4}$$

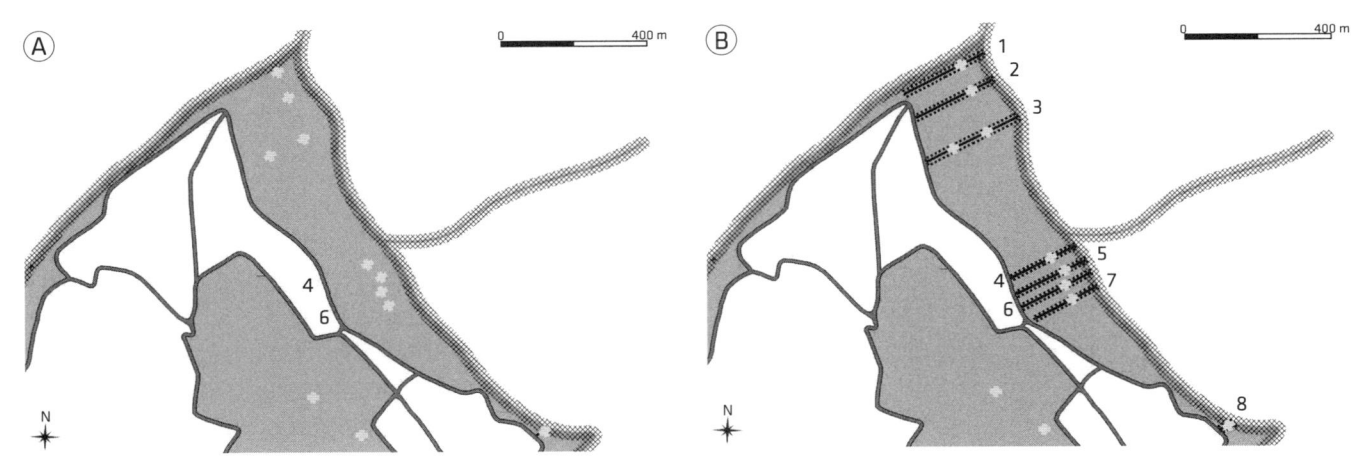

Fig. 14.5 Detalhe de mapa mostrando área de mata ciliar e mata nativa com o traçado das estradas. A locação aleatória das parcelas em faixa em área de mata ciliar: (A) seleção de pontos aleatórios localizados dentro do polígono da mata ciliar, (B) determinação das parcelas em faixas segundo azimute predefinido que intercepta os pontos aleatórios selecionados

Total populacional:

$$\hat{\tau} = N \cdot \hat{\mu} \quad (14.5)$$

Variância do total:

$$\widehat{\text{Var}}(\hat{\tau}) = N^2 \cdot \widehat{\text{Var}}(\hat{\mu}) = N^2 \cdot \frac{\hat{\sigma}^2}{n} \left[1 - \frac{n}{N}\right] \quad (14.6)$$

em que i é o índice que indica os arvoredos da amostra aleatória simples ($i = 1, 2, \ldots, n$), n é o tamanho da amostra, y_i é a medida de interesse no arvoredo i e N é o tamanho da população, ou seja, o número de arvoredos na floresta.

A fração n/N é chamada de *fração amostrada* ou *intensidade de amostragem*. Ela pode ser calculada tanto pela razão do número de arvoredos na amostra e na população quanto pela razão da área amostrada pela área total da floresta, pois os resultados são equivalentes. Por exemplo, suponha-se que os arvoredos foram definidos como possuindo área S_p, então a fração amostrada será calculada como:

$$\frac{\text{Área amostrada}}{\text{Área da floresta}} = \frac{n \cdot S_p}{N \cdot S_p} = \frac{n}{N}$$

A expressão anterior, embora bastante óbvia, é apresentada para enfatizar que tanto o tamanho da população quanto o tamanho da amostra são às vezes apresentados com *número de árvoredos* e, às vezes, como *área da floresta* e *área amostrada*. Quando a medida de interesse é uma medida de produção, que é sempre apresentada por unidade de área, como o volume lenhoso (m³ · ha⁻¹) ou a biomassa lenhosa (Mg · ha⁻¹), o tamanho da população (N) deve ser tratado como *área da floresta* (ha) para se obter a estimativa do total ($\hat{\tau}$) com base na estimativa da média ($\hat{\mu}$), pois essa estará na mesma unidade da medida de interesse (m³ · ha⁻¹ ou Mg · ha⁻¹).

A grandeza entre colchetes ($[1 - n/N]$) é chamada de *correção para populações finitas*. Os estimadores de variância sem essa correção são os estimadores apropriados para populações infinitas, como quando se utiliza o método de Bitterlich para se definir o arvoredo. Note-se que a importância dessa correção cresce com a intensidade de amostragem, pois indica a redução da incerteza amostral por meio da diminuição da estimativa da variância da média. No caso do censo, em que toda a população é observada, o estimador da variância da média se torna nulo, pois não há mais incerteza amostral.

14.1.3 Intervalo de confiança e erro amostral

A incerteza amostral de um levantamento florestal é geralmente apresentada de duas formas: por meio de um intervalo para estimativa da média ou do total da população e por uma medida do erro amostral. O *intervalo de confiança* é calculado como um intervalo ao redor da estimativa da média ou do total:

Média: $\hat{\mu} \pm t_{\alpha;n-1} \sqrt{\widehat{\text{Var}}(\hat{\mu})}$

Total: $N\left(\hat{\mu} \pm t_{\alpha;n-1} \sqrt{\widehat{\text{Var}}(\hat{\mu})}\right) = \hat{\tau} \pm t_{\alpha;n-1} \sqrt{\widehat{\text{Var}}(\hat{\tau})}.$

A raiz quadrada da estimativa da variância da média ou do total é chamada de *erro padrão* (da média ou do total). Assim, o intervalo de confiança é obtido multiplicando-se o erro padrão pela constante $t_{\alpha;n-1}$:

Média: $\quad \hat{\mu} \pm t_{\alpha;n-1} \cdot \widehat{EP}(\hat{\mu}) \quad$ (14.7)

Total: $\quad \hat{\tau} \pm t_{\alpha;n-1} \cdot \widehat{EP}(\hat{\tau}) \quad$ (14.8)

A constante $t_{\alpha;n-1}$ é chamada de *estatística t de Student* e sua função é ampliar a incerteza amostral em função de dois componentes. O primeiro deles é o *coeficiente de confiança* com que se deseja obter a estimativa (da média ou do total). Nos levantamentos florestais trabalha-se, na maioria das vezes, com o coeficiente de confiança de 95% ($\alpha = 0{,}05$). O outro componente está associado ao tamanho da amostra, mas é chamado de *graus de liberdade*. Ele é obtido subtraindo-se do tamanho da amostra o número de parâmetros que devem ser estimados para se obter o erro padrão. No caso da amostragem aleatória simples, o único parâmetro que precisa ser estimado para se calcular o erro padrão é a média, logo, os graus de liberdade são iguais a $n-1$.

Intervalo de confiança prático. No Apêndice D é apresentada uma tabela simplificada da estatística t de Student (Tab. D.3). A inspeção visual dessa tabela mostrará que, para o coeficiente de confiança de 95%, a estatística t se torna menor que dois a partir de graus de liberdade maiores que 60. Na prática, para graus de liberdade maiores que 30 (ainda no coeficiente de confiança de 95%), a estatística t já pode ser considerada aproximadamente igual a dois. Como amostras utilizadas nos levantamentos florestais são frequentemente maiores que 30, é comum se utilizar a aproximação prática que considera o intervalo de confiança como sendo duas vezes o erro padrão:

Média: $\quad \hat{\mu} \pm 2\,\widehat{EP}(\hat{\mu}) \quad$ (14.9)

Total: $\quad \hat{\tau} \pm 2\,\widehat{EP}(\hat{\tau}) \quad$ (14.10)

Erro amostral. A amplitude do intervalo de confiança da média é chamada de erro amostral, pois é ela que efetivamente mede a incerteza amostral presente nas estimativas dos parâmetros. O erro amostral pode ser apresentado tanto em termos absolutos, em unidades da média, quanto em termos relativos, em porcentagem da média:

Erro amostral absoluto: $E = t_{\alpha;n-1} \cdot \widehat{EP}(\hat{\mu}) \quad$ (14.11)

Erro amostral relativo: $E_\% = \dfrac{t_{\alpha;n-1} \cdot \widehat{EP}(\hat{\mu})}{\hat{\mu}} \cdot 100 \quad$ (14.12)

14.1.4 Tamanho de amostra

Quando se realiza um levantamento florestal se busca obter as estimativas de interesse com uma certa qualidade. Tomando-se o erro amostral como uma medida da *imprecisão* das estimativas, é possível se manipular algebricamente a expressão para se obter o tamanho da amostra em função do erro amostral.

Erro absoluto: $E = t_{\alpha;n-1} \cdot \widehat{EP}(\hat{\mu}) = t_{\alpha;n-1} \sqrt{\dfrac{\hat{\sigma}^2}{n}\left[1 - \dfrac{n}{N}\right]}$

$$\Rightarrow n^* = \dfrac{N(t_{\alpha;n-1} \cdot \hat{\sigma})^2}{N \cdot E^2 + (t_{\alpha;n-1} \cdot \hat{\sigma})^2} \quad (14.13)$$

Erro relativo: $E_\% = \dfrac{t_{\alpha;n-1} \cdot \widehat{EP}(\hat{\mu})}{\hat{\mu}} \cdot 100$

$= t_{\alpha;n-1} \cdot \dfrac{100}{\hat{\mu}} \sqrt{\dfrac{\hat{\sigma}^2}{n}\left[1 - \dfrac{n}{N}\right]}$

$$\Rightarrow n^* = \dfrac{N(t_{\alpha;n-1} \cdot V_\%)^2}{N \cdot E_\%^2 + (t_{\alpha;n-1} \cdot V_\%)^2} \quad (14.14)$$

em que $V_\% = (\hat{\sigma}/\hat{\mu})\,100$ é o coeficiente de variação da medida de interesse.

A utilização das expressões anteriores fica mais clara com um exemplo. Suponha-se uma floresta plantada composta de 20 mil arvoredos, cujo coeficiente de variação da produção em volume lenhoso é de 35% ($V_\% = 35$). Deseja-se que a estimativa da produção média tenha um erro amostral de no máximo 10% ($E_\% = 10$). Qual seria o tamanho de amostra necessário para se obter essa precisão?

Para utilizar a Eq. 14.14, necessita-se estabelecer um valor da estatística t de Student. Como as amostras nos levantamentos florestais são geralmente amostras grandes, é razoável iniciar com o valor $t_{\alpha;n-1} = 2$:

$$n^* = \dfrac{N(t_{\alpha;n-1} \cdot V_\%)^2}{N \cdot E_\%^2 + (t_{\alpha;n-1} \cdot V_\%)^2} = \dfrac{20.000(2 \times 35)^2}{20.000(10^2) + (2 \times 35)^2}$$

$= 48{,}88024 \approx 49$

Na tabela da estatística t, o valor $t_{\alpha;n-1} = 2$ corresponde a 60 graus de liberdade. Como o tamanho de amostra estimado foi 49, é necessário recalcular utilizando o valor da estatística t apropriado. Nesse caso, o valor correspondente aos 48 (49 − 1) graus de liberdade é muito próximo ao valor inicial: $t_{0,05;49-1} = 2,010635 \approx 2,01$. Dessa forma, o tamanho de amostra calculado não se altera:

$$n^* = \frac{20.000(2,01 \times 35)^2}{20.000(10^2) + (2,01 \times 35)^2}$$
$$= 49,36906 \approx 49$$

Conclui-se que amostras de tamanho 49 são suficientes para a precisão de 10% de erro amostral na estimativa da produção média dessa floresta.

Se o erro amostral desejado for reduzido para 5%, o tamanho de amostra aumenta marcadamente:

$$n^* = \frac{20.000(2 \times 35)^2}{20.000(5^2) + (2 \times 35)^2}$$
$$= 194,0978 \approx 195$$

$$n = 195 \Rightarrow t_{\alpha;n-1} = 1,972268 \approx 1,97$$

$$n^* = \frac{20.000(1,97 \times 35)^2}{20.000(5^2) + (1,97 \times 35)^2}$$
$$= 188,397 \approx 189$$

$$n = 189 \Rightarrow t_{\alpha;n-1} = 1,972663 \approx 1,97 \Rightarrow n^* = 189$$

Embora a redução do erro amostral tenha sido pela metade, o aumento do tamanho da amostra necessário para alcançar a precisão desejada na estimativa da produção média aumentou de 49 para 189, o que corresponde a um aumento de quase quatro vezes. Esse efeito é natural: à medida que se procura uma dada redução do erro amostral, o aumento no tamanho da amostra é mais que proporcional a essa redução. A inspeção das Eqs. 14.13 e 14.14 explica o porquê. Nelas se vê que o erro amostral (E ou $E_\%$) é inversamente proporcional à *raiz quadrada* do tamanho da amostra (n) ou, reciprocamente, que o tamanho da amostra é inversamente proporcional ao *quadrado* do erro amostral.

14.1.5 Exemplo de amostragem aleatória simples

Para que o uso dos estimadores e o cálculo de intervalo de confiança e erro amostral se façam mais claros, segue-se um exemplo de aplicação da amostragem aleatória simples. A amostra de exemplo foi obtida numa floresta de eucalipto com área total de 912,53 ha, sendo composta de 30 arvoredos, definidos com parcelas de 540 m² (Tab. 14.2). A medida de interesse no exemplo é o volume lenhoso (m³ · ha⁻¹).

As estimativas da média e da variância populacional são:

$$\hat{\mu} = \frac{1}{30}[219 + 275 + \cdots + 268]$$
$$= 243,5333 \approx 244\,\text{m}^3 \cdot \text{ha}^{-1}$$

$$\hat{\sigma}^2 = \frac{1}{30-1}\Big[(219^2 + 275^2 + \cdots + 268^2)$$
$$- (219 + 275 + \cdots + 268)^2/30\Big]$$
$$= 781,154\,(\text{m}^3 \cdot \text{ha}^{-1})^2$$

No cálculo da intensidade de amostragem e na correção para populações finitas, o tamanho da população e o tamanho da amostra podem ser tratados em termos de número de arvoredos:

$$n = 30 \quad N = 912,53\,\text{ha} \times \frac{540}{10.000}\,\text{ha}^{-1} = 16.898,7$$

Mas também podem ser tratados em termos de área:

$$N = 912,53\,\text{ha} \quad n = 30 \times \frac{10.000}{540} = 1,62\,\text{ha}$$

Os valores obtidos são os mesmos:

$$\frac{n}{N} = \frac{30}{16.898,7} = \frac{1,62}{912,53} = 0,001775284$$

$$\left[1 - \frac{n}{N}\right] = [1 - 0,001775284] = 0,9982247 \approx 1$$

Para amostra pequena e população tão grande, a correção para populações finitas se torna negligenciável em termos práticos.

A informação sobre o tamanho da população permite estimar o total populacional e a variância das estimativas da média e do total:

$$\hat{\tau} = N \cdot \hat{\mu} = (912,53\,\text{ha}) \times (243,5333\,\text{m}^3 \cdot \text{ha}^{-2})$$
$$= 222.231,5\,\text{m}^3$$

$$\widehat{\text{Var}(\hat{\mu})} = \frac{781,154}{30}[0,9982247] = 25,99224\,(\text{m}^3 \cdot \text{ha}^{-1})^2$$

$$\widehat{\text{Var}(\hat{\tau})} = N^2\,\widehat{\text{Var}(\hat{\mu})}$$
$$= (912,53\,\text{ha})^2 \times (25,99224\,[\text{m}^3 \cdot \text{ha}^{-1}]^2)$$
$$= 21.644.026\,(\text{m}^3)^2$$

Tab. 14.2 Exemplo de amostragem aleatória simples numa floresta de eucalipto com área total de 912,53 ha. A amostra é composta de 30 arvoredos, definidos como parcelas de 540 m²

Parcela	DAP médio (cm)	Altura média (m)	Área basal (m²·ha⁻¹)	Volume lenhoso (m³·ha⁻¹)	Alt. méd. domin. (m)	Dens. de estande (ha⁻¹)	Falhas (ha⁻¹)	Falhas (%)
27	14	21	21	219	22	1.437	299	17
32	16	22	23	275	23	1.223	408	25
40	13	21	23	240	22	1.577	73	4
41	13	22	21	229	–	1.652	38	2
42	12	20	22	225	20	1.781	20	1
43	13	20	23	247	23	1.704	78	4
45	13	21	22	238	24	1.697	19	1
47	14	22	25	273	23	1.705	0	0
50	13	22	24	276	22	1.740	0	0
52	13	21	23	266	–	1.665	94	5
53	14	22	22	257	24	1.580	74	4
55	12	22	21	239	23	1.751	0	0
59	13	22	21	240	26	1.577	18	1
64	13	18	19	208	–	1.593	95	6
69	13	20	25	277	–	1.908	115	6
71	13	19	20	205	21	1.647	40	2
73	15	22	18	202	22	1.212	654	35
80	13	20	25	280	22	1.786	191	10
85	14	22	22	244	22	1.517	190	11
87	13	21	25	268	21	1.773	175	9
92	13	19	20	223	22	1.451	91	6
93	14	20	20	218	22	1.247	403	24
97	17	20	24	268	23	980	765	44
102	14	20	19	204	21	1.192	274	19
103	13	18	18	192	23	1.233	555	31
108	14	20	21	228	22	1.271	275	18
110	17	22	24	274	22	1.122	762	40
114	14	20	26	293	21	1.625	317	16
116	14	20	20	230	21	1.351	216	14
117	14	20	23	268	23	1.549	129	8

Os erros padrão da média e do total, bem como os intervalos de confiança de 95% são calculados com base nas estimativas da média e do total e suas respectivas variâncias:

Erro padrão: $\widehat{EP}(\hat{\mu}) = \sqrt{\widehat{Var}(\hat{\mu})} = \sqrt{25{,}99224}$
$= 5{,}098259 \approx 5{,}10 \, m^3 \cdot ha^{-1}$

$\widehat{EP}(\hat{\tau}) = \sqrt{\widehat{Var}(\hat{\tau})} = \sqrt{21.644.026 \, (m^3)^2}$
$= 4.652{,}314 \approx 4{,}65 \times 10^3 \, m^3$

Intervalo de confiança:

$\hat{\mu} \pm 2\,\widehat{EP}(\hat{\mu}) \Rightarrow 243{,}5333 \pm 2\,(5{,}098259)$
$\Rightarrow 243{,}533 \pm 10{,}19652$
$\approx 244 \pm 10$
$\approx [234, 254] \, m^3 \cdot ha^{-1}$

$\hat{\tau} \pm 2\,\widehat{EP}(\hat{\tau}) \Rightarrow 222.231{,}5 \pm 2\,(4.652{,}314)$
$\Rightarrow 222.231{,}5 \pm 9.304{,}628$
$\approx 2{,}22 \times 10^5 \pm 0{,}093 \times 10^5$
$\approx [2{,}13, 2{,}31] \times 10^5 \, m^3$

O erro amostral desse levantamento florestal é de:

$$E_\% = \frac{2\,\widehat{\text{EP}}(\widehat{\mu})}{\widehat{\mu}} \times 100 = \frac{10{,}19652}{243{,}5333} = 4{,}186908$$

$$E_\% \approx 4{,}19\%$$

o qual indica uma boa precisão nas estimativas da produção média e total.

14.2 Amostragem sistemática

A amostragem sistemática é utilizada nos levantamentos florestais como o método que substitui a amostragem aleatória simples em razão de problemas e dificuldades de implementação do procedimento totalmente aleatório de seleção dos arvoredos. Na amostragem sistemática, a localização dos arvoredos segue um padrão de distribuição regular na floresta, logo, a localização de cada arvoredo é fixa em relação à posição dos demais arvoredos na amostra. O procedimento de seleção dos arvoredos na amostragem sistemática é, portanto, bem mais prático e fácil. Pode-se pensar na amostragem aleatória simples como o método *conceitualmente básico*, enquanto que a amostragem sistemática é o método básico do ponto de vista *prático* da implementação da seleção dos arvoredos na floresta.

14.2.1 Problemas da amostragem aleatória simples

A simplicidade do procedimento de seleção da amostragem aleatória simples tem implicações problemáticas para sua implementação nos levantamentos florestais.

Lista dos arvoredos. A realização da seleção totalmente aleatória dos arvoredos requer o conhecimento de todos os arvoredos da floresta. No jargão da teoria da amostragem, diz-se que a amostragem aleatória simples requer o conhecimento completo da *estrutura amostral (sampling frame)* da população. A estrutura amostral deve ser entendida como um dispositivo, como uma lista, por exemplo, que permite que todos os elementos da população matemática possam ser identificados na população-alvo. Ou seja, o procedimento exige que *todos* arvoredos sejam listados e rotulados para serem sorteados e identificados no campo. Como foi mostrado anteriormente, na prática não se faz uma lista dos arvoredos, mas se utiliza um *mapa da floresta*, no qual são selecionados pontos aleatórios. Logo, a utilização da amostragem aleatória simples nos levantamentos florestais requer, no mínimo, um mapa da floresta.

Para que os pontos aleatórios do mapa possam ser apropriadamente localizados no campo, é necessário que o mapa disponível contenha no mínimo quatro características.

1] A floresta a ser levantada, ou suas subdivisões, como talhões ou povoamentos, deve(m) estar delimitada(s) por um polígono no mapa, possibilitando o cálculo da sua área e garantindo que pontos aleatórios dentro do polígono correspondam a pontos locados dentro da floresta.

2] A orientação dos pontos cardeais deve estar devidamente registrada, com o Norte geográfico e o Norte magnético, de modo que os ângulos medidos a partir da linha Norte-Sul no mapa correspondam aos azimutes medidos no campo. Idealmente, esse registro deve ser na forma de georreferenciamento, apresentando as linhas de latitude e longitude, preferencialmente no sistema de coordenadas UTM.

Sistema de coordenadas UTM. O sistema de coordenadas UTM (*universal transversa de mercator*) é um sistema de coordenadas projetadas para localização de pontos na superfície da Terra com base no plano cartesiano e usa o metro como unidade para medir distâncias e determinar a posição de um objeto. O sistema UTM é diferente de outros sistemas de coordenadas geográficas, como os sistemas baseados em latitude e longitude, porque ele não acompanha a curvatura da Terra e, por isso, suas coordenadas também são chamadas de *coordenadas planas*. Dessa forma, o sistema UTM é o sistema mais simples para lidar com localizações e distâncias em regiões da superfície da Terra cujo tamanho permite que se ignore a curvatura da superfície do planeta.

Para evitar a distorção que resultaria da curvatura do planeta, o sistema UTM não faz a projeção das coordenadas em toda a superfície da Terra. Ele divide a superfície da Terra, entre as latitudes de 80° S e 84° N, em 60 zonas com largura de 6° de longitude, que corresponde a uma largura de no máximo 800 km. Cada uma dessas zonas é subdividida em 20 bandas com comprimento de 8° de latitude. Em cada zona-banda, o sistema UTM aplica uma projeção de coordenadas chamada de projeção transversa de Mercator, de modo que a distorção é mínima e o sistema de coordenadas cartesianas pode ser utilizado como sistema de coordenadas geográficas. A Fig. 14.6 apresenta as zonas-bandas do sistema UTM na América do Sul.

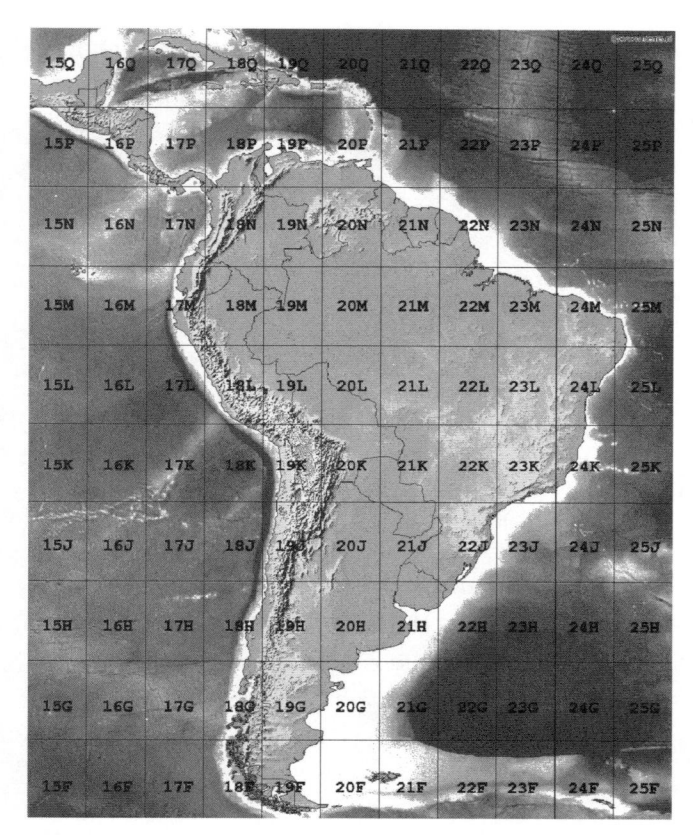

Fig. 14.6 Mapa da América do Sul mostrando as zonas-bandas do sistema UTM (versão colorida - ver prancha 8, p. 379)

Fonte: Demis bv.

3] O mapa deve ser elaborado segundo a *escala* indicada, garantindo que as distâncias medidas no mapa tenham a devida correspondência com as distâncias medidas no terreno.

4] As características de destaque do terreno devem estar indicadas no mapa, para que essas possam ser tomadas como pontos de referência para localização dos pontos no campo, como o vértice do talhão na Fig. 14.3. Numa época em que o GPS (*Global Positioning System*) está presente até em aparelhos telefônicos móveis (celulares), pode-se argumentar que, se o mapa estiver georreferenciado, essa característica é dispensável, pois os pontos aleatórios podem ser localizados no campo via GPS. Embora o uso do GPS seja ideal, a sua utilização na prática é frequentemente problemática, seja em virtude de erro aleatório de localização, seja pela dificuldade de captação do sinal dentro da floresta.

Se não houver um mapa da floresta com essas características, a implementação da amostragem aleatória simples não é possível.

Locação de pontos aleatórios. A locação dos pontos aleatórios foi exemplificada anteriormente (Fig. 14.3) na forma de um procedimento bastante prático. Nesse procedimento, contudo, os pontos aleatórios não foram locados na floresta como um todo, mas nos talhões individualmente (a Fig. 14.3 exemplifica o talhão 024). Em se tratando de floresta de eucalipto, a área da floresta é subdividida em talhões, existindo uma rede de estradas e aceiros que pode ser utilizada para se localizar os pontos no campo.

Em florestas nativas, a situação é geralmente bem diferente, pois os levantamentos florestais frequentemente são realizados em áreas que não possuem subdivisões. Assim, os pontos aleatórios ficam *esparsamente distribuídos* na floresta e, em geral, não há uma rede de aceiros, estradas ou trilhas que facilite o deslocamento dentro da floresta. Nesse caso, a localização dos pontos aleatórios no campo é extremamente problemática. Ela exigirá grandes deslocamentos dentro da floresta em trilhas que a própria equipe de medição terá que abrir, enfrentando os acidentes do terreno, como cursos d'água, ravinas, encostas íngremes, cipoais etc. A correspondência entre a locação dos pontos aleatórios no mapa e a locação dos arvoredos medidos na floresta pode ser seriamente prejudicada, comprometendo o realismo das estimativas calculadas.

Tempo de deslocamento. O problema da locação de pontos aleatórios esparsamente distribuídos resulta numa desvantagem adicional. Para que os pontos sejam apropriadamente localizados no campo, o deslocamento dentro da floresta deverá ser judicioso. Consequentemente, o tempo de deslocamento entre um arvoredo e outro consumirá uma parte substancial do tempo utilizado na realização do levantamento florestal. Esse tempo de deslocamento é, contudo, um tempo não produtivo, pois nenhuma informação quantitativa é gerada. A seleção completamente aleatória dos arvoredos torna-se um fator de encarecimento do levantamento.

Cobertura espacial. O padrão de distribuição completamente aleatório dos arvoredos selecionados na amostragem aleatória simples não exclui a possibilidade de que uma dada amostra particular tenha uma distribuição um tanto agregada, deixando extensas partes da floresta sem arvoredos a serem observados. A distribuição dos pontos aleatórios na Fig. 14.2 ilustra esse fenômeno. Distribuição aleatória não é sinônimo de cobertura regular do terreno, pois a aleatoriedade, sendo um efeito probabilístico, é compatível com um certo grau de *agregação aleatória* dos pontos. Por isso, a seleção aleatória dos arvoredos frequentemente deixa a desejar em termos de cobertura espacial da floresta, e as estimativas geradas, embora baseadas em estimadores não enviesados, podem ser atípicas para as condições da floresta estudada.

Os problemas apresentados anteriormente tornam a amostragem sistemática bem mais atraente para os levantamentos florestais, tanto em termos da praticidade e facilidade na execução do procedimento de seleção dos arvoredos quanto na cobertura espacial resultante. É importante ressaltar, contudo, que a amostragem sistemática não é equivalente à amostragem seletiva ou intencional dos arvoredos, que segue critérios arbitrários dos profissionais que realizam o levantamento florestal. A amostragem sistemática *é sempre* realizada por meio de procedimento *de restrição* da seleção aleatória dos arvoredos, mas *jamais* pela completa exclusão da aleatoriedade do procedimento de seleção. A exclusão completa da aleatoriedade no procedimento de seleção da amostra torna necessariamente inválida a aplicação da teoria da amostragem no cálculo das estimativas dos parâmetros da população.

14.2.2 Seleção sistemática de pontos

O procedimento padrão de seleção sistemática de arvoredos numa floresta é por meio de uma grade de pontos cuja distância entre os pontos é fixa (Fig. 14.7). A grade pode ser quadrada, quando se tem a mesma distância nas duas direções da grade, ou retangular, quando as distâncias são diferentes.

Na amostragem sistemática, a intensidade de amostragem é dada pela área do retículo da grade. Por exemplo, numa grade quadrada de 100 m × 100 m, a intensidade de amostragem é um arvoredo a cada 1 ha (100 m × 100 m = 10.000 m² = 1 ha), já numa grade retangular de 200 m × 400 m, a intensidade é de um arvoredo a cada 8 ha (400 m × 200 m = 80.000 m² = 8 ha). Por outro lado, a intensidade de amostragem pode definir a grade de amostragem. Por exemplo, se num levantamento florestal a intensidade de amostragem deve ser de um arvoredo a cada 4 ha, a amostragem sistemática pode ser realizada por uma grade quadrada de 200 m × 200 m, ou por uma grade retangular de 400 m × 100 m.

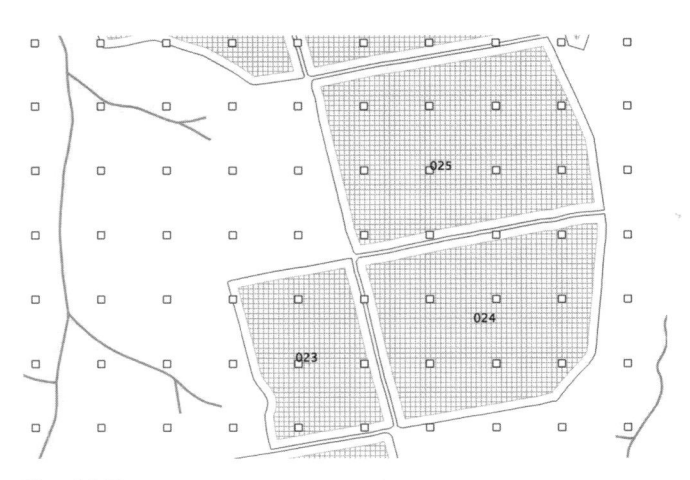

Fig. 14.7 Detalhe do mapa de uma floresta plantada de eucalipto em que são mostrados os cursos d'água e a delimitação de três talhões (numerados 023, 024, 025). Locação *sistemática* segundo uma grade quadrada com distância de 180 m entre arvoredos

A grade de amostragem fixa é o fator que torna a localização dos arvoredos na floresta muito mais eficiente na amostragem sistemática, quando comparada à amostragem aleatória simples. A distância fixa entre os arvoredos torna a sua locação mais eficiente e facilita o caminhamento dentro da floresta, reduzindo o tempo de deslocamento entre arvoredos.

A localização da grade não é determinada de modo arbitrário, mas por um procedimento aleatório. O procedimento consiste em selecionar de modo completamente aleatório um único ponto na floresta e, a partir desse ponto, utilizar as distâncias fixas da grade para determinar a localização de todos os demais pontos da grade. Portanto, a localização da grade de amostragem como um todo é aleatória, embora as localizações dos pontos da grade não sejam individualmente aleatórias, pois a distância entre eles é fixa.

Alguns autores chamam esse método de *amostragem sistemática com início aleatório*. Mas esse nome carece de sentido, pois qualquer grade sem início aleatório é uma amostragem intencional em que a seleção dos arvoredos é arbitrária e, consequentemente, não deve ser tratada como um método de amostragem.

14.2.3 Seleção sistemática de parcelas em faixa

As parcelas em faixa são geralmente utilizadas em florestas nativas e a sua seleção sistemática é semelhante à definição de uma grade de amostragem. Para utilizar parcelas em faixa, é necessário definir o azimute do eixo de orientação da parcela e, para isso, se procede como foi discutido no caso da seleção aleatória anterior. Em seguida, seleciona-se um único ponto aleatório na floresta. Utilizando-se o azimute escolhido, traça-se o eixo da primeira parcela em faixa interceptando o ponto aleatório selecionado. Traça-se, então, uma linha perpendicular ao eixo do azimute dessa parcela e, nessa linha perpendicular, marca-se a distância fixa desejada entre as parcelas em faixa. Os pontos marcados na linha perpendicular definem a posição dos eixos das demais parcelas da amostragem sistemática, conforme ilustra a Fig. 14.8.

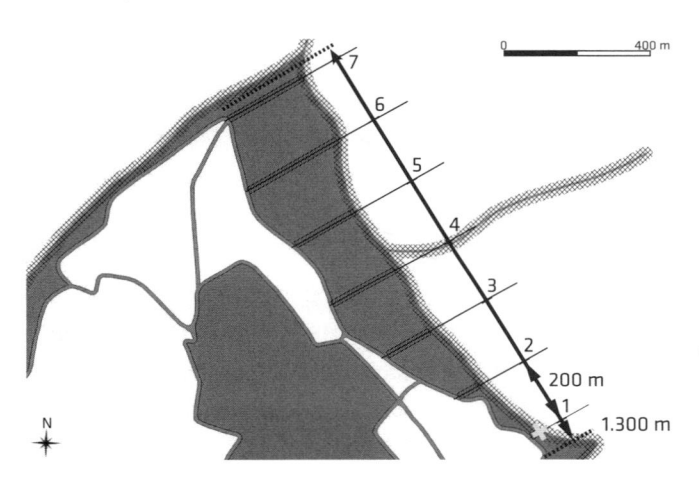

Fig. 14.8 Detalhe de mapa mostrando área de mata ciliar e mata nativa com o traçado das estradas e exemplificando a locação sistemática de parcelas em faixa. A marca da cruz no canto inferior direito da mata ciliar, indica a localização do ponto aleatório inicial. A linha perpendicular ao azimute dos eixos das parcelas em faixa tem comprimento de 1.300 m e a distância entre as parcelas ao longo dessa linha é de 200 m

14.2.4 Estimadores e erro amostral

Como visto, na amostragem sistemática, a grade amostral é locada aleatoriamente, mas os pontos da grade (ou as parcelas em faixa) são estabelecidos de forma sistemática a distâncias fixas. Por isso, não é possível obter estimadores com base em *uma única amostra sistemática*. As estimativas são calculadas, então, utilizando-se os mesmos estimadores da amostragem aleatória simples (Eqs. 14.1 a 14.12). Na prática, a amostragem sistemática é tratada como se fosse equivalente à amostragem aleatória simples. Quando os levantamentos florestais são bem planejados e bem executados, esse tratamento equivalente raramente é problemático. Contudo, é importante conhecer a abrangência e as limitações desse tratamento.

O problema de se considerar a amostragem sistemática equivalente à amostragem aleatória simples não é a possibilidade da ocorrência de viés de seleção. Se o aspecto aleatório dos procedimentos de seleção sistemática for adequadamente implementado, os estimadores da amostragem aleatória simples resultam em estimativas não enviesadas tanto para média quanto para o total da população, quando calculados com base nas observações de uma amostra sistemática.

O problema está no estimador da variância da estimativa média da amostragem sistemática, que não pode ser calculado adequadamente com base numa única grade de amostragem, mas cujo valor depende da estrutura espacial da floresta. Considere-se a situação totalmente hipotética em que várias grades de amostragem, todas com a mesma estrutura e intensidade amostral, são observadas na mesma floresta. Nesse caso, a variância da estimativa da média da amostragem sistemática ($\widehat{\mu}_S$) é dada pela seguinte expressão:

$$\mathrm{Var}(\widehat{\mu}_S) = \frac{\sigma^2}{n}\left(1 - \frac{n}{N}\right)[1 + (n-1)\rho_S] \qquad (14.15)$$

em que N é o tamanho da população, n é o tamanho da amostra (número de pontos na grade ou número de parcelas em faixa), σ^2 é a variância da população e ρ_S é o *coeficiente de correlação intraclasse*.

Essa variância da média só pode ser estimada no caso de se realizar *várias* amostragens sistemáticas na mesma floresta, pois os dois parâmetros dos quais ela depende (a variância populacional (σ^2) e o coeficiente de correlação intraclasse (ρ_S)) só podem ser estimados nessa situação. Por isso, essa expressão não é utilizada nas situações práticas dos levantamentos florestais que adotam a amostragem sistemática, e o estimador da amostragem aleatória simples é utilizado no seu lugar. Mas essa expressão da variância nos fornece uma importante informação sobre a validade prática da amostragem sistemática.

O coeficiente de correlação intraclasse é um coeficiente de correlação que mede o grau de associação, isto é, a semelhança, entre os arvoredos da amostragem sistemática (grade de pontos ou conjunto de parcelas em faixa). O tipo de associação entre os arvoredos numa grade sistemática depende da estrutura espacial da floresta, isto é, de como a heterogeneidade entre os arvoredos é organizada espacialmente dentro da floresta. Existem três padrões de estrutura espacial que podem ocorrer nas florestas nativas e plantadas e a validade da amostragem sistemática depende desses padrões.

Floresta aleatória. Se a floresta não possuir nenhuma estrutura espacial, os arvoredos selecionados na amostragem sistemática serão como arvoredos selecionados por um procedimento completamente aleatório. Dessa forma, não haverá semelhança alguma entre os arvoredos da amostragem sistemática e o valor do coeficiente de correlação intraclasse será nulo ($\rho_S = 0$). Nesse caso, todo o termo dentro dos colchetes na Eq. 14.15 desaparece e a expressão é simplificada para expressão da variância da estimativa da média na amostragem aleatória simples (Eq. 14.4). Essa é a situação em que a amostragem sistemática é totalmente equivalente à amostragem aleatória simples.

Estrutura espacial das florestas. A estrutura espacial das florestas é um tema de interesse dos profissionais florestais há muito tempo, dada a sua importância para a obtenção de informações confiáveis sobre as florestas. Os trabalhos de Matérn (1971, 1980) foram pioneiros na área pois foram os primeiros a utilizar técnicas de estatística espacial. Para a descrição da estrutura espacial de florestas nativas, ver o trabalho de Capretz et al. (2012) ou, para maior detalhes, a sua tese (Capretz, 2004). Sobre a influência dos métodos arbustimétricos sobre a representação da estrutura espacial das florestas nativas, ver os trabalhos de Oda-Souza et al. (2010a, 2010b) e, com maior detalhe, a tese de doutorado da mesma autora (Oda-Souza, 2009). Sobre a estrutura espacial de florestas plantadas de eucalipto, ver os trabalhos de Mello et al. (2005a,b, 2006) ou, para maiores detalhes, a tese desse autor (Mello, 2004).

Raramente as florestas naturais ou plantadas são desprovidas de qualquer estrutura espacial, embora existam áreas de floresta estacional semidecidual que tenham se mostrado praticamente sem estrutura espacial. A *floresta aleatória* seria, portanto, uma situação rara. Contudo, quando se utiliza o método de parcelas para definir os arvoredos, a forma e o tamanho da parcela têm influência sobre o grau de dependência espacial que se estabelece entre os arvoredos. As parcelas em faixa tendem a neutralizar a dependência espacial em florestas naturais, resultando em arvoredos que estão bem próximos de uma floresta aleatória.

Floresta periódica. Menos rara que a *floresta aleatória*, embora ainda bastante incomum, é a existência de padrões espaciais *periódicos* na floresta. Por exemplo, em florestas plantadas, quando se realiza o corte raso seguido de destoca, os resíduos lenhosos costumam ser agrupados ao longo de linhas chamadas de *leiras*, que geralmente são formadas a distâncias aproximadamente fixas no terreno. A floresta plantada nessas condições tende a ter um padrão periódico no terreno, pois as árvores próximas das leiras se beneficiarão ao longo do tempo do material orgânico e dos nutrientes provenientes da decomposição da madeira residual, apresentando crescimento mais rápido. Outro tipo de intervenção que resulta numa floresta periódica é a aplicação do desbaste sistemático em florestas plantadas. O desbaste sistemático de 25% da árvores, por exemplo, geralmente consiste no abate de todas as árvores de uma a cada cinco linhas de plantio, resultando numa variação periódica na densidade da floresta.

Nesses casos, arvoredos distantes (nos exemplos, a distância entre as leiras ou entre as linhas desbastadas) serão mais semelhantes que arvoredos próximos, de modo que o coeficiente de correlação intraclasse se torna *positivo* ($\rho_S > 0$). O resultado é que a variância da estimativa da média da amostragem sistemática *é maior* que a variância da estimativa da média da amostragem aleatória simples. Ao utilizar o estimador da amostragem aleatória simples se estará, portanto, *subestimando* a variância da média e, portanto, gerando-se uma falsa noção de precisão no levantamento.

É importante notar que, na expressão da variância da média da amostragem sistemática (Eq. 14.15), o valor do coeficiente de correlação intraclasse é multiplicado pelos graus de liberdade da amostra ($n - 1$). Logo, nas grandes amostras, que são o caso mais comum nos levantamentos florestais, um pequeno grau de correlação positiva entre os arvoredos pode resultar num aumento relevante da variância da média. Frequentemente, a existência de padrões espaciais periódicos na floresta pode ser percebida por uma equipe cuidadosa durante os trabalhos de instalação e medição dos arvoredos. Nesses casos, a amostragem sistemática não é apropriada.

Floresta ordenada. O padrão de dependência espacial mais comum nas florestas nativas e plantadas é aquele em que arvoredos próximos são mais semelhantes que arvoredos distantes. Na maioria das florestas, a semelhança entre os arvoredos diminui à medida que a distância entre os arvoredos aumenta, tornando o coeficiente de correlação intraclasse *negativo* ($\rho_S < 0$). Dessa forma, a variância da média da amostragem sistemática é, na verdade, *menor* que a variância da média da amostragem aleatória simples e, portanto, o uso do estimador da amostragem aleatória simples resulta numa *superestimativa* da variância da média. A aplicação da amostragem sistemática é dita *conservadora*, nesse caso, uma vez que a precisão real do levantamento florestal será *maior* que aquela calculada utilizando os estimadores da amostragem aleatória simples.

As vantagens práticas da amostragem sistemática sobre a amostragem aleatória simples, somadas ao fato de que a maioria das florestas nativas e plantadas são *florestas ordenadas*, fazem com que o uso generalizado da amostragem sistemática nos levantamentos florestais seja plenamente justificado.

14.2.5 Aleatorização e regularização na seleção

As florestas plantadas são subdivididas em unidades de manejo ou unidades de planejamento, geralmente chamadas de talhões ou quadras. Assim, essas florestas possuem uma rede de estradas e aceiros que facilita o deslocamento dentro da floresta e, consequentemente, a localização dos arvoredos a serem medidos. Nessas condições, a locação dos arvoredos no campo segundo a amostragem aleatória simples não é problemática e pode ser executada de modo eficiente. O problema da cobertura espacial deficiente, no entanto, persiste, como ilustram as Figs. 14.2 e 14.4.

Para contornar esse problema, gerando-se um padrão mais regular dos pontos em que serão locados os arvoredos, existem dois procedimentos distintos de seleção: a *seleção regular aleatorizada* e a *seleção aleatória regularizada*. Ambos os procedimentos geram resultados equivalentes, ou seja, uma distribuição de pontos que não é totalmente aleatória, pois possui um padrão de distribuição espacial mais homogêneo que a distribuição completamente aleatória. Por outro lado, a distribuição resultante também não é totalmente sistemática, embora certo grau de regularidade tenha sido introduzido na cobertura espacial dos arvoredos.

Seleção regular aleatorizada. O primeiro procedimento consiste em gerar uma grade amostral a partir de um único ponto aleatório. A posição de cada ponto da grade, contudo, é aleatorizada, introduzindo-se um deslocamento aleatório da posição fixa definida pela grade. Por exemplo, a Fig. 14.9 apresenta a mesma grade quadrada de amostragem com distância de 180 m entre pontos apresentada na Fig. 14.7. Mas acrescentou-se na posição de cada ponto da grade um deslocamento aleatório, de forma que nenhum dos pontos está exatamente na posição regular indicada pela grade. O resultado é que a localização dos arvoredos não é nem sistemática, nem completamente aleatória, mas possui uma cobertura espacial mais homogênea que aquela gerada pelo procedimento aleatório simples.

Seleção aleatória regularizada. O outro procedimento para gerar uma cobertura espacial mais homogênea

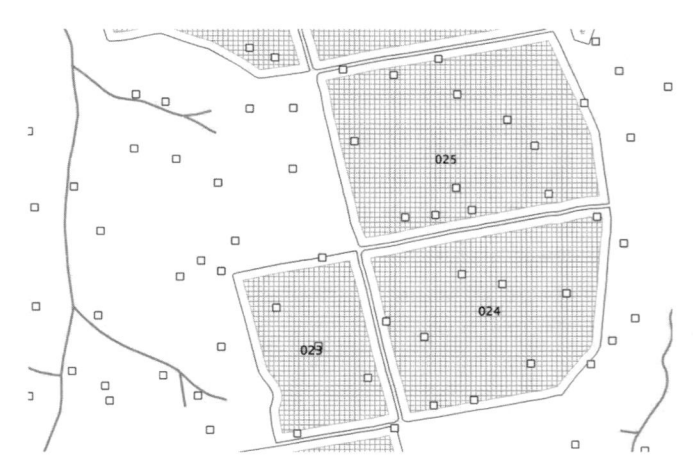

Fig. 14.9 Detalhe do mapa de uma floresta plantada de eucalipto em que são mostrados os cursos d'água e a delimitação de três talhões (numerados 023, 024, 025). Locação *aleatória regular* a partir de uma grade quadrada com distância de 180 m, mas adicionando um deslocamento aleatório na localização de cada arvoredo

inicia-se com a seleção completamente aleatória dos pontos. Nessa seleção, no entanto, se a distância de um novo ponto para um ponto já selecionado for menor que uma dada distância predeterminada, por exemplo 300 m, o ponto novo é ignorado, selecionando-se um outro ponto. O resultado é um padrão aleatório, mas ao redor de cada ponto aleatório selecionado existe uma *zona de exclusão* onde não se encontram outros pontos. Dessa forma, a agregação de pontos que pode ocorrer na seleção completamente aleatória é evitada, de forma que os arvoredos selecionados têm uma cobertura espacial mais regular. O padrão de distribuição não é completamente aleatório, pois sofreu uma restrição na vizinhança dos pontos.

14.3 Amostragem estratificada

A amostragem aleatória simples e a amostragem sistemática são métodos eficientes quando a floresta possui um certo grau de homogeneidade. Em florestas muito heterogêneas, esses dois métodos silvimétricos resultaram numa grande variância da média e, consequentemente, num grande erro amostral. Nos levantamentos em florestas heterogêneas, a floresta é subdividida em *subpopulações* mais homogêneas e o levantamento é realizado de modo independente em cada uma das subpopulações.

Essas subpopulações mais homogêneas são chamadas de *estratos* e a amostragem é dita *amostragem estratificada*. Pode se utilizar em cada estrato tanto a amostragem aleatória simples quanto a amostragem sistemática. No primeiro caso, a amostragem é frequentemente chamada de *amostragem estratificada aleatória*, enquanto que, no segundo, é chamada de *amostragem estratificada sistemática*. Contudo, ambos os casos são tipos particulares da amostragem estratificada.

14.3.1 Estratificação

O procedimento de determinação dos estratos da floresta é chamado de estratificação. Não existe um procedimento padrão de estratificação, pois a aplicação da amostragem estratificada é justificada por qualquer procedimento que resulte em estratos que sejam mais homogêneos que a floresta como um todo.

Nas florestas plantadas, os estratos são geralmente determinados segundo as práticas de implantação e manejo da floresta e segundo as informações sobre a variação das condições ambientais dentro da floresta. Exemplos de informações sobre a implantação e o manejo são: a espécie ou clone plantado, a rotação, a idade, o espaçamento e o sistema de preparo de solo e adubação. Já as informações utilizadas sobre as condições ambientais são a qualidade do sítio (índice de sítio), posição topográfica, declividade e tipo de solo.

Nas florestas nativas, utilizam-se tanto as informações do ambiente físico, como posição topográfica, declividade e tipo de solo, quanto informações da própria estrutura da floresta, como a densidade (mata densa ou mata aberta), a estatura (mata alta ou mata baixa), a presença de espécies de interesse comercial ou espécies indicadoras (presença/ausência de palmeiras ou samambaias), a estrutura do dossel da floresta (dossel homogêneo ou dossel heterogêneo) e o estado de conservação ou de degradação da vegetação.

A utilização do sensoriamento remoto é fundamental para a identificação e o mapeamento de várias dessas informações tanto a respeito das condições ambientais quanto da estrutura da própria floresta. É importante que as informações sejam organizadas num Sistema de Informação Geográfica (SIG), de modo que a floresta seja representada cartograficamente e os estratos sejam devidamente delimitados, determinando-se a área de cada um deles. Com base nas informações cartográficas, o levantamento pode ser planejado, determinando-se como a amostragem será realizada em cada estrato. A estratificação é, portanto, um procedimento realizado na fase de planejamento, antes de qualquer trabalho de campo.

A importância da utilização do sensoriamento remoto e do SIG para realizar a estratificação aumenta proporcionalmente com o tamanho da área florestal que é objeto do levantamento. Em levantamentos regionais, quando a área florestal de interesse chega a centenas de milhares de hectares, a utilização desse instrumental é essencial para se realizar um levantamento de qualidade. A Fig. 14.10 ilustra a estratificação realizada para um levantamento do estoque de palmiteiro-juçara (*Euterpe edulis*, Arecaceae) na região do Vale do Ribeira, no Estado de São Paulo, onde a área total de floresta era de aproximadamente 700.000 ha. Os estratos foram definidos com base em três tipos de informações cartográficas da região:

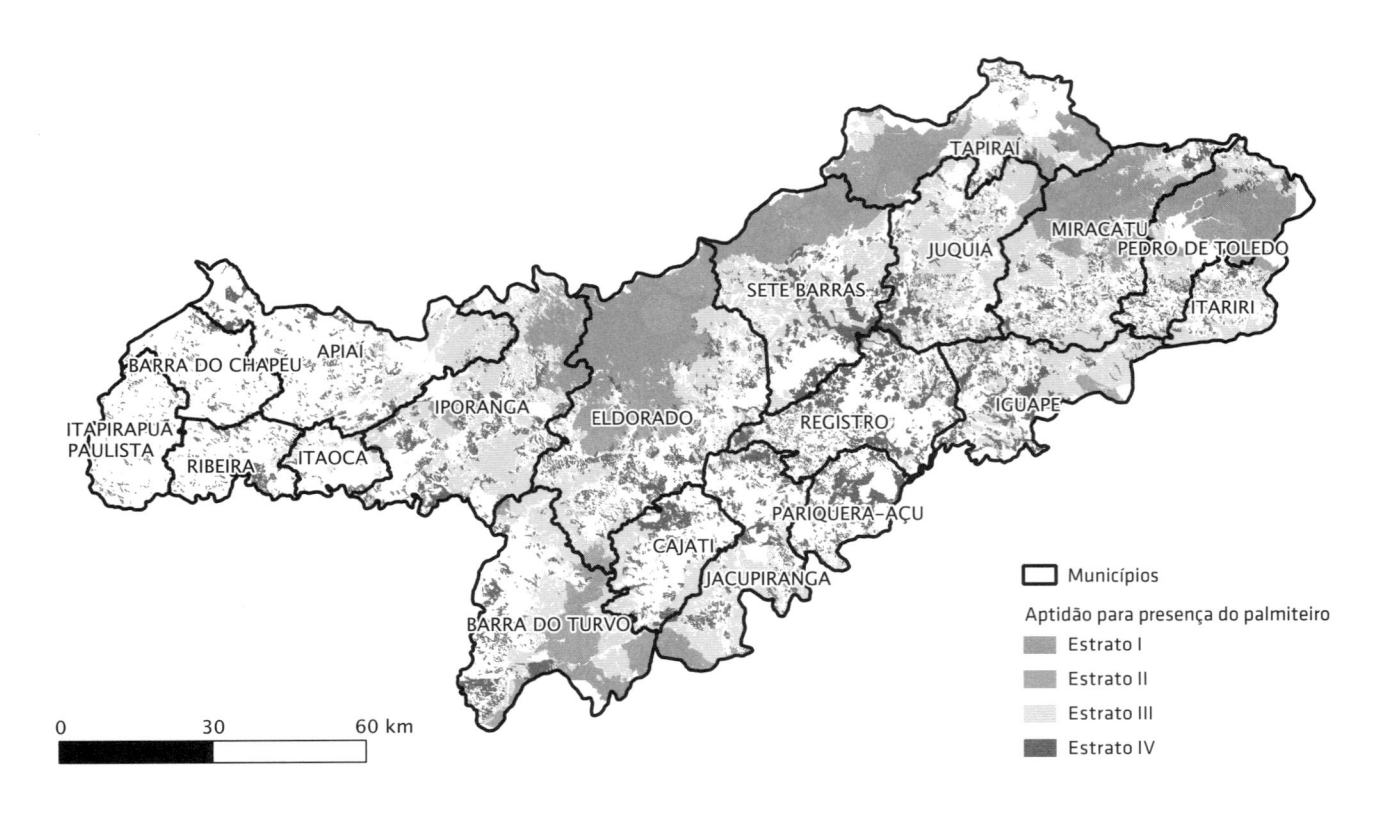

Fig. 14.10 Mapa da região do Vale do Ribeira (excluindo o litoral sul) com os estratos de aptidão para presença do palmiteiro-juçara (*Euterpe edulis*, Arecaceae). Os estratos I, II, II e IV são áreas com aptidão decrescente para presença do palmiteiro-juçara (versão colorida - ver prancha 9, p. 379)
Fonte: Batista, Vettorazzi e Couto (2000).

as matas da região classificadas segundo o seu estado de conservação, a altitude e a localização de núcleos populacionais (quilombos e comunidades tradicionais) dentro das matas. Os três tipos de informação foram produtos de estudos independentes na região, que geraram a informação cartográfica anteriormente ao levantamento. O levantamento do palmiteiro simplesmente organizou essas informações de modo a produzir a estratificação das matas segundo a sua aptidão para a presença do palmiteiro.

14.3.2 Estimativas por estrato

A obtenção das estimativas na amostragem estratificada começa pelo cálculo das estimativas por estrato. A amostragem em cada estrato é realizada de modo independente, mas para que as estimativas geradas nos estratos possam ser combinadas, obtendo-se uma estimativa para a floresta como um todo, é necessário que a forma de observação da floresta nos estratos seja a mesma. O levantamento deve, portanto, ser realizado com o mesmo método arbustimétrico e também com o mesmo método silvimétrico em todos os estratos.

Se a floresta for subdividida em L estratos, o tamanho de cada estrato deve ser conhecido, de modo que o tamanho da floresta possa ser obtido somando-se o tamanho dos estratos. O tamanho pode ser definido tanto em termos de número de arvoredos quanto em termos de área:

$$N = \sum_{h=1}^{L} N_h \qquad S = \sum_{h=1}^{L} S_h$$

em que h é o índice que indica o estrato ($h = 1, 2, \ldots, L$), N_h é o número de arvoredos no estrato h, S_h é a área do estrato h, N é o número de arvoredos na floresta e S é a área floresta.

14.3.3 Estimador da amostragem estratificada

Em cada estrato, é necessário obter as estimativas do total do estrato ($\hat{\tau}_h$), da variância populacional do estrato ($\hat{\sigma}_h^2$) e da variância da estimativa do total ($\widehat{\text{Var}}(\hat{\tau}_h)$). O tipo de levantamento realizado não influencia a forma de combinação das estimativas por estrato, desde que o mesmo tipo de levantamento tenha sido realizado em todos os estratos de modo independente. Como as estimativas por estrato são independentes, o estimador do total da floresta como um todo é simplesmente a soma das estimativas dos totais dos estratos:

$$\widehat{\tau}_E = \sum_{h=1}^{L} \widehat{\tau}_h \qquad (14.16)$$

enquanto o estimador da variância do total também é a soma das variâncias das estimativas por estrato:

$$\widehat{\mathrm{Var}}(\widehat{\tau}_E) = \sum_{h=1}^{L} \widehat{\mathrm{Var}}(\widehat{\tau}_h) \qquad (14.17)$$

O estimador da média é simplesmente o total dividido pelo tamanho da população:

$$\widehat{\mu}_E = \frac{\widehat{\tau}_E}{N} \quad \text{ou} \quad \widehat{\mu}_E = \frac{\widehat{\tau}_E}{S} \qquad (14.18)$$

o que também acontece para a variância:

$$\widehat{\mathrm{Var}}(\widehat{\mu}_E) = \frac{1}{N^2} \cdot \widehat{\mathrm{Var}}(\widehat{\tau}_E) \quad \text{ou} \quad \widehat{\mathrm{Var}}(\widehat{\mu}_E) = \frac{1}{S^2} \cdot \widehat{\mathrm{Var}}(\widehat{\tau}_E) \qquad (14.19)$$

É comum que os estimadores da amostragem estratificada sejam apresentados como combinação das estimativas das médias dos estratos e suas respectivas variâncias. Mas esses estimadores normalmente são válidos apenas quando a amostragem aleatória simples ou a amostragem sistemática é utilizada em cada estrato. Os estimadores da amostragem estratificada baseados nas médias são combinações *que dependem* do tipo de amostragem utilizado nos estratos. Quando métodos silvimétricos mais sofisticados são utilizados, os estimadores apresentam expressões matemáticas bem mais complexas. Os estimadores apresentados anteriormente, que são baseados nos totais, são simples e permanecem válidos para todos os tipos de métodos silvimétricos.

14.3.4 Intervalo de confiança

O intervalo de confiança na amostragem estratificada é construído da forma convencional como apresentado anteriormente (Eqs. 14.7 e 14.8). Para amostras grandes, a sua expressão pode ser simplificada tomando-se a constante t de Student como sendo igual a 2 (Eqs. 14.9 e 14.10):

$$\text{Total: } \widehat{\tau}_E \pm 2\widehat{\mathrm{EP}}(\widehat{\tau}_E)$$
$$\text{Média: } \widehat{\mu}_E \pm 2\widehat{\mathrm{EP}}(\widehat{\mu}_E)$$

Para amostras pequenas, contudo, a constante deve ser encontrada na tabela de t de Student e, para isso, é necessário saber os graus de liberdade associados à amostra. Como a estimativa nesse caso se trata de uma combinação de estimativas independentes, os graus de liberdade devem ser obtidos considerando-se o tamanho de cada estrato e a sua variabilidade, bem como o tamanho da amostra utilizado em cada um deles. O valor dos graus de liberdade efetivos da amostragem estratificada é dado, então, pela expressão:

$$n_e = \frac{\left(\sum_{h=1}^{L} a_h \cdot \widehat{\sigma}_h^2\right)^2}{\sum_{h=1}^{L} (a_h \cdot \widehat{\sigma}_h^2)^2/(n_h-1)} \qquad (14.20)$$

em que $a_h = N_h(N_h - n_h)/n_h$.

14.3.5 Tamanho de amostra

Na amostragem estratificada, o tamanho da amostra para a floresta como um todo depende de dois fatores. O primeiro deles é a combinação dos métodos arbustimétrico e silvimétrico utilizados nos levantamentos dos estratos. O segundo fator é como o número de arvoredos na amostra da floresta será distribuído entre os estratos que formam a floresta, isto é, como os arvoredos serão partilhados entre os diferentes estratos.

Se o método silvimétrico nos estratos for a amostragem aleatória simples (ou amostragem sistemática), o tamanho de amostra para um erro amostral aceitável ($E_\%$) é calculado como:

$$n^* = \frac{\sum_{h=1}^{L} N_h^2 \cdot V_{\%h}^2 / W_h}{N^2 \cdot E_\%^2 / t^2 + \sum_{h=1}^{L} N_h \cdot V_{\%h}^2} \qquad (14.21)$$

em que N_h é o tamanho do estrato h ($h = 1, 2, \ldots, L$), $N = \sum_{h=1}^{L} N_h$ é o tamanho da floresta, $E_\%$ é o erro amostral desejado (em porcentagem), $V_{\%h} = (\widehat{\sigma}_h/\widehat{\mu}_h)100$ é o coeficiente de variação do estrato h, e W_h é a proporção de arvoredos destinados ao estrato h.

As proporções W_h são os elementos que incluem a partilha dos arvoredos no cálculo do tamanho da amostra. São reconhecidas três formas de partilhar os arvoredos nos diferentes estratos da floresta.

Partilha proporcional ao tamanho: a proporção de arvoredos para um dado estrato é proporcional ao tamanho do estrato:

$$W_h = \frac{N_h}{N} = \frac{S_h}{S} \quad (14.22)$$

em que S_h é a área do estrato h e $S = \sum_{h=1}^{L} S_h$ é a área total da floresta.

Partilha de Neyman: a proporção de arvoredos para um dado estrato é proporcional ao tamanho do estrato e à sua variabilidade (variância):

$$W_h = \frac{N_h \cdot \hat{\sigma}_h^2}{\sum_{h=1}^{L} N_h \cdot \hat{\sigma}_h^2} = \frac{S_h \cdot \hat{\sigma}_h^2}{\sum_{h=1}^{L} S_h \cdot \hat{\sigma}_h^2} \quad (14.23)$$

em que $\hat{\sigma}_h^2$ é a estimativa da variância populacional no estrato h.

Partilha ótima: a proporção de arvoredos para um dado estrato é *diretamente* proporcional ao tamanho do estrato e à sua variabilidade, sendo *inversamente* proporcional à raiz quadrada do custo de medição de um arvoredo naquele estrato:

$$W_h = \frac{N_h \cdot \hat{\sigma}_h^2 / \sqrt{C_h}}{\sum_{h=1}^{L} N_h \cdot \hat{\sigma}_h^2 / \sqrt{C_h}} = \frac{S_h \cdot \hat{\sigma}_h^2 / \sqrt{C_h}}{\sum_{h=1}^{L} S_h \cdot \hat{\sigma}_h^2 / \sqrt{C_h}} \quad (14.24)$$

em que C_h é o custo de medição de um arvoredo no estrato h.

O custo pode ser expresso em termos absolutos em unidades monetárias ou em unidades de tempo de mensuração e deslocamento, mas também pode ser expresso em termos relativos ao custo de um dos estratos da floresta. Por exemplo, considere-se que o custo de medição mais alto é do estrato 3, então, o custo desse estrato pode ser fixado em um ($C_3 = 1$), enquanto que o custo dos demais estratos passa a ser uma fração desse custo (por exemplo, $C_1 = 0{,}5$, $C_2 = 0{,}23$ e $C_4 = 0{,}75$).

14.3.6 Eficiência da amostragem estratificada

A eficiência de qualquer método silvimétrico é sempre obtida comparando-se o seu erro amostral com o erro amostral da amostragem aleatória simples. Para que a comparação seja justa, é necessário, obviamente, que o tamanho da amostra seja o mesmo nos dois casos. Consequentemente, a análise da eficiência de um método se faz pela razão entre a variância da média do método sob estudo e a variância da média na amostragem aleatória simples.

Independentemente do método silvimétrico utilizado no levantamento dos estratos, a variância da estimativa do total populacional na amostragem estratificada é sempre a soma da variância dos totais dos estratos:

$$\text{Var}(\hat{\tau}_E) = \sum_{h=1}^{L} \text{Var}(\hat{\tau}_h)$$

Logo, a eficiência da amostragem estratificada é dada pela razão:

$$\frac{\text{Var}(\hat{\tau}_E)}{\text{Var}(\hat{\tau})} = \frac{\sum_{h=1}^{L} \text{Var}(\hat{\tau}_h)}{\text{Var}(\hat{\tau})}$$

Para que a amostragem estratificada seja mais eficiente que a amostragem aleatória simples, é necessário que o procedimento de estratificação da floresta resulte em estratos mais homogêneos internamente (menor variância por estrato), de modo que a soma das variâncias dos estratos seja menor que a variância obtida pela amostra aleatória simples. A partilha dos arvoredos nos vários estratos deve fazer com que a soma das variâncias dos estratos seja menor que a variância obtida quando o mesmo de número de arvoredos é distribuído aleatoriamente pela floresta, ignorando-se a estratificação. Portanto, a eficiência da amostragem estratificada depende unicamente da eficiência do procedimento de estratificação. Quanto maior a eficiência do procedimento em identificar estratos de modo a minimizar a variância *dentro* dos estratos e a maximizar a variância *entre* os estratos, tanto maior será a eficiência da amostragem estratificada.

14.3.7 Exemplo de amostragem estratificada

A Tab. 14.3 apresenta um exemplo com 34 parcelas do levantamento do palmiteiro-juçara (*Euterpe edulis*, Arecaceae) na região do Vale do Ribeira, Estado de São Paulo. O levantamento utilizou a amostragem estratificada aleatória, sendo que os estratos foram definidos segundo o exemplo de estratificação apresentado anteriormente (Fig. 14.10). Os tamanhos dos estratos e o tamanho da amostra em cada estrato, bem como as estimativas dos totais da área basal obtidas em cada estrato, são apresentados na Tab. 14.4.

A medida de interesse é o número de palmiteiros, logo, a estimativa do número total de palmiteiros é obtida

Tab. 14.3 Exemplo de amostragem estratificada: levantamento do palmiteiro-juçara (*Euterpe edulis*, Arecaceae) na região do Vale do Ribeira, estado de São Paulo. O exemplo é composto de 34 arvoredos (1.600 m^2), sendo que em cada um dos quatro estratos se realizou uma amostragem aleatória simples. A área basal e os *DAP* médio e médio quadrático se referem apenas às plantas do palmiteiro-juçara

Estrato	Parcela	Número de palmiteiros (ha^{-1})	Área basal (m$^2 \cdot$ ha^{-1})	DAP	
				médio (cm)	méd. quad. (cm)
I	1.004	631,25	8,24	5,91	12,89
I	1.006	1.025,00	10,32	9,59	11,32
I	1.007	1.006,25	9,47	10,49	10,95
I	1.018	550,00	9,62	6,34	14,92
I	2.003	356,25	1,96	7,29	8,38
I	2.007	606,25	5,39	9,41	10,64
I	2.012	225,00	0,79	6,31	6,67
I	2.013	168,75	0,55	6,27	6,42
I	2.017	343,75	5,34	13,62	14,07
I	3.009	281,25	1,48	7,94	8,19
I	4.009	56,25	0,13	5,47	5,40
I	4.010	143,75	0,96	3,93	9,22
I	4.011	112,50	0,35	6,57	6,26
I	4.014	18,75	0,04	5,33	5,36
I	4.016	31,25	0,08	5,62	5,69
II	1.002	181,25	0,74	6,80	7,19
II	1.003	87,50	0,34	7,55	7,03
II	1.028	137,50	0,76	8,02	8,41
II	1.031	125,00	1,31	2,95	11,57
II	2.020	387,50	2,72	9,40	9,46
II	4.002	200,00	0,66	6,21	6,49
III	1.025	112,50	0,87	4,30	9,91
III	1.026	200,00	1,18	5,72	8,67
III	2.037	100,00	0,49	7,27	7,89
III	3.004	131,25	0,52	6,56	7,10
III	3.039	6,25	0,02	5,70	5,70
III	3.063	68,75	0,24	6,25	6,64
III	4.017	37,50	0,10	5,61	5,70
III	4.018	18,75	0,04	5,36	5,37
IV	1.029	125,00	1,05	3,43	10,37
IV	2.026	93,75	0,29	6,14	6,28
IV	2.029	37,50	0,11	5,99	6,05
IV	2.035	50,00	0,14	5,86	5,91
IV	3.042	218,75	0,98	7,25	7,54

Tab. 14.4 Exemplo de amostragem estratificada: levantamento do palmiteiro-juçara (*Euterpe edulis*, Arecaceae) na região do Vale do Ribeira, Estado de São Paulo. Estimativas do número de palmiteiros por estrato

Estrato	Tamanho da amostra (n_h)	Tamanho do estrato		Número de palmiteiros	
		Área (ha)	Número (N_h)	Total ($\hat{\tau}_h$)	Var. do total ($\widehat{\mathrm{Var}}(\hat{\tau}_h)$)
I	15	167.914	1.049.462,50	62.198.144,17	203.357.131.446.397,53
II	6	297.458	1.859.112,50	55.463.522,92	166.919.515.222.255,56
III	8	123.261	770.381,25	10.400.146,88	7.990.799.194.738,89
IV	5	124.823	780.143,75	13.106.415,00	16.396.232.766.326,72
	34	713.456	4.459.100	141.168.229	$3,946637 \times 10^{14}$

somando-se os totais dos estratos (colunas 5 e 6 da Tab. 14.4):

$$\hat{\tau}_E = \sum_{h=1}^{4} \hat{\tau}_h = [62.198.144,17 + \cdots + 13.106.415,00]$$
$$= 141.168.229 \approx 1,41 \times 10^8$$

$$\widehat{\mathrm{Var}}(\hat{\tau}_E) = \sum_{h=1}^{4} \widehat{\mathrm{Var}}(\hat{\tau}_h)$$
$$= [203.357.131.446.397,53 + \cdots$$
$$+ 16.396.232.766.326,72]$$
$$= 3,946637 \times 10^{14} \approx 3,95 \times 10^{14}$$

A estimativa da média do número de palmiteiros-juçara é obtida dividindo-se a estimativa do total pelo tamanho da população, no caso, a área total da floresta:

$$\hat{\mu}_E = \frac{\hat{\tau}_E}{S} = \frac{141.168.229}{713.456\,\mathrm{ha}} = 197,8654 \approx 198\,\mathrm{ha}^{-1}$$

enquanto que a variância da média é calculada dividindo-se a variância do total pelo quadrado do tamanho da população:

$$\widehat{\mathrm{Var}}(\hat{\mu}_E) = \frac{\widehat{\mathrm{Var}}(\hat{\mu}_E)}{S^2}$$
$$= \frac{3,946637 \times 10^{14}}{(713.456\,\mathrm{ha})^2}$$
$$= 775,341 \approx 775\,(\mathrm{ha}^{-1})^2$$

Para se obter o intervalo de confiança, é necessário calcular os graus de liberdade efetivos (n_e) para o levantamento e, para isso, é necessário encontrar os pesos de cada estrato (a_h). A Tab. 14.5 apresenta as estimativas das variâncias populacionais e dos pesos (a_h) de cada estrato.

Os graus de liberdade efetivos obtidos são:

$$n_e = 18,10604 \approx 18$$

O valor da constante t de Student para 18 graus de liberdades é $t = 2,100922 \approx 2,10$ (Tab. D.3). Logo, o intervalo de confiança de 95% para média é:

$$\hat{\mu} \pm t_{\alpha;n_e} \cdot \widehat{\mathrm{EP}}(\hat{\mu}) = \hat{\mu} \pm t_{\alpha;n_e} \cdot \sqrt{\widehat{\mathrm{Var}}(\hat{\mu})}$$
$$= 197,8654 \pm (2,10)\sqrt{775,341}$$
$$= 197,8654 \pm 58,47439$$
$$\approx 198 \pm 58\,\mathrm{ha}^{-1}$$

e o erro amostral é:

$$\frac{t_{\alpha;n_e} \cdot \widehat{\mathrm{EP}}(\hat{\mu})}{\hat{\mu}} = \frac{58,47439}{197,8654} = 29,55261 \approx 30\%$$

Esse erro amostral é maior do que geralmente se aceita nos levantamentos florestais, mesmo considerando que nesse caso se trata de um levantamento regional. Pode-se, portanto, calcular o tamanho de amostra necessário para se obter um erro amostral de no máximo 10%. A Tab. 14.6 apresenta os valores numéricos necessários aos cálculos.

Note-se que a partilha proporcional difere bastante da partilha de Neyman e da partilha ótima, pois o estrato II, que é o maior estrato, possui o menor coeficiente de variação. As partilhas ótima e de Neyman destinam uma maior proporção de arvoredos para o estrato I, pois ele tem a maior variabiliade.

Tab. 14.5 Estimativas das variâncias populacionais e dos pesos (a_h) de cada estrato

Estrato	Tamanho Amostra (n_h)	Tamanho População (N_h)	Peso (a_h)	Estimativa da variância ($\hat{\sigma}_h^2$)
I	15	1.049.462,50	73.423.719.797,92	108.188,99
II	6	1.859.112,50	576.048.022.163,54	11.319,01
III	8	770.381,25	74.185.138.412,70	4.207,59
IV	5	780.143,75	121.724.073.989,06	5.261,72

Tab. 14.6 Valores numéricos necessários aos cálculos

Estrato	Coef. de variação ($V_\%$)	Área (ha)	Partilha prop.	Part. de Neyman	Custo relativo	Partilha ótima
I	88,7976	167.914	0,2354	0,8000	1,0	0,7168
II	57,0588	297.458	0,4169	0,1483	0,5	0,1879
III	76,8781	123.261	0,1728	0,0228	0,3	0,0374
IV	69,0835	124.823	0,1750	0,0289	0,2	0,0579
Total		713.456				

Se for utilizada a partilha proporcional, o tamanho de amostra necessário para erro amostral ($E_\%$) de 10% é:

$$n^* = \frac{\sum_{h=1}^{L} N_h^2 \cdot V_{\%h}^2 / W_h}{N^2 \cdot E_\%^2 / t^2 + \sum_{h=1}^{L} N_h \cdot V_{\%h}^2}$$

$$n^* = 19 \Rightarrow t_{\alpha, 18} = 2,100922$$

$$n^* = \frac{(167.914)^2 (88,7976)^2 / 0,2354 + \ldots + (124.823)^2 (69,0835)^2 / 0,1750}{(713.456)^2 (10)^2 / (2,100922) + 3.616.663.163}$$

$$n^* = 223,7376 \Rightarrow t_{\alpha, 223} = 1,970659 \Rightarrow$$

$$\Rightarrow n^* = 196,8446 \Rightarrow t_{\alpha, 196} = 1,972141 \Rightarrow$$

$$\Rightarrow n^* = 197,138 \Rightarrow t_{\alpha, 196} = 1,97079 \Rightarrow$$

$$\Rightarrow n^* = 197,1257 \Rightarrow \boxed{n^* = 198}$$

Destinando essas 198 parcelas para os quatro estratos, segundo a partilha proporcional, o tamanho de amostra em cada estrato se tornaria (Tab. 14.7):

Tab. 14.7 Cálculo do tamanho da amostra em cada estrato

Estrato	Tamanho de amostra (n_h^*)
I	197,1257 × 0,2354 = 46,39 ≈ 47
II	197,1257 × 0,4169 = 82,19 ≈ 82
III	197,1257 × 0,1728 = 34,06 ≈ 34
IV	197,1257 × 0,1750 = 34,49 ≈ 35

O procedimento anterior pode ser repetido para as partilhas ótima e de Neyman, resultando em tamanhos de amostras diferentes, bem como diferentes números de arvoredos por estrato. O resultado dos três tipos de partilha segue a Tab. 14.8:

Tab. 14.8 Resultado das partilhas

Partilha	Tamanho de amostra para $E_\% = 10$				
	População n^*	nos estratos n_I^*	n_{II}^*	n_{III}^*	n_{IV}^*
Proporcional	198	47	82	34	35
de Neyman	661	529	98	15	19
Ótima	420	301	79	16	24

A partilha de Neyman aumenta o tamanho da amostra marcadamente em relação à partilha proporcional, provavelmente ela procura aumentar a precisão da estimativa do estrato I, que possui maior variabilidade. Já a locação ótima reduz o tamanho da amostra em relação à partilha de Neyman, pois o estrato de maior variabilidade tem também o maior custo de medição (estrato I).

14.3.8 Pós-estratificação

Em alguns levantamentos florestais, as informações disponíveis sobre a floresta antes da realização do levantamento são escassas. Às vezes, há carência até mesmo de informações cartográficas da floresta, tendo-se disponível apenas um *croqui*. Entende-se por *croqui* uma representação gráfica da floresta que não é cartográfica, uma vez que o croqui não possui uma escala precisa, sendo as medidas de distâncias e áreas apenas aproximadas. Nesses casos, o levantamento florestal normalmente é realizado utilizando-se a amostragem sistemática e, com base na localização fixa e conhecida dos arvoredos na grade de amostragem, é possível se obter informações *estimadas* da área da floresta. Nessas condições, a observação qualitativa ou quantitativa de uma série de atributos dos arvoredos *durante* o levantamento pode permitir a estratificação da floresta *após* a conclusão do levantamento. Esse procedimento é conhecido como *pós-estratificação*.

Suponha-se, por exemplo, um típico procedimento de pós-estratificação. Um levantamento foi realizado numa floresta da qual não se tem nenhuma informação cartográfica e, por isso, realizou-se uma amostragem sistemática com uma grade de 100 m × 100 m (1 ha). Nas linhas de caminhamento, locadas a cada 100 m, a equipe percorreu todo o trajeto entre os limites da entrada e da saída da floresta, locando cuidadosamente um arvoredo a cada 100 m. Pode-se dizer, portanto, que cada arvoredo na grade corresponde a aproximadamente 1 ha de floresta. Logo, o número total de arvoredos observados na grade vezes 1 ha é uma *estimativa* da área da floresta. Considere-se que, durante o levantamento, cada arvoredo medido foi classificado num *tipo florestal* de acordo com critérios qualitativos e/ou quantitativos. Os tipos florestais encontrados podem, portanto, ser tomados como *estratos*, sendo que a *área estimada* de cada estrato será o número de arvoredos do respectivo tipo vezes 1 ha.

O aspecto fundamental da pós-estratificação é que as áreas dos estratos não foram *medidas* cartograficamente, mas foram *estimadas* com base na resolução espacial da grade de amostragem. Por isso, existe um *erro de amostragem* associado aos valores das áreas dos estratos. O fato de as áreas dos estratos serem conhecidas com erro amostral *impossibilita* que os estimadores da amostragem estratificada possam ser utilizados para estimar os atributos da floresta. A pós-estratificação exige que métodos silvimétricos mais sofisticados sejam utilizados para gerar informações confiáveis sobre a floresta.

Sugestões bibliográficas

O tema dos métodos silvimétricos básicos é tratado com detalhes nos livros de Péllico Netto e Brena (1997) e de Sanqueta et al. (2006), mas sob o nome *processos amostrais*. Em inglês, o livro de Husch, Miller e Beers (1982) também apresenta esse tema de forma bastante concisa e didática. Um bom livro introdutório sobre amostragem é o de Scheaffer, Mendenhall e Ott (1986): *Elements of survey sampling*, cujo tratamento é detalhado e bastante acessível. Provavelmente, a análise mais profunda da amostragem aleatória simples, sistemática e estratificada, incluindo a discussão das suas eficiências, ainda é o livro clássico *Sampling techniques*, por Cochran (1977), mas seu tratamento é bastante técnico.

Quadro de conceitos

Conceitos básicos	Conceitos desenvolvidos
métodos silvimétricos	procedimentos de seleção e cálculo
	seleção de arvoredos
	métodos de amostragem
	métodos básicos
	método básico conceitual
	método básico operacional
amostragem aleatória simples	amostras equiprováveis
	número de amostras
	amostragem sem reposição
	procedimento de seleção
	seleção de pontos aleatórios
	números aleatórios
	locação de pontos aleatórios
	área da borda
	seleção e locação de parcelas em faixa
	estimadores
	fração amostrada ou intensidade de amostragem
	correção para populações finitas
	intervalo de confiança
	erro amostral
	intervalo de confiança prático
	tamanho de amostra
amostragem sistemática	problemas da amostragem aleatória simples
	lista de arvoredos
	locação de pontos aleatórios
	tempo de deslocamento
	cobertura espacial
	seleção sistemática de pontos
	seleção sistemática de parcelas em faixa
	estimadores e erro amostral
	floresta aleatória
	floresta periódica
	floresta ordenada
	seleção regular aleatorizada
	seleção aleatória regularizada
amostragem estratificada	estratificação
	estimativas por estrato
	estimador da amostragem estratificada
	intervalo de confiança
	tamanho de amostra
	partilha proporcional
	partilha de Neyman
	partilha ótima
	eficiência da amostragem estratificada
	pós-estratificação

Problemas

1] Considere a Tab. 14.2 referente à *amostragem aleatória simples*. Encontre os intervalos de confiança de 95% para as demais medidas dos arvoredos que não foram analisadas no exemplo e responda às seguintes questões:

(i) o erro amostral é o mesmo para todas as medidas do arvoredo?

(ii) qual o tamanho de amostra necessário para um erro amostral de 5% para cada uma das medidas do arvoredo?

(iii) qual a medida amostral que requer o maior tamanho de amostra para erro amostral de 5%?

2] Numa floresta plantada de *Pinus taeda* de 2.000 ha, estima-se que o coeficiente de variação da produção volumétrica da madeira seja 37%.

(i) Qual o tamanho de amostra para erro amostral inferior a 5%, com coeficiente de confiança de 95%?

(ii) Descreva como a amostra definida no enunciado poderia ser obtida por meio da *amostragem sistemática* com uma *grade de amostragem quadrada*.

(iii) Descreva como a amostra definida no enunciado poderia ser obtida por meio da *amostragem sistemática* com uma *grade de amostragem retangular*, em que a distância entre linhas de caminhamento é o dobro da distância entre os arvoredos na mesma linha.

3] Num levantamento de floresta nativa de 64 ha, foi instalada uma amostragem sistemática na forma de uma grade quadrada de 100 m × 100 m, resultando em um arvoredo para cada hectare de floresta. A Tab. 14.9 apresenta as estimativas da média e da variância da média para duas medidas dos arvoredos.

Tab. 14.9 Estimativas da média e da variância da média para duas medidas dos arvoredos

Estimativa	Densidade de estande (ha^{-1})	Área basal (m^2/ha)
Média	1.797,7	42,1
Variância da média	1.701,5	1,58

(i) Calcule o intervalo de confiança de 95% para ambas as medidas.

(ii) Encontre o tamanho de amostra necessário para um erro amostral aceitável de 5%, com coeficiente de confiança de 95%.

4] Considere a Tab. 14.3 referente à *amostragem estratificada*. Encontre os intervalos de confiança de 95% para as demais medidas dos arvoredos que não foram analisadas no exemplo e responda às seguintes questões:

(i) o erro amostral é o mesmo para todas as medidas do arvoredo?

(ii) qual o tamanho de amostra necessário para um erro amostral de 5% para cada uma das medidas do arvoredo?

(iii) qual a medida amostral que requer o maior tamanho de amostra para erro amostral de 5%?

capítulo 15
Silvimetria com medidas auxiliares

A pós-estratificação é uma das situações em que, além das medidas de interesse, outras informações auxiliares são obtidas nos levantamentos florestais. Outra situação análoga, também muito frequente, é quando a medida de interesse é de obtenção difícil ou dispendiosa, enquanto outra medida, fortemente associada com a medida de interesse, pode ser facilmente obtida. Por exemplo, as medidas de produção (volume lenhoso e biomassa) são de obtenção difícil e demorada, pois elas exigem a medição das árvores individualmente, calculando o *DAP* e a altura de cada árvore do arvoredo. Certos atributos do arvoredo, contudo, como a densidade de estande e a área basal, são de medição mais simples e rápida, uma vez que podem ser obtidos apenas com a enumeração das árvores e a medição do *DAP*, ou por meio da enumeração pelo método de Bitterlich. Mas as medidas de produção têm sempre forte relação com a densidade de estande e a área basal, por isso essas medidas podem ser utilizadas como informações auxiliares para aumentar a precisão das estimativas da produção.

O aumento da precisão da estimativa da medida de interesse dependerá sempre da relação entre essa e a medida auxiliar. Existem dois tipos de relação que resultam em dois tipos de estimadores diferentes: o *estimador de razão*, que, como o nome sugere, se baseia na razão entre a medida de interesse e a medida auxiliar, e o *estimador de regressão*, em que a relação entre essas duas medidas é uma relação linear simples, que pode ser estimada pela técnica de regressão linear.

De posse desses dois novos tipos de estimadores, os procedimentos de seleção podem ser desenvolvidos de modo a aumentar a precisão das estimativas ou de modo a aumentar a eficiência do trabalho de campo. Assim, são apresentados métodos silvimétricos que fazem uso desses estimadores para alcançar esses objetivos, como a amostragem dupla, a amostragem por conglomerados e a amostragem em dois estágios.

15.1 Estimador de razão

No estimador de razão, a razão entre a medida de interesse (Y) e a medida auxiliar (X) se torna o novo parâmetro a ser estimado. Essa razão pode ser tanto a razão das médias (μ_Y e μ_X) quanto a razão dos totais (τ_Y e τ_X), pois elas são equivalentes:

$$R = \frac{\mu_Y}{\mu_X} = \frac{N \cdot \mu_Y}{N \cdot \mu_X} = \frac{\tau_Y}{\tau_X} \qquad (15.1)$$

A razão como parâmetro populacional pode ser objeto do interesse do levantamento ou pode ser apenas um meio para se obter uma estimativa mais precisa da média ou do total da medida de interesse (μ_Y ou τ_Y). Por exemplo, o levantamento das árvores das vias públicas de uma cidade pode ter como objetivo estimar o número de árvores nas vias da cidade, mas pode também buscar caracterizar a qualidade da arborização urbana por meio da estimativa do número de árvores a cada 100 m de via pública, ou ainda, pela proporção da área das vias públicas que é sombreada pelas árvores. No primeiro caso, trata-se de um total, o número de árvores na cidade, já no segundo, são duas razões: a razão entre número de árvores por comprimento de via pública e área de projeção da copa das árvores pela área das vias públicas.

Um aspecto que deve ser notado a respeito da razão como parâmetro populacional é que ela é a *razão das médias* e não a *média das razões*. Isto é, a razão aqui tratada é a razão entre dois parâmetros populacionais. Seria uma situação muito diferente se a medida observada fosse ela mesma uma razão, como o quociente de forma — razão entre um diâmetro do tronco acima da altura do peito e o *DAP*. Nesse caso, o parâmetro populacional de interesse seria a *média*, ou seja, o quociente de forma médio.

15.1.1 Estimando a razão

Como o *parâmetro razão* é definido como a razão das médias, o estimador apropriado é a razão das estimativas das médias:

$$\widehat{R} = \frac{\widehat{\mu}_Y}{\widehat{\mu}_X} = \frac{(1/n)\sum_{i=1}^n y_i}{(1/n)\sum_{i=1}^n x_i} = \frac{\sum_{i=1}^n y_i}{\sum_{i=1}^n x_i} = \frac{\widehat{\tau}_Y}{\widehat{\tau}_X} \quad (15.2)$$

em que o índice i indica os arvoredos da amostra ($i = 1, 2, \ldots, n$), sendo y_i a observação da medida de interesse no arvoredo i e x_i a observação da medida auxiliar no mesmo arvoredo i.

A variância do estimador de razão também pode ser estimada pela expressão

$$\widehat{\mathrm{Var}}(\widehat{R}) = \frac{1}{\mu_X^2} \cdot \frac{\widehat{\sigma}_R^2}{n}\left(1 - \frac{n}{N}\right) \quad (15.3)$$

em que a estimativa da variância populacional ($\widehat{\sigma}_R^2$) é obtida pela soma de quadrados dos desvios das observações da medida de interesse (y_i) e os valores preditos pelo estimador de razão ($\widehat{R} \cdot x_i$):

$$\begin{aligned}\widehat{\sigma}_R^2 &= \frac{\sum_{i=1}^n (y_i - \widehat{R}\cdot x_i)^2}{n-1} \\ &= \frac{\sum_{i=1}^n y_i^2 + \widehat{R}^2 \sum_{i=1}^n x_i^2 - 2\widehat{R}\sum_{i=1}^n x_i \cdot y_i}{n-1}\end{aligned} \quad (15.4)$$

Quanto mais forte a relação entre a medida de interesse (Y) e a medida auxiliar (X), menor será a soma de quadrados dessa expressão ($\sum(y_i - \widehat{R}\cdot x_i)^2$). Logo, o estimador de razão se torna mais preciso quanto mais forte a relação entre as medidas.

A variância do estimador de razão necessita do conhecimento da *média populacional* da medida auxiliar (μ_X), isto é, ela deve ser conhecida *sem erro amostral*. Portanto, quando o objetivo do levantamento florestal é o próprio parâmetro da razão, é necessário utilizar outros meios, que não o próprio levantamento, para obter a média ou o total populacional da variável auxiliar. No exemplo do levantamento das árvores urbanas anterior, isso implica que, no caso de se estimar o número de árvores a cada 100 m de via pública, o comprimento total das vias públicas da cidade deve ser *medido* por um levantamento cartográfico da cidade. Do mesmo modo, se o interesse do levantamento é estimar a proporção da área das vias públicas sombreada pelas árvores, é necessário conhecer a área *total* das vias públicas da cidade sem erro amostral, o que também requer um levantamento cartográfico.

15.1.2 Estimador da média e do total

Em muitos levantamentos florestais, o estimador de razão é apenas um meio para obter a estimativa da média da medida de interesse com maior precisão. Nesse caso, o estimador da média da medida de interesse é:

$$\widehat{\mu}_R = \frac{\widehat{\mu}_X}{\widehat{\mu}_Y}\cdot \mu_X = \widehat{R}\cdot \mu_X = \widehat{R}\cdot \frac{\tau_X}{N} \quad (15.5)$$

Novamente, o estimador de razão requer o conhecimento da *média* ou do *total* populacional da variável auxiliar. Mas a medida auxiliar é frequentemente um atributo dos arvoredos, como no exemplo da densidade de estande e da área basal como medidas auxiliares na estimação da produção. Nesse caso, somente o censo pode gerar o valor do parâmetro da medida auxiliar, o que raramente ocorre nos levantamentos florestais. É possível, contudo, utilizar delineamentos amostrais mais sofisticados, em que a medida de interesse pode ser obtida com um erro amostral muito pequeno, a ponto de esse erro ser considerado desprezível em comparação com o erro amostral da medida de interesse. Nesses delineamentos, o estimador de razão pode ser utilizado para aumentar a precisão da estimativa da medida de interesse.

A estimativa da variância da média pelo estimador de razão é dada pela expressão:

$$\widehat{\mathrm{Var}}(\widehat{\mu}_R) = \left(\frac{\mu_X}{\widehat{\mu}_X}\right)^2 \frac{\widehat{\sigma}_R^2}{n}\left(1 - \frac{n}{N}\right) \quad (15.6)$$

Estimador da variância da média pelo estimador de razão. O estimador da Eq. 15.6 não é o estimador tradicionalmente apresentado na literatura florestal, pois acrescentou-se a ele o quadrado da razão entre média populacional e média amostral da medida auxiliar ($\mu_X/\widehat{\mu}_X$). Esse estimador segue as sugestões de Cochran (1977) e de Thompson (1992) como um estimador mais estável que o estimador tradicional, o qual é muito influenciado pelas oscilações amostrais da estimativa da média da medida auxiliar ($\widehat{\mu}_X$).

As estimativas relativas ao total da medida de interesse também podem ser obtidas pelo estimador de razão:

$$\text{Total: } \widehat{\tau}_R = \widehat{R} \cdot \tau_X \quad (15.7)$$

$$\text{Variância: } \widehat{\mathrm{Var}}(\widehat{\tau}_R) = \tau_X^2 \cdot \frac{1}{\mu_X^2} \cdot \frac{\widehat{\sigma}_R^2}{n}\left(1 - \frac{n}{N}\right) \quad (15.8)$$

$$= \frac{\widehat{\sigma}_R^2}{n} \cdot N(N-n)$$

15.1.3 Erro amostral e tamanho de amostra

O cálculo do tamanho de amostra necessário para alcançar um dado erro amostral depende se o objetivo do levantamento é estimar a razão populacional ou a média da variável de interesse. No caso de se estimar a razão, o tamanho de amostra é dado por:

$$n_R^* = \frac{t^2 \cdot V_{\%R}^2 \cdot N}{E_{\%R}^2 \cdot \mu_X^2 \cdot N + t^2 \cdot V_{\%R}^2} \quad (15.9)$$

em que $E_{\%R}$ é o erro amostral *percentual* desejado para estimativa da razão e o coeficiente de variação é expresso em termos relativos à estimativa da razão:

$$V_{\%R} = \frac{\sqrt{\widehat{\sigma}_R^2}}{\widehat{R}} \cdot 100$$

Se o levantamento florestal utiliza o estimador de razão como forma de aumentar a precisão da estimativa da média da medida de interesse, então, o tamanho de amostra deve ser obtido pela expressão:

$$n_\mu^* = \frac{t^2 \cdot V_{\%\mu}^2 \cdot N}{E_{\%\mu}^2 \cdot N + t^2 \cdot V_{\%\mu}^2} \quad (15.10)$$

em que $E_{\%\mu}$ é o erro amostral *percentual* para estimativa da média da medida de interesse ($\widehat{\mu}_R$) e o coeficiente de variação é expresso em termos relativos à estimativa da média:

$$V_{\%\mu} = \frac{\sqrt{\widehat{\sigma}_R^2}}{\widehat{\mu}_R} \cdot 100$$

15.1.4 Propriedades do estimador de razão

O estimador de razão pressupõe que a relação entre a medida de interesse e a medida auxiliar pode ser adequadamente representada pela razão das médias dessas medidas. Portanto, a aplicação desse estimador é ideal apenas nas situações em que a medida de interesse (Y) é *diretamente proporcional* à medida auxiliar (X). Na prática, isso implica que a relação entre as medidas deve satisfazer três condições:

1] a relação média entre Y e X é linear, isto é, geometricamente pode ser representada por uma reta;
2] a reta da relação X-Y passa pela *origem* do plano cartesiano, ou seja, a reta é definida pelo produto $R \cdot X$;
3] o grau de dispersão dos valores de Y (variância) ao redor da reta é proporcional aos valores de X.

A Fig. 15.1 exibe a representação geométrica que satisfaz essas condições.

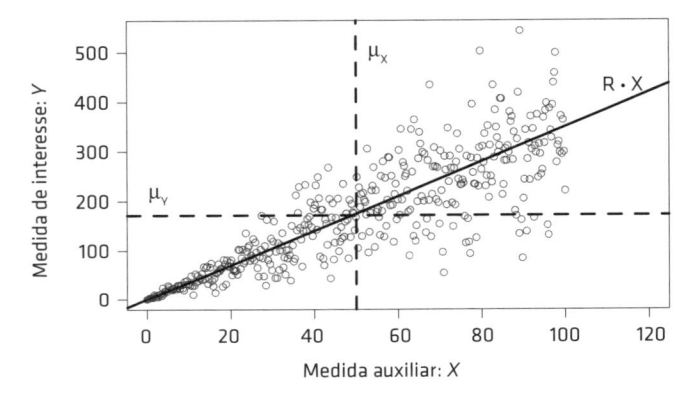

Fig. 15.1 Representação geométrica da relação ideal entre medida de interesse (Y) e medida auxiliar (X) para aplicação do estimador de razão

Mesmo nas condições ideais de aplicação, o estimador de razão é um estimador *enviesado* que subestima a razão populacional. Ele possui um viés cuja magnitude depende da variabilidade da medida auxiliar (X), sendo difícil calculá-lo exatamente, mas é possível estabelecer um limite superior para o seu valor. O *viés relativo* do estimador de razão é igual ou menor ao coeficiente de variação da média da medida auxiliar:

$$\text{Viés relativo de } \widehat{R} \leq \frac{\sqrt{\widehat{\text{Var}}(\hat{\mu}_X)}}{\mu_X} = \frac{\sigma_X/\mu_X}{\sqrt{n}} \quad (15.11)$$

Essa expressão mostra que o viés relativo é *diretamente* proporcional à variabilidade relativa da medida auxiliar (σ_X/μ_X) e *inversamente* proporcional à raiz quadrada do tamanho da amostra ($\sqrt{n}$). Na prática, essa relação implica que o viés relativo será sempre menor ou igual à precisão relativa da estimativa da média da medida auxiliar ($\hat{\mu}_X$). Para amostras suficientemente grandes, o viés do estimador de razão se torna negligenciável. Mas, como foi visto, a sua precisão se torna maior quando existe uma forte relação entre a medida de interesse e a medida auxiliar. Nesse caso, o viés desprezível e a alta precisão tornam o estimador de razão vantajoso em relação ao estimador da amostra aleatória simples, o que acontece com frequência nos levantamentos florestais.

15.1.5 Exemplo do estimador de razão

A Tab. 15.1 apresenta os dados de um levantamento realizado em floresta nativa, onde os arvoredos foram definidos como parcelas em faixa de comprimento variável. As parcelas tiveram a largura fixa de 10 m e foram locadas de forma aleatória simples numa área de 500 ha ao longo de um eixo com 12.500 m de comprimento.

Como a área de floresta tem largura variável, o comprimento das parcelas é variável e, consequentemente, a área da parcela também é variável. Por isso, o tamanho da população não pode ser calculado pela razão entre a área da floresta e a área dos arvoredos, pois essa é variável. O tamanho da população deve ser calculado em termos do número de parcelas com largura fixa de 10 m, mas comprimento variável, que podem ser locadas paralelamente ao longo do eixo de 12.500 m:

$$N = \frac{12.500\,\text{m}}{10\,\text{m}} = 1.250$$

Tab. 15.1 Exemplo de estimador de razão: levantamento em floresta nativa utilizando como arvoredos parcelas em faixa de comprimento variável. As parcelas em faixa têm largura de 10 m e foram locadas numa área de 500 ha, ao longo de um eixo com 12.500 m de comprimento. São apresentados o número de árvores e a área basal em valores presentes nos arvoredos (de área variável) e em valores por unidade de área (ha^{-1})

Parcela	Área do arvoredo (ha)	Número de árvores		Área basal	
			(ha^{-1})	(m^2)	($\text{m}^2 \cdot \text{ha}^{-1}$)
101	0,115	47	409	2,61	22,71
405	0,250	72	288	3,74	14,97
408	0,250	83	332	3,79	15,15
410	0,250	95	380	6,72	26,88
412	0,250	105	420	6,06	24,23
413	0,250	108	432	12,08	48,31
415	0,250	60	240	5,61	22,44
416	0,250	91	364	4,89	19,57
417	0,250	83	332	8,35	33,40
401	0,500	158	316	10,24	20,47
403	0,500	121	242	6,81	13,63
404	0,500	120	240	6,48	12,95
406	0,500	171	342	8,27	16,55
407	0,500	143	286	8,82	17,64
409	0,500	166	332	11,08	22,16
411	0,500	192	384	15,54	31,09
414	0,500	170	340	14,38	28,77

O objetivo do levantamento é estimar a área basal média da floresta. Considerando que o levantamento foi realizado pela amostragem aleatória simples, e ignorando que a área dos arvoredos é variável, a área basal média (em $\text{m}^2 \cdot \text{ha}^{-1}$) é:

$$\widehat{G} = \frac{22{,}71 + 14{,}97 + \cdots + 31{,}09 + 28{,}77}{18}$$
$$= 22{,}99478 \approx 23\,\text{m}^2 \cdot \text{ha}^{-1}$$

com variância da média:

$$\widehat{\text{Var}}(\widehat{G}) = \frac{(22{,}71 - 22{,}9948)^2 + \cdots + (28{,}77 - 22{,}9948)^2}{17(17-1)}$$
$$\times \left(1 - \frac{17}{1.250}\right)$$
$$= 4{,}340836 \approx 4{,}3\,(\text{m}^2 \cdot \text{ha}^{-1})^2$$

O erro amostral relativo, nesse caso, é:

$t_{[95\%;17-1]} = 2,119905$

$$\Rightarrow E_\% = \frac{t_{[95\%;17-1]} \sqrt{\widehat{\text{Var}(G)}}}{\widehat{G}} \times 100$$

$$E_\% = \frac{(2,119905)\sqrt{4,340836}}{22,99478} \times 100$$

$$= 19,20764 \approx 19\%$$

Mas é necessário considerar que a área dos arvoredos é variável. Nesse caso, a área basal média da floresta deve ser entendida como a razão entre a soma das áreas transversais das árvores dentro de cada arvoredo pela soma das áreas de todos os arvoredos na floresta, isto é, a área total da floresta. Assim, a área basal média é o próprio parâmetro da razão:

$$R = \frac{\sum_{i=1}^{N} y_i}{\sum_{i=1}^{N} x_i} \quad \Rightarrow \quad G_R = \frac{\sum_{i=1}^{N} G_i}{\sum_{i=1}^{N} S_i} \quad \left[\frac{m^2}{ha}\right]$$

em que i é o índice que representa os arvoredos, N é o número de arvoredos de área variável na floresta ($N = 1.250$), G_i é a soma das áreas transversais no arvoredo i (m^2) e S_i é a área do arvoredo i (ha).

O estimador de razão é dado pelos valores observados na amostra (Tab. 15.1):

$$\widehat{G_R} = \frac{2,61 + 3,74 + \cdots + 15,54 + 14,38}{0,115 + 0,250 + \cdots + 0,500 + 0,500}$$

$$= 22,15474 \approx 22 \, m^2 \cdot ha^{-1}$$

sendo a estimativa da variância populacional:

$$\widehat{\sigma}_R^2 = \frac{[2,61 - (22,15474)(0,115)]^2}{17-1} + \cdots$$

$$+ \frac{[14,38 - (22,15474)(0,500)]^2}{17-1}$$

$$= 8,93267 \approx 8,9 \, (m^2 \cdot ha^{-1})^2$$

Para calcular a variância do estimador de razão, é necessário conhecer a média populacional da variável auxiliar (μ_X), que, nesse caso, é a área média dos arvoredos, isto é, a área média das parcelas em faixa alinhadas ao longo do eixo de 12.500 m. Essa média é obtida pela razão entre a área da floresta e o tamanho da população, isto é, o número de parcelas em faixa alinhadas no eixo:

$$\mu_X = \frac{T_X}{N} = \frac{500 \, ha}{1.250} = 0,400 \, ha$$

Também é necessário conhecer a estimativa dessa média obtida na amostra ($\widehat{\mu}_X$):

$$\widehat{\mu}_X = \frac{0,115 + 0,250 + \cdots + 0,500 + 0,500}{17}$$

$$= 0,3597059 \approx 0,360 \, ha$$

Logo, a variância do estimador de razão é:

$$\widehat{\text{Var}}(\widehat{\mu}_R) = \left(\frac{\mu_X}{\widehat{\mu}_X}\right)^2 \frac{\widehat{\sigma}_R^2}{n}\left(1 - \frac{n}{N}\right)$$

$$= \left(\frac{0,400}{0,3597059}\right)^2 \frac{8,93267}{17}\left(1 - \frac{17}{1.250}\right)$$

$$\widehat{\text{Var}}(\widehat{\mu}_R) = 3,239407 \approx 3,2 \, (m^2 \cdot ha^{-1})^2$$

O erro amostral relativo da estimativa da razão é:

$t_{[95\%;17-1]} = 2,119905$

$$\Rightarrow E_\% = \frac{t_{[95\%;17-1]} \sqrt{\widehat{\text{Var}(G)}}}{\widehat{G}} \times 100$$

$$E_\% = \frac{(2,119905)\sqrt{3,239407}}{22,15474} \times 100$$

$$= 17,22196 \approx 17\%$$

O estimador de razão resultou, portanto, numa redução de dois pontos percentuais (2%) no erro amostral relativo.

Quantos arvoredos a amostra deveria conter para se obter um erro amostral de 10%? Primeiramente, é necessário calcular o coeficiente de variação associado ao estimador de razão:

$$V_{\%R} = \frac{\sqrt{\widehat{\sigma}_R^2}}{\widehat{R}} \times 100 = \frac{\sqrt{8,93267}}{22,15474} \times 100 = 13,49038 \approx 13\%$$

Assim, o tamanho de amostra obtido é:

$t_{[95\%;17-1]} = 2,119905$

$$\Rightarrow n^* = \frac{t^2 \cdot V_{\%R}^2 \cdot N}{E_{\%R}^2 \cdot \mu_X^2 \cdot N + t^2 \cdot V_{\%R}^2}$$

$$= \frac{(2,119905)^2 (13,39048)^2 (1.250)}{(10)^2 (0,400)^2 (1.250) + (2,119905)^2 (13,39048)^2}$$

$n^* = 48,6601 \approx 49$

$t_{[95\%;49-1]} = 2,010635 \Rightarrow n^* = 44,30612 \approx 45$

$t_{[95\%;45-1]} = 2,015368 \Rightarrow n^* = 44,4989 \approx 45$

Assim, para reduzir o erro amostral de 17% para 10%, seriam necessários mais 28 arvoredos, sendo que a intensidade de amostragem final seria de 45/1.250 = 0,036 ≈ 3,6%.

Como foi mostrado anteriormente, se o delineamento amostral do levantamento fosse considerado como sendo uma amostragem aleatória simples, o erro amostral seria de 19%, apenas 2% maior. Nesse caso, no entanto, para se obter um erro amostral de 10%, seriam necessários 58 arvoredos, resultando numa intensidade de amostragem de 4,6% e requerendo 41 arvoredos a mais no levantamento.

15.2 Estimador de regressão

O estimador de regressão também é apropriado quando existe uma relação linear entre a medida de interesse e a medida auxiliar, mas a reta que representa essa relação *não passa pela origem*. Desse modo, o uso do estimador de regressão pode ser considerado uma abordagem mais geral, pois ele é eficiente mesmo quando a medida de interesse e a auxiliar estão *negativamente* associadas, isto é, quando o valor da medida de interesse *decresce* com o aumento do valor da medida auxiliar.

Nos inventários florestais, o estimador de regressão pode ser utilizado para aumentar a precisão da medida de produção de volume de madeira com base em atributos de simples medição nos arvoredos, como densidade de estande, área basal e *DAP* médio. O estimador de regressão se justifica se a produção não é a produção lenhosa total, mas a produção com base em usos específicos da madeira, como o volume de madeira para serraria ou para laminação. O volume de madeira para esses usos frequentemente tem uma relação linear com atributos de fácil medição, mas a relação linear não passa pela origem. Todo arvoredo terá sempre valores não nulos para densidade de estande, área basal e *DAP* médio, mas, em alguns arvoredos, o volume de madeira para serraria ou laminação pode ser nulo, embora sempre haja alguma produção lenhosa.

15.2.1 Função do estimador de regressão

O objetivo do estimador de regressão é sempre aumentar a precisão da estimativa da medida de interesse e, como o estimador de razão, o estimador de regressão sempre requer o conhecimento da média populacional da medida auxiliar. O estimador de regressão para média segue a expressão da reta:

$$\widehat{\mu}_L = \widehat{\mu}_Y + \widehat{\beta}(\mu_X - \widehat{\mu}_X) \quad (15.12)$$

em que β é o coeficiente de regressão que representa a inclinação da relação linear, sendo obtido pelo método dos quadrados mínimos da regressão linear:

$$\widehat{\beta} = \frac{\sum_{i=1}^{n}(x_i - \widehat{\mu}_X)(y_i - \widehat{\mu}_Y)}{\sum_{i=1}^{n}(x_i - \widehat{\mu}_X)^2}$$

$$= \frac{\sum_{i=1}^{n} x_i \cdot y_i - \left[\sum_{i=1}^{n} x_i \sum_{i=1}^{n} y_i\right]/n}{\sum_{i=1}^{n} x_i^2 - \left[\sum_{i=1}^{n} x_i\right]^2/n} \quad (15.13)$$

Como $\widehat{\beta}$ é a estimativa do coeficiente de inclinação da relação linear, a relação pode ser tanto positiva ($\beta > 0$), quanto negativa ($\beta < 0$). O estimador de regressão será igualmente eficiente em ambos os casos, desde que haja uma forte relação linear entre a medida de interesse (*Y*) e a medida auxiliar (*X*).

A variância do estimador de regressão é calculada pela expressão:

$$\widehat{\text{Var}}(\widehat{\mu}_L) = \frac{\widehat{\sigma}_L^2}{n}\left(1 - \frac{n}{N}\right) \quad (15.14)$$

em que a estimativa da variância populacional pelo estimador de regressão é obtida por:

$$\widehat{\sigma}_L^2 = \frac{\sum_{i=1}^{n}(y_i - \widehat{\mu}_Y)^2 - \widehat{\beta}^2 \sum_{i=1}^{n}(x_i - \widehat{\mu}_X)^2}{n - 2} \quad (15.15)$$

Note-se que os graus de liberdade dessa estimativa são obtidos subtraindo-se dois do tamanho da amostra: $n-2$. O estimador de regressão utiliza a relação linear, na qual existem dois coeficientes de regressão: o intercepto e a inclinação. Assim, dois parâmetros são estimados no estimador de regressão, levando os graus de liberdade para $n-2$. O intercepto, contudo, é estimado a partir das médias amostrais da medida de interesse ($\widehat{\mu}_Y$) e da medida auxiliar ($\widehat{\mu}_X$), de forma que ele pode ser substituído pelas médias amostrais na expressão do estimador de regressão (Eq. 15.12).

O estimador de regressão também pode ser utilizado para estimar o total da medida de interesse:

$$\widehat{\tau}_L = N \cdot \widehat{\mu}_L = N \cdot \widehat{\mu}_Y + \widehat{\beta}(\tau_X - N\widehat{\mu}_X) \quad (15.16)$$

cuja variância é estimada por meio da forma tradicional de estimativa da variância do total:

$$\widehat{\text{Var}}(\widehat{\tau}_L) = N^2 \cdot \widehat{\text{Var}}(\widehat{\mu}_L) = \frac{\widehat{\sigma}_L^2}{n} \cdot N(N-n) \quad (15.17)$$

As mesmas considerações sobre a obtenção dessa informação, apresentadas para o caso do estimador de razão, são igualmente aplicáveis ao estimador de regressão.

15.2.2 Erro amostral e tamanho de amostra

Como o estimador de regressão é utilizado para obter estimativas mais precisas da medida de interesse, o cálculo do tamanho de amostra é realizado unicamente com base no erro amostral desejado para a estimativa da média:

$$n^* = \frac{t^2 \cdot V_\%^2 \cdot N}{E_\%^2 \cdot N + t^2 \cdot V_\%^2} \quad (15.18)$$

em que $E_\%$ é o erro amostral *percentual* para a estimativa da média da medida de interesse ($\widehat{\mu}_L$) e o coeficiente de variação é expresso em termos relativos à essa estimativa:

$$V_\% = \frac{\sqrt{\widehat{\sigma}_L^2}}{\widehat{\mu}_L} \cdot 100$$

15.2.3 Propriedades do estimador de regressão

A situação ideal para aplicação de estimador de regressão é aquela em que a relação entre a medida de interesse (Y) e a medida auxiliar (X) segue a relação linear simples. A Fig. 15.2 apresenta essa relação, mostrando que, além da relação X-Y seguir uma reta, a dispersão das observações ao longo da reta deve ter variância constante. Essas condições são necessárias para que o estimador de regressão possa ser baseado na estimativa de quadrados mínimos para o coeficiente de inclinação da reta ($\widehat{\beta}$).

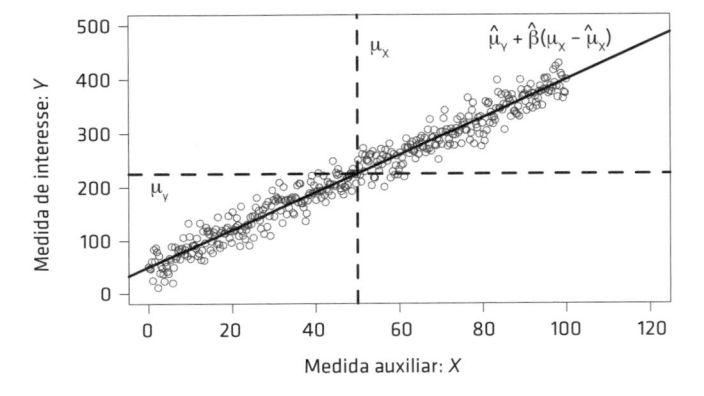

Fig. 15.2 Representação geométrica da relação ideal entre medida de interesse (Y) e medida auxiliar (X) para a aplicação do estimador de regressão

Mesmo sob condições ideais, o estimador de regressão é um estimador *enviesado*, como o estimador de razão, mas o viés depende do grau de associação entre $\widehat{\mu}_X$ e $\widehat{\beta}$. A magnitude desse viés, contudo, é *inversamente* proporcional à raiz quadrada do tamanho da amostra ($\sqrt{n}$) e, quando a relação entre a medida de interesse e a medida auxiliar é linear, o viés pode ser considerado negligenciável.

15.2.4 Exemplo do estimador de regressão

A Fig. 15.3 apresenta o croqui de um compartimento de floresta tropical de formato retangular 700 m × 350 m (24,5 ha) destinado à colheita de impacto reduzido. Foram medidas e mapeadas dentro do compartimento todas as árvores que poderiam ser colhidas, isto é, com $DAP \geq 50$ cm. Também foi realizado um levantamento em que os arvoredos foram definidos como parcelas de 10 m × 350 m (0,350 ha), locadas sistematicamente no compartimento, onde foram medidas todas as árvores com $DAP \geq 20$ cm. Os dados do levantamento são apresentados na Tab. 15.2.

A medição de todas as árvores com $DAP \geq 50$ cm no compartimento torna possível a determinação dos valores populacionais das medidas associadas a essas árvores, possibilitando a aplicação do estimador de regressão para aumentar a precisão das estimativas obtidas no

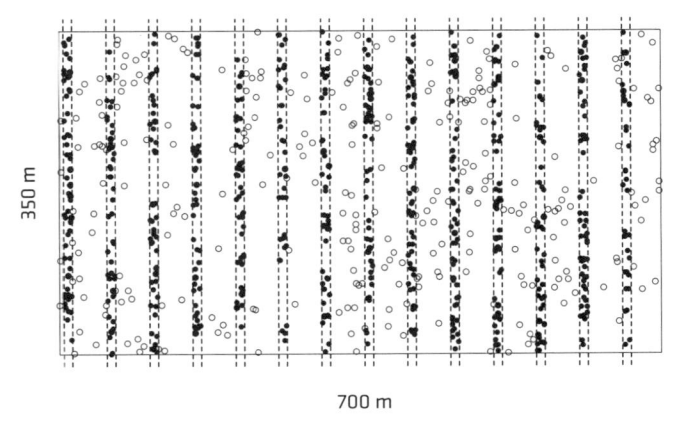

Fig. 15.3 Croqui do compartimento de floresta tropical destinado à colheita de impacto reduzido. Os círculos vazios são as árvores com $DAP \geq 50$ cm que foram marcadas para colheita dentro do compartimento. Os círculos cheios são as árvores com $DAP \geq 20$ cm que foram mapeadas somente dentro dos arvoredos, definidos com parcelas em faixa de 10 m × 350 m (0,350 ha), as quais são mostradas com linhas tracejadas

Tab. 15.2 Exemplo de estimador de regressão: levantamento em compartimento de floresta tropical de 24,5 ha destinado à colheita de impacto reduzido. Os arvoredos são definidos como parcelas em faixa de 10 m × 350 m (0,350 ha), locados sistematicamente no compartimento, sendo medidas todas as árvores com DAP ≥ 20 cm

Arvoredo	Número de árvores (ha^{-1})	Área basal (m$^2\cdot$ha^{-1})	DAP médio (cm)	Volume lenhoso (m$^3\cdot$ha^{-1})	Área basal DAP ≥ 50 cm (m$^2\cdot$ha^{-1})
1	162,86	17,89	31,40	187,22	9,39
2	125,71	9,08	27,38	80,00	2,47
3	151,43	13,92	29,59	137,61	6,40
4	140,00	9,58	26,68	83,77	2,71
5	140,00	8,51	25,01	73,01	1,92
6	111,43	7,61	25,51	71,63	2,24
7	137,14	11,25	28,08	106,25	3,78
8	131,43	17,63	34,57	192,63	10,75
9	165,71	12,26	27,97	107,80	2,74
10	145,71	12,52	29,37	116,93	5,34
11	140,00	14,97	32,77	146,16	8,41
12	137,14	15,17	32,93	152,77	7,10
13	165,71	10,25	25,80	85,49	1,81
14	94,29	7,27	27,46	66,84	2,86

levantamento. A área basal é um atributo que caracteriza a densidade da floresta, sendo apropriada como medida auxiliar. A área basal das árvores com DAP ≥ 50 cm, fundamentada na medida dos DAP das árvores e na área total do compartimento, resultou na média populacional $\mu_X = 5,180949\,\text{m}^2\cdot\text{ha}^{-1}$.

Os arvoredos são parcelas com 10 m de largura locadas sistematicamente ao longo do lado maior do compartimento (700 m) e, portanto, o tamanho da população é:

$$N = \frac{700\,\text{m}}{10\,\text{m}} = 70$$

Como foram locados 14 arvoredos, o tamanho da amostra é $n = 14$.

Tomando o volume lenhoso como medida de interesse, a média amostral obtida é:

$$\widehat{\mu}_Y = \frac{187,22 + 80,00 + \ldots + 85,49 + 66,84}{14}$$
$$= 114,8642 \approx 115\,\text{m}^3\cdot\text{ha}^{-1}$$

A média amostral da medida auxiliar, isto é, a área basal das árvores como DAP ≥ 50 cm é:

$$\widehat{\mu}_X = \frac{9,39 + 2,47 + \ldots + 1,81 + 2,86}{14}$$
$$= 4,853424 \approx 4,9\,\text{m}^2\cdot\text{ha}^{-1}$$

O coeficiente do estimador de regressão é calculado pela estimativa de quadrados mínimos, sendo:

$$\widehat{\beta} = \frac{(187,22 - 115)(9,39 - 4,9)}{(187,22 - 115)^2 + \ldots + (66,84 - 115)^2} + \ldots$$
$$+ \frac{(66,84 - 115)(2,86 - 4,9)}{(187,22 - 115)^2 + \ldots + (66,84 - 115)^2}$$
$$= 13,42225$$

O estimador de regressão para o volume lenhoso médio obtido é:

$$\widehat{\mu}_L = 114,8642 + 13,42225\,(5,180949 - 4,853424)$$
$$= 119,2603 \approx 119\,\text{m}^3\cdot\text{ha}^{-1}$$

enquanto a estimativa da variância populacional é:

$$\widehat{\sigma}_L^2 = \{[(187,22 - 119)^2 + \ldots + (66,84 - 119)^2]$$
$$- (13,42225)^2\,[(9,39 - 4,9)^2 + \ldots$$
$$+ (2,86 - 4,9)^2]\}\big/(14 - 2)$$
$$= 137,0174\,(\text{m}^3\cdot\text{ha}^{-1})^2$$

e a variância da estimativa de regressão é:

$$\widehat{\text{Var}}(\hat{\mu}_L) = \left(\frac{137,0174}{14}\right)\left(1 - \frac{14}{70}\right)$$
$$= 7,829563 \approx 7,8 \, (\text{m}^3 \cdot \text{ha}^{-1})^2$$

Logo, o intervalo de confiança de 95% para estimativa do volume lenhoso da floresta é:

$$t_{[95\%;14-2]} = 2,178813$$
$$\Rightarrow 119,2603 \pm (2,178813)\sqrt{7,829563}$$
$$\Rightarrow 119,2603 \pm 6,096614 \approx 119 \pm 6,1 \, \text{m}^3 \cdot \text{ha}^{-1}$$

que corresponde a um erro amostral relativo de:

$$E_\% = \frac{6,096614}{119,2603} \times 100 = 5,112021 \approx 5,1\%$$

Caso fossem utilizados os estimadores da amostragem sistemática, ignorando-se o censo das árvores com $DAP \geq 50$ cm, se obteria como média do volume lenhoso:

$$\hat{\mu}_Y = 114,8642 \approx 115 \, \text{m}^3 \cdot \text{ha}^{-1}$$

cuja variância da média é:

$$\widehat{\text{Var}}(\hat{\mu}_Y) = \left[\frac{(187,22 - 115)^2 + \ldots + (66,84 - 115)^2}{14 - 1}\right]$$
$$\times \left(\frac{1}{14}\right)\left(1 - \frac{14}{70}\right)$$
$$= [1.793,626]\left(\frac{1}{14}\right)\left(1 - \frac{14}{70}\right)$$
$$= 126,2859 \approx 126 \, (\text{m}^3 \cdot \text{ha}^{-1})^2$$

O erro amostral relativo nesse caso seria de:

$$t_{[95\%;14-1]} = 2,160369 \Rightarrow \frac{(2,160369)\sqrt{1.793,626}}{114,8642} \times 100$$
$$= 21,13589 \approx 21\%$$

e seria necessária uma amostra com 53 arvoredos para se obter um erro amostral relativo de 5,1%, o que corresponderia a uma intensidade de amostragem de 53/70 × 100 ≈ 76%.

15.3 Amostragem dupla

Os estimadores de razão e regressão permitem o aumento da precisão das estimativas da medida de interesse com base na sua relação com uma medida auxiliar. A utilização desses estimadores, contudo, pressupõe que a média ou o total populacional da variável auxiliar seja conhecido sem erro amostral. Essa pressuposição é viável quando a informação auxiliar é obtida cartograficamente, com base em mapas ou imagens de sensoriamento remoto da floresta sendo levantada. A necessidade de conhecer atributos da floresta sem erro amostral também ocorre na amostragem estratificada, em que o tamanho dos estratos deve ser determinado também com base em informações cartográficas.

Em muitos levantamentos florestais, esse conhecimento sem erro amostral não é possível, pois a medida auxiliar ou a determinação dos estratos só pode ser realizada com informações obtidas no trabalho de campo. É possível, contudo, realizar um levantamento com alta intensidade amostral, seja para determinar a média ou o total amostral da medida auxiliar, seja para estimar o tamanho dos estratos que compõem uma floresta. Nesses casos, a amostragem dupla se mostra vantajosa.

A amostragem dupla consiste num levantamento realizado em *duas fases*. A primeira fase — *fase 1* — é destinada a reunir informações sobre a medida auxiliar ou sobre o tamanho dos estratos da floresta, enquanto que na segunda fase — *fase 2* — são levantadas informações da medida de interesse e da medida auxiliar. Embora a palavra *fase* sugira que os levantamentos são realizados sequencialmente, na verdade, as duas fases podem ser realizadas simultaneamente se for mais prático e conveniente. O aspecto mais importante da amostragem dupla é que a primeira fase é realizada com uma alta intensidade de amostragem, de modo que a média ou o total amostral da medida auxiliar, ou o tamanho dos estratos, possa ser estimado com uma alta precisão. Nessas condições, os estimadores de razão e de regressão são adaptados de modo vantajoso para trabalhar com estimativas da medida auxiliar.

Tipos de fase 2. A fase 2 da amostragem dupla pode ser de dois tipos. O primeiro tipo acontece quando o levantamento da fase 2 é realizado de modo independente do levantamento da fase 1, isto é, o procedimento de aleatorização dos arvoredos nas duas fases é distinto. Nesse caso, ela é chamada de *fase 2 independente*. Mas pode acontecer de um único procedimento de aleatorização ser utilizado para determinar a localização dos arvoredos, sendo que os arvoredos da fase 2 são apenas uma subamostra dos arvoredos da fase 1. Trata-se, então, de uma *fase 2 subamostra*. Essa distinção é importante quando se utiliza o estimador de razão.

Notação. É necessário um cuidado adicional com a notação na amostragem dupla, pois o delineamento é mais complexo, trabalhando-se com duas amostragens para a medida auxiliar. O Quadro 15.1 apresenta a notação que será utilizada para representar as informações referentes às duas fases.

Quadro 15.1 Notação utilizada nos estimadores da amostragem dupla

Descrição	Notação	
	Fase 1	Fase 2
Tamanho da amostra	n_1	n_2
Índice p/ arvoredos	$j = 1, 2, \ldots, n_1$	$i = 1, 2, \ldots, n_2$
Medida auxiliar nos arvoredos	x_{1j}	x_{2i}
Média amostral da medida auxiliar	$\widehat{\mu}_{X1}$	$\widehat{\mu}_{X2}$
Medida de interesse nos arvoredos	–	y_i
Média amostral da medida de interesse	–	$\widehat{\mu}_Y$

15.3.1 Estimador de razão

O estimador de razão para média da variável de interesse na amostragem dupla é análogo ao estimador de razão padrão, mas a média populacional da medida auxiliar ($\widehat{\mu}_X$) é substituída pela estimativa da média da medida auxiliar na fase 1:

$$\widehat{\mu}_{DR} = \widehat{R} \cdot \widehat{\mu}_{X1} = \frac{\widehat{\mu}_Y}{\widehat{\mu}_{X2}} \cdot \widehat{\mu}_{X1} = \frac{\sum_{i=1}^{n_2} y_i}{\sum_{i=1}^{n_2} x_{i2}} \cdot \frac{\sum_{j=1}^{n_1} x_{j1}}{n_1} \quad (15.19)$$

O estimador da variância dessa estimativa depende do tipo de fase 2:

- *fase 2 subamostra*:

$$\widehat{\mathrm{Var}}(\widehat{\mu}_{DR}) = \frac{\widehat{\sigma}_Y^2 + \widehat{R}^2 \cdot \widehat{\sigma}_{X1}^2 - 2\widehat{R} \cdot \widehat{\sigma}_{XY}}{n_2} + \frac{2\widehat{R} \cdot \widehat{\sigma}_{XY} - \widehat{R}^2 \cdot \widehat{\sigma}_{X1}^2}{n_1} + \frac{\widehat{\sigma}_Y^2}{N} \quad (15.20)$$

- *fase 2 independente*:

$$\widehat{\mathrm{Var}}(\widehat{\mu}_{DR}) = \left(\frac{\widehat{\sigma}_Y^2 + \widehat{R}^2 \cdot \widehat{\sigma}_{XP}^2 - 2\widehat{R} \cdot \widehat{\sigma}_{XY}}{n_2} + \frac{\widehat{R}^2 \cdot \widehat{\sigma}_{XP}^2}{n_1} \right) \left(1 - \frac{n}{N} \right) \quad (15.21)$$

As estimativas de variância presentes nos estimadores se referem a:

- variância da medida de interesse (Y) (fase 2):

$$\widehat{\sigma}_Y^2 = \frac{\sum_{i=1}^{n_2} (y_i - \widehat{\mu}_Y)^2}{n_2 - 1} \quad (15.22)$$

- variância da medida auxiliar (X) na fase 1:

$$\widehat{\sigma}_{X1}^2 = \frac{\sum_{j=1}^{n_1} (x_{1j} - \widehat{\mu}_{X1})^2}{n_1 - 1} \quad (15.23)$$

- covariância entre a média de interesse (Y) e a medida auxiliar (X) (fase 2):

$$\widehat{\sigma}_{XY} = \frac{\sum_{i=1}^{n_2} (x_{2i} - \widehat{\mu}_{X2})(y_i - \widehat{\mu}_Y)}{n_2 - 2} \quad (15.24)$$

- e variância da medida auxiliar (X) agregando as observações das duas fases:

$$\widehat{\sigma}_{XP}^2 = \frac{\sum_{j=1}^{n_1} (x_{1j} - \widehat{\mu}_{X1})^2 + \sum_{i=1}^{n_2} (x_{2i} - \widehat{\mu}_{X2})^2}{n_1 + n_2 - 2} \quad (15.25)$$

Nessa profusão de expressões matemáticas, é fácil perder a linha de pensamento. Como em todos os delineamentos amostrais, busca-se estimar a média populacional da medida de interesse (Y) e obter uma indicação da precisão dessa estimativa, por meio da sua variância. Para aumentar a precisão da estimativa da média, se utiliza uma medida auxiliar (X) de fácil observação e que esteja fortemente associada à medida de interesse (Y). Pelo levantamento em duas fases, se procura reduzir a variância da média da medida de interesse. Essa redução ocorre de forma distinta, caso a fase 2 da amostragem dupla seja uma subamostra, ou seja, uma amostra independente.

Fase 2 subamostra. Nesse caso, a estimativa da variância da média é apresentada na Eq. 15.20, a qual pode ser *reescrita* na forma de uma expressão com três termos para facilitar sua interpretação:

$$\widehat{\mathrm{Var}}(\widehat{\mu}_{DR}) = \frac{\widehat{\sigma}_Y^2}{n_2}\left(1 - \frac{n_2}{N}\right) + \widehat{R}^2 \cdot \frac{\widehat{\sigma}_{X1}^2}{n_1}\left(\frac{n_1}{n_2} - 1\right) - 2\widehat{R} \cdot \frac{\widehat{\sigma}_{XY}}{n_2}\left(1 - \frac{n_2}{n_1}\right)$$

O primeiro termo é apenas a variância da média da medida de interesse (Y) que seria obtida caso a amostragem dupla fosse totalmente ignorada e a estimativa da média fosse baseada somente numa amostragem aleatória simples da medida de interesse (Y) na fase 2.

O segundo termo se deve à incerteza da estimativa da média da medida auxiliar (X) que resulta da fase 1 do levantamento. Esse termo *aumenta* a variância da média amostral da medida de interesse, pois o estimador de razão não está usando a média populacional da medida auxiliar (μ_X), mas a *estimativa* gerada na fase 1 do levantamento ($\widehat{\mu}_{X1}$). Se a fase 1 tiver uma alta intensidade de amostragem (n_1 grande), esse aumento será pequeno.

Por fim, o terceiro termo depende do grau de associação entre medida auxiliar (X) e medida de interesse (Y), que é calculado pela covariância entre elas ($\widehat{\sigma}_{XY}$). Quanto mais forte a associação, maior a covariância e, portanto, maior a *redução* que esse termo produz na variância da média. Note também que, como a fase 2 é uma *subamostra* da fase 1, quanto menor a sua proporção sobre o tamanho da amostra da fase 1 (n_2/n_1), maior a redução produzida.

Conclui-se que a amostragem dupla com fase 2 subamostra é eficiente quando: (1) a estimativa da medida auxiliar na fase 1 é obtida com alta precisão ($\widehat{\sigma}^2_{X1}/n_1$ pequena), (2) existe uma forte associação entre a medida de interesse e a medida auxiliar ($\widehat{\sigma}^2_{XY}/n_2$ grande) e (3) a amostra na fase 2 representa uma pequena fração da amostra da fase 1 (n_2/n_1 pequeno).

Fase 2 independente. Nesse caso, a estimativa da variância da média é apresentada na Eq. 15.21, a qual pode ser *reescrita* da seguinte forma:

$$\widehat{\text{Var}}(\widehat{\mu}_{DR}) = \frac{\widehat{\sigma}^2_Y}{N} + \widehat{R}^2 \cdot \widehat{\sigma}^2_{XP}\left(\frac{n_1+n_2}{n_1 \cdot n_2}\right) - 2\widehat{R} \cdot \frac{\widehat{\sigma}_{XY}}{n_2}$$

Novamente, o primeiro termo dessa expressão se refere à incerteza associada à média da medida de interesse (Y), nesse caso, porém, o divisor é o tamanho da população (N). Para grandes populações, esse termo terá pequena magnitude.

O segundo termo *aumenta* a incerteza da estimativa da média de modo proporcional à variância da medida auxiliar ($\widehat{\sigma}^2_{XP}$). Mas a estimativa dessa variância é a estimativa que agrega as observações da fase 1 e 2 e, consequentemente, é interessante que o tamanho da amostra nas duas fases seja aproximadamente o mesmo. Isso acontece porque, para um dado tamanho total de amostra nas duas fases ($n_1 + n_2$), o produto $n_1 \cdot n_2$ será máximo quando $n_1 = n_2$, tornando esse termo o menor possível.

O terceiro termo *reduz* a variância de média de modo proporcional à covariância entre a medida de interesse e a medida auxiliar ($\widehat{\sigma}_{XY}$). Por isso, quanto mais forte a associação entre as medidas, maior será a redução produzida pela amostragem dupla, tornando-a mais eficiente.

Conclui-se que, na amostragem dupla com fase 2 independente, é importante que (1) exista uma forte associação entre a medida de interesse e a medida auxiliar e (2) os tamanhos das amostras nas duas fases sejam o mais próximos possível ($n_1 \approx n_2$).

Tamanho das amostras. A escolha do tamanho das amostras nas fases 1 e 2 para o estimador de razão depende do tipo de fase 2. No caso da fase 2 subamostra, a melhor escolha é que a amostra na fase 1 seja bem maior que na fase 2, de modo que a razão dos tamanhos das amostras seja pequeno (n_2/n_1 pequeno). Por outro lado, no caso da fase 2 independente, é mais vantajoso que o tamanho da amostra nas duas fases seja aproximadamente o mesmo ($n_1 \approx n_2$).

15.3.2 Estimador de regressão

O estimador de regressão da amostragem dupla é semelhante ao estimador de regressão padrão, mas a média populacional da medida auxiliar (μ_X) é substituída pela estimativa da média na fase 1 ($\widehat{\mu}_{X1}$):

$$\widehat{\mu}_{DL} = \widehat{\mu}_Y + \widehat{\beta}(\widehat{\mu}_{X1} - \widehat{\mu}_{X2}) \quad (15.26)$$

sendo que o coeficiente de regressão linear é estimado com base nas observações da fase 2:

$$\widehat{\beta} = \frac{\sum_{i=1}^{n_2}(y_i - \widehat{\mu}_Y)(x_{2i} - \widehat{\mu}_{X2})}{\sum_{i=1}^{n_2}(x_{2i} - \widehat{\mu}_{X2})^2}$$

$$= \frac{\sum_{i=1}^{n_2} x_{2i} \cdot y_i - \left[\sum_{i=1}^{n_2} x_{2i} \sum_{i=1}^{n_2} y_i\right]/n}{\sum_{i=1}^{n_2} x_{2i}^2 - \left[\sum_{i=1}^{n_2} x_{2i}\right]^2/n} \quad (15.27)$$

Variância do estimador de regressão na amostragem dupla. É comum encontrar nos livros de levantamento florestal expressões mais complexas para a variância do estimador de regressão no caso da amostragem dupla. Contudo, Vries (1986) apresentou e deduziu o estimador mais simples, que é apresentado neste capítulo.

Como no estimador de razão, a variância da média no estimador de regressão também depende do tipo de fase 2, subamostra ou independente. No caso de amostras grandes, contudo, uma mesma expressão pode ser utilizada para os dois tipos, a qual depende apenas das observações da fase 2:

$$\widehat{\mathrm{Var}}(\widehat{\mu}_{\mathrm{DL}}) = \frac{\widehat{\sigma}_Y^2}{n_2}\left[1 - \left(1 - \frac{n_2}{n_1}\right)\widehat{\rho}_{XY}^2\right] \quad (15.28)$$

que, por sua vez, é calculada com base na variância da medida de interesse:

$$\widehat{\sigma}_Y^2 = \frac{\sum_{i=1}^{n_2}(y_i - \widehat{\mu}_Y)^2}{n_2 - 1} \quad (15.29)$$

e do *coeficiente de correlação* entre a medida de interesse e a medida auxiliar:

$$\widehat{\rho}_{XY} = \frac{\sum_{i=1}^{n_2}(x_{2i} - \widehat{\mu}_{X2})(y_i - \widehat{\mu}_Y)}{\sqrt{\sum_{i=1}^{n_2}(x_{2i} - \widehat{\mu}_{X2})^2 \sum_{i=1}^{n_2}(y_i - \widehat{\mu}_Y)^2}}$$

$$= \frac{\sum_{i=1}^{n_2} x_{2i} \cdot y_i - \left[\sum_{i=1}^{n_2} x_{2i} \sum_{i=1}^{n_2} y_i\right]/n}{\sqrt{\left[\sum_{i=1}^{n_2} x_{2i}^2 - \left(\sum_{i=1}^{n_2} x_{2i}\right)^2/n\right]\left[\sum_{i=1}^{n_2} y_i^2 - \left(\sum_{i=1}^{n_2} y_i\right)^2/n\right]}} \quad (15.30)$$

A expressão da variância da média do estimador de regressão (Eq. 15.28) mostra que o ganho em precisão na amostragem dupla dependerá de dois fatores. O primeiro é a relação linear entre a medida de interesse e a medida auxiliar, expressa pelo coeficiente de correlação. Quanto mais forte essa relação, mais próximo da unidade (1) o quadrado do coeficiente de correlação estará ($\widehat{\rho}_{XY}^2$), independentemente de ser a relação positiva ($\widehat{\rho}_{XY} > 0$) ou negativa ($\widehat{\rho}_{XY} < 0$).

O segundo fator que contribui para o ganho em precisão é uma proporção pequena entre o tamanho de amostra na fase 2 e na fase 1 (n_2/n_1). Como apresentado anteriormente, essa situação é típica da situação em que a fase 2 é uma subamostra da fase, que é a situação mais frequente nos levantamentos florestais.

15.3.3 Estimador do total

O estimador do total na amostragem dupla é o estimador padrão obtido com base na estimativa da média tanto no caso do estimador de razão quanto no caso do estimador de regressão.

Estimador de razão:

$$\widehat{\tau}_{\mathrm{DR}} = N \cdot \widehat{\mu}_{\mathrm{DR}}$$
$$\text{com variância} \quad \widehat{\mathrm{Var}}(\widehat{\tau}_{\mathrm{DR}}) = N^2 \cdot \widehat{\mathrm{Var}}(\widehat{\mu}_{\mathrm{DR}}) \quad (15.31)$$

Estimador de regressão:

$$\widehat{\tau}_{\mathrm{DL}} = N \cdot \widehat{\mu}_{\mathrm{DL}}$$
$$\text{com variância} \quad \widehat{\mathrm{Var}}(\widehat{\tau}_{\mathrm{DL}}) = N^2 \cdot \widehat{\mathrm{Var}}(\widehat{\mu}_{\mathrm{DL}}) \quad (15.32)$$

15.3.4 Exemplo de amostragem dupla

A Tab. 15.3 apresenta o resultado de um levantamento que utilizou amostragem dupla numa floresta de eucalipto de 90 ha no município de Itatinga, Estado de São Paulo, na forma de uma grade sistemática de 100 m × 200 m. Em cada ponto da grade, o arvoredo foi definido pelo método de Bitterlich com fator de área basal de $2\,\mathrm{m}^2 \cdot \mathrm{ha}^{-1}$, sendo que, em todos os pontos da grade, a área basal foi medida por enumeração angular.

Dentre os 45 pontos da grade, foram selecionados aleatoriamente 9 pontos nos quais as árvores enumeradas tiveram seu *DAP* e altura medidos. Nesses pontos, foram calculados os seguintes atributos do arvoredo: densidade de estande (ha^{-1}), volume lenhoso total ($\mathrm{m}^3 \cdot \mathrm{ha}^{-1}$), *DAP* médio (cm) e altura total média (m).

Nesse levantamento florestal em amostragem dupla, a fase 1 é constituída pelos 45 pontos de Bitterlich locados sistematicamente na floresta, só foi determinada a área basal. A fase 2 é composta por uma subamostra aleatória com nove dos pontos de Bitterlich em que a medição foi completa.

Como os arvoredos foram definidos pelo método de Bitterlich, o tamanho da população (*N*) é infinito, ainda que a área da floresta seja de 90 ha. O tamanho da amostra na fase 1 é $n_1 = 45$ e na fase 2 é $n_2 = 9$. A área basal é o único atributo nas duas fases, consequentemente ela é a medida auxiliar, cuja média na fase 1 é:

$$\widehat{\mu}_{X1} = \frac{28 + 56 + 48 + \ldots + 34 + 36 + 10}{45}$$
$$= 30{,}84444 \approx 31\,\mathrm{m}^2 \cdot \mathrm{ha}^{-1}$$

e a média na fase 2 é:

$$\widehat{\mu}_{X2} = \frac{26 + 56 + 14 + \cdots + 20 + 24 + 14}{9}$$
$$= 25{,}33333 \approx 25\,\mathrm{m}^2 \cdot \mathrm{ha}^{-1}$$

Tab. 15.3 Exemplo de amostragem dupla: levantamento em floresta plantada de eucalipto no município de Itatinga, Estado de São Paulo. O levantamento foi realizado com uma grade sistemática (100 m × 200 m), numa floresta de 90 ha, definindo-se os arvoredos pelo método de Bitterlich com fator de área basal de 2 m²· ha⁻¹

Fase 1

Ponto de Bitter.	Área basal (m²·ha⁻¹)	Ponto de Bitter.	Área basal (m²·ha⁻¹)	Ponto de Bitter.	Área basal (m²·ha⁻¹)
1-2	28	5-2	22	12-3	28
1-4	56	5-4	20	12-5	30
1-6	48	5-6	14	13-1	28
2-1	32	5-8	18	14-1	40
2-3	24	8-1	56	14-4	20
2-5	26	8-3	28	15-1	24
2-7	26	9-2	22	15-3	26
3-1	48	9-4	24	16-1	30
3-3	32	10-2	28	16-3	34
3-5	44	10-4	28	17-2	24
3-7	40	10-6	32	18-2	20
4-1	32	11-1	24	32-1	14
4-3	56	11-3	30	33-1	34
4-5	28	11-5	26	33-3	36
4-7	76	12-1	22	34-2	10

Fase 2: Subamostra

Ponto de Bitter.	Área basal (m²·ha⁻¹)	Densidade de estande (ha⁻¹)	Volume lenhoso (m³·ha⁻¹)	DAP médio (cm)	Altura média (m)
2-7	26	1.329,18	298,15	15,71	25,51
4-3	56	2.839,44	649,91	15,66	25,42
5-6	14	1.043,40	147,80	12,87	22,97
9-4	24	1.609,79	266,81	13,28	23,20
10-4	28	1.409,22	329,56	15,54	25,24
12-1	22	1.431,74	244,55	13,59	23,53
14-4	20	1.050,53	233,20	15,20	24,95
17-2	24	954,65	294,37	17,78	27,16
32-1	14	604,82	168,79	17,00	26,53

Tomando-se o volume lenhoso total como medida de interesse, a sua média na fase 2 é:

$$\widehat{\mu}_Y = \frac{298{,}15 + 649{,}91 + \ldots + 294{,}37 + 168{,}79}{9}$$
$$= 292{,}5708 \approx 293 \, \text{m}^3 \cdot \text{ha}^{-1}$$

A relação entre a medida auxiliar — área basal — e a medida de interesse — volume lenhoso *total* — passa pela origem do plano cartesiano, pois trata-se de produção total. Por outro lado, a fase 2 é uma subamostra da fase 1. Por isso, o estimador indicado para essa amostragem dupla é o de razão, cujo valor é:

$$\widehat{R} = \frac{\widehat{\mu}_Y}{\widehat{\mu}_{X2}} = \frac{292{,}5708}{25{,}33333} = 11{,}54885 \approx 12 \left[\frac{\text{m}^3 \cdot \text{ha}^{-1}}{\text{m}^2 \cdot \text{ha}^{-1}}\right]$$

Assim, a média do volume lenhoso pela amostragem dupla com estimador de razão é:

$$\widehat{\mu}_{DR} = (11{,}54885)(30{,}84444) = 356{,}2178 \approx 356 \, \text{m}^3 \cdot \text{ha}^{-1}$$

Para estimar a sua variância, é necessário obter a variância da área basal na fase 1:

$$\widehat{\sigma}^2_{X1} = \frac{(28 - 30{,}84444)^2 + \ldots + (10 - 30{,}84444)^2}{45 - 1}$$
$$= 160{,}4525 \, (\text{m}^2 \cdot \text{ha}^{-1})^2$$

a variância do volume lenhoso (fase 2):

$$\widehat{\sigma}^2_Y = \frac{(298{,}15 - 292{,}5708)^2 + \ldots + (168{,}79 - 292{,}5708)^2}{9 - 1}$$
$$= 21.483{,}72 \, (\text{m}^3 \cdot \text{ha}^{-1})^2$$

e a covariância entre a área basal e o volume lenhoso (fase 2):

$$\widehat{\sigma}_{XY} = \{(28 - 30{,}84444)(298{,}15 - 292{,}5708) + \ldots$$
$$+ (10 - 30{,}84444)(168{,}79 - 292{,}5708)\} / (9 - 1)$$
$$= 1.826{,}631 \, [\text{m}^2 \cdot \text{ha}^{-1}][\text{m}^3 \cdot \text{ha}^{-1}]$$

A variância do volume lenhoso pela amostragem dupla resulta em:

$$\widehat{\mathrm{Var}}(\hat{\mu}_{DR}) = \frac{21.483,72 + (11,54885)^2(160,4525)}{9-1}$$
$$- \frac{2(11,54885)(1.826,631)}{9-1}$$
$$+ \frac{2(11,54885)(1.826,631)}{45-1}$$
$$- \frac{(11,54885)^2(160,4525)}{45-1}$$
$$+ \frac{21.483,72}{\infty}$$
$$= 539,0387\,(\mathrm{m}^3 \cdot \mathrm{ha}^{-1})^2$$

Como 45 arvoredos formam uma amostra de tamanho grande, assume-se que o valor da constante t de Student é aproximadamente 2,00, assim o intervalo de confiança para estimativa do volume lenhoso médio da floresta é:

$$356,2178 \pm (2,00)\sqrt{539,0387} = 356,2178 \pm 46,43442$$
$$\approx 356 \pm 46\,\mathrm{m}^3 \cdot \mathrm{ha}^{-1}$$
$$\Rightarrow [310, 402]\,\mathrm{m}^3 \cdot \mathrm{ha}^{-1}$$

sendo que o erro amostral relativo é de :

$$E_\% = \frac{(2,00)\sqrt{539,0387}}{356,2178} \times 100$$
$$= \frac{46,43442}{356,2178} \times 100 = 13,0354 \approx 13\%$$

A comparação desse erro amostral com aquele que seria obtido caso o levantamento fosse realizado apenas com os arvoredos da fase 2 é deixada ao leitor como problema a ser resolvido.

15.4 Amostragem por conglomerados

A amostragem por conglomerados ocorre quando a unidade amostral que é alocada aleatoriamente na floresta não é um arvoredo, mas um conjunto de arvoredos. Esse conjunto é chamado de *conglomerado* e a posição dos arvoredos dentro dele é sempre sistemática, segundo um arranjo espacial predeterminado. Os arvoredos que compõem o conglomerado podem ser determinados segundo qualquer um dos métodos arbustimétricos apresentados no Cap. 9, ou seja, o conglomerado pode ser de parcelas, de pontos de Bitterlich ou de Prodan.

As razões para utilização de um conglomerado de arvoredos ao invés de um único arvoredo são geralmente de ordem prática. A razão mais comum é quando se realiza um *levantamento regional*, isto é, quando a área florestal a ser levantada é composta de várias florestas disjuntas distribuídas numa região. Ou então quando a área florestal a ser levantada é contínua, mas é uma área muito grande, de modo que os arvoredos ficarão muito esparsos na área. Em ambos os casos, o tempo de deslocamente entre arvoredos é muito grande, consumindo a maior parte do tempo de trabalho de campo. Considere, por exemplo, o deslocamento necessário no levantamento regional apresentado na Fig. 14.10. Dado o alto custo para chegar até um dado local, torna-se vantajoso locar vários arvoredos e medi-los, uma vez que o tempo adicional utilizado na medição de mais de um arvoredo acrescentará muito pouco ao custo total do levantamento. Um conglomerado de arvoredos oferece, no entanto, uma melhor representação do local, podendo, inclusive, fornecer uma medida da variabilidade local por meio da variância entre os arvoredos dentro do conglomerado.

O uso de conglomerados também pode ser vantajoso no estudo de gradientes ambientais, como gradientes de altitude, gradientes topográficos, gradientes de fertilidade ou umidade no solo, ou ainda gradientes da borda para o interior da floresta. Nesses casos, o conglomerado será formado por uma sequência de arvoredos locados ao longo de uma linha que segue o gradiente. Dessa forma, a variação produzida na floresta pelo gradiente ambiental é representada pela variação entre os arvoredos dentro do conglomerados, e os vários conglomerados amostrados se tornam *repetições* do gradiente.

Cada arvoredo no conglomerado pode ser definido segundo qualquer um dos métodos arbustimétricos apresentados no Cap. 9, o importante é que eles estejam alinhados no gradiente e, preferencialmente, estejam posicionados a uma distância fixa entre si. Se os arvoredos forem definidos como parcelas de área fixa e a distância for definida como zero, o conglomerado se torna uma série de parcelas adjacentes formando um parcela em faixa.

A amostragem por conglomerados também é de uso frequente quando a medida de interesse é uma média de medidas de árvores individuais, como *DAP* médio ou altura média, ou é uma proporção das árvores do arvoredo, como a porcentagem de árvores mortas, a porcentagem de árvores bifurcadas ou a porcentagem de árvores de interesse comercial. Embora as médias e as proporções sejam atributos do arvoredo, elas são calculadas com base no número de árvores presentes no arvoredo. Quando o número de árvores é muito variável entre os arvoredos, tratar o arvoredo como um *conglomerado de árvores* pode resultar numa estimativa mais precisa da média ou proporção no nível da floresta.

Contudo, na maioria das situações, a amostragem por conglomerados não resulta necessariamente em estimativas mais precisas que as amostragens baseadas na locação dos arvoredos individualmente, quando o número total de arvoredos no levantamento é fixo. Esse resultado independe do tipo de locação utilizada, seja a aleatória simples, a sistemática ou a estratificada. Geralmente, o uso de conglomerado é justificado apenas por questões de custo.

15.4.1 Estrutura do conglomerado

A estrutura do conglomerado é definida pelo número de arvoredos que o compõem e pelo arranjo espacial dos arvoredos. A Fig. 15.4 apresenta alguns exemplos comuns de conglomerados. A disposição dos arvoredos na forma de cruz é um arranjo muito comum em todo o mundo, enquanto que o arranjo hexagonal é de uso mais frequente na América do Norte.

Quando as parcelas em faixa são utilizadas como conglomerados, o arvoredo é definido como uma subdivisão da parcela em faixa e a coleta de dados no campo e sua tabulação são organizadas de modo que as árvores de cada subdivisão (arvoredo) sejam devidamente identificadas. Nos levantamentos de florestas tropicais, é muito comum que a parcela em faixa tenha largura fixa de 10 m e os arvoredos sejam definidos por subparcelas de 10 m × 10 m. Nesse caso, o comprimento da parcela em faixa é um múltiplo de 10 m, sendo o tamanho do conglomerado um múltiplo de 100 m².

Do ponto de vista teórico, a amostragem sistemática por meio de uma grade de amostragem (Fig. 14.1) pode ser considerada como *um único conglomerado* em que os arvoredos estão sistematicamente distribuídos em toda a floresta segundo essa grade. Mas, na prática, a amostragem sistemática e a amostragem por conglomerados são tratadas como delineamentos distintos, podendo-se inclusive combiná-los na forma de uma

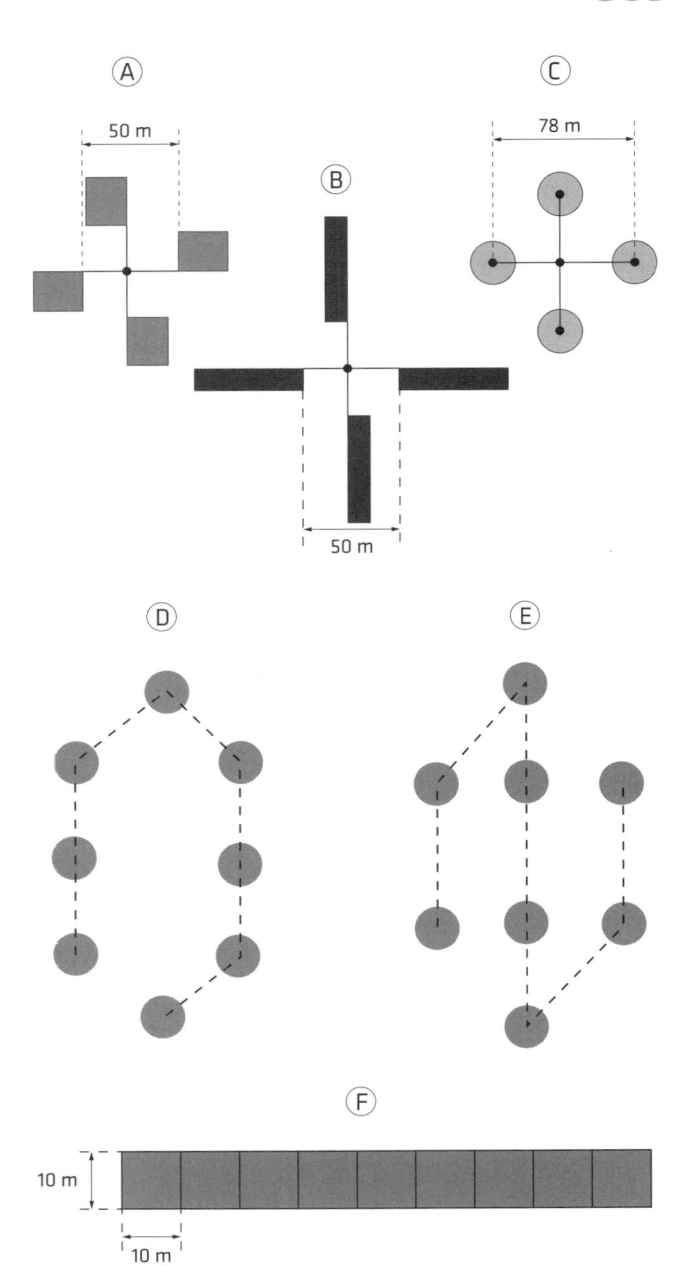

Fig. 15.4 Exemplos de estrutura de conglomerados: (A)-(C) conglomerados em cruz com parcelas retangulares, em faixa e circulares, respectivamente; (D) e (E) conglomerado hexagonal com parcelas circulares e (F) conglomerado formado por uma parcela em faixa de 10 m × 90 m com subdivisões de 10 m × 10 m

grade de amostragem sistemática em que cada ponto é constituído por um conglomerado.

15.4.2 Estimadores para conglomerados de mesmo tamanho

Considerando-se que o levantamento florestal utiliza conglomerados de mesmo tamanho com locação aleatória simples no campo, os estimadores são os mesmos da amostragem aleatória simples, se a medida de interesse for considerada em termos dos *totais dos conglomerados*. Sendo m o número de arvoredos nos conglomerados, o total de cada conglomerado será:

$$y_i = \sum_{j=1}^{m} y_{ij}$$

em que i é o índice que representa os conglomerados ($i = 1, 2, \ldots, n$) e j é o índice que designa o arvoredo dentro do conglomerado ($j = 1, 2, \ldots, m$). Assim, a estimativa da média dos conglomerados será:

$$\widehat{\mu}_\text{C} = \frac{1}{n} \sum_{i=1}^{n} y_i \qquad (15.33)$$

A variância da média também é obtida pelo estimador padrão:

$$\widehat{\text{Var}}(\widehat{\mu}_\text{C}) = \frac{\widehat{\sigma}_\text{Y}^2}{n}\left(1 - \frac{n}{N}\right) \qquad (15.34)$$

em que N é o tamanho da população em termos de *número de conglomerados* e a estimativa da variância populacional é:

$$\widehat{\sigma}_\text{Y}^2 = \frac{\sum_{i=1}^{n}(y_i - \widehat{\mu}_\text{C})^2}{n-1} \qquad (15.35)$$

A estimativa do total populacional e sua variância também segue o estimador padrão:

$$\widehat{\tau}_\text{C} = N \cdot \widehat{\mu}_\text{C} \quad \text{e} \quad \widehat{\text{Var}}(\widehat{\tau}_\text{C}) = N^2 \cdot \widehat{\text{Var}}(\widehat{\mu}_\text{C}) \qquad (15.36)$$

15.4.3 Conglomerados de tamanhos diferentes

No caso de uma amostragem aleatória simples com conglomerados com número diferente de arvoredos, a média por conglomerado não possui representatividade constante, pois esta depende do tamanho do conglomerado. Assim, é necessário utilizar o estimador de razão, tomando-se o tamanho do conglomerado (número de arvoredos) como medida auxiliar e o total do conglomerado como medida de interesse. Dessa forma, o estimador de razão é a *média por arvoredo*:

$$\widehat{\mu}_\text{CA} = \widehat{R} = \frac{\sum_{i=1}^{n} y_i}{\sum_{i=1}^{n} x_i} \qquad (15.37)$$

em que i é o índice que representa o conglomerado ($i = 1, 2, \ldots, n$), y_i é o total do conglomerado i (conforme a Eq. 15.33), x_i é o número de arvoredos no conglomerado i (tamanho do conglomerado).

A variância da média por arvoredo deve ser obtida pela variância do estimador de razão:

$$\begin{aligned}\widehat{\text{Var}}(\widehat{\mu}_\text{CA}) &= \left(\frac{\mu_\text{X}}{\widehat{\mu}_\text{X}}\right)^2 \frac{1}{\mu_\text{X}^2} \cdot \frac{\widehat{\sigma}_\text{A}^2}{n}\left(1 - \frac{n}{N}\right) \\ &= \frac{1}{\widehat{\mu}_\text{X}^2} \cdot \frac{\widehat{\sigma}_\text{A}^2}{n}\left(1 - \frac{n}{N}\right)\end{aligned} \qquad (15.38)$$

em que $\widehat{\sigma}_\text{A}^2$ é a variância dos arvoredos, n é o número de conglomerados na amostra, N é o número de conglomerados na população, μ_X é o tamanho médio dos conglomerados na população e $\widehat{\mu}_\text{X}$ é o tamanho médio dos conglomerados na amostra:

$$\widehat{\mu}_\text{X} = \frac{\sum_{i=1}^{n} x_i}{n} \qquad (15.39)$$

A variância dos arvoredos é obtida pela forma padrão do estimador de razão:

$$\begin{aligned}\widehat{\sigma}_\text{A}^2 &= \frac{\sum_{i=1}^{n}\left(y_i - \widehat{\mu}_\text{CA} \cdot x_i\right)^2}{n-1} \\ &= \frac{\sum_{i=1}^{n} y_i^2 - 2\widehat{\mu}_\text{CA}\sum_{i=1}^{n} y_i \cdot x_i + \widehat{\mu}_\text{CA}^2 \sum_{i=1}^{n} x_i^2}{n-1}\end{aligned} \qquad (15.40)$$

Note-se que os estimadores apresentados são aplicações direta dos estimadores de razão para a situação em que a medida auxiliar é o tamanho do conglomerado.

Como os conglomerados têm diferentes tamanhos, o cálculo do tamanho da população em número de conglomerados (N) se torna complicado, sendo mais prático calcular a intensidade de amostragem (n/N) pela razão da área total amostrada pela área da floresta (S_f). A área total amostrada é a soma das áreas dos conglomerados, ou a soma das áreas de todos os arvoredos observados. Assumindo que os conglomerados são compostos de arvoredos com área S_p, a intensidade de amostragem se torna:

$$\frac{n}{N} = \frac{S_p \sum_{i=1}^{n} x_i}{S_f}$$

15.4.4 Exemplo de amostragem por conglomerados

Num fragmento de floresta estacional semidecidual, foi realizado um levantamento visando estudar o gradiente formado da borda para o interior da floresta. No fragmento florestal de 12 ha, foram locadas seis parcelas em faixa com largura de 10 m, partindo-se da borda para o interior do fragmento, sendo que os arvoredos foram definidos com parcelas quadradas de 10 m × 10 m (0,01 ha). Em cada arvoredo, foram enumeradas e marcadas todas as árvores com $DAP \geq 5$ cm. Um ano depois, os arvoredos foram remedidos e foram enumeradas as árvores que morreram e aquelas que ingressaram no período. Os resultados desse estudo são apresentados na Tab. 15.4.

Nesse exemplo, não será analisada a questão do gradiente borda-interior, mas o problema de estimar o número de árvores vivas, como a densidade de estande (ha^{-1}), desse fragmento. A densidade de estande média do fragmento é estimada pela razão entre o número de árvores vivas e o tamanho dos conglomerados:

$$\hat{\mu}_{CA} = \frac{382}{47} = 8,12766$$
$$\Rightarrow \hat{\mu}_{CA} = \frac{8,12766}{0,01 \text{ ha}} = 812,766 \approx 813 \text{ ha}^{-1}$$

Os conglomerados têm tamanhos diferentes e o tamanho médio deles na amostra é:

$$\hat{\mu}_X = \frac{47}{6} = 7,83333$$

Já a intensidade de amostragem é obtida pela razão entre a área total amostrada pelos conglomerados e a área do fragmento:

$$\frac{n}{N} = \frac{47 (0,01 \text{ ha})}{12 \text{ ha}} = 0,0391667$$

Tab. 15.4 Exemplo de amostragem por conglomerados para o estudo do gradiente borda-interior num fragmento florestal de 12 ha. Os conglomerados são parcelas em faixa, em que os arvoredos foram definidos por parcelas quadradas de 10 m × 10 m

Conglomerado	Número de arvo- redos	Número de árvores		
		Vivas	Mortas	Ingressantes
1	11	113	4	7
2	11	87	6	10
3	5	31	4	0
4	6	35	5	10
5	7	41	2	12
6	7	75	3	3
Total	47	382	24	42

Os estimadores de razão também são utilizados para obter tanto a variância dos arvoredos:

$$\hat{\sigma}_A = \frac{[113 - (8,12766)(11)]^2 + \ldots + [75 - (8,12766)(7)]^2}{6-1}$$
$$= 285,0722$$

quanto a variância da média:

$$\widehat{\text{Var}}(\hat{\mu}_{CA}) = \left(\frac{1}{7,83333^2}\right) \frac{285,0722}{6} (1 - 0,0391557)$$
$$= 0,7439883$$

O intervalo de confiança de 95% da densidade de estande do fragmento é:

$$\hat{\mu}_{CA} \pm t_{[95\%;6-1]} \sqrt{\widehat{\text{Var}}(\hat{\mu}_{CA})}$$
$$\Rightarrow 8,12766 \pm (2,570582)(0,8625476)$$
$$\Rightarrow 8,12766 \pm 2,217249$$

$$\Rightarrow \frac{8,12766}{0,01 \text{ ha}} \pm \frac{2,217249}{0,01 \text{ ha}}$$
$$\Rightarrow 812,766 \pm 221,7249$$

$$\hat{\mu}_{CA} \pm t_{[95\%;6-1]} \sqrt{\widehat{\text{Var}}(\hat{\mu}_{CA})} \Rightarrow 813 \pm 222 \text{ ha}^{-1}$$

que corresponde a um erro amostral relativo de 27%.

15.5 Amostragem em múltiplos estágios

Considere-se o seguinte problema: solicitou-se um inventário florestal para fins de valoração de uma floresta plantada de 10.000 ha, subdividida em talhões com área entre 50 ha e 30 ha, num total de 245 talhões. Existe, contudo, a restrição de que o trabalho deve ser concluído em apenas dez dias. A primeira possibilidade para responder a essa solicitação é realizar um levantamento em todos os talhões, mas com uma baixa intensidade de amostragem em cada um, para que o trabalho seja concluído no prazo. Mas a precisão do resultado final estará comprometida pela baixa intensidade amostral. Uma outra possibilidade é selecionar aleatoriamente alguns talhões da floresta e realizar neles um levantamento com a intensidade amostral adequada. Nesse caso, o resultado final estará comprometido porque nem todos os talhões da floresta foram amostrados, mas, se houver uma certa uniformidade entre os talhões, o resultado será mais preciso que o da primeira possibilidade.

Considere-se um outro problema: uma entidade de proteção ambiental solicitou o diagnóstico do estado de conservação dos fragmentos florestais da região norte do Estado de São Paulo. A primeira possibilidade consiste em fazer um levantamento cartográfico prévio de todos os fragmentos da região, de modo a elaborar um mapa com a lista completa dos fragmentos. Com base no mapa e na lista, os fragmentos seriam, então, selecionados para amostragem, instalando-se arvoredos para medição das árvores e para o diagnóstico do estado de conservação. O custo do levantamento seria bastante elevado, pois exigiria o levantamento cartográfico dos fragmentos *em toda a região* de estudo.

Uma segunda possibilidade seria utilizar o mapa índice de cartas topográficas do estado de São Paulo para selecionar aleatoriamente algumas quadrículas, que representam cartas topográficas em escala 1:10.000, e *somente* nessas quadrículas realizar o levantamento cartográfico dos fragmentos. Os fragmentos dentro das quadrículas selecionadas seriam, então, amostrados segundo um método silvimétrico apropriado para obter as informações dos seus arvoredos e dos seus estados de conservação.

Outra possibilidade para ambos os problemas hipotéticos citados é o exemplo típico de *amostragem em múltiplos estágios*. Esse delineamento é utilizado quando o levantamento deve ser realizado em grandes áreas, mas se dispõe de pouco tempo ou de recursos orçamentários limitados, de modo que, se a amostragem for realizada em toda a área, a intensidade amostral resultante será muito baixa, comprometendo a precisão das estimativas. A amostragem em múltiplos estágios consiste, portanto, em subdividir a floresta em unidades chamadas de *unidades primárias*. Cada unidade primária é, então, subdividida em *unidades secundárias*, as quais, por sua vez, são subdivididas em *unidades terciárias*, e assim sucessivamente. O delineamento amostral é implementado selecionando-se, aleatoriamente e sucessivamente, algumas unidades primárias, algumas unidades secundárias dentro das primárias selecionadas, e algumas unidades terciárias dentro das secundárias etc.

No primeiro problema citado, as unidades primárias são os talhões e as unidades secundárias são os arvoredos dentro dos talhões, sendo que os arvoredos podem ser definidos por qualquer método arbustimétrico (parcelas, Bitterlich ou Prodan). A amostragem se faz, portanto, em *dois estágios*. Já no segundo problema, as unidades primárias são as cartas topográficas da região norte do Estado de São Paulo. Os fragmentos dentro das cartas topográficas selecionadas são as unidades secundárias, enquanto os arvoredos dentro dos fragmentos selecionados são as unidades terciárias. Logo, nesse caso, a amostragem é realizada em *três estágios*.

Na amostragem em múltiplos estágios, as unidades primárias, secundárias, terciárias etc. são *escalas espaciais* em que a floresta ou região de estudo é subdividida. Nessa perspectiva, a amostragem por conglomerados pode ser considerada um caso particular, na qual se realiza uma amostragem em um único estágio, pois as unidades primárias (conglomerados) são selecionadas aleatoriamente, mas as unidades secundárias (arvoredos dentro dos conglomerados) são todas medidas.

A vantagem da amostragem em múltiplos estágios é, antes de tudo, uma vantagem operacional nas condições em que o levantamento deve ser realizado numa grande área sob fortes restrições de tempo e de recursos orçamentários. Contudo, se as unidades primárias forem definidas de modo que haja homogeneidade entre elas, a amostragem em múltiplos estágios pode ser mais eficiente que outros delineamentos amostrais. Por isso, ela é frequentemente utilizada em conjunto com a amostragem estratificada, realizando-se a amostragem em múltiplos estágios em cada um dos estratos da floresta.

A complexidade dos estimadores da amostragem em múltiplos estágios está diretamente ligada ao número de estágios utilizados. A partir de três estágios, os estimadores se tornam muito complexos, de modo que será apresentado apenas o estimador de razão para a amostragem em dois estágios.

15.5.1 Estimador de razão na amostragem em dois estágios

No caso de se realizar uma amostragem aleatória simples dentro de cada unidade primária, existe a possibilidade de utilizar um estimador não enviesado para a amostragem em dois estágios. Esse estimador, contudo, só é eficiente quando o tamanho das unidades primárias é aproximadamente constante. Como frequentemente o tamanho das unidades primárias é bastante variável, o estimador de razão se torna mais eficiente.

Primeiramente, é necessário definir o total de cada unidade primária amostrada:

$$\hat{\tau}_i = X_i \cdot \frac{\sum_{j=1}^{x_i} y_{ij}}{x_i} = X_i \cdot \hat{\mu}_{Yi} \quad (15.41)$$

em que X_i é o tamanho da $i^{\text{ésima}}$ unidade primária, definido pelo número de unidades secundárias que a compõe, e x_i é o tamanho da *amostra* nessa unidade primária, isto é, o número de unidades secundárias na amostra dessa unidade primária. Já y_{ij} é o valor observado na $j^{\text{ésima}}$ unidade secundária dessa $i^{\text{ésima}}$ unidade primária. O total da população, utilizando-se o estimador de razão, é obtido com base nos totais em cada unidade primária:

$$\hat{\tau}_R = \hat{R} \cdot X = \left(\frac{\sum_{i=1}^{n} \hat{\tau}_i}{\sum_{i=1}^{n} X_i}\right) X \quad (15.42)$$

em que $X = \sum_{i=1}^{N} X_i$ é o tamanho da floresta em número de unidades secundárias.

A variância desse total é uma combinação da variância entre as unidades primárias — variância *interunidades*: $\hat{\sigma}_E^2$ — e a variância de dentro das unidades primárias — variância *intraunidades*: $\hat{\sigma}_D^2$. Assim, a variância do total é estimada por:

$$\widehat{\text{Var}}(\hat{\tau}_R) = \frac{N^2}{n}\left(\hat{\sigma}_E^2 + \hat{\sigma}_D^2\right) \quad (15.43)$$

em que N é o número de unidades primárias que compõem a floresta. A variância interunidades primárias é definida em termos do estimador de razão:

$$\hat{\sigma}_E^2 = \frac{1}{n-1} \sum_{i=1}^{n} (\hat{\tau}_i - \hat{R} \cdot X_i)^2 \left(1 - \frac{n}{N}\right) \quad (15.44)$$

em que n é o número de unidades primárias selecionadas na amostragem. A variância intraunidades primárias é obtida pela soma das variâncias dos totais encontradas em cada uma das unidades primárias selecionadas:

$$\hat{\sigma}_D^2 = \sum_{i=1}^{n} X_i^2 \cdot \frac{\hat{\sigma}_{Di}^2}{x_i} \left(1 - \frac{x_i}{X_i}\right) \quad (15.45)$$

em que $\hat{\sigma}_{Di}^2$ é a variância dentro da $i^{\text{ésima}}$ unidade primária, que é calculada pela forma padrão de variância:

$$\hat{\sigma}_{Di}^2 = \frac{1}{x_i - 1} \sum_{j=1}^{x_i} (y_{ij} - \hat{\mu}_i)^2 \quad (15.46)$$

em que $\hat{\mu}_i = \sum_{j=1}^{x_i} y_{ij}/x_i$ é a média das unidades secundárias dentro da $i^{\text{ésima}}$ unidade primária.

15.5.2 Exemplo de amostragem em dois estágios

A Tab. 15.5 apresenta os dados de um exemplo de amostragem em dois estágios numa floresta plantada de eucalipto. Numa floresta com 22 talhões, foram selecionados

Tab. 15.5 Amostragem em dois estágios numa floresta plantada de eucalipto no município de Itatinga, com área total de 801,69 ha^2 subdividida em 22 talhões. Foram selecionados aleatoriamente dez talhões, sendo que em cada talhão foi escolhido aleatoriamente um número variável de arvoredos definidos como parcelas de 540 m^2

Talhão	Área (ha)	Volume lenhoso dos arvoredos (m$^3 \cdot$ ha^{-1})							
14	42,25	273,32	246,51	266,39	224,34				
15	24,75	267,26	250,13						
18	53,48	260,47	266,49	257,40	276,26	218,38			
24	30,72	237,01	202,17	259,82	175,34				
25	34,84	233,29	255,69	287,18					
26	32,20	244,38	282,50	279,69					
27	53,57	285,28	243,64	280,61	219,79	235,19	254,55	268,48	275,81
28	51,25	234,10	218,16	249,66	274,91	223,40	288,54		
29	76,79	186,12	239,89	204,18	192,39	187,94	250,35	267,66	184,78
31	26,44	292,74	251,34	229,56					

aleatoriamente dez talhões onde se locou, também aleatoriamente, arvoredos na forma de parcelas de 540 m², determinando-se seu volume lenhoso.

Para estimar o volume total de madeira na floresta, é necessário primeiramente determinar o tamanho da amostra (x_i), o volume total (Eq. 15.41) e a variância (Eq. 15.46), em cada um dos talhões amostrados. Como o tamanho dos talhões é apresentado em hectares, é conveniente calcular o tamanho da amostra também em área, organizando os cálculos na Tab. 15.6.

Tab. 15.6 Grandezas calculadas e estimadas para cada talhão com base nos dados da Tab. 15.5

Talhão i	Área (ha)	Tamanho da amostra x_i	Tamanho da amostra (ha)	Volume lenhoso $\hat{\tau}_i$ (m³)	Volume lenhoso $\hat{\sigma}^2_{Di}$ ((m³·ha⁻¹)²)
14	42,25	4	0,22	10.673,60	215.324,35
15	24,75	2	0,11	6.402,51	44.754,00
18	53,48	5	0,27	13.679,17	278.505,11
24	30,72	4	0,22	6.714,05	326.316,35
25	34,84	3	0,16	9.012,99	295.101,96
26	32,20	3	0,16	8.656,93	155.148,94
27	53,57	8	0,43	13.815,92	197.240,77
28	51,25	6	0,32	12.717,06	353.151,62
29	76,79	8	0,43	16.445,24	810.833,19
31	26,44	3	0,16	6.818,53	238.585,58
Total	426,27	46	2,48	104.936,01	2.914.961,88

Com base na tabela, é possível calcular a estimativa do volume lenhoso total da floresta:

$$\hat{\tau}_R = \hat{R} \cdot X = \frac{104.936,01\,\text{m}^3}{426,27 \cdot \text{ha}}(801,69\,\text{ha})$$
$$= (246,1709\,\text{m}^3 \cdot \text{ha}^{-1})(801,69\,\text{ha})$$
$$\hat{\tau}_R = 197.352,5\,\text{m}^3$$

Para se obter a variância desse total, é necessário calcular a variância intertalhões e intratalhões. A variância intratalhões é obtida pela variância do estimador de razão:

$$\hat{\sigma}^2_E = \frac{[10.673,60 - (246,17)(42,25)]^2}{10-1} + \ldots$$
$$+ \frac{[6.818,53 - (246,17)(26,44)]^2}{10-1}\left(1 - \frac{10}{22}\right)$$
$$= 510.363,7\,(\text{m}^3)^2$$

A variância intratalhões é calculada com base na variância em cada um dos talhões ($\hat{\sigma}^2_{Di}$):

$$\hat{\sigma}^2_D = (42,25)\frac{215.324,35}{4}\left(1-\frac{0,22}{42,25}\right) + \ldots$$
$$+ (26,44)^2\frac{238.585,58}{3}\left(1-\frac{0,16}{26,44}\right)$$
$$= 2.914.962\,(\text{m}^3)^2$$

A variância do total resulta, portanto, em:

$$\widehat{\text{Var}}(\hat{\tau}_R) = \frac{(22)^2}{10}(510.63,7 + 2.914.962)$$
$$= 165.785.757\,(\text{m}^3)^2$$

O intervalo de confiança de 95% para estimativa do volume lenhoso total da floresta é:

$$\hat{\tau}_R \pm t_{[95\%;10-1]}\sqrt{\widehat{\text{Var}}(\hat{\tau}_R)}$$
$$\Rightarrow 197.352,5 \pm (2,262157)(12.875,78)$$
$$\Rightarrow 197.352,5 \pm 29.127,04\,\text{m}^3$$

que corresponde a um erro amostral relativo de 15%.

Caso se deseje a estimativa do volume médio da floresta, basta dividir a estimativa do total pela área da floresta:

$$\hat{\mu}_R \pm t_{[95\%;10-1]}\sqrt{\widehat{\text{Var}}(\hat{\mu}_R)} \Rightarrow \frac{197.352,5}{801,69} \pm \frac{29.127,04}{801,69}\,\frac{\text{m}^3}{\text{ha}}$$
$$\Rightarrow 246,1709 \pm 36,3321$$
$$\Rightarrow \approx 246 \pm 36\,\text{m}^3 \cdot \text{ha}^{-1}$$

15.5.3 Seleção com probabilidade proporcional ao tamanho

Em algumas situações, é natural que as unidades primárias, numa amostragem em dois estágios, sejam amostradas com probabilidade proporcional ao tamanho. Nesse caso, as unidades primárias não são equiprováveis, mas quanto maior a unidade primária, maior a probabilidade de ela ser selecionada para compor a amostra.

Considere-se, por exemplo, o problema de realizar um levantamento para diagnosticar o estado de conservação dos fragmentos florestais remanescentes num município. Os fragmentos terão tamanhos diferentes e o padrão de fragmentação, isto é, o padrão da distribuição dos tamanhos dos fragmentos, é um aspecto muito importante para o diagnóstico do estado de conservação. Os fragmentos maiores provavelmente estarão num estado de conservação melhor que os fragmentos menores, pois o tamanho é um fator importante de conservação.

Nessa situação, a amostragem em dois estágios é o método silvimétrico natural, pois, na impossibilidade de locar arvoredos em todos os fragmentos do município, é necessário selecionar os fragmentos (unidades primárias) e, em cada um deles, escolher os arvoredos (unidades secundárias) para mensuração. Se os fragmentos forem tratados como equiprováveis, os arvoredos dos fragmentos menores terão maior probabilidade de compor a amostra, enquanto que os arvoredos dos fragmentos maiores terão menor probabilidade de serem selecionados para compor a amostra. Isso acontece porque o menor número de arvoredos nos fragmentos menores torna cada arvoredo mais provável de ser selecionado, enquanto o contrário acontece nos fragmentos maiores. Para fazer com que os *arvoredos sejam equiprováveis*, é necessário selecionar os fragmentos com probabilidade proporcional ao tamanho, isto é, com probabilidade proporcional ao número de arvoredos no fragmento.

Procedimento de seleção

Para descrever o procedimento de seleção com probabilidade proporcional ao tamanho, serão usados os fragmentos de floresta estacional semidecidual apresentados na Tab. 15.7. O primeiro passo é ordenar os fragmentos segundo o seu tamanho, isto é, segundo a sua área, o que, na Tab. 15.7, foi realizado em ordem decrescente. O próximo passo é calcular a área acumulada, de modo que a área acumulada do primeiro fragmento seja a sua própria área, a área acumulada do segundo fragmento seja a sua área mais a área acumulada do primeiro, a área acumulada do terceiro fragmento seja a sua área mais a área acumulada do segundo, e assim sucessivamente até o último fragmento. Ao final, a coluna de área acumulada indicará um intervalo de área acumulada para cada fragmento: o primeiro fragmento tem área acumulada de 0 a 172; o segundo, de 173 a 214; o terceiro, de 215 a 238; e assim sucessivamente.

A área acumulada do último fragmento é a área total dos fragmentos, que é de 435 ha. Para selecionar os fragmentos com probabilidade proporcional ao tamanho, sorteiam-se números aleatórios entre zero e 435, o total de área dos fragmentos. Suponha-se que foram sorteados três números: 105, 264 e 388. Os fragmentos

Tab. 15.7 Áreas de 23 fragmentos de floresta estacional semidecidual: os fragmentos são listados em ordem decrescente de tamanho. A coluna *Área* informa a área de cada fragmento, enquanto a coluna *Área acumulada* informa a área acumulada do primeiro até o respectivo fragmento

Fragmento	Área (ha)	Área acumulada (ha)
1	172	172
2	42	214
3	24	238
4	18	256
5	16	272
6	15	287
7	14	301
8	13	314
9	13	327
10	12	339
11	9	348
12	9	357
13	9	366
14	9	375
15	8	383
16	8	391
17	7	398
18	7	405
19	6	411
20	6	417
21	6	423
22	6	429
23	6	435

correspondentes a esses números aleatórios são aqueles em que esses valores estão *dentro da sua área acumulada*. Nesse caso, o número 105 está dentro da área acumulada do fragmento 1 (0 a 172), o número 264 está dentro da área acumulada do fragmento 5 (256 a 272) e o número 388 está dentro do fragmento 16 (383 a 391). Assim, a amostra de três fragmentos com probabilidade proporcional ao tamanho é composta pelos fragmentos 1, 5 e 16.

Estimadores para seleção com probabilidade proporcional ao tamanho

Na amostragem em dois estágios com probabilidade proporcional ao tamanho, as unidades primárias são selecionadas com probabilidade proporcional ao seu tamanho, o que equivale dizer que a probabilidade é proporcional ao número de unidades secundárias que compõem cada unidade primária (X_i). Os estimadores devem considerar esse aspecto, e o estimador da média da população, no nível de unidade secundária (arvoredo), se torna:

$$\hat{\mu}_P = \frac{1}{n}\sum_{i=1}^{n}\frac{\hat{\tau}_i}{X_i} = \frac{1}{n}\sum_{i=1}^{n}\hat{\mu}_i \qquad (15.47)$$

em que n é o número de unidades primárias na amostra, sendo que:

$$\hat{\mu}_i = \frac{1}{x_i}\sum_{j=1}^{x_i}y_{ij} \quad \text{e} \quad \hat{\tau}_i = X_i \cdot \hat{\mu}_i$$

são as estimativas da média e do total na $i^{\text{ésima}}$ unidade primária, respectivamente, lembrando que y_{ij} é a medida observada na $j^{\text{ésima}}$ unidade secundária dentro da $i^{\text{ésima}}$ unidade primária.

O estimador da variância da média é obtido em função dos desvios quadráticos das médias das unidades primárias em relação à média populacional:

$$\widehat{\text{Var}}(\hat{\mu}_P) = \frac{1}{n(n-1)}\sum_{i=1}^{n}(\hat{\mu}_i - \hat{\mu}_P)^2 \qquad (15.48)$$

O estimador do total e de sua variância são obtidos com basse nesses estimadores relativos à média:

$$\hat{\tau}_P = X \cdot \hat{\mu}_P \quad \text{e} \quad \widehat{\text{Var}}(\hat{\tau}_P) = X^2 \cdot \widehat{\text{Var}}(\hat{\mu}_P) \qquad (15.49)$$

em que $X = \sum_{i=1}^{N}X_i$ é o tamanho da população em número de unidades secundárias.

O estimador da variância nesse caso (Eq. 15.48) é bem mais simples que o estimador anteriormente apresentado para amostragem em dois estágios (Eq. 15.43). O estimador anteriormente apresentado se baseava em duas fontes de incerteza na estimativa: a variância interunidades primárias e a variância intraunidades primárias. Essas variâncias também estão presentes na amostragem em dois estágios com probabilidade proporcional ao tamanho, mas podem ser estimadas simultaneamente na Eq. 15.48 e, consequentemente, a expressão do estimador se torna mais simples.

15.5.4 Exemplo de amostragem em dois estágios com probabilidade proporcional ao tamanho

Neste exemplo, serão utilizados os mesmos dados do exemplo anterior de amostragem em dois estágios que foram apresentados na Tab. 15.5. Será considerado, no entanto, que os talhões, como unidades primárias, foram selecionados com probabilidade proporcional ao tamanho.

Para obter a estimativa do volume lenhoso médio *por arvoredo*, serão utilizados os valores do volume lenhoso total e a área das unidades primárias presentes na Tab. 15.6. A estimativa da média, nesse caso, é:

$$\hat{\mu}_P = \frac{1}{10}\left[\frac{10.673,60}{42,25} + \ldots + \frac{6.818,53}{26,44}\right]$$
$$= 253,1889 \approx 253\,\text{m}^3 \cdot \text{ha}^{-1}$$

A variância da média é obtida com base nos desvios quadráticos das médias das unidades primárias em relação a essa média populacional:

$$\widehat{\text{Var}}(\hat{\mu}_P) = \frac{1}{10(10-1)}\left[\left(\frac{10.673,60}{42,25} - 253,1889\right)^2 + \ldots \right.$$
$$\left. + \left(\frac{6.818,53}{26,44} - 253,1889\right)^2\right]$$
$$\widehat{\text{Var}}(\hat{\mu}_P) = 32,11235 \approx 32\,(\text{m}^3 \cdot \text{ha}^{-1})^2$$

A estimativa da produção lenhosa total da floresta é obtida multiplicando-se o volume médio pela área da floresta e a variância da média pelo quadrado da área da floresta:

$$\hat{\tau}_P = 801,69\,(253,1889) = 202.979,0\,\text{m}^3$$
$$\widehat{\text{Var}}(\hat{\tau}_P) = (801,69)^2\,(32,11235) = 20.638.827,510\,(\text{m}^3)^2$$

O intervalo de confiança de 95% para esse total é obtido pelo procedimento padrão, sendo:

$$\hat{\tau}_P \pm t_{[95\%;10-1]}\sqrt{\widehat{\text{Var}}(\hat{\tau}_P)}$$
$$\Rightarrow 202.978,8 \pm (2,262157)\sqrt{20.638.774}$$
$$\Rightarrow 202.978,8 \pm (2,262157)(4.542,992)$$
$$\Rightarrow 202.978,8 \pm 10.276,96\,\text{m}^3$$

que corresponde a um erro amostral relativo de 5%.

Compare esse erro amostral relativo com o obtido no exemplo anterior, em que a amostragem em dois estágios foi realizada de modo que os talhões tiveram a mesma probabilidade de seleção: 15%. Esse resultado mostra que, na amostragem em dois estágios, a seleção com probabilidade proporcional ao tamanho pode ser vantajosa, mesmo quando as unidades primárias (talhões) não têm uma variação muito grande em tamanho.

Neste capítulo, foram acrescentados aos métodos silvimétricos básicos do Cap. 14 alguns métodos que fazem uso de medidas auxiliares visando aumentar a precisão das estimativas ou aumentar a praticidade operacional dos levantamentos florestais. É importante, no entanto, não ficar com a impressão de que esses dois capítulos tenham esgotado as possibilidades da Silvimetria. Ainda existe uma série de aspectos sobre os métodos abordados que não foram tratados, além de outros métodos silvimétricos de grande utilidade que não foram mencionados. Os temas abordados representam apenas uma introdução à Silvimetria restrita aos métodos de utilização mais frequente.

A apresentação e a discussão dos métodos silvimétricos mais avançados e complexos fogem ao objetivo deste livro, pois requerem uma maior fundamentação na teoria da amostragem. É importante mencionar, contudo, que alguns problemas práticos bastante corriqueiros que desafiam os levantamentos florestais só podem ser adequadamente solucionados com o uso desses métodos mais avançados.

Sugestões bibliográficas

Os métodos silvimétricos que utilizam medidas auxiliares também são tratados nos livros de Péllico Netto e Brena (1997) e de Sanqueta et al. (2006), mas sob o nome *processos amostrais*, como já indicado. Em inglês, o livro de Husch, Miller e Beers (1982), também já citado, é bem didático na apresentação dos delineamentos amostrais e sua aplicação em inventários florestais.

No que se refere a livros especificamente dedicados a delineamentos amostrais em levantamentos florestais, o livro *Sampling techniques for forest resource inventory*, de Shiver e Borders (1996), é bastante completo, com uma abordagem prática e didática. Mas talvez o livro mais completo seja o *Sampling theory for forest inventory: a teach-yourself course*, de Vries (1986), que possui uma abordagem bastante concisa, mas extremamente técnica, exigindo uma boa dose de familiaridade com o cálculo de probabilidades. O estudo desse livro certamente gerará no leitor o sentimento de que o autor foi um tanto irônico quanto ao subtítulo do livro (*a teach-yourself course*).

Em relação à teoria da amostragem, o texto clássico é o livro de Cochran (1977), que continua sendo uma referência importante para o estudo aprofundado do tema. O livro *Sampling*, por Thompson (1992), também é um recurso valioso no aprofundamento, pois acrescenta aos delineamentos amostrais tradicionais, os delineamentos e abordagens desenvolvidos mais recentemente, com a vantagem de ser um texto muito claro para os leitores com uma formação mais sólida em probabilidade.

Quadro de conceitos

Conceitos básicos	Conceitos desenvolvidos
estimador de razão	a razão como parâmetro populacional
	estimadores da média e do total
	erro amostral e tamanho da amostra
	propriedades dos estimadores
	relação entre medida de interesse e medida auxiliar
	viés relativo
estimador de regressão	estimador do coeficiente de inclinação
	estimadores da média e do total
	erro amostral e tamanho da amostra
	propriedades dos estimadores
	relação entre medida de interesse e medida auxiliar
amostragem dupla	fases da amostragem dupla
	tipos de fases 2
	aplicação do estimador de razão
	fase 2 subamostra
	fase 2 independente
	aplicação do estimador de regressão
amostragem por conglomerados	conceito de conglomerado
	estrutura dos conglomerados
	estimadores para conglomerados de mesmo tamanho
	estimadores para conglomerados de tamanhos diferentes
amostragem em dois estágios	conceito de dois estágios
	unidades primárias
	unidades secundárias
	aplicação do estimador de razão
	seleção com probabilidade proporcional ao tamanho
	estimador com probabilidade proporcional ao tamanho

Problemas

1] Considere o exemplo relativo à Tab. 15.1. Utilize o estimador de razão para estimar a densidade de estande (ha^{-1}) média da floresta. Compare o erro amostral relativo do estimador de razão com aquele do estimador padrão da amostragem aleatória simples.

2] Para realizar um levantamento num fragmento florestal de 23 ha, utilizaram-se parcelas em faixa com largura de 10 m e comprimento variável. Os dados obtidos são apresentados na Tab. 15.8. Utilize o estimador de razão para encontrar:

(i) o intervalo de confiança de 95% para o número total de árvores mortas, de ingresso e sobreviventes no fragmento;

(ii) o intervalo de confiança de 95% para a média da área basal (m²/ha) do fragmento;

(iii) o tamanho de amostra necessário para erro amostral de 10% (coeficiente de confiança de 95%) para cada uma das medidas de interesse.

Tab. 15.8 Dados de levantamento em fragmento florestal de 23 ha com arvoredos na forma de parcelas em faixa com largura de 10 m e comprimento variável

Arvoredo	Área do arvoredo (m²)	Número de árvores			Área basal (m²)
		Mortas	Ingressantes	Sobreviventes	
1	500	4	0	31	0,572
2	600	5	10	35	0,670
3	700	2	12	41	0,968
4	700	3	3	75	1,656
5	1.100	4	7	113	1,792
6	1.100	6	10	87	1,974

3] Para realizar o inventário pré-corte de um talhão de 23 ha de eucalipto foi realizada a contagem de todas as árvores no talhão, o que totalizou 30.699. Após a medição dos arvoredos (parcelas de 300 m²), obtiveram-se os dados da Tab. 15.9.

Tab. 15.9 Inventário pré-corte em talhão de eucalipto de 23 ha utilizando parcelas de 300 m² e a enumeração total das árvores do talhão, totalizando 30.699 árvores

Arvoredo	Árvores (ha^{-1})		Volume (m³·ha^{-1})
	Total	Com cancro	
2	1.482	27	217
7	1.552	40	231
8	1.453	27	203
9	1.414	21	168
10	1.283	37	147

(i) Utilizando o estimador de razão, encontre o intervalo de confiança de 95% para:
- volume total de madeira no talhão;
- taxa de ocorrência de cancro.

(ii) Utilizando o estimador convencional da amostragem aleatória simples, encontre o intervalo de confiança de 95% para:
- volume total de madeira no talhão;
- taxa de ocorrência de cancro.

(iii) Compare os intervalos de confiança.

4] Uma análise detalhada do inventário da questão anterior revelou que os arvoredos (parcelas de 300 m^2), embora locados aleatoriamente, possuíam uma cobertura espacial muito restrita. O talhão foi dividido em dois estratos e mais arvoredos foram locados e medidos, resultando nos dados da Tab. 15.10. Utilizando o estimador de razão, encontre o intervalo de confiança de 95% para:
   (i) volume total de madeira no talhão;
   (ii) taxa de ocorrência de cancro.

Tab. 15.10 Inventário pré-corte em talhão de eucalipto de 23 ha utilizando a amostragem estratificada

Estrato	Área (ha)	Total de árvores	Arvoredo	Árvores (ha^{-1}) Total	Árvores (ha^{-1}) Com cancro	Volume (m$^3 \cdot$ ha^{-1})
A	13	17.352	1	1.567	28	126
			3	1.497	25	133
			4	1.604	30	133
			5	1.376	22	119
			6	1.527	19	119
B	10	13.347	2	1.482	27	217
			7	1.552	40	231
			8	1.453	27	203
			9	1.414	21	168
			10	1.283	37	147

5] Num levantamento de árvores de vias públicas numa dada cidade, utilizaram-se os quarteirões como arvoredos, dos quais tomaram-se as medidas apresentadas na Tab. 15.11. Sabendo que a cidade é constituída por 95 quarteirões e as suas vias públicas totalizam 36,1 km, encontre:
   (i) o número total de árvores nas vias públicas da cidade, com o seu respectivo intervalo de confiança de 95%.
   (ii) a distância média entre as árvores de vias públicas da cidade, com o seu respectivo intervalo de confiança de 95%.

6] Considere o exemplo relativo à Tab. 15.2. Utilize o estimador de regressão para estimar a média da densidade de estande (ha^{-1}), da área basal e do *DAP* médio da floresta. Compare o erro amostral relativo do estimador de regressão com aquele do estimador padrão da amostragem aleatória simples.

7] Considere o exemplo relativo à Tab. 15.3. Encontre o intervalo de confiança de 95% para a média da densidade de estande, *DAP* médio e altura média.

8] Num levantamento em floresta nativa, os arvoredos foram definidos pelo método de Bitterlich, tomando como medida de interesse (V) o volume de madeira (m$^3 \cdot$ ha^{-1}) e como medida auxiliar (G) a área basal (m$^2 \cdot$ ha^{-1}). Em 350 pontos, obteve-se apenas a área basal por enumeração angular das árvores, chegando-se a

Tab. 15.11 Levantamento de árvores de vias públicas onde os quarteirões foram tomados como arvoredos

Quarteirão	Comprimento total da calçada (m)	Número de árvores
1	444	29
2	451	22
3	408	17
4	524	28
5	202	31
6	270	27
7	354	22

uma área basal média de $19,1\,m^2 \cdot ha^{-1}$. Em 32 dos 350 pontos, mediram-se também as árvores para obter o volume de madeira, com os seguintes resultados:

$$\sum_{i=1}^{32}(G_i - \overline{G})^2 = 401,2933 \qquad \overline{G} = 16,6\,m^2/ha$$

$$\sum_{i=1}^{32}(V_i - \overline{V})^2 = 61.309,1940 \qquad \overline{V} = 158,4\,m^3/ha$$

$$\sum_{i=1}^{32}(G_i - \overline{G})(V_i - \overline{V}) = 4.899,9967$$

Utilizando o estimador de regressão, encontre a estimativa do volume médio com o respectivo intervalo de confiança de 95%.

9] Num levantamento em floresta tropical, adotou-se o seguinte esquema de amostragem:
   (i) a partir de um ponto inicial aleatório, foram abertas picadas de 300 m em 300 m, sistematicamente.
   (ii) a cada 10 m nas picadas, foi realizada uma avaliação visual, classificando a floresta na vizinhança em: mata fechada, mata fechada com cipó e mata aberta.
   (iii) a cada 100 m nas picadas, foi instalado um arvoredo para determinar o volume lenhoso.

Os resultados obtidos são apresentados na Tab. 15.12. Encontre o volume lenhoso médio ($m^3 \cdot ha^{-1}$) em toda a floresta, com o respectivo intervalo de confiança de 95%.

Tab. 15.12 Levantamento em floresta tropical nativa utilizando amostragem dupla. A amostragem na fase 1 consistiu em pontos, numa grade de 300 m × 10 m, enquanto que a amostragem na fase 2 consistiu em pontos de Bitterlich, numa grade de 300 m × 100 m

Tipo de mata	Fase 1	Fase 2		
	Nº de pontos	Nº de arvoredos	Volume lenhoso ($m^3 \cdot ha^{-1}$)	
			Média	Variância
Mata fechada	513	50	210	19.885
Mata fechada c/ cipó	410	40	183	18.780
Mata aberta	243	25	104	16.538

10] Considere o exemplo relativo à Tab. 15.4. Encontre o intervalo de confiança de 95% para o número médio (ha^{-1}) de árvores mortas e árvores ingressantes.

11] Para estimar a regeneração do palmiteiro (*Euterpe edulis*), decidiu-se realizar um levantamento utilizando conglomerados compostos de quatro arvoredos (parcelas circulares de 12 m²). A Tab. 15.13 apresenta os dados observados. Encontre a densidade de estande média de plântulas (ha^{-1}) e o respectivo intervalo de confiança de 95%.

12] Num inventário florestal em floresta plantada de eucalipto foram medidas as alturas de todas as árvores dominantes nos arvoredos, mas o número de árvores dominantes variou entre os arvoredos (Tab. 15.14). Encontre a altura média das árvores dominantes e o respectivo intervalo de confiança de 95%.

13] Considere o exemplo de amostragem em dois estágios (Tab. 15.5), mas refira-se à Tab. 15.15.

(i) Encontre o intervalo de confiança de 95% utilizando o estimador de razão para as medidas apresentadas na tabela.

(ii) Encontre o intervalo de confiança de 95% utilizando o estimador da seleção com probabilidade proporcional ao tamanho para as medidas apresentadas na tabela.

(iii) Compare os intervalos de confiança obtidos.

Tab. 15.13 Número de plântulas de palmiteiro (*Euterpe edulis*) em conglomerados formados por quatro arvoredos (parcelas de 12 m²)

Conglomerado	Arvoredo	N° plântulas	Conglomerado	Arvoredo	N° plântulas
2.002	1	1		3	0
	2	8		4	8
	3	9	2.019	1	13
	4	11		2	1
2.008	1	63		3	3
	2	24		4	29
	3	63	2.020	1	16
	4	37		2	42
2.009	1	0		3	4
	2	0		4	8
	3	1	2.021	1	1
	4	2		2	3
2.010	1	9		3	5
	2	28		4	11
	3	5	2.023	1	6
	4	12		2	8
2.014	1	11		3	6
	2	189		4	8
	3	43	2.024	1	25
	4	65		2	8
2.018	1	60		3	6
	2	2		4	16

Tab. 15.14 Alturas das árvores dominantes em 32 arvoredos de floresta plantada de eucalipto

Parcela	Altura das árvores dominantes (m)				
1	28,2	28,7	21,2	27,9	
2	22,8	27,7	27,3		
3	25,3	24,9			
4	24,2	28,7	25,2	21,6	27,5
5	23,0	23,3	22,6	21,7	
6	22,3	21,9	21,5	25,5	22,4
7	26,3	22,3	26,2	19,6	24,8
8	25,4	26,9	25,3	24,9	
9	23,1	26,4	25,4	28,5	25,0
10	25,1	25,7			
11	21,6	26,9	20,4	24,7	23,0
12	23,3	21,1	27,2		
13	23,1	29,2	19,8	24,0	24,0
14	24,3	27,8	20,2	29,8	21,0
15	19,8	21,5	24,4	19,0	
16	28,7	26,5	20,5	22,3	29,8
17	29,3	24,7	24,1	22,4	28,0
18	25,6	25,7	23,6		
19	22,8	21,7	25,4	23,2	23,6
20	25,0	27,8	23,4	24,3	23,3
21	27,1	26,0			
22	23,1	20,3	28,7	21,4	23,2
23	22,5	20,3	25,4	27,5	23,3
24	22,3	23,9			
25	26,7	27,7	24,2	22,1	28,9
26	22,9	22,6	24,1		
27	26,5	28,4	20,6		
28	22,2	22,8	20,8	26,0	
29	26,3	20,1	25,7		
30	20,0	25,9	25,8	24,0	
31	25,3	23,5			
32	24,3	20,9	25,6		

Tab. 15.15 Amostragem em dois estágios numa floresta plantada de eucalipto no município de Itatinga, com área total de 801,69 ha^2 subdividida em 22 talhões. Foram selecionados aleatoriamente dez talhões e, em cada talhão foi selecionado aleatoriamente um número variável de arvoredos definidos como parcelas de 540 m^2

Talhão	Área (ha)			Área basal ($m^2 \cdot ha^{-1}$)				
13	29,61	23,86	28,99	22,68	18,67			
14	42,25	24,61	22,37	23,82	20,59			
17	35,66	24,93	22,50	21,77	23,44	24,54	24,68	21,24
18	53,48	21,97	22,54	21,56	23,58	18,81		
19	45,13	25,11	21,90	21,22	21,00	20,74	21,14	
22	44,75	25,19	18,59	19,58	23,31			
25	34,84	20,75	22,58	25,13				
29	76,79	16,40	21,93	18,65	17,95	17,10	22,63	23,99	16,42
30	45,14	28,12	20,55	20,27	23,85			
31	26,44	26,12	22,64	20,38				

Talhão	Área (ha)			DAP médio (cm)				
13	29,61	16,87	14,64	15,76	15,07			
14	42,25	13,48	13,04	13,75	12,38			
17	35,66	13,46	12,92	12,91	12,90	13,09	13,58	13,12
18	53,48	12,93	13,29	13,67	13,07	12,63		
19	45,13	13,51	13,08	12,90	12,47	13,16	12,95	
22	44,75	13,15	13,28	12,45	13,04			
25	34,84	13,85	14,31	14,13				
29	76,79	16,75	15,53	14,21	13,06	14,62	16,33	17,11	14,87
30	45,14	13,31	14,43	14,59	16,54			
31	26,44	14,10	13,34	14,14				

capítulo 16
Monitoramento silvimétrico

O monitoramento se faz necessário porque as florestas devem ser vistas como *sistemas dinâmicos*, isto é, sistemas que sofrem alterações no tempo. Assim, o objetivo do monitoramento silvimétrico é acompanhar as transformações que ocorrem nas florestas no decorrer do tempo. Mas a observação das florestas é quase sempre realizada na forma de amostragem, pois não é possível observar e/ou medir toda a floresta. Logo, o monitoramento acrescenta a dimensão temporal na observação das florestas por meio da amostragem.

Uma concepção simplista sobre o monitoramento das florestas afirma que se trata simplesmente de um levantamento *repetido em diferentes ocasiões*, como se a dimensão temporal pudesse ser tratada puramente pela repetição do levantamento que, em essência, permanece com uma concepção estática da floresta. Mas o acompanhamento das alterações das florestas no decorrer do tempo requer que a dimensão temporal seja tratada também como um dos aspectos a ser amostrado. Esse tratamento mostra que a remedição em ocasiões repetidas dos mesmos arvoredos de uma amostra é apenas um dos métodos de monitoramento e que ele não é necessariamente o mais adequado para todas as situações e objetivos.

O monitoramento deve considerar que, além da heterogeneidade espacial que se observa nas florestas, há também uma heterogeneidade temporal, pois as alterações que as florestas sofrem não ocorrem de modo uniforme ou regular no decorrer do tempo. Embora esse aspecto seja particularmente importante nos levantamentos de impacto, a utilização generalizada que se faz da curva sigmoide como modelo do crescimento de árvores e arvoredos, em florestas nativas e plantadas, é um sinal de que, também no caso da produção de uma floresta, as alterações não ocorrem de forma regular no tempo.

Neste capítulo, são tratados os dois tipos de monitoramento mais frequentemente realizados em florestas. O primeiro é o acompanhamento do crescimento e da produção de florestas nativas e plantadas. O segundo tipo compreende os diferentes levantamentos de impacto utilizados para estudar as intervenções antrópicas sobre as florestas nativas, principalmente as intervenções de manejo e de colheita de madeira.

16.1 Alterações temporais e monitoramento

Pela definição operacional de floresta, apresentada no Cap. 12, as florestas são regiões do espaço e, consequentemente, o monitoramento de uma floresta consiste em acompanhar as alterações que ocorrem numa dada região e nas árvores e arvoredos presentes nessa região. Assim, o monitoramento silvimétrico deve considerar dois aspectos a respeito das alterações das florestas ao longo do tempo: as alterações espaciais que ocorrem na floresta como um todo e as alterações dos arvoredos como os elementos componentes da floresta.

O primeiro aspecto é o aspecto puramente espacial das florestas, que corresponde a verificar se a floresta teve sua área ou forma alterada no espaço. A área da floresta pode ter sido reduzida em razão da ocorrência de incêndios, deslizamentos ou outro evento natural em parte da floresta, ou pode ter sofrido intervenção antrópica, como corte raso ou mesmo fogo. Por outro lado, ela pode ter expandido a sua área pela colonização de pastagens ou campos agrícolas abandonados adjacentes à floresta, ou ainda os dois processos podem ter ocorrido em locais diferentes da mesma floresta. A maioria dessas alterações pode ser observada pelo sensoriamento remoto, que faz uso de imagens de satélites ou de fotografias aéreas, e é organizada temporalmente num Sistema de Informação Geográfica (SIG). Mas a detecção depende muito do tamanho da área alterada e da resolução das imagens utilizadas. Frequentemente, levantamentos de campo são necessários para observar e quantificar as mudanças de menor escala ou as alterações mais sutis na estrutura da floresta.

O segundo aspecto da alteração temporal das florestas se refere às alterações que ocorrem dentro dos arvoredos, as quais foram tratadas, no Cap. 10, segundo a perspectiva das alterações dos arvoredos individualmente. No monitoramento silvimétrico, contudo, a questão é descobrir como as alterações que ocorrem nos diversos arvoredos que compõem a floresta devem ser acompanhadas. O crescimento, a morte e o ingresso das árvores ocorrem em cada arvoredo da floresta de uma forma particular e, portanto, o acompanhamento das alterações dos arvoredos requer um sistema de amostragem no espaço e no tempo, de modo a representar adequadamente essas alterações na floresta como um todo.

16.1.1 Objetivos do monitoramento silvimétrico

Esses dois aspectos das alterações temporais das florestas, combinados com as diversas informações sobre a floresta necessárias às atividades de conservação e manejo, fazem com que o monitoramento possa ser realizado buscando diferentes objetivos. Em geral, todo monitoramento procura alcançar mais de um objetivo, mas sempre existe um deles que é tomado como principal e os procedimentos do monitoramento são otimizados para alcançá-lo com a máxima eficiência possível. Segue-se a apresentação dos objetivos que usualmente orientam os monitoramentos silvimétricos.

Estado da floresta em momentos no tempo. Talvez o objetivo mais comum dos monitoramentos florestais seja determinar com precisão o estado da floresta numa série de momentos ao longo do tempo. Do ponto de vista amostral, isso corresponde a estimar um dado *parâmetro populacional* da floresta em diversos momentos ao longo do tempo. Alguns parâmetros populacionais de interesse comum, tanto em florestas nativas quanto em florestas plantadas, são: a produção da floresta, seja em volume lenhoso, seja em biomassa; a área basal da floresta, como uma indicação da ocupação do espaço de crescimento; e o tamanho médio das árvores (*DAP*, altura ou volume). Em florestas nativas, também é comum o interesse em parâmetros como o número de árvores com *DAP* acima de um valor mínimo (por exemplo, $DAP > 70\,cm$), seja para quantificação das árvores potenciais para colheita, seja para avaliação do grau de conservação da floresta; o número de árvores ou a área da floresta dominada por cipós e trepadeiras em fragmentos florestais; e a proporção da área da floresta ocupada por clareiras.

A determinação de um dado parâmetro em diferentes momentos no tempo é uma forma de acompanhar as alterações temporais, pois, com base numa sequência de estados no tempo, é possível visualizar as alterações, como numa curva da produção da floresta em função da sua idade, por exemplo. Um outro aspecto desse objetivo é que o monitoramento pode estar voltado a acompanhar duas medidas de interesse, pois o *estado da floresta* pode ser mais bem revelado pela relação entre essas duas medidas. Por exemplo, o monitoramento da arborização de uma cidade pode ser realizado acompanhando-se o número de árvores nas vias públicas, mas, como a área urbana da cidade também aumenta com o tempo, um parâmetro mais adequado talvez seja o número de árvores por quilômetro de vias públicas, que é a razão do número total de árvores e o comprimento total das ruas da cidade. Outro exemplo é o monitoramento de florestas nativas manejadas para produção de madeira. Mais importante que acompanhar a produção total é acompanhar a produção por classes de DAP, por meio da tabela do arvoredo, pois, como a colheita é realizada abatendo-se as maiores árvores, é necessário acompanhar o crescimento em produção da floresta e o crescimento em DAP das árvores.

Taxas de alteração da floresta. O monitoramento, por meio do acompanhamento da floresta em ocasiões sucessivas, também visa ao cálculo de taxas de alteração da floresta, como a taxa de mortalidade e a taxa de ingresso das árvores. Como foi visto, essas taxas são medidas nos arvoredos individualmente, mas, no monitoramento da floresta, o objetivo é estimar a taxa média da floresta.

Os incrementos médios e correntes da produção também podem ser entendidos como taxas de crescimento e, no monitoramento da floresta, o objetivo é estimar os valores médios desses incrementos para a floresta como um todo. O incremento corrente, em particular, deve ser visto como uma *alteração líquida* na produção da floresta, e requer o acompanhamento da floresta em ocasiões sucessivas.

Mortalidade, ingresso e crescimento das árvores sobreviventes são os componentes das alterações e crescimento da floresta. Esses componentes são medidos nos arvoredos, mas, no monitoramento da floresta, o objetivo é estimar os *valores médios* e sua variabilidade na floresta.

Ocorrência de eventos na floresta. Somente pelo monitoramento contínuo da floresta é possível determinar a *frequência*, a *intensidade* e a *duração* de eventos na floresta. Alguns exemplos de eventos importantes são as geadas na região subtropical e seus efeitos em florestas plantadas e nativas; as precipitações de alta intensidade (superiores a 5 mm (hora)$^{-1}$) ou precipitações com granizo, durante o período de verão; os incêndios naturais ou gerados por intervenção antrópica em fragmentos florestais ou de cerrado; ataque de pragas ou doenças em florestas plantadas; e queda de árvores ou abertura de clareiras em florestas nativas resultante de tempestades, vendavais ou deslizamento de encostas. O monitoramento por longos períodos de tempo é a única maneira de acumular informações sobre esses eventos, de modo a tornar possível o desenvolvimento de modelos e procedimentos de predição da ocorrência e dos impactos de tais eventos sobre as florestas.

Histórico da floresta. O acompanhamento de parâmetros populacionais, das taxas de alterações da floresta e da ocorrência de eventos registrados ao longo do tempo permite que o monitoramento construa um *histórico da floresta*. Esse histórico pode ser construído tanto para a floresta como um todo como também para as unidades de manejo que compõem a floresta e constituem um valioso conjunto de informações para as tomadas de decisão e o aprimoramento de práticas de manejo florestal. No manejo de florestas plantadas, esse histórico é geralmente designado como *cadastro* e constitui o registro de todas ocorrências de eventos naturais (incêndios, pragas, doenças etc.) e das intervenções silviculturais (material genético plantado, preparo de solo, adubação etc.), de manejo (desbastes, desramas etc.) e de inventário (localização dos arvoredos de medição, datas de medição, medidas obtidas etc.) que foram executadas nas unidades de manejo da floresta.

Unidades de manejo. As unidades de manejo são as áreas em que a floresta é subdividida, sendo tratadas como unidades administrativas para fins de silvicultura e manejo florestal. As intervenções silviculturais ou de manejo, como o desbaste ou a colheita, são prescritas para cada unidade de manejo da floresta, caso a caso, podendo ser prescrita ou não para uma dada unidade de manejo. Se ela for prescrita, ela será executada em toda a unidade de manejo, caso contrário, ela não será aplicada em nenhuma parte da unidade de manejo. Nas florestas nativas, as unidades de manejo são frequentemente chamadas de *compartimentos*, enquanto nas floresta plantadas elas são constituídas por um único talhão ou por um conjunto de pequenos talhões.

Impacto e resposta da floresta. O monitoramento é a única forma adequada para estudar e avaliar o impacto de eventos naturais e intervenções antrópicas sobre a floresta, bem como para acompanhar a resposta da floresta a tais impactos. Somente pelo o acompanhamento das alterações que a floresta sofre e da sua resposta às alterações ao longo do tempo, é possível avaliar impactos. Assim, todo *levantamento florestal de impacto* consiste, na prática, no monitoramento da floresta ao longo do tempo, sendo fundamental que esse monitoramento seja iniciado *antes* da ocorrência do impacto.

16.2 Inventário florestal contínuo

O monitoramento da produção de uma floresta é também chamado de *inventário florestal contínuo*. O *inventário florestal* é o levantamento da produção florestal numa ocasião; a palavra *contínuo* indica que o acompanhamento da produção é realizado ao longo do tempo. Mas o acompanhamento da produção pode significar mais de um tipo de objetivo, pois ele pode ser tanto a determinação da produção da floresta em ocasiões sucessivas quanto as mudanças na produção, ou incremento, bem como os componentes dessa mudança, entre as ocasiões de monitoramento. Assim, para realizar o inventário florestal contínuo, existem três métodos silvimétricos diferentes, cuja eficiência depende dos objetivos desejados.

16.2.1 Amostragem por substituição completa

Na amostragem por substituição completa, cada ocasião de monitoramento é tomada como um levantamento independente das demais ocasiões, tomando-se uma amostra nova. Assim, nesse método, somente arvoredos temporários são utilizados para monitorar a floresta, pois, a cada ocasião de monitoramento, novos arvoredos são selecionados na floresta. Como resultado desse método, cada ocasião de monitoramento consiste numa amostra independente da situação da floresta e, consequentemente, o método é eficiente para estimar os parâmetros populacionais nas diferentes ocasiões de monitoramento e também para obter valores médios desses parâmetros em duas ou mais ocasiões sucessivas.

Por outro lado, o uso de arvoredos temporários não possibilita estimar os componentes das alterações da floresta, nem as taxas de alteração relativas a esses componentes, e torna esse método muito ineficiente para estimar as alterações líquidas da floresta, como o incremento corrente. Tomando-se $\hat{y}_t$ e $\hat{y}_{t+1}$ como as estimativas da produção da floresta em duas ocasiões sucessivas, o incremento corrente ou crescimento líquido da floresta é estimado pela diferença:

$$\widehat{\Delta y} = \hat{y}_{t+1} - \hat{y}_t$$

A variância desse incremento, contudo, é obtida pela *soma* das variâncias das estimativas em cada ocasião:

$$\widehat{\mathrm{Var}}(\widehat{\Delta y}) = \widehat{\mathrm{Var}}(\hat{y}_{t+1}) + \widehat{\mathrm{Var}}(\hat{y}_t)$$

Assim, mesmo que as estimativas da produção em cada ocasião tenham boa precisão, a estimativa do incremento terá sempre precisão inferior a elas.

16.2.2 Amostragem por remedição completa

A amostragem por remedição completa consiste em selecionar um conjunto de arvoredos na primeira ocasião de monitoramento e torná-los arvoredos permanentes. A amostragem nas demais ocasiões de monitoramento consiste em remedir apenas esses arvoredos, de modo que o mesmo conjunto de arvoredos é acompanhado e remedido ao longo do tempo.

Esse método permite estimar os componentes das alterações na floresta, como mortalidade, ingresso e crescimento das árvores sobreviventes, sendo muito eficiente para estimar alterações líquidas na floresta, como o incremento corrente. Uma importante vantagem desse método é que o acompanhamento de arvoredos permanentes também fornece o melhor tipo de dados para a construção de modelos arbustimétricos preditivos. Por essas razões, a amostragem por remedição completa é o método silvimétrico mais frequentemente utilizado no Brasil para realizar inventários florestais contínuos.

É importante notar, contudo, que esse método reflete apenas as alterações nos valores das medidas dos arvoredos, mas não as alterações na composição dos tipos de arvoredos presentes na floresta. Assim, se, no período entre duas ocasiões de monitoramento, a floresta sofrer a influência de eventos que alterem a sua composição de arvoredos, esse método pode gerar estimativas bastante irreais da alteração líquida da floresta. Exemplos de tais eventos são tempestades e ventanias que provoquem quebra ou derrubada de árvores, produzindo clareiras na floresta, incêndios naturais ou antrópicos, secas intensas que resultem em mortalidade diferencial das árvores e ocorrência de pragas e doenças que resultem em menor crescimento ou morte das árvores. Após tais eventos, não é somente o valor das medidas dos arvoredos que é alterado, mas também a própria composição de arvoredos da floresta. Nesse caso, a seleção dos arvoredos permanentes, realizada na primeira ocasião de monitoramento, que era representativa da floresta naquela ocasião, pode se tornar viciada ou enviesada em razão das transformações da floresta como um todo.

16.2.3 Amostragem por substituição parcial

Na amostragem por substituição parcial, do conjunto de arvoredos selecionados na primeira ocasião de monitoramento, uma parte permanece como arvoredos permanentes na segunda ocasião e a outra parte é substituída por novos arvoredos. Na terceira ocasião, uma parte dos arvoredos selecionados na primeira e na segunda ocasião permanecem, enquanto os demais são substituídos por novos arvoredos, e assim sucessivamente. O resultado final, num monitoramento com três ocasiões, é a presença de alguns arvoredos permanentes que foram medidos nas três ocasiões, alguns arvoredos permanentes que foram medidos na primeira e segunda ocasiões, e arvoredos temporários que foram medidos somente na primeira, na segunda ou na terceira ocasião.

Ao combinar arvoredos permanentes e temporários, a amostragem por substituição parcial procura agregar as vantagens da amostragem por substituição completa e da amostragem por remedição completa. De fato, nesse método, é possível estimar tanto os componentes do crescimento, as taxas de alteração e as curvas de incremento quanto a produção da floresta em cada ocasião de manejo. Da mesma forma, esse método também permite o acompanhamento dos eventos que ocorrem na floresta.

Se esse método permite alcançar tanto os objetivos típicos da amostragem por substituição completa quanto os da amostragem por remedição completa, a eficiência com que os objetivos são alcançados, isto é, a eficiência na estimação dos parâmetros, é sempre inferior aos métodos originais. Esse método consiste, portanto, numa acomodação ou solução conciliatória entre aqueles dois métodos. O preço dessa acomodação é que os estimadores na amostragem por substituição parcial se tornam bem mais complexos que os estimadores daqueles dois métodos, sendo que a complexidade aumenta com o número de ocasiões de monitoramento.

16.2.4 Estimadores para substituição parcial: duas ocasiões

A título de exemplo, serão apresentados os estimadores para a amostragem com substituição parcial com apenas duas ocasiões de monitoramento. Assume-se que o número total de arvoredos selecionados em ambas as ocasiões é o mesmo: n. O número de arvoredos permanentes medidos nas duas ocasiões é m e, consequentemente, o número de arvoredos temporários tanto na primeira quanto na segunda ocasião é $u = n - m$. Visando tornar mais simples a apresentação dos estimadores, assume-se que o método silvimétrico básico utilizado nas duas ocasiões é a amostragem aleatória simples.

Estimador da produção

A produção total da floresta na primeira ocasião (τ_{1n}) é estimada segundo o estimador da amostragem aleatória simples utilizando os n arvoredos. Já a estimativa da produção total na segunda ocasião pode ser obtida por dois estimadores. O primeiro deles faz uso apenas dos arvoredos temporários da segunda ocasião e, portanto, é o estimador da amostragem aleatória simples com base em u arvoredos:

$$\widehat{\tau}_{2u} = \frac{N}{u}\sum_{i=1}^{u} y_{2i} \qquad (16.1)$$

$$\widehat{\mathrm{Var}}(\widehat{\tau}_{2u}) = N^2 \cdot \frac{\widehat{\sigma}_{2u}^2}{u}\left(1 - \frac{u}{N}\right) \qquad (16.2)$$

em que N é o tamanho da população em número de arvoredos que compõem a floresta, y_{2i} é a produção no $i$ésimo arvoredo dentre os u arvoredos temporários da segunda ocasião, e $\widehat{\sigma}_{2u}^2$ é a estimativa da variância populacional na segunda ocasião com base nos u arvoredos temporários:

$$\widehat{\sigma}_{2u}^2 = \frac{\sum_{i=1}^{u}(y_{2i} - \widehat{\mu}_{2u})^2}{u - 1} \qquad (16.3)$$

O segundo estimador faz uso das seguintes informações da produção total: (a) a estimativa na primeira ocasião com base em todos os arvoredos ($\widehat{\tau}_{1n}$); (b) a estimativa na primeira ocasião com base apenas nos arvoredos permanentes ($\widehat{\tau}_{1m}$); e (c) a estimativa na segunda ocasião com base apenas nos arvoredos permanentes ($\hat{\tau}_{2m}$). Essas estimativas são combinadas considerando que, na segunda ocasião, os m arvoredos permanentes são uma subamostra dos n arvoredos selecionados segundo uma amostragem dupla. Utiliza-se, portanto, o estimador de regressão da amostragem dupla com fase 2 de subamostra:

$$\hat{\tau}_{2mL} = \hat{\tau}_{2m} + \hat{\beta}(\hat{\tau}_{1n} - \hat{\tau}_{1m}) \quad (16.4)$$

cuja variância é:

$$\widehat{\text{Var}}(\hat{\tau}_{2mL}) = N^2 \cdot \frac{\hat{\sigma}_{2m}^2}{m}\left(1 - \left(1 - \frac{m}{n}\right)\hat{\rho}_m^2\right) \quad (16.5)$$

Os dados dos m arvoredos permanentes são utilizados para estimar o coeficiente de inclinação:

$$\hat{\beta} = \frac{\sum_{i=1}^{m}(y_{1i} - \hat{\mu}_{1m})(y_{2i} - \hat{\mu}_{2m})}{\sum_{i=1}^{m}(y_{1i} - \hat{\mu}_{1m})^2}$$

a variância populacional:

$$\hat{\sigma}_{2m}^2 = \frac{\sum_{i=1}^{m}(y_{2i} - \hat{\mu}_{2m})^2}{m-1}$$

e o coeficiente de correlação:

$$\hat{\rho}_m = \frac{\sum_{i=1}^{m}(y_{1i} - \hat{\mu}_{1m})(y_{2i} - \hat{\mu}_{2m})}{\sqrt{\sum_{i=1}^{m}(y_{1i} - \hat{\mu}_{1m})^2 \sum_{i=1}^{m}(y_{2i} - \hat{\mu}_{2m})^2}}$$

O melhor estimador é aquele que faz uso de toda informação disponível. Portanto, a combinação do estimador baseado nos arvoredos temporários ($\hat{\tau}_{2u}$) e do estimador de regressão pela amostragem dupla ($\hat{\tau}_{2mL}$) vai resultar num estimador melhor que ambos individualmente. Essa combinação pode ser feita na forma de uma média ponderada em que os pesos ($\hat{w}_1$, $\hat{w}_2$) são iguais às recíprocas das variâncias dos estimadores:

$$\hat{\tau}_2 = (\hat{w}_1 \cdot \hat{\tau}_{2u} + \hat{w}_2 \cdot \hat{\tau}_{2mL})/\hat{w} \quad (16.6)$$

em que $\hat{w}_1 = 1/\widehat{\text{Var}}(\hat{\tau}_{2u})$, $\hat{w}_2 = 1/\widehat{\text{Var}}(\hat{\tau}_{2mL})$ e $\hat{w} = \hat{w}_1 + \hat{w}_2$. A variância desse estimador combinado é obtida por:

$$\widehat{\text{Var}}(\hat{\tau}_2) = \left[1 + \frac{4}{\hat{w}^2}\sum_{i=1}^{2}\hat{w}_i(\hat{w} - \hat{w}_i)/d_i\right]/\hat{w} \quad (16.7)$$

em que $d_1 = u - 1$ e $d_2 = m - 1$.

Estimador do incremento líquido

O incremento líquido da produção da floresta pode ser estimado pela diferença das estimativas da produção nas duas ocasiões:

$$\widehat{\Delta\tau} = \hat{\tau}_2 - \hat{\tau}_1$$

Embora esse estimador seja não enviesado, ele não é eficiente, pois sua variância será igual à soma das variâncias dos estimadores em cada ocasião. Ou seja, sua variância será igual àquela obtida com a amostragem por substituição completa, que é a forma menos eficiente de estimar o incremento líquido.

O estimador mais preciso combina as *estimativas de incremento líquido* obtidas pelos arvoredos temporários e pelos arvoredos permanentes. A estimativa de incremento líquido fundamentada nos u arvoredos temporários é obtida pela diferença das estimativas da produção nas duas ocasiões com base apenas nesses arvoredos:

$$\widehat{\Delta\tau}_u = \hat{\tau}_{2u} - \hat{\tau}_{1u} \quad (16.8)$$

sendo sua variância obtida pela soma das estimativas das variâncias da média nas ocasiões 1 e 2:

$$\widehat{\text{Var}}(\widehat{\Delta\tau}_u) = N^2\left(\frac{\sum_{i=1}^{u}(y_{1i} - \hat{\mu}_1)^2}{u(u-1)} + \frac{\sum_{i=1}^{u}(y_{2i} - \hat{\mu}_2)^2}{u(u-1)}\right) \quad (16.9)$$

sendo que as estimativas das médias ($\hat{\mu}_1$ e $\hat{\mu}_2$) são calculadas com base apenas nos u arvoredos temporários.

A segunda estimativa do incremento líquido é baseada nos m arvoredos permanentes:

$$\widehat{\Delta\tau}_m = \hat{\tau}_{2m} - \hat{\tau}_{1m} \quad (16.10)$$

cuja variância é estimada por:

$$\widehat{\text{Var}}(\widehat{\Delta\tau}_m) = N^2\left(\frac{\hat{\sigma}_{1m}^2}{m} + \frac{\hat{\sigma}_{2m}^2}{m} - 2 \cdot \frac{\hat{\sigma}_{12m}}{m}\right) \quad (16.11)$$

Essa estimativa da variância se baseia não só nas variâncias da média na primeira ocasião:

$$\hat{\sigma}_{1m}^2 = \frac{\sum_{i=1}^{m}(y_{1i} - \hat{\mu}_1)^2}{m-1}$$

e na segunda ocasião:

$$\hat{\sigma}_{2m}^2 = \frac{\sum_{i=1}^{m}(y_{2i} - \hat{\mu}_2)^2}{m-1}$$

mas também na covariância entre os valores de ambas as ocasiões:

$$\widehat{\sigma}_{12m} = \frac{\sum_{i=1}^{m}(y_{1i}-\widehat{\mu}_1)(y_{2i}-\widehat{\mu}_2)}{m-1}$$

Nesse caso, as estimativas das médias ($\widehat{\mu}_1$ e $\widehat{\mu}_2$) se baseia apenas nos m arvoredos permanentes em cada uma das ocasiões.

Os estimadores do incremento líquido fundamentados nos arvoredos temporários ($\widehat{\Delta\tau}_u$) e nos arvoredos permanentes ($\widehat{\Delta\tau}_m$) são, então, combinados num estimador único na forma de uma média ponderada:

$$\widehat{\Delta\tau} = \left(\widehat{w}_1 \cdot \widehat{\Delta\tau}_u + \widehat{w}_2 \cdot \widehat{\Delta\tau}_m\right)/\widehat{w} \quad (16.12)$$

cujos pesos são iguais à recíproca das variâncias dos respectivos estimadores:

$$\widehat{w}_1 = 1/\widehat{\text{Var}}(\widehat{\Delta\tau}_u) \quad \widehat{w}_2 = 1/\widehat{\text{Var}}(\widehat{\Delta\tau}_m) \quad \widehat{w} = \widehat{w}_1 + \widehat{w}_2$$

A variância desse estimador combinado é obtida de modo análogo ao estimador combinado da produção (Eq. 16.7):

$$\widehat{\text{Var}}(\widehat{\Delta\tau}) = \left[1 + \frac{4}{\widehat{w}^2}\sum_{i=1}^{2}\widehat{w}_i(\widehat{w}-\widehat{w}_i)/d_i\right]/\widehat{w} \quad (16.13)$$

em que $d_1 = u-1$ e $d_2 = m-1$.

Complexidade dos estimadores
A apresentação dos estimadores para amostragem com substituição parcial em duas ocasiões exemplifica a complexidade que os estimadores adquirem quando se utiliza a seleção com substituição parcial. Essa complexidade aumenta rapidamente com o aumento do número de ocasiões de monitoramento. Como o monitoramento silvimétrico é realizado num número de ocasiões maior que apenas duas, a aplicação da amostragem por substituição parcial na maioria das situações práticas é complexa, requerendo grande profundidade no conhecimento da teoria da amostragem.

16.2.5 Exemplo de substituição parcial com duas ocasiões

A Tab. 16.1 apresenta os dados de um inventário florestal contínuo em floresta plantada de eucalipto de 1.000 ha, em que se utilizou a amostragem por substituição parcial em duas ocasiões de monitoramento: aos 5 e 7 anos de idade. Foram selecionados em ambas as ocasiões 30 arvoredos, sendo 20 permanentes e dez temporários. Todos os arvoredos foram selecionados segundo a amostragem aleatória simples. Nesse exemplo, será analisada a produção da floresta em termos do volume lenhoso sem casca.

Como os arvoredos foram tomados como parcelas retangulares de 540 m², o tamanho da população é $N = (1.000)(10.000)/540 = 18.518,52$ parcelas. Assim, a correção para populações finitas é $1 - n/N = 1 - 30/18.518,52 = 0,99838 \approx 1,00$. Por ter um valor muito próximo à unidade, essa correção será ignorada.

É necessário atentar que os dados de produção na Tab. 16.1 apresentam a produção em volume (m³) por hectare (ha^{-1}), mas os estimadores apresentados estão na forma de estimadores dos *totais populacionais* (m³). Logo, o tamanho da população para estimativa dos totais com base nos valores da tabela é a área da floresta, ou seja, $N = 1.000$.

Estimativa da produção nas duas ocasiões
Produção na primeira ocasião (5 anos). A estimativa da produção na primeira ocasião é obtida pelos estimadores da amostra aleatória simples, com base nos 30 arvoredos selecionados. A produção total é:

$$\widehat{\tau}_1 = 1.000\left(\frac{245 + 287 + \ldots + 199 + 254}{30}\right)$$
$$= 1.000(209,254) = 209.254\,\text{m}^3$$

sendo a sua variância igual:

$$\widehat{\text{Var}}(\widehat{\tau}_1) =$$
$$= (1.000)^2\left(\frac{(245-209,254)^2 + \ldots + (254-209,254)^2}{30(30-1)}\right)$$
$$= 35.787.695\,(\text{m}^3)^2$$

O erro amostral relativo dessa estimativa do total é, portanto:

$$\frac{t_{[95\%;30-1]}\sqrt{\widehat{\text{Var}}(\widehat{\tau}_1)}}{\widehat{\tau}_1} \times 100$$
$$\Rightarrow \frac{(2,04523)\sqrt{35.787.695}}{209.254} \times 100 = 5,85 \approx 6\%$$

Produção na segunda ocasião (7 anos). As estimativas da produção na segunda ocasião podem ser obtidas por

Tab. 16.1 Dados de inventário florestal contínuo em floresta plantada de eucalipto de 1.000 ha utilizando a amostragem por substituição parcial em duas ocaisões: aos 5 e aos 7 anos de idade da floresta

Arvoredo	Área basal ($m^2 \cdot ha^{-1}$)		Volume lenhoso ($m^3 \cdot ha^{-1}$)			
			com casca		sem casca	
Idade ⇒	5	7	5	7	5	7
1	22	26	245	321	199	279
2	25	30	287	374	246	325
3	19	24	195	285	168	247
4	20	23	208	277	178	239
5	24	30	256	368	216	320
6	20	26	220	315	189	274
7	24	28	259	343	224	297
8	16	21	153	236	131	203
9	21	26	227	322	198	279
10	18	23	189	278	166	241
11	19	24	201	287	175	248
12	19	25	201	298	172	258
13	17	22	176	258	156	223
14	17	23	178	278	175	240
15	15	19	142	210	124	180
16	19	25	210	306	176	265
17	19	26	210	319	181	276
18	18	24	190	289	157	251
19	17	23	182	272	156	235
20	19	23	212	292	187	255
21	21	-	225	-	195	-
22	17	-	169	-	150	-
23	22	-	244	-	215	-
24	18	-	191	-	167	-
25	22	-	247	-	214	-
26	20	-	208	-	173	-
27	19	-	198	-	176	-
28	20	-	204	-	174	-
29	19	-	199	-	173	-
30	23	-	254	-	220	-
31	-	24	-	287	-	248
32	-	26	-	310	-	268
33	-	24	-	289	-	251
34	-	25	-	304	-	263
35	-	26	-	323	-	280
36	-	22	-	251	-	216
37	-	26	-	317	-	276
38	-	24	-	291	-	252
39	-	27	-	324	-	281
40	-	23	-	275	-	238

dois estimadores. A primeira delas é baseada apenas nos arvoredos temporários da segunda ocasião:

$$\widehat{\tau}_{2u} = 1.000 \left(\frac{287 + 310 + \ldots + 324 + 275}{30} \right)$$
$$= (1.000) \times (297{,}2092) = 297.209{,}2\,\mathrm{m}^3$$

cuja variância é:

$$\widehat{\mathrm{Var}}(\widehat{\tau}_{2u}) = (1.000)^2$$
$$\left(\frac{(287 - 297{,}2092)^2 + \ldots + (275 - 297{,}2092)^2}{30(30-1)} \right)$$
$$= 29.720.925\,(\mathrm{m}^3)^2$$

O erro amostral relativo dessa estimativa é:

$$\frac{t_{[95\%;10-1]}\sqrt{\widehat{\mathrm{Var}}(\widehat{\tau}_{2u})}}{\widehat{\tau}_{2u}} \times 100$$
$$\Rightarrow \frac{(2{,}262157)(5.451{,}69)}{297.209{,}2} \times 100 = 4{,}15 \approx 4\%$$

A segunda estimativa da produção é calculada utilizando o estimador de regressão da amostragem dupla, que assume que os arvoredos permanentes são uma subamostra dos arvoredos na segunda ocasião. Esse estimador utiliza as duas estimativas da primeira ocasião:

$$\widehat{\tau}_{1n} = 209.254\,\mathrm{m}^3 \quad \text{e} \quad \widehat{\tau}_{1m} = 206.999{,}1\,\mathrm{m}^3$$

bem como as estimativas da segunda ocasião e do coeficiente de inclinação com base nos arvoredos permanentes:

$$\widehat{\tau}_{2m} = 296.406{,}8\,\mathrm{m}^3 \quad \text{e} \quad \widehat{\beta} = 1{,}075969$$

A segunda estimativa resulta, portanto, em:

$$\widehat{\tau}_{2mL} = \widehat{\tau}_{2m} + \widehat{\beta}(\widehat{\tau}_{1n} - \widehat{\tau}_{1m})$$
$$= 296.406{,}8 + 1{,}075969\,(209.254 - 206.999{,}1)$$
$$= 298.833\,\mathrm{m}^3$$

O cálculo da variância dessa estimativa requer a estimativa da variância populacional na segunda ocasião com base nos arvoredos permanentes:

$$\widehat{\sigma}^2_{2m} = \frac{(321 - 296{,}4068)^2 + \ldots + (292 - 296{,}4068)^2}{20 - 1}$$
$$= 1.583{,}643$$

e a estimativa do coeficiente de correlação entre as produções na primeira e segunda ocasiões nos arvoredos permanentes:

$$\sum_{i=1}^{m}(y_{1i} - \widehat{\mu}_{1m})(y_{2i} - \widehat{\mu}_{2m}) = 25.730{,}43$$
$$\sum_{i=1}^{m}(y_{1i} - \widehat{\mu}_{1m})^2 = 23.913{,}72$$
$$\sum_{i=1}^{m}(y_{2i} - \widehat{\mu}_{2m})^2 = 30.089{,}21$$
$$\widehat{\rho}_m = \frac{25.730{,}43}{\sqrt{(23.913{,}72)(30.089{,}21)}} = 0{,}9592195$$

Assim, a variância do estimador de regressão para produção na segunda ocasião é:

$$\widehat{\mathrm{Var}}(\widehat{\tau}_{2mL}) = N^2 \cdot \frac{\widehat{\sigma}^2_{2m}}{m}\left(1 - \left(1 - \frac{m}{n}\right)\widehat{\rho}^2_m\right)$$
$$= (1.000)^2 \frac{1.583{,}643}{10}$$
$$\left(1 - \left(1 - \frac{10}{30}\right)(0{,}9592195)\right)$$
$$= 53.864.448\,(\mathrm{m}^3)^2$$

e o seu erro amostral relativo é:

$$\frac{t_{[95\%;20-1]}\sqrt{\widehat{\mathrm{Var}}(\widehat{\tau}_{2mL})}}{\widehat{\tau}_{2mL}} \times 100$$
$$\Rightarrow \frac{(2{,}093024)(7.339{,}24)}{298.833} \times 100 = 5{,}14 \approx 5\%$$

O estimador mais eficiente da produção na segunda ocasião é aquele que combina, na forma de uma média ponderada, as duas estimativas calculadas anteriormente com pesos:

$$\widehat{w}_1 = 1/\widehat{\mathrm{Var}}(\widehat{\tau}_{2u}) = 3{,}364633 \times 10^{-8}$$
$$\widehat{w}_2 = 1/\widehat{\mathrm{Var}}(\widehat{\tau}_{2mL}) = 1{,}856512 \times 10^{-8}$$
$$\widehat{w} = \widehat{w}_1 + \widehat{w}_2 = 5{,}221145 \times 10^{-8}$$

A estimativa final, portanto, é:

$$\widehat{\tau}_2 = \frac{(3{,}364633 \times 10^{-8})(297.209{,}2)}{5{,}221145 \times 10^{-8}}$$
$$+ \frac{(1{,}856512 \times 10^{-8})(298.833)}{5{,}221145 \times 10^{-8}}$$
$$\widehat{\tau}_2 = 297.786{,}6\,\mathrm{m}^3$$

cuja variância é:

$$\widehat{\mathrm{Var}}(\widehat{\tau}_2) = \left[1 + \frac{4}{\widehat{w}^2}\sum_{i=1}^{2}\widehat{w}_i(\widehat{w} - \widehat{w}_i)/d_i\right]/\widehat{w}$$
$$= 22.027.373\,(\mathrm{m}^3)^2$$

O erro amostral relativo *aproximado* dessa estimativa combinada é:

$$\frac{(2)\sqrt{\widehat{\text{Var}}(\widehat{\tau}_2)}}{\widehat{\tau}_2} \times 100$$

$$\Rightarrow \frac{(2)(4.693,333)}{297.786,6} \times 100 = 3,15 \approx 3\%$$

Note que, ainda que as estimativas da produção na segunda ocasião com base nas parcelas temporárias e no estimador de regressão tenham um pequeno erro amostral, a estimativa combinada resulta em erro amostral ainda menor.

Estimativa do incremento líquido da produção

Como a estimativa da produção na segunda ocasião, a estimativa do incremento líquido pode ser obtida por meio de dois estimadores. O primeiro é aquele baseado apenas nos arvoredos temporários:

$$\widehat{\Delta\tau}_u = \widehat{\tau}_{2u} - \widehat{\tau}_{1u} = 297.209,2 - 213.763,7 = 83.445,5\,\text{m}^3$$

cuja variância é:

$$\widehat{\text{Var}}(\widehat{\Delta\tau}_u) = (1.000)^2 \left(\frac{768,5008}{10} + \frac{532,3473}{10}\right)$$

$$= 130.084.810\,(\text{m}^3)^2$$

O erro amostral relativo dessa estimativa é:

$$\frac{t_{[95\%;10-1]}\sqrt{\widehat{\text{Var}}(\widehat{\Delta\tau}_u)}}{\widehat{\Delta\tau}_u} \times 100$$

$$\Rightarrow \frac{(2,262157)(11.405,47)}{83.445,54} \times 100 = 30,92 \approx 31\%$$

O segundo estimador utiliza apenas os arvoredos permanentes:

$$\widehat{\Delta\tau}_m = \widehat{\tau}_{2m} - \widehat{\tau}_{1m} = 296.406,8 - 206.999,1 = 89.407,7\,\text{m}^3$$

A variância desse estimador é baseada na variância da produção nas duas ocasiões de monitoramento:

$$\widehat{\sigma}^2_{1m} = 1.258,617\,(\text{m}^3)^2 \quad \text{e} \quad \widehat{\sigma}^2_{2m} = 1.583,643\,(\text{m}^3)^2$$

e na covariância entre essas duas ocasiões:

$$\widehat{\sigma}_{12m} = 1.354,233\,(\text{m}^3)^2$$

Logo, a variância dessa estimativa do incremento líquido resulta em:

$$\widehat{\text{Var}}(\widehat{\Delta\tau}_m) = (1.000)^2 \left[\frac{1.258,617}{20} + \frac{1.583,643}{20} - 2 \times \frac{1.354,233}{20}\right]$$

$$= 6.689.680\,(\text{m}^3)^2$$

a qual corresponde a um erro amostral relativo de:

$$\frac{t_{[95\%;20-1]}\sqrt{\widehat{\text{Var}}(\widehat{\Delta\tau}_m)}}{\widehat{\Delta\tau}_m} \times 100$$

$$\Rightarrow \frac{(2,093024)(2.586,442)}{89.407,7} \times 100 = 6,05 \approx 6\%$$

Novamente, a melhor estimativa do incremento é aquela que combina, numa média ponderada, as duas estimativas anteriores, tomando-se como pesos a recíproca das respectivas variâncias:

$$\widehat{\Delta\tau} = \left(\widehat{w}_1 \cdot \widehat{\Delta\tau}_u + \widehat{w}_2 \cdot \widehat{\Delta\tau}_m\right)/\widehat{w}$$

$$= \frac{(7,687293 \times 10^{-9})(83.445,54)}{1,571713 \times 10^{-7}}$$

$$+ \frac{(1,49484 \times 10^{-7})(89.407,7)}{1,571713 \times 10^{-7}}$$

$$= 89.116,09\,\text{m}^3$$

A variância do estimador combinado resulta em:

$$\widehat{\text{Var}}(\widehat{\Delta\tau}) = \left[1 + \frac{4}{\widehat{w}^2}\sum_{i=1}^{2}\widehat{w}_i(\widehat{w} - \widehat{w}_i)/d_i\right]/\widehat{w}$$

$$= 6.556.338\,(\text{m}^3)^2$$

cujo erro amostral relativo *aproximado* é:

$$\frac{(2)\sqrt{\widehat{\text{Var}}(\widehat{\Delta\tau})}}{\widehat{\Delta\tau}} \times 100$$

$$\Rightarrow \frac{(2)(2.560,535)}{89.116,09} \times 100 = 5,75 \approx 6\%$$

Note que a estimativa combinada do incremento líquido da floresta ($\widehat{\Delta\tau}$) tem erro amostral relativo praticamente igual à estimativa baseada nos arvoredos permanentes ($\widehat{\Delta\tau}_m$). Uma vez que a estimativa baseada nos arvoredos temporários ($\widehat{\Delta\tau}_u$) tem um erro amostral muito grande (30%), a combinação das estimativas não se mostrou muito eficiente.

16.3 Levantamentos de impacto

Os levantamentos de impacto são levantamentos florestais que visam avaliar o impacto de eventos incontroláveis sobre a floresta ou de eventos sujeitos a certo controle, mas que não podem ser repetidos com os tratamentos de um experimento (eventos não repetíveis).

Eventos incontroláveis

Os eventos incontroláveis são eventos de causas naturais que ocorrem sem qualquer interferência antrópica, como tempestades, vendavais, incêndios naturais, inundações, deslizamentos de encostas, pragas, doenças e herbivoria por mamíferos. Eles podem ser ainda eventos de origem antrópica, mas que ocorrem de forma imprevisível para o pesquisador, como os incêndios acidentais ou criminosos e a exploração ilegal de madeira ou outros produtos da floresta. Esses eventos ocorrem de forma imprevisível e não é possível controlar a sua severidade ou o seu impacto sobre as árvores e as florestas. Nesses casos, o objetivo do levantamento de impacto é registrar a ocorrência desses eventos, em termos da sua frequência, intensidade e duração, avaliar os seus impactos na estrutura e funcionamento da floresta e acompanhar, no decorrer do tempo, a resposta da floresta após o evento. Como esses eventos naturais são imprevisíveis, é necessário que o acompanhamento da floresta já esteja em operação quando o evento ocorrer e que esse acompanhamento prossiga após o evento. O levantamento de impacto consiste, portanto, no monitoramento da floresta antes e depois do impacto.

Eventos não repetíveis

Os eventos não repetíveis, mas com certo grau de controle, são resultado de intervenções antrópicas planejadas sobre a floresta, como algumas das operações silviculturais e de manejo. Nem todas as operações silviculturais e de manejo podem ser consideradas não repetíveis. Em geral, as operações de implantação, cultivo e manejo de *florestas plantadas* são repetíveis e podem ser estudadas por meio de experimentos. Nas florestas plantadas, essas operações são repetíveis porque, na sua maior parte, elas dependem apenas das operações realizadas. Por exemplo, embora numa área de implantação de uma floresta possa haver diferentes tipos de solo, o resultado da operação de preparo do solo para o plantio depende em maior medida de como essa operação é realizada e não dos tipos de solo.

O controle em algumas operações de manejo, contudo, é passível de discussão, mesmo em florestas plantadas. Considere-se, por exemplo, as operações de desbaste num floresta plantada de *Pinus*. Se foi prescrito um desbaste com a remoção de 30% da área basal a partir das menores árvores, é muito difícil garantir que, ao final da operação, a área basal da floresta será exatamente 30% menor e que foram removidas somente as menores árvores. Em diferentes locais da floresta, a remoção não será exatamente de 30%, mas, se o desbaste foi bem executado, a oscilação ficará ao redor dos 30%. Por outro lado, nas áreas de menor crescimento da floresta, a remoção apenas das menores árvores pode resultar na formação de grandes clareiras dentro da floresta plantada. Frequentemente, é necessário preterir a remoção de árvores menores em favor da remoção de árvores maiores para que o dossel da floresta permaneça relativamente uniforme e homogêneo. O controle sobre o resultado final de uma operação de desbaste é bem menor que sobre uma operação de preparo de solo e, consequentemente, a operação de desbaste tem menor repetibilidade. A diferença fundamental entre essas operações é que o preparo de solo atua sobre o ambiente abiótico *antes* da existência da floresta, enquanto o desbaste atua sobre *a própria floresta*. O desbaste deve ser considerado, portanto, como um evento que exerce um impacto sobre a floresta. Embora tradicionalmente as operações de desbaste sejam estudadas por meio de *experimentos de manejo*, seu estudo também pode ser realizado pelo levantamento de impacto.

Nas florestas nativas, o grau de controle sobre os resultados das operações silviculturais e de manejo é ainda menor que nas florestas plantadas. Considere-se por exemplo, a operação de *raleamento* ou *corte de liberação*. Essa operação consiste em remover algumas árvores do dossel que são de espécies não comerciais ou indesejadas, para estimular o crescimento da regeneração natural das espécies de interesse. Para reduzir os danos causados pelo abate de árvores do dossel sobre a regeneração natural, frequentemente o raleamento é realizado pelo anelamento das árvores indesejáveis, de modo que elas morrem em pé, resultando na abertura do dossel sem destruição da regeneração natural. Suponha-se que a meta do raleamento seja reduzir a área basal da floresta em 40% a partir das maiores árvores indesejáveis. Será muito difícil alcançar essa meta nominal de 40% em todos os locais da floresta, uma vez que a composição de espécies comerciais e não comerciais é variável e que a distribuição dessas espécies nas classes de diâmetro é ainda mais variável. Mais ainda, muitas espécies reagem ao anelamento construindo uma *ponte* de xilema e floema que lhes permite sobreviver ao anelamento. A aplicação de produtos químicos, normalmente herbicidas, pode aumentar a eficiência do anelamento, mas também aumenta o seu custo. Por outro lado, a resposta da regeneração natural dependerá não só da abertura do dossel, mas também da existência de propágulos para regeneração (sementes, plântulas, mudas, brotações de raízes etc.). Em alguns locais, pode ocorrer uma abertura adequada do dossel mas com uma pequena quantidade de propágulos, enquanto que em outros locais pode haver uma boa quantidade de propágulos, mas a abertura do dossel pode ficar aquém do desejado. O fato é que o grau de controle sobre o resultado final da operação de raleamento será muito pequeno e, portanto, essa é uma operação muito pouco repetível. Consequentemente, não é possível pesquisar tais operações pela forma tradicional de experimentos.

As operações de manejo em florestas nativas têm sempre essa característica de serem intervenções com baixo nível de controle sobre os resultados finais e, consequentemente, não serem repetíveis. Outros exemplos desse tipo de intervenção são: as operações de colheita de madeira ou exploração florestal, as operações de corte de cipós para redução do impacto da colheita, as operações de enriquecimento para melhorar a composição da floresta e as operações de colheita de produtos não madeireiros, como folhas, cascas e gomas, que podem ter um impacto não previsível sobre o crescimento e a sobrevivência das árvores, ou de colheita de frutos, com impacto incontrolável sobre o processo de regeneração das populações arbóreas.

16.3.1 Características dos levantamentos de impacto

A ausência de controle e a impossibilidade de repetição são os atributos do tipo de eventos para os quais os levantamentos de impacto foram concebidos como método de estudo. Esses atributos impõem aos levantamentos de impacto três características que os diferenciam dos experimentos tradicionais: a limitação na generalização dos resultados, a necessidade de observar a floresta antes e depois do evento e o acompanhamento da resposta da floresta ao longo do tempo, após a ocorrência do evento.

As conclusões de um experimento tradicional são prontamente aplicáveis a outras situações análogas à situação de experimento. Já no caso de eventos incontroláveis ou não repetíveis, é muito difícil determinar o que seria uma condição análoga. Por exemplo, o impacto de uma dada tempestade sobre uma determinada floresta, causando danos às copas das árvores ou derrubando árvores e formando clareiras, não pode ser considerado análogo a qualquer outra tempestade que ocorra na mesma floresta ou numa outra floresta do mesmo tipo (floresta ombrófila densa, por exemplo). A intensidade e a duração são os dois atributos que definem uma tempestade em particular e eles não são nem controláveis nem repetíveis. Para avaliar a semelhança entre tempestades é necessário medir a sua intensidade e duração, o que só pode ser realizado num posto meteorológico, mas não na floresta.

Algo semelhante ocorre com os eventos não repetíveis. A colheita de madeira numa floresta nativa terá uma certa meta de remoção, como $10\,m^3 \cdot ha^{-1}$. É impossível assegurar que essa meta será atingida de modo uniforme sobre a floresta ou que um mesmo procedimento de colheita de igual intensidade aplicado a duas florestas diferentes resultarão no mesmo impacto em termos de morte de árvores ou de danos às árvores remanescentes.

Os impactos de eventos incontroláveis e não repetíveis são sempre particulares ao evento e à floresta impactada. A generalização do impacto ou da resposta da floresta para situações aparentemente análogas é sempre problemática. Por isso, é mais fácil alcançar sucesso na utilização do levantamento de impacto para estudar e avaliar o impacto de um evento natural ou de um procedimento de manejo numa dada situação particular, fornecendo informações e orientando a tomada de decisões de manejo, que obter uma conclusão científica geral sobre o evento estudado. É mais simples obter resultados seguros sobre o impacto da colheita de frutos por uma comunidade caiçara de Ubatuba (SP) sobre a população específica de palmiteiro-juçara na região que concluir qual a intensidade adequada de colheita de frutos que não compromete a sobrevivência das populações de palmiteiro-juçara.

A segunda característica dos levantamentos de impacto é que, para avaliar o impacto dos eventos incontroláveis e não repetíveis, é necessário observar a floresta *antes* e *depois* da ocorrência do evento. No caso dos eventos naturais, isso implica a necessidade da instalação e manutenção do monitoramento da floresta por um longo período de tempo. Já no caso das intervenções silviculturais e de manejo florestal, é necessário que o levantamento seja iniciado antes da implementação das intervenções, de modo que o estado da floresta antes da intervenção possa ser conhecido.

Por fim, a terceira característica é que a resposta das florestas aos impactos de eventos incontroláveis e não repetíveis só pode ser avaliada no decorrer do tempo, após a ocorrência do evento. Frequentemente, esse tempo é de longa duração. A implicação é que, na verdade, os levantamentos de impacto devem consistir em sistemas de monitoramento da floresta cuja duração depende tanto da severidade do impacto quanto da complexidade do processo natural sendo monitorado. Por exemplo, numa floresta nativa, o tempo de resposta a uma tempestade que causou danos às copas mas não derrubou árvores será bem menor que o de um vendaval que derrubou muitas árvores, abrindo várias clareiras no dossel. Por outro lado, o tempo de acompanhamento após a colheita de madeira numa floresta nativa será menor no caso de se avaliar a recuperação da área basal da floresta que no de se avaliar a restauração da estrutura da floresta (distribuição do *DAP*).

16.3.2 Métodos de levantamento de impacto

Existem vários métodos que podem ser utilizados para o levantamento de impacto. A complexidade dos métodos aumenta à medida que se procura garantir com maior segurança que os impactos observados na floresta podem de fato ser atribuídos ao evento estudado. Para isso, aumentam-se os cuidados com que se lida com as três características dos levantamentos de impacto descritas na seção 16.3.1.

Levantamentos antes-depois

O método mais simples de levantamento de impacto consiste em observar uma floresta particular antes e depois da ocorrência do evento impactante. Frequentemente, o acompanhamento temporal consiste apenas em uma ocasião de monitoramento antes e outra depois do impacto. No caso de eventos incontroláveis, é comum que o levantamento consista em apenas uma ocasião depois de evento, utilizando-se um levantamento previamente realizado na mesma floresta. Às vezes, o levantamento prévio e o levantamento após o evento têm métodos de amostragem e tamanhos de amostra bastante diferentes, o que torna questionável qualquer medida quantitativa do impacto.

Embora sejam simples e práticos, os levantamentos antes-depois são exageradamente simples para se assegurar resultados confiáveis no estudo e avaliação de impactos. A principal limitação desses levantamentos é que somente a área impactada é levantada, de forma que as diferenças observadas antes e depois do impacto não podem ser perfeitamente atribuídas ao evento impactante. As florestas são sistemas dinâmicos, isto é, sofrem alterações naturais no decorrer do tempo. Ainda que o evento tenha causado impacto inquestionável sobre a floresta, a simples diferença de uma medida antes e depois do evento não permite quantificar a *magnitude* do impacto, uma vez que alguma alteração nessa medida ocorreria naturalmente no decorrer do tempo ainda que o evento não tivesse ocorrido.

Considere-se o exemplo da colheita de madeira em floresta nativa. Um levantamento de impacto antes e depois da colheita, utilizando arvoredos permanentes, seria capaz de quantificar a quantidade de madeira removida pela colheita, o número de árvores danificadas e o número de árvores que morreram após a colheita. O dano nas árvores remanescentes pode ser atribuído à colheita, mas não é possível determinar quantas morreram após a colheita como consequência da colheita e quantas morreram de causas naturais que sempre atuaram na floresta.

Levantamentos antes-depois com repetições no tempo

Nesse método, o levantamento é realizado em várias ocasiões antes e depois da ocorrência do evento. No lugar de uma simples diferença de medidas antes e depois do evento, é possível acompanhar as variações em medidas e determinar taxas de alteração antes e depois do evento. A maneira como as diferentes ocasiões de monitoramento devem ser amostradas depende dos objetivos do levantamento. Para detectar mudanças nas *tendências* dos processos naturais (crescimento, mortalidade, ingresso) é mais vantajoso utilizar ocasiões de monitoramento regularmente intercaladas no tempo, pois os intervalos fixos de tempo facilitam a análise. Mas se o objetivo for detectar com precisão diferenças entre antes e depois de evento, a seleção aleatória de ocasiões de monitoramento é mais apropriada, pois evita a possibilidade de que o resultado seja influenciado por alterações cíclicas no tempo.

No exemplo da colheita de madeira em floresta nativa, o impacto da colheita sobre a mortalidade poderia ser avaliado em termos da alteração na taxa de mortalidade da floresta antes da colheita, imediatamente após a colheita e no decorrer do tempo após a colheita. Nesse caso, ocasiões de monitoramento regulares no tempo seriam mais vantajosas. Mas se o objetivo for determinar a diferença de cobertura do dossel, medidas realizadas regularmente no verão (período de chuvas) apontarão o impacto da colheita em termos da cobertura somente nessa estação, que podem resultar em diferenças pequenas, rapidamente recuperadas pela floresta. As diferenças de cobertura durante o inverno (período de seca) em razão da colheita podem ser maiores ou menores que aquelas observadas no verão, caso a colheita tenha um impacto diferenciado em termos de espécies perenifólias e decíduas. Nesse caso, medidas realizadas aleatoriamente no verão e no inverno serão mais adequadas.

Embora represente um aprimoramento em relação ao simples levantamento antes-depois, esse método ainda possui limitações quanto à atribuição de diferenças ou de mudança de tendências antes e depois do evento impactante. As florestas sempre respondem às mudanças climáticas, que são geralmente cíclicas, mas podem ser gradativas ou abruptas. Caso ocorram alterações climáticas, como o nível de precipitação, de modo coincidente com o evento estudado, como a colheita de madeira, o impacto e a resposta a esses dois tipos de evento estarão confundidos, sendo impossível determinar a magnitude do impacto de cada tipo de evento.

Levantamentos antes-depois-controle

Os levantamentos de impacto *antes-depois-controle* são designados na literatura internacional como *BACI surveys: before-after-control impact surveys*. Eles consistem em levantamentos realizados em várias ocasiões antes e depois do evento no local da floresta que sofreu o impacto — *sítio impacto* — e num local da floresta que não sofreu o impacto — *sítio controle*.

O uso de um sítio controle reduz a incerteza quanto ao confundimento do evento impactante sob estudo e outros fatores naturais que atuam na floresta. Espera-se que as alterações resultantes dos fatores naturais sejam observáveis em ambos os sítios, mas as alterações causadas pelo evento impactante sejam observadas apenas no sítio impacto.

Contudo, não se espera que as respostas em termos dos valores absolutos das medidas sejam iguais nos dois sítios. Como os sítios não foram selecionados aleatoriamente, ainda existe a possibilidade de que as diferenças observadas entre eles sejam causadas por fatores naturais e, consequentemente, não possam ser atribuídas ao evento impactante.

Assim, o ideal é que nos levantamentos BACI vários sítios controle sejam selecionados aleatoriamente. A repetição aleatória dos sítios controle permite detectar com segurança a magnitude do impacto num dado sítio impacto particular. Se o objetivo do estudo é generalizar com segurança o impacto do evento de estudo independentemente do local em que ele acontece, torna-se necessário também selecionar vários sítios impacto aleatoriamente.

Considere-se o exemplo da colheita de madeira em floresta nativa. A forma mais simples de levantamento BACI consiste em monitorar um único sítio controle, em que a colheita não é realizada, e um único sítio impacto, no qual a colheita é realizada. Diferenças entre sítio controle e sítio impacto decorrentes de fatores naturais, como fertilidade do solo, disponibilidade de água ou composição florística, podem ser confundidas com o impacto da colheita. Por exemplo, suponha-se que a diponibilidade de água no solo seja menor no sítio controle e maior no sítio impacto. Se, após a colheita, ocorrem vários anos com estação seca mais pronunciada, a mortalidade decorrente da colheita de madeira pode ser mascarada pela maior taxa de mortalidade no sítio controle.

O acompanhamento de vários sítios controle, selecionados aleatoriamente, solucionaria esse tipo de problema, mas a detecção do impacto da colheita estaria restrita ao sítio impacto estudado. O acompanhamento de vários sítios controle e vários sítios impacto, todos selecionados aleatoriamente, daria maior segurança para generalizar o impacto da colheita de madeira. Essa segurança resultaria do acompanhamento das *diferenças médias* entre as medidas ou tendências observadas nos dois conjuntos de sítios, as quais poderiam ser atribuídas ao impacto da colheita. Já a heterogeneidade entre os sítio controle e a heterogeneidade entre os sítios impacto seriam atribuídas a outros fatores naturais.

Levantamentos antes-depois-controle pareados no tempo
Um outro aprimoramento que pode ser realizado nos levantamentos de impacto é o *pareamento* das várias ocasiões de monitoramento nos diversos sítios acompanhados, isto é, todos os sítios acompanhados são observados nos mesmos momentos do tempo. Por isso, esse tipo de levantamento de impacto é designado na literatura internacional como *BACI-P surveys: before-after-impact-control paired survey*.

O pareamento das observações no tempo permite que as diferenças algébricas das medidas de interesse possam ser calculadas em cada ocasião de monitoramento. Assim, o impacto pode ser estudado em termos das tendências das diferenças entre sítios e do grau de oscilação dessas diferenças no tempo. No exemplo do impacto da colheita de madeira em florestas nativas, o levantamento BACI-P permitiria que se calculassem as diferenças das áreas basais dos arvoredos, do crescimento das áreas basais ou dos diâmetros médios, ou ainda as diferenças das taxas de mortalidade e de ingresso ou do incremento médio ou incremento corrente.

A situação ideal, mas raramente possível de implementar, é que o levantamento BACI-P seja realizado por longos períodos antes e depois do evento. Nesse caso, torna-se possível a detecção do impacto tanto em termos de *efeitos agudos*, isto é, efeitos de grande magnitude que ocorrem imediatamente após o evento, quanto em termos de *efeitos crônicos*, ou seja, efeitos de pequena magnitude que se prolongam por longos períodos após o evento. No exemplo do impacto da colheita de madeira em florestas nativas, os efeitos agudos seriam a alta mortalidade de árvores e o grande aumento do incremento corrente logo após a colheita, enquanto que exemplos de efeitos crônicos seriam a manutenção de pequenas diferenças no incremento corrente e médio, à medida que se distancia da época da colheita.

16.3.3 Exemplo de levantamento de impacto

Um exemplo da aplicação de levantamentos BACI-P é o estudo de manejo de florestas nativas visando a produção de madeira na Amazônia, no município de Paragominas, PA. O objetivo desse estudo foi comparar a colheita de impacto reduzido com os procedimentos tradicionais de colheita (colheita tradicional). Foram selecionadas três áreas de 24,5 ha próximas umas das outras para implementar o estudo: uma delas foi designada como sítio controle, numa foi realizada a colheita tradicional e na outra a colheita de impacto reduzido. Os procedimentos básicos da colheita de impacto reduzido são o corte de cipós seis meses antes da colheita, o mapeamento de todas as árvores potenciais para colheita, a seleção das árvores para colheita e das árvores que permanecerão como porta-sementes, o planejamento, para cada árvore a ser colhida, da direção de queda no abate e de arraste até os pátios intermediários, o planejamento da localização desses pátios, o planejamento das estradas para transporte das toras e, por fim, a execução da colheita segundo o planejamento. Na colheita tradicional, as operações de abate, de arraste até o pátio, a localização dos pátios e das estradas de transporte são executadas sem qualquer planejamento prévio.

Nas três áreas, foi realizado o censo de todas as árvores de espécies de interesse comercial com *DAP* maior que 10 cm e das demais espécies com *DAP* maior que 20 cm. As ocasiões de monitoramento aconteceram um ano antes da colheita, imediatamente após a colheita, e no primeiro, segundo, quarto e sexto anos após a colheita. Esse projeto de pesquisa é detalhado em Johns, Barreto e Uhl (1996).

Como esse estudo realizou a mensuração das áreas antes e depois da colheita, trata-se de um levantamento antes-depois. A inclusão de uma área próxima como controle caracteriza esse estudo como um levantamento BACI. Por fim, o pareamento no tempo das ocasiões de monitoramento nas três áreas o qualifica como um levantamento BACI-P. Duas limitações desse estudo são o fato de o monitoramento ter sido realizado apenas em uma única ocasião antes da colheita e a ausência da repeticão dos sítios controle e sítios impacto. Esta última limitação é justificada pelo elevado custo que ela acarretaria, pois, para que a implementação dos métodos de colheita fosse realista, cada sítio de estudo não poderia ser menor que os 24,5 ha utilizados. A repetição aleatória dos sítios implicaria na necessidade de uma área muito grande para o estudo e de custos impraticáveis para o monitoramento antes e depois do impacto.

Esse estudo difere do levantamento de impacto padrão uma vez que seu objetivo não é examinar o impacto de um único tipo de evento. O objetivo central desse estudo é comparar os impactos resultantes da colheita de impacto reduzido e da colheita tradicional.

A Fig. 16.1 ilustra alguns dos resultados encontrados nesse estudo. Ela apresenta a variação da área basal e da densidade de estande antes, imediatamente após e nos vários anos após a colheita. Note que as medidas estão pareadas no tempo, logo, é possível calcular a diferença entre cada um dos sítios impacto e o sítio controle.

Os resultados mostrados na Fig. 16.1 ilustram que a colheita de impacto reduzido tem de fato um impacto menor quando comparada à colheita tradicional.

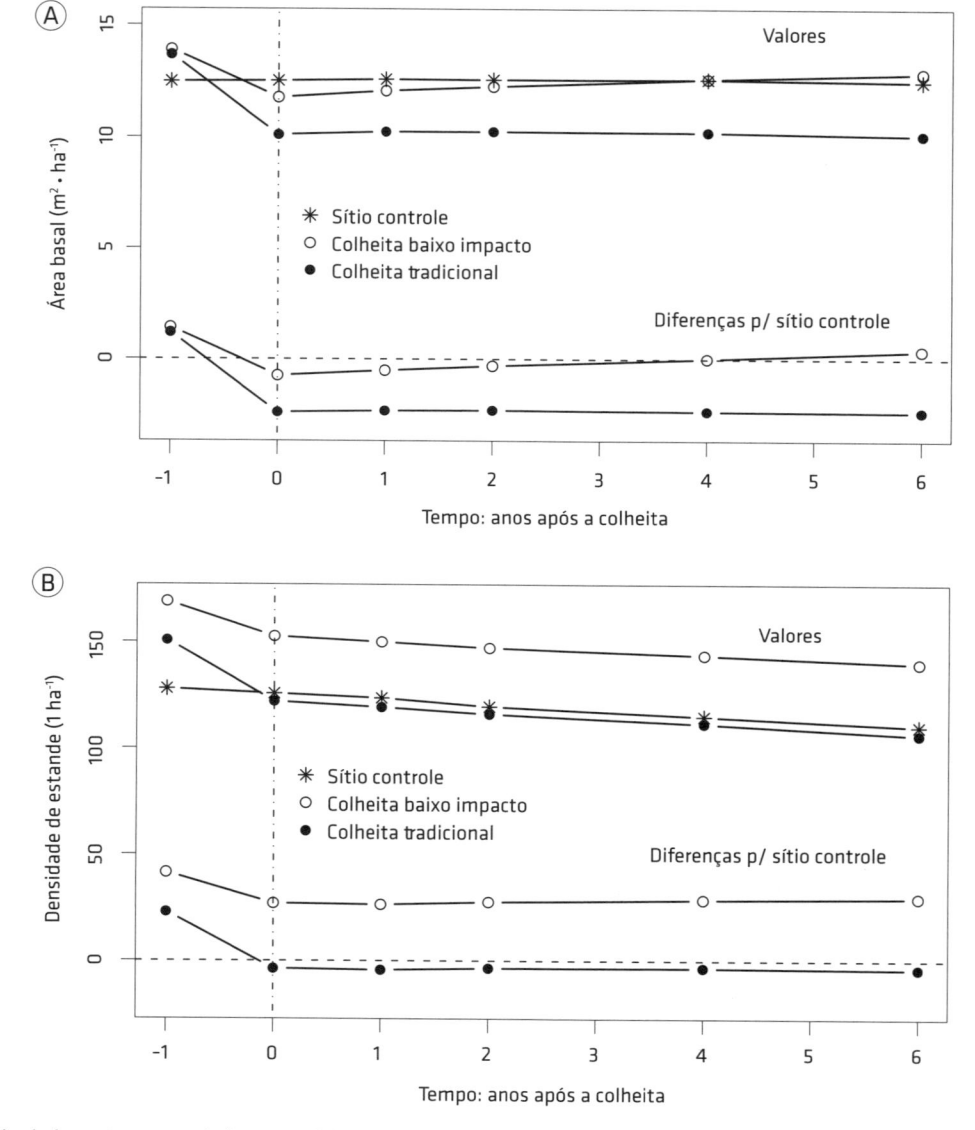

Fig. 16.1 Exemplo de levantamento de impacto BACI-P para o estudo da colheita de madeira em floresta nativa na Amazônia, comparando-se colheita de impacto reduzido e colheita tradicional. Em (A), é mostrado o atributo área basal ($m^2 \cdot ha^{-1}$) e, em (B), a densidade de estande (ha^{-1})

Fonte: dados gentilmente cedidos pelo prof. Edson Vidal, Universidade de São Paulo - ESALQ

O impacto da operação é menor a partir da execução da colheita, pois a remoção da área basal e a redução da densidade de estande são menores na colheita de impacto reduzido. A recuperação da floresta no decorrer do tempo após a colheita também se mostra melhor no sítio da colheita de impacto reduzido. Essa recuperação é claramente melhor no caso da área basal e mais sutil no caso da densidade de estande. A Fig. 16.1B mostra que a menor recuperação da densidade de estande pode, ao menos parcialmente, ser atribuída a outros fatores, uma vez que o sítio controle mostra uma leve tendência de redução da densidade de estande ao longo do tempo.

Sugestões bibliográficas

A literatura em português é pobre em livros que tratem de monitoramento de florestas e de inventário florestal contínuo. O livro de Péllico Netto e Brena (1997) trata do inventário contínuo com amostragem por substituição parcial, mas os estimadores apresentados são bastante diferentes dos expostos neste capítulo. Em inglês, o livro de Shiver e Borders (1996) apresenta um tratamento muito completo e didático do inventário florestal contínuo. A respeito do estudo de eventos incontroláveis em geral, e de levantamentos de impacto em particular, o artigo de Schwarz (1998) apresenta o tema de forma bastante completa e didática.

Quadro de conceitos

Conceitos básicos	Conceitos desenvolvidos
alterações temporais e monitoramento	alterações nos arvoredos
	alterações na composição de arvoredos da floresta
	alterações espaciais
	objetivos do monitoramento
	estimar estados da floresta
	estimar taxas de alteração da floresta
	acompanhar a ocorrência de eventos
	registrar o histórico da floresta
	avaliar impactos sobre a floresta
inventário florestal contínuo	objetivo do inventário florestal contínuo
	amostragem por substituição completa
	amostragem por remedição completa
	amostragem por substituição parcial
	estimadores para substituição parcial: duas ocasiões
	estimador da produção
	estimador do incremento líquido
	complexidade dos estimadores
levantamento de impactos	eventos incontroláveis
	eventos não repetíveis
	características dos levantamentos de impacto
	acompanhamento antes e depois do evento
	monitoramento ao longo do tempo
métodos de levantamento de impacto	levantamentos antes-depois
	levantamentos antes-depois com repetição no tempo
	levantamentos antes-depois-controle
	levantamentos BACI
	levantamentos antes-depois-controle pareados no tempo
	levantamentos BACI-P

Problemas

1) Considere o exemplo de inventário florestal contínuo em floresta plantada de eucalipto por meio da amostragem por substituição parcial em duas ocasiões e refira-se à Tab. 16.1. Encontre as estimativas de área basal média e produção em volume lenhoso com casca nas duas ocasiões de monitoramento.

2) Considere o exemplo de inventário florestal contínuo em floresta plantada de eucalipto por meio da amostragem por substituição parcial em duas ocasiões e refira-se à Tab. 16.1. Encontre as estimativas de incremento líquido para a área basal média e para o volume lenhoso com casca.

3) Refira-se ao exemplo de levantamento de impacto, no qual é apresentado o estudo do impacto de colheita em floresta amazônica no município de Paragominas, PA. Com base nos dados apresentados na Tab. 16.2, compare o impacto sobre a floresta da colheita de impacto reduzido com o impacto da colheita convencional.

Tab. 16.2 Dados do *DAP* médio e do *DAP* médio quadrático das árvores de arvoredos num levantamento de impacto em que foram monitoradas três situações: sítio controle, sítio impacto reduzido e sítio colheita tradicional. O tempo -1 se refere a um ano antes do impacto, enquanto o tempo 0 é imediatamente após o impacto e os demais tempos indicam anos após o impacto

Tempo após evento	*DAP* médio (cm)			*DAP* médio quadrático (cm)		
	Sítio controle	Impacto reduzido	Colheita trad.	Sítio controle	Impacto reduzido	Colheita trad.
-1	30,9	28,3	30,1	35,2	32,3	34,0
0	31,2	28,1	29,4	35,6	31,3	32,5
1	31,6	28,8	30,0	36,0	32,0	33,1
2	32,2	29,4	30,5	36,6	32,6	33,6
4	32,9	30,3	31,2	37,3	33,4	34,2
6	33,4	31,2	31,8	38,0	34,2	34,8

parte IV
APÊNDICES

apêndice A
SÓLIDOS GEOMÉTRICOS

A.1 Sólidos de revolução

Todos os sólidos geométricos de secção transversal circular podem ser gerados pela rotação de uma função matemática ao redor de um eixo no plano cartesiano. A Fig. A.1 mostra como a rotação de uma função $y = f(x)$ ao redor do eixo x gera um sólido de secção transversal circular. Assim, para cada função representada no plano cartesiano, existirá um sólido de revolução correspondente. Note que a função $y = f(x)$ representa o raio do sólido em função da altura ao longo do eixo de rotação.

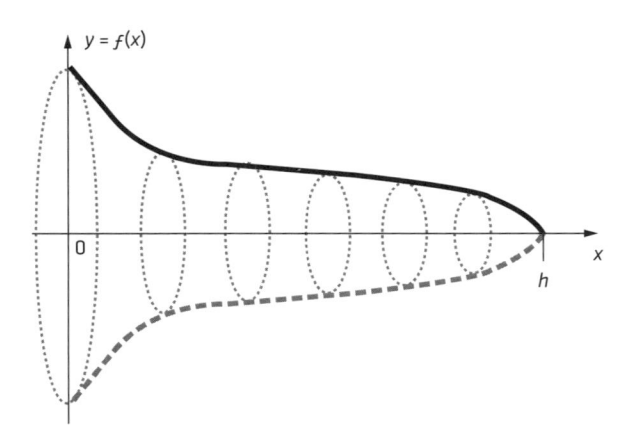

Fig. A.1 A rotação de uma função qualquer ($y = f(x)$) ao redor do eixo x (revolução) gera um sólido de base circular

Com base na função $f(x)$, é possível determinar o volume e a superfície do sólido de revolução formado pela sua rotação. Como a função define o perfil do sólido, ela representa o *raio* da secção transversal do sólido, que é circular. Para se obter o volume do sólido, basta integrar a área da secção transversal e, portanto, o quadrado da função $f(x)$:

$$v = \pi \int_0^h [f(x)]^2 \, dx$$

A superfície do sólido é determinada integrando-se o perímetro da secção transversal circular:

$$s = 2\pi \int_0^h f(x) \cdot dx$$

A.2 Sólidos da família do cilindro

Para se representar os sólidos geométricos da família do cilindro, basta buscar um conjunto de funções compatíveis com essa família e que represente a variação do raio da secção transversal dos sólidos geométricos em função da altura a partir da base do sólido. Uma expressão matemática conveniente para esse propósito é a seguinte:

$$y = \frac{d_b/2}{h^{\mathcal{K}}}(h-x)^{\mathcal{K}} \quad (A.1)$$

em que:
x é a variável que representa a distância da base até o topo do sólido;
y é a variável que representa o raio da secção transversal;
d_b é o diâmetro da base do sólido (constante);
h é a altura do sólido (constante);
$\mathcal{K}$ é a constante que identifica cada função associada a um sólido em particular.

A Fig. A.2 apresenta alguns exemplos dessa família para alguns valores particulares da constante $\mathcal{K}$. Para a constante $\mathcal{K} = 0$, o sólido formado pela revolução é o cilindro, enquanto que para o coeficiente $r = 1$, o sólido é o cone. Os sólidos com constante $\mathcal{K}$ entre 0 e 1 (entre o cilindro e o cone) são chamados genericamente de *paraboloides*; na Fig. A.2 é apresentado o *paraboloide quadrático* ($\mathcal{K} = 1/2$). Os sólidos com constante $\mathcal{K}$ maior que 1 (menores que o cone) são chamados genericamente de *neiloides*; a Fig. A.2 também mostra o *neiloide ordinário* ($\mathcal{K} = 3/2$).

A.2.1 Volume e fator de forma absoluto

A área da secção transversal do sólido de revolução é dada pela *área do círculo* cujo raio segue a Eq. A.2:

$$g(x) = \pi \cdot y^2 = \pi \left[\frac{d_b}{2h^{\mathcal{K}}}(h-x)^{\mathcal{K}}\right]^2 \quad (A.2)$$

O volume dos sólidos da família do cilindro pode ser determinado pela integral dessa área a partir da base ($x = 0$) até o topo ($x = h$):

$$v = \int_0^h g(x) \cdot dx = \pi \int_0^h \left[\frac{d_b}{2h^{\mathcal{K}}}(h-x)^{\mathcal{K}}\right]^2 dx$$

$$v = \left[\frac{1}{2\mathcal{K}+1}\right]\left(\frac{\pi}{4}\right)d_b^2 \cdot h \quad (A.3)$$

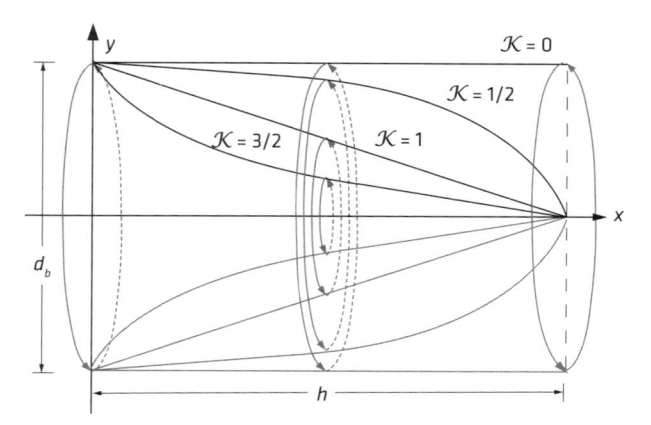

Fig. A.2 Formação dos sólidos geométricos a partir da rotação de uma função no plano cartesiano x-y que represente a variação do raio (y) em função da altura (x) a partir da base. Duas medidas dos sólidos permanecem inalteradas: o diâmetro da base (d_b) e a altura total (h). A constante $\mathcal{K}$ define o sólido de revolução formado pela função

Como no cilindro a constante $\mathcal{K}$ tem valor nulo ($\mathcal{K} = 0$), o fator:

$$f_a = \left[\frac{1}{2\mathcal{K}+1}\right] \quad (A.4)$$

estabelece a relação de proporcionalidade entre o volume do cilindro e o volume dos demais membros da sua família. Esse fator de proporcionalidade (f_a) é chamado de *fator de forma absoluto*.

A Fig. A.3 apresenta a família do cilindro indicando a constante $\mathcal{K}$ e o fator de forma absoluto. À medida que se afasta do cilindro, o fator de forma se torna menor, enquanto que a constante $\mathcal{K}$ aumenta. Os dois sólidos que são a referência na família são o cilindro ($\mathcal{K} = 0$; $f_a = 1$) e o cone ($\mathcal{K} = 1$; $f_a = 1/3$). Todos os sólidos posicionados entre o cilindro e o cone ($0 < \mathcal{K} < 1$; $1/3 < f_a < 1$) são chamados de *paraboloides*. A Fig. A.3 identifica três paraboloides importantes: o *paraboloide cúbico* ($\mathcal{K} = 1/3$; $f_a = 3/5$), o *paraboloide quadrático* ($\mathcal{K} = 1/2$; $f_a = 1/2$) e o *paraboloide semicúbico* ($\mathcal{K} = 3/2$; $f_a = 3/7$). Os sólidos cujo volume é menor que o do cone ($\mathcal{K} > 1$; $f_a < 1/3$) são chamados de *neiloides*. Dentre os neiloides, destaca-se o *neiloide ordinário* ($\mathcal{K} = 3/2$; $f_a = 1/4$).

Embora o fator de forma absoluto seja a *razão do volume* do sólido geométrico pelo volume do cilindro, ele é uma medida da *forma* do sólido. Ou seja, não existe uma *medida geométrica direta* da forma de um sólido. A forma de um sólido só pode ser adequadamente descrita

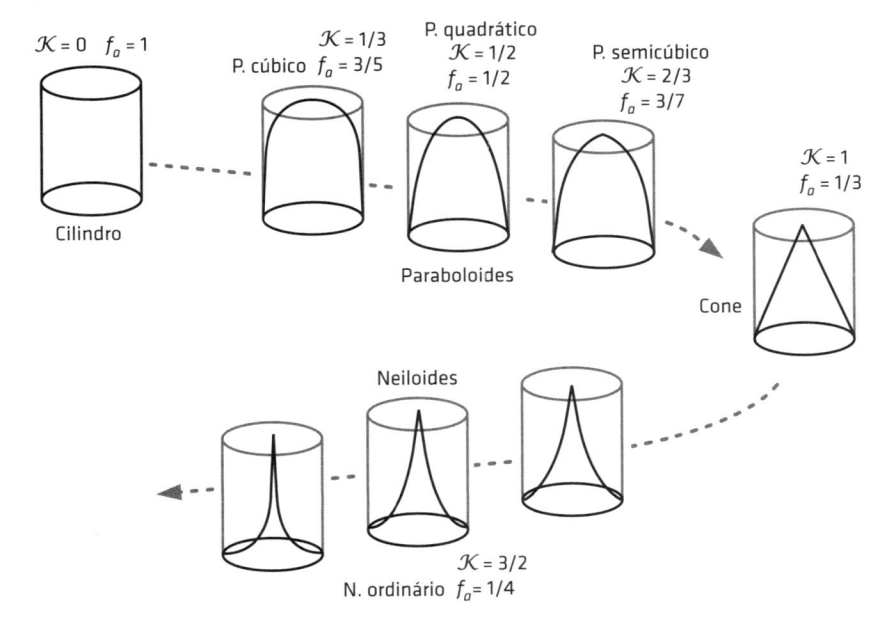

Fig. A.3 Sólidos geométricos da família do cilindro, indicando a constante $\mathcal{K}$ e o fator de forma absoluto (f_a) de alguns sólidos particularmente importantes

pelo seu perfil, isto é, por meio de uma função como aquela apresentada na Eq. A.1.

A.2.2 Superfície dos sólidos geométricos

Para se obter a *superfície* dos sólidos geométricos, integra-se o perímetro da sua secção transversal. Em virtude da revolução da função que define o sólido, esse perímetro é dado pelo *perímetro do círculo* cujo raio segue a função:

$$p(x) = 2\pi \cdot y = 2\pi \left[\frac{d_b}{2h^{\mathcal{K}}}(h-x)^{\mathcal{K}} \right] \quad (A.5)$$

Assim, a superfície do sólido é encontrada pela integral desse perímetro da base do sólido ($x = 0$) até o seu topo ($x = h$):

$$s = 2\pi \cdot y = 2\pi \int_0^h \frac{d_b}{2h^{\mathcal{K}}}(h-x)^{\mathcal{K}} dx$$

$$s = \left[\frac{1}{\mathcal{K}+1} \right] \pi \cdot d_b \cdot h \quad (A.6)$$

Novamente, o cilindro define a superfície de todos os sólidos da sua família por meio da constante de proporcionalidade que depende unicamente da constante $\mathcal{K}$:

$$f_s = \left[\frac{1}{\mathcal{K}+1} \right]$$

Esse fator também pode ser entendido como uma medida de forma, mas, nesse caso, a medida de forma dos sólidos geométricos está relacionada à razão das superfícies destes com a superfície do cilindro.

A Tab. A.1 apresenta alguns sólidos geométricos particulares e sua relação com o cilindro em termos de fator de forma absoluto e *fator de forma de superfície* como determinado pela constante $\mathcal{K}$.

A.3 Volume dos sólidos geométricos truncados

As toras e toretes do tronco ou galhos de uma árvore são mais bem representados por um sólido geométrico *truncado* (Fig. A.4), pois ao se truncar o sólido geométrico gera-se uma figura geométrica sem a ponta. O sólido formado terá um certo comprimento (l) e duas faces: a face da base (a_b), isto é, a face da ponta mais grossa da tora, e a fase do topo (a_l), a face da ponta mais fina da tora. Como a secção do sólido é circular, associa-se a cada face o seu respectivo diâmetro: o diâmetro da base (d_b) e o diâmetro do topo (d_l).

O método de cubagem por aproximação determina o volume de toras e toretes por expressões dos sólidos geométricos truncados que são chamadas de *fórmulas de cubagem*. A origem matemática das fórmulas de cubagem são as Eqs. A.1 e A.2. Como apresentado anteriormente, o volume do sólido truncado é obtido integrando-se a expressão da área da secção transversal, mas a integração

Tab. A.1 Sólidos geométricos da família do cilindro e sua relação com o volume e a superfície do cilindro como determinado pela constante $\mathcal{K}$

Sólido geométrico	Constante $\mathcal{K}$	Fator de forma absoluto	Fator de forma de superfície
Cilindro	0	$f_a = 1$	$f_s = 1$
Paraboloides	$0 < \mathcal{K} < 1$	$1 > f_a > 1/3$	$1 > f_s > 1/2$
Cúbico	$\mathcal{K} = 1/3$	$f_a = 3/5$	$f_s = 3/4$
Quadrático	$\mathcal{K} = 1/2$	$f_a = 1/2$	$f_s = 2/3$
Semicúbico	$\mathcal{K} = 2/3$	$f_a = 3/7$	$f_s = 3/5$
Cone	$\mathcal{K} = 1$	$f_a = 1/3$	$f_s = 1/2$
Neiloides	$1 < \mathcal{K} < \infty$	$1/3 > f_a > 0$	$1/2 > f_s = 1/2 > 0$
Ordinário	$\mathcal{K} = 3/2$	$f_a = 1/4$	$f_s = 2/5$

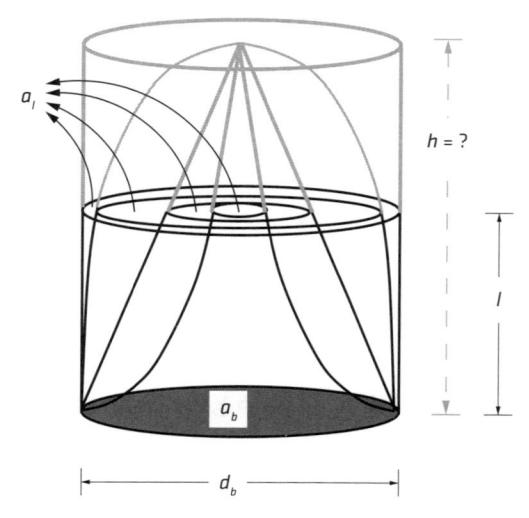

Fig. A.4 Representação geral dos sólidos geométricos de secção transversal circular e os seus correspondentes *truncados*. Os sólidos são definidos pela sua altura (h), sua área da base (a_b) e sua forma. Os sólidos truncados possuem o comprimento (l), que corresponde ao ponto na altura em que ele foi truncado, a área da extremidade maior (base: a_b) e a área da extremidade menor (topo: a_l)

é realizada da base ($x = 0$) até o ponto de truncamento do sólido ($x = l$):

$$v = \int_0^l g(x)\,dx = \int_0^l \pi \left[\frac{d_b/2}{h^{\mathcal{K}}}(h-x)^{\mathcal{K}}\right]^2 dx \quad \text{(A.7)}$$

Mas a Eq. A.7 assume o conhecimento da altura do sólido (h), que é desconhecida, uma vez que se trata de sólido truncado. Então, a Eq. A.1 deve ser reorganizada de modo que o ponto de truncamento ($x = l$) possa ser expresso como uma função da altura do sólido (h), do diâmetro da base (d_b) e do diâmetro do ponto de truncamento (d_l):

$$x = l \quad \Rightarrow \quad y = \frac{d_l}{2} = \frac{d_b/2}{h^{\mathcal{K}}}(h-l)^{\mathcal{K}}$$
$$\Rightarrow l = h\left[1 - \left(\frac{d_l}{d_b}\right)^{1/\mathcal{K}}\right] \quad \text{(A.8)}$$

As Eqs. A.7 e A.8 dependem da constante $\mathcal{K}$, que define o tipo de sólido. Dessa forma, a determinação do volume do sólido truncado dependerá desse coeficiente. O procedimento para obter uma expressão para o volume de um dado sólido truncado deve seguir estes passos:

1] definir o valor da constante $\mathcal{K}$ e desenvolver a Eq. A.7 abrindo o polinômio de grau ($2\mathcal{K} + 1$);
2] aberto o polinômio, substituir o valor do comprimento l pela Eq. A.8 e simplificá-la;
3] neste último processo de simplificação, a altura do sólido (h) deve desaparecer, permanecendo apenas as constantes: comprimento do sólido truncado (l), diâmetro da base (d_b) e o diâmetro do ponto de truncamento (d_l).

A aplicação desse procedimento para os quatro sólidos geométricos apresentados na Fig. A.2 quando truncados resulta nas seguintes expressões:

Cilindro ($\mathcal{K} = 0$):

$$v = \left(\frac{\pi}{4}\right) d_b^2 \cdot l = a_b \cdot l$$

Paraboloide quadrático ($\mathcal{K} = 1/2$):

$$v = \left(\frac{\pi}{4}\right) \frac{l}{2} \left[d_b^2 + d_l^2\right] = \frac{l}{2} \left[a_b + a_l\right]$$

Cone ($\mathcal{K} = 1$):

$$v = \left(\frac{\pi}{4}\right) \frac{l}{3} \left[d_b^2 + d_b d_l + d_l^2\right] = \frac{l}{3} \left[a_b + \sqrt{a_b \cdot a_l} + a_l\right]$$

Neiloide ordinário ($\mathcal{K} = 3/2$):

$$v = \left(\frac{\pi}{4}\right) \frac{l}{4} \left[d_b^2 + (d_b^2 \cdot d_l)^{2/3} + (d_b \cdot d_l^2)^{2/3} + d_l^2\right]$$
$$= \frac{l}{4} \left[a_b + \sqrt[3]{a_b^2 \cdot a_l} + \sqrt[3]{a_b \cdot a_l^2} + a_l\right]$$

Essas quatro expressões estão longe de representar a totalidade dos sólidos geométricos truncados, pois existe uma infinidade de paraboloides e neiloides, cada qual representado por um valor do coeficiente $\mathcal{K}$.

apêndice B
Medição, estimação e predição

No Cap. 4, foram apresentados os fundamentos da Metrologia, aprofundando-se os conceitos de medida e mensuração. A mensuração é uma forma de se obter informações quantitativas sobre árvores, arvoredos e florestas, mas não é a única forma de quantificação necessária aos estudos quantitativos. Muitas informações sobre as árvores são de mensuração muito custosa ou inviável, enquanto que informações sobre as florestas são com frequência impossíveis de serem medidas. Dois outros procedimentos são necessários para o estudo quantitativo: estimação e predição. Neste apêndice, os conceitos de estimação e predição são desenvolvidos, por meio de raciocínios analógicos, a partir do conceito de mensuração.

B.1 Estimação: analogia com medição

Medir é atribuir números (ou numerais) às grandezas de um objeto de acordo com uma escala. De forma análoga, o conceito de estimação pode ser definido como: *estimar é atribuir números a parâmetros de uma população de acordo com um processo de seleção de observações*.

Para se compreender essa definição, é necessário explicar as principais palavras utilizadas. A palavra *população* não é usada como um termo demográfico, pois trata-se de um termo técnico para designar todas as observações, de um certo tipo, referentes a um objeto de estudo. Por exemplo, se o interesse de estudo for o tamanho das árvores de uma floresta, o conjunto dos *DAP* de todas as árvores dessa floresta constitui uma população. A medição é um procedimento de quantificação focalizado num objeto (árvore ou arvoredo), já a estimação é um procedimento focado num conjunto de observações (a população) do objeto de estudo (a floresta).

A palavra *parâmetro*, por sua vez é utilizada de modo análogo à palavra *grandeza* na definição de medição. Mas a grandeza de um objeto se refere a um atributo concreto desse objeto (comprimento, área, volume, massa etc.), enquanto que o parâmetro é um atributo *abstrato* da população. No exemplo do estudo do tamanho das árvores da floresta, um parâmetro de interesse é o *DAP* médio. O *DAP* médio não é um atributo das árvores individuais, pois cada árvore tem o seu próprio *DAP*, ele é um atributo da população (conjunto dos *DAP* de todas as árvores). Embora o *DAP* médio seja uma informação muito útil no estudo do tamanho das árvores, ele não representa uma realidade material, pois pode acontecer que dentre todas as árvores da florestas nenhuma delas tenha o *DAP* igual ao *DAP* médio. O *DAP* médio só existe como uma quantidade referente ao conjunto dos *DAP* das árvores. Um parâmetro é exatamente isso: uma quantidade referente à população.

Conclui-se que no procedimento de estimação tanto o objeto quanto o atributo de interesse são de natureza muito distinta do objeto e do atributo do procedimento de medição. Mas o processo de atribuição também possui outra natureza. Enquanto na medição o número é atribuído segundo um processo de *comparação* entre grandeza e escala, na estimação utiliza-se um processo de *seleção* das observações para se determinar o número a ser atribuído. Dada a impossibilidade de se obter todas as observações da população, é necessário selecionar algumas delas para se atribuir o número adequado ao parâmetro. Voltando ao exemplo do tamanho das árvores, não sendo possível ou exequível observar o *DAP* de todas as árvores numa floresta, é necessário selecionar algumas árvores para determinar o *DAP* médio. Esse processo de seleção é tecnicamente designado como *amostragem*, já o conjunto das observações selecionadas para se determinar o valor do parâmetro é chamado de *amostra* e o valor atribuído ao parâmetro é dito *estimativa*.

Mas o que é medido e o que é estimado no estudo quantitativo de árvores e florestas? Os atributos das árvores individuais são geralmente medidos, como o *DAP*, a altura, o volume de madeira, a biomassa etc. Já no caso das florestas, os atributos medidos são geralmente de *natureza cartográfica*, isto é, são medidos com base em mapas: a área da floresta, a forma geométrica, a altitude, a declividade etc. As informações de natureza propriamente florestal são geralmente estimadas: o *DAP* médio, a altura média das árvores dominantes, o volume de madeira por unidade de área ($m^3 \cdot ha^{-1}$), a biomassa aérea por unidade de área ($Mg \cdot ha^{-1}$) ou o crescimento em volume ($m^3 \cdot ha^{-1} \cdot ano^{-1}$). O fundamental nessa questão é que a estimação é realizada com base em observações que são em si mesmas medidas.

É importante notar que, no estudo quantitativo de árvores e florestas, as palavras *medir* e *estimar* têm definições técnicas bem precisas, isto é, elas se referem a termos técnicos. Esses termos não devem ser confundidos com o sentido coloquial com que essas palavras são utilizadas na conversa cotidiana.

B.2 Incertezas do procedimento de estimação

O procedimento de estimação, assim como o de medição, é sujeito a incertezas. Como na medição, essas incertezas geram *erros* no valor estimado para os parâmetros. É necessário conhecer tais erros para garantir que a estimação produza resultados confiáveis.

Os erros de estimação são essencialmente de duas naturezas. Primeiramente, a qualidade da estimação está sujeita à *incerteza quanto à representatividade da amostra*. Em segundo lugar, toda estimativa tem uma certa *precisão*, isto é, tem um certo grau de *repetitividade*.

A representatividade da amostra é relativa a quão bem a amostra (conjunto das observações selecionadas) pode substituir a população (conjunto de todas as observações) no processo de determinação do valor do parâmetro. Essa incerteza depende da amostragem e de como as observações selecionadas são tratadas matematicamente. Quando a amostra tem um problema de representatividade, a estimativa do parâmetro obtida terá um erro que é chamado de *viés* ou *vício*. O conceito de viés é análogo ao conceito de erro sistemático da medição. Assim como num bom procedimento de medição não deve haver erro sistemático, num bom procedimento de estimação não deve haver viés.

Uma forma de se gerar o viés é o uso de um procedimento equivocado de amostragem. Por exemplo, num levantamento florestal, para se ganhar em rapidez e facilidade, evitou-se observar árvores muito distantes da borda da floresta ou em áreas de sub-bosque denso, onde o caminhamento é difícil. Assim, árvores distantes da borda ou em áreas de sub-bosque denso não estarão presentes na amostra ou estarão presentes numa proporção muito inferior a sua proporção na floresta. Como essas árvores tenderão a ter o *DAP* menor, o *DAP* médio resultante desse estudo estará sempre superestimado, ou seja, haverá um viés positivo na estimativa do *DAP* médio. Note-se que mesmo que seja amostrado um grande número de árvores, o viés positivo não desaparecerá, uma vez que ele é gerado pelo próprio procedimento de seleção das árvores.

O outro fator gerador de viés é a incongruência entre o procedimento de amostragem e o procedimento de cálculo da estimativa. Por exemplo, num levantamento florestal, as árvores foram selecionadas com probabilidade proporcional ao seu tamanho, isto é, quanto maior a árvore, maior a probabilidade de ela ser selecionada para a amostra. Logo, a amostra resultante é composta por uma quantidade maior de árvores grandes e por uma quantidade menor de árvores pequenas do que de fato ocorre na floresta. Se, ao se calcular o volume de madeira dessa floresta, as árvores na amostra forem tomadas como igualmente prováveis, isto é, como tendo a mesma probabilidade de seleção, independentemente do seu tamanho, a estimativa do volume de madeira será exagerada, terá um viés positivo. Nesse caso, o problema não está no procedimento de seleção, que possui uma certa estrutura (amostragem com probabilidade proporcional ao tamanho), mas no fato de que a estrutura do procedimento de amostragem foi ignorada no cálculo da estimativa, pois as observações foram tomadas como igualmente prováveis, o que não o são. Novamente, o aumento do número de árvores amostradas não corrigirá o viés positivo gerado pela incongruência entre o procedimento de amostragem e o cálculo da estimativa.

O segundo tipo de incerteza na estimação está relacionado à precisão da estimativa gerada. A palavra *precisão* deve ser entendida como sinônimo de repetitividade da estimativa. Suponha-se a situação totalmente hipotética em que uma dada população foi amostrada inúmeras vezes, segundo o mesmo procedimento de amostragem, e em cada amostra calculou-se a estimativa. A precisão associada ao procedimento de amostragem é o *grau* de repetitividade das estimativas obtidas nas inúmeras amostras. Na prática, sempre se toma uma única amostra e se calcula a estimativa uma única vez, pois a teoria da amostragem possibilita o cálculo tanto da estimativa quanto da sua precisão.

A precisão da estimativa depende de dois aspectos: a homogeneidade da população sendo amostrada e o *tamanho da amostra*, isto é, quantas observações compõem a amostra. Entre duas amostras igualmente representativas e de mesmo tamanho, a amostra obtida da população mais homogênea será mais precisa. Por outro lado, entre duas amostras igualmente representativas de uma mesma população, a amostra de maior tamanho terá maior precisão. Na medição, a precisão da medida depende do erro aleatório de medição. Analogamente, na estimação, a precisão da estimativa é definida na forma do *erro amostral*, que também é de natureza aleatória.

O acoplamento dos conceitos de representatividade e precisão deve ser entendido como a combinação do viés e do erro amostral para a formação do *erro da estimativa*. Seguindo uma abordagem análoga à abordagem utilizada para explicar o conceito de erro de medição, suponha-se um experimento totalmente hipotético em que uma dada população é amostrada um grande número de vezes, sempre pelo mesmo procedimento de amostragem, e seu parâmetro é estimado em cada uma das amostras. Nesse experimento hipotético, as seguintes quantidades são conhecidas:

- *valor de parâmetro*: valor fixo correto do parâmetro de interesse, obtido pela observação de toda a população.
- *estimativas*: obtidas em cada uma das amostras, com base nas observações selecionadas para aquela amostra; cada amostra terá sua estimativa e, portanto, as estimativas são variáveis entre as amostras.
- *valor esperado*: valor médio de todas estimativas obtidas.
- *erro da estimativa*: diferença entre o valor do parâmetro e a estimativa de cada amostra.
- *viés ou vício*: diferença entre o valor do parâmetro e o valor esperado.
- *erro amostral*: diferença entre o valor esperado e a estimativa de cada amostra.

Parte-se da definição do *erro de estimativa* como a diferença entre o valor do parâmetro e o valor das estimativas:

$$[\text{Erro da estimação}]_i = \text{Parâmetro} - [\text{Estimativa}]_i$$

em que i é o índice que identifica cada amostra ($i = 1, 2, \ldots, n$). Ao se introduzir o conceito de valor esperado:

$$[\text{Erro da estimação}]_i = [\text{Parâmetro} - \text{Valor esperado}]$$
$$+ [\text{Valor esperado} - \text{Estimativa}]_i$$

verifica-se que o erro da estimativa é a soma do viés e do erro amostral:

$$[\text{Erro da estimação}]_i = \text{Viés} + [\text{Erro amostral}]_i$$

Note-se que o viés é constante, pois ele depende apenas do procedimento de amostragem, enquanto que o erro amostral varia de uma amostra para outra, pois ele depende das observações efetivamente selecionadas em cada amostra.

É importante notar que existe uma relação análoga entre os procedimentos de medição e de estimação, entre os erros de medição e os erros de estimação. Mas os sinais são inversos, isto é, erro de estimação positivo indica *subestimação* e erro de estimação negativo indica *super*estimação, sendo o contrário no caso do erro de medição.

B.3 Lidando com as incertezas de estimação

Na medição, lida-se com a incerteza de cada medida individual, isto é, em cada medida obtida consideram-se os erros de medição. Num bom procedimento de medição, não há erro sistemático, enquanto que o erro aleatório é considerado e administrado em termos de algarismos significativos. Já um bom procedimento de estimação terá um viés muito pequeno ou nulo, mas o erro amostral será administrado com base no procedimento de estimação como um todo.

Para garantir que a amostra seja representativa e que a estimativa esteja livre de viés, os procedimentos de amostragem devem se basear na teoria da amostragem. A explanação que se segue apresenta de forma bastante resumida o aspecto central de como se lida com o erro amostral das estimativas.

A obtenção de uma amostra com base na teoria da amostragem permite não só o cálculo de uma estimativa coerente com o procedimento da amostragem, mas também o cálculo de uma estatística que indica o erro amostral dessa estimativa. Essa estatística é o *erro padrão da estimativa*, que mede o erro amostral com base na variabilidade das observações individuais ao redor da estimativa calculada. A expressão matemática do erro padrão da estimativa é:

$$\hat{\sigma} = \sqrt{\frac{\sum_{i=1}^{n}(y_i - \hat{y})^2}{n(n-1)}}$$

em que n é o tamanho da amostra, isto é, o número de observações na amostra, y_i é a $i^{\text{ésima}}$ observação ($i = 1, 2, \ldots, n$) e $\hat{y}$ é a estimativa calculada. O somatório é computado por todas as observações na amostra.

O erro amostral é calculado como um *intervalo de confiança* ao redor da estimativa:

$$\hat{y} \pm t_{(n-1;\alpha)} \cdot \hat{\sigma}$$

em que t_{n-1} é uma constante obtida da distribuição t de Student para uma amostra de tamanho n e para um dado *coeficiente de confiança*. Nos levantamentos e inventários florestais, geralmente se utiliza o coeficiente de confiança de 95%.

O intervalo de confiança é o instrumento para lidar com a incerteza na estimação. Toda estimativa deve ser acompanhada de um intervalo de confiança, para que a confiabilidade da estimativa possa ser conhecida. Quanto *menor* o intervalo de confiança, *maior* a confiabilidade da estimativa e vice-versa.

B.3.1 Exemplo de estimação

A Tab. B.1 apresenta as informações de *DAP* médio das árvores e do volume de madeira de 20 parcelas de um levantamento em floresta plantada. Esse levantamento utilizou a teoria da amostragem para a seleção adequada das parcelas, de forma que as estimativas calculadas podem ser consideradas sem viés.

Com base nas informações dessas parcelas, é possível estimar o *DAP* médio da floresta com o seu respectivo intervalo de confiança. Os cálculos resultam numa estimativa de *DAP* médio de 13,7 cm, com erro padrão de 0,2911 cm, de forma que o intervalo de confiança do levantamento é:

$$13{,}7 \pm (2{,}09)\,0{,}2911 \Rightarrow 13{,}7 \pm 0{,}61 \Rightarrow \approx 13\,\text{cm a}\, 14\,\text{cm}$$

Os cálculos da estimativa do volume médio de madeira na floresta geram uma estimativa de 259,1 m³·ha⁻¹,

Tab. B.1 Dados de 20 parcelas de levantamento em floresta plantada de eucalipto-urograndis em primeira rotação, em Itatinga (SP)

Parcela	DAP médio (cm)	Volume de madeira ($m^3 \cdot ha^{-1}$)
1	15	410
2	14	317
3	13	203
4	14	219
5	13	215
6	13	202
7	17	309
8	15	345
9	16	275
10	15	219
11	13	273
12	13	247
13	14	266
14	12	224
15	13	267
16	13	250
17	13	240
18	13	229
19	12	225
20	13	247

com erro padrão de $11{,}7157\, m^3 \cdot ha^{-1}$. O intervalo de confiança gerado pelo levantamento para o volume de madeira é:

$$259{,}1 \pm (2{,}09)\, 11{,}7157 \Rightarrow 259{,}1 \pm 24{,}52$$
$$\Rightarrow \approx 235 \text{ a } 284\, m^3 \cdot ha^{-1}$$

Nota-se que o erro amostral da estimativa do *DAP* médio é apenas de 4%, enquanto que para o volume de madeira o erro amostral é de 9%. É natural que, num mesmo levantamento, estimativas de atributos diferentes sejam obtidas com erros amostrais diferentes, sendo alguns atributos mais precisamente estimados do que outros. Nesse exemplo, ambos os atributos foram obtidos com erro amostral inferior a 10% com apenas 20 parcelas, o que constitui, em termos práticos, um resultado razoável.

B.4 Predição

O processo de *predição* é uma combinação dos processos de medição e de estimação. A predição envolve medição, pois ela utiliza grandezas medidas para determinar o valor de grandezas cuja medição é custosa ou impraticável. A predição pode ser definida da seguinte forma: *predizer é atribuir números a certas grandezas de um objeto, com base em outras grandezas medidas no mesmo objeto e segundo uma relação matemática estimada.*

Como na medição, a predição atribui números a grandezas de objetos. As grandezas de predição frequentes nos estudos florestais são a altura, o volume e a biomassa, no caso de árvores individuais, e a produção de madeira e a biomassa lenhosa, no caso dos arvoredos.

É importante notar que *grandeza predita* não é o mesmo que *grandeza derivada*. Nesta, a relação de derivação é uma relação matemática universal que foi deduzida matematicamente ou foi estabelecida por convenção. Já na predição, a relação entre grandezas medidas e grandezas preditas precisa ser estimada com base em um conjunto de observações referentes a uma situação particular.

Por exemplo, raramente a altura de uma árvore é medida diretamente. Os instrumentos de medição de altura medem os ângulos das visadas do topo e da base da árvore e a distância observador-árvore. A altura da árvore é derivada da relação trigonométrica entre os ângulos e a distância. A relação, sendo trigonométrica, é universal e, portanto, é válida para qualquer árvore, independentemente da espécie, idade, tipo de floresta, sistema de manejo, local etc.

Outro exemplo é a área transversal do tronco das árvores. A área transversal é definida, por convenção, como sendo a área de um círculo cujo diâmetro é igual ao *DAP*. Portanto, a área transversal é uma medida derivada do *DAP* com base na expressão da área do círculo.

Uma situação bastante distinta é quando nota-se que existe uma relação aproximada entre os *DAP* das árvores e suas alturas. Numa floresta em particular, a *relação média* entre o *DAP* e a altura pode ser aproximada por uma reta. Considerando uma amostra de árvores, em que ambas as medidas são tomadas, a relação média pode ser estimada. A relação estimada pode ser usada para, com base na medida do *DAP*, determinar a altura de uma árvore, sem precisar medi-la. Nesse caso, a altura da árvore foi determinada por *predição* e não por medição. Assim, a altura é uma *grandeza predita* com base na medida do *DAP*, que é a *grandeza preditora*.

O aspecto fundamental da predição está no fato de que a relação é sempre estimada para uma situação particular. A relação de predição nunca é universal, é sempre particular, ou seja, ela não pode ser utilizada indiscriminadamente em outras florestas. Por isso, essa relação é definida como uma *relação empírica*, isto é, uma relação obtida com base na amostra de uma floresta particular. É a amostra, não a relação matemática, que define a aplicabilidade da relação, além de determinar em qual situação a relação de predição pode ser aplicada de modo confiável.

B.4.1 Exemplo de predição

Os dados de uma parcela de inventário florestal em floresta de *Eucalyptus grandis* (Tab. B.2) podem ser utilizados para ilustrar uma situação prática na qual a predição é aplicada. Na parcela, todas as árvores tiveram o *DAP* e a altura total medidos, mas apenas 20 árvores foram abatidas e tiveram o volume de madeira medido destrutivamente. Para se determinar o volume de madeira na parcela, é necessário determinar o volume de madeira de todas as árvores na parcela.

Para determinar esse volume, pode-se construir uma relação entre o *DAP* e a altura das árvores e seu volume, utilizando apenas as informações da amostra de 20 árvores. Uma expressão matemática simples e eficiente para essa relação pode ser adequadamente obtida:

$$\hat{v}_i = 0{,}001108 + 0{,}0000348\,(d_i^2 \cdot h_i) \quad \text{(B.1)}$$

em que $\hat{v}_i$ é o volume predito para $i$ésima árvore, com base em seu *DAP* (d_i) e sua altura (h_i).

Utilizando essa relação, é possível predizer o volume de todas as 57 árvores da parcela e somá-los para obter o volume da parcela. O volume resultante é de $13{,}885\,\text{m}^3$ nos $500\,\text{m}^2$ da parcela, o que resulta numa predição de produção de $278\,\text{m}^3\cdot\text{ha}^{-1}$.

B.5 Incertezas associadas à predição

As incertezas associadas à predição são de origem tripla: incertezas de medição, incertezas associadas à relação de predição e incertezas associadas ao processo de estimação. Como a relação de predição estabelece uma associação entre *grandezas medidas*, as incertezas de medição são inevitáveis nesse processo de associação. Por outro lado, a utilidade da predição está no fato de ser estabelecida numa *amostra*, para depois ser aplicada à uma população. Logo, a relação precisa ser *estimada* com base numa amostra. Por fim, a relação de predição nunca é uma relação puramente matemática, pois, se assim o fosse, a predição seria o mesmo processo de medida derivada. É importante, portanto, refletir cuidadosamente sobre essas três origens das incertezas do processo de predição.

Com relação às incertezas de medição, o processo de predição pode estar sujeito aos erros de medição: erro sistemático e erro aleatório. A base do processo de predição é a confiança nas medidas obtidas para as grandezas envolvidas, de forma que se pode assumir que o erro sistemático é nulo ou desprezível nessas medidas. A influência do erro aleatório depende da grandeza em questão. No caso das grandezas preditas, o erro aleatório de medição será incorporado às incertezas da própria relação de predição. Já a importância do erro aleatório de medição das grandezas preditoras depende de sua magnitude, pois ele gera um vício nos valores preditos. Via de regra, a magnitude do erro aleatório de medição é considerada negligenciável nos modelos de predição florestal.

O processo de predição também terá as duas incertezas da estimação, conforme apresentado anteriormente. Em primeiro lugar, haverá a incerteza da representatividade da amostra: *quão representativa é a amostra na qual a relação preditiva será construída?* Se trata-se de uma amostra probabilística da população na qual a relação de predição será aplicada, então é garantida a sua representatividade?

Essa incerteza é impossível de ser quantificada, pois trata-se essencialmente de uma questão qualitativa: o *procedimento que gerou a amostra é confiável?* A confiabilidade deve ser entendida também como uma questão qualitativa: o *procedimento que gerou a amostra se baseou nos princípios da teoria da amostragem?*

O segundo tipo de incerteza relacionada à estimação é a incerteza amostral. Como a relação de predição é construída com base numa amostra e a amostra é uma

Tab. B.2 Dados de uma parcela de 500 m² em floresta de *Eucalyptus grandis*, em Itatinga (SP). As variáveis apresentadas são: *i* – numeração das árvores, *d* – DAP (cm), *h* - altura total (m), *v* – volume de madeira (m³)

i	d	h	v	i	d	h	v	i	d	h	v
1	12,4	21,1	0,13	21	14,4	26,5		41	15,5	26,4	
2	13,8	25,1		22	14,0	24,5		42	15,4	25,9	
3	14,7	25,7	0,22	23	17,1	27,0	0,29	43	20,5	27,3	0,42
4	12,4	22,4	0,13	24	16,2	27,7	0,26	44	14,4	23,1	
5	12,4	21,7	0,12	25	17,0	27,4		45	15,8	26,6	
6	15,6	25,7		26	19,0	26,9		46	15,6	25,8	
7	15,6	26,5		27	17,6	28,4	0,28	47	15,3	23,7	
8	12,4	25,2		28	17,0	27,5	0,29	48	20,2	26,3	
9	15,7	25,4	0,24	29	13,8	23,0	0,15	49	20,0	26,7	
10	10,5	20,8		30	16,4	27,1	0,23	50	17,7	25,4	0,29
11	16,7	26,5	0,27	31	16,5	26,0		51	17,8	26,7	0,30
12	13,9	20,9		32	10,0	15,7		52	17,9	27,3	0,34
13	16,1	26,7	0,27	33	16,5	27,2		53	17,4	28,0	
14	15,9	27,0	0,28	34	15,5	26,2		54	16,8	26,4	
15	18,1	27,5	0,34	35	16,3	26,7		55	14,7	24,4	
16	19,2	27,5		36	16,8	25,6		56	18,5	24,7	
17	11,0	20,1		37	13,3	21,8		57	20,8	27,4	
18	17,4	25,0		38	15,2	26,5					
19	15,6	26,5		39	14,6	20,6					
20	16,9	26,0		40	18,5	27,3	0,31				

parte (representativa) da população, surge a incerteza a respeito do grau ou tamanho da diferença entre a relação preditiva obtida na amostra e a relação *verdadeira* na população. A incerteza amostral é quantitativa, sendo expressa pelo *erro amostral*, o qual depende do tamanho da amostra. Logo, essa incerteza pode ser reduzida aumentado-se o tamanho da amostra.

B.5.1 Incerteza estocástica e de aproximação

Além do aspecto mensuracional e do aspecto de estimação, há duas incertezas diretamente associadas à relação de predição. A *incerteza estocástica* se refere à natureza da relação entre as grandezas, enquanto que a *incerteza de aproximação* se refere à representação ou modelagem dessa relação.

A relação de predição é de natureza estocástica, isto é, probabilística. Num dado povoamento florestal, todas as árvores com DAP de 25 cm *não* terão exatamente a mesma altura. Da mesma forma, numa amostra de árvores abatidas, aquelas que têm DAP e altura iguais *não* terão todas o mesmo volume ou biomassa. Mas esse fato não é válido somente na amostra, ele ocorre também na floresta (população). Mesmo que todas as árvores de uma floresta fossem medidas, dispensando a necessidade de uma amostra, as incertezas referentes à estimação seriam eliminadas, mas a incerteza estocástica permaneceria.

A incerteza estocástica é inerente à própria relação entre as grandezas florestais. A natureza estocástica é resultado direto da estrutura das florestas. No exemplo da relação entre DAP e altura das árvores, não existe uma relação puramente matemática entre essas duas medidas. A relação matemática pode ser concebida como uma *relação média* entre *DAP* e altura, ao redor da qual as medidas das árvores estão dispersas.

Numa floresta plantada, onde as árvores são da mesma espécie e da mesma idade, a dispersão ao redor de uma relação média é menor do que numa floresta nativa, que é formada por árvores de espécies e idades diferentes. A maior ou menor incerteza estocástica é inerente à estrutura da floresta, não há nada que se possa fazer para reduzi-la. A Fig. B.1 ilustra a tendência de menor incerteza em florestas homogêneas (florestas plantadas) do que em florestas heterogêneas (florestas nativas).

O outro tipo de incerteza associada à relação de predição é a *incerteza de aproximação*. A relação média entre grandeza preditora e grandeza predita deve ser explicitada na forma de uma função matemática, que é chamada de *modelo*. Na Fig. B.1, a relação média é representada por uma linha que cruza a *nuvem* de ob-

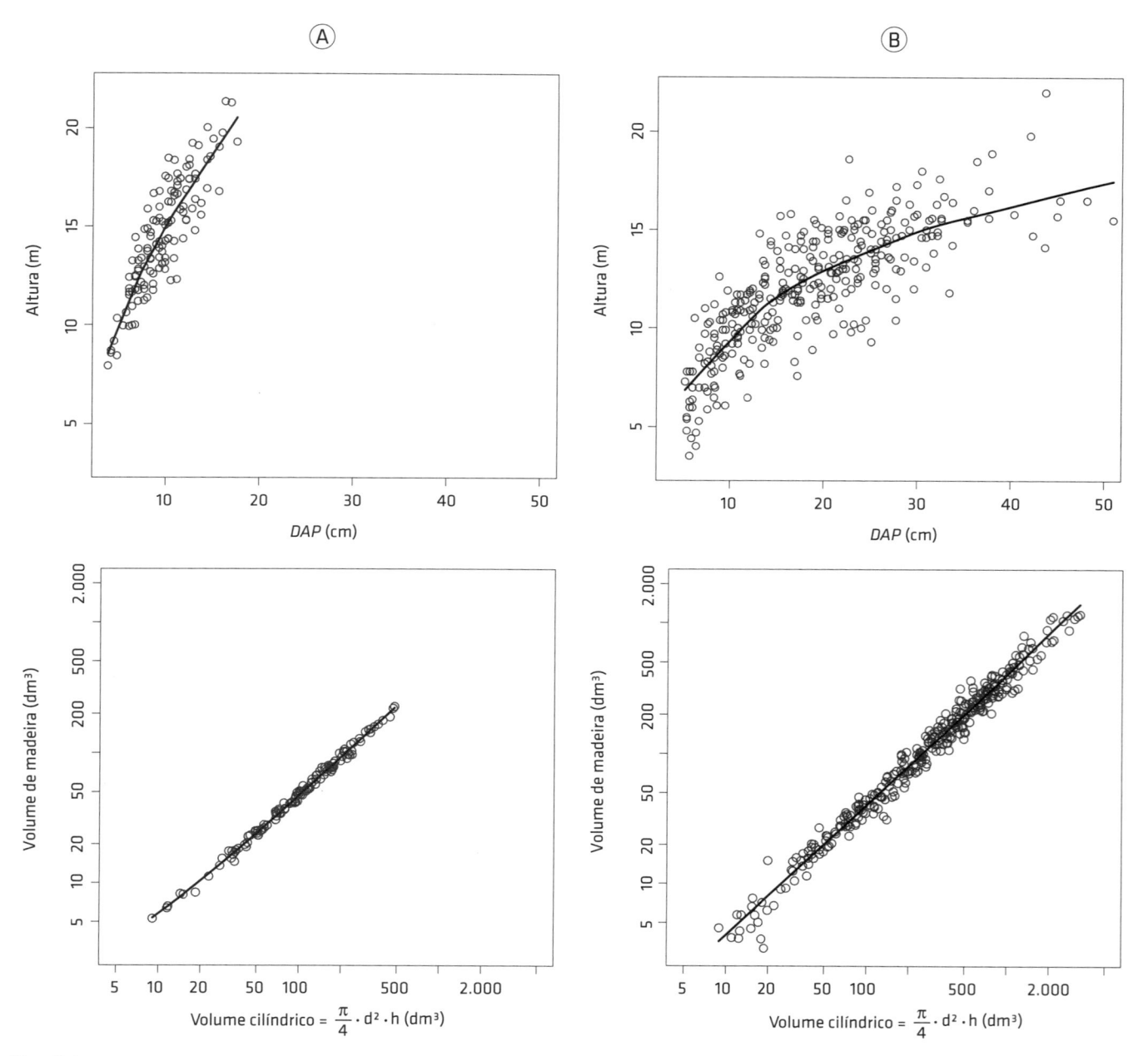

Fig. B.1 Exemplos de relações entre grandezas florestais para (A) florestas plantadas de *Eucalyptus grandis* (Bofete, SP) e (B) florestas nativas com domínio de *Tabebuia cassinoides* – caxetais (Vale do Ribeira, SP). A linha que cruza a nuvem de observações representa a relação média entre as grandezas

servações. Em qualquer situação particular, nunca se sabe antecipadamente qual é o modelo mais apropriado para representar a relação de predição. O melhor que se pode fazer é utilizar alguns modelos candidatos e compará-los para verificar qual deles representa melhor a relação estudada.

Mas, mesmo depois de escolhido o *melhor modelo*, a incerteza de aproximação permanece. Primeiramente, porque o *melhor modelo* não é o *modelo verdadeiro* que gerou as grandezas observadas. Em segundo lugar, porque, para se escolher o modelo, a comparação foi realizada com base numa amostra e não com todas as observações da população. Dessa forma, a incerteza de aproximação também não pode ser eliminada, nem mesmo conhecida.

B.6 Agregação de medidas e predições

A predição é um procedimento básico e inevitável no processo de quantificação de árvores, arvoredos e florestas. Nas florestas em que existe uma forte relação DAP-altura, a predição da altura pelo DAP é utilizada para reduzir o tempo de medição em campo, aumentando a velocidade e diminuindo o custo dos levantamentos florestais. A determinação do volume ou biomassa das árvores individuais na floresta é realizada por meio de relações de predição estabelecidas em amostras destrutivas, nas quais as árvores são abatidas para que seu volume ou biomassa possa ser medido. O monitoramento das florestas, que acompanha a variação no crescimento em biomassa ou em produção tanto das árvores individualmente quanto de povoamentos florestais, só é possível quando existem relações de predição que permitam determinar a biomassa ou a produção em cada ocasião em que as árvores são medidas.

Mas as várias incertezas de naturezas distintas associadas ao processo de predição mostram que ele é mais complexo que os processos de medição e de estimação, pois é uma combinação de ambos. A complexidade do processo e suas incertezas podem dar a impressão de que a predição é um processo pouco confiável, mas essa é uma impressão falsa.

As medidas e as predições possuem uma propriedade que reduz algumas das incertezas associadas a elas. Ao se agregar medidas sem erro sistemático ou predições sem vício de estimação, o valor agregado resultante terá *incerteza relativa* menor que a incerteza das medidas ou das predições individuais. Essa redução da incerteza relativa é o mesmo que o ganho na precisão relativa do valor agregado e resulta do fato de que o erro aleatório da medição e a incerteza estocástica da predição tendem a ter uma dispersão simétrica ao valor zero, isto é, os valores negativos e positivos se anulam ao serem agregados. Quanto maior o número de medidas ou de predições agregadas, maior a influência desse efeito compensatório e, consequentemente, maior a redução da incerteza relativa no valor agregado.

B.6.1 Exemplo de agregação de predições

No exemplo da parcela de floresta plantada de *Eucalyptus grandis* (Tab. B.2), foi apresentada uma relação de predição do volume de madeira estabelecida com base numa amostra de 20 árvores da parcela. Como se trata de uma pesquisa, as demais árvores da parcela também foram abatidas e tiveram seu volume medido.

A Fig. B.2 mostra a diferença relativa (%) entre o volume medido e o volume predito com base na relação de predição dessa amostra de 20 árvores. Nota-se que a diferença relativa varia entre pouco menos de -25% e pouco mais de +10% para as árvores individuais, e que a magnitude da diferença é independente do tamanho da árvore (DAP).

Ao se somar os volumes medidos das árvores na parcela se obtém o valor de $281\,m^3 \cdot ha^{-1}$. Já a soma dos volumes preditos resulta em $278\,m^3 \cdot ha^{-1}$. A diferença entre os valores agregados é de apenas $3\,m^3 \cdot ha^{-1}$, o que resulta numa diferença relativa de apenas 1,1%. Das 57 árvores na parcela, apenas seis possuem uma diferença relativa menor que esse valor.

Esse exemplo mostra que a incerteza associada à predição de grandezas nas árvores individuais se torna bastante menor quando as predições das árvores são agregadas numa grandeza associada à parcela. O processo de predição, portanto, pode ser bastante confiável.

O aspecto fundamental da confiabilidade das predições é a eliminação, ou a redução a níveis negligenciáveis, do erro sistemático das medições e do vício de estimação. No caso do vício de estimação, isso só é conseguido quando a relação de predição é representativa da floresta ou do arvoredo em que será aplicada. A representatividade da relação de predição só pode ser

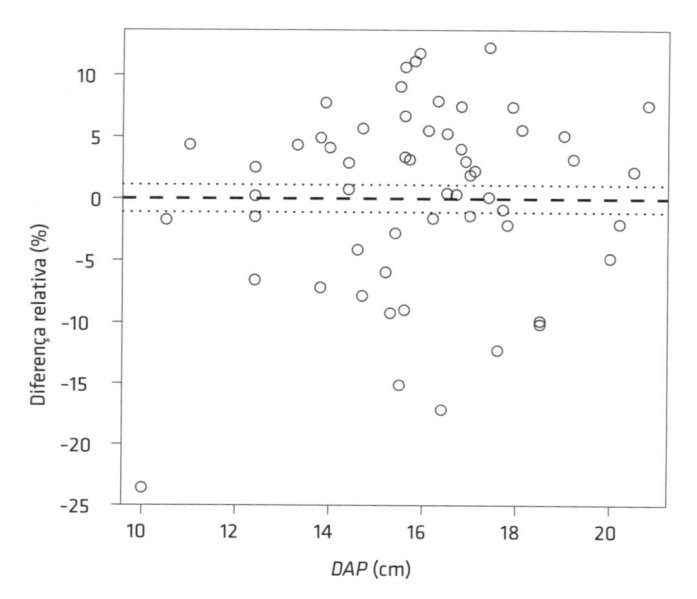

Fig. B.2 Diferença relativa (%) do volume medido e do volume predito em uma parcela de 500 m² em floresta de *Eucalyptus grandis*. Cada ponto representa uma árvore, cujo volume foi predito por uma relação de predição estabelecida com base numa amostra de 20 árvores da parcela (Tab. B.2). As linhas pontilhadas paralelas à linha tracejada na posição de diferença nula representam o erro relativo no volume predito da parcela, isto é, agregando o volume predito das árvores garantida por uma amostra representativa tomada na própria floresta ou arvoredo.

B.7 Interpolação e extrapolação

Como foi dito, a qualidade das predições dos atributos de árvores e arvoredos depende, dentre outros fatores, da qualidade da amostra utilizada para construir a relação de predição. É importante enfatizar que a confiabilidade de uma predição não é matemática. Embora a relação de predição seja uma relação matemática, ela é uma relação matemática *estimada*. Portanto, a confiabilidade de uma predição florestal depende da qualidade da sua estimação, isto é, da amostra na qual a relação de predição foi construída.

O âmbito de aplicação de uma relação de predição, portanto, está restrito ao âmbito amostral no qual a relação foi construída. Chama-se de *interpolação* a aplicação de uma relação de predição dentro do âmbito da sua amostra de construção, enquanto que *extrapolação* é a aplicação de uma relação de predição fora do seu âmbito. A confiabilidade da predição obtida só é válida quando se realiza a interpolação. As predições geradas por extrapolação não possuem confiabilidade amostral e, portanto, também não possuem confiabilidade estatística.

Deve-se entender por *âmbito* de uma amostra todos os aspectos que a caracterizam, inclusive os aspectos qualitativos, por exemplo, a espécie ou espécies arbóreas, o local, o sítio ou formação florestal e o sistema de manejo. A identificação de interpolação ou extrapolação quanto aos atributos qualitativos da amostra é essencialmente uma questão de bom senso profissional. Quanto aos atributos quantitativos, contudo, a interpolação e a extrapolação podem ser definidas com base nas *amplitudes de variação* dos atributos na amostra. A aplicação da relação de predição para valores dentro dos intervalos de variação da amostra é interpolação, mas aplicação para valores fora dos intervalo é extrapolação.

No caso da relação de predição da Eq. B.1, a Tab. B.2 estabelece as seguintes amplitudes de variação na amostra:

DAP: 10 cm a 20,8 cm

Altura: 15,7 m a 28,4 m

Volume: 0,12 m³ a 0,42 m³

A predição do volume para uma árvore com *DAP* de 40 cm ou de altura de 37 m será uma *extrapolação* da relação de predição, ainda que essas árvores sejam observadas na mesma floresta em que a amostra foi tomada.

B.8 Conclusão

Todas-as operações de quantificação e monitoramento de árvores, arvoredos e florestas são baseadas nos procedimentos de medição, estimação e predição. O resultado final de levantamentos e sistemas de monitoramento é sempre uma combinação complexa desses três procedimentos básicos. Nesse apêndice, esses procedimentos foram apresentados numa perspectiva geral visando a sua compreensão conceitual.

apêndice C
Regressão linear

Regressão linear é uma técnica estatística que permite estimar os parâmetros de relações de predição cuja função matemática tem a estrutura linear. Neste apêndice, a apresentação desse tópico é dividida por motivos didáticos em dois procedimentos: a regressão linear simples e a regressão linear múltipla. Acrescenta-se uma breve exposição de critérios para seleção e comparação de modelos candidatos. A apresentação é introdutória, concisa e simplificada. Ela visa antes motivar o leitor para o estudo desse tópico que expô-lo na profundidade que seria necessária para o desenvolvimento de bons modelos florestais. O tratamento da regressão linear múltipla requer o conhecimento elementar de álgebra de matrizes.

C.1 Regressão linear simples

A regressão linear simples é uma técnica de estimação dos parâmetros de modelos lineares com apenas dois parâmetros ou, o que é equivalente, com apenas uma variável preditora. Ela é uma técnica de regressão de fácil aplicação, podendo ser implementada até mesmo em calculadoras científicas simples.

C.1.1 Modelo linear simples

O modelo linear simples tem a seguinte forma:

$$y_i = \beta_0 + \beta_1 \cdot x_i + \varepsilon_i$$

em que:
$i = 1, 2, 3, \ldots, n$ é o índice das observações na amostra de construção da relação de predição;
β_0 e β_1 são os parâmetros a serem estimados;
y_i é a variável resposta, isto é, a variável a ser predita;
x_i é a variável preditora; e
ε_i é o componente estocástico do modelo.

Variável resposta e variável preditora são designações genéricas para muitas variáveis diferentes dependendo do modelo florestal em questão. No caso da relação hipsométrica, a variável resposta é a altura da árvore (h) ou qualquer transformação dela, como a transformação logarítmica ($\ln(h)$), enquanto que a variável preditora é o DAP (d) ou qualquer transformação dela, como a transformação logarítmica ($\ln(d)$) ou a transformação inversa ($1/d$). Nas equações de volume, a variável resposta é o volume, ou qualquer transformação dele, enquanto que nas equações de biomassa a variável resposta é a biomassa ou variantes dela. Nesses dois tipos de modelo, as variáveis preditoras mais frequentemente usadas são o DAP (d), a altura (h) e a variável combinada ($d^2 \cdot h$), ou as diversas transformações dessas variáveis. Já nos modelos de índice de sítio, a variável resposta é a altura média das árvores dominantes, e a variável preditora é a idade da floresta, ou transformações dessas variáveis.

Na geometria analítica, a função matemática ($\beta_0 + \beta_1 \cdot x_i$) do modelo linear simples é a expressão algébrica da reta no plano cartesiano (Fig. C.1A). O parâmetro β_0 indica o ponto em que a reta intercepta o eixo das ordenadas (eixo Y) e, por isso, é chamado de *intercepto*. Já o parâmetro β_1 indica a inclinação da reta, sendo, portanto, chamado de *inclinação*. Ele pode ser entendido como a razão da variação em y (Δy) pela variação em x (Δx).

O componente estocástico do modelo (ε_i) indica a dispersão das observações ao redor da reta (Fig. C.1B). Os modelos lineares em geral, incluindo o modelo linear simples, assumem como premissa que o componente estocástico tem média nula ($\sum_{i=1}^{n} \varepsilon_i = 0$) com *dispersão simétrica* ao redor da função matemática do modelo. Dispersão simétrica significa que a dispersão dos valores positivos do componente estocástico é idêntica à dispersão dos valores negativos.

Para diferenciar as grandezas estimadas, obtidas com base na amostra, das grandezas teóricas do modelo, referentes à população, utiliza-se o acento circunflexo sobre as grandezas estimadas. Assim, as estimativas dos parâmetros são apresentadas como $\widehat{\beta}_0$ e $\widehat{\beta}_1$.

C.1.2 Método dos quadrados mínimos

Matematicamente, o componente estocástico pode ser expresso pela diferença da variável resposta (y_i) e a função matemática do modelo:

$$y_i = \beta_0 + \beta_1 \cdot x_i + \varepsilon_i, \quad \Rightarrow \quad \varepsilon_i = y_i - (\beta_0 + \beta_1 \cdot x_i)$$

Esse componente não pode ser conhecido, pois exige o conhecimento dos valores *verdadeiros* dos parâmetros, o que implica o conhecimento de toda a população.

Mas, uma vez estimados os parâmetros, é possível calcular o *resíduo* pela expressão:

$$e_i = y_i - \left(\widehat{\beta}_0 + \widehat{\beta}_1 \cdot x_i\right)$$

O resíduo é o elemento análogo ao componente estocástico, mas calculado apenas para as observações presentes na amostra. Assim, é possível estabelecer critérios a respeito do resíduo para determinar como os parâmetros devem ser estimados.

As melhores estimativas dos parâmetros são aquelas que fazem o modelo de predição ser o mais preciso possível. Como os resíduos serão positivos e negativos, a melhor medida *inversa* da precisão é o *quadrado do resíduo*. Logo, as melhores estimativas são aquelas que tornam a *soma de quadrados do resíduo* a menor soma possível. Essas estimativas são chamadas de *estimativas de quadrados mínimos* e o método para encontrá-las é designado como *método dos quadrados mínimos*.

O método dos quadrados mínimos consiste em utilizar a soma dos quadrados do resíduo como uma função das estimativas dos parâmetros, tomando-se os valores das grandezas y_i e x_i como valores fixos e conhecidos, pois são dados pela amostra:

$$Q(\widehat{\beta}_0, \widehat{\beta}_1 | y_i, x_i) = \sum_{i=1}^{n} e_i^2 = \sum_{i=1}^{n} \left[y_i - \left(\widehat{\beta}_0 + \widehat{\beta}_1 \cdot x_i\right) \right]^2$$

Para se encontrar as estimativas que fornecem o valor mínimo dessa função, é necessário determinar as primeiras derivadas dela em relação às estimativas e igualá-las a zero:

$$\frac{\partial Q}{\partial \widehat{\beta}_0} = \widehat{\beta}_0 \cdot n + \widehat{\beta}_1 \sum_{i=1}^{n} x_i - \sum_{i=1}^{n} y_i = 0$$

$$\frac{\partial Q}{\partial \widehat{\beta}_1} = \widehat{\beta}_0 \sum_{i=1}^{n} x_i + \widehat{\beta}_1 \sum_{i=1}^{n} x_i^2 - \sum_{i=1}^{n} x_i \cdot y_i = 0$$

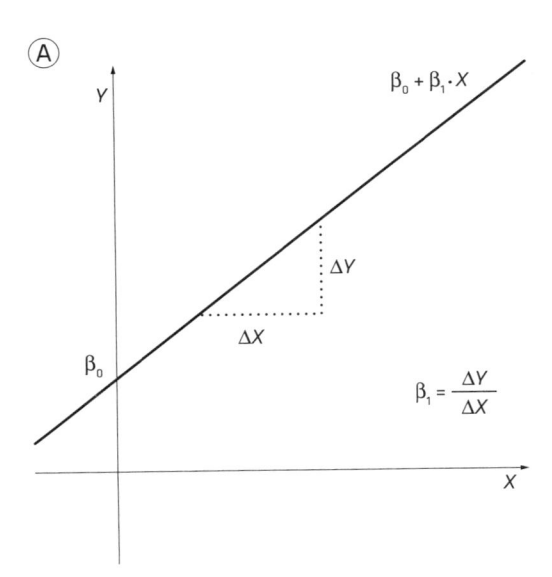

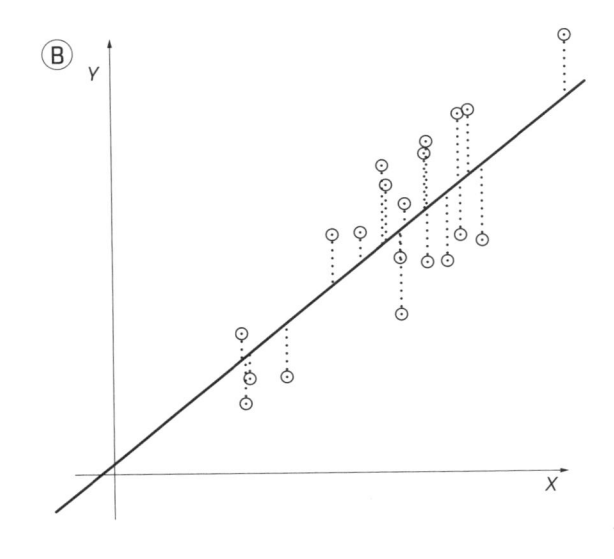

Fig. C.1 Representação do modelo linear simples: (A) função matemática do modelo no plano cartesiano, (B) componente estocástico do modelo (linhas verticais pontilhadas) indicando a dispersão das observações ao redor da reta

Para obter a solução simultânea das duas equações, é necessário solucionar o sistema linear com duas equações em que as incógnitas são as estimativas:

$$\Rightarrow \begin{cases} \widehat{\beta}_0 \cdot n + \widehat{\beta}_1 \sum_{i=1}^{n} x_i = \sum_{i=1}^{n} y_i \\ \widehat{\beta}_0 \sum_{i=1}^{n} x_i + \widehat{\beta}_1 \sum_{i=1}^{n} x_i^2 = \sum_{i=1}^{n} x_i \cdot y_i \end{cases}$$

Esse sistema é chamado de *sistema de equações normais*, e a sua solução gera as estimativas de quadrados mínimos:

$$\widehat{\beta}_1 = \frac{\sum y_i \cdot x_i - (\sum x_i \sum y_i)/n}{\sum x_i^2 - (\sum x_i)^2 /n}$$

$$\widehat{\beta}_0 = (\sum_{i=1}^{n} y_i/n) - \widehat{\beta}_1 (\sum_{i=1}^{n} x_i/n) = \overline{y} - \widehat{\beta}_1 \cdot \overline{x}$$

As estimativas de quadrados mínimos dos parâmetros do modelo linear simples são funções de somatórios das variáveis resposta e preditora. Elas podem ser facilmente obtidas utilizando-se calculadores ou planilhas eletrônicas em computadores, automatizando-se a parte mais tediosa, e também mais sujeita a erro, que é o cálculo desses somatórios.

Uma vez obtidas as estimativas de quadrados mínimos, é possível explicitar a *equação de predição* que será utilizada:

$$\widehat{y} = \widehat{\beta}_0 + \widehat{\beta}_1 \cdot x$$

Note-se que os valores preditos da variável resposta ($\widehat{y}$) são indicados com o acento circunflexo para diferenciá-los dos valores observados (y).

C.1.3 Exemplo de regressão linear simples

Para exemplificar a regressão linear simples, uma equação de volume será construída utilizando os dados da Tab. B.2 e o modelo da variável combinada, em que o volume de madeira (v) é uma função linear simples da variável combinada ($d^2 \cdot h$):

$$v_i = \beta_0 + \beta_1 (d_i^2 \cdot h_i) + \varepsilon_i \quad i = 1, 2, \ldots, 20$$

Os somatórios das variáveis resposta e preditora resultantes são:

$$\sum v_i = 5{,}1470$$
$$\sum v_i^2 = 1{,}4407$$
$$\sum (d_i^2 \cdot h_i) = 14.1545{,}1$$
$$\sum (d_i^2 \cdot h_i)^2 = 1.092.211.562{,}7$$
$$\sum (d_i^2 \cdot h_i) v_i = 39.574{,}5$$
$$n = 20$$

As estimativas de quadrados mínimos geram a seguinte equação de predição:

$$\widehat{v} = \widehat{\beta}_0 + \widehat{\beta}_1 \ (d^2 \cdot h)$$
$$\widehat{v} = 0{,}01108413 + 0{,}00003478682 \ (d^2 \cdot h)$$

Na regressão linear, não é necessário se preocupar com a conversão de unidades, pois as estimativas dos parâmetros incorporam as unidades de medida das variáveis e fazem as conversões necessárias. No ajuste da equação apresentado anteriormente, utilizaram-se as mesmas unidades das variáveis presentes na Tab. B.2 e as unidades das estimativas são:

$$\hat{\beta}_0 = 0{,}01108413 \, m^3 \qquad \hat{\beta}_1 = 0{,}00003478682 \, \frac{m^3}{cm^2 \cdot m}$$

Caso a variável combinada fosse definida em m^3, a estimativa de β_1 seria ajustada para o valor adequado:

$$\left(\frac{d}{100}\right)^2 h \longrightarrow \hat{\beta}_1 = 0{,}3478682 \, \frac{m^3}{m^3}$$

A soma do volume predito por essa equação para as 57 árvores da parcela totaliza $13{,}89 \, m^3$, que numa parcela de $500 \, m^2$ representa uma produção de $278 \, m^3 \cdot ha^{-1}$.

C.2 Regressão linear múltipla

C.2.1 Modelo linear múltiplo

O modelo linear múltiplo surge quando se utiliza duas ou mais variáveis preditoras para obter predições da variável resposta. Sua forma genérica é:

$$y_i = \beta_0 + \beta_1 \cdot x_{i1} + \beta_2 \cdot x_{i2} + \ldots + \beta_p \cdot x_{ip} + \varepsilon_i$$

em que $x_1, x_2, \ldots, x_p$ são as p variáveis preditoras correspondente aos parâmetros $\beta_1, \beta_2, \ldots, \beta_p$, respectivamente, sendo os demais termos iguais às expressões anteriores. Essa expressão generaliza o modelo linear simples, pois apresenta um modelo linear com p variáveis preditoras e, portanto, com $p+1$ parâmetros. Na geometria analítica, esse modelo representa um *hiperplano* num espaço com $p+1$ dimensões. O primeiro parâmetro (β_0) é o intercepto, isto é, o ponto em que o hiperplano cruza as ordenadas (eixo Y). Já os demais parâmetros ($\beta_j, j = 1, 2, \ldots, p$) são as inclinações do hiperplano na direção de cada um dos p eixos das variáveis preditoras.

Para simplificar a explanação do modelo múltiplo, será utilizado um modelo com duas variáveis preditoras, para que a representação da geometria analítica seja realizada no espaço cartesiano tridimensional. Assim, o modelo múltiplo com duas variáveis preditoras se torna:

$$y_i = \beta_0 + \beta_1 \cdot x_{i1} + \beta_2 \cdot x_{i2} + \varepsilon_i$$

Graficamente, o modelo é representado por um plano no espaço tridimensional (Y, X_1, X_2), sendo β_0 o ponto em que o plano intercepta o eixo Y, enquanto que β_1 e β_2 são as inclinações do plano na direção dos eixos X_1 e X_2, respectivamente (Fig. C.2A).

Novamente, o componente estocástico do modelo é representado por segmentos de reta verticais (na direção do eixo Y) que indicam a distância entre os valores observados para variável resposta e os valores preditos pelo modelo.

C.2.2 Método dos quadrados mínimos no modelo múltiplo

No modelo linear múltiplo, as estimativas dos parâmetros também são obtidas pelo método de quadrados mínimos. Para se obter uma solução geral das estimativas, uma solução que seja independente do número da variável preditora no modelo, ou seja, de parâmetros a serem estimados, é necessário apresentar o modelo múltiplo na forma matricial.

No modelo múltiplo:

$$y_i = \beta_0 + \beta_1 \cdot x_{i1} + \beta_2 \cdot x_{i2} + \varepsilon_i$$

o índice i ($i = 1, 2, \ldots, n$) corresponde às observações da amostra selecionada para construir o modelo. Logo, essa expressão corresponde de fato a n equações:

$$y_1 = \beta_0 + \beta_1 \cdot x_{11} + \beta_2 \cdot x_{12} + \varepsilon_1$$
$$y_2 = \beta_0 + \beta_1 \cdot x_{21} + \beta_2 \cdot x_{22} + \varepsilon_2$$
$$y_3 = \beta_0 + \beta_1 \cdot x_{31} + \beta_2 \cdot x_{32} + \varepsilon_3$$
$$\ldots = \ldots$$
$$y_n = \beta_0 + \beta_1 \cdot x_{n1} + \beta_2 \cdot x_{n2} + \varepsilon_n$$

Essas n equações podem ser organizadas numa única equação matricial:

$$\begin{bmatrix} y_1 \\ y_2 \\ y_3 \\ \vdots \\ y_n \end{bmatrix} = \begin{bmatrix} 1 & x_{11} & x_{12} \\ 1 & x_{21} & x_{22} \\ 1 & x_{31} & x_{32} \\ \vdots & \vdots & \vdots \\ 1 & x_{n1} & x_{n2} \end{bmatrix} \begin{bmatrix} \beta_0 \\ \beta_1 \\ \beta_2 \end{bmatrix} + \begin{bmatrix} \varepsilon_1 \\ \varepsilon_2 \\ \varepsilon_3 \\ \vdots \\ \varepsilon_n \end{bmatrix}$$

$$\underline{y} \quad = \quad \underline{X} \quad \cdot \quad \underline{\beta} \quad + \quad \underline{\varepsilon}$$

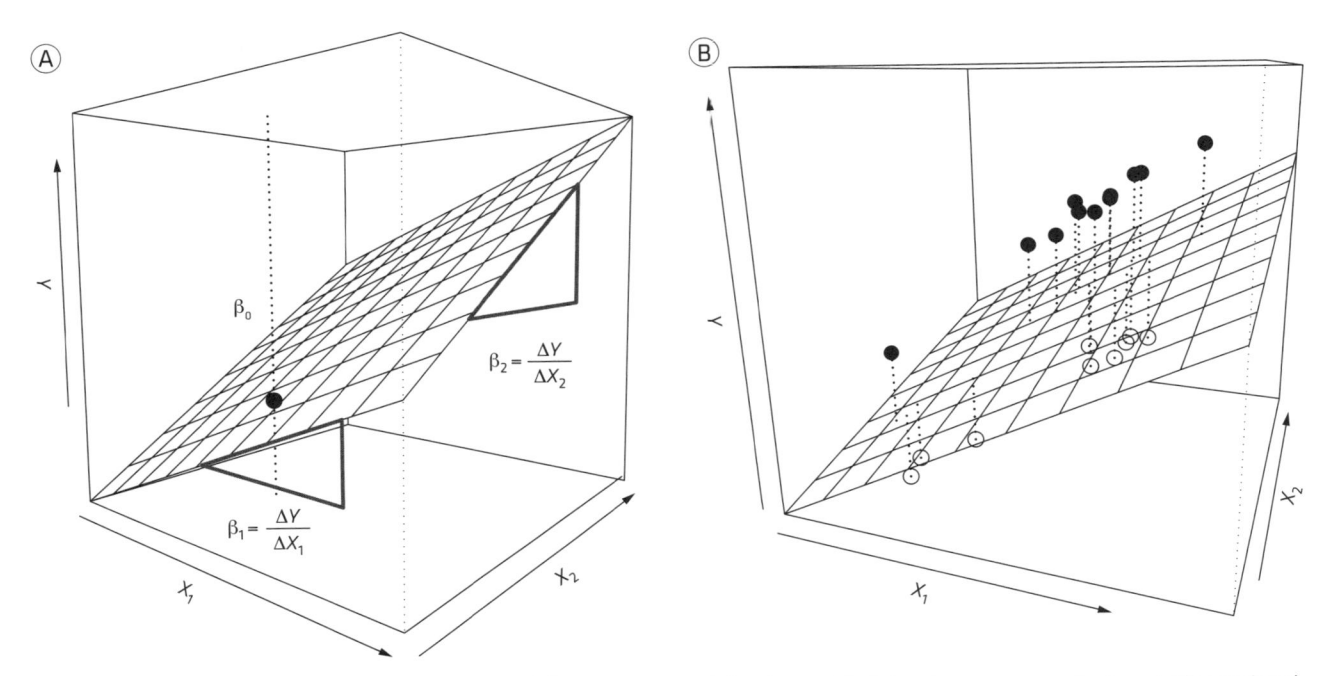

Fig. C.2 Representação do modelo linear múltiplo: (A) função matemática do modelo (plano) no espaço cartesiano tridimensional; (B) componente estocástico do modelo (linhas verticais pontilhadas) indicando a dispersão das observações ao redor do plano

em que $\underline{y}$ é o *vetor* da variável resposta, $\underline{X}$ é a matriz das variáveis preditoras, também chamada de *matriz modelo*, $\underline{\beta}$ é o vetor dos parâmetros e $\underline{\varepsilon}$ é o vetor do componente estocástico.

A função da soma de quadrados do resíduo também tem forma matricial:

$$Q(\underline{\widehat{\beta}}|\underline{y}, \underline{X}) = \left[\underline{y} - \underline{X} \cdot \underline{\widehat{\beta}}\right]' \left[\underline{y} - \underline{X} \cdot \underline{\widehat{\beta}}\right]$$

e as derivadas parciais em relação aos parâmetros igualadas a zero resultam num sistema de equações lineares:

$$\frac{\partial Q(\underline{\widehat{\beta}})}{\partial \underline{\widehat{\beta}}} = 0 \Rightarrow \left[\underline{X}' \cdot \underline{X}\right]_{(3 \times 3)} \underline{\widehat{\beta}}_{(3 \times 1)} = \left[\underline{X}' \cdot \underline{y}\right]_{(3 \times 1)}$$

que é o *sistema de equações normais*. Contudo, nesse exemplo, o sistema é composto de três equações com três incógnitas, que são as estimativas dos parâmetros. A solução desse sistema é obtida por inversão de matriz e produz as estimativas de quadrados mínimos:

$$\underline{\widehat{\beta}}_{(3 \times 1)} = \left[\underline{X}' \cdot \underline{X}\right]^{-1}_{(3 \times 3)} \left[\underline{X}' \cdot \underline{y}\right]_{(3 \times 1)}$$

Note-se que, apesar de o exemplo ter sido desenvolvido com um modelo múltiplo com três parâmetros, o sistema de equações normais na forma matricial e sua solução independem da dimensão do modelo. No caso de um modelo linear múltiplo com p parâmetros, o sistema e sua solução simplesmente são exatamente os mesmos, mudando-se apenas as dimensões das matrizes envolvidas:

$$\left[\underline{X}' \cdot \underline{X}\right]_{(p \times p)} \underline{\widehat{\beta}}_{(p \times 1)} = \left[\underline{X}' \cdot \underline{y}\right]_{(p \times 1)}$$

$$\underline{\widehat{\beta}}_{(p \times 1)} = \left[\underline{X}' \cdot \underline{X}\right]^{-1}_{(p \times p)} \left[\underline{X}' \cdot \underline{y}\right]_{(p \times 1)}$$

Como no modelo linear simples, uma vez obtidos os valores das estimativas de quadrado mínimo, é possível definir a equação de predição para utilização. Na notação matricial, a equação de predição tem a forma:

$$\underline{\widehat{y}} = \underline{X}_h \cdot \underline{\widehat{\beta}}$$

em que $\underline{\widehat{y}}$ é o vetor dos valores preditos e $\underline{X}_h$ é a matriz com os valores das variáveis preditoras para as observações a serem preditas. Contudo, é sempre mais prático retornar à forma algébrica tradicional para realizar os cálculos. No caso do modelo exemplificado com três parâmetros, a equação de predição se torna:

$$\widehat{y} = \widehat{\beta}_0 + \widehat{\beta}_1 \cdot x_1 + \widehat{\beta}_2 \cdot x_2$$

C.2.3 Exemplo de regressão linear múltipla

Para exemplificar a regressão linear múltipla, uma equação de volume será construída utilizando-se os dados da

Tab. B.2 e o modelo de potência variável de Schumacher-Hall, em que o logaritmo natural do volume de madeira ($\ln(v)$) é uma função linear do logaritmo natural do DAP ($\ln(d)$) e do logaritmo natural da altura ($\ln(h)$):

$$\ln(v_i) = \beta_0 + \beta_1 \cdot \ln(d_i) + \beta_2 \cdot \ln(h_i) + \varepsilon_i \quad i = 1, 2, \ldots, 20$$

As matrizes envolvidas nesse modelo são:

$$\underline{y} = \begin{bmatrix} -2{,}062 \\ -1{,}530 \\ -2{,}048 \\ -2{,}126 \\ -1{,}442 \\ -1{,}312 \\ -1{,}322 \\ -1{,}267 \\ -1{,}068 \\ -1{,}230 \\ -1{,}347 \\ -1{,}264 \\ -1{,}227 \\ -1{,}880 \\ -1{,}488 \\ -1{,}184 \\ -0{,}869 \\ -1{,}254 \\ -1{,}207 \\ -1{,}077 \end{bmatrix} \quad \underline{X} = \begin{bmatrix} 1 & 2{,}518 & 3{,}049 \\ 1 & 2{,}688 & 3{,}246 \\ 1 & 2{,}518 & 3{,}109 \\ 1 & 2{,}518 & 3{,}077 \\ 1 & 2{,}754 & 3{,}235 \\ 1 & 2{,}815 & 3{,}277 \\ 1 & 2{,}779 & 3{,}285 \\ 1 & 2{,}766 & 3{,}296 \\ 1 & 2{,}896 & 3{,}314 \\ 1 & 2{,}839 & 3{,}296 \\ 1 & 2{,}785 & 3{,}321 \\ 1 & 2{,}868 & 3{,}346 \\ 1 & 2{,}833 & 3{,}314 \\ 1 & 2{,}625 & 3{,}135 \\ 1 & 2{,}797 & 3{,}300 \\ 1 & 2{,}918 & 3{,}307 \\ 1 & 3{,}020 & 3{,}307 \\ 1 & 2{,}874 & 3{,}235 \\ 1 & 2{,}879 & 3{,}285 \\ 1 & 2{,}885 & 3{,}307 \end{bmatrix}$$

$$\underline{\widehat{\beta}} = \begin{bmatrix} \widehat{\beta}_0 \\ \widehat{\beta}_2 \\ \widehat{\beta}_2 \end{bmatrix}$$

O sistema de equações normais resultante é:

$$[\underline{X}' \cdot \underline{X}]\, \underline{\widehat{\beta}} = [\underline{X}' \cdot \underline{y}]$$

$$\begin{bmatrix} 20{,}00000 & 55{,}57397 & 65{,}04166 \\ 55{,}57397 & 154{,}79860 & 180{,}93768 \\ 65{,}04166 & 180{,}93768 & 211{,}66651 \end{bmatrix}$$

$$\begin{bmatrix} \widehat{\beta}_0 \\ \widehat{\beta}_2 \\ \widehat{\beta}_2 \end{bmatrix} = \begin{bmatrix} -28{,}20289 \\ -77{,}45208 \\ -91{,}18276 \end{bmatrix}$$

e a sua solução gera as estimativas de quadrados mínimos:

$$\underline{\widehat{\beta}} = [\underline{X}' \cdot \underline{X}]^{-1} [\underline{X}' \cdot \underline{y}]$$

$$\underline{\widehat{\beta}} = \begin{bmatrix} 113{,}46335 & 22{,}24425 & -53{,}88036 \\ 22{,}24425 & 12{,}13255 & -17{,}20649 \\ -53{,}88036 & -17{,}20649 & 31{,}26981 \end{bmatrix}$$

$$\begin{bmatrix} -28{,}20289 \\ -77{,}45208 \\ -91{,}18276 \end{bmatrix}$$

$$\underline{\widehat{\beta}} = \begin{bmatrix} -9{,}89737 \\ 1{,}89225 \\ 0{,}99297 \end{bmatrix}$$

Com as estimativas de quadrados mínimos, pode-se estabelecer a equação de predição para o volume das árvores:

$$\widehat{\ln(v)} = -9{,}897378 + 1{,}89225\,\ln(d) + 0{,}99297\,\ln(h)$$

Contudo, nessa forma não se obtém o volume em m^3, mas o logaritmo do volume em $\ln(m^3)$. É necessário realizar a transformação apropriada para se retornar à escala original do volume:

$$\widehat{v} = \exp[-9{,}897378 + 1{,}89225\,\ln(d) + 0{,}99297\,\ln(h)]$$
$$\widehat{v} = \exp[-9{,}897378]\, d^{1{,}89225} \cdot h^{0{,}99297}$$
$$\widehat{v} = 0{,}00005030661\, d^{1{,}89225} \cdot h^{0{,}99297}$$

A aplicação dessa equação de volume na predição dos volumes das 57 árvores da parcela resulta num volume total de $13{,}84213\,m^3$, que numa parcela de $500\,m^2$ representa uma produção de $277\,m^3 \cdot ha^{-1}$.

C.3 Critérios para seleção de modelos

Nos problemas de quantificação e monitoramento de árvores, arvoredos e florestas, a aplicação da regressão linear é essencialmente empírica, por isso, em cada situação particular, o procedimento padrão consiste em ajustar vários modelos candidatos e selecionar aquele que melhor representa os dados. Logicamente, o *melhor modelo* é definido com base em alguns critérios de seleção que são empíricos, isto é, dependem dos dados.

C.3.1 Avaliação gráfica

A teoria clássica enumera três pressuposições a respeito do comportamento do resíduo que fundamentam a regressão linear: os resíduos têm média nula, têm variância homogênea e têm distribuição normal (gaussiana). Mas essas pressuposições são necessárias somente quando se utiliza a regressão linear para testar hipóteses pela inferência estatística clássica, ou seja, o modelo de regressão linear é usado como um *modelo explicativo*.

No caso da quantificação e monitoramento de recursos florestais, a regressão linear é um método para gerar *modelos preditivos*, por isso, a única pressuposição realmente necessária é que o modelo gere predições sem viés. As predições sem viés implicam que os resíduos do modelo se distribuem ao redor dos valores preditos de modo simétrico e de modo independente do valor sendo predito, e a melhor maneira de avaliar essa simetria é por meio de gráficos.

Os gráficos não são utilizados para comparação dos modelos, eles são utilizados para *excluir* os modelos que não satisfazem a pressuposição de simetria do resíduo em relação ao valor predito. Ainda que um dado modelo tenha um bom desempenho comparativo em relação a outros critérios de seleção, se ele não satisfaz essa pressuposição, ele não é um modelo confiável em termos preditivos e, consequentemente, o seu bom desempenho nos outros critérios é enganador.

Gráfico de dispersão dos resíduos

O gráfico para avaliar a simetria dos resíduos é o gráfico de dispersão que indica os resíduos ($e_i = y_i - \hat{y}_i$) nas ordenadas contra os valores preditos ($\hat{y}_i$) nas abscissas (Fig. C.3A). A Fig. C.3B ilustra o padrão esperado quando o modelo de regressão linear é adequado. Os resíduos se distribuem de forma uniforme tanto na região positiva ($e_i > 0$) quanto na região negativa ($e_i < 0$) do gráfico ao longo de toda a extensão dos valores preditos. O resultado é que a *tendência média* da relação entre os resíduos e os valores preditos seja uma curva que oscila ao redor do valor zero nas ordenadas.

Uma situação muito comum nos modelos florestais é que a dispersão da variável resposta aumenta à medida que o valor da variável preditora cresce (Fig. C.4A). Esse é um exemplo típico de resíduos cuja variância não é homogênea. Mesmo nessa situação, se o modelo de regressão linear for adequado, o gráfico de dispersão do resíduo (Fig. C.4B) permanecerá simétrico em relação ao valor nulo ao longo de toda a extensão dos valores preditos.

O padrão de dispersão, nesse caso (Fig. C.4B), não terá uma forma retangular como no caso da variância homogênea (Fig. C.3B). Sua forma será triangular, mas um triângulo simétrico em relação ao eixo das abscissas (resíduo nulo).

C.3.2 Coeficiente de determinação

O critério mais amplamente utilizado para selecionar e comparar os modelos lineares simples e múltiplos é o *coeficiente de determinação*:

$$R^2 = 1 - \frac{\sum_{i=1}^{n}(y_i - \hat{y}_i)^2}{\sum_{i=1}^{n}(y_i - \overline{y})^2} \quad \Rightarrow \quad 0 < R^2 < 1$$

em que i ($i = 1, 2, \ldots, n$) é o índice que identifica as observações na amostra, y_i são os valores observados da variável resposta, $\hat{y}_i$ são seus valores preditos e $\overline{y}$ é a sua média. Como resultado da sua própria definição, os valores do coeficiente de determinação estão restritos no intervalo [0,1].

A expressão do coeficiente é composta de uma razão entre *soma de quadrados*. A expressão no numerador é a soma de quadrados dos desvios dos valores observados (y_i) para os valores preditos pelo modelo ($\hat{y}_i$). Trata-se de uma medida da dispersão das observações ao redor do modelo ajustado e, portanto, mede a incerteza associada às predições do modelo. A expressão no denominador, por sua vez, é a soma de quadrados dos desvios em relação à média das observações ($\overline{y}$). Ela mede a dispersão *natural* das observações, sendo interpretada como uma medida da *incerteza total* presente nas observações. Quanto mais heterogênea for a população, maior o valor dessa soma de quadrados.

Como se trata de uma razão de soma de *quadrados*, a razão é sempre positiva, mas o seu valor máximo é um (1). Quando isso acontece, a incerteza do modelo ajustado (numerador) é igual à incerteza total (denominador), logo o valor do coeficiente é zero, indicando que o modelo ajustado é tão bom quanto a média das observações, isto é, é um modelo péssimo. À medida que a incerteza do modelo se torna menor que a incerteza total, o valor do coeficiente de determinação se aproxima

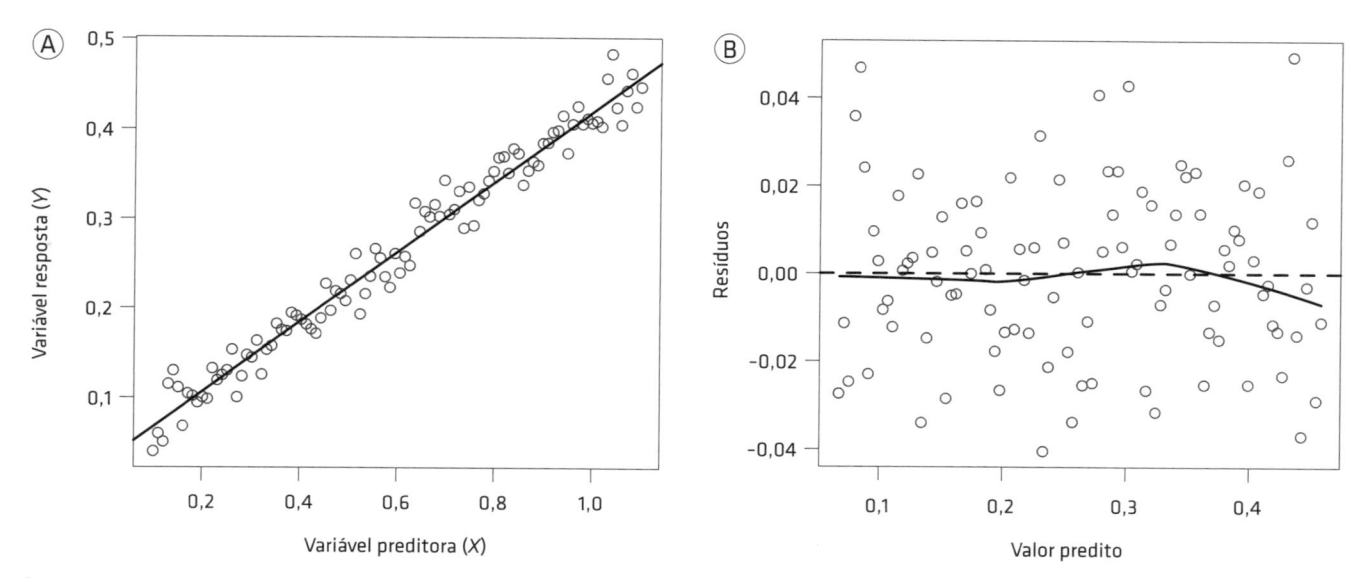

Fig. C.3 Gráficos do modelo de regressão linear: (A) gráfico da relação linear: variável resposta (Y) pela variável preditora (X); (B) gráfico da dispersão do resíduo: resíduo ($e_i = y_i - \hat{y}_i$) pelos valores preditos ($\hat{y}_i$). As linhas contínuas nos gráficos representam a tendência da relação entre as variáveis no gráfico

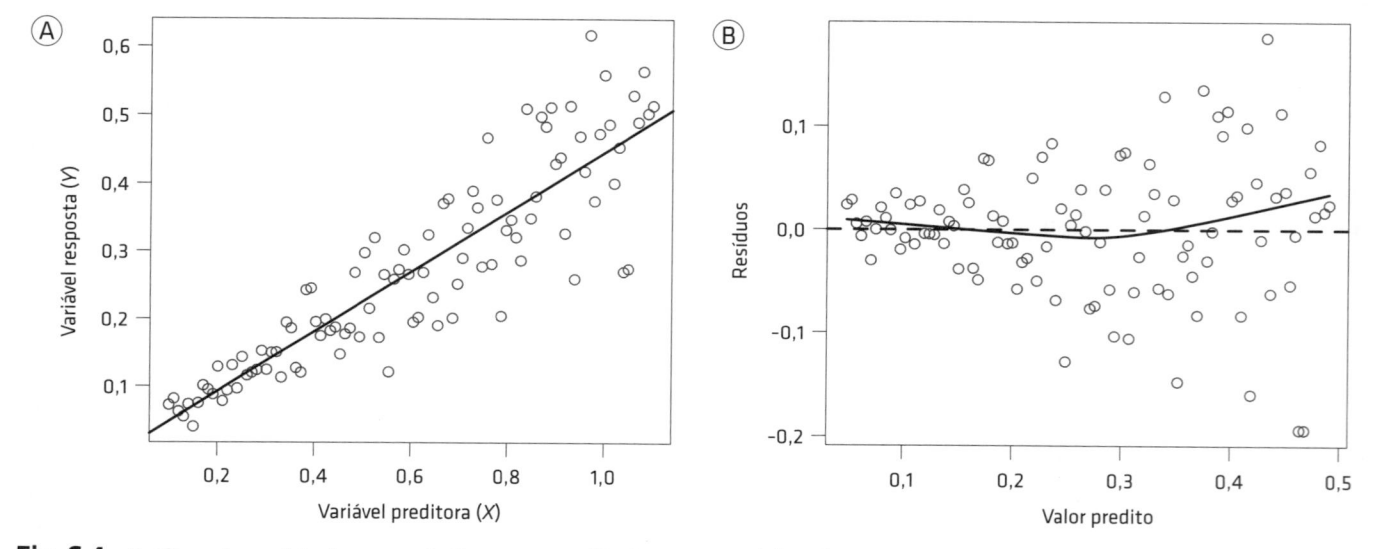

Fig. C.4 Gráficos do modelo de regressão linear com *variância crescente*: (A) gráfico da relação linear: variável resposta (Y) pela variável preditora (X); (B) gráfico da dispersão do resíduo: resíduo ($e_i = y_i - \hat{y}_i$) pelos valores preditos ($\hat{y}_i$). As linhas contínuas nos gráficos representam a tendência da relação entre as variáveis no gráfico

de um, indicando modelos progressivamente superiores à média, ou seja, indicando os modelos melhores. Portanto, a regra de interpretação do coeficiente de determinação é: quanto mais próximo de um, melhor o modelo.

Outra forma de interpretá-lo é considerar que sendo sempre uma fração, o coeficiente indica a proporção da variação total (incerteza total) associada à variável resposta que pode ser explicada pelo modelo ajustado.

Trata-se, portanto, de uma medida relativa da qualidade preditiva do modelo ajustado. Nessa abordagem, é comum que o coeficiente de determinação seja apresentado na forma percentual. Se o coeficiente de determinação de um modelo ajustado de relação hipsométrica é 0,85, diz-se que a relação ajustada explica 85% da variação da altura das árvores. Já para um modelo de equação de biomassa de 0,72, diz-se que a equação explica 72% da variação observada na biomassa das árvores.

C.3.3 Erro padrão da estimativa

O coeficiente de determinação é uma medida relativa da qualidade do ajuste de um modelo. Mas frequentemente se deseja ter uma noção absoluta da qualidade das predições, isto é, uma medida *na escala da variável resposta* dos erros de predição. Essa medida é o *erro padrão da estimativa*:

$$s_{\hat{y}} = \sqrt{\frac{\sum_{i=1}^{n}(y_i - \hat{y}_i)^2}{n(n-1)}}$$

O erro padrão da estimativa deve ser interpretado como uma medida do inverso da *precisão média* do modelo ajustado. Para que ele tenha uma interpretação absoluta, é necessário que os valores observados (y_i) e preditos ($\hat{y}_i$) estejam na escala original em que as predições da variável resposta serão utilizadas.

C.3.4 Exemplo de seleção de modelos de regressão

Para exemplificar os critérios de seleção e comparação de modelos, os modelos ajustados são apresentados na Tab. C.1:

Tab. C.1 Modelos de regressão

Modelo	Função	R^2	$s_{\hat{y}}$
Variável combinada	$\hat{v} = 0{,}01108413 + 0{,}00003478682\,(d^2 \cdot h)$	0,9434	0,0191 m^3
Potência variável	$\hat{v} = 0{,}00005030661\; d^{1,89225} \cdot h^{0,99297}$	0,9616	0,0042 m^3

O modelo de potência variável se mostra ligeiramente superior no coeficiente de determinação, mas bastante superior no erro padrão da estimativa. Considerando que o volume médio das árvores na amostra destrutiva é de 0,257 m^3, o erro padrão da estimativa relativo à média é de 1,6% na equação de potência variável, enquanto chega a 7,4% na equação da variável combinada. Contudo, como apresentado anteriormente, essa diferença se torna pouco relevante quando os volumes preditos para cada árvore são somados para determinar a produção de madeira na parcela: 277 m$^3 \cdot$ ha^{-1} (potência variável) contra 278 m$^3 \cdot$ ha^{-1} (variável combinada).

apêndice D
Tabelas estatísticas

D.1 Tabela de números aleatórios

A Tab. D.1 apresenta mil números aleatórios, cada um com seis dígitos. Qualquer procedimento, por mais arbitrário que seja, pode ser utilizado para se gerar uma série de números aleatórios, pois a sequência dos números e a sequência de dígitos é completamente casual. Seguem-se um exemplo de procedimento.

D.1.1 Procedimento

Primeiramente, define-se o número de dígitos que se deseja nos números aleatórios. Suponha-se que os números aleatórios serão utilizados para se definir medidas de distância até 428 m. Números aleatórios a serem gerados devem, portanto, conter *três dígitos*, sendo números no intervalo [0,1]. Seguem-se os passos para se gerar uma série de números aleatórios:

1] escolhe-se uma posição na tabela, selecionando-se uma linha (de 1 a 50) e uma coluna (de 1 a 20), por exemplo, linha 17 e coluna 4, em que se observa o número 345195.
2] define-se o movimento na tabela para gerar a série. Por exemplo, a partir dessa posição, a série será gerada descendo-se a coluna, isto é, seguindo-se para os números 272791, 148568 até o número 994516, que finaliza a coluna 4. Reinicia-se na coluna seguinte (coluna 5) com o número 735502, seguindo esse procedimento até se gerar a série de números com o tamanho desejado.
3] escolhe-se a partir de qual dígito do número da tabela o número aleatório será gerado. Como se desejam números aleatórios com três dígitos, pode-se partir de qualquer um dos quatro primeiros dígitos dos números da tabela. Suponha-se que foi escolhido o segundo dígito. O segundo dígito mais os próximos dois dígitos no número observado na tabela formam os dígitos do número aleatório no intervalo [0,1].
4] multiplica-se o número aleatório gerado pela distância máxima dentro da qual se desejam distâncias aleatórias (428 m). A série de números da tabela tem a seguinte correspondência com os números aleatórios de três dígitos gerados que, por sua vez, correspondem às distâncias aleatórias desejadas (Tab. D.2):

Pode-se utilizar variantes desse procedimento em qualquer uma das escolhas, seja no ponto inicial, no dígito que se inicia o número aleatório ou no movimento na tabela, que pode ser ascendente, horizontal para a esquerda, horizontal para a direita, ou ainda em diagonal.

Tab. D.1 Números aleatórios, cada um com seis dígitos

	1	2	3	4	5	6	7	8	9	10
1	519467	951037	385699	973412	735502	443476	199427	786594	250525	845573
2	255314	480830	682391	621434	861047	986495	803884	354931	061548	358699
3	426639	526184	368631	709149	125612	825843	733669	910198	003097	439361
4	871364	014706	966195	900254	928463	765244	814692	513716	780319	287697
5	224812	768355	326338	103085	412844	656367	799373	068993	809676	924190
6	508155	889990	193766	913448	956860	591897	627488	969617	695700	421831
7	737983	113341	845802	998374	371306	113735	433695	595960	421876	665881
8	533434	568260	822835	922055	847883	266902	959580	483443	843653	182007
9	525593	646023	908793	921328	030428	364017	126898	968334	152550	442664
10	552943	384902	539785	917376	632606	076109	360907	296840	980204	591558
11	903696	585252	453558	091764	065679	407402	066291	568987	876949	173653
12	181369	774567	199216	227582	004914	884473	691610	867207	644625	457641
13	335170	377971	415041	837959	002419	088271	570601	938229	609601	961901
14	588530	309686	779838	084517	545866	156455	421875	185138	514208	348827
15	006896	441850	086524	178523	751930	339446	758036	209906	319726	680562
16	006817	745709	697982	701884	993035	039313	035263	372182	059327	315463
17	917654	968427	977746	345195	111387	304839	107641	443252	668710	184543
18	794748	204601	448425	272791	480520	091642	527043	008384	296565	841837
19	327008	796426	558875	148568	418138	652719	540579	534184	868628	490657
20	348696	375533	646813	151256	544865	254788	721247	904409	037601	485760
21	817669	664045	665975	439534	449358	779834	908388	796871	871916	460157
22	445151	931993	749826	273441	602678	339555	054063	043755	875457	960650
23	140271	234211	316805	027418	678883	149950	451496	398399	192774	721372
24	605600	627656	482873	692896	849205	112664	159997	059412	390800	430330
25	770369	457414	078861	300923	854759	441114	384288	265939	772349	351027
26	973864	109376	252257	115245	275970	193150	794677	106303	590008	696611
27	462663	474673	543162	401311	636957	857716	343287	143675	717306	828386
28	881032	019904	521164	806069	195669	435273	508226	791387	189031	383627
29	911529	394629	630025	332166	258026	511046	731905	498732	876257	047228
30	292950	618750	722149	994900	109700	695715	716134	184110	875353	222756
31	877294	103230	969087	833138	298654	931329	436559	000051	877922	814911
32	187483	708946	037065	455248	871653	806768	130163	236427	570750	622986
33	504664	931558	450150	078446	325998	897716	872769	141155	522145	561743
34	079439	814028	661844	379171	747903	018910	817705	799932	530767	061874
35	301505	654494	357994	783177	247100	160943	059390	242233	967975	665718
36	826204	119186	092388	286684	541489	219506	270481	554927	280502	528693
37	213327	050933	058999	247075	124417	175761	502355	743791	774711	353166
38	409388	606002	977670	444195	737702	954002	393704	609238	498682	143957
39	880630	251775	066883	358885	273044	018136	327354	837501	129435	707497
40	934831	715772	224528	050870	337893	940046	379164	632757	319631	510441
41	979056	851406	580916	839257	986181	138510	689635	870709	320546	465062
42	557342	471071	344108	450694	974896	837316	902589	418889	494744	625480
43	742263	354898	065194	806032	149622	818039	759603	545820	363831	237175
44	521961	967973	363451	035161	478891	227662	589765	446064	996697	148669
45	362282	184877	200126	036537	620252	079510	398322	701143	769257	221591
46	794197	072314	713204	134303	267199	509729	635766	316566	754642	510692
47	285752	481088	186361	506198	036841	468848	350501	635807	183371	209847
48	114170	090358	704267	188807	153582	716661	354752	637810	821048	109636
49	538617	456744	246255	840434	386267	597908	583419	903270	427858	406626
50	070894	178194	821631	994516	907461	464138	627195	444813	883358	107704

Tab. D.1 Números aleatórios, cada um com seis dígitos (cont.)

	11	12	13	14	15	16	17	18	19	20
1	192833	524011	103023	687069	759969	686297	919234	122417	104591	609225
2	715905	722043	350303	206541	769372	485442	377597	102794	126570	492337
3	946875	113048	959581	510525	403833	023061	078966	366731	268263	707363
4	736184	028171	272485	035344	288576	256876	783249	990909	467826	299307
5	776137	630367	715580	323910	587978	948698	185569	050420	740558	678970
6	191677	306714	297774	507817	088853	300192	559772	741744	737381	831133
7	951796	337428	783826	919983	058001	650747	510508	835728	825021	255521
8	679781	081494	506852	229450	088134	039387	953040	576000	313974	156339
9	210040	646026	580797	194185	888778	013880	444698	290076	707517	440741
10	274657	484039	263732	769860	728390	688537	010698	552233	527063	852906
11	178121	234078	630891	647441	062945	851215	447949	114539	201946	452487
12	135977	096317	601568	996932	303280	756888	682602	217286	012671	753489
13	077901	110559	760551	263920	076188	650508	182707	989104	719717	222502
14	535244	754128	545097	246342	593546	422870	359171	044196	329799	960807
15	681353	725228	263060	184870	118833	758709	059476	837785	327679	783393
16	854040	557546	515970	516104	122532	769254	622354	686252	108553	076401
17	797289	651194	638261	676637	801249	897121	057184	797191	625979	831207
18	244918	454416	888554	586943	109271	281056	739079	058887	517233	320574
19	674577	063808	772110	839980	531917	843643	154335	911713	412414	546960
20	207402	799348	730784	258941	607487	184145	723372	767515	823889	951891
21	557376	421203	270135	182038	518092	905597	207042	841061	625943	252638
22	634756	294637	242524	599500	662716	765816	380458	562487	981290	242736
23	822834	308012	445824	546437	567827	267458	493658	789137	307379	239144
24	728305	229551	470781	988154	922863	481126	308048	534667	211672	672563
25	247662	691882	862728	527166	914364	726600	767081	895785	625683	226953
26	019930	026537	519160	836394	139476	086081	107720	079943	773349	889782
27	641121	870662	549487	293721	484183	051820	297315	933877	275037	544560
28	721356	774974	305151	717683	831791	970735	392228	583426	013243	777414
29	342346	095545	298761	469514	043923	703273	799733	588424	361175	357402
30	709566	963768	988181	444341	702353	323438	508955	489873	931404	611726
31	296705	650828	166891	211746	808099	155451	590274	592436	892649	886550
32	408051	903106	893915	669526	967563	260604	687253	886853	174800	711485
33	568598	837299	612928	824460	632237	622764	593793	259059	924652	962563
34	070131	387821	546284	549305	897486	575376	737985	519710	791831	314341
35	312191	692369	448123	398504	384207	841485	059166	342819	055228	626492
36	586395	794087	051024	656131	512628	626160	046020	472280	770916	884330
37	634688	443792	917226	463776	496420	743177	891001	270722	638665	941035
38	093572	990161	360764	529259	017106	578468	454139	151001	752078	196048
39	810786	623936	406003	772077	378242	824085	208925	836193	362446	233824
40	511989	247066	727155	696609	953538	092294	513975	124708	537173	270034
41	060001	430359	305954	206181	092962	176952	233213	978767	878888	302520
42	815297	484386	943510	791924	418276	070465	138188	463392	648240	918451
43	741646	463065	102077	712773	030810	447761	689136	796307	866662	783813
44	698922	648929	925265	426840	729543	049532	168891	533137	306546	312305
45	814824	527631	333457	327587	572234	705754	712276	059448	944104	171078
46	944904	925748	573824	975425	322421	825747	072687	674182	921636	208674
47	074092	503987	795509	843286	559664	461053	363447	628484	979536	367060
48	132415	223109	511448	747897	824704	926515	186369	732880	827494	952610
49	666717	713423	021155	457071	459212	277811	413654	293041	401097	891580
50	823498	046291	273804	363117	992238	892400	997717	101356	124675	503127

Tab. D.2 Correspondência entre números aleatórios da Tab. D1, números de três dígitos e distâncias aleatórias

Coluna	Linha	Número da tabela	Número aleatório	Distância aleatória
4	17	345195	0,451	≈ 193 m
4	18	272791	0,727	≈ 311 m
4	19	148568	0,485	≈ 208 m
⋮	⋮	⋮	⋮	⋮
4	50	994516	0,945	≈ 425 m
5	1	735502	0,355	≈ 152 m
⋮	⋮	⋮	⋮	⋮

D.2 Tabela da estatística t de Student

Tab. D.3 Tabela da estatística t de Student

Graus de liberdade	Coeficiente de confiança			
	90% $\alpha = 0,10$	95% $\alpha = 0,05$	98% $\alpha = 0,02$	99% $\alpha = 0,01$
1	6,31	12,71	31,82	63,66
2	2,92	4,30	6,96	9,92
3	2,35	3,18	4,54	5,84
4	2,13	2,78	3,75	4,60
5	2,02	2,57	3,36	4,03
6	1,94	2,45	3,14	3,71
7	1,89	2,36	3,00	3,50
8	1,86	2,31	2,90	3,36
9	1,83	2,26	2,82	3,25
10	1,81	2,23	2,76	3,17
11	1,80	2,20	2,72	3,11
12	1,78	2,18	2,68	3,05
13	1,77	2,16	2,65	3,01
14	1,76	2,14	2,62	2,98
15	1,75	2,13	2,60	2,95
16	1,75	2,12	2,58	2,92
17	1,74	2,11	2,57	2,90
18	1,73	2,10	2,55	2,88
19	1,73	2,09	2,54	2,86
20	1,72	2,09	2,53	2,85
21	1,72	2,08	2,52	2,83
22	1,72	2,07	2,51	2,82
23	1,71	2,07	2,50	2,81
24	1,71	2,06	2,49	2,80
25	1,71	2,06	2,49	2,79
26	1,71	2,06	2,48	2,78
27	1,70	2,05	2,47	2,77
28	1,70	2,05	2,47	2,76
29	1,70	2,05	2,46	2,76
30	1,70	2,04	2,46	2,75
35	1,69	2,03	2,44	2,72
40	1,68	2,02	2,42	2,70
50	1,68	2,01	2,40	2,68
60	1,67	2,00	2,39	2,66
120	1,66	1,98	2,36	2,62
∞	1,64	1,96	2,33	2,58

Pranchas

Prancha 1 Exemplo de forma de copas: (A) copa colunar da araucária-excelsa (*Araucaria columnaris* (Forst.) Hook, Araucariaceae), (B) copa excurrente do jambo-vermelho (*Syzygium malaccense* (L.) Merr & L. M. Perry, Myrtaceae) e (C) copa decurrente da farinha-seca (*Albizia* spp., Fabaceae)

Prancha 2 Exemplo de mudança da forma da copa de excurrente para decurrente em árvores paus-formiga (*Triplaris americana* L., Polygonaceae) de tamanho crescente

Prancha 3 Exemplos de mau empilhamento na carroceria de caminhões. No alto, vista da carroceria de um caminhão com várias gaiolas. No centro, detalhe de uma gaiola ocasionada por uma tora oblíqua ao alinhamento da pilha. Embaixo, carga com empilhamento longitudinal com uma gaiola em forma de V, em que as toras foram empilhadas com maior altura nas bordas da carroceria, gerando um grande espaço vazio no meio da carga

Prancha 4 Sistema de determinação do volume sólido de pilhas que utiliza o método do empuxo. Estrutura do sistema: (A) tanque suficientemente grande com água para imersão de feixes de madeira; (B) balança para pesagem do trator; (C) trator e cargas com os feixes de madeira; e (D) pesagem do trator sem carga para determinação da tara

Prancha 5 Sistema de determinação do volume sólido de pilhas que utiliza o método do empuxo. Procedimento de medição: (A) uma amostra da carga é retirada por um trator com grua frontal; (B) o trator, com a carga de toretes, é pesado *ao ar*; (C) o trator é pesado com a carga de toretes submersa em um tanque com água; e (D) a carga é retornada ao pátio

Prancha 6 Aplicação do método fotográfico para determinação do volume sólido de madeira em pilhas de toras e toretes. A foto detalha parte de uma pilha de pátio de fábrica de celulose que foi construída com trator com grua frontal. A proporção de pontos sobre os topos das toras ou toretes estima a proporção do volume da pilha que é tomado pelo volume sólido de madeira

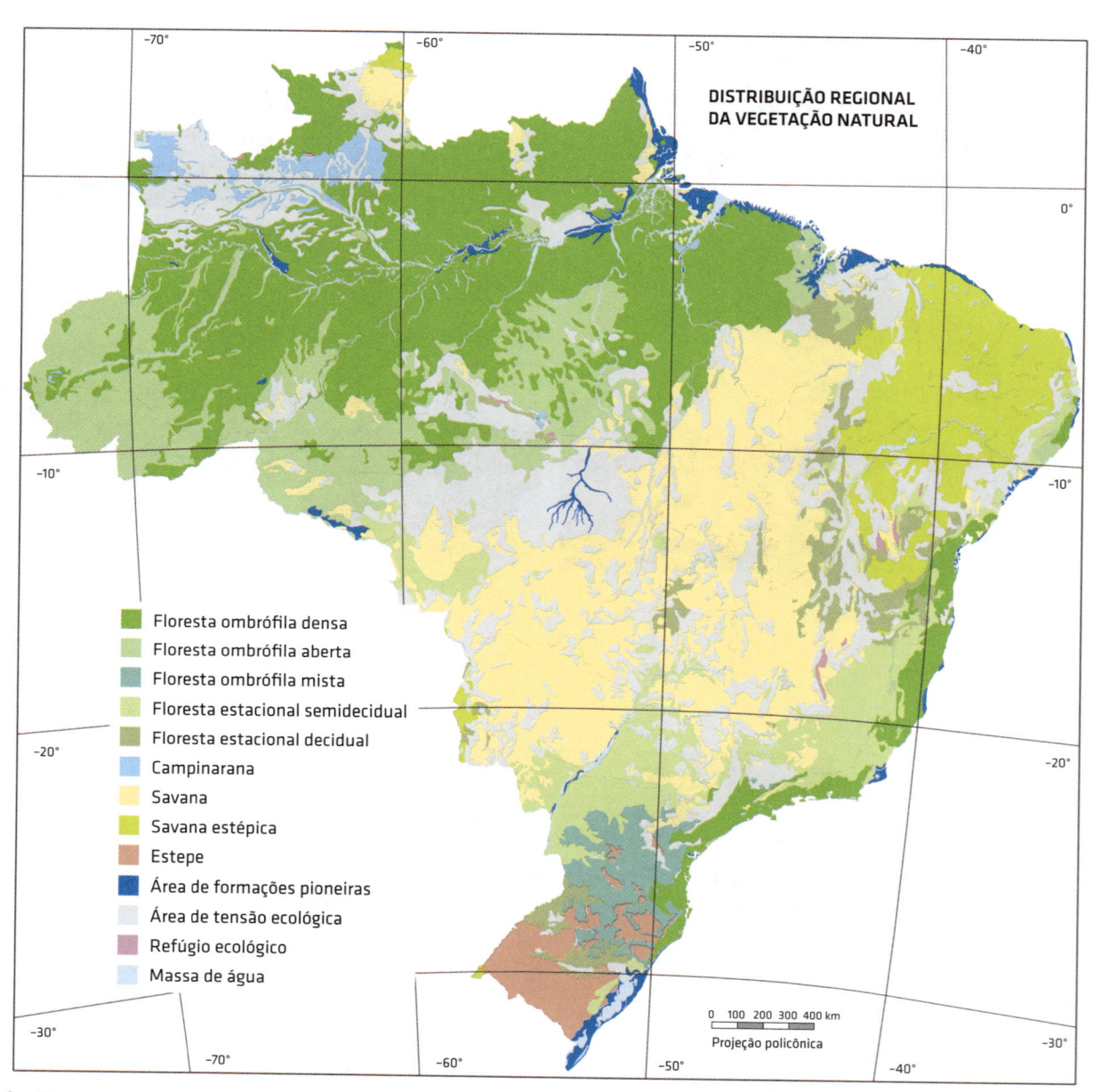

Prancha 7 Mapa da distribuição regional da vegetação natural no Brasil. As florestas são apresentadas no nível de *subgrupos de formação*, enquanto os demais tipos de formação vegetal são apresentados apenas no nível de *classe de formação*

Fonte: IBGE (2012).

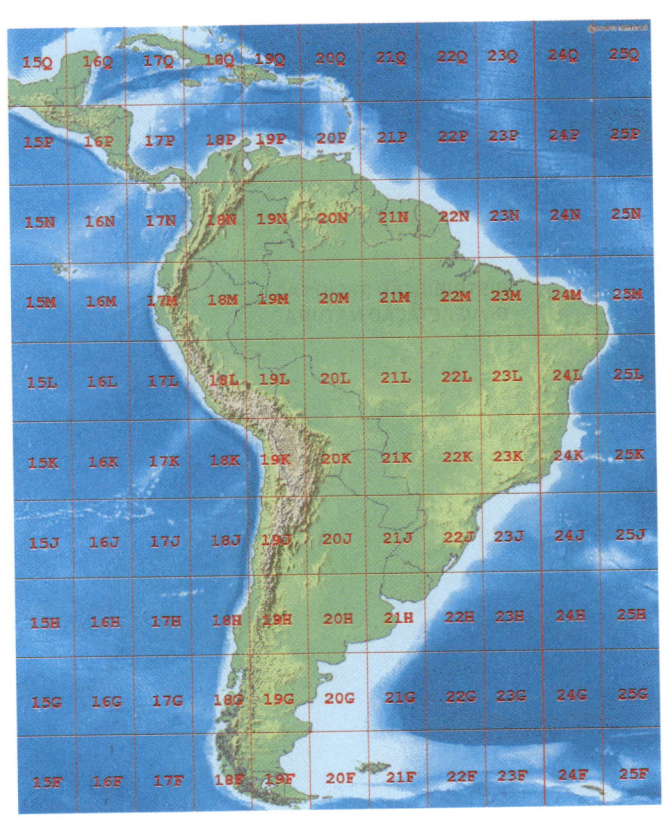

Prancha 8 Mapa da América do Sul mostrando as zonas-bandas do sistema UTM

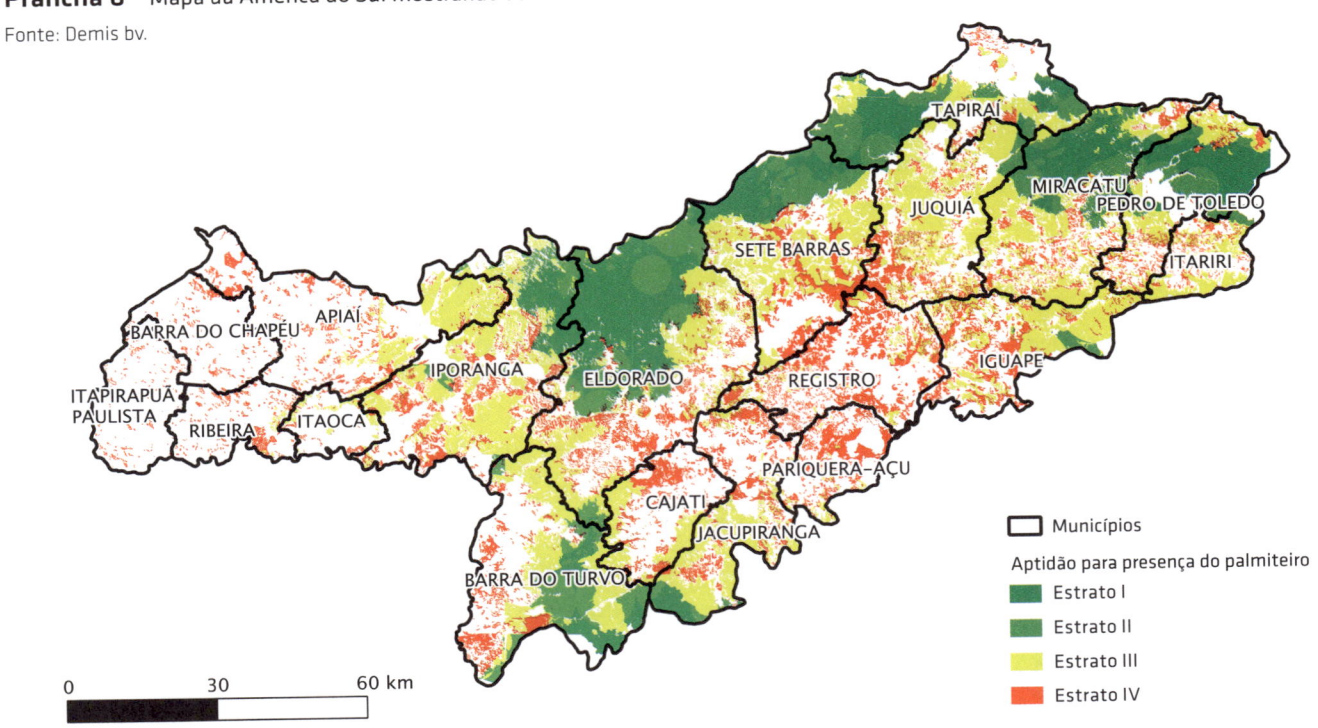

Fonte: Demis bv.

Prancha 9 Mapa da região do Vale do Ribeira (excluindo o litoral sul) com os estratos de aptidão para presença do palmiteiro-juçara (*Euterpe edulis*, Arecaceae). Os estratos I, II, II e IV são áreas com aptidão decrescente para presença do palmiteiro-juçara

Fonte: Batista, Vettorazzi e Couto (2000).

Referências Bibliográficas

ABRAMOWITZ, M.; STEGUN, I. *Handbook of mathematical functions*. New York: Dover Publications, Inc., 1964. 1064 p.

AGUIRRE JUNIOR, J. H. de; LIMA, A. M. L. P. Uso de Árvores e arbustos em cidades brasileiras. *Revista SBAU*, Vitória, v. 2, n. 4, p. 50-64, 2007.

ALLABY, M. *A dictionary of ecology*. 2nd ed. Oxford: Oxford University Press, 2004.

ASSMANN, E. *The principles of forest yield study*. Oxford: Pergamon Press, 1970. 506 p.

AVERY, T.; BURKHART, H. *Forest measurements*. New York: McGraw-Hill, 1983.

BAKER, P.; BUNYAVEJCHEWIN, S.; OLIVER, C.; ASHTON, P. Disturbance history and historical stand dynamics of a seasonal tropical forest in western Thailand. *Ecological monographs*, v. 75, n. 3, p. 317-343, 2005.

BATISTA, J.; MARQUESINI, M.; VIANA, V. Equações de volume para árvores de caxeta (*Tabebuia cassinoides*) no Estado de São Paulo e sul do Estado do Rio de Janeiro. *Scientia Forestalis*, Piracicaba, v. 65, p. 162-175, 2004.

BATISTA, J. L. F.; VETTORAZZI, C. A.; COUTO, H. T. Z. do. *Relatório de conclusão. Levantamento do Estoque de Palmiteiro (Euterpe edulis) na Região do Vale do Ribeira*. Departamento de Ciências Florestais (ESALQ/USP) - Instituto de Pesquisas e Estudos Florestais (IPEF) - Fundação Florestal (Secretaria do Estado do Meio-Ambiente). Piracicaba, 2000.

BEIGUELMAN, B. *Curso prático de bioestatística*. Ribeirão Preto: Revista Brasileira de Genética - Sociedade Brasileira de Genética, 1994. 231 p.

BENNETT, F.; SWINDEL, B. Taper curves for planted slash pine. Rel. Téc. SE-179, USDA, Forest Service Research Note, 1972.

BITTERLICH, W. *The relascope idea*: relative measurement in forestry. Slough, England: Commonwealth Agricultural Bureaux, 1984. 242 p.

BROKAW, N. Trefalls, regrowth, and community structure in tropical forests. In: PICKETT, S.; WHITE, P. (Ed.) *The ecology of natural disturbance and patch dynamics*. San Diego: Academic Press, 1985. p. 53-69.

BURKHART, H. E.; TOMÉ, M. *Modeling forest trees and stands*. Dordrecht: Spring, 2012.

CAPRETZ, R. L. *Análise dos padrões espaciais de árvores em quatro formações florestais do Estado de São Paulo, através de análises de segunda ordem, como a função K de Ripley*. 2004. 93 p. Dissertação (Mestrado) Escola Superior de Agricultura "Luiz de Queiroz", Universidade de São Paulo, Piracicaba.

CAPRETZ, R. L.; BATISTA, J. L. F.; SOTOMAYOR, J. F. M.; da CUNHA, C. R.; NICOLETTI, M. F.; RODRIGUES, R. R. Padrão espacial de quatro formações florestais do estado de São Paulo, através da função K de Ripley. *Ciência Florestal*, Santa Maria, v. 22, n. 3, p. 551-565, 2012.

CLUTTER, J.; FORTSON, J.; PIENAAR, L.; BRISTER, G.; BAILEY, R. *Timber management*: a quantitative approach. New York: John Wiley & Sons, 1983.

COCHRAN, W. *Sampling techniques*. 2nd ed. New York: John Wiley & Sons, 1977, 428 p.

COSTA NETO, P. L. d. *Estatística*. São Paulo: Editora Edgar Blücher, 1977. 264 p.

ELLIS, B. *Basic concepts of measurement*. Cambridge: Cambridge University Press, 1966.

ESAU, K. *Anatomia das plantas com sementes*. São Paulo: Editora Edgard Blücher, 1974.

FAO - Food and Agriculture Organization of United Nations. FRA 2000: Terms and Definitions. *Forest resources assessment programme: working paper 1*. FAO, Rome: 1998, 19 p.

FAO - Food and Agriculture Organization of United Nations. *Global forest resources assessment 2010*: main report. Rome: FAO, 2010. 378 p. (FAO Forestry Paper 163).

FERREIRA, A. B. H. *Novo dicionário da língua portuguesa*. Rio de Janeiro: Editora Nova Fronteira, 1986. 1838 p.

FERRI, M. G.; MENEZES, N. L. de; MONTEIRO-SCANAVACCA, W. R. *Glossário ilustrado de botânica*. São Paulo: EDUSP, 1978.

FINGER, C. *Fundamentos de biometria florestal*. Santa Maria: Universidade Federal de Santa Maria, 1992. 269 p.

GOMES, A. M. A. *Medição de arvoredos*. Lisboa: Livraria Sá da Costa, 1957. 413p.

GOMES, A. M. A. *Medição das árvores e dos povoamentos*: texto de formação profissional. Lisboa: Direcção Geral dos Serv. Florestais e Aquícolas, 1966. 105 p.

GSCHWANTNER, T.; SCHADAUER, K.; VIDAL, C.; LANZ, A.; TOMPPO, E.; di COSMO, L.; ROBERT, N.; ENGLERT DUURSMA, D.; LAWRENCE, M. Common tree definitions for national forest inventories in Europe. *Silva Fennica*, Vantaa, v. 43, n. 2, p. 303-321, 2009.

GUIMARÃES, D.; LEITE, H. Influência no número de árvore na determinação de equação volumétrica para *Eucalyptus grandis*. *Scientia Forestalis*, Piracicaba, n. 50, p. 37-42, 1996.

HALLÉ, F.; OLDEMAN, R.; TOMLINSON, P. *Tropical trees and forests*: an architectural analysis. Berlin: Springer-Verlag, 1978.

HILL, M. Diversity and evenness: a unifying notation and its consequences. *Ecology*, Ithaca, v. 54, n. 2, p. 427-432, 1973.

HOUAISS, A.; VILLAR, M. S.; FRANCO, F. M. M. *Dicionário Houaiss da língua portuguesa*. Rio de Janeiro: Objetiva, 2009. 1938 p.

HUSCH, B.; BEERS, T. W.; KERSHAW Jr., J. A. *Forest mensuration*. 4th ed. New York: John Wiley & Sons, 2002, 456 p.

HUSCH, B.; MILLER, C. I.; BEERS, T. W. *Forest mensuration*. New York: John Wiley & Sons, 1982.

IBGE - Instituto Brasileiro de Geografia e Estatística. *Manual técnico da vegetação brasileira*. Rio de Janeiro: IBGE, 1992. 92. p. (Manuais técnicos em Geociências, n. 1).

IBGE - Instituto Brasileiro de Geografia e Estatística. *Manual técnico da vegetação brasileira*. Rio de Janeiro: IBGE, 2012. 271 p. (Manuais técnicos em Geociências, n. 1).

INMETRO - Instituto Nacional de Metrologia, Qualidade e Tecnologia. *Vocabulário Internacional de Termos Fundamentais e Gerais de Metrologia*. Brasília: SENAI, 2000. 75 p.

INMETRO - Instituto Nacional de Metrologia, Qualidade e Tecnologia. *Sistema Internacional de Unidades*. Rio de Janeiro, 2003. 112 p.

IPCC - Intergovernmental Panel on Climate Change. *Good practice guidance for land use, land-use change and forestry*. Kanagawa: IPCC national greenhouse gas inventories programme; Institute for Global Environmental Strategies (IGES), 2003. (annex A: Glossary).

JOHNS, J. S.; BARRETO, P.; UHL, C. Logging damage during planned and uplanned logging operations in eastern amazon. *Forest Ecology and Management*, v. 89, p. 59-77, 1996.

JOLY, A. B. *Botânica*: introdução à taxonomia vegetal. São Paulo: Editora Nacional, 1976.

KEEPERS, C. New method for measuring the actual volume of wood in stacks. *Journal of Forestry*, v. 43, n. 1, p. 16-22, 1945.

KOZAK, A. A variable-exponent taper equation. *Canadian Journal of Forest Research*, v. 18, p. 1363-1368, 1988.

KOZAK, A.; MUNRO, D.; SMITH, H. Taper functions and their application in forest inventory. *Forestry Chronicle*, v. 45, p. 278-283, 1969.

KREBS, C. *Ecological methodology*. 2nd. ed. Cambridge: Harper & Row, 1999.

LELGEMANN, D. Recovery of the ancient system of foot/cubit/stadion – length units. In: WORKSHOP – HISTORY OF SURVEYING AND MEASUREMENT; FIG, Working Week, 2004, Athens. *Conference Proceedings* 2004.

LEWIS, S. L.; PHILLIPS, O. L.; SHEIL, D.; VINCETI, B.; BAKER, T. R.; BROWNS, S.; GRAHAM, A. W.; HIGUCHI, N.; HILBERT, D. W.; LAURANCE, W. F.; LEJOLY, J.; MALHI, Y.; MONTEAGUDO, A.; VARGAS, P. N.; SONKÉ, B.; NUR SUPARDI, M.; TERBORGH, J. W.; VÁSQUEZ-MARTÍNEZ, R. Tropical forest tree mortality, recruitment and turnover rates: calculation, interpretation and comparison when census intervals vary. *Journal of Ecology*, v. 92, p. 929-944, 2004.

LIMA, R. A. F. Estrutura e regeneração de clareiras em florestas pluviais tropicais. *Revista Brasileira de Botânica*, v. 28, n. 4, p. 651-670, 2005.

LITTLE, E. L. *Check list of native and naturalized trees of the United States (including Alaska)*. Washinton, DC: USDA - Forest Service, 1953 (Agricultural Handbook, 41).

LUND, H. G. Seeing the trees, forests, and the earth. In: NORTH AMERICAN SCIENCE SYMPOSIUM: TOWARD A UNIFIED FRAMEWORK FOR INVENTORYING AND MONITORING FOREST ECOSYSTEM RESOURCES, 1998, Guadalajara, Mexico. USDA Forest Service, 1999, p. 493-498.

MACHADO, S.; FIGUEIREDO FILHO, A. *Dendrometria*. Curitiba: A. Figueiredo Filho, 2003. 309 p.

MACHADO, S.; FIGUEIREDO FILHO, A. *Dendrometria*. 2. ed. Guarapuava: UNICENTRO Editora, 2009, 316 p.

MAGURRAN, A. *Ecologial diversity and its measurement*. London: Croom Helm, 1988.

MATÉRN, B. Doubly stochastic poisson processes in the plane. In: PATIL, G.; PIELOU, E.; WATERS, W. (Ed.). *Statistical Ecology*: spatial pattern and statistical distributions.

London: Pennsylvania State University Press, 1971. p. 95-213. v. 1.

MATÉRN, B. Spatial variation. Berlin: Springer-Verlag, 1980. 151 p.

MAX, T.; BURKHART, H. Segmented polynomial regression applied to taper equations. *Forest Science*, v. 22, n. 3, p. 283-289, 1976.

MELLO, J. M. de Geoestatística aplicada ao inventário florestal. 2004. Tese (Doutorado) Escola Superior de Agricultura "Luiz de Queiroz", Universidade de São Paulo, Piracicaba, 2004.

MELLO, J. M. de; BATISTA, J. L. F.; OLIVEIRA, M. S. de; RIBEIRO JÚNIOR, P. J. Estudo da dependência espacial de características dendrométricas para *Eucalyptus grandis*. *Cerne*, Lavras, v. 11, n. 2, p. 113-126, 2005a.

MELLO, J. M. de; BATISTA, J. L. F.; RIBEIRO JÚNIOR, P. J.; OLIVEIRA, M. S. de. Ajuste e seleção de modelos espaciais de semivariograma visando à estimativa volumétrica de *Eucalyptus grandis*. *Scientia Forestalis*, Piracicaba, n. 69, p. 25-37, 2005b.

MELLO, J. M. de; OLIVEIRA, M. S. de; BATISTA, J. L. F.; JUSTINIANO JÚNIOR, P. R.; KANEGAE JÚNIOR, H. Uso do estimador geoestatístico para predição volumétrica por talhão. *Floresta*, Curitiba, v. 36, n. 2, p. 251-260, 2006.

MOREY, P. R. *O crescimento das árvores*. São Paulo: EPU, 1980.

MOUNTAIN, H. Determining the solid wood volume of four foot pulpwood stacks. *Journal of Forestry*, v. 47, n. 8, p. 627-631, 1949.

ODA-SOUZA, M. *Modelagem geoestatística em quatro formações florestais do Estado de São Paulo*. 2009. 99 f. Tese (Doutorado), Escola Superior de Agricultura "Luiz de Queiroz" - Universidade de São Paulo, Piracicaba, 2009.

ODA-SOUZA, M.; BATISTA, J.; RIBEIRO-JÚNIOR, P.; RODRIGUES, R. Comparação das estruturas de continuidade espacial em quatro formações florestais do Estado de São Paulo. *Floresta*, Curitiba, v. 40, n. 3, p. 515-522, 2010a.

ODA-SOUZA, M.; BATISTA, J.; RIBEIRO-JÚNIOR, P.; RODRIGUES, R. Influência do tamanho e forma da unidade amostral sobre a estrutura de dependência espacial em quatro formações florestais do Estado de São Paulo. *Floresta*, Curitiba, v. 40, n. 4, p. 849-860, 2010b.

OLDEMAN, R. A. A. Dynamics in tropical rain forests. In: HOLM-NIELSEN, L. B.; BALSLEV, I. C. N. H. (Ed.) *Tropical Forests*: botanical dynamics, speciation and diversity, London: Academic Press, 1990a, p. 3-21.

OLDEMAN, R. A. A. *Forests*: elements of Sylvology. Berlin: Springer-Verlag, 1990b. 624 p.

OLIVER, C. D. Forest development in north america following major disturbances. *Forest Ecology and Management*, v. 3, p. 153-168, 1980.

OLIVER, C. D.; LARSON, B. C. *Forest stand dynamics*. New York: McGraw-Hill, 1990. 467 p.

PARRESOL, B. R. Assessing tree and stand biomass: a review with examples and critical comparison. *Forest Science*, v. 45, n. 4, p. 573-593, 1999.

PARRESOL, B. R. Additivity of nonlinear biomass equations. *Canadian Journal of Forest Research*, v. 31, n. 5, p. 865-877, 2001.

PERLIN, J. *História das florestas*: a importância da madeira no desenvolvimento da civilização. Rio de Janeiro: Imago, 1992. 490 p.

PÉLLICO NETTO, S.; BRENA, D. *Inventário florestal*. Curitiba: Brena e Péllico Netto, 1997.

REINEKE, L. Perfecting a stand density index for even-aged forests. *Journal of Agricultural Research*, v. 46, n. 7, p. 627-238, 1933.

RICHARDS, P. W. *Tropical rain forest*: an ecological study. Cambridge: Cambridge University Press, 1957.

ROWLETT, R. *How Many? A Dictionary of Units of Measurement*. 1998. Disponível em: <http://www.unc.edu/rowlett/units/>. Último acesso em: set. 2012.

RUBIO, M. Comparación de diferentes métodos para el calculo de coeficientes de apilamiento em brazuelo, raya y troza de medidas comerciales. México: Instituto Nacional de Investigaciones Forestales. 1982, 64 p. (Boletin Tecnico, 82).

SANQUETA, C.; WATZAWICK, L.; CÔRTE, A.; FERNANDES, L. V. *Inventários florestais*: planejamento e execução. Curitiba: Carlos Roberto Sanqueta, Luciano Farinha Watzlawick, Ana Paula Dalla Côrte, Lucila de Almeida V. Fernandes, 2006.

SCHEAFFER, R. L.; MENDENHALL, W.; OTT, L. *Elementary survey sampling*. 3rd ed. Boston: Duxbury Press, 1986. 324 p.

SCHNEIDER, P. R.; FINGER, C. A. G.; SCHNEIDER, P. S. P.; FLEIG, F. D.; THOMAS, C.; FARIAS, J. A. de. Quociente do diâmetro pela área basal e zonas de competição em povoamento monoclonal de *Eucalyptus saligna*. *Ciência Florestal*, Santa Maria, v. 21, n. 4, p. 755-764, 2011.

SCHUMACHER, F. X.; HALL, F. Logarithmic expression of timber-tree volume. *Journal of Agricultural Research*, v. 47, n. 9, p. 719-734, 1933.

SCHWARZ, C. J. Studies of uncontrolled events. In: SIT, V.; TAYLOR, B. (Ed.) *Statistical methods for adaptive management studies*. Victoria, BC: British Columbia Ministry of Forests, Research Branch, 1998. p. 19-39. (Land Management Handbook, n. 42).

SHANNON, C. E. A mathematical theory of communication. *The Bell System Technical Journal*, v. 22, p. 379-423, 623-656, 1948.

SHEIL, D.; BURSLEM, D. F.; ALDER, D. The interpretation and misinterpretation of mortality rate measures. *Journal of Ecology*, v. 83, n. 3, p. 331-333, 1995.

SHEIL, D.; MAY, R. M. Measures and recruitment rate evaluation in heterogeneous tropical forests. *Journal of Ecology*, v. 84, p. 91-100, 1996.

SHIVER, B.; BORDERS, B. *Sampling techniques for forest resource inventory*. New York: John Wiley & Sons, 1996. 356 p.

SHUGART, H. H. *A theory of forest dynamics: the ecological implications of forest succession models*. New York: Springer-Verlag, 1984.

SIMPSON, D. P. *Cassell's Latin dictionary*. New York: Macmillan Publishing Company, 1968.

SOUZA, V. C.; LORENZI, H. *Botânica sistemática*. 2. ed. Nova Odessa: Instituto Plantarum de Estudos da Flora Ltda., 2008.

SPURR, S. H. *Forest inventory*. New York: The Ronald Press, 1952. 476 p.

STEVENS, S. On the theory of scales of measurement. *Science*, v. 103, n. 2684, p. 677-680, 1946.

TAPPEINER II, J. C.; MAGUIRE, D. A.; HARRINGTON, T. B. *Silviculture and ecology of western U.S. forests*. Corvallis: Oregon State University Press, 2007.

THOMAS, C.; PARRESOL, B. Simple, flexible, trigonometric taper equations. *Canadian Journal of Forest Research*, v. 21, p. 1132-1137, 1991.

THOMAS Jr., G.; FINNEY, R. *Calculus and analytic geometry*. Reading: Addison-Wesley, 1988. 1136 p.

THOMPSON, S. *Sampling*. New York: John Wiley & Sons, 1992.

VIDAL, C.; LANZ, A.; TOMPPO, E.; SCHADAUER, K.; GSCHWANTNER, T.; COSMO, L.; ROBERT, N. Establishing forest inventory reference definitions for forest and growing stock: a study towards common reporting. *Silva Fennica*, Vantaa, v. 42, n. 2, p. 247-266, 2008.

VISMARA, E. *Mensuração da biomassa e construção de modelos para construção de equações de biomassa*. 2009. 103 f. Dissertação (Mestrado), Escola Superior de Agricultura "Luiz de Queiroz", Universidade de São Paulo, Piracicaba, 2009.

VRIES, P. de. *Sampling theory for forest inventory*: a teach-yourself course. Berlin: Springer-Verlag, 1986. 399 p.

WATT, A. S. Pattern and process in the plant community. *Journal of Ecology*, v. 35, n. 1/2, p. 1-22, 1947.

WEISZFLOG, W. *Michaelis moderno dicionário da língua portuguesa*. São Paulo: Cia. Melhoramentos, 1998. 2259 p.

WHITMORE, T. C. Gaps in the forest canopy. In: TOMLINSON, P. B.; ZIMMERMANN, M. H. (Ed.) *Tropical trees as living systems*. Cambridge: Cambridge University Press, 1976, p. 639-655.

WHITMORE, T. C. On pattern and process in forests. In: NEWMAN, E. I. (Ed.) *The plant community as a working mechanism*, Oxford: Blackwell Scientific Publications, 1982, p. 45-59.

WHITMORE, T. C. *Tropical rain forest of far east*. 2nd. ed. Oxford: Clarendon Press, 1984.

WHITMORE, T. C. Canopy gaps and the two major groups of forest trees. *Ecology*, v. 70, n. 3, p. 536-538, 1989.

WHITTAKER, R. H.; LEVIN, S. A. The role of mosaic phenomena in natural communities. *Theoretical Population Biology*, v. 12, p. 117-139, 1977.

WILSON, B. *The growing tree*. Amherst: University of Massachusetts Press, 1984.

ZIMMERMANN, M.; BROWN, C. *Trees*: structure and function. New York: Springer-Verlag, 1971.